中国矿业大学"十四五"规划教材

矿山供电技术

（第二版）

中国矿业大学电力工程教研室组织编写

主　编　董海波

副主编　廖红梅　高　昕　马星河
　　　　　商立群　陈　奎

中国矿业大学出版社

·徐州·

内容提要

本书以矿山供电系统设计为中心，主要内容包括矿山供电系统概述、负荷计算、短路电流计算、常用电力设备及其选择、电力线路及其选择、过流保护与自动化装置、过电压及其防护、电气设备防爆与井下三大保护等。

本书可以作为普通高等院校电气工程、工业自动化、机电工程等专业的本科教材，也可作为成人教育、职业培训等的教材，同时可供从事矿山机电工作的技术人员参考。

图书在版编目(CIP)数据

矿山供电技术 / 董海波主编. — 2 版. — 徐州 ： 中国矿业大学出版社，2025. 2. — ISBN 978 - 7 - 5646 - 6659 - 0

Ⅰ. TD61

中国国家版本馆 CIP 数据核字第 2025BY5410 号

书　　名　矿山供电技术
主　　编　董海波
责任编辑　李　敬
出版发行　中国矿业大学出版社有限责任公司
（江苏省徐州市解放南路　邮编 221008）
营销热线　(0516)83885370　83884103
出版服务　(0516)83995789　83884920
网　　址　http://www.cumtp.com　**E-mail**：cumtpvip@cumtp.com
印　　刷　徐州中矿大印发科技有限公司
开　　本　787 mm×1092 mm　1/16　**印张** 23.75　**字数** 608 千字
版次印次　2025 年 2 月第 2 版　2025 年 2 月第 1 次印刷
定　　价　50.00 元

前　言

本书为中国矿业大学“十四五”规划教材，可作为普通高校、成人高等教育及高等职业院校的电气工程、工业自动化、机电工程等专业的专业课教材。

电力是矿山企业生产的主要动力来源，要实现安全可靠、经济合理的矿山电力供应，需要系统掌握矿山供电系统设计的理论和技能。由于煤矿生产的特殊性，矿山供电系统设计与一般工业企业供电设计有很多不同之处。因此，作为从事矿山生产工作的电气相关专业技术人员应该深入系统学习矿山供电技术，掌握矿山供电与保护技术的特点。

本书主要是根据电气工程本科专业培养目标和要求，体现新时代中国电力和煤矿企业供电技术水平，以矿山“安全第一”的生产理念，特别重视电气安全理论解析，并按照新标准规范系统修订的教材。根据面向专业的特点和培养要求，教材编写组对教材全书内容进行全面梳理、系统规划，使教材整体系统性更强，前后衔接性更好，与“最终达到具备独立进行煤矿供电系统设计能力”的培养目标更好地契合，更好地满足面向专业的特点和培养目标要求，力求打造以培养适应我国煤矿产业新时代需求的电气工程师应用型能力为目标的优秀教材。

教材编写中注重将供电理论与供电系统设计的实践内容相结合，贯彻推广国家新标准新规范，加入了矿山电气新技术和新设备的应用，删除了落后和限制使用及淘汰的技术与设备，并在附录中介绍了煤矿继电保护与供电系统设计软件，便于现场技术人员选用。教材内容按照工矿企业供电系统设计的先后顺序进行内容的编排，力求清晰准确、深入浅出，且有典型举例分析和习题，以满足不同层次人才的学习需求。

全书共分8章，其中第一、二、八章由中国矿业大学董海波编写，第三章由中国矿业大学廖红梅编写，第四章由安徽理工大学高昕编写，第五章由河南理工大学马星河编写，第六章由西安科技大学商立群编写，第七章由中国矿业大学陈奎编写，王春君、王素川参与部分章节内容编写。全书由董海波统稿并担任主编。

为便于教学，我们为本书制作了电子课件，免费提供给授课教师，需要者可通过电子邮件联系。

由于作者水平有限，书中定有诸多错误与疏漏不足，诚望本书读者不吝批评指正，来函请致 cumtdhb@163.com，深表感谢！

作者

2024 年 12 月

目　　录

第一章　矿山供电系统

内容提要：本章主要学习电力系统及矿山供电系统的基本知识，为学习本课程奠定初步基础。首先是电力系统概述，然后介绍供电系统的接线方式及典型矿井供电方式，讲述并分析电力系统的中性点接地方式以及低压配电系统的不同接地方式，最后介绍电力系统的电压和电能质量等概念。

第一节　电力系统概述

一、电力系统

电力系统是指由进行电能的生产、传输、分配和使用环节所组成的整体。自然界的一次能源经过发电设备转化成电能，再经输电、变电和配电将电能供应到各个用户。为了充分利用动力资源，减少燃料运输，降低发电成本，有必要在有水力资源的地方建设水电站，在有燃料资源的地方建设火电厂，但这些有动力资源的地方往往离用电中心较远，所以必须用高压输电线将电能远距离输送到用电集中的区域，再经过降压、分配，以供给不同的负荷使用，如图 1-1 所示。

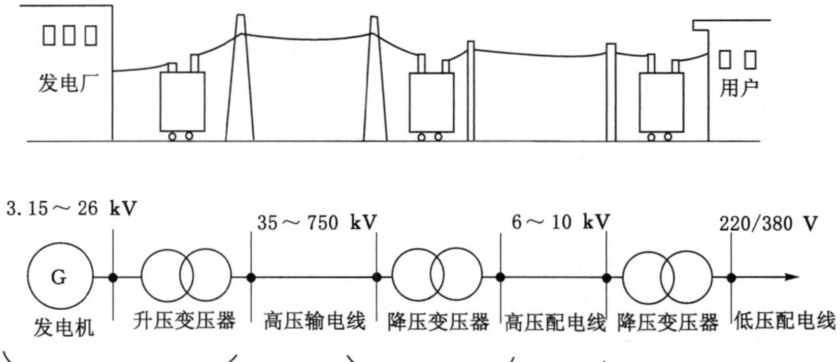

图 1-1　从发电厂到用户的送电过程示意图

各种常用电气设备符号见表 1-1。典型电力系统如图 1-2 所示。

实际上，世界各国建立了规模非常庞大的电力系统，甚至建立了跨国联合电力系统，如北美洲互联电网、南美洲互联电网、欧洲大陆互联电网等。截至 2020 年，我国已经建成除台湾地区之外的全国联合电网，实现了水电、火电、核电和新能源等电力资源在全国范围内的合理配置和可持续发展。同时，我国与俄罗斯、蒙古、吉尔吉斯斯坦、越南、缅甸等邻国建设了十余条跨国输电线路，实现了与周边国家间能源设施的互联互通、能源规划对接和政策对接。

表 1-1　常用电气设备符号表

电气设备名称及文字符号	图形符号	电气设备名称及文字符号	图形符号
电力变压器 T	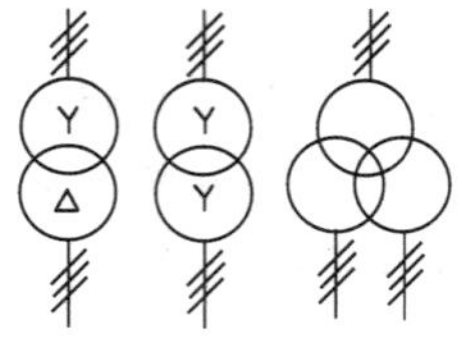	母线及母线引出线 W(WB、WL)	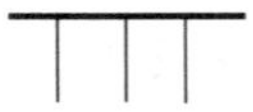
断路器 QF		电流互感器 TA	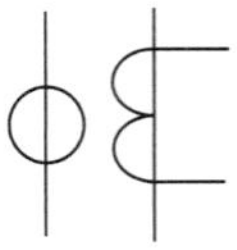
隔离开关 QS		电压互感器 TV	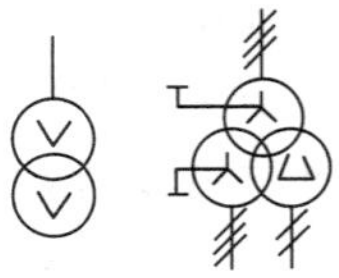
熔断器 FU		避雷器 F	
跌落式熔断器 FF		电抗器 L	
负荷开关 QL		电容器 C	
刀开关 QK		电缆终端头 X	
熔断器式开关 Q		交流发电机 G	

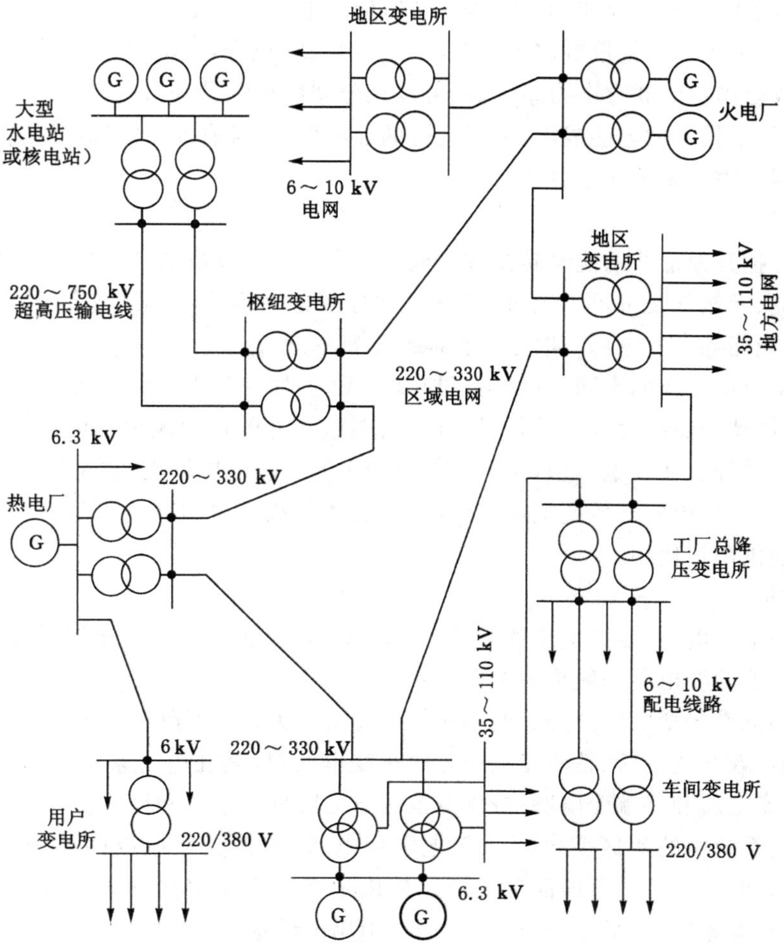

图 1-2　典型电力系统

建立联合电网（联合电力系统）有下列优越性：

（1）提高供电可靠性和电能质量。联合电网中可以备用更多数量和容量的发电机组，个别机组发生故障对系统影响较小，从而提高了供电可靠性。此外，由于联合电网容量较大，个别负荷变动，即使是较大的冲击负荷，也不会造成电压和频率的明显变化，故可增强抵抗事故的能力，提高电网安全水平，改善电能质量。

（2）可减少系统的装机容量，提高设备利用率。联合电网往往覆盖很大的地域，因为存在时差和季差，各系统中最大负荷出现时间不同，综合起来的最大负荷将小于各系统最大负荷相加的总和，因此系统中总的装机容量可以减小。同时，备用容量也可减小。如果装机容量一定，则可提高设备的利用率，增加供电量。

（3）便于安装大机组，降低造价。由于联合电网容量大，按照比例（一般 100 万～1 000 万 kW 电力系统中，最经济的单机容量为系统总容量的 6%～10%）可安装容量较大的机组，而大机组每千瓦设备的投资和生产每千瓦时电能的燃料消耗以及维修费用都比小机组低，从而可节约投资，降低煤耗，减少成本，提高劳动生产率，加快电力建设速度。

（4）充分利用各种资源，提高运行的经济性。以我国为例，我国南方地区水电资源丰富,西部、北方和沿海地区风能、光能资源丰富,但水电、风电、光电受季节、天气、日照时段等影响,存在夏秋丰水期水量过剩、冬春枯水期水量短缺、风光电不稳定等问题。通过建设特高压电网组成全国性的联合电力系统后,可以充分利用水电、风电、光电等可再生资源,减少化石燃料消耗,不仅降低电能成本,提高运行的经济性,而且有助于能源的可持续发展。

下面介绍电力系统的各主要环节。

(一)发电厂

发电厂是把其他形式的能量转换成电能的场所。用于发电的其他形式的能量主要有燃料(煤炭、石油、天然气及可再生燃料如秸秆等)的热能、水流的位能、风流的动能、核燃料的核能、太阳的光能等。发电厂一般建立在能源丰富的地方。

通常根据所用能源的不同,将发电厂加以分类,例如将使用燃煤做动力的称为火力发电厂,使用水力做动力的称为水电站,使用风流动能做动力的称为风力发电场,使用核能做动力的称为核电站等。在发电厂中,由于发电机产生的电能电压较低,它除供附近用户直接使用外,一般要先经厂内的升压变电站转换成高压,通过高压电力网送至远方,再经降压变电站降压后才能供用户使用。

(二)变电所

变电所是汇集电能、变换电压的中间环节场所,它由各种电力变压器和配电设备组成。不含电力变压器的变电所一般称为配电所。

可按不同标准将变电所分类。变电所按用途可分为升压或降压变电所、联络变电所、工矿企业变电所、农村变电所、整流变电所和电车变电所;按其在电力系统中的地位分为枢纽变电所、穿越变电所和终端变电所;按供电范围分为区域变电所和地区变电所等。

矿山供电系统中的矿区变电所属于地区变电所,它接受枢纽或区域变电所降压后的35~110 kV 的电能送至矿山地面变电所。矿山地面变电所多属终端或穿越变电所,它将35~110 kV 电压降为 6 kV 或 10 kV 后,向矿山用电设备供电。

(三)电力网

电力网,简称电网,是由各种变电所及各种电压等级的电力线路组成的,联系发电与用电设备的网络。它是电力系统的重要组成部分,担负着输送、变换和分配电能的任务。电网有不同划分形式,一般习惯根据电压等级的不同,将电网分为低压电网(交流 1.2 kV 及以下,直流 1.5 kV 及以下)、中压电网(3~20 kV)、高压电网(35~220 kV)、超高压电网(330~750 kV)和特高压电网(1 000 kV 及以上,直流 800 kV 及以上)。

特高压输电具有远距离、大容量、低损耗输送电力和节约土地资源等特点,特高压的发展对我国电力建设有着非常重大的意义。据国家电网数据,一回路特高压直流电网可以送 600 万 kW 电量,相当于现有 500 kV 直流电网的 5~6 倍,送电距离是后者的 2~3 倍,还能节省 60%的土地资源,使效率大大提高。

大规模联合电力系统离不开超高压和特高压电力传输技术。我国的特高压技术已领先于全球各主要国家和地区,如美国、欧洲等。特高压输电技术极大提升了电能传输效率,并为国家经济以及安全提供了强大支撑。目前,我国已累计投运 30 多项世界上最先进的特高压工程,它们是全球电压等级最高、装机规模最大、资源配置能力最强的特大型联合电力系统。特高压电网显著提升了我国远距离输电能力,实现了“西电东送、北电南供”,在保障电力安全可靠供应、促进绿色低碳发展等方面发挥了重要作用。在“双碳”目标下,我国对特高压直流电运输需求增加，未来十几年，将进入特高压行业发展的黄金期。

二、电力系统的额定电压

（一）额定电压

额定电压是指能使用电设备（电动机、白炽灯等）、发电机、变压器等正常工作，并且能使其技术性能和经济效果达到最佳的电压。

（二）额定电压等级

额定电压等级是根据国民经济发展的需要、技术经济的合理性、电力设备制造工业的水平等因素，由国家统一规定的。它可使电力设备的生产实现标准化及系列化，有利于电网的建设和运行，各种电力设备根据国家标准的额定电压等级进行设计、制造和选择。

按照国家标准规定，我国三相交流电网和电力设备的额定电压等级设置如表 1-2 所列。表中的电力变压器一、二次绕组额定电压，是依据我国生产的电力变压器标准产品规格确定的。

表 1-2　我国三相交流电网和电力设备的额定电压等级设置

分类	电网和用电设备额定电压/kV	发电机额定电压/kV	电力变压器额定电压/kV	
			一次绕组	二次绕组
低压	0.38	0.40	0.38	0.40
	0.66	0.69	0.66	0.69
高压	3	3.15	3，3.15	3.15，3.3
	6	6.3	6，6.3	6.3，6.6
	10	10.5	10，10.5	10.5，11
	—	13.8，15.75，18，20，22，24，26	13.8，15.75，18，20，22，24，26	—
	35	—	35	38.5
	66	—	66	72.5
	110	—	110	121
	220	—	220	242
	330	—	330	363
	500	—	500	550
	750	—	750	825
	1 000	—	1 000	1 100

1. 电网（线路）的额定电压

输电线路的额定电压等级越高，输电容量越多，输送距离越远。输电线路的电压等级与输电容量及输送距离的关系如表 1-3 所列。电网的额定电压对于输电容量、输送距离、建设投资、金属消耗量、接线方式以及电气设备的费用等都有直接的影响。电网的额定电压等级，是国家根据国民经济发展的需要和电力工业发展的水平，经全面的技术经济分析后确定的。因此，正确选择输电线路电压等级是电力系统发展规划的一个重要组成部分。

表 1-3　输电线路的电压等级与输电容量及输送距离的关系

电压等级/kV	输电容量/(MV·A)	输送距离/km
3	0.1～1	1～3
6	0.1～1.2	4～15
10	0.2～2	6～20
35	2～15	20～50
60	3.5～30	30～100
110	10～50	50～150
220	100～500	100～300
330	200～800	200～600
500	1 000～1 500	150～850
750	2 000～2 500	500 以上
1 000	3 000 以上	1 000～1 500

2. 用电设备的额定电压

由于电力线路通过电流会产生电压降，所以线路上各点的电压都略有不同，同一位置不同时刻的电压也有所不同，如图 1-3 所示。所以规模批量生产的用电设备不按其使用处线路的实际电压来制造，而是按线路首端与末端的平均电压即线路(电网)的额定电压 U_N 来制造，即规定用电设备的额定电压与同级电网的额定电压相同。

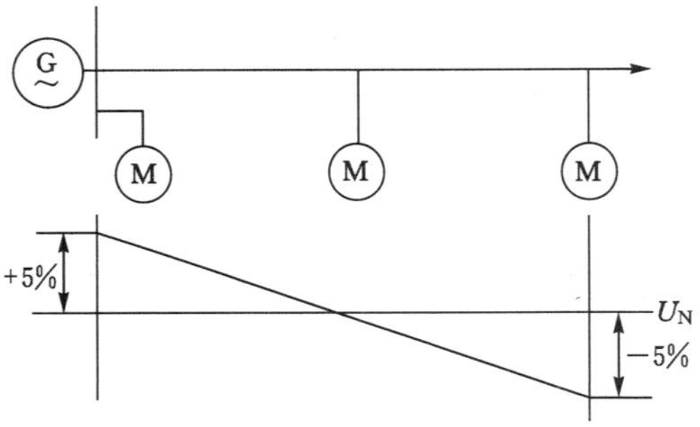

图 1-3　电力线路的电压变化

同时，按《高压开关设备和控制设备标准的共用技术要求》(GB/T 11022—2020)规定，高压开关设备和控制设备的额定电压等于所在系统的最高工作电压，如表 1-4 所列。高压开关设备和控制设备的额定电压按此规定标注。

表 1-4　系统额定电压、最高电压和高压设备的额定电压　　单位：kV

系统的额定电压	3	6	10	35
系统的最高电压	3.5	6.9	11.5	40.5
高压开关、互感器及支柱绝缘子的额定电压	3.6	7.2	12.0	40.5
穿墙套管的额定电压	—	6.9	11.5	40.5
熔断器的额定电压	3.5	6.9	12.0	40.5

3. 发电机的额定电压

由于电力线路允许的电压偏差一般为±5%，即整个线路允许有10%的电压损耗值，因此为了使线路的平均电压维持在额定值，线路首端（电源端）的电压宜较线路额定电压高5%，而线路末端的电压则较线路额定电压低5%，如图1-3所示。所以发电机的额定电压规定高于同级电网额定电压5%。

4. 电力变压器的额定电压

电力变压器要完成电压的变换，其一次绕组和二次绕组的额定电压是不同的。

（1）一次绕组（原边侧、受电侧）的额定电压

当变压器一次绕组直接与发电机相连时，如图1-4中的变压器T_1，其一次绕组额定电压应与发电机额定电压相同，即高于同级电网额定电压5%。

当变压器一次绕组与线路相连时，如图1-4中的变压器T_2，可看作是线路的用电设备，其一次绕组额定电压应与线路额定电压相同。

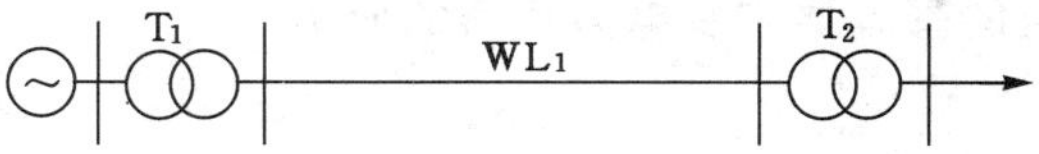

图1-4　电力变压器一、二次额定电压

（2）二次绕组（副边侧、输出侧）的额定电压

变压器二次绕组的额定电压是指变压器一次绕组施加额定电压而二次绕组开路时的电压。变压器的二次绕组都是连接到输电线路的，其额定电压根据其所连接的输电线路的电压等级来确定。

当二次绕组连接的输电线路额定电压大于或等于35 kV时，其二次绕组额定电压应比相连电网额定电压高10%，其中有5%用于补偿变压器满载运行时绕组本身约5%的电压降，5%用于补偿线路上的电压降。

当二次绕组连接的输电线路额定电压小于35 kV时，其二次绕组额定电压应比相连电网额定电压高5%，因为此时变压器二次侧供电线路一般不长，只需考虑补偿变压器满载运行时绕组本身的5%电压降。但当变压器的短路电压百分比$U_k\%>7.5\%$，或连接长线路时，二次绕组额定电压仍应比相连电网额定电压高10%。

三、煤矿常见额定电压等级及应用范围

煤矿企业有很多不同于一般工业企业的特殊之处，因而有关部门制定了煤矿常用电压等级，表1-5列出了煤矿常用的额定电压等级及其应用范围。

表1-5　煤矿常用的额定电压等级及其应用范围

额定电压等级/kV	应用范围	备注
≤0.036	井下电气设备的控制及局部照明	
0.127	井下巷道照明及手持式电钻	
0.22	矿井地面照明、办公等设备	
0.25	架线电机车	直流
0.38	地面及井下低压动力	现有小型煤矿井下用

表 1-5(续)

额定电压等级/kV	应用范围	备注
0.50	架线电机车	直流
0.66	井下低压动力	
0.75	露天煤矿工业电机车	直流
1.14	井下综合机械化采区动力	
1.50	露天煤矿工业电机车	直流
3	高产高效矿井综采动力	
6 及 10	井上、下高压电机及配电电压	
35 及 60	一般用于矿区配电电压	
110	主要用于矿区受电电压，大型矿区也用于配电电压	

四、电力负荷对供电的基本要求及电力负荷的分级

(一) 保证供电的安全性

供电的安全性指在电能的正常供应、分配和使用中不发生人身触电伤亡和由电气故障引起的设备损坏、爆炸、火灾等事故。防止人身触电的主要方法有对经常接触的电气设备选择低电压供电、加强安全防护、避免人身触及带电体(如增加架空线的高度、采用电缆和绝缘导线、设置围栏等)和加保护装置(如漏电保护、保护接地)等；防止设备损坏的方法有合理选择电气设备并进行稳定性校验、采用完善的继电保护和自动装置快速切除故障等。

煤矿井下存在水、火、瓦斯、煤尘和顶板五大自然灾害，生产环境差，为确保供电安全，必须采取防爆、防潮、防触电、抗磨损等措施，规定井下供电变压器中性点禁止直接接地，对电气设备装设过流保护、漏电保护和保护接地三大保护，并制定严格的规章制度，加强保护措施，经常进行维护检修等。

(二) 保证供电的可靠性

供电的可靠性是指供电系统不间断供电的可能程度。

为保证供电系统的可靠性，首先要保证系统中各设备、元件可靠工作，应经常对它们进行监视、维护，定期进行试验和检修；然后合理设计供电系统，供电系统的备用是提高供电可靠性最有效的方法，也是最常用的方法。

根据负荷对供电可靠性要求的不同，一般将电力负荷分成三级(三类)。

1. 一级负荷(一类负荷)

突然中断供电将造成人员伤害，或导致重大的设备破坏而且难以修复，或打乱复杂的生产过程并使大量产品报废，给国民经济造成重大损失的电力负荷，均属一级负荷。例如在涌水量大的矿井中，若主排水泵因供电突然中断而停转，则会导致地下水大量涌出，可能淹没矿井，造成长期停产，故此类负荷属一级负荷。又如在有爆炸、火灾危险的矿井中，如因供电中断使主要通风机停止运转，则有害气体将可能积聚超限，从而使操作人员因缺氧窒息而死亡，并可能造成爆炸伤亡，故此类负荷亦属一级负荷。此外，对具有瓦斯爆炸或水患危险的矿井，其竖井载人提升机及其配套的辅助高低压用电设备，均应列为一级负荷。

一级负荷应采用两个独立电源的双回路供电。独立电源，是指若干供电电源的任一个

发生故障或停止供电时，不影响其他电源的供电。

《煤矿安全规程》规定：矿井应当有两回路电源线路（即来自两个不同变电站或者来自不同电源进线的同一变电站的两段母线）。当任一回路发生故障停止供电时，另一回路应当担负矿井全部用电负荷。区域内不具备两回路供电条件的矿井采用单回路供电时，应当报安全生产许可证的发放部门审查。采用单回路供电时，必须有备用电源。备用电源的容量必须满足通风、排水、提升等要求，并保证主要通风机等在 10 min 内可靠启动和运行。备用电源应当有专人负责管理和维护，每 10 d 至少进行一次启动和运行试验，试验期间不得影响矿井通风等，试验记录要存档备查。

矿井的两回路电源线路上都不得分接任何负荷。

正常情况下，矿井电源应当采用分列运行方式。若一回路运行，另一回路必须带电备用。带电备用电源的变压器可以热备用；若冷备用，备用电源必须能及时投入，保证主要通风机在 10 min 内启动和运行。

10 kV 及以下的矿井架空电源线路不得共杆架设。

矿井电源线路上严禁装设负荷定量器等各种限电断电装置。

《煤矿安全规程》同时规定：对井下各水平中央变（配）电所和采（盘）区变（配）电所、主排水泵房和下山开采的采区排水泵房供电线路，不得少于两回路。当任一回路停止供电时，其余回路应当承担全部用电负荷。向局部通风机供电的井下变（配）电所应当采用分列运行方式。

主要通风机、提升人员的提升机、抽采瓦斯泵、地面安全监控中心等主要设备房，应当各有两回路直接由变（配）电所馈出的供电线路；受条件限制时，其中的一回路可引自上述设备房的配电装置。

向突出矿井自救系统供风的压风机、井下移动瓦斯抽采泵应当各有两回路直接由变（配）电所馈出的供电线路。

上述供电线路应当来自各自的变压器或者母线段，线路上不应分接任何负荷。

上述设备的控制回路和辅助设备，必须有与主要设备同等可靠的备用电源。

向采区供电的同一电源线路上，串接的采区变电所数量不得超过 3 个。

2. 二级负荷（二类负荷）

凡因突然中断供电，将造成大量减产，产生大量废品，大量原材料报废，使工业企业内部交通停顿的电力负荷，均属二级负荷。例如大型矿井的地面空气压缩机，煤矿中的主要提升、运输设备，大型矿井井底车场整流设备，向综采工作面供电的采区变电所，井筒防冻设备，选煤厂浓缩机选矿、烧结等厂的主要生产流程中的运转设备以及保证主要流程所需的部分照明设备等，都属二级负荷。

二级负荷一般采用双回线路供电。

3. 三级负荷（三类负荷）

凡不属于一、二级负荷的用电负荷，均列为三级负荷，一般采用单回线路供电。

（三）保证电能的良好质量

衡量电能质量的主要指标有电压、频率和波形。保证电能的良好质量主要是指应将供电系统中交流电的电压幅值和频率保持在一定允许变动范围内，并使其波形畸变在允许范围之内。

当电力设备的端电压与额定电压之差超过允许值时，它的运行状态就要恶化。电力用户供电电压允许变化范围见表 1-6。

表 1-6　电力用户供电电压允许变化范围

线路额定电压 U_N	电压允许变化范围
35 kV 及以上	$\pm 5\% U_N$
10 kV 及以下	$\pm 7\% U_N$
低压照明	$(+5\% \sim -10\%)\ U_N$

交流电频率的变化不仅影响电力用户的正常工作，而且还对系统本身有严重危害。我国规定，电力系统的频率应经常保持在 50 Hz 左右。同时规定，对电网装机总容量在 300 万 kW 及其以上的系统，频率偏差不应超过±0.2 Hz；而对装机容量在 300 万 kW 以下的系统，频率偏差不应超过±0.5 Hz。在电力系统非正常状况下，供电频率允许偏差不应超过±1.0 Hz。

交流电压波形的畸变，表示其含有高次谐波。当总谐波电压(所有高次谐波电压的均方根值)超过基波电压的 5%时，就可能使继电保护、自动装置、控制装置、电子计算机产生误动作，甚至不能正常工作。《电能质量公用电网谐波》中规定：6～220 kV 各级公用电网电压(相电压)总谐波畸变率是 0.38 kV 为 5.0%，6～10 kV 为 4.0%，35～66 kV 为 3.0%，110 kV 为 2.0%。

(四) 保证供电的技术经济合理

技术经济合理要求供电系统的投资要尽量少、运行费用尽量低，包括降低供电系统建设成本，提高设备运行效率，降低损耗，使系统有较好的运行效益。

总之，供电系统应在保证供电安全可靠的前提下，使用户得到质量良好的电能，并在经济合理的同时，使供电系统结构简单、操作灵活、便于安装和维护。

第二节　供电系统与接线方式

一、供电系统接线方式

供电系统接线方式是指由各种电气设备和线路连接构成的电网络，其功能是汇集和分配电能。

供电系统的接线方式，按照供电网络接线的布置方式可分为放射式、干线式、环状式和两端供电式等接线系统；按其网络接线运行方式可分为开式网络和闭式网络接线系统；按对负荷供电的可靠性可分为有备用接线系统和无备用接线系统，对一、二级负荷应该选择有备用接线系统，对三级负荷采用无备用接线系统。

(一) 供电系统的接线方式

1. 放射式

(1) 单回路放射式

如图 1-5(a)所示为单回路放射式接线。它是无备用系统接线方式。它适于向三级或二级小负荷或某些专用设备供电。这种接线方式的优点是系统结构简单、运行维护方便；缺点是使用的开关、线路多，供电可靠性差。

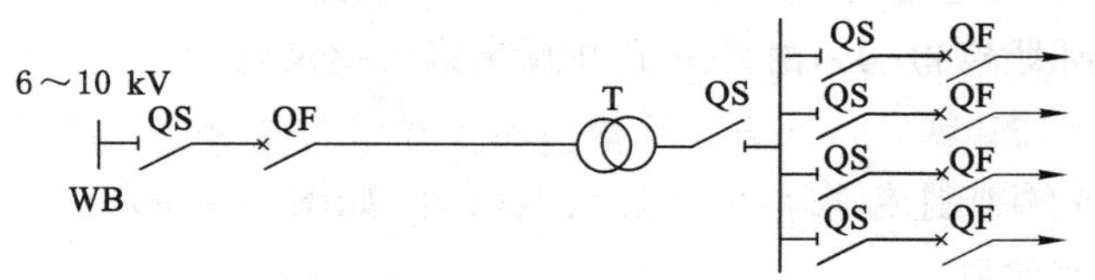

(a) 单电源单回路

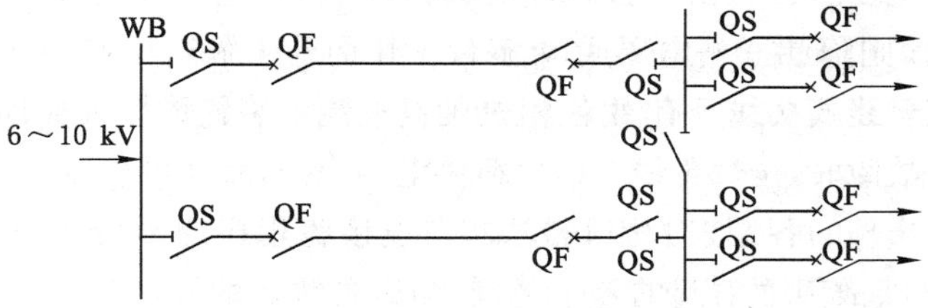

(b) 单电源双回路

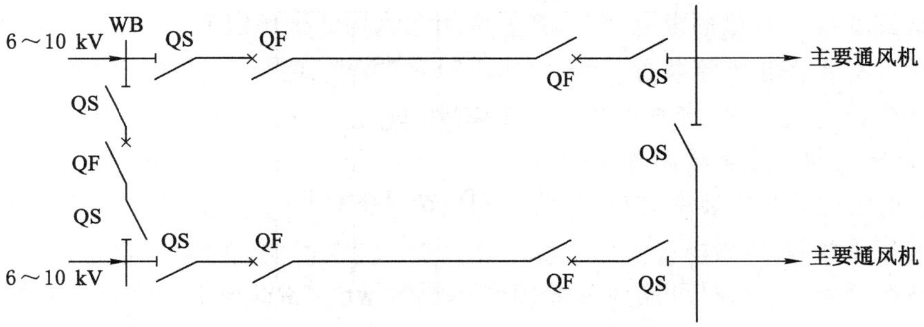

(c) 双电源双回路

图 1-5　放射式接线

(2) 双回路放射式

它是有备用系统接线方式。根据所含电源数目,双回路放射式又分为单电源双回路(不完全备用)和双电源双回路(完全备用)两种。

单电源双回路放射式接线方式如图 1-5(b)所示。在这种方式中,从一段母线上并列引出两回线路,且每回路均由单独的开关控制。这种接线方式适用于二级负荷。

与单回路放射式相比,双回路放射式具有两个独立可控的回路,故其可靠性较高(电源故障情况除外)。此外,这种接线方式灵活性较好,它既可采用双回路同时运行方式,使线路上的功率、电压损失减小,又可采用一回路工作另一回路备用运行方式,使两回路互为备用。

双电源双回路放射式接线方式如图 1-5(c)所示。在这种方式中,从两段有独立电源的母线上各引出线路对用户供电。这种接线方式为完全备用接线,适用于具有较大容量或一级负荷的供电点,如图 1-5(c)中的主要通风机。由于该方式具有两个独立电源,故较单电源双回路放射式在可靠性上又有所提高,即当任何一回线路或一路电源发生故障时,供电均不会中断。至于在负荷侧接线中的进线及母线分段开关是采用断路器还是隔离开关,要根据用户点负荷出线数量及性质而定。比如在图 1-5(c)中,由于主要通风机可短时停电,故其配电母线可采用隔离开关，分段进线开关为断路器。在一回线路发生故障时，能使其两侧开关均自动切断，投入母线分段隔离开关，由另一侧电源线路继续供电。

2. 干线式

单回路干线式接线分直接连接式与贯穿连接式两种，如图 1-6 所示。它是无备用系统接线方式。

直接连接式[图 1-6(a)]是从一路高压配电干线上直接引出分支线向用户供电，其分支线数一般不超过 5 个，且配电变压器容量不宜超过 3 000 kV·A。它一般适用于架空线上对三级负荷分散用户配电，也适用于井下电缆线路对多台工作面巷道输送机的供电。与单回路放射式接线相比，直接连接干线式接线具有回路少、能使高压配电装置数量减少、造价低等优点。但是，当公用的干线发生故障时，全部干线上的负荷供电均中断，故其可靠性差。

贯穿连接式[图 1-6(b)]的各用户为串联方式，在连接各用户的干线的进出两端均采用隔离开关，可减小某段干线故障而引起的停电范围，但设备投入增加。

双回路干线式接线较少采用，不作叙述。它是有备用系统接线方式。

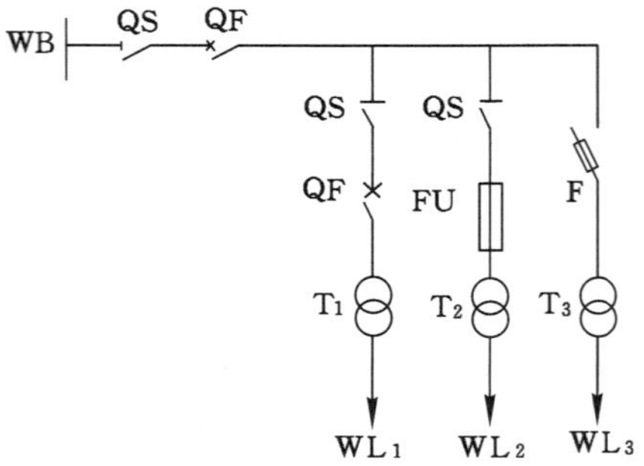

(a) 直接连接式

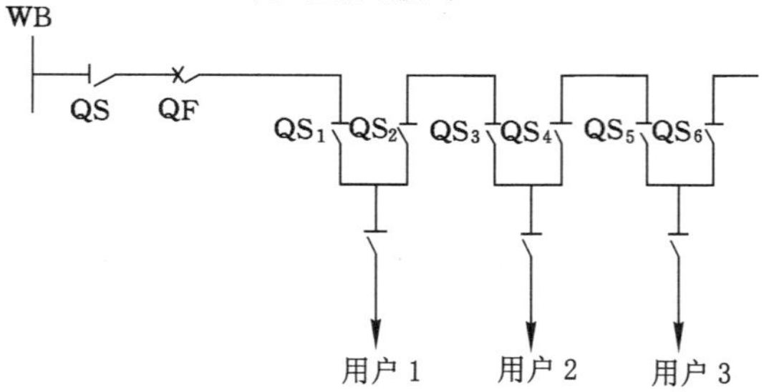

(b) 贯穿连接式

图 1-6 单回路干线式接线

3. 环式接线

环式接线方式如图 1-7 所示，线路经过不同路径，由不同方向和地点形成环路，将电能引入矿山地面变电所或某负荷点。它是有备用系统接线方式。此种接线方式适用于电源对矿区用户的相对位置居中，或电源距离用户较远，而用户间距离较近，且负荷相差不是很悬殊的供电情况，特别适用于当初期建设的送电线路和变电所容量不足时，需在其他位置新建变电所的情况。环式接线的供电可靠性高，缺点是运行、保护整定困难。

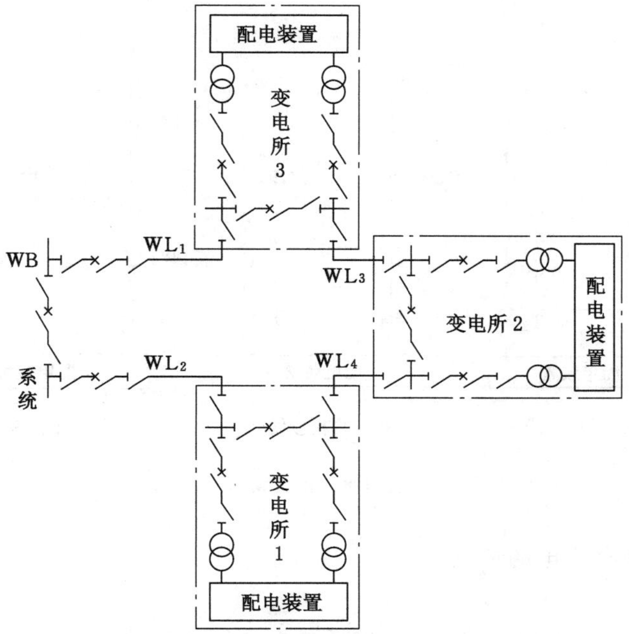

图 1-7　环式接线

（二）变电所主接线

变电所主接线包括一次接线和二次母线接线。

1. 变电所一次接线

变电所的高压(35 kV 或 110 kV)侧接线称为变电所一次接线。变电所常用的一次接线方式主要有桥式接线和线路-变压器组接线两种。桥式接线用于有备用供电系统，线路-变压器组接线用于无备用供电系统。

(1) 桥式接线

矿山变电所有较多的一级、二级负荷，因此，应该采用有备用的桥式接线方式。采用桥式接线的变电所一般有两回电源进线、两台变压器，其中，“桥”由断路器和隔离开关组成，用于进行线路的横联和跨接。

根据桥跨接、横联位置的不同，桥式接线又分为外桥接线、内桥接线和全桥接线。

① 外桥接线

外桥接线方式如图 1-8(a)所示，跨接桥连接在变压器断路器 QF_1 和 QF_2 的外线路侧，进线回路只装隔离开关。这种接线对变压器的切换操作是方便的，只需用断路器(QF_1 与 QF_2)自动进行切换操作即可，但电源进线回路的切换操作却不方便，例如当电源线路 WL_1 故障或检修操作 WL_1 的隔离开关时，需在断路器 QF_1 及 QF_3 断开后方能进行。

外桥接线的适用范围是：

a. 供电线路较短、线路切换少的变电所；

b. 由于某种原因(如负荷变化)要经常切换变压器的变电所；

c. 有稳定穿越功率的变电所；

d. 处于环网中的变电所；

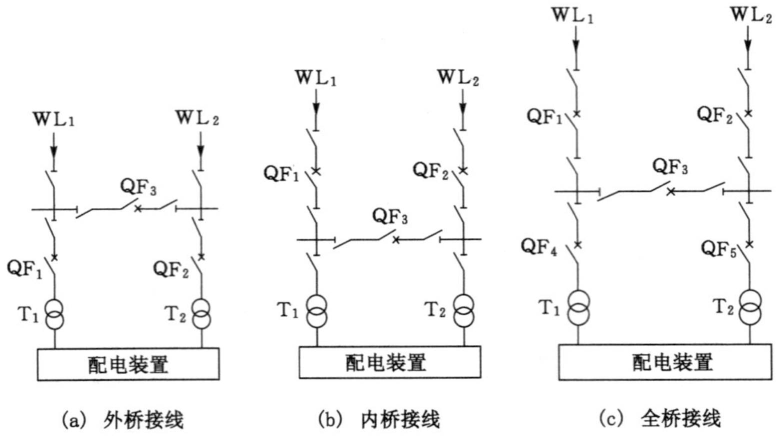

图 1-8　桥式接线

e. 向一、二级负荷供电的情况。

② 内桥接线

内桥接线方式如图 1-8(b)所示，跨接桥连在变压器断路器(QF_1 和 QF_2)的靠变压器侧，变压器电源端仅装隔离开关。这种接线方式无疑可提高电源线路运行的可靠性和倒闸操作的灵活方便性，缺点是不方便切换变压器。

内桥接线适用的范围是：

a. 电源线路较长(线路故障概率较大)的变电所；

b. 不需经常切换变压器且负荷稳定的变电所；

c. 没有穿越功率的变电所；

d. 处于电网终端的变电所；

e. 向一、二级负荷供电的情况。

③ 全桥接线

由前述可知，在内桥接线中，当变压器故障时，线路将短时停止工作；而在外桥接线中，当线路故障时，变压器将短时停止工作；且两种情况下，均不能避免用操作容量较小的隔离开关切断空载电路。为了克服上述缺点，在外桥接线的基础上，再增加 2 个线路断路器，或在内桥接线的基础上，再增加 2 个变压器断路器，组成具有 5 个断路器的全桥接线，如图 1-8(c)所示。全桥接线操作方便、运行灵活，但它会使占地面积加大，投资增加。一般对于电压在 35 kV、容量在 7 500 kV・A 以上，或电压为 110 kV、容量在 31 500 kV・A 以上的两台(三台等)变压器可采用全桥接线。

(2) 线路-变压器组接线

线路-变压器组接线属无备用接线方式。该接线方式具有结构简单、使用设备少、投资省、基建快等优点，但供电可靠性较差，当主接线中任一设备(如电源进线、变压器等)发生故障或检修时，全部负荷都将停电，因此多用于仅有二级负荷或三级负荷的变电所，如机修厂、车间变电所、农村变电所等。

线路-变压器组接线依据其容量的大小、二次出线数的多少主要有 3 种形式，如图 1-9 所示：

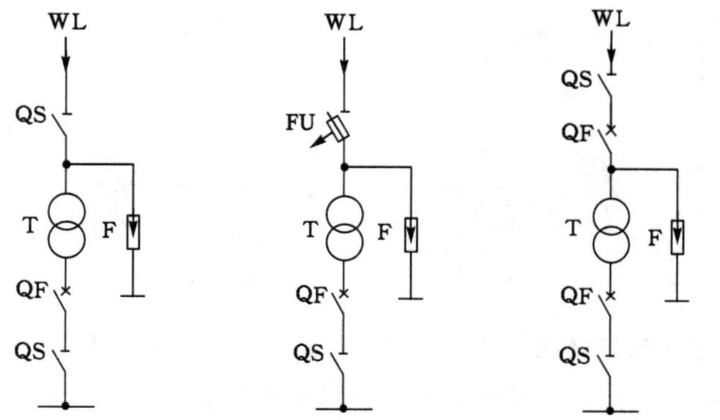

(a) 进线为隔离开关　(b) 进线为跌落式熔断器　(c) 进线为断路器

图 1-9　线路-变压器组接线

① 进线为隔离开关形式，其二次回路必须装断路器。

② 进线为跌落式熔断器形式，其二次回路必须装断路器。

③ 进线为断路器。

2. 变电所二次母线接线

变电所二次母线接线有单母线接线、单母线分段接线、单母线分段加旁路母线、双母线接线等，矿山变电所二次母线接线采用最多的是单母线分段接线方式。

(1) 单母线不分段接线

单母线不分段接线如图 1-10 所示，它是无备用接线方式。这种接线虽有线路简单、配电装置造价低的优点，但在性能上却不够灵活与可靠，特别是在处理母线系统故障或检修时需全线停电，故一般只适用于小容量的用户。

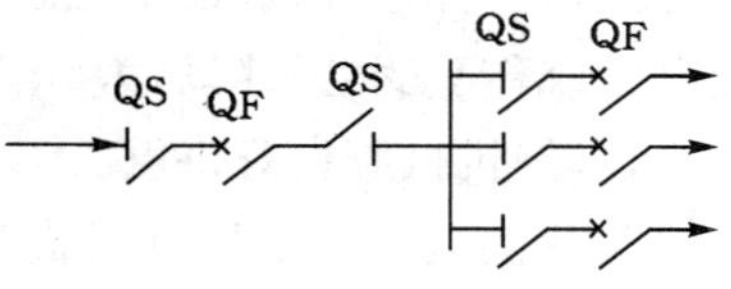

图 1-10　单母线不分段接线

(2) 单母线分段接线

为克服单母线不分段接线方式供电可靠性差的缺点，可根据电源的数目、功率和电网的接线情况，将母线分成若干段，这就形成了单母线分段接线方式。在这种方式中，通常每段接一个或两个电源，其引出线分别接到各段上，并使各段引出线电能分配尽量与电源功率相平衡，且尽量减少各段之间的功率交换，是有备用接线方式。

单母线分段接线又分为隔离开关分段和断路器分段两种形式。隔离开关分段接线如图 1-11(a)所示，适用于由双回路供电的、允许短时间停电的二级负荷用户；断路器分段接线如图 1-11(b)所示，适用于用户较多的一级负荷。

母线采用断路器分段比采用隔离开关分段方式操作方便，运行灵活，可实现自动切换以提高供电可靠性。

不管采用何种分段方式，在母线检修或故障时，单母线分段接线方式都不可避免会使故障段母线的用户停电。

在单母线分段接线方式中，进、出线均设有旨在切断负荷与故障电流的断路器，并设有与母线连接的“母线隔离开关”和与线路连接的“线路隔离开关”，其中，前一种隔离开关用来在检修断路器时隔离母线，而后一种则用来防止在检修断路器时从用户侧反向送电，或防止

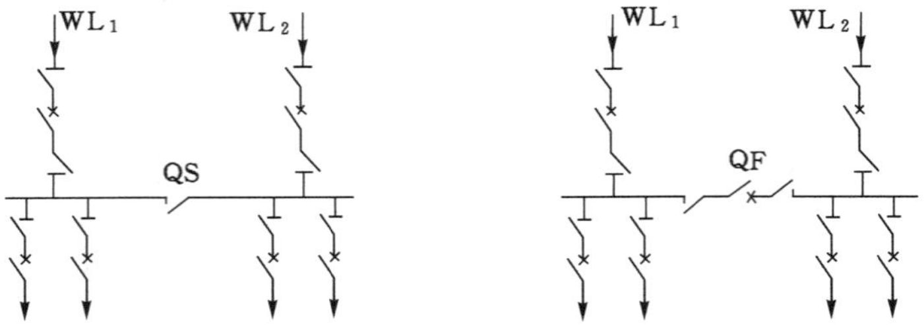

(a) 隔离开关分段　　(b) 断路器分段

图 1-11　单母线分段接线

雷电过电压侵入，从而保证维修人员和设备的安全。

二、矿井供电系统

矿井供电方式取决于矿区范围、矿层埋藏深浅、井下涌水量大小、井型大小、采煤方法、机械化程度等因素。典型的矿井供电系统主要有深井供电系统、浅井供电系统和平硐供电系统 3 种，下面分述它们的构成和特点。

（一）深井供电系统

对于矿层埋藏深、倾角小，采用立井和斜井开拓，生产能力大的矿井，多采用如图 1-12 所示的典型深井供电系统。

在深井供电系统中，井下供电是从矿井地面变电所的二次母线引出 6 kV 或 10 kV 高压电能，先由沿井筒敷设的铠装电缆送至井下主变电所（也称井下中央变电所），再送到采区变电所或移动变电站降压为 380 V、660 V、1 140 V 或 3 kV 电能，再经采掘工作面各配电点，向采掘机械等设备供电。

深井供电系统的特征是高压电能全部采用电缆送到井下，并直接送到采区。它的一般供电模式为：地面变电所—井下中央变电所—采区变电所—移动变电站—工作面配电点。

在深井供电系统中，地面变电所既可直接经分段母线配出两条电缆线路（一条工作，一条备用），向地面大容量高压用电设备（如主副井提升机、通风机、空压机等）提供可靠的高压电能，又可经降压变压器向地面小容量用电设备提供低压电能。

井下一、二级负荷一般占大部分，故依《煤矿安全规程》规定，对井下各水平中央变（配）电所和采（盘）区变（配）电所、主排水泵房和下山开采的采区排水泵房供电线路，不得少于两回路。当任一回路停止供电时，其余回路应当承担全部用电负荷。上述供电线路应当来自各自的变压器或者母线段，线路上不应分接任何负荷。为便于在井筒中安装和敷设，一般要求井下电缆的截面面积不超过 120 mm^2。

（二）浅井供电系统

对于矿层埋藏不深（距地表 100～200 m 内）的情况，出于经济和运行方便的考虑，井下电力设备多用低压供电，此时多采用由地面变电所通过井筒、钻孔或辅助风井将低压（局部高压）电能送至井下的浅井供电系统，如图 1-13 所示。

浅井供电系统的采区用电一般通过从地面向井下钻孔来提供。根据供电负荷的大小和条件的不同，浅井供电系统可选择以下 3 种供电模式：

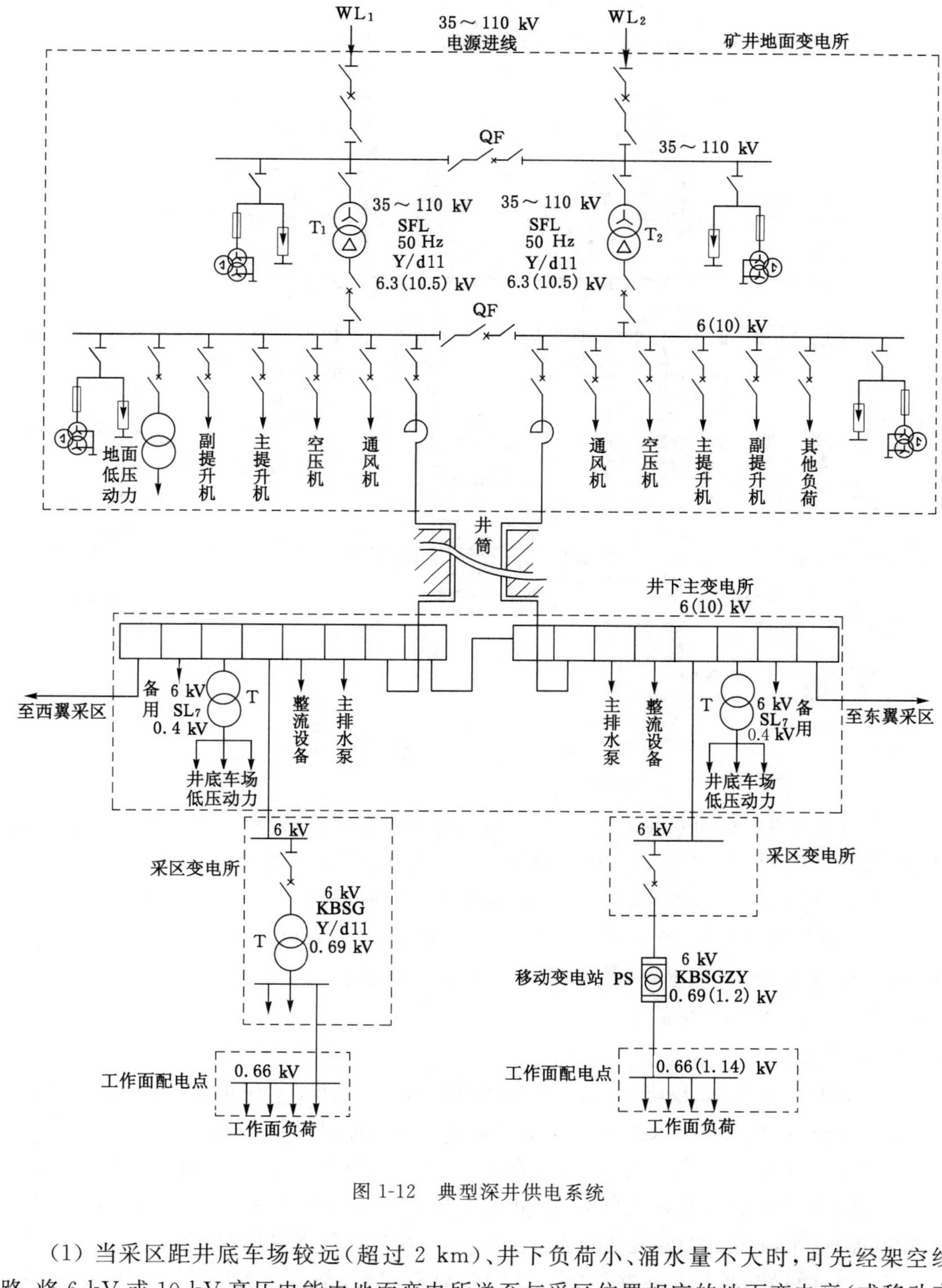

图 1-12　典型深井供电系统

(1) 当采区距井底车场较远(超过 2 km)、井下负荷小、涌水量不大时,可先经架空线路,将 6 kV 或 10 kV 高压电能由地面变电所送至与采区位置相应的地面变电亭(或移动变电亭);经变电亭降压后,再沿钻孔敷设的低压电缆,向井下采区配电所供电。此时,对井底车场的低压用电,可在地面完成降压后通过低压电缆沿井筒送至井底车场配电所,此时的井底车场配电所只负责为井底车场区域的低压设备供电。

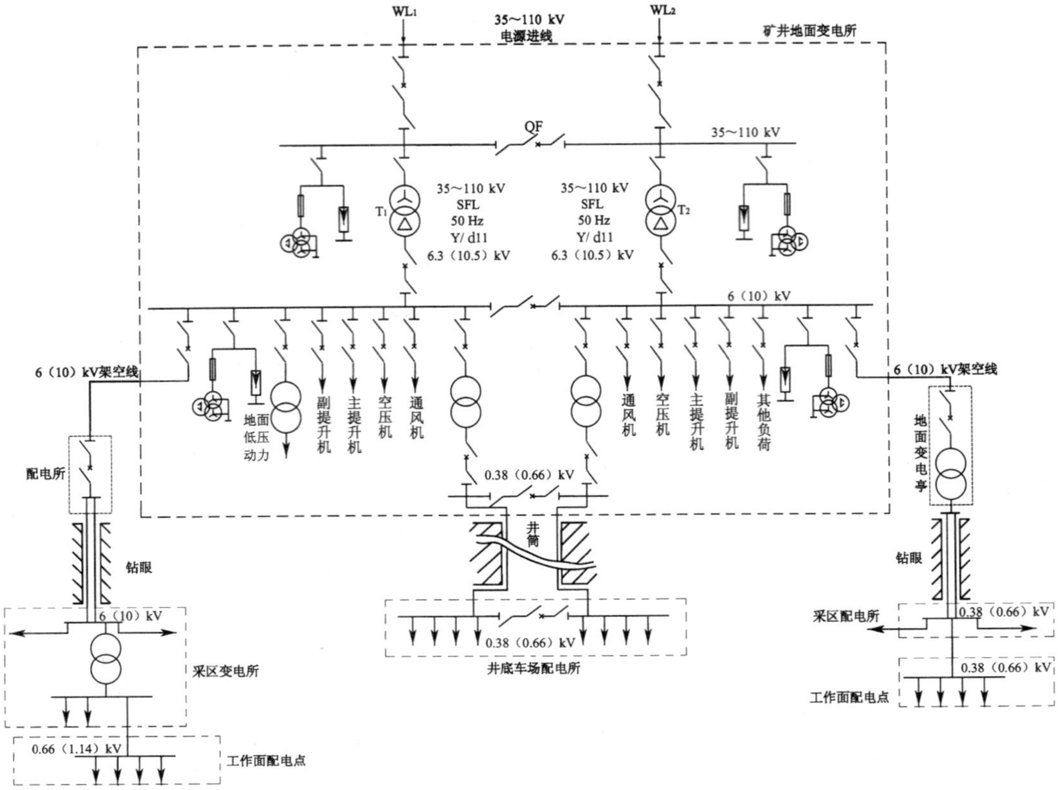

图 1-13　浅井供电系统

(2) 当采区负荷小而井底车场负荷大、需用高压水泵排水时，对井底车场的供电，采用沿井筒敷设高压电缆送至井底车场变电所的方式，为井底车场区域的电气设备供电；而对采区的供电，仍可采用上述的沿钻孔套管敷设低压下井电缆提供。

(3) 当采区巷道很长、负荷大时，为保证电压质量，可先采用高压架空线路将电能送至与采区地面位置相应的配电点，再采用高压电缆经钻孔套管向井下采区变电所供电，经由该变电所降压，向工作面提供低压电能。

（三）平硐供电系统

当矿层埋藏较浅(低于 100 m)、分布范围较广时，可采用平硐供电系统。此时，对于深部的用电设备，可利用在小风井、斜井或钻孔附近设置的地面变电亭提供低压电能。当需要向平硐提供直流电时，可先经地面变电所整流，再用电缆下送。至于采用平硐开拓且井深在 150 m 的用电设备供电，其系统则与深井供电的相同，此时往往在盲井井口附近设立一个地面主变(配)电所，其各道(段)是否设置井下中央变(配)电所，需视具体情况而定。

综上所述可知，浅井与深井供电方式的主要不同点，是用前者中的井底车场变(配)电所代替后者中的井下中央变电所，并由井底车场变(配)电所向附近的用电设备供电。

根据有关规定，对“经由地面架空线路引入井下的供电线路(包括电机车架线)，必须在入井处装设避雷装置”，以免其遭雷击和引起井下电火灾，且在具体施工时，线路两端均需装设避雷装置。由变电亭向井下敷设的电缆，要穿过内径为120～150 mm的钢管。为承担电缆的重量，要将每条电缆与吊挂它用的钢丝绳绑在一起。

根据开采程序及矿层结构，也可分别在先期或后期，采用深井、浅井两种不同的供电方式。

三、矿井各级变电所及配电点

（一）矿井地面变电所

1. 位置选择原则

矿井地面变电所是矿山供电的枢纽，它担负着为井上和井下电气设备变、配电的任务。选择矿井地面变电所的位置要考虑以下情况：

（1）靠近主要负荷和入井电缆井筒，以便减少金属导线消耗量，降低电能损耗。

（2）架空线与变电所地址同时确定，以便给各级电压线路进出变电所留出线路走廊。

（3）尽量不设在空气污秽的地区（否则需采取防污措施），应将其设在常年主导风向上风侧，以躲开污染源。

（4）使其具有适宜的地形及地质条件，如避开滑坡、采空区、塌陷区；在煤田上避免压煤。

（5）不应设在采矿场爆破危险区和炸药库爆炸危险区；不应设在稳定的排废场内，并与之有适当的安全距离；变电所的生产建筑物和构筑物与运输繁忙的标准轨距铁路的距离一般不小于40 m。

（6）交通方便，利于变、配电设备的运输。

（7）应有扩展的余地。

2. 地面变电所的布置

地面变电所的布置应根据电压等级、各级电压配电装置的型式、母线种类、出线走廊的条件以及地形情况等因素因地制宜地决定。所谓配电装置，是指用来接受和分配电能的、在电气上有联系的一些元件和设备的总称，主要包含开关设备、保护与测量电器、连接母线及其他辅助设备等。10 kV及以下电压等级的配电装置采用户内式成套配电装置。35 kV及以上电压等级的配电装置在工业广场较大、无污染的矿山可采用户外架构式的配电装置。但在周围空气中含有严重污秽、腐蚀电气设备以及破坏和降低电气绝缘的物质时，或受地理条件限制（例如化工厂、水泥厂、沿湖海岸附近工厂和矿山等）时，35～110 kV电压等级的变电所宜采用户内式配电装置。

变电所的布置包含主变压器、室内外配电装置和主控室等重要部分。在电气设备布置中，为保证运行时电气设备和人员的安全，以及检修维护和搬运的方便，在《高压配电装置设计技术规程》中，对室内、外配电装置的各部件，规定了最小的电气绝缘安全距离。

（二）井下中央变电所

1. 位置选择原则

井下中央变电所的位置应尽量靠近负荷中心，并根据通风、交通、进出线敷设、顶底板条件及保安煤柱的位置等因素综合加以考虑。根据现行开采方法，井下中央变电所一般设在靠近副井的井底车场范围内。

井下中央变电所常与主排水泵房、牵引变流所组成联合硐室，也可单独建立硐室。当为联合硐室时，应有单独的通道通向井底车场或大巷。井下中央变电所的硐室不应与空气压缩机站硐室联用或毗邻。图1-14是两种不同形式井底车场的井下中央变电所的位置示意图。

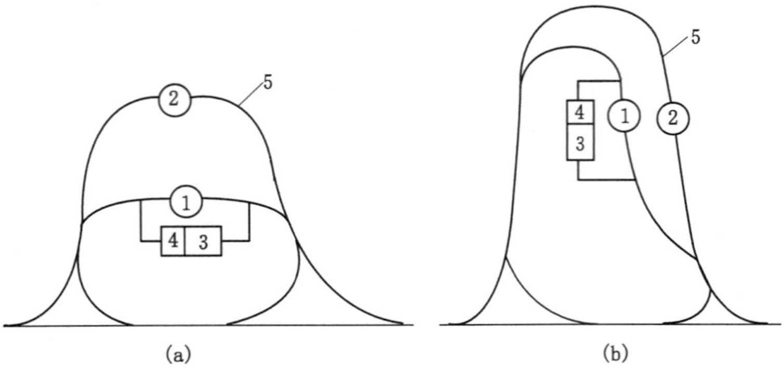

1—副井井筒；2—主井井筒；3—井下中央变电所；4—主排水泵房；5—井底车场巷道。

图 1-14　井下中央变电所位置示意图

每一个水平，一般设置一个中央变电所。当考虑多水平的某一水平由邻近水平供电在技术经济上合理时，也可由附近水平的变电所供电。若矿井涌水量很大，且有几个主排水泵房时，可根据技术、经济比较的结果，确定中央变电所的位置和数量。

2. 硐室要求

硐室应用非燃性材料支护，其尺寸取决于室内电气设备的数量、大小及它们之间的通道，并应考虑留有 20%的扩充余地。

为便于通风，当硐室长超过 6 m 时，应在其两端各设一个出口，其中：一个与井底车场大巷相通，并装有栅栏、防火两用门；另一个与水泵房相通，彼此间应装有栅栏、防火两用门的隔墙。泵房应有单独通至巷道的通路，在通道要设向外开的栅栏、防火两用门。在栅栏门上向外一侧的遮盖门，该门正常时开启，发生事故时关闭，以防火势波及大巷。当硐室长超过30 m 时，应在中间增设一个出口。硐室内的温度，有人值班时不应超过 30 ℃，无人值班时不应超过 35 ℃。为防止巷道积水流入硐室，应使其地面高出它与出口大巷相连处的底板标高0.5 m。从硐室出口的防火门起，5 m 之内的巷道均应采用非可燃性材料支护。

3. 设备布置

(1) 布置原则

① 井下中央变电所内设备间的电气连接，除在开关柜内可采用硬母线外，均需采用电缆。高压电缆一般应敷设在电缆沟中，低压电缆可悬挂在墙上。

② 为缩短硐室长度，一般采用双列布置，但当设备台数较少、低压开关采用配电盘时，也可采用单列布置。

③ 硐室内分成变压器、配电室两间，以防火门相隔；配电室的高、低压设备应分开布置。

④ 硐室尺寸按设备最大数量及布置方式确定，并需满足如下条件：

a. 高压配电设备的备用位置按设计最大数量的 20%考虑，且不少于两台。

b. 低压设备的备用回路，按最多馈出回路数的 20%考虑。

c. 主变压器为两台及以上时，不需留备用位置。

⑤ 布置高压开关柜时，操作走廊宽度不小于 1 500 mm(单列布置)或 2 000 mm(双列

布置)；维护走廊不小于 800 mm；靠墙布置时的离墙距离不小于 50 mm(背面)和 200 mm(侧面)，对于隔爆配电箱为 500～800 mm(背面)、800～1 000 mm(侧面)。

⑥ 所有电气设备外壳均须接地。接地母线距地 0.3～0.5 m，且沿硐室内壁敷设。由于井下主接地极距井下中央变电所很近，故除检漏继电器的辅助接地极外，一般不再另设局部接地极。

(2) 布置方式

井下中央变电所的布置方式，根据井下条件和所采用的高、低压配电装置的类型决定。

① 对于低瓦斯矿井，当高压开关柜台数不太多且采用矿用一般型、低压开关柜采用矿用低压配电屏设备时，其井下中央变(配)电所的布置，采用图 1-15 所示的单列布置形式。

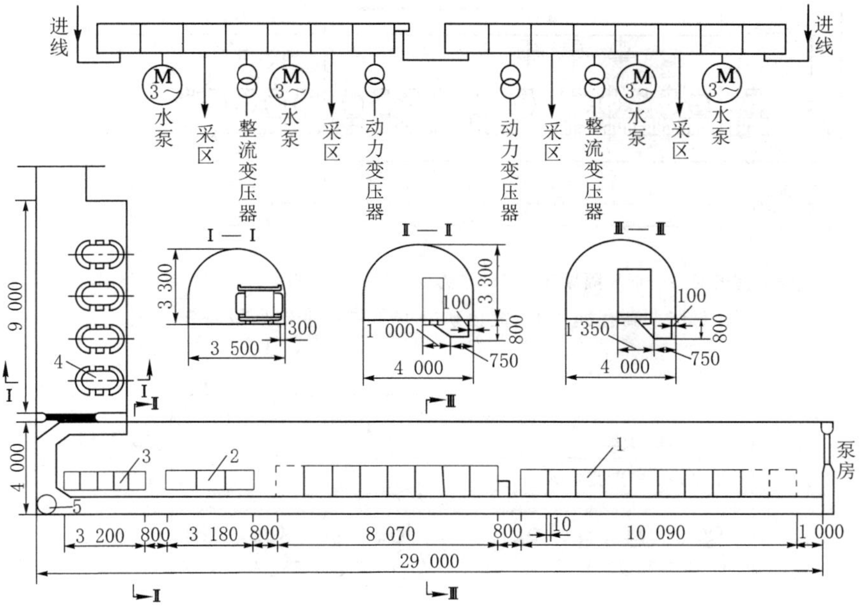

1—高压开关柜；2—硅整流器；3—矿用低压开关柜；4—动力变压器；5—照明变压器。

图 1-15　低瓦斯矿井井下中央变电所设备布置图

② 对于高瓦斯矿井、突出矿井，其井下中央变电所采用图 1-16 所示的布置方式。

(三) 采区变电所

1. 供电方式

图 1-17 为采区变电所-工作面配电点供电方式。这种供电方式以低压向全采区负荷供电，故比较安全，但所用电缆、开关较多，使供电系统相对复杂，且电能和电压损失较大，同时低压电缆长，供电容量受到限制。故这种供电方式仅适用于炮采和一般机械化采煤工作面。

采区变电所是采区的供电枢纽，它将井下中央变电所送来的高压电能变成低压后，分配给采掘工作面配电点或直接配给用电设备，这就是传统的采区变电所-工作面配电点方式。随着综合机械化采煤的普遍应用，采区供电容量需求更大，电压质量要求更高，传统的采区变电所-工作面配电点的供电方式已不能满足要求，因此出现了采区变电所将 6 kV 或 10 kV 高压送到靠近用电负荷的移动变电站后再降压送至配电点或用电设备的供电方式，即采区变电所-移动变电站-工作面配电点方式，如图 1-18 所示。

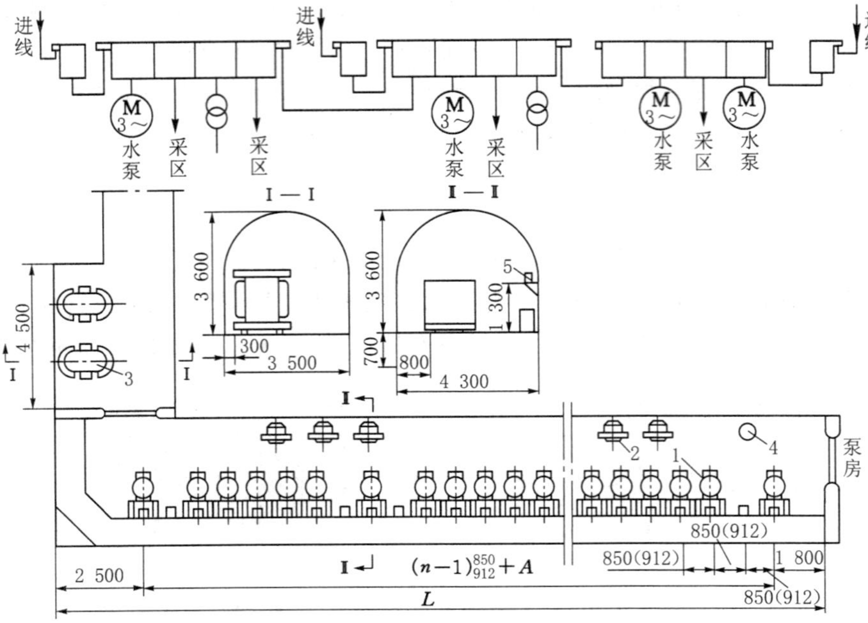

1—高压隔爆开关；2—低压隔爆开关；3—动力变压器；4—照明变压器；5—隔爆检漏继电器。

图 1-16　高瓦斯矿井、突出矿井井下中央变电所设备布置图

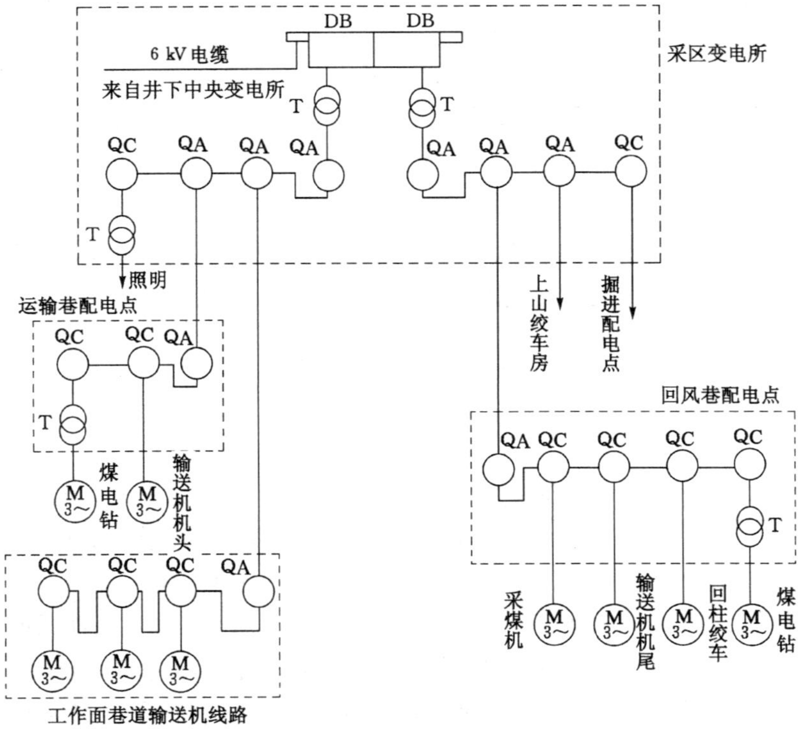

DB—高压配电箱；T—动力变压器；QA—自动馈电开关；QC—磁力启动器。

图 1-17　采区变电所-工作面配电点供电方式

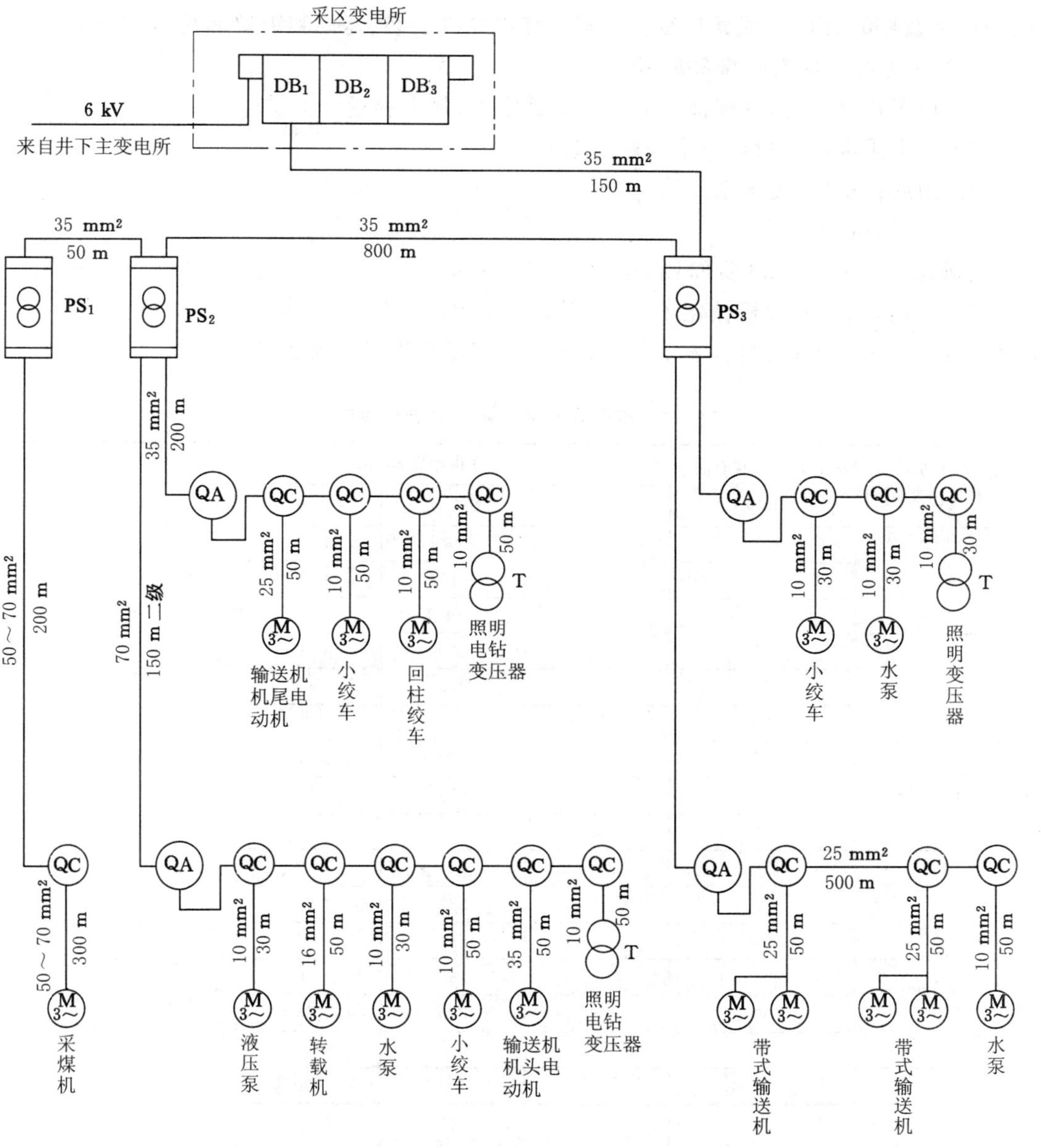

图 1-18　采区变电所-移动变电站-工作面配电点供电方式

图 1-18 这种供电方式的特点是：

（1）与采区变电所-工作面配电点供电方式相比，高压深入工作面，可简化低压供电系统，提高电网安全可靠程度，缩短低压供电距离，减少电缆费用和低压开关数量，降低电能损耗，供电质量能更好地满足设备正常运转和启动的需要。

（2）移动变电站采用隔爆干式变压器，安全防爆，便于检修。

（3）移动变电站可根据需要在轨道上移动或固定，不需建造变电所硐室。

（4）这种供电方式的缺点是 6 kV 或 10 kV 的高压直接深入采区工作面，并且其低压侧电压也提高到 1 140 V 甚至 3 kV，故对安全不利。为克服上述不利因素，应在移动变电站高、低压两侧均设漏电、监视保护装置，防止漏电事故发生。此外，采用移动变电站需拓宽巷道以便铺设轨道，同时地质条件变化使移动变电站的安装、运输和维护都受到限制。

2. 采区变电所位置的确定原则

（1）位于负荷中心，并保证向采区内最远距离、最大容量设备供电。

（2）一个采区尽量只设一个采区变电所。

（3）顶底板稳定、无淋水。

（4）通风、运输方便。

为满足上述（1）、（2）项原则，必须适当选择采区低压供电电压（对炮采工作面，用 380/660 V 电压；对一般机械化工作面，用 660 V 电压；对综合机械化工作面，用 1 140 V 或 3 kV 电压）。为了方便比较，表 1-7 列出了不同容量采煤机的最大供电距离。

表 1-7　不同容量采煤机的最大供电距离

采煤机功率 /kW	采煤机电缆截面面积 /mm^2	干线允许供电距离/m			备　注
		380 V	660 V	1 140 V	
60	35	232	1 370	4 850	允许供电距离为变压器馈电开关至启动器间用一根电缆时的距离。如用两根截面面积相同的电缆并联，则允许供电距离增加一倍
	50	315	1 470	4 950	
	70	—	—	—	
80	35	75	890	3 300	
	50	158	970	3 360	
	70	—	—	—	
100	35	—	580	2 470	
	50	57	660	2 550	
	70	—	—	—	
130	35	—	308	1 620	
	50	—	382	1 660	
	70	—	—	—	
150	35	—	186	1 260	
	50	—	265	1 360	
	70	—	—	—	
170	35	—	101	960	
	50	—	182	1 050	
	70	—	230	—	
220	35	—	—	640	
	50	—	66	720	
	70	—	112	770	
250	35	—	—	278	
	50	—	—	350	
	70	—	—	390	
300	35	—	—	89	
	50	—	—	116	
	70	—	—	162	

3. 采区变电所硐室

服务两年以上的采区变电所硐室，即视为永久性建筑，应采用不燃性材料支护；若采区变电所工作时间较短时，则可不设硐室，利用上山间或平巷间联络巷，但应用不燃性材料支护。

4. 采区变电所的布置方式及设备

图 1-19 为图 1-17 供电方式的采区变电所设备布置图。该变电所设备的布置符合高压设备与低压设备分开、变电设备（动力变压器）与配电设备分开的原则。各设备布置尺寸均需满足规程要求。硐室内不设电缆沟，高、低压电缆沿墙敷设，硐室门的两侧及顶端预埋内径为电缆外径 1.5 倍的电缆套管。硐室内接地母线沿墙且离地 0.3～0.5 m 高度敷设。

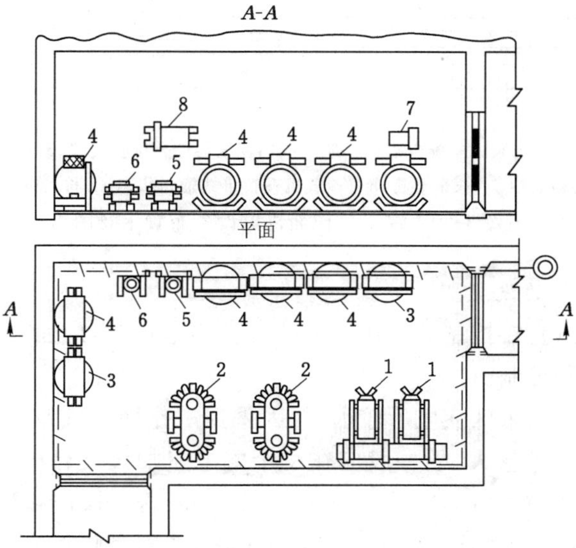

1—高压配电箱；2—矿用变压器；3、4—隔爆自动开关；5、6—隔爆启动器；
7—检漏继电器；8—照明变压器。

图 1-19　图 1-17 供电方式的采区变电所设备布置图

（四）工作面配电点

1. 工作面配电点的设置

工作面配电点接受由采区变电所或移动变电站送来的低压电能，通过控制开关、磁力启动器，用软电缆向采煤或掘进工作面的机电设备供电。同时，它还利用干式变压器或煤电钻变压器综合装置，将电压降为 127 V，供电钻、照明和信号等用。图 1-20 表示综采工作面机电设备布置示意图，图中给出了采煤工作面配电点的布置位置。

工作面配电点是低压开关集中处，由于其经常要随工作面移动和搬迁，故不设专用硐室。采煤工作面配电点通常设在邻近的运输平巷的槽龛内或平巷的一侧，距工作面 50～70 m。若非突出矿井，机采工作面配电点可放在回风巷内，掘进工作面配电点大多设在掘进巷的一侧，距掘进工作面 80～100 m。

为避免因电气设备发生事故引起燃烧蔓延，配电点附近应用非燃性材料支护。若邻近的巷壁是可燃性矿层，还应以非燃性材料制成的背板（如水泥板等）相隔。

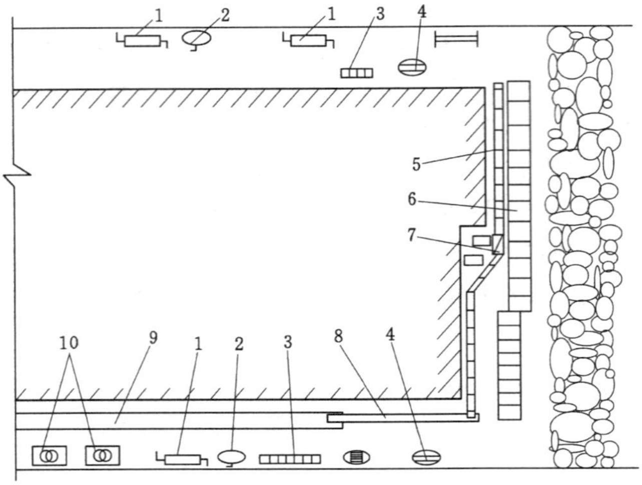

1—小绞车；2—小水泵；3—配电点；4—照明电钻变压器综合保护装置；5—工作面输送机；
6—液压支架；7—采煤机；8—转载机；9—带式输送机；10—移动变电站。

图 1-20 综采工作面机电设备布置示意图

2. 配电点控制开关的设置

对由工作面配电点直接控制的工作面上的各种用电设备，应用经直接接在该配电点母线上的专用磁力启动器控制。

由于工作面配电点距采区变电所较远，并因采掘工作面电气设备经常移动、负荷重、启动频繁、工作条件差、维护量大，故一般应在每个配电点加设一台电源进线自动馈电开关。该开关与配电点的其他磁力启动器设在一起，以便于停、送电操作和管理、维护，并且在磁力启动器出现机构失灵或接点粘连时，还可借其切断电源，同时此开关的设置还能增加系统过流保护的可靠性和选择性。

3. 对平巷和工作面输送机的供电方式

根据具体情况，可采用下列两种方式之一：

(1) 平巷输送机线的供电方式。平巷输送机线采用干线式供电方式(图 1-21)，它一般适用于平巷输送机巷道较长、输送机台数较多(在干线电缆截面面积允许的条件下)、工作面只有一台输送机的情况。

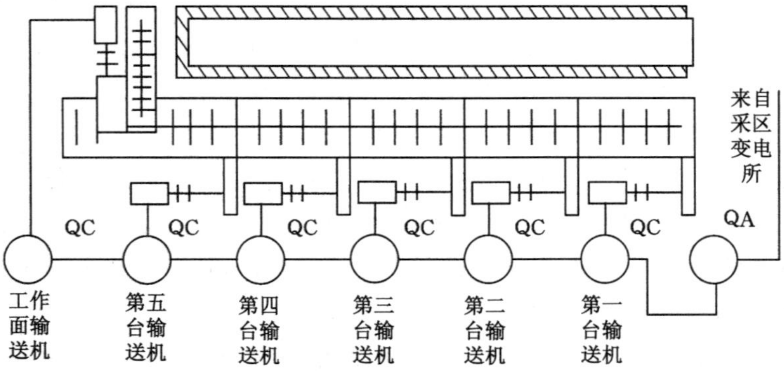

图 1-21 平巷输送机线采用干线式供电方式

(2) 高瓦斯矿井、V形长壁采区平巷工作面输送机的供电方式(图1-22)。这种方式将配电点设在平巷第一部输送机附近。

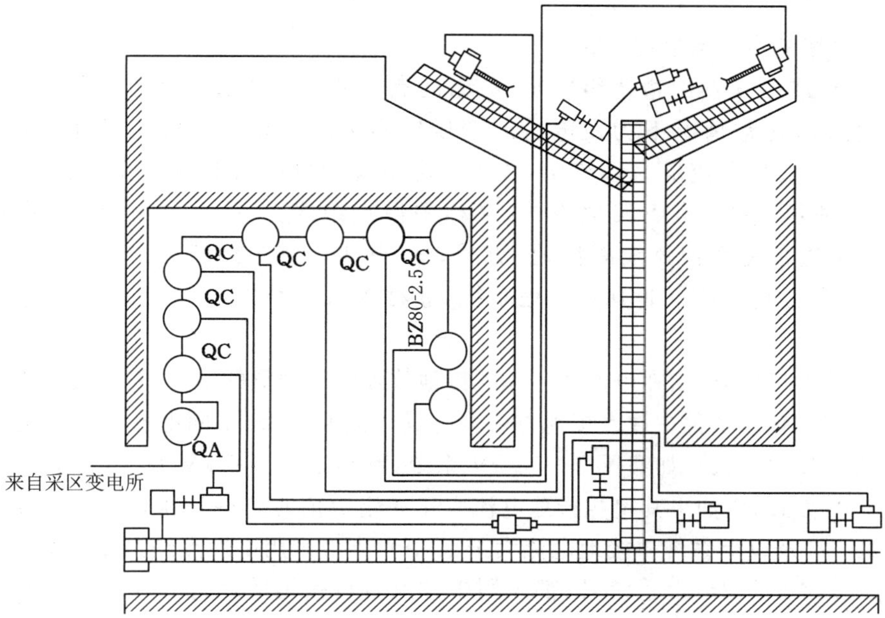

图1-22 高瓦斯矿井、V形长壁采区平巷工作面输送机供电方式

(五) 采区供电系统的拟制原则

采区供电系统是根据采区机械配置来拟制的。采区供电系统的拟制应符合安全、经济、操作灵活、系统简单、保护完善和便于检修等项要求。其原则如下:

(1) 在保证用电可靠的前提下,力求所用开关、启动器及电缆等设备数量最少。

(2) 原则上一台启动器只控制一台设备。

(3) 当采区变电所动力变压器多于一台时,应合理分配变压器的负荷,原则上一台变压器负担一个工作面的用电设备(综合机械化工作面例外),这样可以减少事故时停电的范围。

(4) 变压器分列运行,以减小触电的危险性(变压器并列运行时电网电容电流较大),并减小事故时停电的范围。

(5) 采煤机组与下平巷输送机宜采用单独电缆供电;自工作面配电点到各个动力设备宜采用放射式供电;上山与下平巷输送机宜采用干线式供电。

(6) 配电点启动器在3部以下者,一般不设配电点进线自动开关。

(7) 工作面配电点最大容量电动机用的启动器应靠近配电点进线,这样可以减小启动器间连接电缆的截面面积。

(8) 绞车一般多在绞车房设置变压器供电;上山输送机多在上山入口处设置变压器供电。

(9) 供电系统应尽量避免回头供电。

供电系统用单线图画出。图中应标出开关、启动器、变压器、动力设备的型号、容量或电流等。另外,应标出所选用的电缆型号、截面面积、芯线数目及长度等。

第三节　电力系统中性点接地方式

一、电力系统的中性点接地方式

三相发电机或变压器副边绕组中有一点，此点与外部各接线端间电压绝对值相等，此点称为中性点，正常情况下为发电机或变压器副边的三相绕组的星形连接点，常用符号 N 表示。在三相交流电力系统中，作为供电电源的发电机和电力变压器的中性点接地方式有 3 种：① 中性点不接地方式，又称中性点绝缘方式；② 中性点经阻抗接地（在高压系统中通常是经消弧线圈接地）方式；③ 中性点直接接地方式。①、②也统称为小接地电流系统或中性点非有效接地系统，③称为大接地电流系统或中性点有效接地系统。

不同的中性点接地方式，在电网发生单相接地故障时有明显的不同，对系统保护和监测装置的运行都有影响。各种中性点接地方式均有其优点和缺点，不同电压等级的电网常选择不同的中性点接地方式。如我国 3～66 kV 系统，特别是 3～10 kV 系统，一般采用中性点不接地的运行方式，但如果其单相接地电流大于一定数值时（3～10 kV 系统中接地电流大于 30 A，20 kV 及以上系统中接地电流大于 10 A），则应采用中性点经消弧线圈接地的运行方式。我国 110 kV 及以上系统，则都采用中性点直接接地的运行方式。低压配电系统则应根据用户要求和特性，采取不同的中性点接地运行方式。

（一）中性点不接地方式

图 1-23 所示为正常运行时中性点不接地的电力系统电路图和相量图。

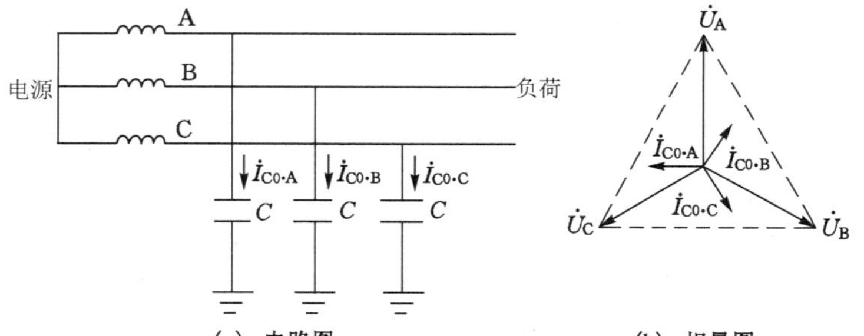

(a) 电路图　　(b) 相量图

图 1-23　正常运行时中性点不接地的电力系统

为简化起见，假设：图 1-23(a)所示三相系统的电源电压和线路参数 R、L、C 都是对称的，而且将相线与大地之间存在的分布电容用一个集中电容 C 来表示；相间存在的电容因对所讨论的问题没有影响而予以略去；电网对地绝缘电阻对接地电流影响较小，一般也可以忽略。系统正常运行时，三相相电压 $\dot{U}_A$、$\dot{U}_B$、$\dot{U}_C$ 是对称的，三相的对地电容电流也是平衡的，如图 1-23(b)所示，因此三相电容电流的相量和为零，没有电流入地，各相的对地电压就等于各相的相电压。

当系统发生单相接地故障如发生 C 相接地时，如图 1-24(a)所示。这时 C 相对地电压为 0，而 A 相对地电压为 $\dot{U}'_A=\dot{U}_A+(-\dot{U}_C)=\dot{U}_{AC}$，B 相对地电压为 $\dot{U}'_B=\dot{U}_B+(-\dot{U}_C)=\dot{U}_{BC}$，如图 1-24(b)所示。由相量图可见，C 相接地时，完好的 A、B 两相对地电压都由原来的相电压升高到线电压，即升高为原对地电压的$\sqrt{3}$倍，这容易造成电网绝缘薄弱处的击穿，引起两相接地短路，扩大故障，这也正是中性点不接地方式的缺点之一。故系统中的供用电设备的绝缘应按线电压考虑。

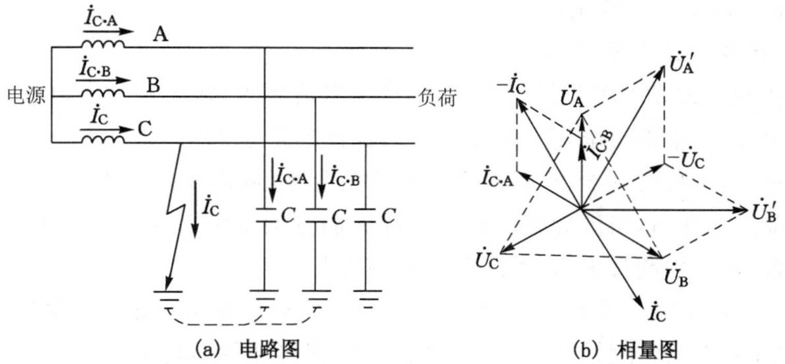

(a) 电路图　　(b) 相量图

图 1-24　单相接地时中性点不接地的电力系统

当 C 相接地时，系统的接地电流（电容电流）I_C 应为 A、B 两相入地电容电流之和。由于一般习惯将从电源到负荷的方向及从相线到大地的方向取为电流的正方向，因此：

$$\dot{I}_C = -(\dot{I}_{C\cdot A} + \dot{I}_{C\cdot B}) \tag{1-1}$$

由图 1-24 的相量图可知，$\dot{I}_C$ 在相位上正好超前 $\dot{U}_C$ 90°；而在量值上，由于 $I_C=\sqrt{3}I_{C\cdot A}$，而 $I_{C\cdot A}=U'_A/X_C=\sqrt{3}U_A/X_C=\sqrt{3}I_{C0}$，因此：

$$I_C = 3I_{C0} \tag{1-2}$$

即单相接地时的电容电流为正常运行时每相对地电容电流的 3 倍。由于容抗较大，中性点不接地系统即使发生单相直接接地，接地电流也远小于短路电流，不属于短路故障，故此中性点不接地系统也称为小接地电流系统。

由于线路对地的电容 C 不好准确确定，因此 I_{C0} 和 I_C 也难以根据 C 来精确计算。通常采用下列经验公式来确定中性点不接地系统的单相接地电容电流，即：

$$I_C = \frac{U_N(l_{oh} + 35l_{cab})}{350} \tag{1-3}$$

式中　I_C——系统的单相接地电容电流，A；

U_N——系统的额定电压，kV；

l_{oh}——同一电压 U_N 的具有电气联系的架空线路总长度，km；

l_{cab}——同一电压 U_N 的具有电气联系的电缆线路总长度，km。

当系统发生不完全接地（即经一定的过渡电阻接地）时，故障相的对地电压值将大于零而小于相电压，而其他两非故障相的对地电压值大于相电压但小于线电压，接地电容电流 I_C 值也较式(1-3)计算值略小。

必须指出：当电源中性点不接地系统发生单相接地故障时，电网三相线电压的相位和量值均未发生变化，所以三相用电设备的正常工作并不会受到影响，系统中的三相用电设备仍能照常运行。但是这种线路不允许在单相接地故障情况下长期运行，因为如果再有一相也发生接地故障时，就形成两相接地短路，短路电流很大，这是不能允许的。因此，在中性点不接地系统中，应装设专门的单相接地保护或绝缘监视装置，在系统发生单相接地故障时，发出报警信号,提醒供电值班人员注意,及时处理。按照规定,中性点不接地系统发生单相接地故障时,允许暂时继续运行 2 h。经过 2 h 故障仍未消除,应该切断故障线路。而对煤矿井下危险易爆场所,当单相接地故障会危及人身安全或引起瓦斯煤尘爆炸事故时,不允许带故障运行,而应立即动作于跳闸。

(二) 中性点经消弧线圈接地方式

中性点不接地系统发生单相接地时,如果接地电流较大,将出现断续电弧,可能使线路发生电压谐振现象,产生谐振过电压。由于电力线路既有电阻和电感,又有电容,因此在线路发生单相弧光接地时,可形成一个 *R-L-C* 的串联谐振电路,从而使线路上出现可达线路相电压 2.5～3 倍的危险过电压,这可能导致线路上绝缘薄弱点的绝缘击穿。为防止单相接地时接地点出现断续电弧,避免引起过电压,因此在单相接地电流大于一定值(3～10 kV 系统中接地电流大于 30 A,20 kV 及以上系统中接地电流大于 10 A,煤矿 6～10 kV 电网接地电流大于 20 A)的电力系统中,电源中性点必须采取经消弧线圈接地的运行方式。图 1-25 为电源中性点经消弧线圈接地的电力系统发生单相接地时的电路图和相量图。

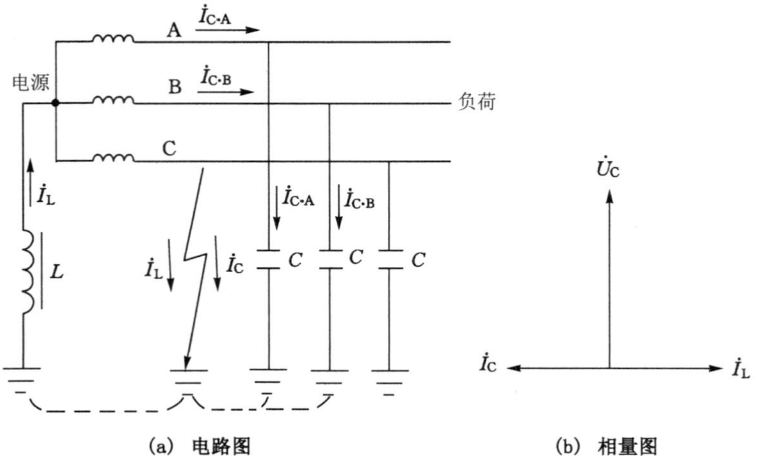

(a) 电路图　　(b) 相量图

图 1-25　单相接地时中性点经消弧线圈接地的电力系统

消弧线圈实际上就是铁芯线圈式电抗器,其电阻很小,感抗很大,其功能是利用电抗器的感性电流补偿电网的容性接地电流,使总接地电流减小,消除单相接地故障点的电弧。

当系统发生单相接地故障时,流过接地点的电流是接地电容电流 $\dot{I}_C$ 与流过消弧线圈的电感电流 $\dot{I}_L$ 之和。由于 $\dot{I}_C$ 超前 $\dot{U}_C$ 90°,而 $\dot{I}_L$ 滞后 $\dot{U}_C$ 90°,如图 1-25(b)所示,$\dot{I}_L$ 与 $\dot{I}_C$ 在接地点互相补偿。当 $\dot{I}_L$ 与 $\dot{I}_C$ 的量值差小于发生电弧的最小生弧电流时,电弧就不会发生,从而避免出现谐振过电压。同样的,中性点经消弧线圈接地系统发生单相直接接地时,接地电流也很小,故此也属于小接地电流系统。

在中性点经消弧线圈接地的三相系统中,与中性点不接地的系统一样,允许在发生单相接地故障时短时(一般规定为 2 h)继续运行,但保护装置要及时发出单相接地报警信号,运行值班人员应抓紧时间查找和处理故障;在暂时无法消除故障时,应设法将负荷特别是重要负荷转移到备用电源线路上去。如果发生单相接地危及人身和设备安全时,则保护装置应动作于跳闸。

中性点经消弧线圈接地的电力系统，在单相接地时，其他两相对地电压也要升高到线电压，即升高为原对地电压的$\sqrt{3}$倍，因此系统中的供用电设备的绝缘也应按线电压考虑。

（三）中性点直接接地方式

电源中性点直接接地系统发生单相直接接地时的电路如图 1-26 所示。这种系统发生单相直接接地会通过接地中性点形成单相短路回路，由于回路阻抗很小，单相短路电流 $I_k^{(1)}$ 很大，故也称大接地电流系统。该系统发生单相短路时，短路电流会造成严重破坏，因此需要保护装置立即动作于跳闸，切除短路故障，使系统的其他部分正常运行。

中性点直接接地系统发生单相接地时，另外的两完好相的对地电压不会升高，这与上述中性点非直接接地系统不同。因此，凡中性点直接接地系统中的供用电设备的绝缘只需按相电压考虑，而无须按线电压考虑，这对 110 kV 及以上的超高压系统很有经济技术价值。因为高压特别是超高压电器，绝缘问题是电气设备设计和制造的关键问题，电气设备的绝缘要求降低，可显著降低设备造价，同时改善设备性能。因此，我国 110 kV 及以上的高压供电系统普遍采取中性点直接接地的运行方式。

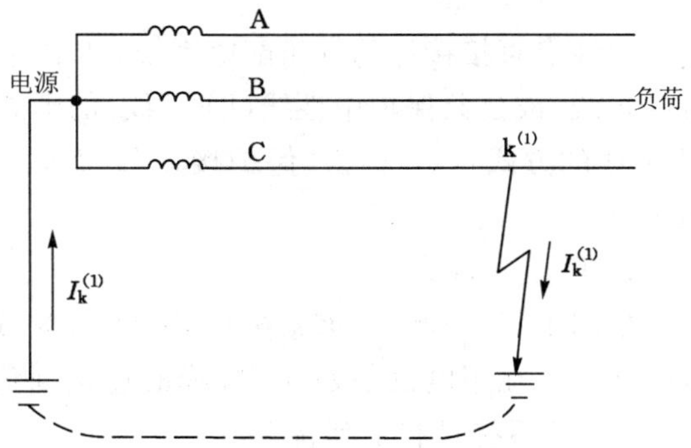

图 1-26　单相接地时中性点直接接地的电力系统

在现代化城市电网改造中，由于广泛以电缆线路取代架空线路，而电缆线路的单相接地电容电流远比架空线路的大[可由式(1-3)看出]，因此，采取中性点经消弧线圈接地的方式往往也无法完全消除单相接地故障点的电弧，从而也无法抑制可能引起的危险谐振过电压。因此我国大城市 10 kV 系统可以采取中性点经低阻接地的运行方式，它与中性点直接接地系统相似，必须装设动作于跳闸的单相接地故障保护，在系统发生单相接地故障时，迅速切除故障线路，同时系统的备用电源自动投入装置动作，投入备用电源，恢复对重要负荷的供电。由于城市电网通常都采用环网供电方式，保护装置完善，因此有很高的供电可靠性。

二、低压配电系统的接地形式

（一）低压配电系统相关概念

1. N 线、PE 线、PEN 线

我国的 220/380 V 低压配电系统，广泛采用中性点直接接地的运行方式，而且从接地的中性点引出有中性线 N、保护接地线 PE 或保护中性线 PEN。

(1) 中性线(N 线，俗称零线)。其功能一是用来连接额定电压为系统相电压的单相用电设备，二是用来传导三相系统中的不平衡电流和单相电流，三是减小负荷中性点的电位偏移。

(2) 保护接地线(PE 线，俗称地线)。它是为保障人身安全、防止发生触电伤亡事故而设置的保护接地线。将系统中所有电气设备的外露可导电部分(指正常时不带电但故障情况下可能带电的易被人身接触的导电部分，如金属外壳、金属构架等)通过 PE 线接地，可在设备发生接地故障时减小触电危险。

(3) 保护中性线(PEN线,俗称保护零线)。它兼有N线和PE线的功能。

2. TN系统、TT系统和IT系统

低压配电系统按其保护接地形式的不同分为TN系统、TT系统和IT系统。其中,第一个字母表示电源中性点接地方式,T为直接接地,I为不接地或通过阻抗接地;第二个字母表示电气设备外露可导电部分与地的关系,T为电气装置的外露可导电部分直接接地,此接地点在电气上独立于电源端的接地点,N为电气装置的外露可导电部分与电源端接地点有直接电气连接。

(二) TN系统

中性点直接接地的低压配电系统,其中所有设备的外露可导电部分均接公共保护接地线(PE线)或公共保护中性线(PEN线)的形式称为TN系统。国内将这种接公共PE线或PEN线的方式,习惯称为“保护接零”。TN系统又分为TN-C系统、TN-S系统和TN-C-S系统。

1. TN-C系统

如图1-27(a)所示,该系统将PE线和N线的功能综合起来,由一根PEN线同时承担两者的功能。在用电设备处,PEN线既连接到负荷中性点上,又连接到设备外露的可导电部分。TN-C系统具有下列特点:

(1) 相线绝缘损坏导致设备外壳带电时,会形成单相接零短路故障,可以使熔丝熔断或自动开关跳闸,使故障设备断电,比较安全。

(2) 当三相负载不平衡时会使PEN线上有不平衡电流,对地有电压,造成电器金属外壳有一定的电压,有触电风险,同时会对周围电气设备产生电磁干扰。

(3) 当PEN线断线时,会使断线后保护接零设备外壳带有相电压,危及人身安全。

(4) 若电气设备的相线和零线接反,则设备外壳电位为相电压,危及人身安全。

(5) TN-C系统干线上使用漏电保护开关时,PEN线的所有重复接地必须拆除,否则漏电开关合不上闸,而且PEN线在任何情况下不能断线、不得接入开关和熔断器。

TN-C系统存在较大安全风险,目前在民用配电中已禁止采用。

2. TN-S系统

该系统中的N线与PE线完全分开,所有设备的外露可导电部分均接PE线,如图1-27(b)所示。TN-S系统的N线与PE线在系统中性点分开后,不能再有任何电气连接,这一条件一旦破坏,TN-S系统便不再成立。TN-S系统具有下列特点:

(1) 系统正常运行时,N线上可能有不平衡电流,但PE线上没有电流,PE线对地没有电压,所以电气设备金属外壳接在专用的保护线PE上,安全可靠。

(2) N线只用作单相负载回路。

(3) PE线不允许断线,也不得接入开关和熔断器。如果PE线断线,正常情况下不会使接PE线的设备外露可导电部分带电;但在有设备发生单相接壳故障时,将使其他接PE线的设备外露可导电部分带电,对人来说仍有触电危险,因此PE线应按要求进行重复接地。

(4) 干线上可使用漏电保护器,其N线不得重复接地,由于PE线不经过漏电保护器,PE线进行的重复接地不会影响漏电保护器。

由于N线与PE线分开,与TN-C系统相比,TN-S系统在有色金属和投资方面均有增

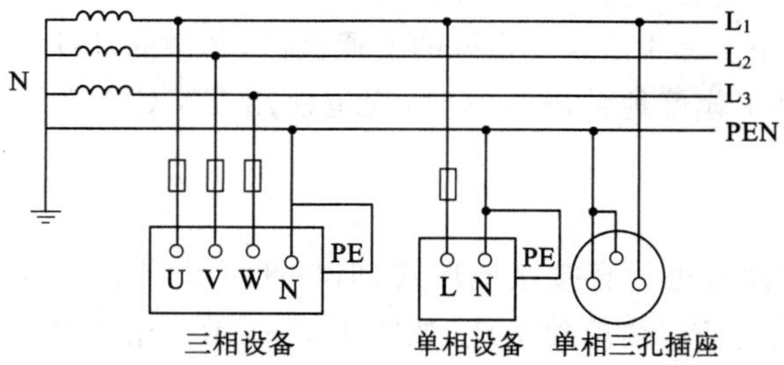

(a) TN-C 系统

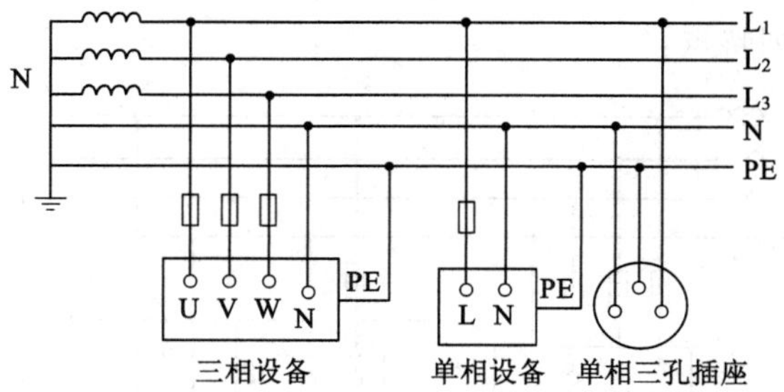

(b) TN-S 系统

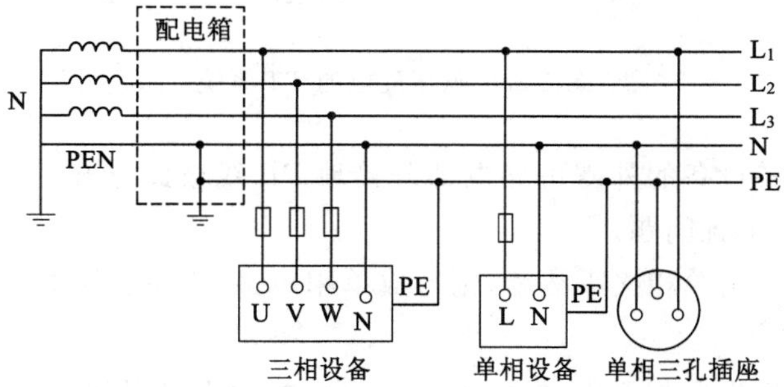

(c) TN-C-S 系统

图 1-27　低压配电的 TN 系统

加，但安全可靠性高，现广泛应用在对安全要求及抗电磁干扰要求较高的场所，如重要办公地点、实验场所和居民住宅等处。

3. TN-C-S 系统

如图 1-27(c)所示，TN-C-S 系统是 TN-C 系统和 TN-S 系统的结合形式。在 TN-C-S 系统中，从电源出来的那一段采用 TN-C 系统，在这一段中一般无用电设备，只起电能的传输作用；到用电负荷区域时，将 PEN 线分开形成单独的 N 线和 PE 线，从这一点开始，系统相当于 TN-S 系统。TN-C-S 系统具有下列特点：

(1) TN-C-S 系统的 TN-C 段，一般不接用电设备，但可以接平衡的三相用电设备，不影响系统安全性能。

(2) PE 线在任何情况下都不能进入漏电保护器。

(3) 对 PE 线除了在总配电箱处必须和 N 线相接以外，其他各分箱处均不得把 N 线和

PE 线相连，PE 线上不许安装开关和熔断器。

TN-C-S 供电系统是实际中 TN-S 系统的变通做法，其中的 TN-C 段可以节省一部分投资。当三相电力变压器工作接地情况良好时，规范使用 TN-C-S 系统可以具有与 TN-S 系统相似的安全可靠性。

（三）TT 系统

TT 系统的电源中性点也为直接接地形式，但与 TN 系统不同，TT 系统的所有设备外露可导电部分均为各自经 PE 线单独接地，如图 1-28 所示。由于各设备的 PE 线之间无电气联系，因此相互之间无电磁干扰。此系统适用于安全要求及抗电磁干扰要求较高的场所。《住宅设计规范》(GB 50096—2011)规定：住宅供电系统“应采用 TT、TN-C-S 或 TN-S 接地方式”。TT 系统具有下列特点：

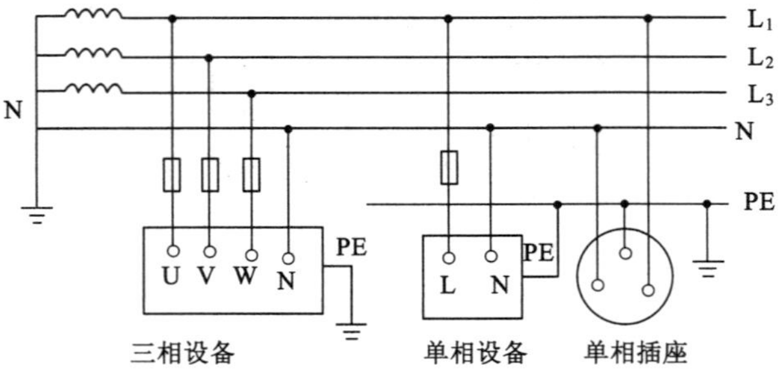

图 1-28　低压配电的 TT 系统

(1) TT 系统中各设备的外露可导电部分接地 PE 线彼此分开，互无电气联系，因此相互之间不会发生电磁干扰问题。

(2) TT 系统如发生单相接零故障，则形成单相短路，线路的保护装置应动作于跳闸，切除故障线路。

(3) TT 系统若出现单相碰壳时，由于电流较小可能不足以使线路的过电流保护动作，从而可使漏电设备的外露可导电部分长期带电，增加了触电的危险。因此该系统必须装设灵敏度较高的漏电保护装置，以确保人身安全。

(4) TT 系统由于接地装置就在设备附近，因此 PE 线断线的概率小，且容易被发现。

(5) TT 系统设备在正常运行时外壳不带电、故障时外壳高电位不会沿 PE 线传递至全系统。因此，TT 系统适用于对电压敏感的数据处理设备及精密电子设备进行供电，在有爆炸与火灾危险性的场所等有优势。

TT 系统适用于保护接地很分散的地方，适用于安全要求及对抗干扰要求较高的场所。

（四）IT 系统

IT 系统的电源中性点不接地或经约 1 000 Ω 阻抗接地，系统中所有设备的外露可导电部分也都各自经 PE 线单独接地，如图 1-29 所示。该系统没有 N 线，因此不适用于接额定电压为系统相电压的单相设备，只能接额定电压为系统线电压的单相设备和三相设备。该系统具有下列特点：

(1) 由于 IT 系统中设备外露可导电部分的接地 PE 线是彼此分开的，互无电气联系，因此相互之间也不会发生电磁干扰问题。

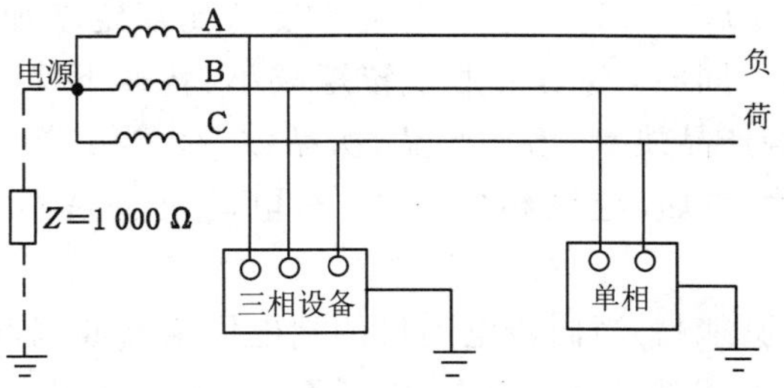

图 1-29　低压配电的 IT 系统

(2) 由于 IT 系统中性点不接地或经高阻抗接地，因此当系统发生单相接地故障时，接地电流小于 TT 系统和 TN 系统，同时由于系统线电压不变，三相设备及接线电压的单相设备仍能照常运行。但是在发生单相接地故障时，应发出报警信号，以便供电值班人员及时处理，消除故障。对煤矿井下危险易爆场所，当单相接地故障危及人身安全或引起瓦斯煤尘爆炸事故时，不允许带故障运行，而应立即动作于跳闸。

IT 系统主要用于对连续供电要求较高及有易燃易爆危险的场所，特别是矿山、井下等场所的供电。

最后需要说明的是，低压配电系统中，凡是引出有中性线（N 线）的三相系统，包括 TN 系统（含 TN-C、TN-S 和 TN-C-S 系统）及 TT 系统，都属于"三相四线制"系统，正常情况下不通过电流的 PE 线不计算在内。没有中性线（N 线）的三相系统，如 IT 系统，则属于"三相三线制"系统。

第四节　电能质量

一、概述

电力系统中的所有电气设备，都是在一定的电压和频率下工作的。电气设备的额定电压和额定频率，是电气设备正常工作且能获得最佳经济效果的电压和频率。电压和频率是衡量电能质量的基本参数。

对工厂供电系统来说，提高电能质量主要是提高电压质量问题。电压质量是按照国家标准或规范对电力系统电压的偏差、波动和波形的一种质量评估。

此外，三相系统中三相电压或三相电流是否平衡也是衡量电能质量的一个指标。

二、电压偏差与电压调整

（一）电压偏差的含义及其计算

电压偏差是指设备在给定瞬间的端电压 U 与其额定电压 U_N 之差对额定电压 U_N 的百分值，即：

$$\Delta U\% = \frac{U - U_N}{U_N} \times 100\% \tag{1-4}$$

（二）电压偏差对设备运行的影响

(1) 对感应电动机的影响。当感应电动机的端电压较其额定电压低 10%时，由于其转矩与其端电压平方成正比，因此其转矩将只有额定转矩的 81%，而负荷电流将增大

5%～10%，温升将增高10%～15%，绝缘老化程度将比规定增加一倍以上，从而明显地缩短电动机的使用寿命。同时，电动机由于转矩减小、转速下降，不仅会降低生产效率，减少产量，而且还会影响产品质量，增加废品、次品数量。当其端电压较其额定电压偏高时，负荷电流和温升也将增加，绝缘相应受损，对电动机也是不利的，也会缩短其使用寿命。

(2) 对同步电动机的影响。当同步电动机的端电压偏高或偏低时，转矩也按电压平方成正比变化，因此同步电动机的端电压偏差，除了不会影响其转速外，对转矩、电流和温升等的影响，与感应电动机相同。

(3) 对电光源的影响。电压偏差对白炽灯的影响最为显著。当白炽灯的端电压降低10%时，灯泡的使用寿命将延长2～3倍，但发光效率将下降30%以上，灯光明显变暗，照度降低，严重影响人的视力健康，降低工作效率，还可能导致事故发生。当其端电压升高10%时，发光效率将提高1/3，但其使用寿命将大大缩短，只有原来的1/3。电压偏差对荧光灯及其他气体放电灯的影响没有对白炽灯那么明显，但也有一定的影响：当其端电压偏低时，灯管不易启燃，如果多次反复启燃，则灯管寿命将大受影响，而且电压降低时，照度下降，影响视力和工作；当其电压偏高时，灯管寿命又要缩短。

(三) 允许的电压偏差

《供配电系统设计规范》(GB 50052—2009)规定，正常运行情况下，用电设备端子处电压偏差允许值宜符合下列要求：

(1) 电动机为±5%额定电压。

(2) 照明：在一般工作场所为±5%额定电压；对于远离变电所的小面积一般工作场所，难以满足上述要求时，可为(+5%，−10%)额定电压；应急照明、道路照明和警卫照明等，为(+5%，−10%)额定电压。

(3) 其他用电设备当无特殊规定时为±5%额定电压。

(四) 电压调整措施

为了满足用电设备对电压偏差的要求，供电系统必须采用相应的电压调整措施。

(1) 正确选择无载调压型变压器的电压分接头或采用有载调压型变压器。工厂供电系统中应用的6～10 kV电力变压器一般是无载调压型，其高压绕组(一次绕组)有$U_N \pm 5\% U_N$的3个电压分接头，并装设有无载调压分接开关，如图1-30所示。如果设备的端电压偏高，则应将分接开关换接到+5%(增大变压器变比)的分接头，以降低设备的端电压。如果设备的端电压偏低，则应将分接开关换接到−5%(减小变压器变比)的分接头，以升高设备的端电压。但是这只能在变压器无载条件下调节电压，使设备端电压更接近于设备的额定电压，而不能按负荷的变动来调节电压。如果用电负荷中有的设备对电压要求严格，采用无载调压满足不了要求，而这些设备单独装设自动调压装置在技术经济上又不合理时，可采用有载调压型变压器，使之在负载情况下自动调节电压，保证设备端电压的稳定。

(2) 合理减少系统的阻抗。由于供电系统中的电压损耗与系统中各元件包括变压器和线路的阻抗成正比，因此可考虑减少系统的变压级数、增大导线电缆的截面面积或以电缆取代架空线等来减少系统的阻抗，降低电压损耗，从而缩小电压偏差，达到电压调整的目的。但是，增大导线电缆的截面面积或以电缆取代架空线，要增加线路投资，所以应进行技术经

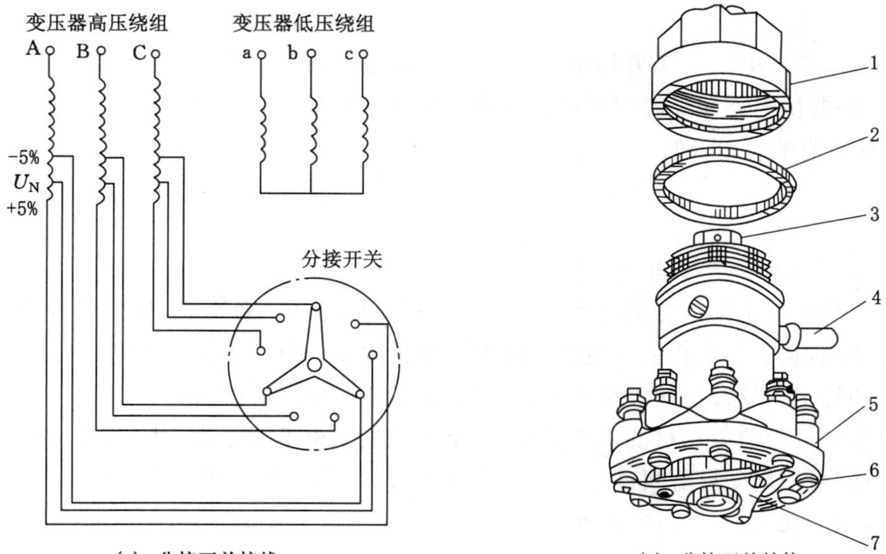

(a) 分接开关接线　　(b) 分接开关结构

1—帽;2—密封垫圈;3—操动螺母;4—定位钉;5—绝缘盘;6—静触头;7—动触头。

图 1-30　电力变压器的分接开关

济的分析比较,合理采用。

(3) 合理改变系统的运行方式。在生产为一班制或两班制的工厂或车间中,工作班时间内,负荷重,电压往往偏低,因而需要将变压器高压绕组的分接头调在－5%的位置上。但到夜间负荷轻时,电压就会过高,这时如能切除变压器,改由低压联络线供电,则既能减少这台变压器的电能损耗,又可由于投入低压联络线而增加线路的电压损耗,从而降低所出现的过高电压。对于两台变压器并列运行的变电所,在负荷轻时切除一台变压器,同样可起到降低过高电压的作用。

(4) 尽量使系统的三相负荷均衡。在有中性线的低压配电系统中,如果三相负荷分布不均衡,则将使负荷端中性点电位偏移,造成有的相电压升高,从而可能使相电压过高的那一线路上的单相设备烧毁,同时使三相设备的运行也不正常。为此,应使三相负荷分布尽可能均衡。

(5) 采用无功功率补偿装置。系统中由于存在大量的感性负荷,如电力变压器、感应电动机、电焊机、高频炉、气体放电灯等,因此出现大量相位滞后的无功功率,降低功率因数,增大系统的电压损耗。为了提高系统的功率因数,减少系统的电压损耗,可接入并联电容器或同步补偿机,使之产生相位超前的无功功率,以补偿系统中相位滞后的无功功率。这些专用于补偿无功功率的并联电容器和同步补偿机,统称为无功补偿设备。由于并联电容器无旋转部分,具有安装简单、运行维护方便、有功损耗小及组装灵活、便于扩充等优点,因此在工厂供电系统中并联电容器补偿得到了广泛的应用。但必须指出,采用专门的无功补偿设备,需要额外增加投资。因此在进行电压调整时,应优先考虑前面的各项措施,以提高系统的经济效果。

三、电压波动及其抑制

（一）电压波动的含义

电压波动是指电网电压方均根值(有效值)的连续快速变动。电压波动(或电压变动)值,以用户公共供电点相邻时间的最大与最小电压方均根值 U_{max} 与 U_{min} 之差对电网额定电压 U_N 的百分值来表示,即:

$$\delta_U\% = \frac{U_{max} - U_{min}}{U_N} \times 100\% \tag{1-5}$$

（二）电压波动的产生与危害

电压波动是由于负荷急剧变动或冲击性负荷所引起的。负荷急剧变动,使电网的电压损耗相应变动,从而使用户公共供电点的电压出现波动现象。例如电动机的启动,特别是大型电弧炉和轧钢机等冲击性负荷的工作,都会引起电网电压的波动。

电压波动可影响电动机的正常启动,甚至可使电动机不能启动;对同步电动机还可引起其转子振动;可使电子计算机和电子设备无法正常工作;可使照明灯发生明显的闪烁,严重影响视觉,使人无法正常生产、工作和学习。

（三）电压波动的抑制措施

(1) 对负荷变动剧烈的大型电气设备,采用专用线路或专用变压器单独供电。这是最简便有效的办法。

(2) 设法增大供电容量,减小系统阻抗。例如将单回路线路改为双回路线路,或将架空线路改为电缆线路,使系统的电压损耗减小,从而减小负荷变动时引起的电压波动。

(3) 在系统出现严重的电压波动时,减少或切除引起电压波动的负荷。

(4) 对大容量电弧炉的炉用变压器,宜由短路容量较大的电网供电,一般采用更高电压等级的电网供电。

(5) 对大型冲击性负荷,如果采用上述措施达不到要求时,可装设能“吸收”冲击无功功率的静止型无功补偿装置(static var compensator,缩写 SVC)。SVC 是一种能吸收随机变化的冲击无功功率和动态谐波电流的无功补偿装置,其类型有多种,而以自饱和电抗器型(SR 型)的效能最好,其电子元件少,可靠性高,反应速度快,维护方便经济,我国一般变压器厂均能制造,是最适于我国推广应用的一种 SVC。

四、电网谐波及其抑制

（一）谐波的含义

谐波是指对周期性非正弦量进行傅立叶级数分解所得到的大于基波频率整数倍的各次分量,通常称为高次谐波。基波是指其频率与工频(50 Hz)相同的分量。

向公共电网注入谐波电流或在公共电网中产生谐波电压的电气设备,称为谐波源。

三相交流发电机发出的电压可认为其波形是正弦量,即其电压波形中基本上无直流和谐波分量。但是由于电力系统中存在各种谐波源,特别是随着大型变流设备和电弧炉等的广泛应用,使得高次谐波的干扰成了当前电力系统中影响电能质量的一大“公害”,亟待采取对策。

（二）谐波的产生与危害

电网谐波的产生,主要在于电力系统中存在各种非线性元件。因此,即使电力系统中电源的电压为正弦波,但由于非线性元件的存在,使电网中总有谐波电流或电压。产生谐波的元件很多，例如荧光灯及其他气体放电灯、感应电动机、电焊机、变压器和感应电炉等，都要产生谐波电流或电压。最为严重的是大型的晶闸管变流设备和大型电弧炉，它们产生的谐波电流最为突出，是造成电网谐波的主要因素。

谐波对电气设备的危害很大。谐波电流通过变压器，可使变压器铁芯损耗明显增加，从而使变压器过热，缩短使用寿命。谐波电流通过交流电动机，不仅会使电动机铁芯损耗明显增加，而且还会使电动机转子产生振动现象，严重影响机械加工的产品质量。谐波对电容器的影响更为突出。谐波电压加在电容器两端时，由于电容器对谐波的阻抗很小，从而导致电容器极易发生过载，甚至烧毁。此外，谐波电流可使电力线路的电能损耗和电压损耗增加，使计量电能的感应式电能表计量误差增大，还可使电力系统发生电压谐振，引起谐振过电压，有可能击穿线路或设备的绝缘，也可能造成系统的继电保护和自动装置误动作，并对附近的通信线路和设备产生信号干扰。

（三）电网谐波的抑制措施

(1) 三相整流变压器采用 Y/d 或 D/y 的接线。由于 3 次及 3 的整数倍次谐波电流在三角形连接的绕组内形成环流，而星形连接的绕组内不可能产生 3 次及 3 的整数倍次谐波电流，因此采用 Y/d 或 D/y 接线的整流变压器，能使注入电网的谐波电流中消除 3 次及 3 的整数倍次的谐波电流。又由于电力系统中的非正弦交流电压或电流通常是正、负两半波，对时间轴是对称的，不含直流分量和偶次谐波分量，因此采用 Y/d 或 D/y 接线的整流变压器后，注入电网的谐波电流只有 5、7、11($6n\pm1$)等次谐波。这是抑制谐波最基本的一种方法。

(2) 增加整流变压器二次侧的相数。整流变压器二次侧的相数越多，整流波形的脉动数越多，其次数低的谐波被消去的也越多。例如，整流相数为 6 相时，出现的 5 次谐波电流为基波电流的 18.5%，7 次谐波电流为基波电流的 12%。如果整流相数增加到 12 相时，则出现的 5 次谐波电流降为基波电流的 4.5%，7 次谐波电流降为基波电流的 3%，都差不多减少了 75%。由此可见，增加整流相数对高次谐波的抑制效果相当显著。

(3) 使各台整流变压器二次侧互有相位差。多台相数相同的整流装置并列运行时，使其整流变压器二次侧互有适当的相位差，这与增加整流变压器二次侧相数的效果类似，也能大大减少注入电网的高次谐波。

(4) 装设分流滤波器。在大容量静止谐波源（如大型晶闸管整流器）与电网连接处，装设分流滤波器，如图 1-31 所示，使滤波器的各组 R-L-C 回路分别对需要消除的 5、7、11 等次谐波进行调谐，使之发生串联谐振。由于串联谐振时阻抗很小，从而使这些次数的谐波电流被它分流吸收而不致注入公共电网。

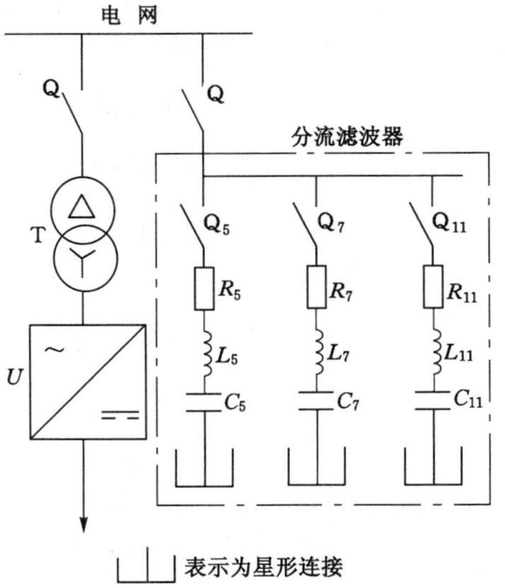

图 1-31　装设分流滤波器吸收高次谐波

(5) 选用 D/yn11 连接组别的三相配电变压器。由于 D/yn11 连接的变压器高压绕组是三角形接线，3 次及 3 的整数倍次的高次谐波电流在其绕组内形成环流而不致注入高压电网，从而有利于抑制高次谐波。

（6）其他措施。例如限制电力系统中接入的变流设备和交流调压装置等的容量，或提高对大容量非线性设备的供电电压，或者将谐波源与不能受干扰的负荷电路从电网的接线上分开等，都有助于谐波的抑制或消除。

五、三相不平衡及其改善

（一）三相不平衡电压或电流的产生及其危害

在三相供电系统中，如果 3 个相的电压或电流幅值或有效值不等，或者 3 个相电压或电流的相位差不为 120°时，则称此三相电压或电流不平衡或不对称。

三相供电系统在正常运行方式下出现三相电压或电流不平衡的主要原因是三相负荷不平衡（不对称）。

三相不平衡电压或电流，可以按对称分量法将其分解为正序、负序和零序分量。由于负序电压的存在，接在三相系统中的感应电动机在产生正向转矩的同时还会产生一个反向转矩，从而降低了电动机的输出转矩，而且使电动机的总电流增大，功率损耗增加，从而使其发热温度升高，加速绝缘老化，缩短使用寿命。对三相变压器来说，由于三相电流不平衡，当最大相电流达到变压器绕组额定电流时，其他两相电流均低于额定值，从而使变压器容量得不到充分利用。对于多相整流装置，三相电压不对称，将严重影响多相触发脉冲的对称性，使整流装置产生较大的谐波，进一步影响电能质量。

（二）改善三相不平衡的措施

（1）在供电设计和安装中，应尽量使三相负荷均衡分配，三相系统中各相安装的单相设备容量之差应不超过 15%。

（2）将不对称的负荷尽可能地分散接到不同的供电点，以免集中连接造成严重的三相不平衡。

（3）将不对称的负荷接到更高一级电压的电网上，以增大连接点的短路容量，减小不对称负荷的影响。

（4）采用三相平衡化装置。例如图 1-32 所示的三相电路中，B、C 相间接有单相电阻负荷 R，从而造成三相不平衡。如果在 A、B 相间接入电感线圈 L，而在 C、A 相间接入电容器 C，使 $X_L = X_C = \sqrt{3}R$，这样三相电路就构成了平衡的三相系统。

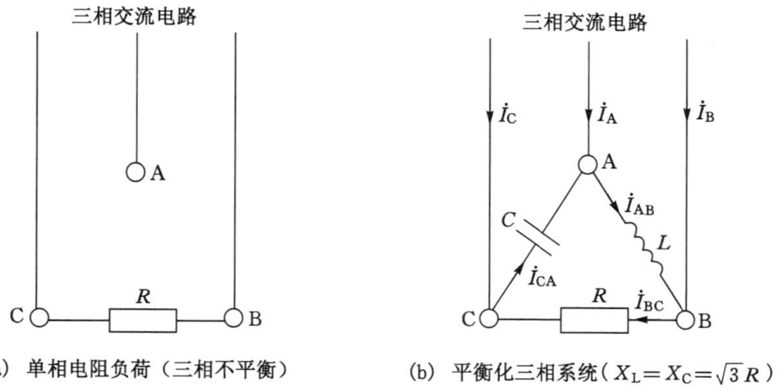

(a) 单相电阻负荷（三相不平衡）　(b) 平衡化三相系统（$X_L = X_C = \sqrt{3}R$）

图 1-32　三相平衡化电路说明

上述平衡化三相系统的相量图如图 1-33 所示。相量图中电阻电流 $\dot{I}_{BC}$ 与电压 $\dot{U}_{BC}$ 同相，电感电流 $\dot{I}_{AB}$ 滞后于电压 $\dot{U}_{AB}$ 90°，电容电流 $\dot{I}_{CA}$ 超前于电压 $\dot{U}_{CA}$ 90°，而电流量值 $I_{BC}=\sqrt{3}I_{AB}=\sqrt{3}I_{CA}$。由于 $\dot{I}_A=\dot{I}_{AB}-\dot{I}_{CA}$，$\dot{I}_B=\dot{I}_{BC}-\dot{I}_{AB}$，$\dot{I}_C=\dot{I}_{CA}-\dot{I}_{BC}$，因此 $\dot{I}_A$、$\dot{I}_B$、$\dot{I}_C$ 的量值相等，而相位互差 120°，从而构成三相平衡化系统。

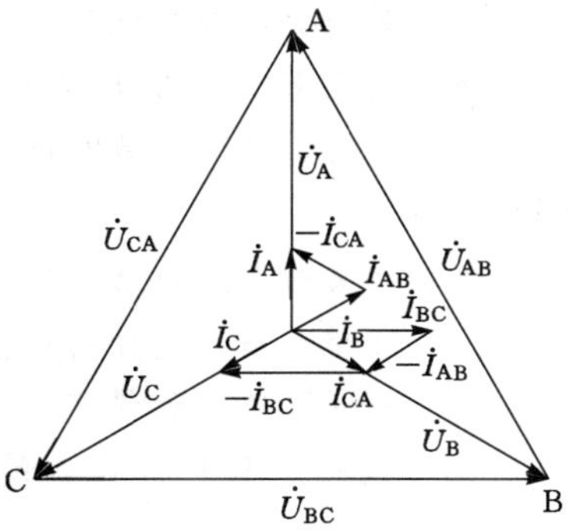

图 1-33　平衡化三相系统的相量图

在实际工程中，一般采用可调的平衡化装置，包括具有分相补偿功能的静止型无功补偿装置(SVC)和静止型无功电源(static var generator，缩写 SVG)。SVG 基本上不用储能元件，而是充分利用三相交流电的特点，使能量在三相之间及时转换来实现补偿。与 SVC 相比，SVG 能大大减小体积和材料消耗，而且响应速度快，调节性能好，综合了补偿无功功率、改善三相不平衡和抑制谐波的优点。

习题与思考

1-1　什么叫电力系统、电力网？建立联合电网(联合电力系统)有哪些优越性？

1-2　我国电网的额定电压等级有哪些？为什么用电设备额定电压一般规定与电网额定电压相同？为什么 10 kV 电网使用的高压开关有额定电压 10 kV 和 12 kV 两种规格？

1-3　为什么发电机额定电压高于电网额定电压 5%？为什么电力变压器一次额定电压有的高于电网额定电压 5%，有的等于电网额定电压？又为什么电力变压器二次额定电压有的高于电网额定电压 5%，有的高于电网额定电压 10%？

1-4　电力系统中的升压变压器能否反过来作为降压变压器使用？为什么？

1-5　电网电压的高压和低压如何划分？什么叫中压、高压、超高压和特高压？

1-6　煤矿常用电压等级有哪些？分别适用于哪些区域？哪些属于比较特殊的电压等级？

1-7　电力负荷对供电有哪些基本要求？电力负荷如何进行分级及各级负荷对供电有何不同要求？煤矿哪些负荷属于一级负荷？哪些属于二级负荷？

1-8　放射式接线、干线式接线和环式接线各有何优缺点？变电所的一次侧主接线有几种形式？

1-9　比较内桥接线、外桥接线和全桥接线的优缺点。

1-10　确定矿井供电方式与哪些因素有关？深井供电系统和浅井供电系统有何异同？

1-11　电力系统中性点接地方式有几种？为何 3～66 kV 电网一般采用小电流接地方式？其有何特点？什么情况下采用消弧线圈接地运行方式？中性点经消弧线圈接地与中性点不接地在电力系统发生单相接地时有哪些异同？为何 110 kV 及以上的高压电网一般采用大电流接地方式？

1-12　何为 TN 系统？该系统的中性线(N 线)、保护接地线(PE 线)和保护中性线(PEN 线)各有哪些功能？TN 系统有几种形式？各有何优缺点？

1-13　何为 TT 系统和 IT 系统？各适用于哪些场所或哪些类型的用户？

1-14　对企业供电系统来说，提高电能质量主要针对哪些方面的质量问题进行提高？在电力系统正常状况和非正常状况下，供电频率的允许偏差各为多少？

1-15　什么叫电压偏差？电压偏差对感应电动机和照明光源各有什么影响？有哪些电压调整措施？

1-16　什么叫电压波动？供电系统中有哪些抑制电压波动的措施？

1-17　三相不平衡是如何产生的？有哪些危害？有哪些改善措施？

1-18　电网谐波是如何产生的？有哪些危害？有哪些抑制措施？

1-19　试确定图 1-34 所示供电系统中变压器 T_1，线路 WL_1、WL_2 和电动机 M 的额定电压。

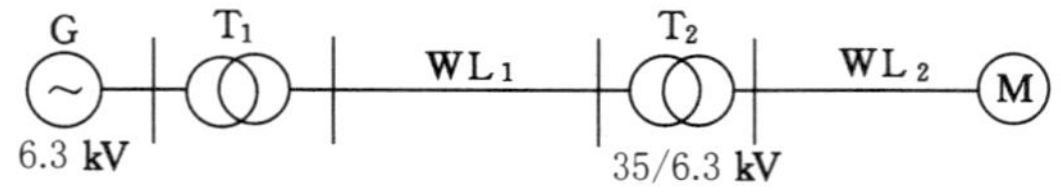

图 1-34　习题 1-19 的供电系统

1-20　试确定图 1-35 所示供电系统中发电机 G，变压器 T_1、T_2、T_4 及线路 WL_1、WL_2 的额定电压。

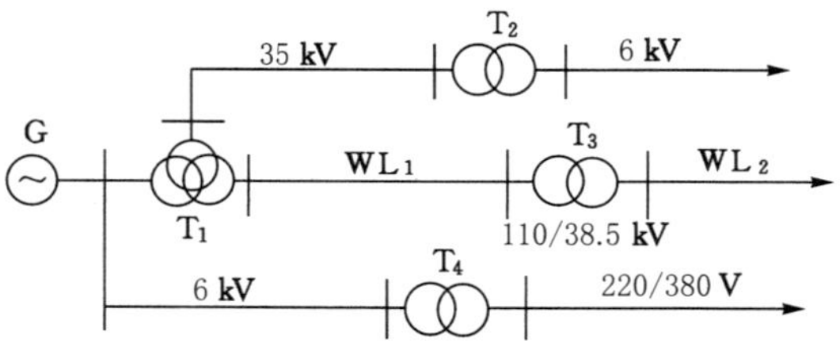

图 1-35　习题 1-20 的供电系统

1-21　某企业设有若干车间变电所，低压侧互有联络线相连。一车间变电所采用一台无载调压变压器(设有＋5%、0、－5% 三个电压分接头)，当在主接头“0”的位置(即 U_{1N})时，白天生产时低压母线电压只有 360 V(额定电压为 380 V)，晚上不生产时低压母线电压则升高到 415 V。此变电所低压母线昼夜电压偏差范围(%)各为多少？试提出合理的改善措施。

1-22　某矿 10 kV 高压配电网采用中性点不接地方式运行，高压电缆线路总长度 21 km。试求当发生单相接地时的接地电容电流值，并判断此系统的中性点需不需要改为经消弧线圈接地。

第二章 矿山负荷计算

内容提要:负荷计算是矿山供电系统设计、运行分析和保护整定的基础。本章首先介绍负荷计算的有关概念,讲述常用的负荷计算方法,然后讲述企业负荷计算和变压器选择,最后介绍功率因数及其补偿方法。

第一节 负荷曲线

矿山生产用电通常来自电力系统,也可由矿山坑口电站供电,经过矿山地面变电所、井下中央变电所、采区变电所等电压变换和分配后,供给矿山各用电设备使用。进行矿山电力负荷计算,是为正确选择各级变电所的变压器型号、台数和容量,以及开关等各种电气设备的型号、规格,供电线缆的截面面积、型号,进行保护整定等提供科学依据。矿山负荷计算主要包括以下 3 个方面:

(1) 计算负荷,或称需用负荷。目的是正确合理地选择矿山各级变电所的变压器容量、电气设备型号、保护整定等。

(2) 计算尖峰电流。用于计算电压损失和电压波动,选择熔断器和保护元件等。

(3) 计算平均负荷。用来计算矿山电能需要量、电能损耗,选择无功补偿装置等。

一、负荷曲线

电力系统中,用电设备所需的电功率称为电力负荷,简称负荷。功率是表示能量变化速率的一个物理量,电功率又分为有功功率、无功功率和视在功率。供电部门分配的负荷指标一般为每小时平均有功功率,而变电所的变压器或其他电气设备则常用视在功率为限额。

不论单台用电设备,还是一组用电设备,其用电功率不可能一直保持不变,而是随时间在不断变化的。负荷曲线就是用来表示电力负荷用电功率随时间变化情况的一种图形,它反映了用户用电的特点和规律。负荷曲线绘制在直角坐标系内,纵坐标表示负荷消耗的功率(有功功率或无功功率),横坐标表示时间。

负荷曲线按负荷对象分为企业负荷曲线、车间负荷曲线和用电设备组负荷曲线;按负荷的功率性质分为有功负荷曲线和无功负荷曲线;按所表示负荷变动的时间跨度分为年负荷曲线、月负荷曲线、日负荷曲线和工作班的负荷曲线。

日负荷曲线表示用户一昼夜(24 h)实际用电负荷的变化情况。图 2-1 所示是某负荷的日有功负荷曲线。图 2-1(a)是依点连成的负荷曲线。通常,为了使用方便,负荷曲线绘制成如图 2-1(b)所示的阶梯形负荷曲线。

日负荷曲线可用测量的方法来绘制,先将横坐标按一定时间间隔(一般为半小时)分格,再根据功率表读数,将每一时间间隔内功率的平均值,对应横坐标相应的时间间隔绘在图上,即得阶梯形负荷曲线。其时间间隔取得越短,则该负荷曲线越能反映负荷的实际情

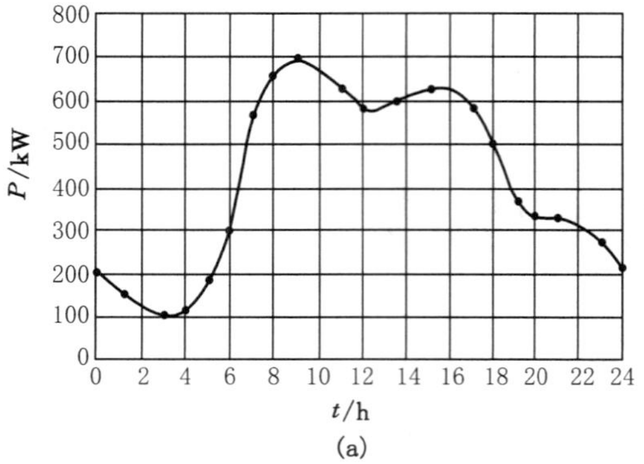

图 2-1 日有功负荷曲线

况。日负荷曲线与坐标所包围的面积代表全日所消耗的电能数。

年负荷曲线表示用户全年(8 760 h)内用电负荷的变化规律，有年负荷持续时间曲线和年每日最大负荷曲线两种形式。

年负荷持续时间曲线根据企业一年中具有代表性的冬季和夏季的日负荷曲线来绘制，反映用电企业全年负荷变动与负荷持续时间的关系，一般简称为年负荷曲线。年负荷曲线的横坐标用一年 365 d 的总时数 8 760 h 来分格。绘制年负荷曲线时，冬季日和夏季日所占的天数，应视当地的地理位置和气温情况而定。一般近似地设定，我国北方地区夏季日为 165 d，冬季日为 200 d，而南方地区夏季日为 200 d，冬季日为 165 d。图 2-2 就是按上述假定绘制的我国南方某企业的年负荷曲线，其中图 2-2(a)所示是该企业具有代表性的夏季日负荷曲线，图 2-2(b)所示是该企业具有代表性的冬季日负荷曲线，图 2-2(c)所示是由图 2-2(a)、(b)得出的该企业的年负荷曲线。

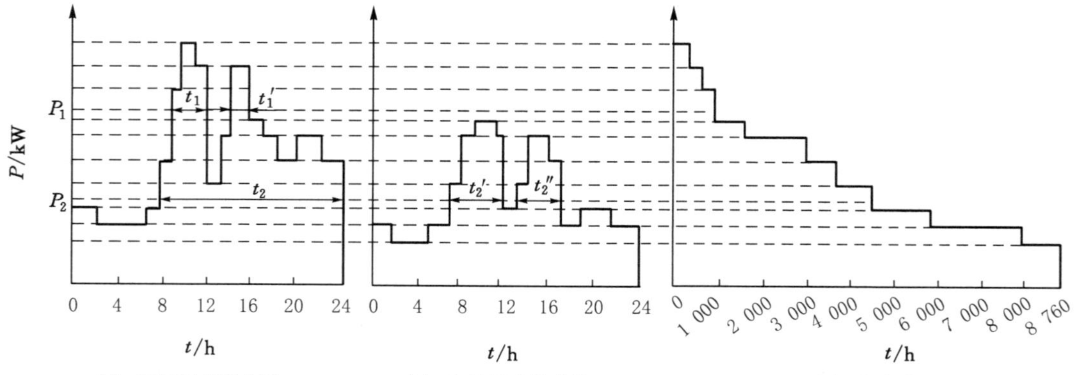

(a) 夏季日负荷曲线　(b) 冬季日负荷曲线　(c) 年负荷曲线

图 2-2 年负荷曲线的绘制

年每日最大负荷曲线是按全年每日的最大负荷(一般取为每日最大负荷的半小时平均值)绘制，一般简称为年最大负荷曲线。如图 2-3 所示，在图中将一年中的 1 月 1 日至 12 月 31 日的每日最大负荷依次绘出并连线，这种负荷曲线可用来确定拥有多台电力变压器的矿山变电站在一年内不同时期宜于投入运行的变压器的台数，即所谓经济运行方式，以降低电能损耗，合理安排检修计划，提高供电系统的经济效益。

从各种负荷曲线可以直观地了解负荷变动的情况，通过对负荷曲线的分析，可以更深入地了解和掌握负荷变动的规律，从中获得对供电系统设计、运行及电力系统运行、规划等有用的数据。因此，负荷曲线对电力设计和电力运行都是十分重要的资料。

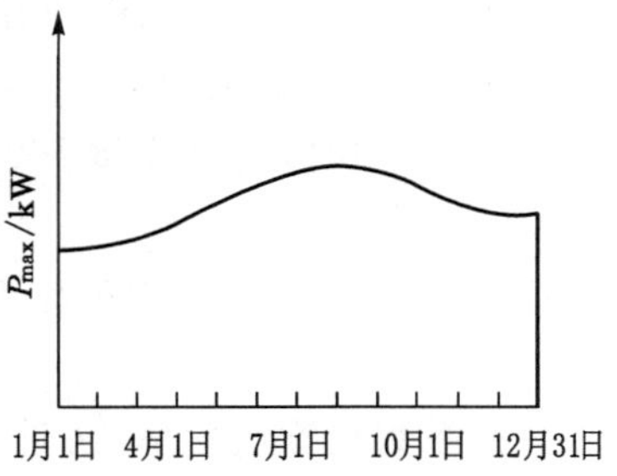

图 2-3　年每日最大负荷曲线

二、有关负荷计算的几个物理量

（一）年最大负荷和年最大负荷利用小时

年最大负荷是全年中负荷最大的工作班内（这一工作班的最大负荷不是偶然出现的，而是全年至少出现过 2～3 次）消耗电能最大的半小时的平均功率，分别用符号 P_{max}、Q_{max} 和 S_{max} 表示（也常用 P_{30}、Q_{30} 和 S_{30} 表示）年有功最大负荷、年无功最大负荷和年视在功率最大负荷。

年最大负荷利用小时是一个假想时间，在此时间内，电力负荷按年最大负荷 P_{max} 持续运行所消耗的电能，恰好等于该电力负荷全年实际消耗的电能，用符号 T_{max} 表示。如图 2-4 所示，过点 P_{max}、T_{max} 作两坐标轴的平行线，其与两坐标轴所包围的矩形面积，恰好等于年负荷曲线与两坐标轴所包围的阴影部分面积，即全年实际消耗的电能。因此，年最大负荷利用小时计算公式如下：

$$T_{max} = W_a / P_{max} \tag{2-1}$$

式中　W_a——全年消耗的有功电度数，kW·h。

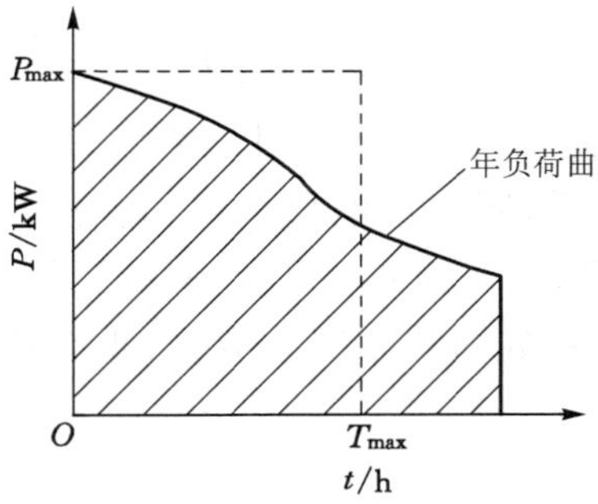

图 2-4　年最大负荷和年最大负荷利用小时

年最大负荷利用小时是反映矿山电力负荷是否均匀的一个重要指标。它在计算电能损耗和电气设备选择中均要用到。T_{max} 与企业的生产班制有较大的关系。例如，一班制企业，T_{max}≈1 800～2 500 h；两班制企业，T_{max}≈3 500～4 500 h；三班制企业，T_{max}≈5 000～7 000 h。

（二）平均负荷和负荷系数

平均负荷就是电力负荷在一定时间内消耗功率的平均值，也就是电力负荷在这段时间内消耗的电能除以这段时间 t，分别用符号 P_{av}、Q_{av} 和 S_{av} 表示平均有功负荷、平均无功负荷和平均视在负荷。即：

$$P_{av} = W_a / t$$

$$Q_{av} = W_{re} / t$$

$$S_{av} = \sqrt{W_a^2 + W_{re}^2} / t \tag{2-2}$$

式中　W_a——t 时间内消耗的有功电度数；

W_{re}——t 时间内消耗的无功电度数。

对于年平均负荷，t 取 8 760 h。因此，年平均负荷为：

$$P_{av} = W_a / 8\ 760 \tag{2-3}$$

负荷系数 K_{lo}，是平均负荷 P_{av} 与最大负荷 P_{max} 的比值，即：

$$K_{lo} = P_{av} / P_{max} \tag{2-4}$$

负荷系数也称负荷率，又叫负荷曲线填充系数，它是表征负荷变化规律的一个参数，其值愈大，则负荷曲线愈平坦，负荷波动愈小。从发挥整个供电系统的效能来说，应尽量设法使矿山不平坦的负荷曲线波动减小，即通过负荷调节实现"削峰填谷"。

对某一用电设备来说，负荷系数就是该设备在最大负荷时的输出功率 P 与其额定功率 P_N 的比值，即：

$$K_{lo} = P / P_N \tag{2-5}$$

（三）需要系数和利用系数

需要系数 K_{de} 是用电设备组实际从电网吸收的最大负荷与该用电设备组的额定总功率的比值，即：

$$K_{de} = P_{max} / \sum P_N \tag{2-6}$$

式中　$\sum P_N$—— 用电设备组的额定总功率，kW。

利用系数 K_c 是用电设备组实际从电网吸收负荷的平均值与该用电设备组额定功率的比值，即：

$$K_c = P_{av} / \sum P_N \tag{2-7}$$

对各类型企业的负荷曲线进行观察发现，同一类型的用电设备组、车间或企业，其负荷曲线是大致相同的。也就是说，同一用电设备组，其需要系数和利用系数的值是很接近的。我国电力设计研究部门通过研究调查并参考国外设计资料，统计出了我国一般工业企业常见用电设备组的需要系数和功率因数数据，供企业进行负荷计算时使用，部分数据参见附录。

（四）尖峰负荷和低谷负荷

在一昼夜间用户出现的最大负荷称为尖峰负荷，出现的最小负荷称为低谷负荷。各行业用电特点不同，出现尖峰负荷和低谷负荷时间也不尽相同。

（五）计算负荷

计算负荷是按发热条件选择导体和电气设备时所使用的一个假想负荷。按计算负荷持续运行所产生的热效应，与按实际变动负荷长期运行所产生的最大热效应相等。换句话说，当导体持续流过计算负荷时所产生的导体恒定温升，恰好等于导体流过实际变动负荷时所产生的平均最高温升，从发热效果来看，二者是等效的。

通常规定取 30 min 平均负荷最大值 P_{ca}、Q_{ca} 和 S_{ca} 作为该用户的"计算负荷"。这是因为一般 16 mm^2 以上的导线，其发热时间常数 τ 在 10 min 以上，时间很短的尖峰负荷不是造成导线达到最高温度的主要因素。因为在导线还来不及升到其相应的温度以前，这个尖峰负荷就已经消失了。理论分析和实验都证明，导线达到稳定温升的时间约为 30 min（3τ）。因此，只有持续时间在 30 min 以上的负荷值，才有可能构成导线的最大温升。这就是规定选取“半小时最大平均负荷”的理论依据。

从以上定义可见，虽年最大负荷 P_{max} 和计算负荷 P_{ca} 定义不同，但其物理意义很相近。因此，基本满足以下关系：

$$\begin{cases} P_{max}=P_{ca} \\ Q_{max}=Q_{ca} \\ S_{max}=S_{ca} \end{cases} \tag{2-8}$$

计算负荷是供电设计的基本依据。计算负荷确定得是否正确合理，直接影响到电气设备和导线电缆的选择是否经济合理。如果计算负荷确定得过大，将使电气设备和导线电缆选得过大，造成浪费。如果计算负荷确定得过小，又将使电气设备处于过负荷下运行，不只增加电能损耗，还会产生过热，导致绝缘老化过快甚至烧毁，引发火灾。由此可见，正确确定计算负荷意义重大。但由于负荷情况复杂，影响计算负荷的因素很多，虽然各类负荷的变化有一定的规律可循，但是仍难准确确定计算负荷的大小。实际上，负荷也不是一成不变的，它与设备性能、生产组织、生产者的技能熟练程度及能源供应状况等多种因素有关，因此负荷计算也只能力求接近实际。

三、用电设备的工作制与设备容量

工矿企业的用电设备，按其工作制分为以下 3 类。

（一）连续工作制

这类设备在恒定负荷下运行，且运行时间长到足以使之达到热平衡状态，如通风机、水泵、空气压缩机、采煤机、带式输送机、照明灯等。

（二）短时工作制

这类设备在恒定负荷下运行的时间短（短于达到热平衡所需的时间），而停歇的时间长（长到足以使设备温度冷却到周围介质的温度），如电动阀、电动风门、电动道岔等。

（三）断续周期工作制

这类设备周期性地时而工作，时而停歇，如此反复运行，而工作周期一般不超过10 min，无论工作或停歇，均不足以使设备达到热平衡，如煤矿的副井提升机、绞车，机械车间的电焊机和吊车电动机等。

断续周期工作制的设备，可用“负荷持续率”（又称暂载率）来表征其工作特征。负荷持续率为一个工作周期内工作时间与工作周期的百分比值，用 ε 表示，即：

$$\varepsilon=\frac{t}{T}\times 100\%=\frac{t}{t+t_0}\times 100\% \tag{2-9}$$

式中　T——工作周期；

t——工作周期内的工作时间；

t_0——工作周期内的停歇时间。

断续周期工作制设备的额定功率（铭牌功率）P_N 是对应于其额定负荷持续率 ε_N 的。如果实际运行的负荷持续率 $\varepsilon \neq \varepsilon_N$，则实际功率 P_e 应按同一周期内等效发热条件进行换算。由于电流 I 通过电阻 R 的设备在 t 时间内产生的热量为 I^2Rt，因此在设备产生相同热量的条件下，$I \propto 1/\sqrt{t}$；而在同一电压下，设备功率 $P \propto I$；又由式(2-9)知，同一周期 T 的负荷持续率 $\varepsilon \propto t$。因此 $P \propto I \propto 1/\sqrt{t} \propto 1/\sqrt{\varepsilon}$，即设备功率与负荷持续率的平方根成反比。

因此，如果设备在额定负荷持续率 ε_N 下的功率为 P_N，则换算到 ε 下的功率 P_e 为：

$$P_e = P_N\sqrt{\frac{\varepsilon_N}{\varepsilon}} \tag{2-10}$$

对一般连续工作制和短时工作制的用电设备组，设备组功率就是其所有设备（不含备用设备）额定功率之和，即 $P_e = \sum P_N$ 。

对断续周期工作制的用电设备组，设备组功率就是将所有设备（不含备用设备）在不同负荷持续率下的铭牌额定功率换算到一个统一的负荷持续率下的功率之和，换算的公式如式(2-10)所示。

对断续周期工作制的电焊机组要求统一换算到 $\varepsilon = 100\%$，因此由式(2-10)可得换算后的设备功率为：

$$P_e = P_N\sqrt{\frac{\varepsilon_N}{\varepsilon_{100}}} = P_N\sqrt{\varepsilon_N} = S_N\cos\varphi\sqrt{\frac{\varepsilon_N}{\varepsilon_{100}}} = S_N\cos\varphi\sqrt{\varepsilon_N} \tag{2-11}$$

式中 P_N、S_N——电焊机的铭牌额定功率（前者为有功功率，后者为视在功率）；

ε_N——与铭牌功率相对应的负荷持续率（计算中用小数）；

ε_{100}——其值等于 100%的负荷持续率（计算中用 1）；

$\cos\varphi$——铭牌规定的功率因数。

断续周期工作制的吊车电动机组要求统一换算到 $\varepsilon = 25\%$，因此由式(2-10)可得换算后的设备功率为：

$$P_e = P_N\sqrt{\frac{\varepsilon_N}{\varepsilon_{25}}} = 2P_N\sqrt{\varepsilon_N} \tag{2-12}$$

式中 P_N——吊车电动机的额定功率；

ε_N——与 P_N 对应的负荷持续率（计算中用小数）；

ε_{25}——其值等于 25%的负荷持续率（计算中用 0.25）。

第二节 三相用电设备组的负荷计算

我国电力设计部门在进行工业企业供电设计时，采用的负荷计算方法有需要系数法、二项式法、利用系数法、单位电耗法及单位面积功率法等，常用的主要是需要系数法和二项式法。需要系数法是国际上通用的确定计算负荷的方法，最为简便实用。二项式法应用的局限性较大，但在确定设备台数较少而容量悬殊的分支线路的计算负荷时，较之采用需要系数法合理，且其计算也较简便。本书只介绍这两种计算方法，其他确定计算负荷的方法因未得到普遍应用，不予介绍。

一、需要系数法

（一）需要系数的含义

如图 2-5 所示，以一组用电设备来分析说明需要系数 K_{de} 值的含义。

假设该用电设备组有 n 台电机，进行功率统一换算后的额定总功率为 $\sum P_N$(kW)，则当此用电设备组满载运行时，需从电网吸收的有功功率为：

$$P_{jN} = \sum P_N/\eta \tag{2-13}$$

式中 P_{jN}——用电设备组从电网吸收的有功功率，kW；

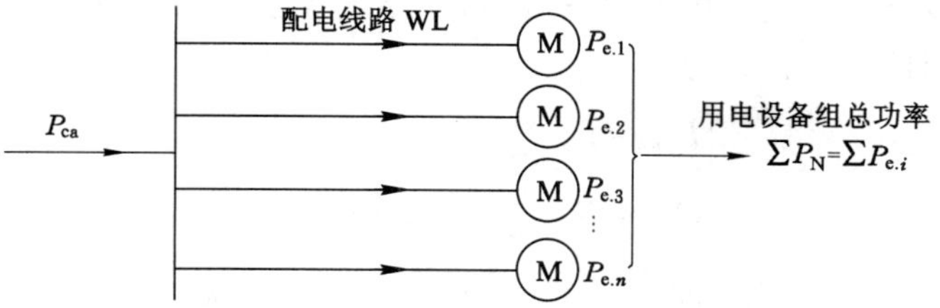

图 2-5　一个用电设备组的计算负荷

η——n 台电动机的加权平均效率。

$$\eta=\frac{P_{e.1}\eta_1+P_{e.2}\eta_2+\cdots+P_{e.n}\eta_n}{\sum_{i=1}^{n}P_{e.i}} \tag{2-14}$$

实际运行时 n 台电动机同时运行的可能性很小，因此定义同时工作系数 K_s 为：

$$K_s=\frac{\text{在最大负荷期间投入运行的电动机的额定功率的总和}}{\text{全部电动机的总额定功率}}$$

则在最大负荷期间，电网供给该用电设备组的最大负荷为：

$$P'_{ca}=\frac{K_s\sum P_N}{\eta} \tag{2-15}$$

同时，考虑到投入运行的电动机也不可能同时满载运行，因此定义 K_{lo} 为电动机的平均负荷系数：

$$K_{lo}=\frac{\text{投入运行的电动机的实际最大负荷}}{\text{投入运行的电动机的总额定功率}} \tag{2-16}$$

则在最大负荷期间，电网所供给的实际最大有功负荷为：

$$P''_{ca}=\frac{K_{lo}K_s\sum P_N}{\eta} \tag{2-17}$$

考虑到用电设备组在运行时供电线路上会产生功率损耗，也是由电网提供的，因此综合考虑，最后该组用电设备从电网获得的有功功率为：

$$P_{ca}=\frac{K_{lo}K_s\sum P_N}{\eta\eta_w} \tag{2-18}$$

式中　η_w——供电线路的输电效率，一般为 0.95～0.98。

由式(2-18)得用电设备组的需要系数为：

$$K_{de}=\frac{P_{ca}}{\sum P_N}=\frac{K_{lo}K_s}{\eta\eta_w} \tag{2-19}$$

可以看出，用电设备组的需要系数 K_{de} 反映了保障用电设备组运行最大需求时电网应供给的有功功率所必须考虑的一个综合系数。这个系数与用电设备组的平均负荷系数 K_{lo}、同时工作系数 K_s、加权平均效率 η 以及电网供电线路输电效率 η_w 等有关，显然需要系数 K_{de} 值小于 1。

（二）需要系数法计算电力负荷

1. 用电设备组计算负荷的确定

用电设备组是将工艺性质相同、需要系数相近的一些设备合并成的一组设备。常将生产中紧密相关的设备看作一个用电设备组，如采煤设备组、运输设备组、掘进设备组等。用电设备组计算负荷的计算公式为：

$$\begin{cases} P_{ca}=K_{de}\sum P_N \\ Q_{ca}=K_{de}\sum P_N\tan\varphi \\ S_{ca}=\sqrt{P_{ca}^2+Q_{ca}^2}=P_{ca}/\cos\varphi \\ I_{ca}=S_{ca}/(\sqrt{3}U_N) \end{cases} \tag{2-20}$$

式中　P_{ca}、Q_{ca}、S_{ca}——该用电设备组的有功、无功、视在功率计算负荷，kW、kvar、kV·A；

$\sum P_N$——该用电设备组的设备总额定功率，kW；

U_N——额定电压，kV；

$\cos\varphi$——该设备组的加权平均功率因数；

$\tan\varphi$——该设备组的加权平均功率因数角的正切值；

K_{de}——需要系数；

I_{ca}——该用电设备组的计算负荷电流，A。

矿井常用电力负荷计算需要系数 K_{de} 及加权平均功率因数 $\cos\varphi_{wm}$ 见表 2-1，通用用电设备组及一般工业企业电力负荷计算需要系数 K_{de} 及加权平均功率因数 $\cos\varphi_{wm}$ 见附录表 1、附录表 2。

表 2-1　矿井常用电力负荷计算需要系数 K_{de} 及加权平均功率因数 $\cos\varphi_{wm}$

用电设备		需要系数 K_{de}	加权平均功率因数 $\cos\varphi_{wm}$
采煤工作面	综合机械化工作面(自移支架)	$0.4+0.6\dfrac{P_{max}}{\sum P_N}$	0.7
	一般机械化工作面(单体支架)	$0.286+0.714\dfrac{P_{max}}{\sum P_N}$	0.6～0.7
	一般机械化工作面(倾斜机采面)	0.6～0.75	0.6～0.7
	缓倾斜煤层(炮采工作面)	0.4～0.5	0.6
	急倾斜煤层(炮采工作面)	0.5～0.6	0.7
掘进工作面	采用掘进机的	0.5	0.6～0.7
	非掘进机的	0.3～0.4	0.6
电机车	架线式电机车	0.5～0.65	0.9
	蓄电池电机车	0.8	0.9
	其他运输设备(如输送机、绞车等)	0.5	0.7
井底车场	无主排水设备	0.6～0.7	0.7
	有主排水设备	0.75～0.85	0.8

注：P_{max}——一个设备组内最大的电动机(如采煤机组、输送机等)的额定功率，kW；

$\sum P_N$—参加计算的所有用电设备的额定功率(不包括备用设备)之和，kW。

【例 2-1】 某机修车间的金属切削机床组，拥有电压为 380 V 的三相电动机 7.5 kW 的 3 台，4 kW 的 8 台，3 kW 的 17 台，1.5 kW 的 10 台。试求其计算负荷。

解:此机床组电动机的总功率为:

$$\sum P_N = 7.5\times3+4\times8+3\times17+1.5\times10=120.5\ (\text{kW})$$

查附录表1中“小批生产的金属冷加工机床电动机”项,得 $K_{de}=0.16\sim0.2$(取0.2),$\cos\varphi=0.5$,$\tan\varphi=1.73$,因此可求得:

有功计算负荷:

$$P_{ca}=0.2\times120.5=24.1\ (\text{kW})$$

无功计算负荷:

$$Q_{ca}=24.1\times1.73=41.7\ (\text{kvar})$$

视在计算负荷:

$$S_{ca}=\frac{24.1}{0.5}=48.2\ (\text{kV}\cdot\text{A})$$

计算负荷电流:

$$I_{ca}=\frac{48.2}{\sqrt{3}\times0.38}=73.2\ (\text{A})$$

2. 多个用电设备组的计算负荷

考虑多个用电设备组不可能同时工作,也不可能同时达到满载,故对多组用电设备负荷的计算应考虑各设备组的同时率系数 K_{si},其计算公式为:

$$\begin{cases}P_{ca}=K_{si}\sum\limits_{i=1}^{m}P_{cai}\\Q_{ca}=K_{si}\sum\limits_{i=1}^{m}Q_{cai}\\S_{ca}=\sqrt{P_{ca}^2+Q_{ca}^2}\\I_{ca}=S_{ca}/(\sqrt{3}U_N)\end{cases}\tag{2-21}$$

式中　P_{ca}、Q_{ca}、S_{ca}——配电干线或变电站低压母线的有功、无功、视在功率计算负荷;

K_{si}——多组用电设备组的同时率系数,见表2-2。

表2-2　需要系数的同时率系数

应用范围		同时率系数 K_{si}
确定车间变电所低压母线最大负荷时的同时率系数	冷加工车间	0.7～0.8
	热加工车间	0.7～0.9
	动力站	0.8～1.0
确定变电所母线最大负荷时的同时率系数	计算负荷小于5 000 kW	0.9～1.0
	计算负荷为5 000～10 000 kW	0.85
	计算负荷超过10 000 kW	0.8
确定煤矿井下采区最大负荷时的同时率系数	井下中央变电所	0.8～0.9
	2个采区	0.95
	3个采区	0.9

【例 2-2】 某机修车间 380 V 线路上，接有金属切削机床电动机 20 台共 50 kW（其中较大容量电动机有 7.5 kW 的 1 台，4 kW 的 3 台，2.2 kW 的 7 台），通风机 2 台共 3 kW，电阻炉 1 台 2 kW。试确定此线路上的计算负荷。

解：先求各组的计算负荷。

（1）金属切削机床组

查附录表 1，取 $K_{de}=0.2$，$\cos\varphi=0.5$，$\tan\varphi=1.73$，因此可求得：

$$P_{ca(1)}=0.2\times 50=10\ (\text{kW})$$

$$Q_{ca(1)}=10\times 1.73=17.3\ (\text{kvar})$$

（2）通风机组

查附录表 1，取 $K_{de}=0.8$，$\cos\varphi=0.8$，$\tan\varphi=0.75$，因此可求得：

$$P_{ca(2)}=0.8\times 3=2.4\ (\text{kW})$$

$$Q_{ca(2)}=2.4\times 0.75=1.8\ (\text{kvar})$$

（3）电阻炉

查附录表 1，取 $K_{de}=0.7$，$\cos\varphi=1$，$\tan\varphi=0$，因此可求得：

$$P_{ca(3)}=0.7\times 2=1.4\ (\text{kW})$$

$$Q_{ca(3)}=0$$

因此总的计算负荷为(取有功同时率系数 $K_{s.p}=0.95$，无功同时率系数 $K_{s.q}=0.97$)：

$$P_{ca}=0.95\times(10+2.4+1.4)=13.1\ (\text{kW})$$

$$Q_{ca}=0.97\times(17.3+1.8)=18.5\ (\text{kvar})$$

$$S_{ca}=\sqrt{13.1^2+18.5^2}=22.7\ (\text{kV}\cdot\text{A})$$

$$I_{ca}=\frac{22.7}{\sqrt{3}\times 0.38}=34.5\ (\text{A})$$

（三）对需要系数法的评价

利用需要系数法确定计算负荷的优点：

（1）公式简单，计算方便。只用一个原始公式 $P_{ca}=K_{de}\sum P_N$ 就可以表征普遍的计算方法。这个公式对用电设备组、车间变电站乃至一个企业变电站的计算负荷都可以进行计算。

（2）对于不同性质的用电设备、不同车间或企业的需要系数值，经过几十年的统计和积累，数值比较完整和准确，为供电设计创造了很好的条件。

这种方法的缺点：需要系数法没有考虑个别大功率电动机对整个计算负荷 P_{ca}、Q_{ca} 的影响，尤其是当总用电设备台数较少、功率相差悬殊时，影响更大。在这种情况下，采用二项式法(也称二项系数法)更准确些。

对绝大多数企业，目前需要系数法仍是一种准确而又简便的方法，因而在供电设计中广泛采用。

二、二项式法

（一）二项式法的基本公式

$$P_{ca}=b\sum P_N+cP_x \tag{2-22}$$

式中　$b\sum P_N$——二项式第一项，表示设备组的平均负荷，其中$\sum P_N$是用电设备组的设备总功率，其计算方法如前需要系数法中所述，b 为二项式系数；

cP_x——二项式第二项，表示设备组中 x 台功率最大的设备投入运行时增加的附加负荷，其中 P_x 是 x 台最大功率的设备总功率，c 为二项式系数。

其余的计算负荷 Q_{ca}、S_{ca}和 I_{ca}的计算，与需要系数法的计算相同。

附录表 1 中也列有部分用电设备组的二项式系数 b、c 和最大功率的设备台数 x 值，供参考。

但必须注意：按二项式法确定设备组的计算负荷时，如果设备总台数 n 少于附录表 1 中规定的最大功率设备台数 x 的 2 倍(即 $n<2x$)时，其最大功率设备台数 x 宜适当取小，建议取为 $x=n/2$ 且按“四舍五入”规则取整数。例如某机床电动机组只有 7 台时，则其 $x=7/2\approx4$。

如果用电设备组只有 1～2 台设备时，就可认为 $P_{ca}=\sum P_N$。对于一台电动机则 $P_{ca}=P_N/\eta$，式中 P_N 为电动机额定功率，η 为其额定效率。在设备台数较少时，$\cos\varphi$ 值也宜适当取大。

由于二项式法不仅考虑了用电设备组最大负荷时的平均负荷，而且考虑了其中少数功率最大的设备投入运行时对总计算负荷的额外影响，因此二项式法更适于确定设备台数较少而容量差别较大的低压分支干线的计算负荷。但是二项式系数数据较少，主要是机械加工工业用电设备组的数据，使其应用受到一定的局限。表 2-1 中给出的综合机械化工作面(自移支架)、一般机械化工作面(单体支架)的需要系数，在采用需要系数法计算负荷时其方法实质为二项式法。

【例 2-3】　试用二项式法来确定例 2-1 所示机床组的计算负荷。

解：由附录表 1 查得 $b=0.14$，$c=0.4$，$x=5$，$\cos\varphi=0.5$，$\tan\varphi=1.73$。而设备额定总功率为：

$$\sum P_N=7.5\times3+4\times8+3\times17+1.5\times10=120.5\ (\text{kW})$$

x 台最大功率的设备功率为：

$$P_x=P_5=7.5\times3+4\times2=30.5\ (\text{kW})$$

因此按式(2-22)可求得其有功计算负荷为：

$$P_{ca}=0.14\times120.5+0.4\times30.5=29.1\ (\text{kW})$$

按式(2-20)可求得其无功计算负荷为：

$$Q_{ca}=29.1\times1.73=50.3\ (\text{kW})$$

求得其视在计算负荷为：

$$S_{ca}=\frac{29.1}{0.5}=58.2\ (\text{kV}\cdot\text{A})$$

求得其计算电流为：

$$I_{ca}=\frac{58.2}{\sqrt{3}\times0.38}=88.4\ (\text{A})$$

比较例 2-1 和例 2-3 的计算结果可以看出，按二项式法计算的结果比按需要系数法计算的结果稍大，特别是在设备台数较少且功率相差较大的情况下。供电设计的经验说明，选择低压分支干线时，按需要系数法计算的结果往往偏小，以采用二项式法计算为宜。

（二）多组用电设备计算负荷的确定

采用二项式法确定多组用电设备总的计算负荷时，亦应考虑各组设备的最大负荷不同时出现的因素，但并未计入同时率系数，而是在各组设备中取其中一组最大的附加负荷$(cP_x)_{\max}$，加上各组的平均负荷$b\sum P_N$，即总的有功计算负荷，公式为：

$$P_{ca}=\sum_{i=1}^{n}(b\sum P_N)_i+(cP_x)_{\max} \tag{2-23}$$

总的无功计算负荷为：

$$Q_{ca}=\sum_{i=1}^{n}(b\sum P_N\tan\varphi)_i+(cP_x)_{\max}\tan\varphi_{\max} \tag{2-24}$$

式中，$\tan\varphi_{\max}$为最大的附加负荷$(cP_x)_{\max}$的设备组的平均功率因数角的正切值。

总的视在计算负荷S_{ca}和总的计算电流I_{ca}，仍按式(2-20)计算。

第三节　单相用电设备组的负荷计算

一、概述

在工业企业生产中，除使用三相设备外，还使用电焊机、电炉、电灯等各种单相设备。单相设备应尽可能均衡分配接在三相线路中，使三相线路尽量保持平衡。如果三相线路中单相设备的总功率不超过三相设备总功率的15%，则不论单相设备如何分配，单相设备可与三相设备综合按三相负荷平衡计算。如果单相设备功率超过三相设备总功率的15%，则应将单相设备功率换算为等效三相设备功率，再与三相设备功率相加。

计算负荷的目的主要是选择线路上的设备和导线（包括电缆），使线路上的设备和导线在通过计算电流时不致过热或烧毁，因此在接有较多单相设备的三相线路中，不论单相设备接于相电压还是接于线电压，只要三相负荷不平衡，就应以最大负荷相有功负荷的3倍作为等效三相有功负荷，以满足安全运行的要求。

二、单相设备组等效三相负荷的计算

（一）单相设备接于相电压时的等效三相负荷计算

首先计算其等效三相设备总功率$\sum P_N$，按三相中的最大负荷相所接单相设备功率$(P_{e\cdot m\varphi})$的3倍计算，即：

$$\sum P_N=3P_{e\cdot m\varphi} \tag{2-25}$$

然后按前述需要系数法计算其等效三相计算负荷，在此不赘述。

（二）单相设备接于线电压时的三相负荷计算

1. 单相设备接于同一线电压时

由于功率为$P_{e\cdot\varphi}$的单相设备在线电压上产生的电流$I=P_{e\cdot\varphi}/(U\cos\varphi)$，此电流应与等效三相设备功率$\sum P_N$产生的电流$I'=\sum P_N/(\sqrt{3}U\cos\varphi)$相等，因此其等效三相设备功率为：

$$\sum P_N=\sqrt{3}P_{e\cdot\varphi} \tag{2-26}$$

2. 单相设备接于不同线电压时

P_1、P_2、P_3（设$P_1>P_2>P_3$）分别接于不同线电压时（如图2-6所示）的等效三相设备

功率为：

$$\sum P_N = \sqrt{3}P_1 + (3-\sqrt{3})P_2 \tag{2-27}$$

$$\sum Q_N = \sqrt{3}P_1\tan\varphi_1 + (3-\sqrt{3})P_2\tan\varphi_2 \tag{2-28}$$

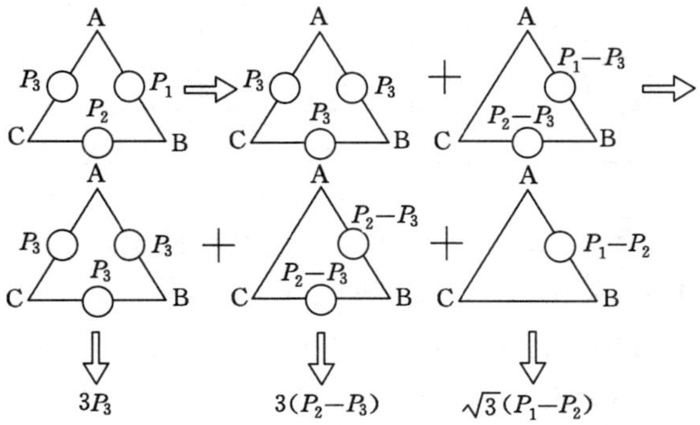

图 2-6　单相设备接于不同线电压时的等效三相设备功率计算

等效三相计算负荷同样按前述需要系数法计算。

（三）单相设备分别接于线电压和相电压时的负荷计算

首先应将接于线电压的单相设备功率换算为接于相电压的设备功率，然后分相计算各相的设备功率与计算负荷。总的等效三相有功计算负荷为其最大负荷相的有功计算负荷 $P_{ca\cdot m\varphi}$ 的 3 倍，即：

$$P_{ca} = 3P_{ca\cdot m\varphi} \tag{2-29}$$

总的等效三相无功计算负荷为最大负荷相的无功计算负荷 $Q_{ca\cdot m\varphi}$ 的 3 倍，即：

$$Q_{ca} = 3Q_{ca\cdot m\varphi} \tag{2-30}$$

关于将接于线电压的单相设备功率换算为接于相电压的设备功率的问题，可按下列换算公式进行换算：

A 相：

$$\begin{cases} P_A = p_{AB-A}P_{AB} + p_{CA-A}P_{CA} \\ Q_A = q_{AB-A}P_{AB} + q_{CA-A}P_{CA} \end{cases} \tag{2-31}$$

B 相：

$$\begin{cases} P_B = p_{BC-B}P_{BC} + p_{AB-B}P_{AB} \\ Q_B = q_{BC-B}P_{BC} + q_{AB-B}P_{AB} \end{cases} \tag{2-32}$$

C 相：

$$\begin{cases} P_C = p_{CA-C}P_{CA} + p_{BC-C}P_{BC} \\ Q_C = q_{CA-C}P_{CA} + q_{BC-C}P_{BC} \end{cases} \tag{2-33}$$

式中　P_{AB}、P_{BC}、P_{CA}——接于 AB、BC、CA 相间的设备有功功率；

P_A、P_B、P_C——换算为 A、B、C 相的设备有功功率；

Q_A、Q_B、Q_C——换算为 A、B、C 相的设备无功功率；

p_{AB-A}、q_{AB-A}、……——分别是接于 AB 等相间的设备功率换算为 A 等相设备功率的有功功率和无功功率换算系数，如表 2-3 所列。

表 2-3　相间负荷换算为相负荷的功率换算系数

功率换算系数	负荷功率因数								
	0.35	0.4	0.5	0.6	0.65	0.7	0.8	0.9	1.0
p_{AB-A}，p_{BC-B}，p_{CA-C}	1.27	1.17	1.0	0.89	0.84	0.8	0.72	0.64	0.5
p_{AB-B}，p_{BC-C}，p_{CA-A}	−0.27	−0.17	0	0.11	0.16	0.2	0.28	0.36	0.5
q_{AB-A}，q_{BC-B}，q_{CA-C}	1.05	0.86	0.58	0.38	0.3	0.22	0.09	−0.05	−0.29
q_{AB-B}，q_{BC-C}，q_{CA-A}	1.63	1.44	1.16	0.96	0.88	0.8	0.67	0.53	0.29

【例 2-4】 如图 2-7 所示 220/380 V 三相四线制线路上，接有 220 V 单相电热干燥箱 4 台，其中 2 台 10 kW 接于 A 相，1 台 30 kW 接于 B 相，1 台 20 kW 接于 C 相。此外接有 380 V 单相对焊机 4 台，其中 2 台 14 kW（ε＝100％）接于 AB 相间，1 台 20 kW（ε＝100％）接于 BC 相间，1 台 30 kW（ε＝60％）接于 CA 相间。试求此线路的计算负荷。

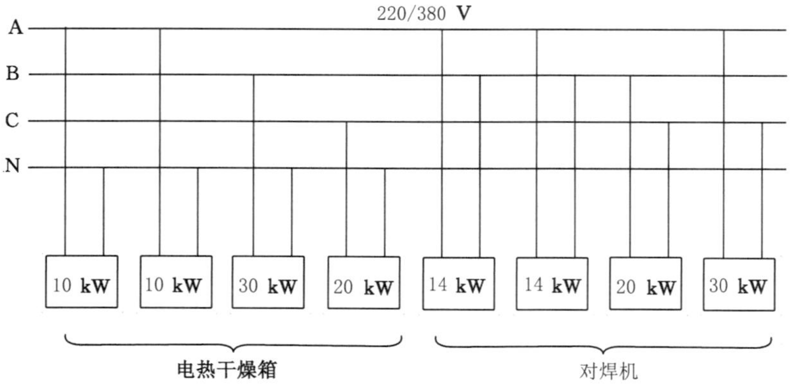

图 2-7　例 2-4 的电路

解：(1) 电热干燥箱的各相计算负荷

查附录表 1 得 $K_{de}=0.7$，$\cos\varphi=1$，$\tan\varphi=0$，因此只需计算其有功计算负荷：

A 相：

$$P_{ca\cdot A(1)}=K_{de}P_{e\cdot A}=0.7\times2\times10=14\ (kW)$$

B 相：

$$P_{ca\cdot B(1)}=K_{de}P_{e\cdot B}=0.7\times1\times30=21\ (kW)$$

C 相：

$$P_{ca\cdot C(1)}=K_{de}P_{e\cdot C}=0.7\times1\times20=14\ (kW)$$

(2) 对焊机的各相计算负荷

先将接于 CA 相间的 30 kW（ε＝60％）换算至 ε＝100％的功率，即：

$$P_{CA}=\sqrt{0.6}\times30=23\ (kW)$$

查附录表 1 得 $K_{de}=0.35$，$\cos\varphi=0.7$，$\tan\varphi=1.02$，再由表 2-3 查得 $\cos\varphi=0.7$ 时的功率换算系数：

$$p_{AB-A}=p_{BC-B}=p_{CA-C}=0.8，p_{AB-B}=p_{BC-C}=p_{CA-A}=0.2$$

$$q_{AB-A}=q_{BC-B}=q_{CA-C}=0.22, q_{AB-B}=q_{BC-C}=q_{CA-A}=0.8$$

因此各相设备的有功和无功功率为：

A 相：

$$P_A=0.8\times2\times14+0.2\times23=27\ (\text{kW})$$

$$Q_A=0.22\times2\times14+0.8\times23=24.6\ (\text{kvar})$$

B 相：

$$P_B=0.8\times20+0.2\times2\times14=21.6\ (\text{kW})$$

$$Q_B=0.22\times20+0.8\times2\times14=26.8\ (\text{kvar})$$

C 相：

$$P_C=0.8\times23+0.2\times20=22.4\ (\text{kW})$$

$$Q_C=0.22\times23+0.8\times20=21.1\ (\text{kvar})$$

各相的有功和无功计算负荷为：

A 相：

$$P_{ca\cdot A(2)}=0.35\times27=9.45\ (\text{kW})$$

$$Q_{ca\cdot A(2)}=0.35\times24.6=8.61\ (\text{kvar})$$

B 相：

$$P_{ca\cdot B(2)}=0.35\times21.6=7.56\ (\text{kW})$$

$$Q_{ca\cdot B(2)}=0.35\times26.8=9.38\ (\text{kvar})$$

C 相：

$$P_{ca\cdot C(2)}=0.35\times22.4=7.84\ (\text{kW})$$

$$Q_{ca\cdot C(2)}=0.35\times21.1=7.39\ (\text{kvar})$$

(3) 各相总的有功和无功计算负荷

A 相：

$$P_{ca\cdot A}=P_{ca\cdot A(1)}+P_{ca\cdot A(2)}=14+9.45=23.5\ (\text{kW})$$

$$Q_{ca\cdot A}=Q_{ca\cdot A(1)}+Q_{ca\cdot A(2)}=0+8.61=8.61\ (\text{kvar})$$

B 相：

$$P_{ca\cdot B}=P_{ca\cdot B(1)}+P_{ca\cdot B(2)}=21+7.56=28.6\ (\text{kW})$$

$$Q_{ca\cdot B}=Q_{ca\cdot B(1)}+Q_{ca\cdot B(2)}=0+9.38=9.38\ (\text{kvar})$$

C 相：

$$P_{ca\cdot C}=P_{ca\cdot C(1)}+P_{ca\cdot C(2)}=14+7.84=21.8\ (\text{kW})$$

$$Q_{ca\cdot C}=Q_{ca\cdot C(1)}+Q_{ca\cdot C(2)}=0+7.39=7.39\ (\text{kvar})$$

(4) 总的等效三相计算负荷

因 B 相的有功计算负荷最大，故取 B 相计算其等效三相计算负荷，由此可得：

$$P_{ca}=3P_{ca\cdot B}=3\times28.6=85.8\ (\text{kW})$$

$$Q_{ca}=3Q_{ca\cdot B}=3\times9.38=28.1\ (\text{kvar})$$

$$S_{ca}=\sqrt{85.8^2+28.1^2}=90.3\ (\text{kV}\cdot\text{A})$$

$$I_{ca}=\frac{90.3}{\sqrt{3}\times0.38}=137\ (\text{A})$$

第四节　功率因数与无功补偿

一、功率因数

功率因数是电力系统特别是电力用户的一项重要电气指标。提高负荷的功率因数可以使发电、变电设备和输电线路的供电能力得到充分的发挥，并能降低各级线路和供电变压器的功率损失和电压损失，因而具有重要的意义。

（一）功率因数的基本概念

交流电路中存在电感和电容，建立电感的磁场和电容的电场都需要电源多供给一部分电流，这部分电流叫作无功电流，无功电流不做有用的功。由于在电力系统中存在有功电流、无功电流，故对应有有功功率、无功功率和视在功率3种功率，三相交流电网的这3种功率计算公式为：

$$\begin{cases} P=\sqrt{3}UI\cos\varphi \\ Q=\sqrt{3}UI\sin\varphi \\ S=\sqrt{P^2+Q^2}=\sqrt{3}UI \end{cases} \tag{2-34}$$

式中　P——有功功率，kW；

Q——无功功率，kvar；

S——视在功率，kV·A；

U——线电压有效值，kV；

I——线电流有效值，A；

φ——电流滞后于电压的角度，即功率因数角，(°)。

在式(2-34)中 $\cos\varphi$ 称为功率因数，可得：

$$\cos\varphi=P/S \tag{2-35}$$

因此功率因数 $\cos\varphi$ 是有功功率与视在功率的比值，这种功率因数实际为瞬时功率因数，可由相位表(功率因数表)直接测出，或由功率表、电压表和电流表的读数通过下式求得(间接测量)：

$$\cos\varphi=\frac{P}{\sqrt{3}UI} \tag{2-36}$$

式中　P——功率表测出的三相有功功率读数，kW；

U——电压表测出的线电压读数，kV；

I——电流表测出的电流读数，A。

功率因数可用来了解和分析工厂或设备在生产过程中某一时间的功率因数值，借以了解当时的无功功率变化情况，研究是否需要以及如何进行无功补偿的问题。

实际中还有两种常用功率因数表示形式。

1. 平均功率因数

平均功率因数亦称加权平均功率因数，按下式计算：

$$\cos\varphi=\frac{W_a}{\sqrt{W_a^2+W_{re}^2}}=\frac{1}{\sqrt{1+\left(\dfrac{W_{re}}{W_a}\right)^2}} \tag{2-37}$$

式中　W_a、W_{re}——某一段时间(通常取一个月)内消耗的有功电度数和无功电度数,由有功电度表和无功电度表读取。

我国供电企业每月向用户计取电费,规定中电费要按月平均功率因数的高低进行调整。如果月平均功率因数高于规定值,可减收电费;而低于规定值,则要加收电费,该部分电费称为力调电费,以鼓励用户积极设法提高功率因数,降低电能损耗。下面简要介绍一下工矿企业的电费知识。

工矿企业的电费由三部分组成:① 基本电费;② 电度电费;③ 力调电费。

基本电费是根据用电企业变压器容量或最大需量按照国家批准的基本电价计算的电费,属于固定成本。基本电费的收取范围为受电变压器容量在 315 kV·A 及以上的工业客户。例如某企业安装有一台 800 kV·A 的变压器,若基本电价为每月 18 元/(kV·A),则 800 kV·A×18 元/(kV·A)=14 400 元。14 400 元就是该企业当月的基本电费。

电度电费根据当月所用的有功电度数来计算,有功电度分平段有功电度、低谷有功电度和高峰有功电度:

平段电费+低谷电费+高峰电费=当月电度总电费

力调电费是电业部门根据用户的功率因数高于或低于规定值时,对电费的征收进行减少或追加的部分,加减比例由月平均功率因数决定。知道了当月的平均功率因数,可由《功率因数与力调率电费表》查找加减比例是多少,基本电费和电度电费的总和乘以加减比例即为力调电费。如功率因数要求不低于 0.9,则当月功率因数大于 0.9 时,电力公司奖用电单位;当月功率因数小于 0.9 时,电力公司罚用电单位。也就是说,当月功率因数大于 0.9 时,加减比例为负数(力调电费为负数);当月功率因数小于 0.9 时,加减比例为正数(力调电费为正数)。

当月总电费=基本电费+电度电费+力调电费

2. 最大负荷时功率因数

最大负荷时功率因数指在最大负荷即计算负荷时的功率因数,计算公式为:

$$\cos\varphi=\frac{P_{ca}}{S_{ca}} \tag{2-38}$$

在进行企业供电系统的设计时,如果经过负荷计算发现功率因数低于要求值时,应采取措施提高功率因数。

(二) 功率因数过低的影响

由于电力系统的主要负荷为电动机,相当于阻感性负载,电流滞后于电压的角度 φ 在 $0°\sim90°$ 变化,对应 $\cos\varphi$ 的数值在 1～0 变化。当 $\cos\varphi=1$ 时,表示电源发出的视在功率全为有功功率,即 $S=P$,$Q=0$;当 $\cos\varphi=0$ 时,则 $P=0$,表示电源发出的视在功率全为无功功率,即 $S=Q$。负荷的功率因数越接近 1 越好,因为功率因数过低对电力部门和用户都有不利的影响。

(1) 功率因数过低使电气设备(如发电机、变压器、输电线路等)的容量不能充分利用。电气设备都有一定的额定电压和额定电流(即发电或输变电的总容量一定),在正常情况下是不允许超过的。根据式(2-35)可知:如果功率因数低了,则有功功率输出也将随之降低;反过来,此时要想维持一定的有功功率输出,则必然会导致容量增加,电流增大。例如,一台容量为 8 000 kV·A 的主变压器,如果负荷功率因数为 0.9,则其输出的有功功率为 7 200 kW，如果功率因数为 0.8，则输出的有功功率为 6 400 kW，二者相差 800 kW，造成实际带载能力降低。

(2) 功率因数过低将增加传输线路上的功率损耗。当线路电压和负荷不变时，有功电流分量 I_a 就是一个常数，通过导线的电流由公式 $I=I_a/\cos\varphi$ 决定，所以当 $\cos\varphi$ 减小时，线路电流必然增加，从而使功率损耗（$\Delta P=3I^2R$，$\Delta Q=3I^2X$）大大增加。

(3) 功率因数过低还会增加线路上的电压损失，使电压质量下降。线路的电压损失由公式 $\Delta U=(PR+QX)/U_N$ 决定。当功率因数减小时，通过线路的无功功率 Q 增加，导致 ΔU 增加，结果用电设备的端电压下降，有时甚至低于允许值，影响设备的正常运行。特别是在用电高峰期间，功率因数偏低，会导致大面积地区的电压偏低，给生产带来不良后果。

因而，电力部门对用户的功率因数有明确的规定，《供电营业规则》规定：用户在当地供电企业规定的电网高峰负荷时的功率因数，应当达到下列规定：100 kV·A 以上高压供电的用户功率因数为 0.90 以上。其他用户和大、中型电力排灌站、趸购转售电企业，功率因数为 0.85 以上。并规定，凡功率因数未达到上述规定的，应增添无功补偿装置，通常采用并联电容器进行补偿。煤矿企业应采取合理措施进行无功补偿，使补偿后的地面总变（配）电所 6～10 kV 母线上的功率因数达到 0.95 以上。

二、提高功率因数的方法

提高功率因数的关键在于尽量减少电力系统中各个部分所需用的无功功率，特别是减少负荷从电网中取用的无功功率，使电网在输送一定的有功功率时，尽量少输送或不输送无功功率。提高功率因数的方法可分为两大类。

（一）提高用电设备本身的功率因数

该方法又称提高自然功率因数法，一般有以下 5 项措施：

(1) 尽量采用鼠笼式异步电动机。因为鼠笼式电动机结构紧密、气隙小、漏磁少，其功率因数比绕线式异步电动机高。

(2) 避免电动机与变压器的轻载运行。电动机与变压器轻载运行时有功功率小而励磁所用的无功功率不变，故功率因数较低，所以，应力求电动机在接近额定负荷的条件下运行，变压器的负荷率也不宜低于 50%。

(3) 对不需调速的大型设备，尽量采用同步电动机。同步电动机的功率因数可达到 1，并且在过励磁的条件下，还可向电网输送无功功率，减轻电网输送无功功率的负担，因而提高了功率因数。矿井可使用同步电动机的设备有主要通风机、空气压缩机等。

(4) 绕线式异步电动机同步化运行。这一措施同样可将功率因数提高到 1，但由于经济和维护问题使其推广使用受到一定的限制。

(5) 尽量采用高压 6(10) kV 电动机，这样可以省掉降压变压器，从而消除了该变压器产生的无功损耗。一般变压器的无功损耗约为有功损耗的 5 倍以上。矿井可用高压电动机的设备有主排水泵、提升机、空气压缩机和通风机等。

（二）人工补偿提高功率因数

当用户在采用了提高用电设备本身的功率因数的措施后仍达不到规定的要求时，应考虑增设人工补偿提高功率因数的装置。人工补偿提高功率因数的方法一般有 4 种类型：

(1) 并联移相电容器组。其原理主要是利用电容器产生的无功功率与电感负载的无功功率相互交换，从而减少负载向电网吸取无功功率，使得补偿装置处以前的电网无功负荷减少，即提高了整个负荷相对电源的功率因数。并联电容补偿法具有投资省、有功功率损耗小（1 kvar 损耗 3～4 W）、运行维护方便、故障范围小、无振动与噪声、安装地点较灵活等优点，因而被矿山地面变电所广泛采用，目前多在 6(10) kV 母线上并联电容器组进行集中补偿。并联电容器补偿的缺点是只能有级调节，而不能随负荷无功功率需要量的变化进行连续平滑的自动调节。

(2) 采用同步调相机。同步调相机实际上就是一个大容量的空载运行的同步电动机，其功率大都在 5 000 kW 及以上。在励磁电流大于额定励磁电流（过励磁状态）时，它发出无功功率，相当于一个无功发电机；在励磁电流小于额定励磁电流（欠励磁状态）时，它吸收无功功率，相当于一个无功负荷。其显著的优点是可以根据需求无级调节无功功率，但它有造价高、有功损耗大、需要专人维护等缺点，因而主要用于电力系统的大型枢纽变电所，来调整区域电网的功率因数。

(3) 采用静止无功补偿器。静止无功补偿器（简称 SVC），是一种性能较优越的动态无功补偿装置，由移相电容器、可控电抗器、晶闸管励磁调节器及滤波器等组成。它是将可控的电抗器和电力电容器（固定或分组投切）并联使用，电容器可发出无功功率，可控电抗器可吸收无功功率，通过对电抗器进行调节，可以使整个装置平滑地从发出无功功率改变到吸收无功功率，或反向进行，并且响应快速。它是一种没有旋转部件，快速、平滑可控的动态无功功率补偿装置。传统无功补偿用断路器或接触器投切电容，SVC 用晶闸管等电力电子开关，没有机械运动部分，所以叫静止无功补偿装置。这种补偿方式的优点是动态补偿反应迅速、损耗小，特别适合对功率因数变化剧烈的大型负荷进行单独补偿，如用于矿山提升机的大功率晶闸管整流装置供电的直流电动机拖动机组等。其缺点是投资较大、设备体积大、占地面积也较大。

与 SVC 具有类似静止型动态无功调节功能的还有静止无功发生器，即 SVG，亦称为 STATCOM。STATCOM 的基本原理是利用可关断大功率电力电子器件（如 IGBT、GTO 等）组成自换相桥式电路，经过电抗器并联在电网上，适当地调节桥式电路交流侧输出电压的幅值和相位，或者直接控制其交流侧电流，就可以使该电路吸收或者发出满足要求的无功电流，实现动态无功补偿的目的。

(4) 采用进相机。进相机适用于对绕线式异步电动机进行单独补偿，电动机容量一般为 75～3 000 kW。进相机又分为自激（旋转）式进相机（也称转子自激相位补偿机）和静止式进相机两种。

自激式进相机外形与电动机相似，没有定子绕组，仅有和直流电动机相似的电枢转子，由单独的容量为 1.1～4.5 kW 左右的辅助异步电动机拖动。工作时进相机与绕线式异步电动机的转子绕组串联运行，主电动机转子电流在进相机绕组上产生一个转速为 $n_2=3\,000/P$ 的旋转磁场，进相机由辅助电动机拖动顺着该旋转磁场的方向旋转，当进相机转速 $n>n_2$ 时，其电枢上产生相位超前主电动机转子电流 90° 的感应电势 E_{in} 叠加到主电动机的转子电势 E_2 上，改变了主电动机转子电流的相位，从而改变主电动机的定子电流相位。调整 E_{in} 可以使主电动机在功率因数为 1 下运行。该方法的优点是投资少，补偿效果好且彻底，可以大大降低主电动机的负荷电流，节电效果显著，一般运行两三个月即可收回投资。缺点是进相机为旋转机构，且需要辅助电动机拖动，增加了维护检修负担。

静止式进相机是一种专为大中型绕线式异步电动机设计制作的就地无功功率补偿装

置，采取了交-交变频技术和微机、晶闸管控制技术，可自动跟踪电动机运行状态的变化并自动调整相关参数以达到最佳补偿效果。它克服了自激式进相机特别怕尘埃、使用寿命短、维修频繁、费用高、规格少、难以与电动机达到最佳匹配等缺点，具有参数调节容易、不怕尘埃、使用寿命长、维护方便、费用低等特点。它串接于电动机转子回路，用以提高功率因数，可显著降低电动机和电网的无功及有功损耗，改善电动机的运行状况，延长电动机的使用寿命，对节约能源、降低单位产品成本、提高企业的经济效益具有重要意义。它可使异步电动机的功率因数提高到接近于1，电动机定子电流减少15%～20%，性能优于传统的电容补偿和旋转式进相机。

三、并联电力电容器组提高功率因数

（一）并联电容器补偿装置的装设地点

在供电系统中采用并联电力电容器组或其他无功补偿装置来提高功率因数时，需要考虑补偿装置的装设地点，不同的装设地点，其无功补偿效益有所不同。对于煤矿企业的供电系统，电力电容器组的设置有高压集中补偿、低压成组补偿和分散就地补偿3种方式，它们的装设地点如图2-8所示。

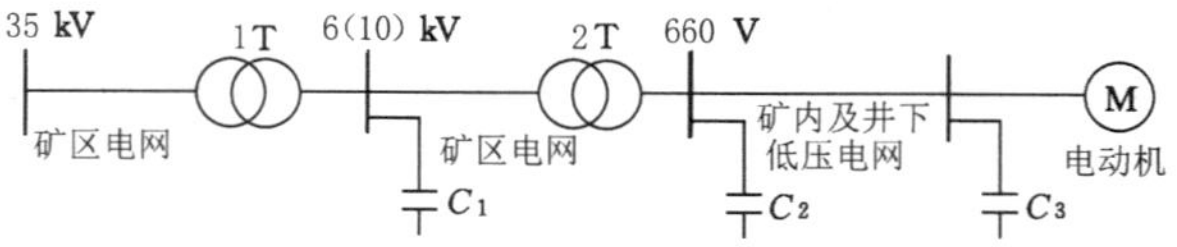

图2-8　并联电容器无功补偿的设置地点

1. 高压集中补偿

这种方式是在地面变电所6(10) kV母线上集中装设移相电容器组（图2-8中的C_1），一般设有专门的电容器室，并要求通风良好且配有可靠的放电设备。它能够提高6(10) kV母线前（电源方向）的功率因数，而不能提高该母线后（负荷方向）的矿内电网功率因数，对本矿来讲经济效益较差，但可改善矿区电网甚至区域大电网的功率因数，所以，大中型工矿企业普遍设有高压集中补偿。

高压集中补偿的初期投资较低，矿井6(10) kV母线上无功功率变化比较平稳，因而便于运行管理和调节，而且利用率高，还可提高供电变压器的负载能力。

2. 低压成组补偿

这种方式是把低压电容器组或无功功率自动补偿装置装设在降压变电所内（图2-8中的C_2）。它能提高低压母线前的矿内高压电网、矿区电网和整个电力系统的功率因数，补偿效益大于高压集中补偿。低压成组补偿投资不大，通常安装在低压配电室内，运行维护及管理方便，是无功补偿的重要方式。

3. 分散就地补偿

这种方式将电容器组分别安装在各组用电设备或单独的大容量电动机处，与用电设备的停、用一致，但不能共用一套控制设备（图2-8中的C_3）。为避免送电时电流冲击和切断电源时的过电压，要求电容器组投运时迟于用电设备，停运时先于用电设备，并设有可靠的放电装置。分散就地补偿效果很理想，除去控制开关到用电设备的一小段负荷线外，其余直到电源都可以补偿。这种方法的缺点是投资较大、管理不便、利用率较低，仅适用于个别容量较大且位置单独的负荷。

（二）补偿电容器组的接线方式

无功补偿电容器组的接线方式基本上有两种，即三角形（△形）接线和中性点不接地星形（Y 形）接线方式，如图 2-9 所示。当三角形接线电容器组发生电容器全击穿短路时，会引起相间短路，注入故障点的能量不仅有故障相的其他健全电容器的涌放电流，还有另两相电容器的涌放电流和系统的短路电流。这些电流的能量远远超过电容器油箱的耐爆能量，因而油箱爆炸事故较多。全国各地发生了不少三角形接线电容器组的爆炸起火事故，损失严重。而星形接线电容器组发生电容器全击穿短路时，故障电流受到该相的健全电容容抗的限制，来自系统的工频电流将大大降低，最大不超过电容器组额定电流的 3 倍，并且没有其他两相电容器的涌放电流，只有来自同相的健全电容器的涌放电流，这是星形接线电容器组油箱爆炸事故较少的重要原因之一。在操作过电压保护方面，三角形接线电容器组的避雷器的运行条件和保护效果，均不如星形接线电容器组好。因此，国内意见是舍弃三角形接线，采用单星形或双星形接线，在《并联电容器装置设计规范》(GB 50227—2017)中明确规定并联电容器组进行高压无功补偿时应采用星形接线。在中性点非直接接地的电网中，星形接线电容器组的中性点不应接地。低压并联电容器装置可采用三角形接线或星形接线方式。

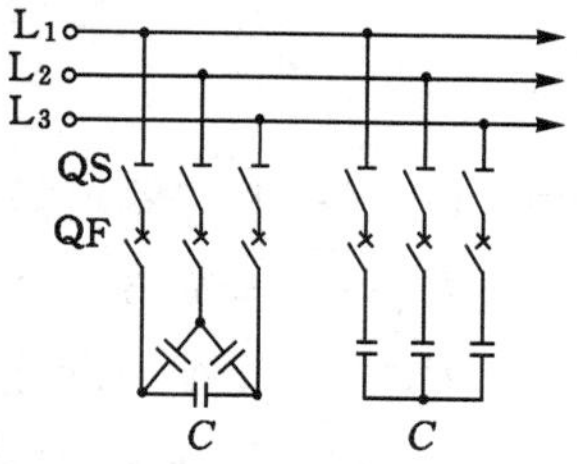

图 2-9　三角形接线和中性点不接地星形接线电容器接入电网的示意图

1. 三角形接线

这种接线方式的优点是不受三相电容器容抗不平衡的影响，可补偿不平衡负荷，可形成 $3n$ 次谐波通道，对消除 $3n$ 次谐波有利；缺点是当电容器等发生短路故障时，短路电流大，可选用的继电保护方式少。三角形接线一般用于可补偿不平衡负荷时的 $3n$ 次交流滤波器和低压电网的无功补偿。

采用三角形接线时，选择的并联电容器 C 的额定电压应与电网的额定电压（即线电压）相同，则三角形接线可补偿的总无功功率为：

$$Q_{C,\triangle}=3U_N^2\omega C \tag{2-39}$$

2. 星形接线

星形接线的优点是短路电流较小，继电保护构成也方便，而且设备布置清晰；缺点是对 $3n$ 次谐波没有通路。该方式广泛用于 6 kV 及以上高压电网的无功补偿。

采用星形接线时，并联电容器 C 的额定电压应与电网的相电压相同，即为电网额定电压的 $1/\sqrt{3}$，则星形接线可补偿的总无功功率为：

$$Q_{C,Y}=3(U_N/\sqrt{3})^2\omega C=U_N^2\omega C \tag{2-40}$$

（三）高压集中无功补偿的计算

目前煤矿的无功功率补偿以高压集中补偿为主，采用在矿井地面变电所 6(10) kV 母线上并联电力电容器组来提高功率因数。这种补偿方式的计算方法和步骤如下。

(1) 确定全矿 6(10) kV 母线上的自然功率因数。

在设计阶段，自然功率因数 $\cos\varphi_1$ 按式(2-38)确定；在已正常生产的矿井中，$\cos\varphi_1$ 按式(2-37)确定。

(2) 计算使功率因数从 $\cos\varphi_1$ 提高到 $\cos\varphi_2$ 所需的补偿容量 Q_C：

$$Q_C = P_{ca}(\tan\varphi_1 - \tan\varphi_2) \tag{2-41}$$

或：

$$Q_C = P_{av}(\tan\varphi_1 - \tan\varphi_2) \tag{2-42}$$

式中 Q_C——电容器组需补偿的无功功率，kvar；

P_{ca}——全矿 6(10) kV 母线上的计算有功负荷(最大有功负荷)，kW；

P_{av}——全矿一年中最大负荷月份的平均有功负荷，kW；

$\tan\varphi_1$——补偿前功率因数角的正切值；

$\tan\varphi_2$——补偿后功率因数角的正切值。

(3) 计算三相系统所需电容器的总台数 N 和每相电容器台数 n。

三相系统所需电容器总台数 N 为：

$$N = \frac{Q_C}{q_C\left(\dfrac{U_N}{U_{N\cdot C}}\right)^2} \tag{2-43}$$

每相电容器的台数为：

$$n = \frac{N}{3} \tag{2-44}$$

式中 Q_C——三相所需总电容器容量，kvar；

q_C——单台电容器容量，kvar；

U_N——电网工作电压，V；

$U_{N\cdot C}$——电容器额定电压，V。

算出 N 值后，考虑高压为单相电容器，故实际取值应为 3 的倍数(单母线不分段)，而对于采用单母线分段的变电所，由于电容器组应分两组安装在各段母线上，故每相电容器台数应取双数，所以单相电容器的实际总台数 N 应为 6 的整数倍。

(4) 计算实际补偿容量及补偿后的功率因数。

实际补偿的无功功率及功率因数为：

$$Q'_C = N' \cdot q_C\left(\frac{U_N}{U_{N\cdot C}}\right)^2 \tag{2-45}$$

$$\cos\varphi' = \cos\left(\arctan\left(\tan\varphi_1 - \frac{Q'_C}{P_{ca}}\right)\right) \tag{2-46}$$

【例 2-5】 某矿地面变电所 6 kV 母线月有功耗电量为 4×10^6 kW·h，月无功耗电量为 3×10^6 kvar·h，半小时有功最大负荷 $P_{ca}=3\times10^3$ kW。求该变电所的自然功率因数是多少？将功率因数提高到 0.95，需补偿多少无功功率？并确定所需电容器的型号及数量。

解：该变电所的自然功率因数为：

$$\cos\varphi_1 = \frac{W_a}{\sqrt{W_a^2 + W_{re}^2}} = \frac{4\times10^6}{\sqrt{(4\times10^6)^2 + (3\times10^6)^2}} = 0.8$$

把功率因数由 0.8 提高到 0.95 时所需的补偿容量为：

$$Q_C = P_{ca}(\tan\varphi_1 - \tan\varphi_2) = 3\times10^3\times(0.75-0.33) = 1\ 260\ (\text{kvar})$$

按电网电压，选择额定电压 6.3 kV、额定容量 12 kvar 的 YY6.3-12-1 型单相油浸移相电容器。

所需电容器的总数 N 为：

$$N=\frac{Q_C}{q_C\left(\frac{U_N}{U_{N\cdot C}}\right)^2}=\frac{1\ 260}{12\times\left(\frac{6}{6.3}\right)^2}\approx 117$$

每相电容器数 n 为：

$$n=\frac{N}{3}=\frac{117}{3}=39$$

考虑煤矿变电所 6 kV 均为单母线分段，故取实际每相电容器数为 $n'=40$ 个，则实际电容器的数目取为 $N'=120$ 个。

实际补偿的无功功率及补偿后的功率因数为：

$$Q'_C=N'\cdot q_C\left(\frac{U_N}{U_{N\cdot C}}\right)^2=120\times 12\times\left(\frac{6}{6.3}\right)^2=1\ 306\ (\text{kvar})$$

$$\cos\varphi'=\cos\left(\arctan\left(\tan\varphi_1-\frac{Q'_C}{P_{ca}}\right)\right)=\cos\left(\arctan\left(0.75-\frac{1\ 306}{3\times 10^3}\right)\right)=0.954$$

第五节　全矿负荷计算与变压器选择

一、线路和变压器的功率损耗

电流流过输电线路和变压器时，由于线路和变压器存在阻抗，会引起有功功率和无功功率的损耗，这部分的损耗也需要由电力系统供给，因此在进行全矿的负荷计算统计时，要考虑这一部分损耗。

（一）输电线路的功率损耗计算

输电线路功率损耗包括有功功率损耗和无功功率损耗两部分。

1. 线路的有功功率损耗

线路的有功功率损耗是电流通过线路电阻所产生的，按下式计算：

$$\Delta P_{WL}=3I_{ca}^2R_{WL}=3I_{ca}^2\cdot R_0\cdot L \tag{2-47}$$

式中　R_0——线路单位长度的电阻值，与线路的类型和导线截面面积有关，Ω/km，可查附录表 6；

L——线路的长度，km。

2. 线路的无功功率损耗

线路的无功功率损耗是电流通过线路电抗所产生的，按下式计算：

$$\Delta Q_{WL}=3I_{ca}^2X_{WL}=3I_{ca}^2\cdot X_0\cdot L \tag{2-48}$$

式中　X_0——线路单位长度的电抗值，Ω/km；

L——线路的长度，km。

线路单位长度的电抗值 X_0 可根据导线或电缆的截面面积及导线之间的几何均距查附录表 6。

几何均距，是指三相线路各相导线之间距离的几何平均值。如图 2-10(a) 所示 A、B、C 三相线路，其线间几何均距为 $a_{av}=\sqrt[3]{a_1a_2a_3}$；如果导线为等边三角形排列，如图 2-10(b)所示，则 $a_{av}=a$；如果导线为水平排列，如图 2-10(c)所示，则 $a_{av}=\sqrt[3]{2}\,a=1.26a$。

（二）变压器的功率损耗计算

变压器功率损耗也包括有功功率损耗和无功功率损耗两部分。

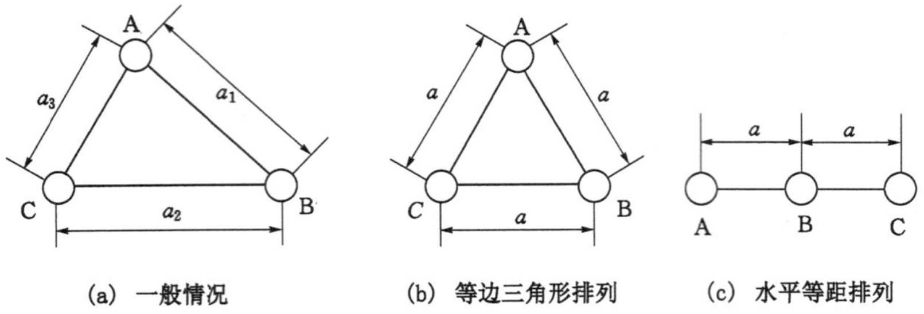

图 2-10　三相线路的线间距离

1. 变压器的有功功率损耗

变压器的有功功率损耗又由两部分组成：

(1) 变压器铁芯中的有功功率损耗，即铁损 ΔP_{Fe}。铁损在变压器一次绕组外施电压和频率恒定的条件下是固定不变的，与负荷大小无关。铁损可由变压器空载实验测定，变压器的空载损耗 ΔP_0 可认为就是铁损，因为变压器的空载电流 I_0 很小，在其一次绕组中产生的有功损耗可略去不计。

(2) 变压器带负荷时其一、二次绕组中的有功功率损耗，即铜损 ΔP_{Cu}。铜损与负荷电流的平方成正比。铜损可由变压器短路实验测定，变压器的短路损耗 ΔP_k(亦称负载损耗)可认为就是铜损，因为变压器二次侧短路时一次侧短路电压 U_k 很小，在铁芯中产生的有功损耗可略去不计。

因此，变压器的有功功率损耗为：

$$\Delta P_T = \Delta P_{Fe} + \Delta P_{Cu}\left(\frac{S_{ca}}{S_{NT}}\right)^2 \approx \Delta P_0 + \Delta P_k\left(\frac{S_{ca}}{S_{NT}}\right)^2 \tag{2-49}$$

式中，S_{NT}表示变压器额定容量。

一般公式为：

$$\Delta P_T \approx \Delta P_0 + \Delta P_k \beta^2 \tag{2-50}$$

2. 变压器的无功功率损耗

变压器的无功功率损耗也由两部分组成：

(1) 用来产生主磁通即产生励磁电流的一部分无功功率，用 ΔQ_0 表示。它只与绕组电压有关，与负荷无关。它与励磁电流(或近似地与空载电流百分比 $I_0\%$)成正比，即：

$$\Delta Q_0 \approx I_0\% S_{NT} \tag{2-51}$$

(2) 消耗在变压器一、二次绕组电抗上的无功功率。额定负荷下的这部分无功功率损耗用 ΔQ_N 表示。由于变压器绕组的电抗远大于电阻，因此 ΔQ_N 近似地与短路电压(即阻抗压降百分比 $U_k\%$)成正比，即：

$$\Delta Q_N \approx U_k\% S_{NT} \tag{2-52}$$

因此，变压器的无功功率损耗为：

$$\Delta Q_T = \Delta Q_0 + \Delta Q_N\left(\frac{S_{ca}}{S_{NT}}\right)^2 \approx S_{NT}\left[I_0\% + U_k\%\left(\frac{S_{ca}}{S_{NT}}\right)^2\right] \tag{2-53}$$

一般公式为：

$$\Delta Q_T \approx S_{NT}(I_0\% + U_k\% \beta^2) \tag{2-54}$$

在负荷计算中，对 S9、SC9 等新系列低损耗电力变压器，可按下列简化公式计算：

有功功率损耗：

$$\Delta P_{\mathrm{T}} \approx 0.01S_{\mathrm{ca}}$$

无功功率损耗：

$$\Delta Q_{\mathrm{T}} \approx 0.05S_{\mathrm{ca}}$$

二、线路和变压器的电能损耗

（一）线路的电能损耗

线路上全年的有功电度损耗 ΔW_{a} 可按下式计算：

$$\Delta W_{\mathrm{a}} = 3I_{\mathrm{ca}}^2 R_{\mathrm{WL}}\tau \tag{2-55}$$

年最大负荷损耗小时 τ 是一个假想时间，在此时间内，系统中的元件（含线路）持续通过计算电流 I_{ca}所产生的电能损耗，恰好等于实际负荷电流全年在元件（含线路）上产生的电能损耗。年最大负荷损耗小时 τ 与年最大负荷利用小时 $T_{\max}$有一定的关系，$\cos\varphi=1$ 时：

$$\tau = \frac{T_{\max}^2}{8\ 760} \tag{2-56}$$

也可由图 2-11 中 τ-$T_{\max}$关系曲线根据 $\cos\varphi$ 和 $T_{\max}$确定 τ。

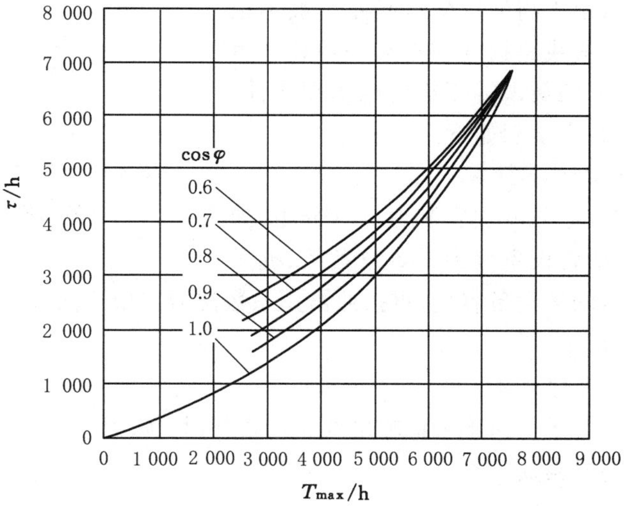

图 2-11 τ-$T_{\max}$关系曲线

（二）变压器的电能损耗

变压器的电能损耗包括两部分：

(1) 变压器铁损 ΔP_{Fe}引起的电能损耗。外加电压和频率不变时，ΔP_{Fe}恒定，近似地等于其空载损耗 ΔP_0，因此其全年电能损耗为：

$$\Delta W_{\mathrm{a\cdot 1}} = \Delta P_{\mathrm{Fe}} \times 8\ 760 \approx \Delta P_0 \times 8\ 760 \tag{2-57}$$

(2) 变压器铜损 ΔP_{Cu}引起的电能损耗。该损耗与负荷电流的平方成正比，即与变压器负荷率 β 的平方成正比。而 ΔP_{Cu} 近似地等于其短路损耗 ΔP_{k}，因此其全年电能损耗为：

$$\Delta W_{\mathrm{a\cdot 2}} = \Delta P_{\mathrm{Cu}}\beta^2\tau \approx \Delta P_{\mathrm{k}}\beta^2\tau \tag{2-58}$$

式中 τ——变压器的年最大负荷损耗小时。

由此，变压器全年的电能损耗为：

$$\Delta W_a=\Delta W_{a\cdot 1}+\Delta W_{a\cdot 2}\approx\Delta P_0\times 8\ 760+\Delta P_k\beta^2\tau \tag{2-59}$$

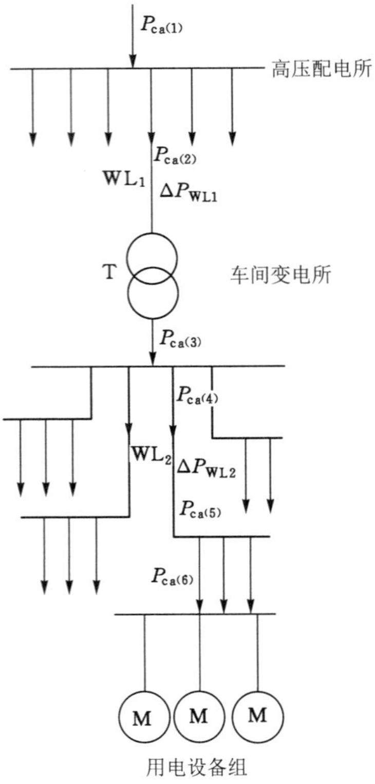

图 2-12　供电系统中各部分的计算负荷和功率损耗

三、全矿负荷计算的步骤

全矿负荷计算是科学合理选择电源进线及主要电气设备(包括主变压器)的基本依据，也是计算全矿功率因数和无功补偿容量的基本依据。全矿负荷计算一般采用逐级计算法。

如图 2-12 所示，工厂的计算负荷(这里举有功负荷为例)$P_{ca(1)}$，应该是高压母线上所有高压配电线路计算负荷之和，再乘以一个同时系数。高压配电线路的计算负荷 $P_{ca(2)}$，应该是该线路所供车间变电所低压侧的计算负荷 $P_{ca(3)}$，加上变压器的功率损耗 ΔP_T 和高压配电线路的功率损耗 ΔP_{WL1}……如此逐级计算即可求得供电系统中所有元件的计算负荷。对一般工矿企业供电系统，由于高低压配电线路一般不很长，因此在计算负荷时其线路损耗往往略去不计。负荷计算时应从供电系统的最末端逐级向电源端统计，因此全矿负荷计算的基本步骤如下。

(一) 用电设备组的负荷计算

先将车间设备按生产环节和安装地点等分组，如在煤矿井下采区变电所将设备分为采煤设备组、掘进设备组等，计算设备组的各设备容量，再按照需用系数法或二项式法确定各设备组的计算负荷，如图 2-12 中的负荷 $P_{ca(6)}$。

(二) 输电干线的负荷计算

如图 2-12 中的负荷 $P_{ca(4)}$，不考虑输电线路的损耗时，为输电干线上各设备组的计算负荷之和，再乘以一个同时系数。

(三) 车间变电所的计算负荷

如图 2-12 中的计算负荷 $P_{ca(3)}$，为各输电干线的计算负荷之和，再乘以一个同时系数。

车间变电所高压侧的计算负荷(如图 2-12 中的 $P_{ca(2)}$)，为变电所的低压侧计算负荷 $P_{ca(3)}$，加上变压器的功率损耗 ΔP_T 和输电线路 WL_1 的功率损耗 ΔP_{WL1}。

(四) 总变电所的高压配电侧的计算负荷

如图 2-12 中的 $P_{ca(1)}$，为各配电线路的计算负荷的总和乘以同时系数。

(五) 企业总计算负荷的确定

企业总计算负荷为高压配电侧的计算负荷与主变压器的功率损耗之和。

一般各级计算负荷的同时系数连乘积不应小于 0.8。

四、变电所主变压器的选择

工矿企业变电所的主变压器负责向企业的全部用电设备供电，正确地选择主变压器的型号、台数和容量，是保证供电可靠、经济的重要一环。主变压器的选择主要根据使用环境、负荷等级、计算负荷参数等综合确定，同时考虑未来的负荷发展留有一定裕量。

（一）变电所主变压器台数的选择

选择主变压器台数时应考虑下列原则：

（1）应满足用电负荷对供电可靠性的要求。对供有大量一、二级负荷的变电所，应采用两台变压器，以便当一台变压器发生故障或检修时，另一台变压器能对一、二级负荷继续供电。对只有二级负荷而无一级负荷的变电所，也可以只采用一台变压器，但必须在低压侧敷设与其他变电所相连的联络线作为备用电源，或另有自备电源。

（2）对季节性负荷或昼夜负荷变动较大而宜于采用经济运行方式的变电所，也可考虑采用两台变压器。

（3）除上述两种情况外，宜采用一台变压器。但是负荷集中且容量相当大的变电所，虽为三级负荷，也可以采用两台或多台变压器。

（4）在确定变电所主变压器台数时，应适当考虑负荷的发展，留有一定的余地。

（二）变电所主变压器容量的选择

1. 只装一台主变压器的变电所

主变压器的容量 S_{NT} 应满足全部用电设备总计算负荷 $S_{a \cdot c}$ 的需要，即：

$$S_{NT} \geqslant S_{a \cdot c} \tag{2-60}$$

2. 装有两台主变压器的变电所

每台变压器的容量 S_{NT} 应同时满足以下两个条件：

（1）任一台变压器单独运行时，宜满足总计算负荷的 60%～70% 的需要。对矿井变电所，根据《煤炭工业矿井设计规范》规定，两台变压器只有一台运行时，变压器容量要求不低于总计算负荷的 80%。即：

$$S_{NT} \geqslant (0.6 \sim 0.8) S_{a \cdot c} \tag{2-61}$$

式中　$S_{a \cdot c}$——变电所已进行人工补偿后的视在功率。

（2）任一台变压器单独运行时，应满足全部一、二级负荷的需要，即：

$$S_{NT} \geqslant S_{ca(\mathrm{I}+\mathrm{II})} \tag{2-62}$$

主变压器的型号选择尽量采用低损耗、高效率的变压器，如 SL7、SFL7、S7、S9 等系列的变压器。

五、变压器的经济运行分析

经济运行是使电力系统的有功损耗最小而获得最佳经济效益的运行方式。其一在于要使整个电力系统的有功损耗最小而不是单一设备的损耗最小；其二在于设备的运行方式，如变压器的运行，是分列运行还是并列运行，是单台运行还是多台运行等。

（一）无功功率经济当量的概念

电力系统的有功损耗不仅与设备的有功损耗有关，还与设备的无功损耗有关。因为设备消耗的无功功率来自电力系统，由于传输无功使得系统中的电流增加，相应增加了电力系统的有功功率损耗。

当电网传输功率时，电网上产生的有功功率损耗为：

$$\Delta P = 3 I_{ca}^{2} R_{WL} \tag{2-63}$$

为了计算设备无功损耗所引起的系统有功损耗的增加量，定义换算系数 K_{ec}，称为无功功率经济当量，表示电力系统多输送 1 kvar 的无功功率时，所使电力系统中增加的有功功率损耗的 kW 数，单位为 kW/kvar。无功功率经济当量 K_{ec} 的值与输电距离、电压变换次数等有关。

对由发电机直接供电的负荷，$K_{ec}=0.02\sim0.04$；

对于工矿企业变电所，$K_{ec}=0.02\sim0.1$；

对经过两级变压的负荷，$K_{ec}=0.05\sim0.07$；

对三级以上变压的负荷，$K_{ec}=0.08\sim0.1$。

（二）变压器的经济运行

1. 变压器运行损耗的计算

变压器的有功损耗是变压器运行时自身的损耗，变压器的无功损耗会引起有功损耗的增加。因此，将变压器的无功损耗换算成等效的有功损耗，然后计算变压器运行时的总功率损耗。当变压器运行时的功率损耗最小时，运行费用最低，此时即为变压器的经济运行方式。

单台变压器运行时的功率损耗计算公式为：

$$\begin{aligned}\Delta P_{\mathrm{I}}&=\Delta P_{\mathrm{T}}+K_{ec}\cdot\Delta Q_{\mathrm{T}}\\&=\Delta P_0+\Delta P_k\beta^2+K_{ec}S_{NT}(I_0\%+U_k\%\beta^2)\\&=\Delta P_0+K_{ec}S_{NT}I_0\%+\beta^2(\Delta P_k+K_{ec}S_{NT}U_k\%)\end{aligned} \tag{2-64}$$

两台容量相同的变压器并联运行时，总的运行功率损耗应为此时单台变压器运行损耗的 2 倍。因此，当 n 台同容量的变压器并联运行时总运行功率损耗应为此时单台变压器运行损耗的 n 倍。

$$\begin{aligned}\Delta P_n&=n(\Delta P_{\mathrm{T}}+K_{ec}\cdot\Delta Q_{\mathrm{T}})\\&=n(\Delta P_0+K_{ec}S_{NT}I_0\%)+n\cdot\beta^2(\Delta P_k+K_{ec}S_{NT}U_k\%)\end{aligned} \tag{2-65}$$

2. 变压器的经济运行

变压器的经济运行，是指根据负荷大小的变化，通过调整变压器运行方式，使变压器在功率损耗最小的条件下运行。

对于单台运行的变压器，要使变压器经济运行，必须满足变压器单位容量的有功损耗换算值 $\Delta P_{\mathrm{I}}/S$ 最小。令 $\mathrm{d}(\Delta P_{\mathrm{I}}/S)/\mathrm{d}S=0$，可计算出单台变压器的经济负荷 S_{ec} 为：

$$S_{ec}=S_{NT}\sqrt{\frac{\Delta P_0+K_{ec}S_{NT}I_0\%}{\Delta P_k+K_{ec}S_{NT}U_k\%}} \tag{2-66}$$

单台变压器运行时的经济负荷率 β_{ec} 为：

$$\beta_{ec}=\sqrt{\frac{\Delta P_0+K_{ec}S_{NT}I_0\%}{\Delta P_k+K_{ec}S_{NT}U_k\%}} \tag{2-67}$$

一般电力变压器的经济负荷率在 50%左右。

对于有两台变压器的变电所，变压器应该采用什么方式最经济？根据式(2-64)和式(2-65)可以绘制出变压器功率损耗 ΔP 与变压器负荷 S 的关系曲线，如图 2-13 所示。

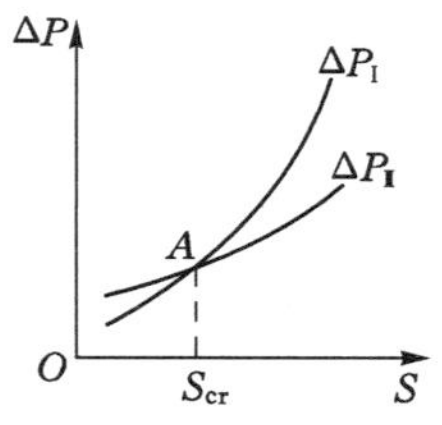

图 2-13　变压器功率损耗与变压器负荷的关系曲线

图中 ΔP_{I} 为一台变压器单独运行时的损耗，ΔP_{II} 为两台变压器运行时的损耗。由图可见两条曲线的交点 A 所对应的负荷 S_{cr} 就是变压器经济运行的临界负荷。当 $S<S_{cr}$ 时，$\Delta P_{\mathrm{I}}<\Delta P_{\mathrm{II}}$，运行一台变压器经济；当 $S>S_{cr}$ 时，$\Delta P_{\mathrm{I}}>\Delta P_{\mathrm{II}}$，运行两台变压器经

济；当$S=S_{cr}$时，$\Delta P_{\mathrm{I}}=\Delta P_{\mathrm{II}}$，即：

$$\begin{aligned}&\Delta P_0+K_{ec}S_{NT}I_0\%+\beta^2(\Delta P_k+K_{ec}S_{NT}U_k\%)\\&=2(\Delta P_0+K_{ec}S_{NT}I_0\%)+2\beta^2(\Delta P_k+K_{ec}S_{NT}U_k\%)\end{aligned}\tag{2-68}$$

因此两台变压器运行时的临界负荷S_{cr}为：

$$S_{cr}=S_{NT}\sqrt{2\frac{\Delta P_0+K_{ec}S_{NT}I_0\%}{\Delta P_k+K_{ec}S_{NT}U_k\%}}\tag{2-69}$$

当单独运行一台变压器与同时运行两台同型号变压器所产生的损耗相同时的负荷率称为一台变压器运行时的临界负荷率，即：

$$\beta_{cr}=\sqrt{2\frac{\Delta P_0+K_{ec}S_{NT}I_0\%}{\Delta P_k+K_{ec}S_{NT}U_k\%}}\tag{2-70}$$

同理可得设置有n台变压器的变电所，n台与$(n-1)$台变压器经济运行时的临界负荷为：

$$S_{cr}=S_{NT}\sqrt{n(n-1)\frac{\Delta P_0+K_{ec}S_{NT}I_0\%}{\Delta P_k+K_{ec}S_{NT}U_k\%}}\tag{2-71}$$

【例 2-6】 已知某矿井全部用电设备的负荷技术数据统计见表 2-4，该矿设计年产量为 150 万 t，煤矿采用上一级矿区变电所的两条 35 kV 高压架空线供电。根据已知数据进行该矿地面变电所的负荷计算，并选择主变压器型号、台数，计算全矿吨煤电耗及确定变压器的经济运行方式。

解：(1) 负荷计算

首先应根据负荷的类型，查出对应电气设备的需用系数K_{de}和功率因数$\cos\varphi$，并计算出功率因数对应的正切值$\tan\varphi$，依次填入表 2-4 的 9～11 列中，再分别计算各组设备的计算负荷。

以主井提升机为例，已知其$K_{de}=0.9$，$\cos\varphi=0.85$，$\tan\varphi=0.62$。则：

$$P_{ca}=0.9\times 2\ 000=1\ 800\ (\mathrm{kW})$$

$$Q_{ca}=0.62\times 1\ 800=1\ 116\ (\mathrm{kvar})$$

$$S_{ca}=1\ 800/0.85=2\ 117.6\ (\mathrm{kV\cdot A})$$

$$I_{ca}=\frac{2\ 117.6}{\sqrt{3}\times 6}=203.8\ (\mathrm{A})$$

将计算结果依次填入表格对应的 12～15 列中，其他各组设备的负荷计算过程与此相同。

(2) 全矿高压负荷总计

不计正常涌水量，按最大涌水量进行总计，得：

$$\sum P_{ca}=18\ 089.3\ (\mathrm{kW})$$

$$\sum Q_{ca}=12\ 006.5\ (\mathrm{kvar})$$

取全矿设备组同时工作系数$K_{sp}=0.9$，$K_{sq}=0.95$，则：

$$P_{\Sigma}=K_{sp}\sum P_{ca}=0.9\times 18\ 089.3=16\ 280.4\ (\mathrm{kW})$$

$$Q_{\Sigma}=K_{sq}\sum Q_{ca}=0.95\times 12\ 006.5=11\ 406.2\ (\mathrm{kvar})$$

$$S_{\Sigma}=\sqrt{P_{\Sigma}^2+Q_{\Sigma}^2}=19\ 878.5\ (\mathrm{kV\cdot A})$$

表 2-4　负荷技术数据统计表

序号	设备类型	用电设备名称	额定电压/kV	设备台数		设备容量/kW		需用系数 K_{de}	功率因数 $\cos\varphi$	正切值 $\tan\varphi$	计算负荷				年最大负荷利用小时数/h	年电能损耗/(MW·h)	重要负荷比例/%	备注
				安装台数	工作台数	安装容量	工作容量				有功功率/kW	无功功率/kvar	视在功率/(kV·A)	计算电流/A				
1	2	3	4	5	6	7	8	9	10	11	12	13	14	15	16	17	18	19
1	一、地面高压设备	主井提升机	6	1	1	2 000	2 000	0.9	0.85	0.62	1 800.0	1 115.5	2 117.6	203.8	3 000.0	5 400.0	100	
2		副井提升机	6	1	1	1 600	1 600	0.8	0.85	0.62	1 280.0	793.3	1 505.9	144.9	1 500.0	1 920.0	100	
3		压风机	6	3	2	1 800	1 200	0.8	0.9	0.48	960.0	464.9	1 066.7	102.6	3 600.0	3 456.0	100	
1	二、南风井	通风机	6	2	1	1 600	800	0.7	0.8	−0.75	560.0	−420	700.0	67.4	8 760.0	4 905.6	100	同步机
2		压风机	6	3	2	750	500	0.7	0.8	0.75	350.0	262.5	437.5	42.1	3 000.0	1 050.0	100	
3		低压设备	6	2	1		539	0.7	0.8	0.75	377.3	283.0	471.6	45.4	3 500.0	1 320.6	25	
1	三、北风井	通风机	6	3	2	1 600	800	0.7	0.8	−0.75	560.0	−420	700.0	67.4	8 760.0	4 905.6	100	同步机
2		压风机	6			750	500	0.7	0.8	0.75	350.0	262.5	437.5	42.1	3 000.0	1 050.0	100	
3		低压设备	6				539	0.7	0.8	0.75	377.3	283.0	471.6	45.4	3 500.0	1 320.6	25	
1	四、地面低压设备	地面工业广场	6				1 880	0.68	0.78	0.80	1 278.4	1 025.6	1 639.0	157.7	4 200.0	5 369.3		
2		所用变压器	6				20	0.7	0.7	1.02	14.0	14.3	20.0	1.9	4 000.0	56.0	100	
3		立井锅炉房	6				914	0.6	0.7	1.02	548.4	559.5	783.4	75.4	3 000.0	1 645.2	80	
4		机修厂	6				888	0.4	0.65	1.17	355.2	415.3	546.5	52.6	2 000.0	710.4		
5		坑木厂	6				247	0.4	0.7	1.02	98.8	100.8	141.1	13.6	1 000.0	98.8		
6		选煤厂	6				3 164	0.6	0.8	0.75	1 898.4	1 423.8	2 373.0	228.3	4 000.0	7 593.6	50	
7		水源井	6				175	0.8	0.8	0.75	140.0	105.0	175.0	16.8	5 000.0	700.0		
8		工人村	6				735	0.5	0.7	1.02	367.5	374.9	525.0	50.5	2 000.0	735.0		
9		其他用电设备	6				682	0.5	0.7	1.02	341.0	347.9	487.1	46.9	2 000.0	682.0		

表 2-4(续)

序号	设备类型	用电设备名称	额定电压/kV	设备台数		设备容量/kW		需用系数 K_{de}	功率因数 $\cos\varphi$	正切值 $\tan\varphi$	计算负荷				年最大负荷利用小时数/h	年电能损耗/(MW·h)	重要负荷比例/%	备注
				安装台数	工作台数	安装容量	工作容量				有功功率/kW	无功功率/kvar	视在功率/(kV·A)	计算电流/A				
1	2	3	4	5	6	7	8	9	10	11	12	13	14	15	16	17	18	19
1	五、井下高压设备	主排水泵(最大涌水量)	6	5	3	6 250	3 750	0.85	0.85	0.62	3 187.5	1 975.4	3 750.0	360.9	2 000.0	6 375.0		
2		主排水泵(正常涌水量)	6	5	2	6 250	2 500	0.85	0.85	0.62	2 125.0	1 317.0	2 500.0	240.6	5 000.0	10 625.0		
1	六、井下低压设备	−700 m 井底车场	6				642	0.6	0.8	0.75	385.2	288.9	481.5	46.3	4 200.0	1 617.8		
2		一采区	6				912	0.6	0.7	1.02	547.2	558.3	781.7	75.2	4 200.0	2 298.2		
3		二采区	6				905	0.6	0.7	1.02	543.0	554.0	775.7	74.6	4 200.0	2 280.6		
4		三采区	6				899	0.62	0.7	1.02	557.4	568.6	796.3	76.6	4 200.0	2 341.0		
5		四采区	6				1 617	0.75	0.75	0.88	1 212.8	1 069.5	1 617.0	155.6	4 200.0	5 093.6		
1	七、负荷统计结果	全矿合计					25 908				18 089.3	12 006.5	22 800.8					取 $K_{sp}=0.9$；$K_{sq}=0.95$
2		全矿计算负荷							0.82		16 280.4	11 406.2	19 878.5					
3		电容器补偿容量					7 200					−6 530.6						
4		补偿后负荷							0.958		16 280.4	4 875.6	16 994.8	1 635.4				
5		主变压器损耗									61.1	849.8			8 760.0	535		
6		全矿总负荷									16 341.5	5 725.4	17 315.5	1 666.2		74 085		

此时，自然功率因数为：

$$\cos\varphi_1 = P_{\sum}/S_{\sum} = 0.82$$

由于功率因数低于要求值，应采取人工补偿提高功率因数。

（3）功率因数的提高

采用在煤矿地面变电所 6 kV 高压母线上并联电容器补偿无功功率提高功率因数。设定将功率因数提高到 0.95 以上，因而需要补偿的无功功率为：

$$Q_C = P_{ca}(\tan\varphi_1 - \tan\varphi_2) = 16\ 280.4 \times (0.70 - 0.33) = 6\ 023.7\ (\text{kvar})$$

按电网电压，选择额定电压 6.3 kV、额定容量 1 200 kvar 的 TBB6-1200/50-AK 并联电容器成套装置。

所需电容器成套装置的数量 N 为：

$$N = \frac{Q_C}{q_C\left(\frac{U_N}{U_{N\cdot C}}\right)^2} = \frac{6\ 023.7}{1\ 200 \times \left(\frac{6}{6.3}\right)^2} \approx 6$$

则实际补偿的无功功率及补偿后的功率因数为：

$$Q'_C = N \cdot q_C\left(\frac{U_N}{U_{N\cdot C}}\right)^2 = 6 \times 1\ 200 \times \left(\frac{6}{6.3}\right)^2 = 6\ 530.6\ (\text{kvar})$$

$$S_{a\cdot c} = \sqrt{P_{\sum}^2 + Q_{\sum}^2} = \sqrt{16\ 280.4^2 + (11\ 406.2 - 6\ 530.6)^2} = 16\ 994.8\ (\text{kV}\cdot\text{A})$$

$$\cos\varphi_{a\cdot c} = 16\ 280.4/16\ 994.8 = 0.958$$

母线上的功率因数符合要求。

（4）主变压器的选择

煤矿变电所有大量一级和二级负荷，应选择两台变压器。每台变压器的容量 S_{NT} 应同时满足以下两个条件：

① 只有一台运行时，变压器容量要求不低于总计算负荷的 80%，则：

$$S_{NT} \geqslant 0.8S_{a\cdot c} = 0.8 \times 16\ 994.8 = 13\ 595.8\ (\text{kV}\cdot\text{A})$$

② 任一台变压器单独运行时，应满足全部一、二级负荷的需要，即：

$$S_{NT} \geqslant S_{ca(\text{I}+\text{II})}$$

经统计全矿重要负荷计算总有功功率为 12 900 kV·A，计算总无功功率为 7 381 kvar。考虑实际运行中一段母线故障退出运行后，电容器的补偿容量为总补偿容量的一半，此时相当于总计算负荷无功功率为 4 115.7 kvar(7 381－6 530.6/2)。因此总计算视在功率为：

$$S_{NT} \geqslant S_{ca(\text{I}+\text{II})} = \sqrt{P_{\sum}^2 + Q_{\sum}^2} = \sqrt{12\ 900^2 + 4\ 115.7^2} = 13\ 540.9\ (\text{kV}\cdot\text{A})$$

同时在选择主变压器的型号时尽量采用低损耗、高效率的变压器，如 SL7、SFL7、S7、S9、S11 等系列的变压器。

查表选择 S11-16000/35 型变压器两台。

变压器的负荷率为：

$$\beta = \frac{S_{a\cdot c}}{2S_{NT}} = \frac{16\ 994.8}{2 \times 16\ 000} = 0.531$$

（5）全矿总负荷

① 变压器损耗

$$\Delta P_T = 2(\Delta P_0 + \Delta P_k\beta^2) = 2 \times (11.4 + 68 \times 0.531^2) = 61.1\ (\text{kW})$$

$$\Delta Q_{T} \approx 2S_{NT}(I_{0}\% + U_{k}\%\beta^{2}) = 2 \times 16\ 000 \times (0.004 + 0.08 \times 0.531^{2}) = 849.8\ (\text{kvar})$$

② 全矿总负荷

$$P_{\sum} = 16\ 280.4 + 61.1 = 16\ 341.5\ (\text{kW})$$

$$Q_{\sum} = 4\ 875.6 + 849.8 = 5\ 725.4\ (\text{kvar})$$

$$S_{\sum} = \sqrt{P_{\sum}^{2} + Q_{\sum}^{2}} = 17\ 315.5\ (\text{kV} \cdot \text{A})$$

$$\cos\varphi_{\sum} = 16\ 341.5/17\ 315.5 = 0.944$$

$$I_{\sum} = \frac{17\ 315.5}{\sqrt{3} \times 6} = 1\ 666.2\ (\text{A})$$

（6）全矿吨煤耗电量

经计算统计，全矿全年耗电量为 74 085 MW·h，按年产 150 万 t 计算吨煤耗电量为：

$$E_{t} = \frac{74\ 085 \times 10^{3}}{150 \times 10^{4}} = 49.39\ (\text{kW} \cdot \text{h/t})$$

（7）变压器的经济运行

① 临界负荷

$$S_{cr} = S_{NT}\sqrt{2\frac{\Delta P_{0} + K_{ec}S_{NT}I_{0}\%}{\Delta P_{k} + K_{ec}S_{NT}U_{k}\%}}$$

$$= 16\ 000 \times \sqrt{2 \times \frac{11.4 + 0.1 \times 16\ 000 \times 0.004}{68 + 0.1 \times 16\ 000 \times 0.08}}$$

$$= 6\ 818.9\ (\text{kV} \cdot \text{A})$$

② 临界负荷率

$$\beta_{cr} = \frac{S_{cr}}{S_{NT}} = \frac{6\ 818.9}{16\ 000} = 0.426$$

计算表明，当变电所总负荷大于 6 818.9 kV·A 时，采用两台变压器并联运行更为经济，而当总负荷小于 6 818.9 kV·A 时，采用一台变压器运行更为经济。

习题与思考

2-1　企业用电设备按工作制分为哪几类？各有什么特点？

2-2　什么叫负荷持续率？它是表征哪类设备的工作特性的？

2-3　什么叫负荷曲线？什么叫年最大负荷和年最大负荷利用小时数？

2-4　什么叫计算负荷？为什么计算负荷采用半小时最大负荷？正确确定计算负荷有什么意义？

2-5　常用的负荷计算方法有哪些？需要系数法和二项式法有何特点？分别适合哪些场合？

2-6　什么叫平均功率因数和瞬时功率因数？各有什么用途？

2-7　对用电企业的功率因数一般有哪些要求？功率因数偏低有何不利影响？如何提高功率因数？

2-8　何为变压器的“铁损”“铜损”？如何计算？

2-9　已知某机修车间的金属切削机床组，拥有额定电压 380 V 的三相电动机 15 kW

1 台，11 kW 3 台，7.5 kW 8 台，4 kW 15 台，其他更小容量电动机容量共 35 kW。试分别用需要系数法和二项式法计算其 P_{ca}、Q_{ca}、S_{ca}和 I_{ca}。

2-10　某 380 V 线路供电给 1 台 132 kW 的 Y 形电动机，其效率为 91%，功率因数为 0.9。试求该线路的计算负荷 P_{ca}、Q_{ca}、S_{ca}和 I_{ca}。

2-11　某机械加工车间的 380 V 线路上，接有流水作业的金属切削机床组电动机 30 台共 85 kW(其中较大容量电动机有 11 kW 1 台，7.5 kW 3 台，4 kW 6 台，其他为更小容量电动机)。另外有通风机 3 台，共 5 kW；电葫芦 1 个，3 kW($\varepsilon=40\%$)。试分别按需要系数法和二项式法确定各组的计算负荷及总的计算负荷 P_{ca}、Q_{ca}、S_{ca}和 I_{ca}。

2-12　现有 9 台 220 V 单相电阻炉，其中 4 台 4 kW，3 台 1.5 kW，2 台 2 kW。试合理分配上列各电阻炉于 220/380 V 的 TN-C 线路上，并计算其计算负荷 P_{ca}、Q_{ca}、S_{ca}和 I_{ca}。

2-13　有一条长 2 km 的 10 kV 高压线路供电给两台并列运行的电力变压器。高压线路采用 LJ-70 铝绞线，等距水平架设，线距 1 m。两台变压器均为 S9-800/10 型，D/yn-11 连接，总的计算负荷为 900 kW，$\cos\varphi=0.86$，$T_{max}=4\ 500$ h。试分别计算此高压线路和电力变压器的功率损耗和年电能损耗。

2-14　某降压变电所装有一台 Y/yn-0 连接的 S9-1000/10 型电力变压器，其二次侧(380 V)的有功计算负荷为 720 kW，无功计算负荷为 580 kvar。试求此变电所一次侧的计算负荷及其功率因数。如果功率因数未达到 0.90，问此变电所低压母线上需装设多少容量的并联电容器才能满足要求？

2-15　某厂的有功计算负荷为 4 600 kW，功率因数为 0.75。现拟在该厂高压配电所 10 kV母线上装设 BWF10.5-40-1 型并联电容器，使功率因数提高到 0.90，问需装设多少个？装设电容器以后，该厂的视在计算负荷为多少？比未装设电容器时的视在计算负荷减少了多少？

2-16　煤矿地面变电所 6 kV 母线(实际电压为 6.3 kV)上的月有功耗电量为 7.5×10^{6} kW·h，月无功耗电量为 4×10^{6} kvar·h，30 min 有功最大负荷为 1.5×10^{4} kW，平均负荷率为 0.82；变电所安装有额定电压为 6.3 kV、额定补偿容量为 360 kvar 的电力电容器柜(三相)10 台，按三角形接线。求补偿后矿井 6 kV 母线上的功率因数。

第三章　短路电流计算

内容提要：短路电流计算是供电系统设计与运行分析的基础。本章首先介绍短路的原因、类型、危害及短路计算的目的，分析无限大容量电力系统的短路故障暂态过程，重点讲述矿井高压电网的三相短路计算方法，以及低压电网短路计算和不对称短路计算，最后讲述短路电流的效应及短路稳定性的校验方法。

第一节　概　　述

短路是指不等电位的导体间（包括导体对地之间）发生电气短接形成大电流通路的现象。短路故障是供电系统中最严重的故障形式之一，会使系统的正常运行遭到破坏。煤矿井下电网若发生短路故障，更是危害极大。掌握电网发生短路时短路电流的变化规律、稳态短路参数的计算及短路电流的破坏效应等知识，有助于电气设备的正确选择和过流保护装置的设置与整定，在矿井电网的故障分析中有重要作用。

一、短路的原因

造成短路的原因主要有：

（1）电气设备绝缘损坏。绝缘损坏可能是由于长期运行造成设备绝缘自然老化引起，也可能是设备本身绝缘强度不够被正常电压击穿，或者设备绝缘合格而被过电压（包括雷电过电压）击穿造成，以及设备绝缘受到外力损伤造成短路。

（2）鸟兽或人为破坏。鸟兽跨越在裸露的带电导体之间或带电导体与接地物体之间，或者咬坏设备和导线电缆的绝缘，从而导致短路；盗割线缆、道路开挖时野蛮施工等人为破坏也会造成短路。

（3）人员误操作。操作人员违反安全操作规程，如未拆除接地线就合闸送电、相线与零线接反、将低电压设备接入高电压的电路等都会导致短路。

二、短路的危害

短路后系统中的短路电流远大于正常负荷电流。在大电力系统中，短路电流可达几万安甚至几十万安，巨大的短路电流会造成的危害有：

（1）短路时强大的短路电流所产生的热效应和电动力效应会使电气设备受到破坏，短路点的电弧可能烧毁电气设备，引发电气火灾事故。

（2）短路时短路点附近的电压显著降低，严重影响电气设备的正常运行，使供电受到严重影响或被迫中断。

（3）短路时保护装置动作，将故障电路切除，从而造成停电，而且短路点越靠近电源，停电范围越大，造成的损失也越大。

(4) 严重的短路事故，可能影响电力系统运行的稳定性，使并列运行的发电机组失去同步，造成系统解列。

(5) 不对称短路故障的零序电流分量，将产生较强的不平衡交流电磁场，对附近的通信线路、电子设备等产生电磁干扰，影响其正常运行，甚至使之发生误动作。

(6) 在有爆炸危险的环境中(如煤矿井下、加油站等)，短路破坏更为严重，会造成重大人员伤亡和经济财产损失。

由此可见，短路的后果是十分严重的，必须尽力设法消除可能引起短路的一切因素。

三、短路的形式

三相电力系统中的短路形式有三相短路、两相短路、单相短路和两相接地短路等，如图 3-1 所示。按短路电路的对称性来分，三相短路属于对称性短路，其他形式短路均为不对称短路。

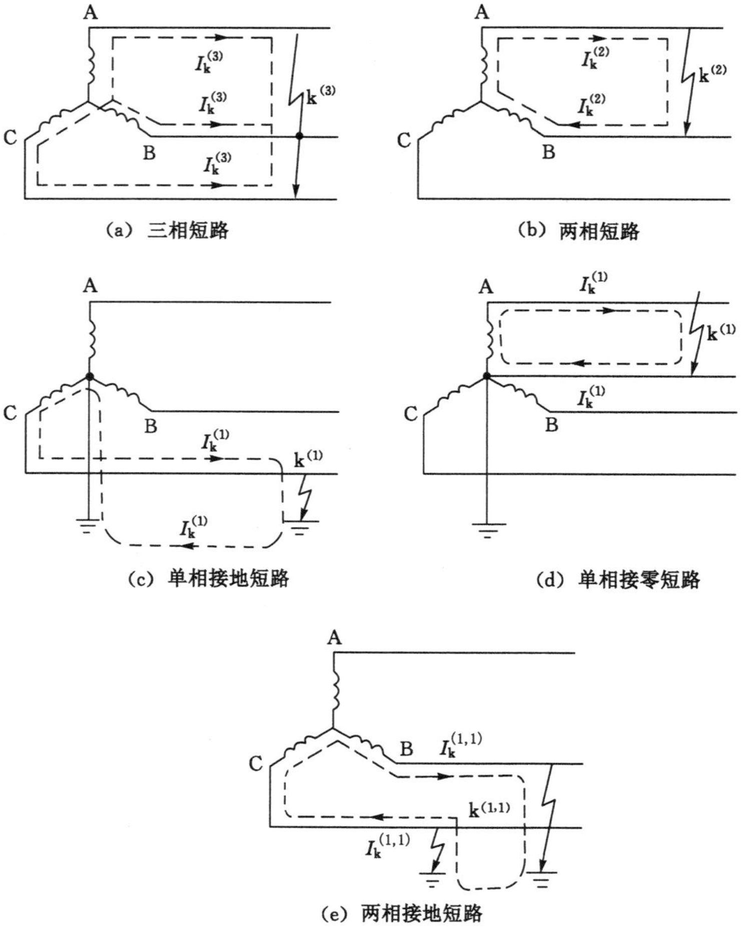

图 3-1　短路的形式(虚线表示短路电流路径)

在上述几种短路故障中，发生单相短路的概率最大，发生三相短路的概率最小，但三相短路电流最大，造成的危害也最为严重，因此通常需要计算三相短路参数，作为选择和校验电气设备的动稳定性和热稳定性的参数依据，最小短路电流通常用来校验继电保护的灵敏度。同时，不对称短路也可以按对称分量法将不对称的短路电流分解为对称的正序、负序和零序分量，然后按对称量来分析和计算。所以，对称的三相短路分析计算也是不对称短路分析计算的基础。

四、短路计算的目的

为了防止短路的危害、减小故障影响范围，在变电所和供电系统设计和运行中，必须进行短路电流计算，完成下列目的：

(1) 选择电气设备和载流导体，使设备具有足够的动稳定性和热稳定性。

(2) 选择和整定继电保护装置，使之能够准确切除短路故障。

(3) 选择限制短路电流的元件（如电抗器）参数，使最大短路电流在可承受范围内。

(4) 确定合理的电气主接线方案和主要运行方式。

第二节　无限大容量电力系统短路暂态过程分析

无限大容量电力系统是指电源的内阻抗为零，在短路过程中电源的端电压恒定不变，短路电流周期分量恒定不变。真正无限大容量电力系统是不存在的。现实中无限大容量电力系统是一个相对的概念，是指电源距短路点的“电气距离”较远（电力系统的电源总阻抗不超过短路电路总阻抗的 5%～10%），或者电力系统容量超过用户供电系统容量的 50 倍，常用 $S=\infty$ 表示。

一般工矿企业的供电容量远小于电力系统总容量，短路电路阻抗比电力系统阻抗大得多，可视为无限大容量电力系统，即发生短路时，变电所母线上的电压不变。

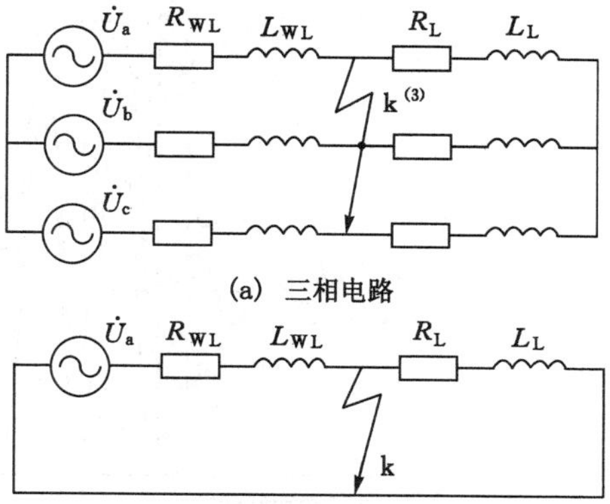

(a) 三相电路

(b) 等效单相电路

图 3-2　无限大容量电力系统发生三相短路

一、三相短路时的暂态过程分析

图 3-2(a) 是一个电源为无限大容量的供电系统发生三相短路的电路图。图中 R_{WL}、L_{WL} 为线路（WL）的电阻和电感，R_L、L_L 为负荷（L）的电阻和电感。由于三相短路对称，因此这一三相短路电路可用图 3-2(b) 所示的等效单相电路来分析研究。

设短路前电路中的电压和电流为：

$$u_a = U_m \sin(\omega t + \theta) \tag{3-1}$$

$$i_a = I_m \sin(\omega t + \theta - \varphi) \tag{3-2}$$

式中，$I_m = \dfrac{U_m}{\sqrt{(R_{WL}+R_L)^2+(\omega L_{WL}+\omega L_L)^2}}$；$\varphi = \arctan \dfrac{\omega L_{WL}+\omega L_L}{R_{WL}+R_L}$。

供电系统正常运行时，电路中的电流取决于电源电压和电路中所有元件（包括负荷在内）的阻抗。当发生三相短路时，由于负荷阻抗和部分线路阻抗被短路，回路阻抗减小，根据欧姆定律，电路电流要突然增大。同时，由于电路中存在着电感，根据楞次定律，电流不能突变，因而引起一个过渡过程，即短路暂态过程，最后短路电流将达到一个新的稳定状态。

在电源至短路点的回路内，电流将由原来的负载电流增大为短路电流，其瞬时值可由短路回路的微分方程来确定，短路回路微分方程为：

$$L_{WL}\frac{di_k}{dt}+R_{WL}i_k=U_m\sin(\omega t+\theta) \tag{3-3}$$

对该一阶常系数非齐次微分方程进行求解，可得短路全电流表达式为：

$$\begin{aligned} i_k &= I_{pe\cdot m}\sin(\omega t+\theta-\varphi_k)+[I_m\sin(\theta-\varphi)-I_{pe\cdot m}\sin(\theta-\varphi_k)]e^{-\frac{t}{T_k}} \\ &= i_{pe}+i_{ap} \end{aligned} \tag{3-4}$$

式中 i_{pe}——短路电流的稳态电流分量，也称周期分量；

i_{ap}——短路电流的暂态电流分量，也称非周期分量；

$I_{pe\cdot m}$——短路电流周期分量幅值，$I_{pe\cdot m}=\frac{U_m}{\sqrt{R_{WL}^2+(\omega L_{WL})^2}}$；

φ_k——短路回路的阻抗角，$\varphi_k=\arctan\frac{\omega L_{WL}}{R_{WL}}$；

T_k——短路回路的时间常数，$T_k=\frac{L_{WL}}{R_{WL}}$。

短路电流的波形如图 3-3 所示。式(3-4)和图 3-3 表明其中一相(如 a 相)的短路电流情况，其他两相在相位上分别相差 120°。

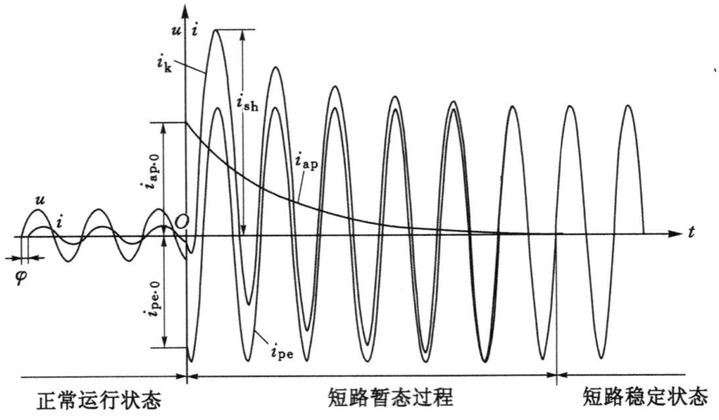

图 3-3 短路前后电流波形

从式(3-4)和图 3-3 可以看出，短路电流暂态过程的显著特点就是产生了非周期分量电流，产生原因在于短路回路中存在的电感。在发生突然短路的瞬间(即 $t=0$ 时)，短路前的电流 $I_m\sin(\theta-\varphi)$要增大到 $I_{pe\cdot m}\sin(\theta-\varphi_k)$。由于短路回路存在电感，在突然短路时，电感将产生一个感应电动势，以维持短路瞬间电路内的电流和磁链不致突变。电感的感应电动势所产生的与短路瞬间短路电流增量反向的电流，即为短路电流非周期分量 i_{ap}，短路电流非周期分量按指数规律衰减。这是由于它是由电流突变感应而来，没有外加电压的维持，也就没有能量的补充，而短路回路存在电阻，为 R-L 电路，不断地消耗能量，所以 i_{ap}按指数规律单调衰减，衰减的速度取决于回路的时间常数 T_k。一般非周期分量衰减很快，在0.2 s (10 个周期)后即衰减到初始值的 2%，在工程上即可以认为已衰减结束。这也说明电力系统的暂态过程非常短暂。

二、有关短路计算的几个物理量

(一) 稳态短路电流 I_k

当短路电流非周期分量衰减到零后，短路故障的暂态过程结束，此时进入短路的稳定状态，此时的电流即为稳态短路电流，其有效值用 I_{∞} 表示。当系统容量为无限大时，稳态短路电流就等于短路电流周期分量有效值 I_{pe}，也等于需计算的短路电流有效值 I_k。I_k 是短路保护装置整定和校验的依据，也是选择、校验电气设备的依据。

(二) 短路冲击电流 i_{sh}

在短路暂态过程中，短路电流可能的最大瞬时值，称为冲击电流，用 i_{sh} 表示。冲击电流是用来校验电气设备和母线动稳定性的重要数据。

由图 3-3 所示短路全电流 i_k 的曲线可以看出，短路后经约半个周期(即 0.01 s)，i_k 达到最大值，此时的短路全电流即短路冲击电流 i_{sh}。

短路冲击电流按下式计算：

$$i_{sh}=i_{pe(0.01)}+i_{ap(0.01)}\approx\sqrt{2}I''(1+e^{-\frac{0.01}{Tk}}) \tag{3-5}$$

或：

$$i_{sh}\approx\sqrt{2}K_{sh}I'' \tag{3-6}$$

式中　I''——短路电流周期分量初始值的有效值，习惯称为次暂态电流，在无限大容量系统中，由于系统母线电压维持不变，所以其短路电流周期分量有效值在短路的全过程中维持不变，即 $I''=I_{\infty}=I_k$；

K_{sh}——短路电流冲击系数。

由式(3-5)和式(3-6)知，短路电流冲击系数为：

$$K_{sh}=1+e^{-\frac{0.01}{Tk}}=1+e^{-\frac{0.01R_{WL}}{L_{WL}}} \tag{3-7}$$

由上式可知，当 $R_{WL}\to0$ 时 $K_{sh}\to2$，当 $L_{WL}\to0$ 时 $K_{sh}\to1$，因此 $K_{sh}=1\sim2$。

对于高压供电系统，一般电抗较大，可取 $K_{sh}=1.8$，则 $i_{sh}=2.55I''$；

对于低压供电电网或电阻较大的回路，可取 $K_{sh}=1.3$，则 $i_{sh}=1.84I''$。

(三) 短路电流最大有效值 I_{sh}

短路电流最大有效值是短路后第一个周期的短路电流有效值，用 I_{sh} 表示，也称为短路冲击电流有效值，计算公式为：

$$I_{sh}=\sqrt{I_{pe(0.01)}^2+i_{ap(0.01)}^2}\approx\sqrt{I''^2+(\sqrt{2}I''e^{-\frac{0.01}{Tk}})^2} \tag{3-8}$$

或：

$$I_{sh}\approx\sqrt{1+2(K_{sh}-1)^2}I'' \tag{3-9}$$

当 $K_{sh}=1.8$(高压电网)时，$I_{sh}=1.52I''$；

当 $K_{sh}=1.3$(低压电网)时，$I_{sh}=1.09I''$。

(四) 短路容量 S_k

短路容量表示短路处的平均额定电压 U_{av} 和三相短路电流周期分量 $I_k^{(3)}$ 所构成的三相功率，即：

$$S_k=\sqrt{3}U_{av}I_k^{(3)} \tag{3-10}$$

短路容量常用来选择和校验电气设备的开断能力，例如在选择和校验高压断路器时，断路器的切断短路故障电流的能力常用其额定电压下的最大开断电流 I_{oc}表示，或者用额定断流容量 S_{oc}表示，应使 $I_{oc}>I_k^{(3)}$ 或 $S_{oc}>S_k$。

第三节　矿井高压电网短路计算

一、概述

短路计算的主要任务是求出短路稳态电流、冲击电流、冲击电流有效值和短路容量，以用于电气设备的选择校验和继电保护的整定校验等。短路电流的计算方法主要有欧姆法（分有名值计算法和标幺值计算法）、计算曲线法和表格法。欧姆法即根据短路电压和短路回路阻抗用欧姆定律计算。

对无限大容量高压电网的短路计算，一般有以下基本假设：

(1) 忽略短路点的过渡电阻，按金属性短路计算；

(2) 发生短路时电源电压保持不变；

(3) 短路前电网参数三相对称；

(4) 忽略短路回路中各元件的电阻。

另外，为简化计算，短路计算公式的电压通常采用平均电压 U_{av}，不同额定电压等级对应的平均电压如表 3-1 所列。

表 3-1　不同额定电压等级对应的平均电压

额定电压 U_N/kV	0.127	0.22	0.38	0.66	1.14	6	10	35	110
平均电压 U_{av}/kV	0.133	0.23	0.4	0.69	1.2	6.3	10.5	37	115

忽略短路回路中各元件的电阻后，高压电网的稳态三相短路电流、最大冲击电流、冲击电流有效值和短路容量计算基本公式为：

$$I_k^{(3)}=\frac{U_{av}}{\sqrt{3}X_{\Sigma}} \tag{3-11}$$

$$i_{sh}=2.55I_k^{(3)} \tag{3-12}$$

$$I_{sh}=1.52I_k^{(3)} \tag{3-13}$$

$$S_k=\sqrt{3}U_{av}I_k^{(3)}=U_{av}^2/X_{\Sigma} \tag{3-14}$$

对无限大容量电力系统的两相短路电流计算公式为：

$$I_k^{(2)}=\frac{U_{av}}{2X_{\Sigma}}=\frac{\sqrt{3}}{2}I_k^{(3)}=0.866I_k^{(3)} \tag{3-15}$$

二、短路计算的基本步骤

（一）绘制计算电路图，选定短路计算点

进行短路计算，首先要绘制计算电路图，如后图 3-4 所示，然后确定需要进行短路计算的各个点。由于计算短路电流是为了选择校验电气设备和整定校验继电保护，电气设备要按最大短路参数选择校验，而继电保护灵敏度要按最小短路电流校验，所以短路计算点一般选择在线路的首、末端，如高压母线、低压母线、变压器高压侧、变压器低压侧、设备接入端等。

（二）绘制计算用的等效电路图

短路计算点确定后，再绘出短路计算等效电路图，如后图 3-5 所示。在等效电路图上，只将短路电流所流经的主要元件（电源、变压器、电抗器、线路）阻抗表示出来，各元件按电流流过顺序依次编号，并在图中标明各元件的序号和阻抗值，一般横线上方标序号，横线下方标阻抗值（阻抗用复数形式$R+\mathrm{j}X$表示）。

计算短路参数时将等效电路化简。对于厂矿企业供电系统，电源可当作无限大容量系统，而且短路电路比较简单，通常只需采用阻抗串并联的方法即可将电路化简，求出其等效的总阻抗，最后计算短路电流和短路容量。

三、采用有名值进行短路计算

进行高压电网的短路计算，首先应计算出短路回路中各元件的电抗。高压电网短路回路需要进行电抗计算的主要元件有系统（电源）、变压器、电抗器和线路，其计算方法如下。

（一）系统电抗 X_{sy}

无限大容量电源系统的内部电抗分为两种情况：当缺少系统侧参数时可认为系统电抗等于零；当知道系统侧电源母线上的短路容量 S_k 或电源线路出口断路器断流容量 S_{oc}时，则系统电抗计算公式为：

$$X_{sy}=\frac{U_{av}}{\sqrt{3}I_k^{(3)}}=\frac{U_{av}^2}{\sqrt{3}U_{av}I_k^{(3)}}=\frac{U_{av}^2}{S_k} \quad (3\text{-}16)$$

或：

$$X_{sy}=\frac{U_{av}^2}{S_{oc}} \quad (3\text{-}17)$$

式中　X_{sy}——系统电抗，Ω；

U_{av}——短路计算点的平均电压，kV；

S_k——电源母线上的短路容量，MV・A；

S_{oc}——电源线路出口断路器的断流容量，MV・A。

（二）变压器电抗 X_T

由变压器的短路电压百分数（短路电压与额定电压之比，即阻抗压降）$U_k\%$的定义可知：

$$U_k\%=Z_T\frac{\sqrt{3}I_{NT}}{U_{NT}}\times 100\%=Z_T\frac{S_{NT}}{U_{NT}^2}\times 100\% \quad (3\text{-}18)$$

大容量变压器 $R_T \ll X_T$，故变压器电抗 $X_T \approx Z_T$，可得：

$$X_T\approx U_k\%\frac{U_{av}^2}{S_{NT}} \quad (3\text{-}19)$$

式中　Z_T——变压器等效阻抗，Ω；

X_T——变压器等效电抗，Ω；

$U_k\%$——阻抗压降（短路电压）百分数；

S_{NT}——变压器额定容量，MV・A；

U_{NT}——变压器额定电压，kV；

I_{NT}——变压器额定电流，kA。

（三）电抗器电抗 X_L

电抗器一般已知百分电抗值 $X_L\%$，则其电抗计算公式为：

$$X_L = X_L\% \frac{U_{NL}}{\sqrt{3}I_{NL}} = X_L\% \frac{U_{av}}{\sqrt{3}I_{NL}} \tag{3-20}$$

式中 X_L——电抗器电抗，Ω；

$X_L\%$——电抗器的百分电抗；

U_{NL}——电抗器额定电压，kV；

I_{NL}——电抗器额定电流，kA。

（四）线路电抗 X_W

线路电抗可由线路的单位长度电抗值 X_0 和线路的长度求得，计算公式为：

$$X_W = X_0 L \tag{3-21}$$

式中 X_0——线路单位长度的电抗，可查有关手册和产品样本，也可按表 3-2 取值，Ω/km；

L——线路的长度，km。

表 3-2 电路线路每相单位长度电抗平均值 单位：Ω/km

线路结构	线路电压		
	低压	6～10 kV	≥35 kV
架空线路	0.32	0.35	0.40
电缆线路	0.06	0.08	0.12

短路回路中各元件的电抗计算完成后，一般先按阻抗串并联规则化简电路，求出短路回路总电抗，再按照式(3-11)～式(3-15)计算短路各参数。

需要注意：在用有名值法计算短路回路元件的阻抗时，如果短路回路中有变压器，则短路回路中各元件的电抗都应统一折算到短路点所在线路的平均电压上去。阻抗等效换算的原则是换算前后元件的功率损耗不变。

由功率损耗公式 $\Delta P = U^2/R$ 和 $\Delta Q = U^2/X$ 可知，元件阻抗与电压的平方成正比，因此阻抗的折算公式为：

$$R' = R\left(\frac{U'_{av}}{U_{av}}\right)^2 \tag{3-22}$$

$$X' = X\left(\frac{U'_{av}}{U_{av}}\right)^2 \tag{3-23}$$

式中 R、X、U_{av}——换算前元件的电阻、电抗和元件所在位置的平均电压；

R'、X'、U'_{av}——换算后元件的等效电阻、等效电抗和计算短路点的平均电压。

实际上，通常需要按照式(3-22)、式(3-23)进行阻抗换算的只有电力线路和电抗器。对于系统电抗和电力变压器电抗，由于它们的计算公式中均含有 U_{av}^2，在实际计算时只需把公式中的 U_{av} 用短路点的平均电压 U'_{av} 代入即可直接完成换算，更加简洁方便。

【例 3-1】 某供电系统接线如图 3-4 所示，各元件参数如图所示，求在 k_1、k_2 点发生三相短路时的各短路参数。

解：(1) 求 k_1 点的短路参数

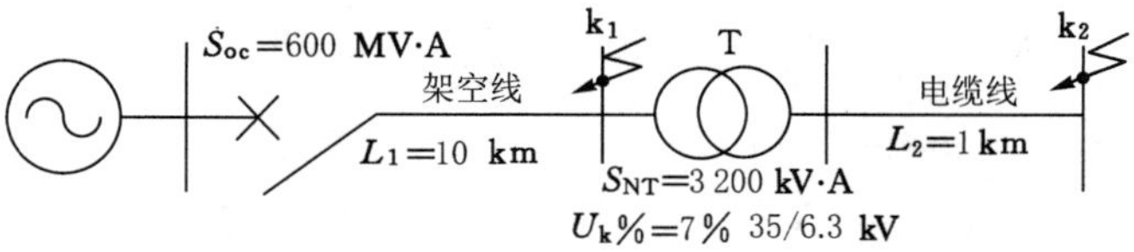

图 3-4　短路计算图

绘制短路计算等效电路图如图 3-5(a)所示，短路点 k_1 的平均电压为：

$$U_{av1}=37\ (kV)$$

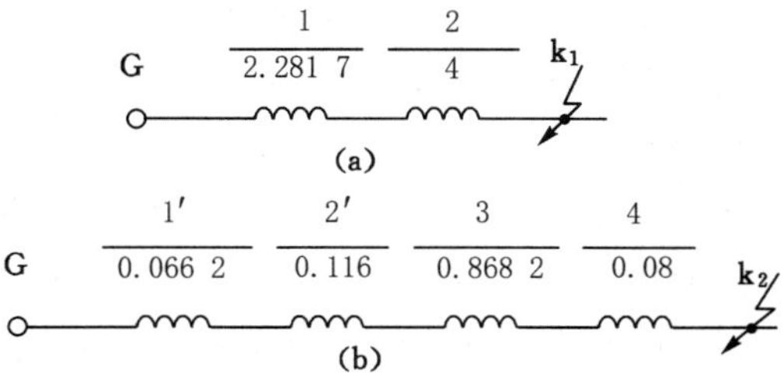

图 3-5　短路计算等效电路

系统电抗为：

$$X_{sy}=U_{av1}^2/S_{oc}=37^2/600=2.281\ 7\ (\Omega)$$

架空线路电抗为：

$$X_{W\cdot L1}=X_{0\cdot L1}L_{L1}=0.4\times 10=4\ (\Omega)$$

k_1 点短路回路总电抗为：

$$X_{\sum 1}=X_{sy}+X_{W\cdot L1}=2.281\ 7+4=6.281\ 7\ (\Omega)$$

k_1 点的各项短路参数为：

$$I_{k1}^{(3)}=\frac{U_{av1}}{\sqrt{3}X_{\sum 1}}=\frac{37}{\sqrt{3}\times 6.281\ 7}=3.4\ (kA)$$

$$i_{sh1}=2.55I_{k1}^{(3)}=2.55\times 3.4=8.67\ (kA)$$

$$I_{sh1}=1.52I_{k1}^{(3)}=1.52\times 3.4=5.168\ (kA)$$

$$S_{k1}=U_{av1}^2/X_{\sum 1}=37^2/6.281\ 7=218\ (MV\cdot A)$$

$$I_{k1}^{(2)}=0.866I_{k1}^{(3)}=0.866\times 3.4=2.94\ (kA)$$

(2) 求 k_2 点的短路参数

绘制短路计算等效电路图如图 3-5(b)所示，短路点 k_2 的平均电压为：

$$U_{av2}=6.3\ (kV)$$

换算后的系统电抗为：

$$X'_{sy}=U_{av2}^2/S_{oc}=6.3^2/600=0.066\ 2\ (\Omega)$$

换算后的架空线路电抗为：

$$X'_{W\cdot L1}=X_{W\cdot L1}\left(\frac{U_{av2}}{U_{av1}}\right)^2=4\times\left(\frac{6.3}{37}\right)^2=0.116\ (\Omega)$$

变压器电抗为：

$$X_T = U_k\% \frac{U_{av2}^2}{S_{NT}} = 0.07 \times \frac{6.3^2}{3.2} = 0.868\ 2\ (\Omega)$$

电缆线路电抗为：

$$X_{W\cdot L2} = X_{0\cdot L2} L_{L2} = 0.08 \times 1 = 0.08\ (\Omega)$$

k_2 点短路回路的总电抗为：

$$X_{\sum 2} = X'_{sy} + X'_{W\cdot L1} + X_T + X_{W\cdot L2} = 0.066\ 2 + 0.116 + 0.868\ 2 + 0.08 = 1.130\ 4\ (\Omega)$$

k_2 点的各项短路参数为：

$$I_{k2}^{(3)} = \frac{U_{av2}}{\sqrt{3} X_{\sum 2}} = \frac{6.3}{\sqrt{3} \times 1.130\ 4} = 3.22\ (kA)$$

$$i_{sh2} = 2.55 I_{k2}^{(3)} = 2.55 \times 3.22 = 8.21\ (kA)$$

$$I_{sh2} = 1.52 I_{k2}^{(3)} = 1.52 \times 3.22 = 4.89\ (kA)$$

$$S_{k2} = U_{av2}^2 / X_{\sum 2} = 6.3^2 / 1.130\ 4 = 35\ (MV \cdot A)$$

$$I_{k2}^{(2)} = 0.866 I_{k2}^{(3)} = 0.866 \times 3.22 = 2.79\ (kA)$$

在供电工程设计说明书中，上述计算结果可列成表 3-3 所列短路计算表。

表 3-3　例 3-1 短路计算结果

短路计算点	短路电流/kA				三相短路容量/(MV·A)
	$I_k^{(3)}$	i_{sh}	I_{sh}	$I_k^{(2)}$	
k_1	3.4	8.67	5.168	2.94	218
k_2	3.22	8.21	4.89	2.79	35

四、采用标幺值进行短路计算

(一) 标幺值法

对于复杂的电力系统通常采用计算机进行计算和分析，此时系统中各种参数采用标幺值计算相比有名值计算更加简便。标幺值是一种相对值，在采用标幺值计算时，各电气元件的参数均用标幺值表示。使用标幺值计算有如下优点：

(1) 三相电路的计算公式与单相电路的计算公式完全相同，线电压的标幺值与相电压的标幺值相等，三相功率的标幺值和单相功率的标幺值相等。

(2) 只需确定各电压等级的基准值，而后直接在各自的基准值下计算标幺值，不需要进行参数和计算结果的折算。

(3) 对于低压系统，功率的标幺值远小于 1。

(4) 用标幺值后，电力系统的元件各项参数比较接近，易于计算机进行计算分析比较。

(5) 可以省去公式中的比例系数，使计算简化。

当然标幺值也有参数不够直观、不适合人工计算等缺点。

在短路计算中的电气量有电压、电流、功率和阻抗 4 个量。任一物理量的标幺值，为该物理量的实际量 A 与所选定的基准值 A_d 的比值，即：

$$A_d^* = \frac{A}{A_d} \tag{3-24}$$

由于电压 U、电流 I、功率 S 和阻抗 Z 这 4 个量满足欧姆定律和功率方程，即：

$$Z=\frac{U}{\sqrt{3}\,I} \tag{3-25}$$

$$S=\sqrt{3}UI \tag{3-26}$$

因此按标幺值法进行短路计算时，只要电压 U、电流 I、功率 S 和阻抗 Z 这 4 个量中确定两个量，另外两个量也就确定了，通常是选定基准容量 S_d 和基准电压 U_d。基准容量在工程设计中通常取 $S_d=100$ MV·A 或 1 000 MV·A。基准电压通常取元件所在处的计算平均电压，即 $U_d=U_{av}$。

选定了基准容量和基准电压以后，基准电流 I_d 则按下式计算：

$$I_d=\frac{S_d}{\sqrt{3}U_d}=\frac{S_d}{\sqrt{3}U_{av}} \tag{3-27}$$

基准阻抗 Z_d 则按下式计算：

$$Z_d=\frac{U_d}{\sqrt{3}\,I_d}=\frac{U_{av}^2}{S_d} \tag{3-28}$$

选定基准值后，S、U、I、X 的标幺值分别由下式表示：

$$\left.\begin{aligned}S_d^*&=\frac{S}{S_d}\\U_d^*&=\frac{U}{U_d}\\I_d^*&=\frac{I}{I_d}=\frac{\sqrt{3}U_dI}{S_d}\\X_d^*&=\frac{X}{Z_d}=\frac{\sqrt{3}\,I_dX}{U_d}=X\,\frac{S_d}{U_d^2}\end{aligned}\right\} \tag{3-29}$$

各式中右上标“*”表示为标幺值，右下标“d”表示在选定基准值下的标幺值。当把电气设备的额定值选为基准值，而该量又处于额定值下时，其标幺值为 1，标幺值名称即由此而来。

通常，发电机、变压器、电抗器等电气设备的电抗在产品目录中采用以其额定值为基准的标幺值或百分值形式给出，称为额定标幺值，表示为：

$$X_N^*=\frac{X}{Z_N}=X\,\frac{S_N}{U_N^2} \tag{3-30}$$

当采用标幺值进行短路计算时，必须先把额定标幺值换算为选定基准值下的标幺值。换算公式为：

$$X_d^*=X_N^*\frac{U_N^2}{S_N}\bigg/\frac{U_d^2}{S_d}=X_N^*\,\frac{S_dU_N^2}{S_NU_d^2} \tag{3-31}$$

近似计算中，一般 $U_d=U_N=U_{av}$，则换算公式简化为：

$$X_d^*=X_N^*\,\frac{S_d}{S_N} \tag{3-32}$$

（二）元件电抗的标幺值计算

下面是电力系统中各主要元件的电抗标幺值的计算方法，变换以 S_d、$U_d=U_{av}$ 为基准值。

1. 系统电抗标幺值

若已知电源母线的短路容量 S_k 或电源线路出口断路器的断流容量 S_{oc}，则系统电抗的标幺值为：

$$X_{sy}^{*}=\frac{X_{sy}}{X_{d}}=\frac{S_{d}}{S_{k}} \tag{3-33}$$

或：

$$X_{sy}^{*}=\frac{X_{sy}}{X_{d}}=\frac{S_{d}}{S_{oc}} \tag{3-34}$$

2. 变压器电抗标幺值

变压器的额定标幺值 X_{NT}^{*} 与其短路电压(阻抗压降)百分比 $U_{k}\%$ 关系为：

$$X_{NT}^{*}=U_{k}\% \tag{3-35}$$

一般变压器的 $U_{k}\%$ 已知，由式(3-32)可得变压器的基准电抗标幺值为：

$$X_{T}^{*}=X_{NT}^{*}\frac{S_{d}}{S_{NT}}=U_{k}\%\frac{S_{d}}{S_{NT}} \tag{3-36}$$

上式是双绕组变压器的电抗标幺值计算式。对于三绕组变压器，给出的短路电压百分比为 $U_{k1\text{-}2}\%$、$U_{k2\text{-}3}\%$、$U_{k1\text{-}3}\%$，下标数字 1、2、3 代表 3 个绕组，其等值电路如图 3-6 所示。

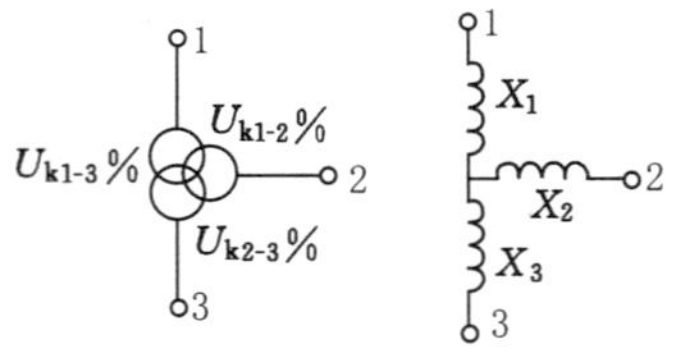

图 3-6　三绕组变压器等值电路图

其中 $U_{k1\text{-}2}\%$ 是在 3 绕组开路情况下，在 1 和 2 绕组间做短路试验得到的，有：

$$\begin{aligned}U_{k1\text{-}2}\%&=\frac{X_{1}\sqrt{3}I_{NT}}{U_{NT}}\times 100\%+\frac{X_{2}\sqrt{3}I_{NT}}{U_{NT}}\times 100\%\\&=U_{k1}\%+U_{k2}\%\end{aligned} \tag{3-37}$$

同理有：

$$\left.\begin{aligned}U_{k2\text{-}3}\%&=U_{k2}\%+U_{k3}\%\\U_{k1\text{-}3}\%&=U_{k1}\%+U_{k3}\%\end{aligned}\right\} \tag{3-38}$$

由式(3-37)和式(3-38)可得各绕组的短路电压百分比为：

$$\left.\begin{aligned}U_{k1}\%&=\frac{1}{2}(U_{k1\text{-}2}\%+U_{k1\text{-}3}\%-U_{k2\text{-}3}\%)\\U_{k2}\%&=\frac{1}{2}(U_{k1\text{-}2}\%+U_{k2\text{-}3}\%-U_{k1\text{-}3}\%)\\U_{k3}\%&=\frac{1}{2}(U_{k1\text{-}3}\%+U_{k2\text{-}3}\%-U_{k1\text{-}2}\%)\end{aligned}\right\} \tag{3-39}$$

各绕组的基准标幺电抗按式(3-36)计算可得。

3. 线路电抗标幺值

电力线路的基准电抗标幺值计算公式为：

$$X_{W}^{*}=X_{0}L\frac{S_{d}}{U_{av}^{2}} \tag{3-40}$$

4. 电抗器电抗标幺值

电抗器通常已知其额定百分电抗 $X_{L}\%$，电抗器的基准电抗标幺值计算公式为：

$$X_{L}^{*}=X_{L}\%\frac{U_{NL}}{\sqrt{3}I_{NL}}\frac{S_{d}}{U_{av}^{2}}=X_{L}\%\frac{S_{d}}{\sqrt{3}I_{NL}U_{av}} \tag{3-41}$$

（三）含变压器系统的标幺值计算

在有名值短路计算中，当短路点前有变压器时，必须先把不同电压等级的各个元件参数折算到同一电压下，才能得到等效电路参数。在标幺值短路计算中，这一过程是否相同呢？

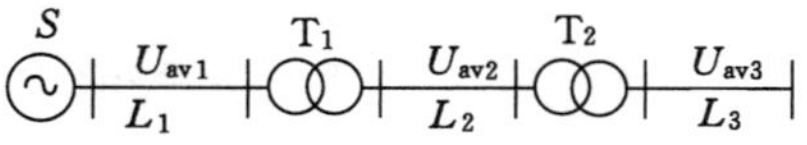

图 3-7 含变压器的不同电压等级供电系统

图 3-7 为有两台变压器和三段不同电压等级线路的供电系统。在选择基准值时，可将其中一段作为基本段，例如选择线路 L_1 为基本段，取其基准功率为 S_d，基准电压为该段线路的平均电压，即 $U_d=U_{av1}$。

线路 L_2 的电抗 X_{L2} 换算为基准标幺值需要经过两个步骤，要先把它折算到基本段 L_1，变压器 T_1 变比为：

$$K_{T1}=\frac{U_{av1}}{U_{av2}} \tag{3-42}$$

则：

$$X'_{L2}=K_{T1}^2X_{L2} \tag{3-43}$$

再将其换算为基准值的标幺值，即：

$$X_{L2}^*=X'_{L2}\frac{S_d}{U_{av1}^2}=K_{T1}^2X_{L2}\frac{S_d}{U_{av1}^2}=\left(\frac{U_{av1}}{U_{av2}}\right)^2X_{L2}\frac{S_d}{U_{av1}^2}=X_{L2}\frac{S_d}{U_{av2}^2} \tag{3-44}$$

同样，线路 L_3 的电抗 X_{L3} 折算到基本段 L_1 的换算过程与线路 L_2 的变换过程类似，其换算成基准标幺值为：

$$X_{L3}^*=X'_{L3}\frac{S_d}{U_{av1}^2}=K_{T1}^2K_{T2}^2X_{L3}\frac{S_d}{U_{av1}^2}=X_{L3}\frac{S_d}{U_{av3}^2} \tag{3-45}$$

由上两式可见，不同电压等级下的元件参数变换为同一基准值下的标幺值，计算时取各线路段的基准功率相同，基准电压选择该线路段的平均电压，即可直接计算得到各元件的基准标幺值，而无须像有名值法那样进行电压折算，元件的基准标幺值与短路计算点的电压无关，这也是标幺值算法优于有名值算法的地方。

（四）短路电流计算

短路回路中各元件的标幺电抗计算完成后，即可得到供电系统的短路计算等效电路图。根据电路阻抗计算原理，计算出短路回路的总标幺电抗 $X_{\sum}^*$，则短路电流 I_k^* 为：

$$I_k^*=\frac{1}{X_{\sum}^*} \tag{3-46}$$

【例 3-2】 对例 3-1 的供电系统，试采用标幺值法计算 k_2 点的短路电流。

解：取 $S_d=100$ MV·A，架空线路基准电压 $U_{av1}=37$ kV，电缆线路基准电压 $U_{av2}=6.3$ kV

系统电抗标幺值：

$$X_{sy}^*=\frac{S_d}{S_{oc}}=\frac{100}{600}=0.167$$

架空线路电抗标幺值：

$$X_{W\cdot L1}^*=X_{0\cdot L1}\times L_{L1}\times\frac{S_d}{U_{av1}^2}=0.4\times10\times\frac{100}{37^2}=0.292$$

变压器电抗标幺值：

$$X_{T}^{*}=U_{k}\%\frac{S_{d}}{S_{NT}}=0.07\times\frac{100}{3.2}=2.188$$

电缆线路电抗标幺值：

$$X_{W\cdot L2}^{*}=X_{0\cdot L2}\times L_{L2}\times\frac{S_{d}}{U_{av2}^{2}}=0.08\times1\times\frac{100}{6.3^{2}}=0.202$$

$$X_{\Sigma}^{*}=0.167+0.292+2.188+0.202=2.85$$

$$I_{k}^{*}=\frac{1}{X_{\Sigma}^{*}}=\frac{1}{2.85}=0.35$$

$$I_{k}=I_{k}^{*}\times\frac{S_{d}}{\sqrt{3}U_{av2}}=0.35\times\frac{100}{\sqrt{3}\times6.3}=3.21\ (\text{kA})$$

可见，计算结果与有名值方法无异。

第四节　矿井低压电网短路计算

井下低压电网的短路计算与高压电网的短路计算过程大致相同，但低压电网的等效电阻通常较大，甚至远大于电网的等效电抗，所以必须考虑各元件的电阻，这是与高压电网短路计算的不同之处。

(1) 电缆的等效阻抗计算。

电缆的等效电阻和等效电抗可以根据电缆截面面积查有关电工手册得出其单位长度电阻和电抗 R_0、X_0，如表 3-4 和表 3-5 所列，再乘以电缆的长度即得电缆等效电阻和电抗。

表 3-4　矿用铠装电缆单位长度的有效电阻和电抗　　单位：Ω/km

电缆主芯线截面面积/mm²	铜				铝			
	≤1 kV		6 kV		≤1 kV		6 kV	
	R_0	X_0	R_0	X_0	R_0	X_0	R_0	X_0
4	5.348	0.095			9.013	0.095		
6	3.566	0.090			6.008	0.090		
10	2.139	0.073			3.605	0.073		
16	1.337	0.067 5	1.34	0.068	2.253	0.067 5	2.257	0.068
25	0.856	0.066 2	0.857	0.066	1.441	0.066 2	1.445	0.066
35	0.610	0.063 7	0.612	0.064	1.030	0.063 7	1.030	0.064
50	0.428 3	0.062 5	0.429	0.063	0.721	0.062 5	0.722	0.063
70	0.304 4	0.061 2	0.306	0.061	0.514 5	0.061 2	0.516	0.061
95	0.225 4	0.060 2	0.226	0.060	0.380	0.060 2	0.380	0.060

表 3-5　矿用橡套电缆单位长度的有效电阻和电抗

阻抗/(Ω/km)	截面面积/mm²									
	4	6	10	16	25	35	50	70	95	120
R_0	5.5	3.693	2.159	1.369	0.863 8	0.616 0	0.448 4	0.315 1	0.230 1	0.18
X_0	0.101	0.095	0.092	0.090	0.088	0.084	0.081	0.078	0.075	0.074

电缆电阻也可以按下式计算：

$$R_W = \frac{L}{\gamma \cdot A} \tag{3-47}$$

式中　L——线路长度，m；

γ——电导率，m/（Ω・mm²），见表 3-6；

A——导线截面积，mm²。

表 3-6　电缆的电导率

电缆名称	电导率 γ/[m/(Ω・mm²)]		
	20 ℃	65 ℃	80 ℃
铜芯软电缆	53	42.5	
铜芯铠装电缆		48.6	44.3
铝芯电缆	32	28.8	

在计算井下低压电网的短路电流时，需要考虑电缆在短路前因负荷电流而使温度升高造成电导率下降以及因为多股绞线使电阻增大等因素，所以计算电缆的等效电阻时应按最高温度下的电导率计算。

线路的单位长度电抗也可按照下式计算：

$$X_0 \approx 0.144\ 5\lg\frac{2D}{d} + 0.015\ 7 \tag{3-48}$$

式中　d——导体直径，mm；

D——各导体间的几何均距，mm。

三相导线间的几何均距计算式为：

$$D = \sqrt[3]{D_{12}D_{23}D_{13}} \tag{3-49}$$

式中，D_{12}、D_{23}、D_{13} 为各相导线间的距离，mm。

（2）变压器的等效阻抗计算。

井下变压器因容量小，故每相绕组的电阻也大于电抗，不能忽略电阻，故其阻抗计算公式如下：

$$\begin{cases} Z_T = U_k\% \cdot U_{NT}^2/S_T \\ R_T = \Delta P_{NT} \cdot U_{NT}^2/S_T^2 \\ X_T = \sqrt{Z_T^2 - R_T^2} \end{cases} \tag{3-50}$$

式中　ΔP_{NT}——变压器的短路损耗（铜损），根据变压器铭牌参数或产品样本确定，W；

U_{NT}——变压器二次侧额定电压，V；

S_T——变压器额定容量，V・A。

（3）此外，需额外考虑短路点的电弧电阻，通常取 $R_{arc}=0.01$ Ω。

按《煤矿安全规程》要求，井下低压电网采用变压器中性点不直接接地运行方式，因而其短路故障类型只有三相短路和两相短路。在短路回路电压与每相阻抗相同时，三相短路电流大于两相短路电流。

井下低压电网需计算的短路参数通常为最大三相短路电流和最小两相短路电流两个。线路始端三相短路电流值最大，末端两相短路电流值最小，故短路计算点通常选择在各段电缆线路的始、末端。其中，最大三相短路电流主要用来校验设备和电缆的分断能力及热稳定性；最小两相短路电流主要用来校验保护装置的灵敏度。

井下低压电网短路电流常用解析法或表格法求出。

一、解析法

三相短路电流的计算公式为：

$$I_k^{(3)}=\frac{U_N}{\sqrt{3}Z_{\sum}}=\frac{U_{av}}{\sqrt{3}\sqrt{R_{\sum}^2+X_{\sum}^2}} \tag{3-51}$$

同一短路点两相短路电流的计算公式为：

$$I_k^{(2)}=0.866I_k^{(3)}=\frac{U_{av}}{2Z_{\sum}} \tag{3-52}$$

式中 $Z_{\sum}$—— 短路回路的每相总阻抗，Ω；

$R_{\sum}$—— 短路回路的每相总电阻，Ω；

$X_{\sum}$—— 短路回路的每相总电抗，Ω。

【例 3-3】 某井下低压供电系统如图 3-8 所示。线路及变压器参数如下：WL_1：YJV_{22}-3×35-1800；WL_2：YJV_{22}-3×120-15；WL_3：MYP-3×70-600；WL_4：MCP-3×35-250；T：KSGB315，6/0.69 kV，$U_k\%=4.5\%$，$\Delta P_{NT}=2\ 200$ W。试计算 k 点的最小两相短路电流。

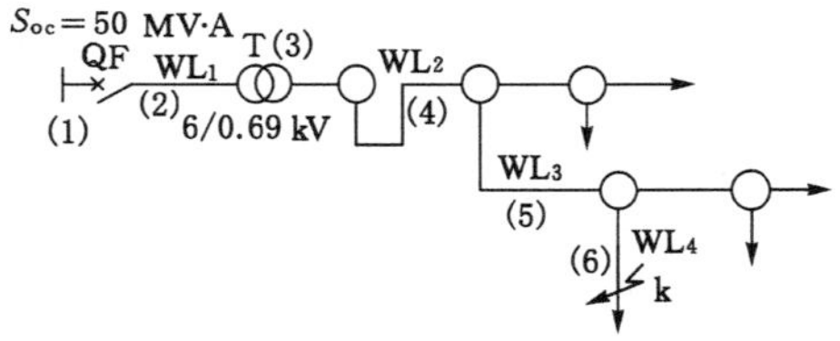

图 3-8 井下低压供电系统图

解：(1) 绘制等效计算图(图 3-9)

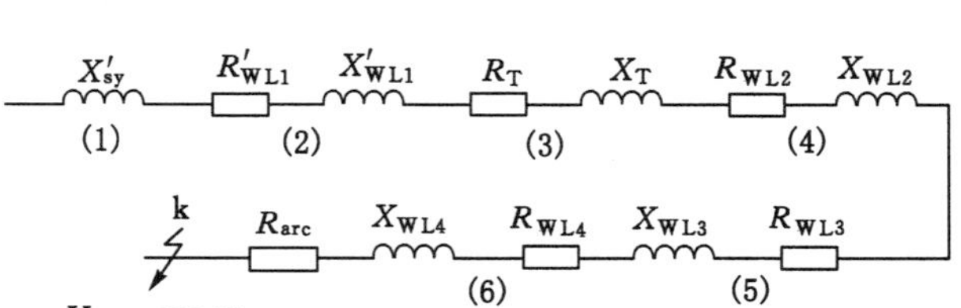

图 3-9 等效计算图

(2) 计算各元件的阻抗

① 系统电抗：

$$X'_{sy}=\frac{U_{av2}^2}{S_{oc}}=\frac{690^2}{50\times10^6}=0.009\ 5\ (\Omega)$$

② WL_1 电缆折算电抗：

$$R'_{WL1}=R_{0\cdot WL1}L_1\left(\frac{U_{av2}}{U_{av1}}\right)^2=0.612\times1.8\times\left(\frac{690}{6\ 300}\right)^2=0.013\ 2\ (\Omega)$$

$$X'_{WL1}=X_{0\cdot WL1}L_1\left(\frac{U_{av2}}{U_{av1}}\right)^2=0.064\times1.8\times\left(\frac{690}{6\ 300}\right)^2=0.001\ 4\ (\Omega)$$

③ 变压器阻抗：

$$Z_T=U_k\%\frac{U_{av2}^2}{S_T}=0.045\times\frac{690^2}{315\ 000}=0.068\ (\Omega)$$

$$R_T=\Delta P_{NT}\frac{U_{av2}^2}{S_T^2}=2\ 200\times\left(\frac{690}{315\ 000}\right)^2=0.010\ 6\ (\Omega)$$

$$X_T=\sqrt{Z_T^2-R_T^2}=\sqrt{0.068^2-0.010\ 6^2}=0.067\ 2\ (\Omega)$$

④ 电缆 WL_2 阻抗：

$$R_{WL2}=0.18\times0.015=0.002\ 7\ (\Omega)$$
$$X_{WL2}=0.074\times0.015=0.001\ 1\ (\Omega)$$

⑤ 电缆 WL_3 阻抗：

$$R_{WL3}=0.315\ 1\times0.6=0.189\ 1\ (\Omega)$$
$$X_{WL3}=0.078\times0.6=0.046\ 8\ (\Omega)$$

⑥ 电缆 WL_4 阻抗：

$$R_{WL4}=0.616\times0.25=0.154\ (\Omega)$$
$$X_{WL4}=0.084\times0.25=0.021\ (\Omega)$$

（3）k 点短路时回路总阻抗

$$\begin{aligned}X_\Sigma&=X'_{sy}+X'_{WL1}+X_T+X_{WL2}+X_{WL3}+X_{WL4}\\&=0.009\ 5+0.001\ 4+0.067\ 2+0.001\ 1+0.046\ 8+0.021\\&=0.147\ (\Omega)\end{aligned}$$

$$\begin{aligned}R_\Sigma&=R'_{WL1}+R_T+R_{WL2}+R_{WL3}+R_{WL4}+R_{arc}\\&=0.013\ 2+0.010\ 6+0.002\ 7+0.189\ 1+0.154+0.01\\&=0.379\ 6\ (\Omega)\end{aligned}$$

$$Z_\Sigma=\sqrt{X_\Sigma^2+R_\Sigma^2}=\sqrt{0.147^2+0.379\ 6^2}=0.407\ (\Omega)$$

（4）k 点两相短路电流

$$I_k^{(2)}=\frac{U_{av2}}{2Z_\Sigma}=\frac{690}{2\times0.407}=847.7\ (A)$$

从上例可以看出，低压电网的短路回路阻抗中，电缆的电抗一般较小，而电阻较大。如果忽略短路回路中电缆的电抗，短路计算结果如下：

忽略短路回路中电缆的电抗时 k 点短路时，回路总阻抗为：

$$X_\Sigma=X_T=0.067\ 2\ (\Omega)$$

$$\begin{aligned}R_\Sigma&=R'_{WL1}+R_T+R_{WL2}+R_{WL3}+R_{WL4}+R_{arc}\\&=0.013\ 2+0.010\ 6+0.002\ 7+0.189\ 1+0.154+0.01\\&=0.379\ 6\ (\Omega)\end{aligned}$$

$$Z_{\sum}=\sqrt{X_{\sum}^{2}+R_{\sum}^{2}}=\sqrt{0.067\ 2^{2}+0.379\ 6^{2}}=0.386\ (\Omega)$$

求得k点两相短路电流为：

$$I_{k}^{(2)}=\frac{U_{av2}}{2Z_{\sum}}=\frac{690}{2\times 0.386}=893.8\ (\mathrm{A})$$

在忽略短路回路中电缆的电抗后，短路电流比之前增加了约46 A，增大不到6%，这样的差别在工程计算中对设计结果基本没有影响，是可以接受的。

二、表格法

由前面的示例计算可以看出，如果电源、变压器参数已确定，短路电流就取决于电缆的阻抗；而当电缆截面面积一定时，其电阻、电抗均与长度L成正比，则短路电流就是L的函数，即$I_k=f(L)$。因此只要已知电缆长度，就可求得短路电流。

考虑到实际中各段电缆的截面面积通常不相等，故应在阻抗不变的原则下，把不同截面面积的电缆长度，都折算成标准截面面积(铜芯)时的等效长度。通常380 V、660 V、1 140 V电压下换算的标准截面面积为50 mm^2，127 V电压下换算的标准截面面积为4 mm^2。

等效长度与实际长度之比称为换算系数，表示为K_{eq}，见表3-7。实际长度为L、截面面积为A的井下低压电缆折算成标准截面面积的电缆，其等效(换算)长度L_{eq}的计算公式为：

$$L_{eq}=K_{eq}\cdot L \tag{3-53}$$

表3-7 低压电缆换算系数(K_{eq})表

额定电压等级	380 V、660 V、1 140 V									127 V			
电缆截面面积/mm^2	4	6	10	16	25	35	50	70	95	2.5	4	6	10
换算系数K_{eq}	11.97	8.11	4.75	3.01	1.91	1.37	1.00	0.73	0.53	1.64	1.00	0.58	0.34

根据变压器的型号、容量、二次电压与电缆等效长度等参数的具体数值，可以制成各种井下两相短路电流计算表格，表3-8、表3-9给出的就是KBSGZY型移动变电站二次侧电压分别为1 200 V和690 V时，二次侧两相短路电流计算表。利用这种表格来求短路电流的方法称为表格法。表格法计算短路电流步骤如下：

(1) 在供电系统图中选定短路计算点。

(2) 计算短路点至变压器二次侧各段电缆的换算长度L_{eq}。

(3) 求短路点至电源的全部电缆总换算长度$L_{\sum\cdot eq}$。

总换算长度等于短路回路各段电缆的换算长度之和，即：

$$L_{\sum\cdot eq}=L_{eq\cdot s}+K_{eq\cdot h}L_{eq\cdot h}+\sum_{i=1}^{n}L_{eq\cdot i} \tag{3-54}$$

式中 $L_{eq\cdot s}$——电源系统电抗换算长度，m，可查表3-10；

$K_{eq\cdot h}$——变压器高压侧(6 kV)电缆的换算系数，可查表3-11；

$L_{eq\cdot h}$——变压器高压侧(6 kV)电缆的实际长度，m；

$L_{eq\cdot i}$——变压器低压侧各段电缆的换算长度，m。

(4) 根据$L_{\sum\cdot eq}$、变压器型号、容量及二次侧电压查表求得相应短路点的两相短路电流。

表 3-8　KBSGZY 型移动变电站二次侧电压为 1 200 V 时系统的两相短路电流　单位：A

电缆换算长度/m	变压器容量/(kV·A)						电缆换算长度/m	变压器容量/(kV·A)					
	315	500	630	800	1 000	315+315		315	500	630	800	1 000	315+315
0	2 917	4 629	4 773	5 553	6 407	5 834	720	1 349	1 536	1 556	1 601	1 640	1 591
20	2 870	4 514	4 658	5 400	6 210	5 638	740	1 324	1 503	1 521	1 564	1 602	1 555
40	2 819	4 388	4 530	5 225	5 980	5 423	760	1 301	1 471	1 489	1 529	1 565	1 520
60	2 766	4 254	4 392	5 037	5 730	5 199	780	1 278	1 440	1 457	1 495	1 529	1 487
80	2 712	4 116	4 248	4 841	5 470	4 971	800	1 255	1 411	1 427	1 463	1 496	1 455
100	2 656	3 975	4 102	4 643	5 211	4 746	820	1 234	1 382	1 398	1 432	1 463	1 424
120	2 599	3 835	3 955	4 447	4 956	4 528	840	1 213	1 355	1 370	1 403	1 432	1 395
140	2 542	3 697	3 810	4 257	4 711	4 318	860	1 193	1 329	1 343	1 374	1 402	1 367
160	2 486	3 563	3 669	4 073	4 479	4 119	880	1 173	1 303	1 317	1 347	1 374	1 339
180	2 429	3 433	3 532	3 897	4 260	3 931	900	1 154	1 279	1 292	1 321	1 346	1 313
200	2 373	3 307	3 400	3 730	4 054	3 755	920	1 135	1 255	1 268	1 295	1 320	1 288
220	2 318	3 187	3 274	3 572	3 863	3 589	940	1 117	1 233	1 245	1 271	1 294	1 264
240	2 264	3 073	3 153	3 424	3 684	3 434	960	1 100	1 211	1 222	1 248	1 270	1 241
260	2 211	2 964	3 039	3 284	3 518	3 290	980	1 083	1 189	1 201	1 225	1 246	1 218
280	2 159	2 860	2 930	3 153	3 364	3 155	1 000	1 067	1 169	1 180	1 203	1 223	1 196
300	2 109	2 762	2 827	3 030	3 221	3 029	1 050	1 027	1 121	1 131	1 151	1 170	1 145
320	2 060	2 669	2 730	2 915	3 088	2 911	1 100	991	1 076	1 085	1 104	1 121	1 098
340	2 012	2 580	2 637	2 807	2 964	2 801	1 150	957	1 035	1 043	1 060	1 076	1 055
360	1 966	2 497	2 550	2 705	2 849	2 698	1 200	925	996	1 004	1 020	1 034	1 015
380	1 921	2 417	2 467	2 610	2 741	2 601	1 250	895	961	968	983	995	978
400	1 877	2 342	2 389	2 520	2 640	2 511	1 300	866	928	934	948	959	943
420	1 835	2 271	2 315	2 436	2 546	2 426	1 350	840	897	903	915	926	911
440	1 795	2 203	2 244	2 356	2 458	2 346	1 400	815	867	873	885	895	881
460	1 755	2 139	2 178	2 281	2 375	2 271	1 450	791	840	846	856	866	852
480	1 717	2 078	2 114	2 211	2 298	2 200	1 500	769	815	820	830	838	826
500	1 680	2 020	2 054	2 144	2 225	2 133	1 550	747	790	795	805	813	801
520	1 645	1 965	1 997	2 081	2 156	2 070	1 600	727	768	772	781	789	778
540	1 611	1 913	1 943	2 021	2 091	2 010	1 650	708	746	751	759	766	755
560	1 577	1 863	1 892	1 964	2 030	1 954	1 700	690	726	730	738	744	735
580	1 545	1 815	1 843	1 911	1 972	1 900	1 750	673	707	710	718	724	715
600	1 514	1 770	1 796	1 860	1 917	1 849	1 800	657	688	692	699	705	696
620	1 484	1 726	1 751	1 811	1 865	1 801	1 850	641	671	674	681	686	678
640	1 455	1 685	1 708	1 765	1 815	1 755	1 900	626	654	658	664	669	661
660	1 427	1 645	1 668	1 721	1 768	1 711	1 950	612	639	642	648	653	645
680	1 400	1 607	1 629	1 679	1 724	1 669	2 000	598	624	627	632	637	630
700	1 374	1 571	1 591	1 639	1 681	1 629							

表 3-9　KBSGZY 型移动变电站二次侧电压为 690 V 时系统的两相短路电流　　单位:A

电缆换算长度/m	变压器容量/(kV·A)						电缆换算长度/m	变压器容量/(kV·A)					
	100	200	315	500	630	200+200		100	200	315	500	630	200+200
0	1 597	3 194	5 032	7 979	8 239	6 389	720	743	900	963	1 001	1 005	978
20	1 567	3 083	4 771	7 334	7 580	5 930	740	730	879	940	975	979	954
40	1 537	2 965	4 483	6 612	6 825	5 441	760	717	860	917	951	955	930
60	1 505	2 843	4 189	5 919	6 093	4 969	780	705	842	896	928	931	908
80	1 473	2 721	3 904	5 299	5 440	4 535	800	693	824	875	906	909	887
100	1 442	2 601	3 637	4 763	4 877	4 147	820	681	807	856	884	888	867
120	1 410	2 484	3 390	4 305	4 398	3 805	840	670	790	837	864	868	848
140	1 378	2 373	3 165	3 916	3 992	3 505	860	660	775	819	845	848	829
160	1 347	2 267	2 961	3 584	3 647	3 243	880	649	759	802	827	830	812
180	1 316	2 167	2 778	3 299	3 352	3 013	900	639	745	786	809	812	795
200	1 285	2 073	2 612	3 052	3 097	2 810	920	629	731	770	792	795	778
220	1 256	1 985	2 462	2 838	2 876	2 630	940	619	717	755	776	779	763
240	1 227	1 903	2 326	2 650	2 683	2 470	960	610	704	740	761	763	748
260	1 198	1 825	2 204	2 484	2 513	2 328	980	601	692	726	746	748	734
280	1 171	1 753	2 092	2 337	2 363	2 200	1 000	592	679	712	731	734	720
300	1 144	1 685	1 990	2 206	2 229	2 085	1 050	571	651	681	698	700	687
320	1 118	1 621	1 897	2 088	2 108	1 980	1 100	551	624	652	667	669	657
340	1 093	1 562	1 812	1 982	2 000	1 886	1 150	533	600	625	639	641	630
360	1 068	1 506	1 734	1 886	1 902	1 799	1 200	515	577	600	613	615	605
380	1 045	1 454	1 661	1 799	1 813	1 720	1 250	499	557	578	589	591	582
400	1 022	1 405	1 595	1 719	1 732	1 647	1 300	484	537	556	567	569	560
420	999	1 359	1 533	1 645	1 658	1 581	1 350	469	519	537	547	548	541
440	978	1 315	1 475	1 578	1 589	1 519	1 400	456	502	518	528	529	522
460	957	1 274	1 422	1 516	1 526	1 462	1 450	443	486	501	510	511	505
480	937	1 235	1 372	1 458	1 468	1 408	1 500	431	471	485	494	495	488
500	918	1 199	1 326	1 405	1 414	1 359	1 550	419	457	470	478	479	473
520	899	1 164	1 282	1 356	1 364	1 313	1 600	408	444	456	463	464	459
540	881	1 131	1 241	1 309	1 317	1 269	1 650	398	431	443	450	451	445
560	864	1 100	1 203	1 266	1 273	1 229	1 700	388	419	430	437	438	433
580	847	1 070	1 167	1 225	1 232	1 191	1 750	378	408	419	425	425	421
600	830	1 042	1 133	1 187	1 194	1 155	1 850	361	387	397	402	403	399
620	815	1 016	1 100	1 152	1 157	1 121	1 800	369	397	407	413	414	409
640	799	990	1 070	1 118	1 123	1 089	1 900	352	378	387	392	392	388
660	784	966	1 041	1 086	1 091	1 059	1 950	345	369	377	382	382	379
680	770	943	1 014	1 056	1 061	1 031	2 000	337	360	368	372	373	369
700	756	921	988	1 028	1 032	1 004							

表 3-10　电源系统电抗的换算长度　　　单位：m

系统容量/(MV·A)		25	30	40	50	100
额定电压/V	380	14.1	11.7	8.8	7.0	3.51
	660	41.8	34.9	26.1	20.9	10.46
	1 140	126.5	105.4	79.1	63.3	31.63

表 3-11　变压器高压侧(6 kV)电缆换算到低压侧电缆长度的换算系数($K_{eq\cdot h}$)表

电缆芯线材料		铜			铝		
额定电压/V		380	660	1 140	380	660	1 140
电缆截面面积/mm²	10	0.019	0.058	0.171	0.032	0.097	0.286
	16	0.012	0.026	0.108	0.020	0.061	0.183
	25	0.008	0.023	0.072	0.013	0.039	0.115
	35	0.006	0.017	0.054	0.009	0.028	0.084
	50	0.004	0.012	0.036	0.006	0.020	0.051
	70	0.003	0.008	0.027	0.005	0.014	0.045
	95	0.002	0.006	0.018	0.004	0.011	0.036

【例 3-4】 用表格法求例 3-3 所示低压电网的两相短路电流。

解：(1) 计算短路点至变压器二次侧各段电缆的换算长度 L_{eq}：

$$L_{eq\cdot 2}=(50/120)\times 15=6.25\ (m)$$

$$L_{eq\cdot 3}=0.73\times 600=438\ (m)$$

$$L_{eq\cdot 4}=1.37\times 250=342.5\ (m)$$

(2) 计算短路点至电源的全部电缆总换算长度 $L_{\sum\cdot eq}$：

$$\begin{aligned}L_{\sum\cdot eq}&=L_{eq\cdot s}+K_{eq\cdot h}L_{eq\cdot h}+\sum_{i=1}^{n}L_{eq\cdot i}\\&=20.9+0.017\times 1\ 800+6.25+438+342.5\\&=838.25\ (m)\end{aligned}$$

(3) 根据 $L_{\sum\cdot eq}$、变压器型号、容量及二次侧电压查表求得短路点的两相短路电流为：

$$I_k^{(2)}=840\ (A)$$

在不考虑变压器一次侧阻抗参数时，则：

$$L_{\sum\cdot eq}=\sum_{i=1}^{n}L_{eq\cdot i}=6.25+438+342.5=786.75\ (m)$$

$$I_k^{(2)}=890\ (A)$$

通过上面的示例分析可见，表格法计算短路电流快速准确，对现场技术人员使用特别方便。

第五节　不对称短路计算

三相电网中除三相短路以外的短路故障统称为不对称短路，包括两相短路和大接地电流系统的单相接地和两相接地故障。电力系统中的短路故障主要为不对称短路，不对称短路电流同时也是继电保护灵敏度校验等的必要参数，因此掌握不对称短路电流计算是非常重要的。

由于不对称短路时三相的电压、电流不再对称，不能像三相对称短路那样可以取一相进行计算，因而不对称短路电流计算相对复杂。为了计算不对称短路电流，通常采用对称分量法。

一、对称分量法

在三相系统中，任意一组不对称的量都可以分解为三组对称量的和，这三组对称量称为对称分量，分别为正序分量、负序分量和零序分量，如图 3-10 所示。其中正序分量 $\dot{A}_1$、$\dot{B}_1$、$\dot{C}_1$ 3 个大小相等，相位顺时针相差 120°，即相序为 $\dot{A}_1$—$\dot{B}_1$—$\dot{C}_1$；负序分量 $\dot{A}_2$、$\dot{B}_2$、$\dot{C}_2$ 也是 3 个大小相等，但相位逆时针相差 120°，即相序为 $\dot{A}_2$—$\dot{C}_2$—$\dot{B}_2$；零序分量 $\dot{A}_0$、$\dot{B}_0$、$\dot{C}_0$ 3 个大小相等，相位相同。对称分量法向量图如图 3-10 所示。

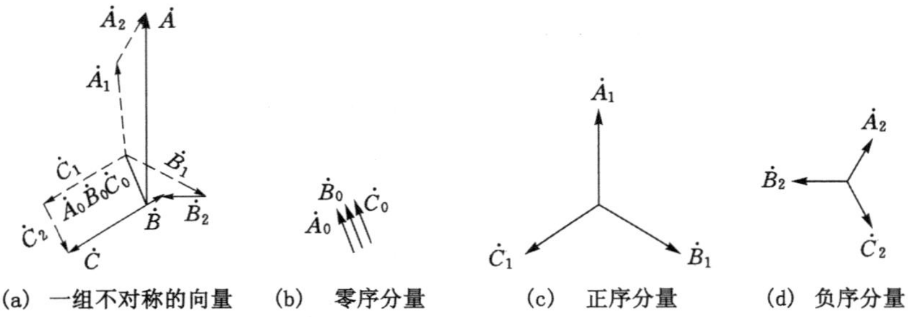

图 3-10　对称分量法向量图

如果令运算符号 $a=\mathrm{e}^{\mathrm{j}120^\circ}=-\frac{1}{2}+\mathrm{j}\frac{\sqrt{3}}{2}$，则有：

$$\begin{pmatrix}\dot{A}\\ \dot{B}\\ \dot{C}\end{pmatrix}=\begin{pmatrix}1 & 1 & 1\\ 1 & a^2 & a\\ 1 & a & a^2\end{pmatrix}\begin{pmatrix}\dot{A}_0\\ \dot{A}_1\\ \dot{A}_2\end{pmatrix}=\boldsymbol{X}\cdot\begin{pmatrix}\dot{A}_0\\ \dot{A}_1\\ \dot{A}_2\end{pmatrix}\tag{3-55}$$

其中 $\boldsymbol{X}=\begin{pmatrix}1 & 1 & 1\\ 1 & a^2 & a\\ 1 & a & a^2\end{pmatrix}$。

由式(3-55)可求得：

$$\begin{pmatrix}\dot{A}_0\\ \dot{A}_1\\ \dot{A}_2\end{pmatrix}=\boldsymbol{X}^{-1}\cdot\begin{pmatrix}\dot{A}\\ \dot{B}\\ \dot{C}\end{pmatrix}=\frac{1}{3}\begin{pmatrix}1 & 1 & 1\\ 1 & a & a^2\\ 1 & a^2 & a\end{pmatrix}\begin{pmatrix}\dot{A}\\ \dot{B}\\ \dot{C}\end{pmatrix}\tag{3-56}$$

由于 $a=e^{j120°}=-\frac{1}{2}+j\frac{\sqrt{3}}{2}$，则 $a^2=-\frac{1}{2}-j\frac{\sqrt{3}}{2}$，$a^3=1$，且有 $1+a+a^2=0$。

利用式(3-56)可根据不对称的三相电压和电流求得电压和电流的各序分量，公式为：

$$\begin{pmatrix}\dot{U}_0\\\dot{U}_1\\\dot{U}_2\end{pmatrix}=\frac{1}{3}\begin{pmatrix}1&1&1\\1&a&a^2\\1&a^2&a\end{pmatrix}\begin{pmatrix}\dot{U}_A\\\dot{U}_B\\\dot{U}_C\end{pmatrix} \tag{3-57}$$

$$\begin{pmatrix}\dot{I}_0\\\dot{I}_1\\\dot{I}_2\end{pmatrix}=\frac{1}{3}\begin{pmatrix}1&1&1\\1&a&a^2\\1&a^2&a\end{pmatrix}\begin{pmatrix}\dot{I}_A\\\dot{I}_B\\\dot{I}_C\end{pmatrix} \tag{3-58}$$

同理可由各序分量合成三相电压和电流：

$$\begin{pmatrix}\dot{U}_A\\\dot{U}_B\\\dot{U}_C\end{pmatrix}=\begin{pmatrix}1&1&1\\1&a^2&a\\1&a&a^2\end{pmatrix}\begin{pmatrix}\dot{U}_0\\\dot{U}_1\\\dot{U}_2\end{pmatrix} \tag{3-59}$$

$$\begin{pmatrix}\dot{I}_A\\\dot{I}_B\\\dot{I}_C\end{pmatrix}=\begin{pmatrix}1&1&1\\1&a^2&a\\1&a&a^2\end{pmatrix}\begin{pmatrix}\dot{I}_0\\\dot{I}_1\\\dot{I}_2\end{pmatrix} \tag{3-60}$$

式中　$\dot{U}_A$、$\dot{U}_B$、$\dot{U}_C$——A、B、C 相的相电压；

$\dot{U}_0$、$\dot{U}_1$、$\dot{U}_2$——零序、正序和负序电压；

$\dot{I}_A$、$\dot{I}_B$、$\dot{I}_C$——A、B、C 相的相电流；

$\dot{I}_0$、$\dot{I}_1$、$\dot{I}_2$——零序、正序和负序电流。

当供电系统中发生不对称短路故障时，只是故障点的三相对称性被破坏，系统的其他部分还是对称的。对于不对称短路的计算，可以使用对称分量法将故障点的不对称电压用正序、负序和零序分量来代替，然后电路按各序电压组成。对于每个相序分量，电路都是三相对称的，仍可按照三相对称电路方法进行计算。最后根据叠加原理将各序结果相加，即可得不对称短路故障电流，这种计算方法称为对称分量法。

二、序阻抗

为进行对称分量法的不对称短路计算，必须首先知道供电系统中各个元件的正序阻抗(X_1)、负序阻抗(X_2)和零序阻抗(X_0)。正序阻抗与三相对称短路计算阻抗相同，因此下面仅讨论负序和零序阻抗的计算。

(一) 负序电抗

对静止的三相对称结构的设备(如架空线、电缆、变压器、电抗器、电容器等)，其负序电抗等于正序电抗，即 $X_2=X_1$。这是因为相序的改变，并不会改变元件的自感和互感系数，因此负序电抗值不变。

对于旋转电动机，负序电流产生的旋转磁场方向与转子旋转方向相反，因此负序电抗与正序电抗不同。同步电动机的负序电抗一般由厂家提供,也可按下式估算。

1. 发电机的负序电抗

对于汽轮发电机和具有阻尼绕组的水轮发电机:

$$X_2 = 1.22X''$$

对于没有阻尼绕组的水轮发电机:

$$X_2 = 1.45X''$$

在短路近似计算中,对于汽轮发电机和具有阻尼绕组的水轮发电机:

$$X_2 = X''$$

2. 异步机的负序电抗

异步机的负序电抗与电机启动时的电抗接近,因此通常用电动机启动时的电抗作为负序电抗,其标幺值为:

$$X_2^* \approx X_{st}^* = 1/K_{st} = 0.2$$

(二) 零序电抗

由于三相零序电流同相,因此三相系统中,零序电流是否存在取决于变压器或发电机的中性点的接地方式。

对中性点不接地系统,零序电流很小,短路时元件的零序阻抗可看成无穷大,因此只对中性点接地系统的电气元件考虑其零序电抗。

1. 线路的零序电抗

架空输电线路的零序电抗近似计算公式如下。

(1) 无架空地线(避雷线)单回路三相输电线路:

$$X_0 = 0.435\lg\frac{h}{\sqrt[3]{rD^2}}, \Omega/\text{km} \tag{3-61}$$

式中 r——导线的等值半径,m;

D——三相间的几何均距,$D=\sqrt[3]{D_{12}D_{23}D_{13}}$,m;

h——地中等值导线的等值深度,$h=2.085\times10^{-3}/\sqrt{f\cdot\lambda\times10^{-9}}$,m,其中 f 为电流频率,单位为 Hz,λ 为大地导电系数,单位为 $1/(\Omega\cdot\text{cm})$。

(2) 无架空地线的平行双回线路,每回线路的零序电抗除了自感抗外,还有两回线之间的零序互感抗,故每回线路的零序电抗为:

$$X_0 = 0.435\left(\lg\frac{h}{\sqrt[3]{rD^2}} + \lg\frac{h}{D_{\text{I-II}}}\right), \Omega/\text{km} \tag{3-62}$$

式中,$D_{\text{I-II}}=\sqrt[9]{D_{11}D_{12}D_{13}D_{21}D_{22}D_{23}D_{31}D_{32}D_{33}}$,是回路Ⅰ和回路Ⅱ之间的几何均距,m。

(3) 有一根架空地线的单回线路的零序电抗为:

$$X_0 = 0.435\lg\frac{h}{\sqrt[3]{rD^2}} - \lg\frac{h}{D_{\tau\text{-}4}}/\lg\frac{h}{r_4}, \Omega/\text{km} \tag{3-63}$$

式中 $D_{\tau\text{-}4}$——架空地线与三相导线间的几何均距,$D_{\tau\text{-}4}=\sqrt[3]{D_{14}D_{24}D_{34}}$,m;

r_4——架空地线的等值半径,m。

架空线路的各序电抗平均值可参考表 3-12。

表 3-12　架空线路的各序电抗平均值

架空线路类型		正序电抗和负序电抗/(Ω/km)	零序电抗/(Ω/km)	备　注
无架空地线	单回线	$X_1=X_2=0.4$	$X_0=3.5X_1=1.4$	
	双回线		$X_0=5.5X_1=2.2$	每回路数值
有钢质架空地线	单回线		$X_0=3X_1=1.2$	
	双回线		$X_0=5X_1=2.0$	每回路数值
有良导体架空地线	单回线		$X_0=2X_1=0.8$	
	双回线		$X_0=3X_1=1.2$	每回路数值

三芯电缆的零序电抗近似计算公式为：

$$X_0=(3.5\sim4.6)X_1 \tag{3-64}$$

2. 变压器的零序电抗

变压器的零序电抗与绕组接法及变压器结构有关。

不计绕组电阻和铁芯损耗，双绕组变压器的零序等值电路如图 3-11 所示，其中 X_{I}、X_{II} 分别为两侧绕组漏抗，X_{m0} 为零序励磁电抗。

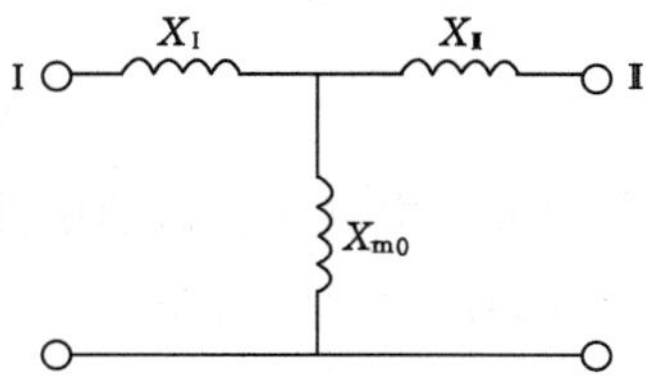

图 3-11　双绕组变压器的零序等值电路

图 3-12～图 3-14 分别是 Yn/d、Yn/yn、Yn/y 接法的双绕组变压器的零序等值电路。3 种接法的变压器，绕组Ⅰ都是 Yn 接法，在该绕组上作用零序电压时，能产生零序电流。另一侧绕组接法不同，零序电流在各绕组中的分布不同，变压器的零序电抗也不同。

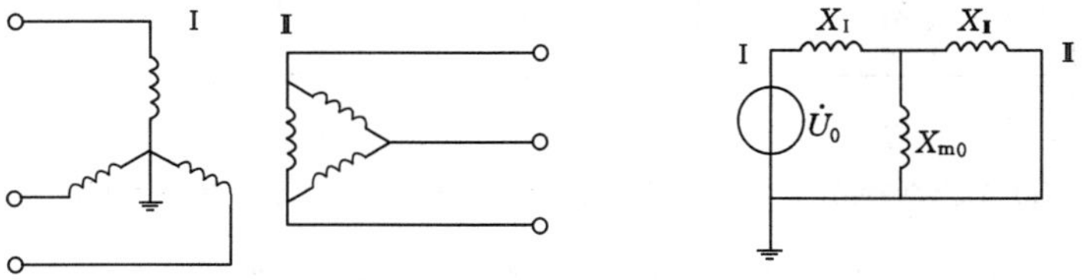

(a) 接线图　　(b) 等值电路

图 3-12　Yn/d 接法的双绕组变压器零序等值电路

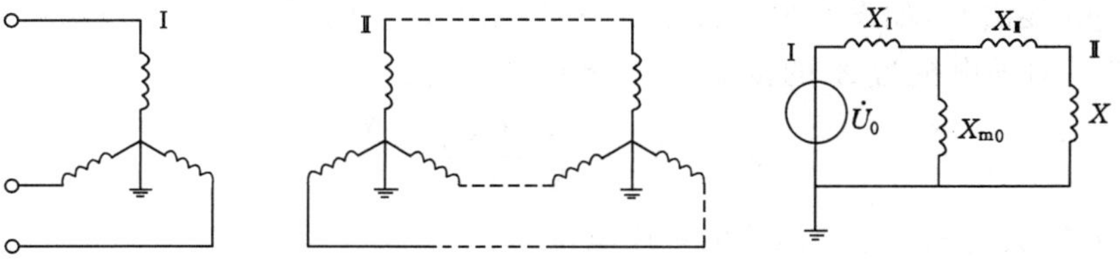

(a) 接线图　　(b) 等值电路

图 3-13　Yn/yn 接法的双绕组变压器零序等值电路

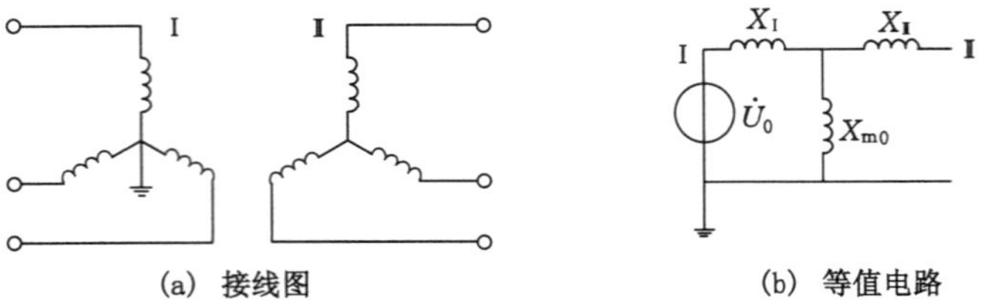

图 3-14　Yn/y 接法的双绕组变压器零序等值电路

图 3-12 中，绕组Ⅱ是三角形接法，对外部是断路的，但在三角形绕组中，零序电流可以环流，所以对内是短路的。其等值电路相当于 X_{II} 一端接地，构成零序电流闭合回路。其零序电抗为：

$$X_0 = X_{\mathrm{I}} + \frac{X_{\mathrm{II}} X_{m0}}{X_{\mathrm{II}} + X_{m0}} \tag{3-65}$$

图 3-13 中，绕组Ⅱ是中性点接地的星形接法，若要有零序电流通过，在电路内应至少再有一个接地中性点(图中虚线右侧部分)。此时，其零序电抗为：

$$X_0 = X_{\mathrm{I}} + \frac{(X_{\mathrm{II}} + X) X_{m0}}{X_{\mathrm{II}} + X + X_{m0}} \tag{3-66}$$

如果二次侧除接地的中性点外，没有其他接地点，就和图 3-14 相同，相当于变压器空载状态，此时零序电抗为：

$$X_0 = X_{\mathrm{I}} + X_{m0} \tag{3-67}$$

图 3-15 所示为 Yn/d/y 接法、Yn/d/yn 接法和 Yn/d/d 接法的三绕组变压器的零序等值电路。

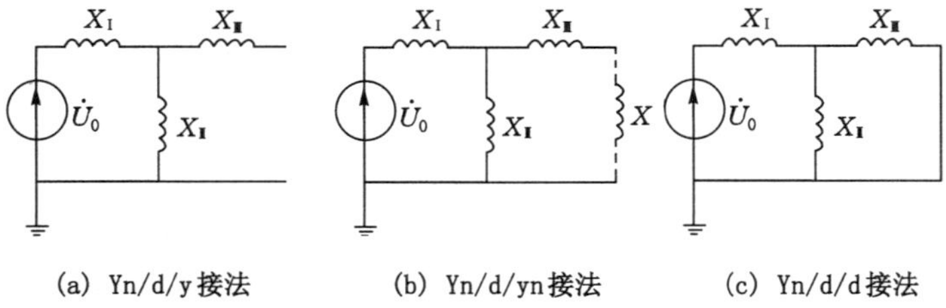

图 3-15　三绕组变压器的零序等值电路

Yn/d/y 接法时三绕组变压器的零序电抗为：

$$X_0 = X_{\mathrm{I}} + X_{\mathrm{II}} = X_{\mathrm{I-II}} \tag{3-68}$$

Yn/d/yn 接法时，如没有另一接地点，三绕组变压器的零序电抗与 Yn/d/y 接法相同。如Ⅲ侧另有一对地电抗为 X 的接地点，则零序电抗为：

$$X_0 = X_1 + \frac{X_{\mathrm{II}}(X_{\mathrm{III}} + X)}{X_{\mathrm{II}} + X_{\mathrm{III}} + X} \tag{3-69}$$

Yn/d/d 接法时三绕组变压器的零序电抗为：

$$X_0 = X_{\mathrm{I}} + \frac{X_{\mathrm{II}} X_{\mathrm{III}}}{X_{\mathrm{II}} + X_{\mathrm{III}}} \tag{3-70}$$

等值电路中的零序励磁电抗 X_{m0} 的数值主要决定于变压器的铁芯结构。对由 3 个单相变压器组成的三相变压器、三相四柱式或五柱式变压器以及铁壳式变压器，可以近似认为 $X_{m0}=\infty$。对于三相三柱式变压器，磁通路径磁阻大，零序电抗较小，一般以标幺值计，其平均值为 $X^*_{m0}=0.6$。

3. 同步发电机的零序电抗

同步发电机的零序电抗与其结构有关，若定子绕组完全对称，则三相绕组中通过零序电流时产生的零序磁通总和为零。故零序电抗主要取决于定子绕组，一般在工程计算中，同步发电机零序电抗为 $X_0=(0.15\sim0.6)X''_d$。

三、序网络的组成

一个阻抗对称的三相系统，由正常的对称状态变成不对称的故障状态时，可将其不对称电压及电流系统分解成正序、负序和零序 3 个对称的系统。也就是说，一个不对称的网络可以由 3 个对称的假想网络代替，即正序网络、负序网络和零序网络。对于这 3 个对称的网络可以取其一相等值电路进行分析计算。

序网络的绘制方法如下。

(一) 正序网络

正序网络与计算三相对称短路时的等值电路相同，差别是短路点的电压不等于零，而是作用着等效的正序电压分量 U_1。

(二) 负序网络

负序网络是一个无源网络，在负序网络中电源电势为零，其余的负序网络组成与正序网络相同，只是各元件电抗要用负序参数表示，发电机没有负序电势，中性点阻抗不计入负序网络，短路点加入等效的负序电压分量 U_2。

(三) 零序网络

零序网络也是一个无源网络。在短路点施加代表故障边界条件的零序电势时，由于三相零序电流大小及相位相同，它们必须经过大地才能构成通路，而且电流的流通与变压器中性点接地情况及变压器的接法密切有关。在同一电压等级的网络中，必须要有两个接地点才能构成零序电流的通路。以图 3-16 为例说明等效零序网络的绘制过程。

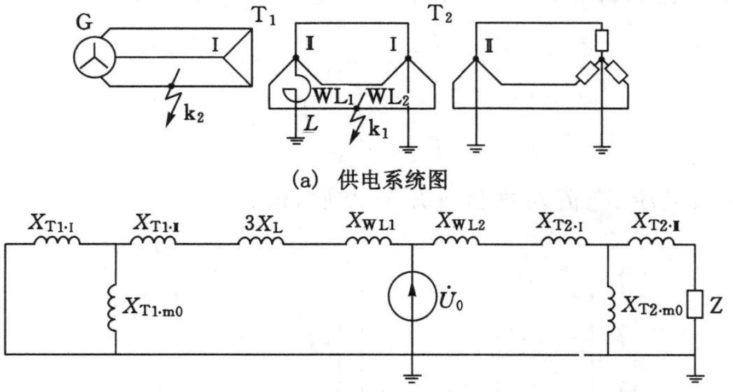

(a) 供电系统图

(b) k_1点短路的等效零序网络

图 3-16　零序网络

假设在 k_1 点发生单相接地短路时，从短路点开始向两个方向确定零序电流可以流通的路径。变压器 T_1 副边(Ⅱ)经电抗 L 接地，变压器 T_2 原副边均直接接地，负载中点也是直接接地，故零序网络如图 3-16(b)所示。在短路点 k_1 处加入短路电压的零序分量 U_0。需注意，对中性点经电抗接地时，电抗器有 3 倍的零序电流通过，故其零序网络中的等效电抗应以实际值的 3 倍表示，即 $3X_L$。

假设接地故障发生在 k_2 点，由于变压器原边为三角形接线，电源中性点未接地，故整个网络中没有零序电流通路，没有零序网络，$X_0=\infty$。

四、不对称短路计算

用对称分量法进行不对称短路计算的步骤如下：首先计算故障点处的各序电压和电流，共有 6 个未知数，需列出 6 个方程式求解。根据系统的序网络可列出 3 个方程，由不对称短路的特征可再列出 3 个方程，然后代入电压、电流对称分量矩阵方程求解，算出各序电压和电流，求出故障处的三相电压和电流。

（一）两相短路

图 3-17 表示供电系统两相短路故障，电流正方向如图所示，其等效序网络如图 3-18 所示。

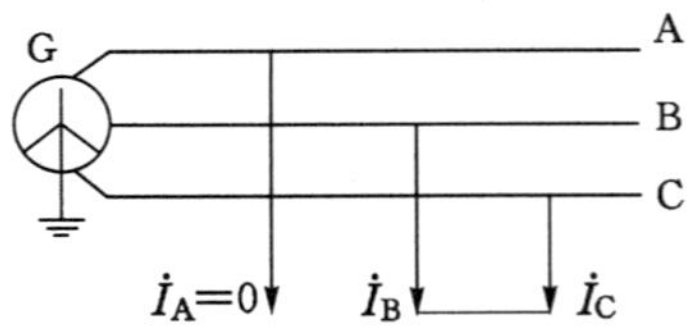

图 3-17　两相短路

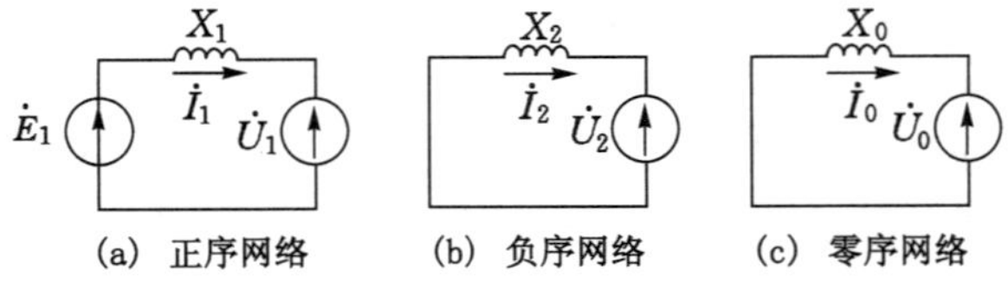

图 3-18　等效序网络

可列出下列方程：

$$\left.\begin{aligned}\dot{U}_1&=\dot{E}_1-\dot{I}_1(\mathrm{j}X_1)\\\dot{U}_2&=-\dot{I}_2(\mathrm{j}X_2)\\\dot{U}_0&=-\dot{I}_0(\mathrm{j}X_0)\end{aligned}\right\}\tag{3-71}$$

式中，X_1、X_2、X_0 分别为系统等效的正序、负序和零序电抗。

这一组公式对各种类型的不对称故障都适用。

根据 B、C 两相短路故障情况，可以得到下列边界条件方程：

$$\left.\begin{aligned}\dot{I}_A&=0\\\dot{I}_B&=-\dot{I}_C\\\dot{U}_B&=\dot{U}_C\end{aligned}\right\}\tag{3-72}$$

将边界条件代入电压、电流对称分量矩阵方程，得：

$$\begin{pmatrix}\dot{I}_0\\\dot{I}_1\\\dot{I}_2\end{pmatrix}=\frac{1}{3}\begin{pmatrix}1&1&1\\1&a&a^2\\1&a^2&a\end{pmatrix}\begin{pmatrix}0\\\dot{I}_B\\-\dot{I}_B\end{pmatrix}=\begin{pmatrix}0\\\dfrac{\mathrm{j}}{\sqrt{3}}\dot{I}_B\\-\dfrac{\mathrm{j}}{\sqrt{3}}\dot{I}_B\end{pmatrix}\tag{3-73}$$

$$\begin{pmatrix}\dot{U}_0\\\dot{U}_1\\\dot{U}_2\end{pmatrix}=\frac{1}{3}\begin{pmatrix}1&1&1\\1&a&a^2\\1&a^2&a\end{pmatrix}\begin{pmatrix}\dot{U}_A\\\dot{U}_B\\\dot{U}_B\end{pmatrix}=\frac{1}{3}\begin{pmatrix}\dot{U}_A+2\dot{U}_B\\\dot{U}_A-\dot{U}_B\\\dot{U}_A-\dot{U}_B\end{pmatrix}\tag{3-74}$$

将式(3-73)、式(3-74)结果代入式(3-71),得:

$$\dot{U}_0 = 0 \tag{3-75}$$

$$\dot{I}_1 = -\dot{I}_2 = \frac{\dot{E}_1}{\mathrm{j}(X_1 + X_2)} \tag{3-76}$$

$$\dot{I}_B = -\dot{I}_C = \frac{-\sqrt{3}\dot{E}_1}{X_1 + X_2} \tag{3-77}$$

$$\dot{U}_1 = \dot{U}_2 = \frac{\dot{E}_1 X_2}{X_1 + X_2} \tag{3-78}$$

将式(3-75)、式(3-78)代入电压矩阵方程式(3-59),可得各相电压为:

$$\begin{pmatrix} \dot{U}_A \\ \dot{U}_B \\ \dot{U}_C \end{pmatrix} = \begin{pmatrix} 1 & 1 & 1 \\ 1 & a^2 & a \\ 1 & a & a^2 \end{pmatrix} \begin{pmatrix} \dot{U}_0 \\ \dot{U}_1 \\ \dot{U}_2 \end{pmatrix} = \begin{pmatrix} \dfrac{2\dot{E}_1 X_2}{X_1 + X_2} \\ \dfrac{-\dot{E}_1 X_2}{X_1 + X_2} \\ \dfrac{-\dot{E}_1 X_2}{X_1 + X_2} \end{pmatrix} \tag{3-79}$$

根据式(3-75)、式(3-77)、式(3-79)可知,把序网络适当连接可组成一个复合序网络。两相短路复合序网络如图 3-19 所示。对复合序网络进行计算可直接求得上述公式结果,更简便。

(二)单相接地短路

单相接地短路故障形式如图 3-20 所示,电源中性点直接接地。

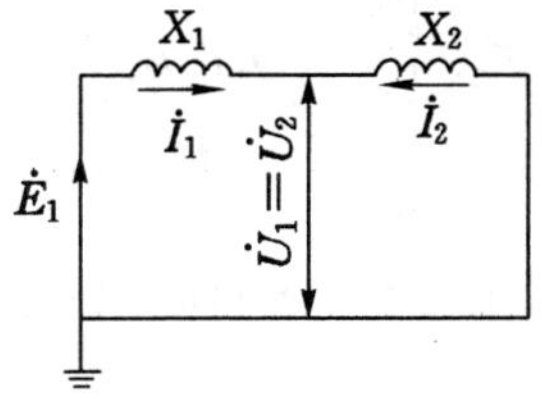

图 3-19　两相短路复合序网络

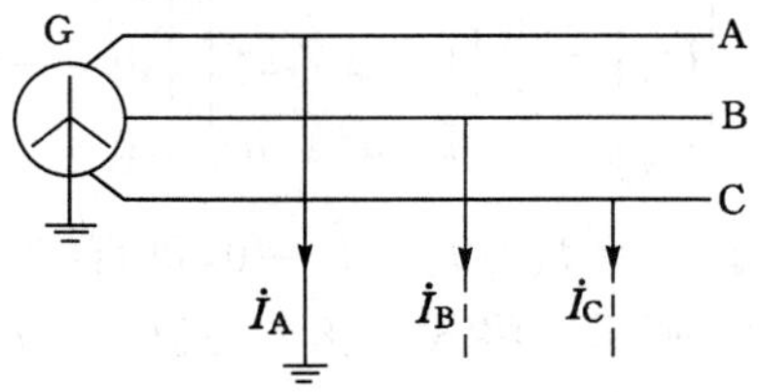

图 3-20　单相接地短路

根据 A 相接地短路故障情况,可以得到下列边界条件方程:

$$\left.\begin{aligned} \dot{U}_A &= 0 \\ \dot{I}_B &= \dot{I}_C = 0 \end{aligned}\right\} \tag{3-80}$$

将边界条件代入电流对称分量矩阵方程,得:

$$\begin{pmatrix} \dot{I}_0 \\ \dot{I}_1 \\ \dot{I}_2 \end{pmatrix} = \frac{1}{3} \begin{pmatrix} 1 & 1 & 1 \\ 1 & a & a^2 \\ 1 & a^2 & a \end{pmatrix} \begin{pmatrix} \dot{I}_A \\ 0 \\ 0 \end{pmatrix} = \frac{1}{3} \begin{pmatrix} \dot{I}_A \\ \dot{I}_A \\ \dot{I}_A \end{pmatrix} \tag{3-81}$$

$$\dot{U}_A = \dot{U}_1 + \dot{U}_2 + \dot{U}_0 = \dot{E}_1 - \dot{I}_1(\mathrm{j}X_1) - \dot{I}_2(\mathrm{j}X_2) - \dot{I}_0(\mathrm{j}X_0) = 0 \tag{3-82}$$

解得:

$$\dot{I}_1 = \dot{I}_2 = \dot{I}_0 = \frac{\dot{E}_1}{\mathrm{j}(X_1 + X_2 + X_0)} \tag{3-83}$$

$$\dot{I}_A=\frac{3\dot{E}_1}{j(X_1+X_2+X_0)} \tag{3-84}$$

也可根据式(3-84)绘出单相接地短路复合序网络,如图 3-21 所示。

(三) 两相接地短路

设 B、C 两相发生接地短路,如图 3-22 所示。

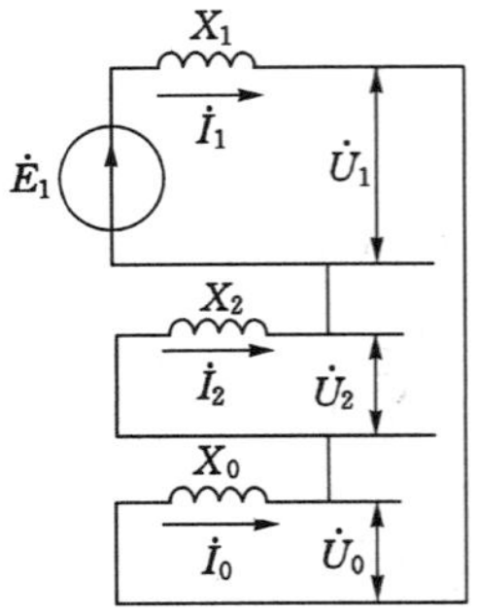

图 3-21　单相接地短路复合序网络

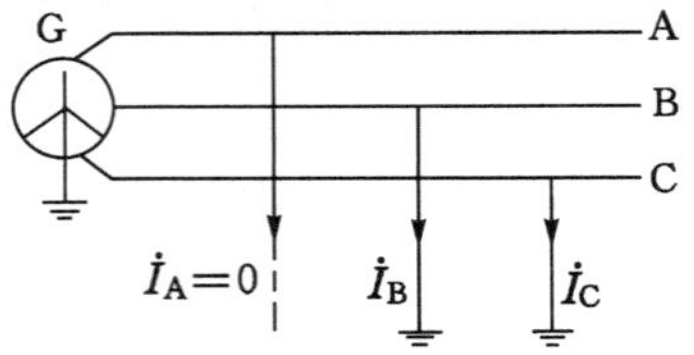

图 3-22　两相接地短路

根据 B、C 相接地短路故障情况,可以得到下列边界条件方程:

$$\left.\begin{aligned}\dot{U}_B=\dot{U}_C=0\\ \dot{I}_A=0\end{aligned}\right\} \tag{3-85}$$

将边界条件代入电压对称分量矩阵方程,得:

$$\begin{pmatrix}\dot{U}_0\\ \dot{U}_1\\ \dot{U}_2\end{pmatrix}=\frac{1}{3}\begin{pmatrix}1&1&1\\1&a&a^2\\1&a^2&a\end{pmatrix}\begin{pmatrix}\dot{U}_A\\0\\0\end{pmatrix}=\frac{1}{3}\begin{pmatrix}\dot{U}_A\\ \dot{U}_A\\ \dot{U}_A\end{pmatrix} \tag{3-86}$$

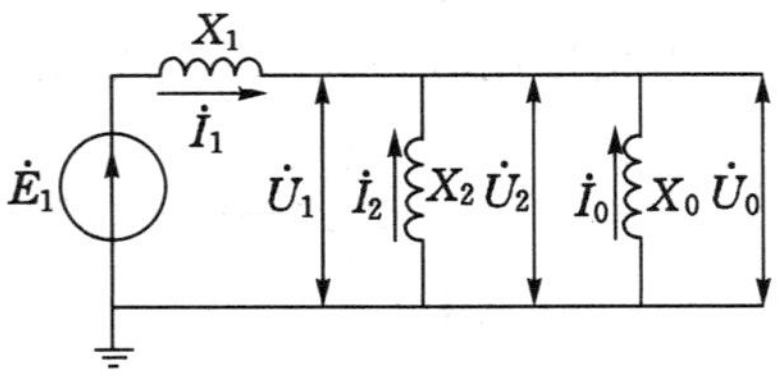

图 3-23　两相接地短路复合序网络

由于 $\dot{I}_A=\dot{I}_1+\dot{I}_2+\dot{I}_0=0$,可直接给出复合序网络,如图 3-23 所示。将式(3-85)、式(3-86)代入电流对称分量矩阵方程,得:

$$\left.\begin{aligned}\dot{I}_1&=\frac{\dot{E}_1}{j\left(X_1+\dfrac{X_2\cdot X_0}{X_2+X_0}\right)}=\frac{\dot{E}_1(X_2+X_0)}{j(X_0X_1+X_0X_2+X_1X_2)}\\ \dot{I}_2&=-\frac{X_0}{X_2+X_0}\dot{I}_1=\frac{-\dot{E}_1X_0}{j(X_0X_1+X_0X_2+X_1X_2)}\\ \dot{I}_0&=-\frac{X_2}{X_2+X_0}\dot{I}_1=\frac{-\dot{E}_1X_2}{j(X_0X_1+X_0X_2+X_1X_2)}\end{aligned}\right\} \tag{3-87}$$

所以有:

$$\begin{pmatrix}\dot{I}_A\\ \dot{I}_B\\ \dot{I}_C\end{pmatrix}=\begin{pmatrix}1&1&1\\1&a^2&a\\1&a&a^2\end{pmatrix}\begin{pmatrix}\dot{I}_0\\ \dot{I}_1\\ \dot{I}_2\end{pmatrix}=\begin{pmatrix}0\\ \dfrac{(a^2-1)X_2+(a^2-a)X_0}{j(X_0X_1+X_0X_2+X_1X_2)}\dot{E}_1\\ \dfrac{(a-1)X_2+(a-a^2)X_0}{j(X_0X_1+X_0X_2+X_1X_2)}\dot{E}_1\end{pmatrix} \tag{3-88}$$

由式(3-76)、式(3-83)、式(3-87)可以看出不同类型的短路其正序电流分量 I_1 有一定的规律性，可以表示为：

$$\dot{I}_1^{(n)}=\frac{\dot{E}_1}{\mathrm{j}(X_1+X_\Delta^{(n)})} \tag{3-89}$$

式中，$X_\Delta^{(n)}$ 是由短路类型决定的参数，可查表 3-13 确定，也可由复合序网络求得。

由上式求得正序电流后，故障相短路电流的绝对值可利用下式求得：

$$I_k^{(n)}=M^{(n)}I_1^{(n)} \tag{3-90}$$

式中，$M^{(n)}$ 也是由短路类型决定的参数，可查表 3-13 确定。

表 3-13　短路类型系数

短路类型	复合序网络	$X_\Delta^{(n)}$	$M^{(n)}$
三相短路	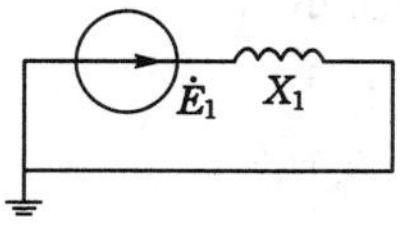	0	1
两相短路	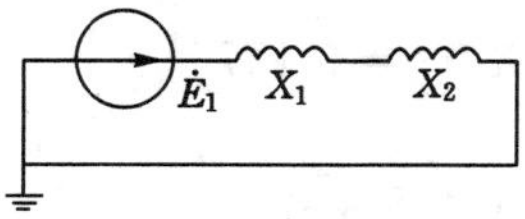	X_2	$\sqrt{3}$
单相短路	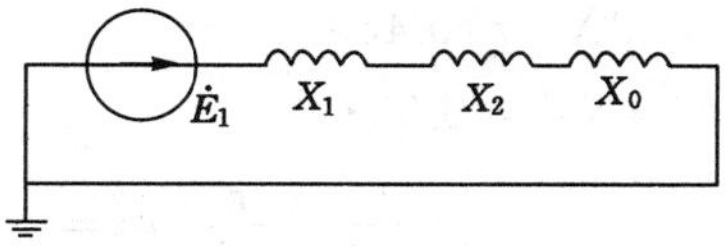	X_2+X_0	3
两相接地短路	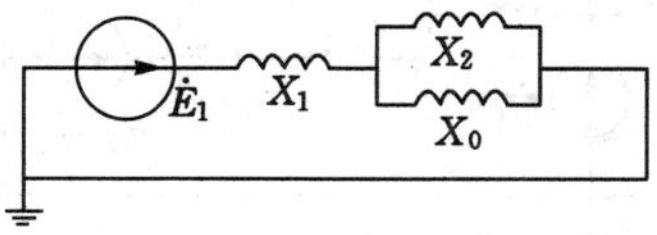	$\frac{X_2\cdot X_0}{X_2+X_0}$	$\sqrt{3}\sqrt{1-\frac{X_2\cdot X_0}{(X_2+X_0)^2}}$

【例 3-5】 如图 3-24 所示电力系统，试求当 k 点发生两相短路、单相接地短路、两相接地短路、三相短路时的故障电流。已知 G_1：100 MV·A，10.5 kV，$X''=0.12$，$X_2=0.12$，$E''=1$；T_1：100 MV·A，10.5/121 kV，$U_k\%=10.5\%$；WL_1、WL_2：100 km，$X_{01}=0.4\ \Omega/\mathrm{km}$，$X_0=3X_1$；$T_2$、$T_3$：30 MV·A，121/6.3 kV，$U_k\%=10\%$；$G_2$、$G_3$：30 MV·A，6.3 kV，$X''=0.12$，$X_2=0.12$，$E''=1$。

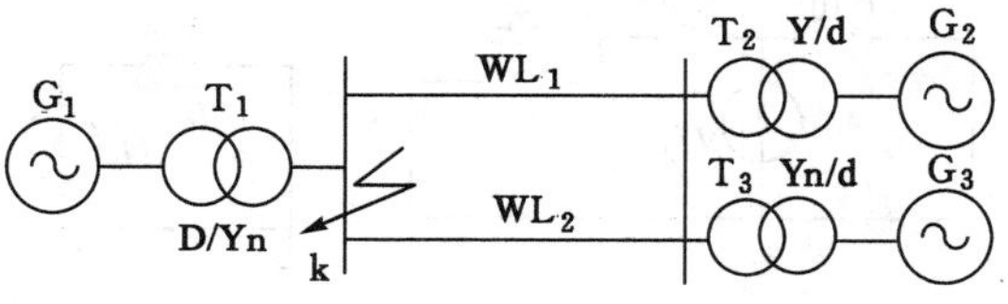

图 3-24　例 3-5 电力系统图

解：首先作出正序、负序和零序等值电路图(图 3-25)，并取 $S_d=100$ MV·A，$U_d=U_{av}$，

计算各序电抗的标幺值,则:

$$I_d=\frac{100}{\sqrt{3}\times 115}=0.502\ (\text{kA})$$

$$X_1^*=0.12$$

$$X_2^*=0.105$$

$$X_3^*=\frac{1}{2}\times 0.4\times 100\times\frac{100}{115^2}=0.151$$

$$X_4^*=X_5^*=0.1\times\frac{100}{30}=0.333$$

$$X_6^*=X_7^*=0.12\times\frac{100}{30}=0.40$$

(1) 简化后得正序等值网络如图 3-25(b)所示。

$$E_{1\sum}^*=1$$

$$X_{1\sum}^*=0.157$$

(2) 负序等值网络如图 3-25(c)所示。

$$X_{1\sum}^*=X_{2\sum}^*=0.157$$

(3) 零序等值网络如图 3-25(d)所示。

$$X'^*_2=X_2^*=0.105$$

$$X'^*_3=3X_3^*=0.453$$

$$X'^*_5=X_5^*=0.333$$

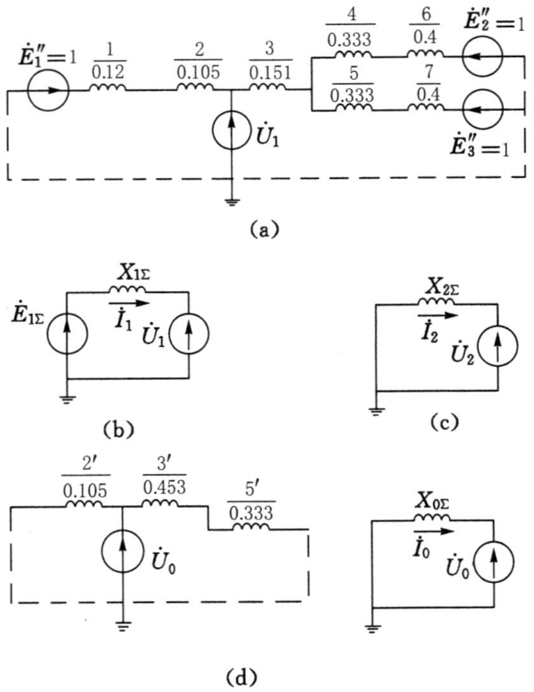

图 3-25　例 3-5 等效序网络图

由于图中变压器均为 Yn/d 或 Y/d 接线，零序电流不会流入 G_1、G_2 和 G_3 中去。变压器 T_2 的 Y 侧中性点不接地，所以该支路无零序电流，经化简得：

$$X_{0\sum}^{*}=0.093$$

(4) 不对称短路电流计算。

① 两相短路 $k^{(2)}$：

$$I_1^{(2)*}=\frac{E_{1\sum}^{*}}{X_{1\sum}^{*}+X_{2\sum}^{*}}=\frac{1}{2\times 0.157}=3.18$$

$$I_k^{(2)*}=M^{(2)}I_1^{(2)*}=\sqrt{3}\times 3.18=5.51$$

$$I_k^{(2)}=5.51\times 0.502=2.77\ (\text{kA})$$

② 单相短路 $k^{(1)}$：

$$I_1^{(1)*}=\frac{E_{1\sum}^{*}}{X_{1\sum}^{*}+X_{2\sum}^{*}+X_{0\sum}^{*}}=\frac{1}{2\times 0.157+0.093}=2.46$$

$$I_k^{(1)*}=M^{(1)}I_1^{(1)*}=3\times 2.46=7.38$$

$$I_k^{(1)}=7.38\times 0.502=3.70\ (\text{kA})$$

③ 两相接地短路 $k^{(1,1)}$：

$$I_1^{(1,1)*}=\frac{E_{1\sum}^{*}}{X_{1\sum}^{*}+\dfrac{X_{2\sum}^{*}X_{0\sum}^{*}}{X_{2\sum}^{*}+X_{0\sum}^{*}}}=\frac{1}{0.157+\dfrac{0.157\times 0.093}{0.157+0.093}}=4.64$$

$$\begin{aligned}I_k^{(1,1)*}&=M^{(1,1)}I_1^{(1,1)*}\\&=\sqrt{3}\sqrt{1-\frac{X_{2\sum}^{*}X_{0\sum}^{*}}{(X_{2\sum}^{*}+X_{0\sum}^{*})^2}}I_1^{(1,1)*}\\&=\sqrt{3}\times\sqrt{1-\frac{0.157\times 0.093}{(0.157+0.093)^2}}\times 4.64\\&=7.05\end{aligned}$$

$$I_k^{(1,1)}=7.05\times 0.502=3.54\ (\text{kA})$$

④ 三相短路 $k^{(3)}$：

$$I_1^{(3)*}=\frac{E_{1\sum}^{*}}{X_{1\sum}^{*}}=\frac{1}{0.157}=6.37$$

$$I_k^{(3)}=6.37\times 0.502=3.2\ (\text{kA})$$

第六节　短路电流的效应与稳定性校验

通过短路计算可以看出，供电系统中发生短路时，短路电流远大于正常工作电流，强大的短路电流通过电气设备或载流导体，会产生很大的电动力，即电动效应，可能使设备受到破坏或产生永久变形；同时短路电流要产生大量热量，即热效应，短路的热效应会造成设备温度升高，使导体机械强度降低，产生变形或接触部分的连接状态恶化，还会使绝缘强度降低，加速老化，甚至绝缘破坏。短路电流的力效应和热效应，对设备和导体的安全运行威胁极大，因此需要用短路电流对电气设备进行稳定性校验。

一、短路电流的电动力效应和动稳定性校验

供电系统短路时，短路电流特别是短路冲击电流将使相邻导体之间产生很大的电动力，有可能使设备和载流导体遭受严重破坏。为此，要使电气设备器件能承受短路时最大电动力的作用，即必须具有足够的动稳定性。

（一）短路时的最大电动力

处在空气中的两平行导体分别通以电流 i_1、i_2（单位为 A）时，两导体间的电磁互作用力即电动力（单位为 N）为：

$$F=\mu_0 i_1 i_2 \frac{l}{2\pi a}=2i_1 i_2 \frac{l}{a}\times 10^{-7},\mathrm{N} \tag{3-91}$$

式中 a——两导体的轴线间距离，m；

l——导体的两相邻支持点间距离，即档距（又称跨距），m；

μ_0——真空和空气的磁导率，$\mu_0=4\pi\times 10^{-7}\ \mathrm{N/A^2}$。

上式适用于实心或空心的圆截面导体。对于矩形截面的导体（如母线），相互距离较近时，上述计算公式需计入一个形状系数 K_f，即：

$$F=2K_f i_1 i_2 \frac{l}{a}\times 10^{-7},\mathrm{N} \tag{3-92}$$

形状系数与导体的形状和相对位置有关。设矩形截面导体的宽为 b，高为 h，两导体轴线间距离为 a，则形状系数 K_f 值可根据$\frac{a-b}{b+h}$和 $m=\frac{b}{h}$查图 3-26 所示形状系数曲线求得。

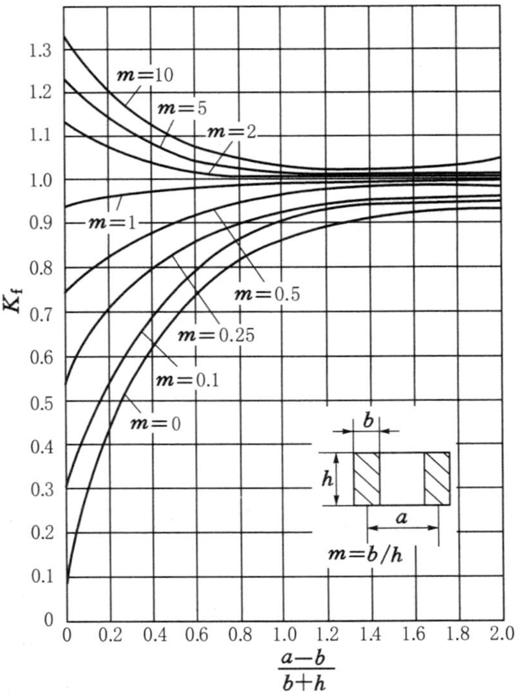

图 3-26 矩形母线的形状系数曲线

如果三相线路中发生两相短路，则两相短路冲击电流 $i_{sh}^{(2)}$ 通过导体时产生的电动力最

大，其值为：

$$F^{(2)}=2K_f i_{sh}^{(2)2}\cdot\frac{l}{a}\times10^{-7},\mathrm{N} \tag{3-93}$$

如果三相线路中发生三相短路，则三相短路冲击电流 $i_{sh}^{(3)}$ 在中间相(三相线水平或垂直放置时)产生的电动力最大，其值为：

$$F^{(3)}=\sqrt{3}K_f i_{sh}^{(3)2}\cdot\frac{l}{a}\times10^{-7},\mathrm{N} \tag{3-94}$$

三相短路冲击电流与两相短路冲击电流关系为 $i_{sh}^{(3)}/i_{sh}^{(2)}=2/\sqrt{3}$，因此三相短路与两相短路产生的最大电动力之比为：

$$F^{(3)}/F^{(2)}=2/\sqrt{3}=1.15 \tag{3-95}$$

因此无限大电力系统中发生三相短路时中间相导体所受的电动力比两相短路时导体所受的电动力大，因此校验电气设备和载流导体的短路动稳定性，均采用三相短路冲击电流或三相短路冲击电流有效值。

(二) 短路动稳定性的校验条件

1. 一般电气设备的动稳定性校验条件

动稳定性校验公式为：

$$i_{max}\geqslant i_{sh}^{(3)} \tag{3-96}$$

或：

$$I_{max}\geqslant I_{sh}^{(3)} \tag{3-97}$$

式中，i_{max} 和 I_{max} 分别为电气设备允许通过的极限电流峰值和有效值，可查有关手册或产品样本得到。附录表 8 列有部分高压断路器的主要技术数据，包括动稳定电流数据，供参考。

2. 绝缘子的动稳定性校验条件

绝缘子的动稳定性校验公式为：

$$F_{al}\geqslant F_c^{(3)} \tag{3-98}$$

$$F_c^{(3)}=F^{(3)}=\sqrt{3}K_f i_{sh}^{(3)2}\cdot\frac{l}{a}\times10^{-7},\mathrm{N} \tag{3-99}$$

$$F_c^{(3)}=1.4F^{(3)},\mathrm{N} \tag{3-100}$$

式中　F_{al}——绝缘子的最大允许应力，可由有关手册或产品样本查得；如果手册或产品样本给出的是绝缘子的抗弯破坏负荷值，则可将其抗弯破坏负荷值乘以 0.6 作为 F_{al} 值。

$F_c^{(3)}$——三相短路时作用于绝缘子上的计算力，当母线在绝缘子上为平放[图 3-27(a)]时，则采用式(3-99)计算；若母线为竖放[图 3-27(b)]，则采用式(3-100)计算。

3. 硬母线的动稳定性校验条件

硬母线的动稳定性校验公式为：

$$\sigma_{al}\geqslant\sigma_c \tag{3-101}$$

式中　σ_{al}——母线材料的最大允许应力，Pa，硬铜母线(TMY 型)$\sigma_{al}=140$ MPa，硬铝母线(LMY 型)$\sigma_{al}=70$ MPa；

σ_c——母线通过 $i_{sh}^{(3)}$ 时所受到的最大计算应力，Pa。

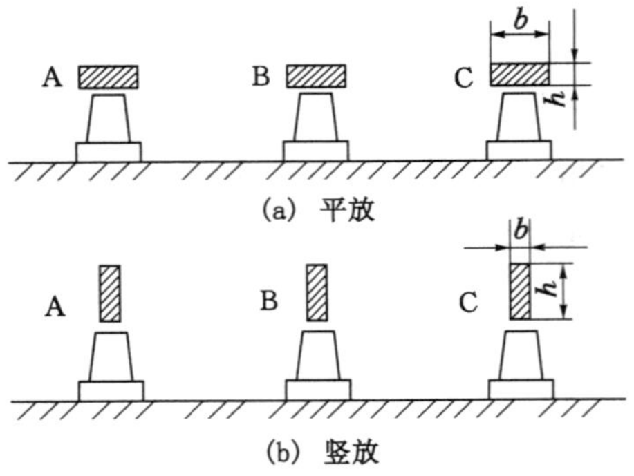

图 3-27 母线在绝缘子上的放置方式

最大计算应力计算公式为：

$$\sigma_c=\frac{M}{W} \tag{3-102}$$

式中 M——母线通过 $i_{sh}^{(3)}$ 时所受到的弯曲力矩，当母线档数为 1～2 时 $M=F^{(3)}l/8$，当母线档数大于 2 时 $M=F^{(3)}l/10$，l 为母线的档距，N · m；

W——母线的截面系数，当母线水平排列时 $W=b^2h/6$，这里 b 为母线截面的水平宽度，h 为母线截面的垂直高度。

二、短路点附近大容量电动机的反馈电流的影响

当交流电动机附近发生短路故障时，由于短路时电动机端电压骤降，会使电动机因其定子电动势高于外部电压而向短路点反馈电流，从而使短路计算点的短路冲击电流增大。一般小容量电动机可以忽略反馈电流的影响，但当短路点附近所接交流电动机的额定电流之和超过系统短路电流的 1%，或者交流电动机的总容量超过 100 kW 时，应计入交流电动机在附近短路时反馈冲击电流的影响。

当电动机电源端发生三相短路时，它反馈的最大短路电流瞬时值(即电动机反馈冲击电流)计算公式为：

$$i_{sh\cdot M}=\sqrt{2}(E''^{*}_{M}/X''^{*}_{M})K_{sh\cdot M}I_{N\cdot M}=CK_{sh\cdot M}I_{N\cdot M} \tag{3-103}$$

式中 E''^{*}_{M}——电动机次暂态电动势标幺值，见表 3-14；

X''^{*}_{M}——电动机次暂态电抗标幺值，见表 3-14；

C——电动机的反馈冲击倍数，见表 3-14；

$K_{sh\cdot M}$——电动机的短路电流冲击系数，对 3～10 kV 电动机可取 1.4～1.7，对 380 V 电动机可取 1；

$I_{N\cdot M}$——电动机额定电流，A。

表 3-14 电动机的 E''^{*}_{M}、X''^{*}_{M} 和 C 值

电动机类型	E''^{*}_{M}	X''^{*}_{M}	C	电动机类型	E''^{*}_{M}	X''^{*}_{M}	C
感应电动机	0.9	0.2	6.4	同步补偿机	1.2	0.16	10.6
同步电动机	1.1	0.2	7.8	综合性负荷	0.8	0.35	3.2

交流电动机在外电路短路后很快受到制动，所以它产生的反馈电流衰减极快，因此只在考虑短路冲击电流的影响时才要考虑电动机的反馈电流作用。

【例 3-6】 某工厂变电所 380 V 侧母线采用 LMY-100×10 的硬铝母线，水平平放，档距为 900 mm，档数大于 2，相邻两相母线的轴线距离为 160 mm。已知 380 V 母线的短路电流 $I_k^{(3)}=31.4$ kA，$i_{sh}^{(3)}=57.8$ kA；母线上接有 380 V 感应电动机 250 kW，平均 $\cos\varphi=0.7$，效率 $\eta=0.75$。试求该母线三相短路时所受的最大电动力，并校验其动稳定性。

解：(1) 计算母线三相短路时所受的最大电动力

考虑到 380 V 母线连接电动机总容量超过 100 kW，需计算电动机的反馈冲击电流。

感应电动机额定电流为：

$$I_{N\cdot M}=\frac{250}{\sqrt{3}\times 380\times 0.7\times 0.75}=0.724\ (\text{kA})$$

电动机的反馈冲击电流为：

$$i_{sh\cdot M}=CK_{sh\cdot M}I_{N\cdot M}=6.5\times 1\times 0.724=4.7\ (\text{kA})$$

因此母线在三相短路时所受的最大电动力为：

$$\begin{aligned}F^{(3)}&=\sqrt{3}(i_{sh}^{(3)}+i_{sh\cdot M})^2\cdot\frac{l}{a}\times 10^{-7}\\&=\sqrt{3}\times(57.8\times 10^3+4.7\times 10^3)^2\times\frac{0.9}{0.16}\times 10^{-7}\\&=3\ 806\ (\text{N})\end{aligned}$$

(2) 母线的动稳定性校验

母线在 $F^{(3)}$ 作用时的弯曲力矩为：

$$M=\frac{F^{(3)}l}{10}=\frac{3\ 806\times 0.9}{10}=343\ (\text{N}\cdot\text{m})$$

母线的截面系数为：

$$W=\frac{b^2h}{6}=\frac{(0.1)^2\times 0.01}{6}=1.667\times 10^{-5}(\text{m}^3)$$

故母线短路时所受到的计算应力为：

$$\sigma_c=\frac{M}{W}=\frac{343}{1.667\times 10^{-5}}=20.6\times 10^6(\text{Pa})=20.6\ \text{MPa}$$

硬铝母线(LMY)的允许应力为：

$$\sigma_{al}=70\ \text{MPa}>\sigma_c=20.6\ \text{MPa}$$

该母线满足短路动稳定性要求。

三、短路电流的热效应和热稳定性校验

(一) 短路时导体的发热过程和发热计算

电气设备由于导体本身具有的电阻，当通过正常负荷电流时，会产生电能损耗。这种电能损耗转化为热能，使导体温度升高。温度升高的导体会向周围介质散热，当导体内产生的热量与向周围介质散发的热量相等时，导体温度就维持在一定值。发生短路故障时，短路电流迅速增大，产生大量的热量，将使导体温度迅速升高。由于短路后保护装置快速动作切除短路故障，短路电流作用在导体上的时间很短(不超过 2～3 s)，因此在短路过程中，可不考虑导体向周围介质的散热，即近似地认为导体在短路时间内是与周围介质绝热的，短路电流在导体中产生的热量，全部用来使导体的温度升高。

图 3-28 表示短路前后导体的温度变化情况。导体在短路前正常负荷时的温度为 θ_L。假设在 t_1 时刻发生短路，导体温度按指数规律迅速升高，而在 t_2 时刻继电保护装置动作，切除短路故障，此时导体温度已升高到 θ_k。短路切除后，电流为零，导体不再产生热量，按指数规律向周围介质散热，直到导体温度等于周围介质温度 θ_0 为止。

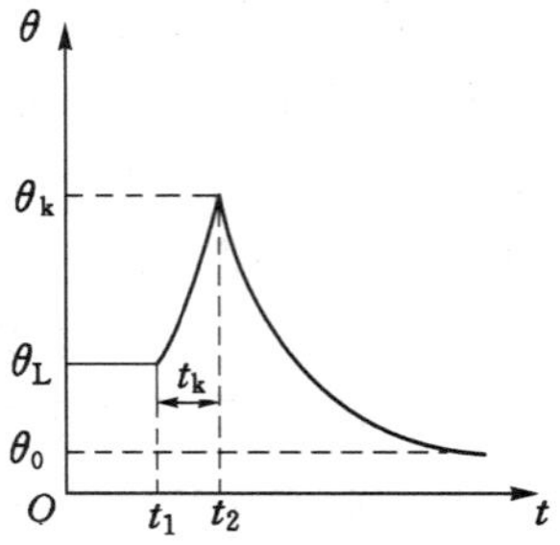

图 3-28 短路前后导体的温度变化

按照导体的允许发热条件，导体在正常负荷时和短路时的最高允许温度如表 3-15 所列。如果导体和电气设备在短路时的发热温度不超过允许温度，则导体和电气设备满足短路热稳定性要求。

表 3-15 导体在正常负荷和短路时的最高允许温度及热稳定性系数

导体种类及材料			最高允许温度/℃		热稳定性系数 C /(A·$\sqrt{s}$/mm²)
			正常 θ_L	短路 θ_k	
母线	铜		70	300	171
	铜(接触面有锡层)		85	200	164
	铝		70	200	87
油浸纸绝缘电缆	铜芯	1～3 kV	80	250	148
		6 kV	65	220	145
		10 kV	60	220	148
	铝芯	1～3 kV	80	200	84
		6 kV	65	200	90
		10 kV	60	200	92
橡胶绝缘导线和电缆		铜芯	65	150	112
		铝芯	65	150	74
聚氯乙烯绝缘导线和电缆		铜芯	65	130	100
		铝芯	65	130	65
交联聚乙烯绝缘电缆		铜芯	80	250	140
		铝芯	80	250	84
有中间接头的电缆(不包括聚氯乙烯绝缘电缆)		铜芯	—	150	—
		铝芯	—	150	—

要确定导体短路后实际达到的最高温度 θ_k，应先求出短路期间实际短路电流在导体中产生的热量 Q_k。但是由于实际短路电流是一个幅值随时间变动的电流，要用它来计算 Q_k 是相当困难的，因此一般是采用一个恒定的短路稳态电流 I_∞ 来等效计算实际短路电流所产生的热量。可以假定在一个时间 t_{ima} 内，导体通过电流 I_∞ 所产生的热量，恰好与实际短路电流在实际短路时间 t_k 内所产生的热量相等。这一假定的时间 t_{ima}，称为短路发热的假想

时间，也称热效时间。

短路发热假想时间 t_{ima} 可由下式近似计算：

$$t_{ima}=t_k+0.05\left(\frac{I''}{I_\infty}\right)^2 \tag{3-104}$$

在无限大容量系统中发生短路时，由于 $I''=I_\infty$，因此：

$$t_{ima}=t_k+0.05 \tag{3-105}$$

当 $t_k>1$ s 时，可以认为 $t_{ima}=t_k$。

短路电流作用时间 t_k，为短路保护装置实际最长的动作时间 t_{op} 与断路器（开关）的断路时间 t_{oc} 之和，即：

$$t_k=t_{op}+t_{oc} \tag{3-106}$$

对一般高压断路器（如油断路器），可取 $t_{oc}=0.2$ s；对高速断路器（如真空断路器、SF_6 断路器），可取 $t_{oc}=0.1\sim0.15$ s。

因此，实际短路电流通过导体在短路时间内产生的热量为：

$$Q_k=\int_0^{t_k} I_{k(t)}^2 R\,dt=I_\infty^2 R t_{ima} \tag{3-107}$$

根据这一热量 Q_k 可计算出导体在短路后所达到的最高温度。但是这种计算过于繁复，而且涉及一些难以确定的系数，如导体的电导率（它在短路过程中不是一个常数）等，因此在工程设计中较少采用。

（二）短路热稳定性的校验条件

1. 一般电气设备的热稳定性校验

热稳定性校验公式为：

$$I_t^2 t \geqslant I_\infty^{(3)2} t_{ima} \tag{3-108}$$

式中　I_t——电气设备的热稳定性电流，A；

$I_\infty^{(3)}$——三相短路稳态电流，A；

t——I_t 对应的热稳定性试验时间，s。

I_t 和 t 可查有关手册或产品样本得到。

2. 母线及电缆等导体的热稳定性校验

对于母线及电缆等导体一般采用下式校验：

$$A_{min}=I_\infty^{(3)}\frac{\sqrt{t_{ima}}}{C} \tag{3-109}$$

式中　A_{min}——满足热稳定性要求的最小允许截面面积，mm^2；

C——导体的热稳定性系数，$A\cdot\sqrt{s}/mm^2$，可由表 3-15 查得。

【例 3-7】 试校验上例工厂变电所 380 V 侧 LMY 母线的短路热稳定性。已知此母线的短路保护动作时间为 0.6 s，低压断路器的断路时间为 0.1 s，该母线正常运行时最高温度为 55 ℃。

解：该母线满足热稳定性要求的最小允许截面面积为：

$$A_{min}=I_\infty^{(3)}\frac{\sqrt{t_{ima}}}{C}=31.4\times10^3\times\frac{\sqrt{(0.6+0.1+0.05)}}{87}=312.6\ (mm^2)$$

该母线实际截面面积为 $100\times10=1\ 000\ (mm^2)>A_{min}$，故满足该母线热稳定性要求。

习题与思考

3-1　短路的产生原因有哪些？短路有哪些危害？

3-2　短路的形式有哪些？哪种短路形式发生的可能性最多？哪种短路形式危害最为严重？

3-3　什么叫无限大容量电力系统？它有什么主要特征？突然短路时，系统中的短路电流将如何变化？

3-4　短路电流周期分量和非周期分量各是如何产生的？按什么规律变化？

3-5　什么叫短路计算的欧姆法和标幺值法？各有什么主要特点？

3-6　什么叫短路计算电压？它与线路额定电压有什么关系？

3-7　无限大容量系统中，两相短路电流与三相短路电流有什么关系？如何计算不对称短路故障的短路电流？

3-8　什么叫短路电流的电动效应？为什么采用短路冲击电流来计算？什么情况下应考虑短路点附近大容量交流电动机的反馈电流？

3-9　什么叫短路电流的热效应？为什么采用短路稳态电流来计算？什么叫短路发热假想时间？如何计算？

3-10　对一般开关电器，短路动稳定性和热稳定性校验的条件各是什么？对母线的短路动稳定性校验的条件是什么？对母线的短路热稳定性校验的条件又是什么？什么叫最小允许截面面积？

3-11　某矿供电系统如图 3-29 所示。其中两条架空线和两台变压器均为一台(条)工作，一台(条)备用，电缆为两路同时工作。电源为无限大容量，其余数据如图所示。求在此运行方式下，k 点发生三相短路的短路参数。

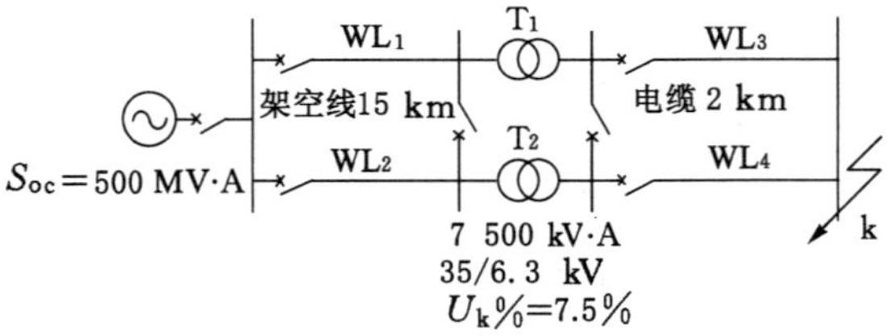

图 3-29　习题 3-11 供电系统图

3-12　已知一采区供电系统如图 3-30 所示，试分别采用有名值法和查表法计算 k_1、k_2 和 k_3 点的两相短路电流值。已知线路及变压器参数如下：WL_1：YJV_{22}-3×35-1200；WL_2：YJV_{22}-3×120-30；WL_3：MYP-3×70-500；WL_4：MCP-3×35-300；T：KSGB-500，6/0.69 kV，$U_k\%=4\%$，$\Delta P_{NT}=3\ 100$ W。

3-13　某矿区环形供电系统如图 3-31 所示。其中区域变电所 35 kV 系统电抗在不同运行方式下分别为：最大运行方式时 $X''^{*}_{S.\min}=0.437$，最小运行方式时 $X''^{*}_{S.\max}=1.014$，主要运行方式时 $X''^{*}_{S}=0.852$。系统由无限大电源供电，开环运行，开环点设在甲矿变电所转配线上，由 QF_1 控制。甲矿正常情况下(主要运行方式下)35 kV 系统由 WL_3 供电，WL_3 故障

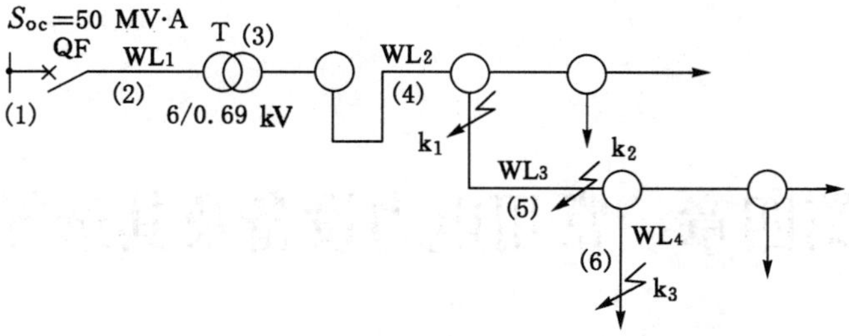

图 3-30　习题 3-12 供电系统图

时由 WL_1+WL_2 供电；正常时两台变压器一台工作，一台备用，仅在倒换变压器时有短时间并联；两条下井电缆分列运行。乙矿正常情况下由 WL_1 供电，WL_1 故障时由 WL_2+WL_3 供电，两台变压器一台工作，一台备用。其他参数如图所示。

求：(1) $k_1\sim k_3$ 点的短路参数：

最大运行方式 $I_k^{(3)}$、i_{sh}、I_{sh}、S_k；

最小运行方式 $I_k^{(3)}$；

主要运行方式 $I_k^{(3)}$。

(2) k_4 点的短路参数：

最大运行方式 $I_k^{(3)}$、i_{sh}、I_{sh}、S_k；

最小运行方式 $I_k^{(3)}$。

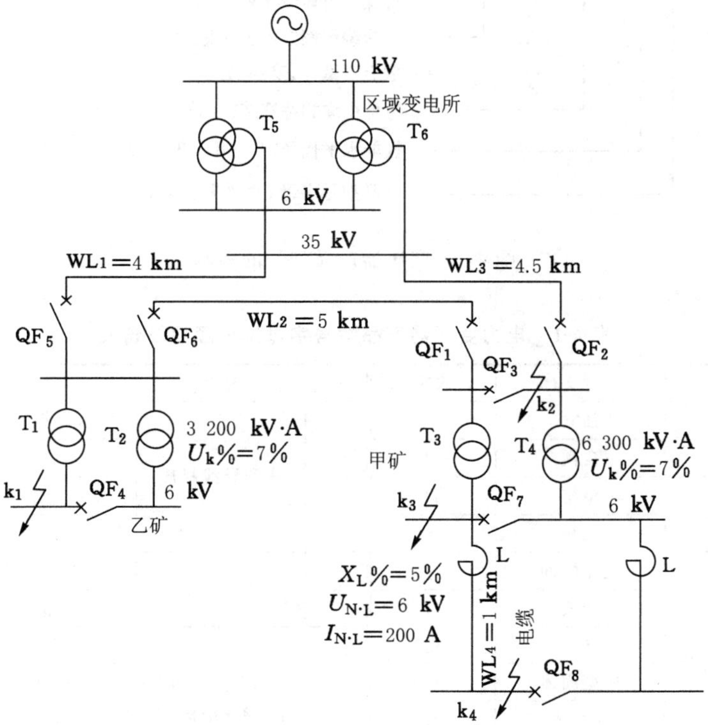

图 3-31　习题 3-13 供电系统图

第四章　常用电力设备及其选择

内容提要：本章讲述电力系统中常用的一次设备，首先是电力变压器、电抗器和互感器，在介绍开关电弧的产生与灭弧方法后，重点讲述断路器、隔离开关、熔断器、负荷开关等高低压开关设备等，介绍设备的功能、结构特点、基本原理及其选择方法。

第一节　电力变压器

变压器是矿山变电所中关键的一次设备，用来将电力系统中的电能电压降低为矿山常用电压等级，分配给不同的负荷使用。煤矿地面及井下采用的变压器按其结构不同分为普通型、矿用一般型和矿用隔爆型 3 种。常用变压器产品型号的表示如图 4-1 所示。

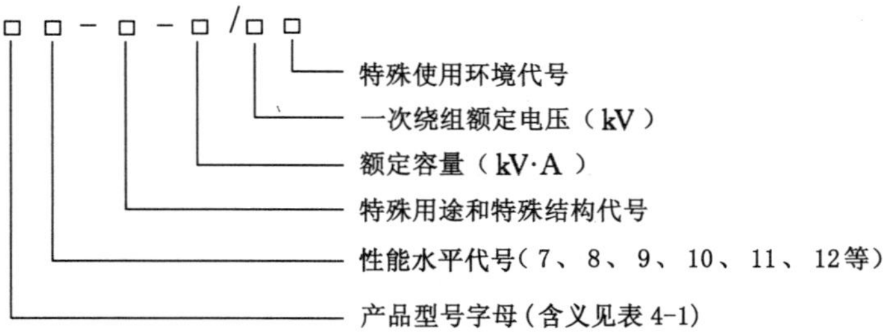

图 4-1　变压器产品型号的表示

表 4-1　电力变压器产品型号字母排列顺序及含义

序号	分类	含义	代表字母	序号	分类	含义	代表字母
1	绕组耦合方式	独立	—	8	线圈导线材质	铜	—
		自耦	O			铜箔	B
2	相数	单相	D			铝	L
		三相	S			铝箔	LB
3	绕组外绝缘介质	变压器油	—	9	铁芯材质	电工钢片	—
		干式	G			非晶合金	H
		气体	Q	10	特殊用途或特殊结构	密封式	M
		成型固体	C			串联用	C
		包绕式	CR			启动用	Q
		难燃液体	R			防雷保护用	B

表 4-1(续)

序号	分类	含义	代表字母	序号	分类	含义	代表字母
4	冷却装置种类	自然循环冷却	—	10	特殊用途或特殊结构	调容用	T
		风冷却器	F			高阻抗	K
		水冷却器	S			地面站牵引用	QY
5	油循环方式	自然循环	—			低噪声用	Z
		强迫油循环	P			电缆引出	L
6	绕组数	双绕组	—			隔离用	G
		三绕组	S			电容补偿用	RB
		双分裂绕组	F			厂用变压器	CY
7	调压方式	无励磁调压	—			全绝缘	J
		有载调压	Z			同步电机励磁涌流	LC

例如,SFPZ9-120000/110 型变压器,表示是三相(双绕组)风冷强迫油循环有载调压型(油浸)(铜绕组)变压器,性能水平代号为 9(数字越大,表示损耗越小),额定容量为 120 000 kV·A,一次侧额定电压为 110 kV。

一、普通型变压器

普通型变压器对使用环境没有特殊要求,可以用在大多数的工矿企业变电所内。目前工矿企业用普通型电力变压器有 S7、SL7、S9、S11 等系列产品。变压器容量有 R10 容量系列(容量按$\sqrt[10]{10}\approx1.26$的倍数增加,是国际电工委员会 IEC 推荐标准)和 R8 容量系列(容量按$\sqrt[8]{10}\approx1.33$的倍数增加)两种,其中 R10 容量系列等级较密,便于选用。普通型变压器一般采用油浸绝缘方式,其结构如图 4-2 所示。

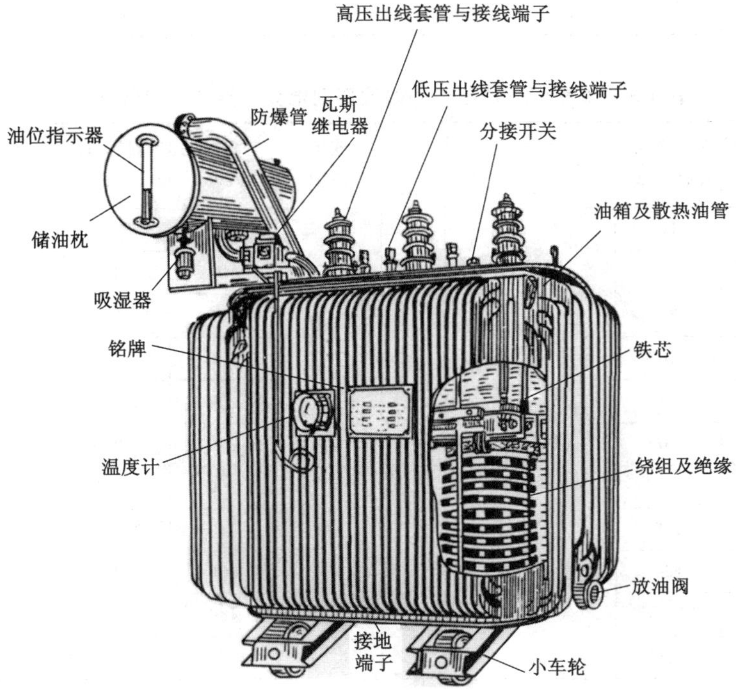

图 4-2　三相油浸变压器结构

表 4-2、表 4-3 给出了在工矿企业变电所常用的 35 kV 和 10 kV 级 S9 系列变压器技术数据。

表 4-2　35 kV 级 S9 型无励磁调压电力变压器技术参数表

<table>
<tr><th rowspan="2">型号</th><th rowspan="2">额定容量
/(kV·A)</th><th colspan="2">额定电压/kV</th><th rowspan="2">连接
组别</th><th rowspan="2">空载损耗
/kW</th><th rowspan="2">负载损耗
/kW</th><th rowspan="2">空载电流
/%</th><th rowspan="2">短路阻抗
/%</th></tr>
<tr><th>高压</th><th>低压</th></tr>
<tr><td>S9-800/35</td><td>800</td><td rowspan="6">35
(±5%)</td><td rowspan="6">3.15、
6.3、
10.5</td><td rowspan="10">Y/d11</td><td>1.23</td><td>9.9</td><td>1.05</td><td>6.5</td></tr>
<tr><td>S9-1000/35</td><td>1 000</td><td>1.44</td><td>12.15</td><td>1</td><td>6.5</td></tr>
<tr><td>S9-1250/35</td><td>1 250</td><td>1.76</td><td>14.67</td><td>0.9</td><td>6.5</td></tr>
<tr><td>S9-1600/35</td><td>1 600</td><td>2.12</td><td>17.55</td><td>0.85</td><td>6.5</td></tr>
<tr><td>S9-2000/35</td><td>2 000</td><td>2.72</td><td>17.82</td><td>0.75</td><td>6.5</td></tr>
<tr><td>S9-2500/35</td><td>2 500</td><td>3.2</td><td>20.87</td><td>0.75</td><td>6.5</td></tr>
<tr><td>S9-3150/35</td><td>3 150</td><td rowspan="4">38.5、35
(±5%)</td><td rowspan="4">3.15、
6.3、
10.5</td><td>3.8</td><td>24.3</td><td>0.7</td><td>7</td></tr>
<tr><td>S9-4000/35</td><td>4 000</td><td>4.52</td><td>28.8</td><td>0.7</td><td>7</td></tr>
<tr><td>S9-5000/35</td><td>5 000</td><td>5.4</td><td>33.03</td><td>0.6</td><td>7</td></tr>
<tr><td>S9-6300/35</td><td>6 300</td><td>6.56</td><td>36.9</td><td>0.6</td><td>7.5</td></tr>
<tr><td>S9-8000/35</td><td>8 000</td><td rowspan="7">38.5、35
(±2×2.5%)</td><td rowspan="7">3.15、
3.3、
6.3、
6.6、
10.5、
11</td><td rowspan="7">YN/d11</td><td>9.2</td><td>40.5</td><td>0.55</td><td>7.5</td></tr>
<tr><td>S9-10000/35</td><td>10 000</td><td>10.88</td><td>47.7</td><td>0.55</td><td>7.5</td></tr>
<tr><td>S9-12500/35</td><td>12 500</td><td>12.8</td><td>56.7</td><td>0.5</td><td>8</td></tr>
<tr><td>S9-16000/35</td><td>16 000</td><td>15.2</td><td>69.3</td><td>0.5</td><td>8</td></tr>
<tr><td>S9-20000/35</td><td>20 000</td><td>18</td><td>83.7</td><td>0.5</td><td>8</td></tr>
<tr><td>S9-25000/35</td><td>25 000</td><td>21.28</td><td>99</td><td>0.4</td><td>8</td></tr>
<tr><td>S9-31500/35</td><td>31 500</td><td>25.25</td><td>118.8</td><td>0.4</td><td>8</td></tr>
</table>

表 4-3　10 kV 级 S9 型无励磁调压配电变压器技术参数表

<table>
<tr><th rowspan="2">型号</th><th rowspan="2">额定容量
/(kV·A)</th><th colspan="2">额定电压/kV</th><th rowspan="2">连接
组别</th><th rowspan="2">空载损耗
/W</th><th rowspan="2">负载损耗
/W</th><th rowspan="2">空载电流
/%</th><th rowspan="2">短路阻抗
/%</th></tr>
<tr><th>高压</th><th>低压</th></tr>
<tr><td>S9-10/10</td><td>10</td><td rowspan="11">11、10.5、10
(±5%或
±2×2.5%)</td><td rowspan="11">0.4</td><td rowspan="11">Y/yn0
或
D/yn11</td><td>60</td><td>260</td><td>3</td><td>4</td></tr>
<tr><td>S9-20/10</td><td>20</td><td>100</td><td>440</td><td>2.7</td><td>4</td></tr>
<tr><td>S9-30/10</td><td>30</td><td>130</td><td>600</td><td>2.1</td><td>4</td></tr>
<tr><td>S9-50/10</td><td>50</td><td>170</td><td>870</td><td>2</td><td>4</td></tr>
<tr><td>S9-63/10</td><td>63</td><td>200</td><td>1 040</td><td>1.9</td><td>4</td></tr>
<tr><td>S9-80/10</td><td>80</td><td>240</td><td>1 250</td><td>1.8</td><td>4</td></tr>
<tr><td>S9-100/10</td><td>100</td><td>290</td><td>1 500</td><td>1.6</td><td>4</td></tr>
<tr><td>S9-125/10</td><td>125</td><td>340</td><td>1 800</td><td>1.5</td><td>4</td></tr>
<tr><td>S9-160/10</td><td>160</td><td>400</td><td>2 200</td><td>1.4</td><td>4</td></tr>
<tr><td>S9-200/10</td><td>200</td><td>480</td><td>2 600</td><td>1.3</td><td>4</td></tr>
<tr><td>S9-250/10</td><td>250</td><td>560</td><td>3 050</td><td>1.2</td><td>4</td></tr>
</table>

表 4-3(续)

<table>
<tr><th rowspan="2">型号</th><th>额定容量</th><th colspan="2">额定电压/kV</th><th>连接</th><th>空载损耗</th><th>负载损耗</th><th>空载电流</th><th>短路阻抗</th></tr>
<tr><th>/(kV·A)</th><th>高压</th><th>低压</th><th>组别</th><th>/W</th><th>/W</th><th>/%</th><th>/%</th></tr>
<tr><td>S9-315/10</td><td>315</td><td rowspan="12">11、10.5、10、
6.3、6
(±5%或
±2×2.5%)</td><td rowspan="12">0.4</td><td rowspan="12">Y/yn0
或
D/yn11</td><td>670</td><td>3 650</td><td>1.1</td><td>4</td></tr>
<tr><td>S9-400/10</td><td>400</td><td>800</td><td>4 300</td><td>1</td><td>4</td></tr>
<tr><td>S9-500/10</td><td>500</td><td>960</td><td>5 100</td><td>1</td><td>4</td></tr>
<tr><td>S9-630/10</td><td>630</td><td>1 200</td><td>6 200</td><td>0.9</td><td>4.5</td></tr>
<tr><td>S9-800/10</td><td>800</td><td>1 400</td><td>7 500</td><td>0.8</td><td>4.5</td></tr>
<tr><td>S9-1000/10</td><td>1 000</td><td>1 700</td><td>10 300</td><td>0.7</td><td>4.5</td></tr>
<tr><td>S9-1250/10</td><td>1 250</td><td>1 950</td><td>12 000</td><td>0.6</td><td>4.5</td></tr>
<tr><td>S9-1600/10</td><td>1 600</td><td>2 400</td><td>14 500</td><td>0.6</td><td>4.5</td></tr>
<tr><td>S9-2000/10</td><td>2 000</td><td>2 800</td><td>17 820</td><td>0.6</td><td>4.5</td></tr>
<tr><td>S9-2500/10</td><td>2 500</td><td>3 300</td><td>20 700</td><td>0.6</td><td>6.5</td></tr>
<tr><td>S9-3150/10</td><td>3 150</td><td>3 900</td><td>24 300</td><td>0.6</td><td>6.5</td></tr>
<tr><td>S9-4000/10</td><td>4 000</td><td>4 800</td><td>28 800</td><td>0.6</td><td>6.5</td></tr>
</table>

二、矿用变压器

矿用变压器是指可用于煤矿井下的变压器,分为矿用一般型和矿用隔爆型两种。矿用变压器的产品型号与普通变压器略有不同,其型号字母排列含义见表 4-4。

表 4-4　矿用变压器型号表示

<table>
<tr><th>序号</th><th>分类</th><th>含义</th><th>代表字母</th><th>序号</th><th>分类</th><th>含义</th><th>代表字母</th></tr>
<tr><td rowspan="2">1</td><td rowspan="2">用途</td><td>矿用</td><td>K</td><td rowspan="2">4</td><td rowspan="2">线圈外绝缘</td><td>变压器油</td><td>—</td></tr>
<tr><td>一般</td><td>—</td><td>干式</td><td>G</td></tr>
<tr><td rowspan="2">2</td><td rowspan="2">类型</td><td>一般型</td><td>—</td><td rowspan="2">5</td><td rowspan="2">结构特征</td><td>单台</td><td>—</td></tr>
<tr><td>隔爆型</td><td>B</td><td>组合式</td><td>Z</td></tr>
<tr><td rowspan="2">3</td><td rowspan="2">相数</td><td>单相</td><td>D</td><td rowspan="2">6</td><td rowspan="2">装置种类</td><td>固定式</td><td>—</td></tr>
<tr><td>三相</td><td>S</td><td>移动式</td><td>Y</td></tr>
</table>

如 KBSGZY-1000/10 型号,代表的是额定容量为 1 000 kV·A、一次绕组额定电压为 10 kV 的矿用隔爆型三相干式组合移动变电站。

(一)矿用一般型变压器

矿用一般型变压器内部采用干式变压器,图 4-3 是环氧树脂浇注绝缘的三相干式电力变压器的结构图。

干式变压器与油浸变压器相比,由于没有火灾和爆炸危险,不存在变压器油老化的问题,因而维护检修工作量大为减少,同时附属部件简单,没有贮油柜、安全气道和油门等部件及密封问题,且体积小、质量轻。KSG 型矿用一般型干式变压器,适用于煤矿井下中央变电所、井底车场、总进风道和主要进风道,虽有瓦斯但无爆炸危险的金属与非金属矿山,也适用于隧道比较潮湿的环境中,作为矿用照明或电力拖动的电源变压器。表 4-5 给出了常用的矿用一般型干式变压器技术数据。图 4-4 是矿用一般型干式电力变压器的产品图。

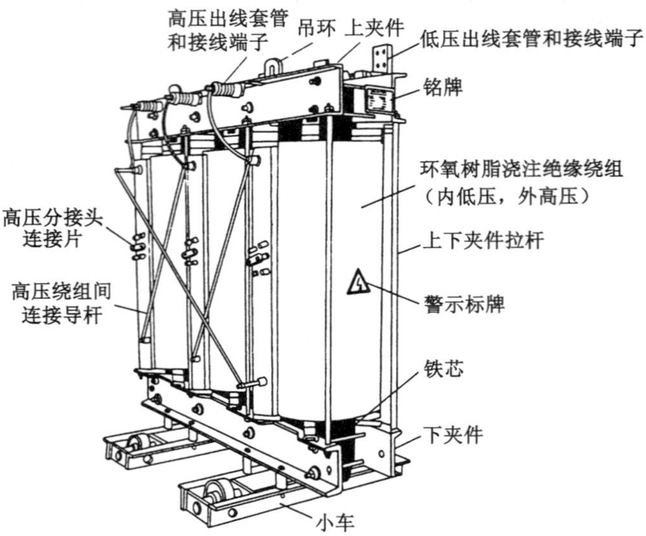

图 4-3 环氧树脂浇注绝缘的三相干式电力变压器结构

表 4-5 矿用一般型干式变压器技术数据

型号	额定容量/(kV·A)	额定电压/kV		连接组别	空载损耗/W	负载损耗/W	空载电流/%	短路阻抗/%
		高压	低压					
KSG-50	50	10、6(±2×2.5%)	0.4、0.69	D/yn11、D/y11、Y/d11	270	1 000	2	4
KSG-80	80				370	1 380	1.5	4
KSG-100	100				400	1 570	1.5	4
KSG-125	125				470	1 850	1.3	4
KSG-160	160				540	2 130	1.3	4
KSG-200	200				620	2 530	1.1	4
KSG-250	250				720	2 760	1.1	4
KSG-315	315				880	3 470	1	4
KSG-400	400				980	3 990	1	4
KSG-500	500				1 160	4 880	1	4
KSG-630	630				1 340	5 880	0.85	6
KSG-800	800				1 520	6 960	0.85	6
KSG-1 000	1 000				1 770	8 130	0.85	6
KSG-1 250	1 250				2 090	9 690	0.85	6
KSG-1600	1 600				2 450	11 700	0.85	6

（二）矿用隔爆型干式变压器

在煤矿井下使用的矿用隔爆型干式变压器，主要有照明/电钻用和动力用两种。

图 4-4　矿用一般型干式变压器

1. KSG 型矿用隔爆型干式照明、电钻变压器

KSG 型矿用隔爆型干式变压器可用于易燃或煤矿井下有爆炸性危险的区域，可长期在各部分温升 80 ℃以下的条件下工作，为额定电压为 127 V 的井下照明、信号或手持式煤电钻供电。其外形如图 4-5 所示，主要技术数据见表 4-6。

图 4-5　KSG 型矿用隔爆型干式照明、电钻变压器

表 4-6　KSG 型矿用隔爆型干式照明、电钻变压器技术数据

额定容量/(kV·A)	额定电压/kV		连接组别	空载损耗/W	负载损耗/W	空载电流/%	短路阻抗/%
	高压	低压					
2.5	660/380	0.133	Y/d11、Y/d12	45	81	14	4
4				55	125	12	

2. KSGB 型矿用隔爆型干式变压器

KSGB 系列矿用隔爆型变压器是移动变电站的主变压器，其外形如图 4-6 所示。其顶部为拱形的长方体隔爆外壳，两端设有两个独立的高、低压隔爆接线盒，下装高、低压套管供高、低压进出线用，两个接线盒上均设有高低压按钮箱、急停按钮、终端元件和闭锁按钮。其具有以下特点：

(1) 变压器的器身安装在隔爆外壳中，铁芯和线圈都不浸在任何绝缘液体中，没有易燃性油(故称干式)，比较安全，便于维修，但散热和绝缘性能较差。

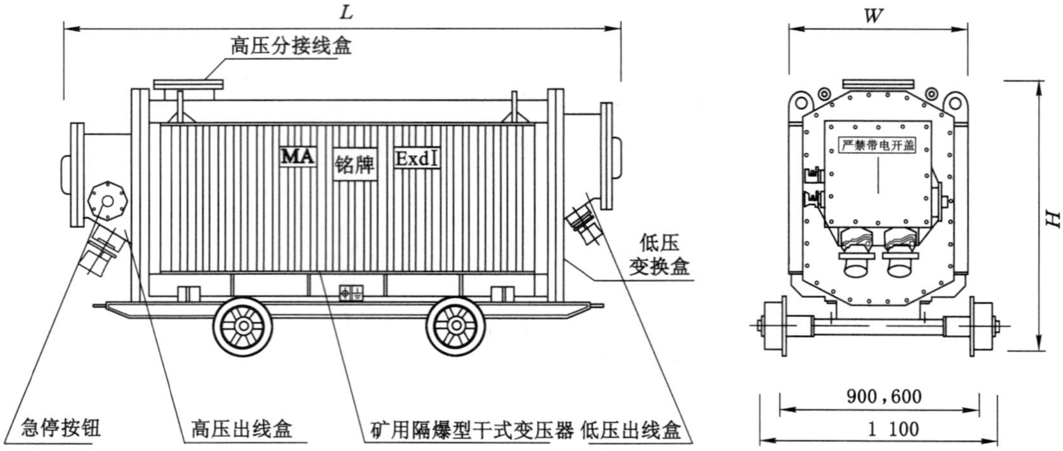

图 4-6　KSGB 型矿用隔爆型变压器外形图

(2) 为增加散热面，隔爆外壳侧面采用瓦楞钢板结构，同时也增加了外壳强度。

(3) 为提高绝缘的耐热性能，变压器采用耐热等级高的绝缘材料。200 kV·A 及以上容量的变压器采用 H 级绝缘材料，其最高允许温度为 180 ℃；200 kV·A 以下容量的变压器采用 B 级绝缘材料，其最高允许温度为 130 ℃。

(4) 干式变压器与低压自动馈电开关配合设置温度保护。在变压器器身上装有一个温度继电器，控制自动馈电开关上的报警装置。正常状态下，主变压器内腔温度不高，温度继电器处于断开状态，报警装置不工作；非正常状态下，如煤层压顶使变压器散热条件变差或过载等其他原因使变压器内部温度升高，当 B 级绝缘材料的温度超过 80 ℃、H 级绝缘材料的温度超过 125 ℃时，温度继电器动作，报警装置接通报警。只有当内部温度降到上述温度以下，温度继电器触点断开报警电源，报警才能停止。

(5) 外壳底座拖橇下还可增设滚轮，制成移动式变压器。

由于此类变压器具有防爆特点，因此适用于有爆炸危险的工作面平巷，也可与矿用隔爆高、低压开关配合组成移动变电站，将 10 kV 或 6 kV 变为 1 200 V、693 V 或 400 V 向采区低压动力设备供电。

表 4-7 是 KSGB 型矿用隔爆型干式变压器的技术数据，表 4-8 是 KBSG 型矿用隔爆型干式变压器的技术数据。该系列是千伏级移动变电站用隔爆型干式变压器，也可单独做变压器使用，为综合机械化采掘设备供电。

表 4-7　KSGB 型矿用隔爆型干式变压器技术数据

型号	额定容量/(kV·A)	额定电压/kV		空载损耗/W	短路损耗/W	阻抗压降/%	空载电流/%	连接组别
		高压	低压					
KSGB-31.5/6	31.5	6 (±5%)	0.69/0.4	260	460	4	3	Y/y0、 Y/d11
KSGB-50/6	50			400	600			
KSGB-100/6	100			600	1 000			

表 4-8 KBSG 型矿用隔爆型干式变压器技术数据

<table>
<tr><th rowspan="2">产品型号</th><th rowspan="2">额定容量
/(kV·A)</th><th colspan="3">电压组合及分接电压</th><th rowspan="2">连接组别</th><th rowspan="2">空载
损耗
/W</th><th rowspan="2">负载
损耗
/W</th><th rowspan="2">空载
电流
/%</th><th rowspan="2">短路
阻抗
/%</th></tr>
<tr><th>高压
/kV</th><th>高压分接头
/%</th><th>低压
/V</th></tr>
<tr><td>KBSG-50/6</td><td>50</td><td rowspan="17">6</td><td rowspan="14">±5</td><td rowspan="5">693
(400)</td><td rowspan="9">Y/y0
(d11)</td><td>350</td><td>550</td><td>2.5</td><td rowspan="13">4</td></tr>
<tr><td>KBSG-100/6</td><td>100</td><td>520</td><td>920</td><td>2.5</td></tr>
<tr><td>KBSG-160/6</td><td>160</td><td>700</td><td>1 300</td><td>2</td></tr>
<tr><td>KBSG-200/6</td><td>200</td><td>820</td><td>1 550</td><td>2</td></tr>
<tr><td>KBSG-250/6</td><td>250</td><td>950</td><td>1 800</td><td>2</td></tr>
<tr><td>KBSG-315/6</td><td>315</td><td rowspan="4">1 200
(693)</td><td>1 100</td><td>2 150</td><td>1.8</td></tr>
<tr><td>KBSG-400/6</td><td>400</td><td>1 300</td><td>2 600</td><td>1.8</td></tr>
<tr><td>KBSG-500/6</td><td>500</td><td>1 500</td><td>3 100</td><td>1.5</td></tr>
<tr><td>KBSG-630/6</td><td>630</td><td>1 800</td><td>3 680</td><td>1.5</td></tr>
<tr><td>KBSG-800/6</td><td>800</td><td rowspan="2">3 450、
1 200
(693)</td><td rowspan="2">Y/yn0、
Y/y0
(d11)</td><td>2 050</td><td>4 500</td><td>1</td></tr>
<tr><td>KBSG-1 000/6</td><td>1 000</td><td>2 350</td><td>5 400</td><td>1</td></tr>
<tr><td>KBSG-1 250/6</td><td>1 250</td><td rowspan="4">3 450、
1 200</td><td rowspan="4">Y/yn0、
D/yn11、
Y/y0</td><td>2 750</td><td>6 500</td><td>1</td></tr>
<tr><td>KBSG-1600/6</td><td>1 600</td><td>3 350</td><td>8 000</td><td>0.8</td></tr>
<tr><td>KBSG-2000/6</td><td>2 000</td><td>3 800</td><td>9 500</td><td>0.6</td><td>4.5</td></tr>
<tr><td>KBSG-2500/6</td><td>2 500</td><td rowspan="3">±2×2.5</td><td>4 500</td><td>10 600</td><td>0.6</td><td>5</td></tr>
<tr><td>KBSG-3150/6</td><td>3 150</td><td rowspan="2">3 450</td><td rowspan="2">Y/yn0、
D/yn11</td><td>5 300</td><td>12 500</td><td>0.6</td><td>5.5</td></tr>
<tr><td>KBSG-4000/6</td><td>4 000</td><td>6 100</td><td>14 000</td><td>0.6</td><td>6</td></tr>
<tr><td>KBSG-50/10</td><td>50</td><td rowspan="17">10</td><td rowspan="14">±5</td><td rowspan="5">693
(400)</td><td rowspan="9">Y/y0
(d11)</td><td>390</td><td>680</td><td>2.5</td><td rowspan="10">4</td></tr>
<tr><td>KBSG-100/10</td><td>100</td><td>560</td><td>1 050</td><td>2.5</td></tr>
<tr><td>KBSG-160/10</td><td>160</td><td>800</td><td>1 500</td><td>2</td></tr>
<tr><td>KBSG-200/10</td><td>200</td><td>950</td><td>1 800</td><td>2</td></tr>
<tr><td>KBSG-250/10</td><td>250</td><td>1 100</td><td>2 100</td><td>2</td></tr>
<tr><td>KBSG-315/10</td><td>315</td><td rowspan="4">1 200
(693)</td><td>1 300</td><td>2 500</td><td>1.8</td></tr>
<tr><td>KBSG-400/10</td><td>400</td><td>1 500</td><td>3 000</td><td>1.8</td></tr>
<tr><td>KBSG-500/10</td><td>500</td><td>1 750</td><td>3 500</td><td>1.5</td></tr>
<tr><td>KBSG-630/10</td><td>630</td><td>2 000</td><td>4 100</td><td>1.5</td></tr>
<tr><td>KBSG-800/10</td><td>800</td><td rowspan="2">3 450、
1 200
(693)</td><td rowspan="2">Y/yn0、
Y/y0
(d11)</td><td>2 300</td><td>5 100</td><td>1.2</td></tr>
<tr><td>KBSG-1000/10</td><td>1 000</td><td>2 600</td><td>6 100</td><td>1.2</td><td rowspan="2">4.5</td></tr>
<tr><td>KBSG-1250/10</td><td>1 250</td><td rowspan="4">3 450、
1 200</td><td rowspan="4">Y/yn0、
D/yn11、
Y/y0</td><td>3 100</td><td>7 400</td><td>1</td></tr>
<tr><td>KBSG-1600/10</td><td>1 600</td><td>3 800</td><td>8 500</td><td>1</td><td rowspan="2">5</td></tr>
<tr><td>KBSG-2000/10</td><td>2 000</td><td>4 500</td><td>9 700</td><td>0.7</td></tr>
<tr><td>KBSG-2500/10</td><td>2 500</td><td rowspan="3">±2×2.5</td><td>5 200</td><td>10 800</td><td>0.7</td><td rowspan="2">5.5</td></tr>
<tr><td>KBSG-3150/10</td><td>3 150</td><td rowspan="2">3 450</td><td rowspan="2">D/yn11</td><td>6 100</td><td>12 800</td><td>0.7</td></tr>
<tr><td>KBSG-4000/10</td><td>4 000</td><td>7 000</td><td>15 000</td><td>0.7</td><td>6</td></tr>
</table>

KBSG-T 型矿用隔爆型干式变压器(图 4-7)采用德国技术,外壳为波纹圆筒式,温升低,散热性能好,结构紧凑,质量轻,顶部不积水、不积尘。变压器采用 H 级绝缘,可在 165 ℃下持续满负荷运行。表 4-9、表 4-10 分别为《矿用隔爆型移动变电站》(GB/T 8286—2017)标准给出的 6 kV 和 10 kV 级 KBSG-T 型矿用隔爆型干式变压器技术数据。

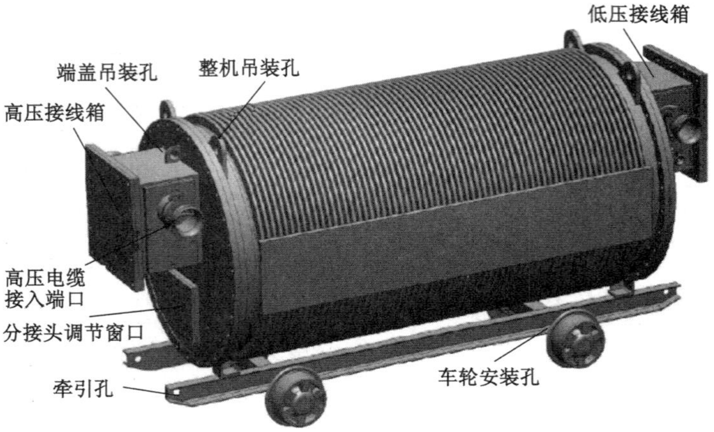

图 4-7　KBSG-T 型矿用隔爆型干式变压器外形图

表 4-9　6 kV 级 KBSG-T 型矿用隔爆型干式变压器技术数据

<table>
<tr><th rowspan="2">型号</th><th rowspan="2">额定容量/(kV·A)</th><th colspan="2">额定电压</th><th rowspan="2">连接组别</th><th rowspan="2">空载损耗/W</th><th rowspan="2">负载损耗/W</th><th rowspan="2">空载电流/%</th><th rowspan="2">短路阻抗/%</th></tr>
<tr><th>高压/kV</th><th>低压/V</th></tr>
<tr><td>KBSG-T-50/6</td><td>50</td><td rowspan="19">6
(±5%)</td><td rowspan="7">693/400</td><td rowspan="11">Y/y0、
Y/d11</td><td>350</td><td>550</td><td rowspan="4">2.5</td><td rowspan="15">4</td></tr>
<tr><td>KBSG-T-80/6</td><td>80</td><td>450</td><td>780</td></tr>
<tr><td>KBSG-T-100/6</td><td>100</td><td>520</td><td>920</td></tr>
<tr><td>KBSG-T-125/6</td><td>125</td><td>600</td><td>1 080</td></tr>
<tr><td>KBSG-T-160/6</td><td>160</td><td>700</td><td>1 300</td><td rowspan="3">2</td></tr>
<tr><td>KBSG-T-200/6</td><td>200</td><td>820</td><td>1 550</td></tr>
<tr><td>KBSG-T-250/6</td><td>250</td><td>950</td><td>1 800</td></tr>
<tr><td>KBSG-T-315/6</td><td>315</td><td rowspan="4">1 200/693</td><td>1 100</td><td>2 150</td><td rowspan="2">1.8</td></tr>
<tr><td>KBSG-T-400/6</td><td>400</td><td>1 300</td><td>2 600</td></tr>
<tr><td>KBSG-T-500/6</td><td>500</td><td>1 500</td><td>3 100</td><td rowspan="2">1.5</td></tr>
<tr><td>KBSG-T-630/6</td><td>630</td><td>1 800</td><td>3 680</td></tr>
<tr><td>KBSG-T-800/6</td><td>800</td><td rowspan="2">1 200/693、
3 450</td><td rowspan="2">Y/y0、Y/d11、
Y/yn0</td><td>2 050</td><td>4 500</td><td rowspan="3">1</td></tr>
<tr><td>KBSG-T-1000/6</td><td>1 000</td><td>2 350</td><td>5 400</td></tr>
<tr><td>KBSG-T-1250/6</td><td>1 250</td><td rowspan="2">1 200、
3 450</td><td rowspan="2">Y/y0、
Y/yn0</td><td>2 750</td><td>6 500</td></tr>
<tr><td>KBSG-T-1600/6</td><td>1 600</td><td>3 350</td><td>8 000</td><td>0.8</td></tr>
<tr><td>KBSG-T-2000/6</td><td>2 000</td><td rowspan="4">3 450</td><td rowspan="4">Y/yn0</td><td>3 800</td><td>9 500</td><td rowspan="4">0.6</td><td>4.5</td></tr>
<tr><td>KBSG-T-2500/6</td><td>2 500</td><td>4 500</td><td>10 600</td><td>5</td></tr>
<tr><td>KBSG-T-3150/6</td><td>3 150</td><td>5 300</td><td>12 500</td><td>5.5</td></tr>
<tr><td>KBSG-T-4000/6</td><td>4 000</td><td>6 100</td><td>14 000</td><td>6</td></tr>
</table>

注:负载损耗值和短路阻抗值为 H 级绝缘材料参考温度 145 ℃时值。

表 4-10　10 kV 级 KBSG-T 型矿用隔爆型干式变压器技术数据

<table>
<tr><th rowspan="2">型号</th><th rowspan="2">额定容量
/(kV・A)</th><th colspan="2">额定电压</th><th rowspan="2">连接组别</th><th rowspan="2">空载损耗
/W</th><th rowspan="2">负载损耗
/W</th><th rowspan="2">空载电流
/%</th><th rowspan="2">短路阻抗
/%</th></tr>
<tr><th>高压/kV</th><th>低压/V</th></tr>
<tr><td>KBSG-T-50/10</td><td>50</td><td rowspan="19">10
(±5%)</td><td rowspan="7">693/400</td><td rowspan="11">Y/y0、
Y/d11</td><td>390</td><td>680</td><td rowspan="4">2.5</td><td rowspan="12">4</td></tr>
<tr><td>KBSG-T-80/10</td><td>80</td><td>490</td><td>880</td></tr>
<tr><td>KBSG-T-100/10</td><td>100</td><td>560</td><td>1 050</td></tr>
<tr><td>KBSG-T-125/10</td><td>125</td><td>650</td><td>1 300</td></tr>
<tr><td>KBSG-T-160/10</td><td>160</td><td>800</td><td>1 500</td><td rowspan="3">2</td></tr>
<tr><td>KBSG-T-200/10</td><td>200</td><td>950</td><td>1 800</td></tr>
<tr><td>KBSG-T-250/10</td><td>250</td><td>1 100</td><td>2 100</td></tr>
<tr><td>KBSG-T-315/10</td><td>315</td><td rowspan="4">1 200/693</td><td>1 300</td><td>2 500</td><td rowspan="2">1.8</td></tr>
<tr><td>KBSG-T-400/10</td><td>400</td><td>1 500</td><td>3 000</td></tr>
<tr><td>KBSG-T-500/10</td><td>500</td><td>1 750</td><td>3 500</td><td rowspan="2">1.5</td></tr>
<tr><td>KBSG-T-630/10</td><td>630</td><td>2 000</td><td>4 100</td></tr>
<tr><td>KBSG-T-800/10</td><td>800</td><td rowspan="2">1 200/693、
3 450</td><td rowspan="2">Y/y0、Y/d11、
Y/yn0</td><td>2 300</td><td>5 100</td><td rowspan="2">1.2</td></tr>
<tr><td>KBSG-T-1000/10</td><td>1 000</td><td>2 600</td><td>6 100</td><td rowspan="2">4.5</td></tr>
<tr><td>KBSG-T-1250/10</td><td>1 250</td><td rowspan="2">1 200、
3 450</td><td rowspan="2">Y/y0、
Y/yn0</td><td>3 100</td><td>7 400</td><td rowspan="2">1</td></tr>
<tr><td>KBSG-T-1600/10</td><td>1 600</td><td>3 800</td><td>8 500</td><td rowspan="2">5</td></tr>
<tr><td>KBSG-T-2000/10</td><td>2 000</td><td rowspan="4">3 450</td><td rowspan="4">Y/yn0</td><td>4 500</td><td>9 700</td><td rowspan="4">0.7</td></tr>
<tr><td>KBSG-T-2500/10</td><td>2 500</td><td>5 200</td><td>10 800</td><td rowspan="2">5.5</td></tr>
<tr><td>KBSG-T-3150/10</td><td>3 150</td><td>6 100</td><td>12 800</td></tr>
<tr><td>KBSG-T-4000/10</td><td>4 000</td><td>7 000</td><td>15 000</td><td>6</td></tr>
</table>

注：负载损耗值和短路阻抗值为 H 级绝缘材料参考温度 145 ℃时值。

3. 移动变电站

移动变电站是用于综采、综掘的电源，有 KSGZY、KBSGZY、KBSGZY-T、KSGJY 等几种。移动变电站可用于有瓦斯、煤尘等爆炸危险的矿井中，将 10 kV 或 6 kV 高压变为 3 450 V、1 200 V 或 690 V 的电压，向采掘工作面电气设备供电。其中，KSGZY 型主要用于高瓦斯矿井局部通风机及其他动力设备的专用供电电源；KBSGZY、KBSGZY-T 主要是供综采用，后者采用了 KBSG-T 型干式变压器；KSGJY 型则是掘进专用，其干式变压器为三相三绕组变压器，其低压馈电组合开关箱包括隔离开关箱、动力控制箱和通风控制箱，其动力控制箱具有电动机综合保护（断相、过载、过流、短路、过压保护）和风、电、瓦斯闭锁功能，箱门上设有启动、停止、检漏试验、电容电流补偿、电动机综合保护自检及各种仪表指示和故障显示。

如图 4-8 所示为 KBSGZY 型矿用隔爆移动变电站。移动变电站实际上是由高压开关、干式变压器和低压开关用法兰隔爆面和紧固螺栓连接成的一个组合隔爆型设备，该整体靠变压器拖橇下面的有边滚轮在轨道上随采掘工作面的推进迁移。

高压开关有高压负荷开关和高压真空开关两种，通常高压负荷开关与低压馈电开关配套使用，而高压真空开关与低压电源保护箱配套使用。利用高压真空开关、低压馈电开关或

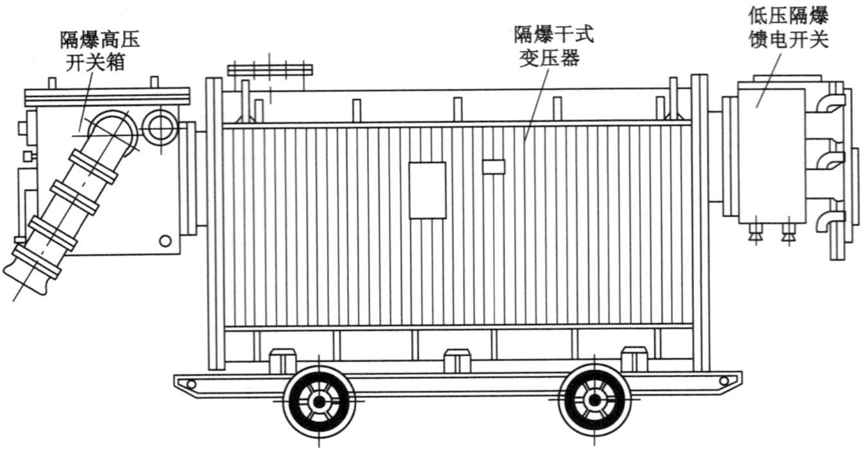

图 4-8 KBSGZY 型矿用隔爆移动变电站

低压电源保护箱完成漏电、过载、短路、断相、过电压和失压等保护功能。

高压开关为负荷开关时，可用负荷开关操作手柄进行手动合闸或分闸，与其配套的低压馈电开关上则设有复位、自检、试验、电合、手分等按钮和电压表、电流表、电阻表及指示器件。

高压开关为真空开关时，利用真空断路器可进行电动合闸和手动合闸，面板上有复位、自检、试验、分闸、合闸等按钮和液晶显示板。与其配套的低压保护箱内部一般不设断路器，但有复位、自检、试验等按钮和液晶显示板，将低压运行状态反馈到高压开关上实现保护。

移动变电站的高、低压开关之间设有电气连锁。高压开关大盖与高压开关箱体之间有电气连锁，低压开关箱与大盖之间有机械连锁，以保证高压开关和低压开关箱盖未盖严时不能进行分合闸操作。

第二节　电流互感器和电压互感器

一、概述

电流互感器(缩写 CT，文字符号 TA)，又称为仪用变流器。电压互感器(缩写 PT，文字符号 TV)，又称为仪用变压器。它们合称仪用互感器，简称互感器。从基本结构和原理来说，互感器就是一种特殊变压器。

互感器的功能主要是：

(1) 用来使测量仪表、保护继电器等二次设备与主电路绝缘。这既可避免主电路的高电压直接引入仪表、继电器等二次设备，又可防止仪表、继电器等二次设备的故障影响主电路，提高一、二次电路的安全性和可靠性，并有利于人身安全。

(2) 用来扩大仪表、继电器等二次设备的应用范围。例如用一只 5 A 的电流表，通过不同变流比的电流互感器就可测量任意大的电流。同样，用一只 100 V 的电压表，通过不同变压比的电压互感器就可测量任意高的电压。而且由于采用了互感器，可使二次仪表、继电器等设备的规格统一，有利于设备的批量生产。

二、电流互感器

(一) 电流互感器的基本结构原理

电流互感器二次绕组的额定电流一般为 5 A，也有额定电流为 1 A 或 0.5 A 的。

电流互感器的基本结构原理如图 4-9 所示。由于电流互感器通常是用来将电网的大电流转换成适于测量的、较为安全的小电流，所以它的结构具有下列特点：一次绕组导体很粗，匝数很少，甚至有的电流互感器(如母线式)没有一次绕组，而是利用穿过其铁芯的一次导线(如母线)作为一次绕组，此时相当于匝数为 1；其二次绕组匝数很多，导体较细。所以电流互感器的一次电流 I_1 与其二次电流 I_2 之间有下列关系：

$$I_1 \approx \frac{N_2}{N_1} I_2 \approx K_i I_2 \tag{4-1}$$

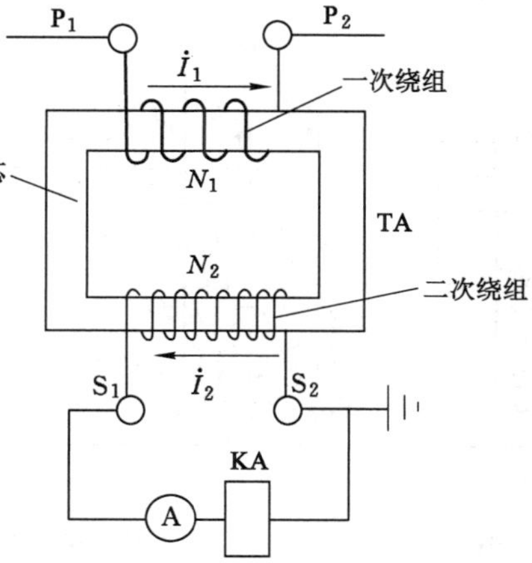

图 4-9　电流互感器

其接线特点是：一次绕组串联在被测的一次电路中，二次绕组则与仪表、继电器等的电流线圈串联，形成一个闭合回路，由于这些电流线圈的阻抗很小，因此电流互感器工作时其二次回路接近于短路状态。

(二) 电流互感器的接线方案

在三相电网中电流互感器的常见接线方案如图 4-10 所示。

(1) 单相接线[图 4-10(a)]。连接于三相电网中的其中一相，因此电流线圈通过的电流只反映一次电路相应相的电流。通常用于负荷平衡的三相电路如低压动力线路中，供测量电流、电能或接过负荷保护装置之用。

(2) 两相 V 形接线[图 4-10(b)]。也称为两相不完全星形接线，连接于三相电网中的其中两相。在继电保护装置中称为两相两继电器接线。这种接线适用于小接地电流系统的三相三线制电网中，用于测量三相电流、电能及作为过电流继电保护之用。由图 4-11 所示的相量图可知，两相 V 形接线的公共线上的电流为 $\dot{I}_a + \dot{I}_c = -\dot{I}_b$，可以反映三相对称情况下未接电流互感器的那一相电流。

(3) 两相电流差接线[图 4-10(c)]。这种接线形式也是连接于三相电网中的其中两相。由图 4-12 所示相量图可知，互感器二次侧公共线上的电流为 $\dot{I}_a - \dot{I}_c$，对称状态下其量值为

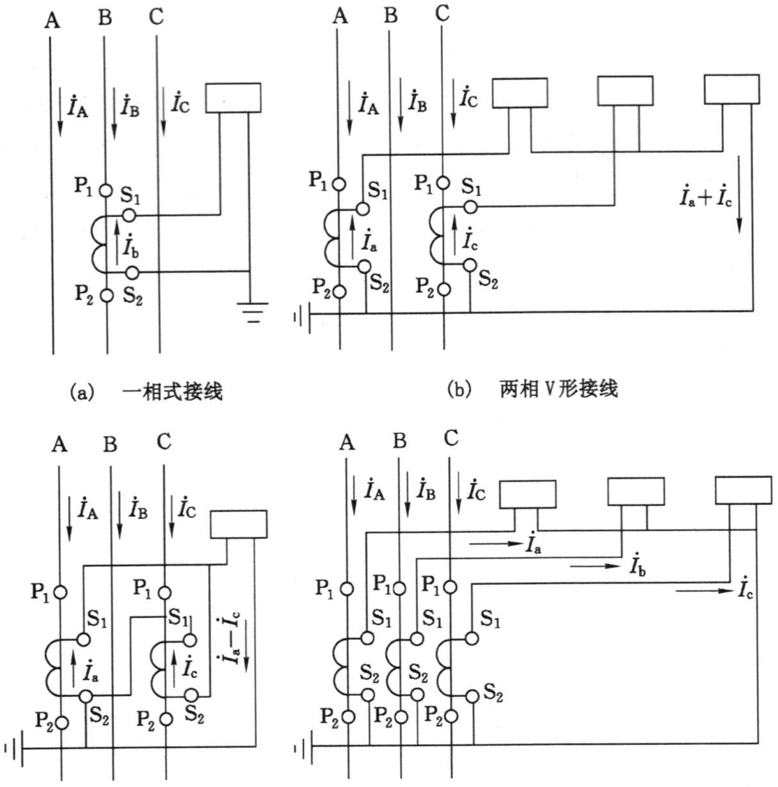

(a) 一相式接线　(b) 两相V形接线

(c) 两相电流差接线　(d) 三相星形接线

图 4-10　电流互感器的接线方案

相电流的$\sqrt{3}$倍。这种接线适用于小接地电流系统的三相三线制电路中供作过电流保护之用。在继电器保护装置中，此接线称为两相一继电器接线。

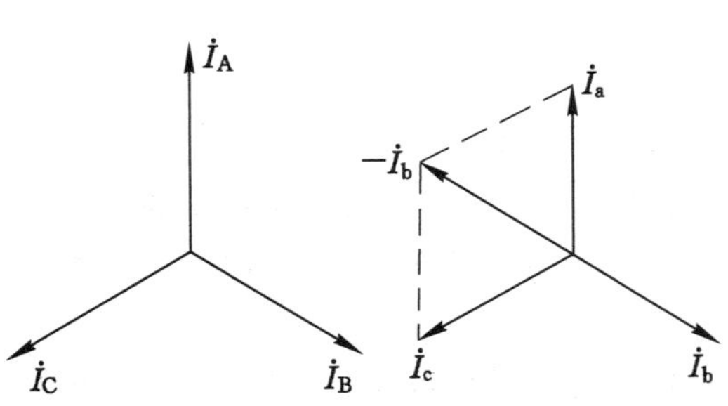

图 4-11　两相 V 形接线电流互感器的一、二次电流相量图

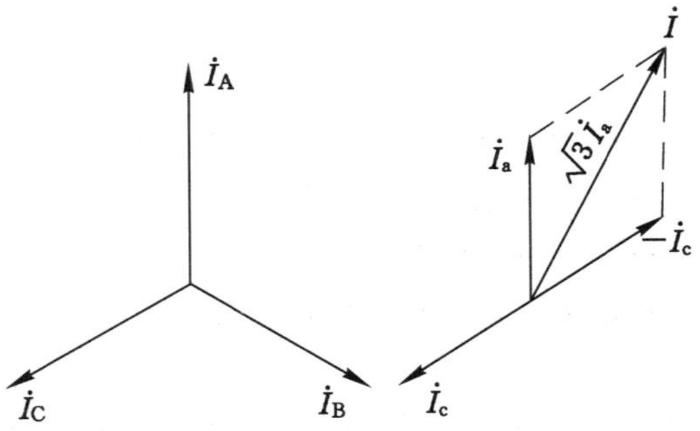

图 4-12　两相电流差接线电流互感器的一、二次电流相量图

(4) 三相星形接线[图 4-10(d)]。这种接线中的 3 个电流线圈分别反映所连接各相的电流，广泛用在负荷一般不平衡的三相四线制系统如低压 TN 系统中，也用在负荷可能不平

衡的三相三线制系统中，作三相电流、电能测量和过电流继电保护之用。

（三）电流互感器的类型和型号

电流互感器的类型很多：按其一次绕组的匝数分，有单匝式（包括母线式、芯柱式、套管式）和多匝式（包括线圈式、线环式、串级式）；按一次电压分，有高压和低压两大类；按用途分，有测量用和保护用两大类；按准确度级分，测量用电流互感器有 0.1、0.2、0.5、1、3、5 等级，保护用电流互感器有 5P 和 10P 两级。

高压电流互感器多制成不同准确度级的两个铁芯和两个二次绕组，分别接测量仪表和电流继电器，以满足测量和保护的不同要求。电气测量对电流互感器的准确度要求较高，且要求在一次电路短路时仪表受的冲击小，因此测量用电流互感器的铁芯在一次电路短路时应易于饱和，以限制二次电流的增长倍数。而继电保护用电流互感器的铁芯在一次电路短路时不应饱和，使二次电流能与一次电流成比例地增长，以适应保护灵敏度的要求。

电流互感器全型号的表示和含义如图 4-13 所示。

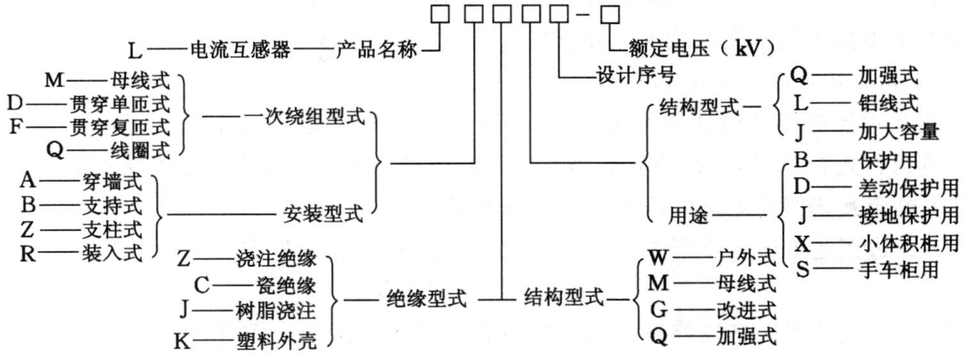

图 4-13　电流互感器全型号的表示和含义

图 4-14 是户内高压 LQJ-10 型电流互感器的外形图。它有两个铁芯和两个二次绕组，分别为 0.5 级和 3 级，0.5 级用于测量，3 级用于继电保护。

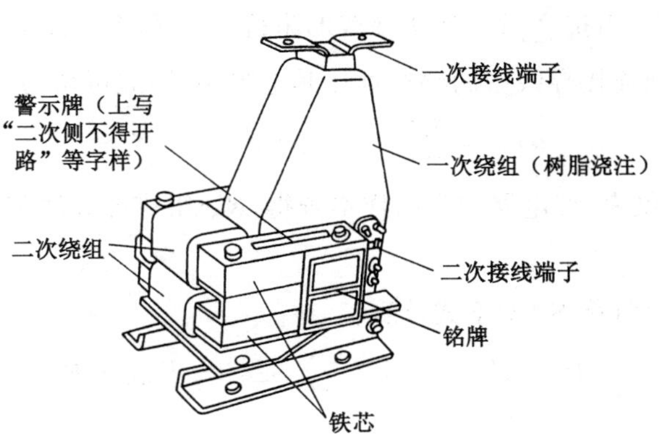

图 4-14　LQJ-10 型电流互感器

图 4-15 是户内低压 LMZJ1-0.5 型（500～800/5 A）电流互感器的外形图。它不含一次

绕组，穿过其铁芯的母线就是其一次绕组（相当于1匝）。它用于500 V及以下配电装置中。

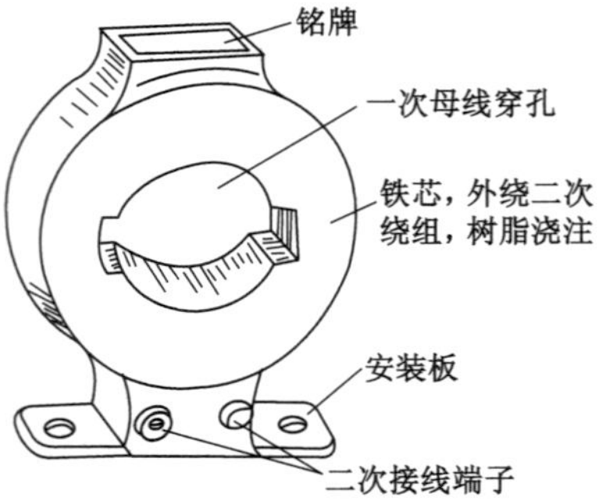

图 4-15　LMZJ1-0.5 型电流互感器

以上两种电流互感器都是环氧树脂或不饱和树脂浇注绝缘的，较之老式的油浸式和其他非树脂绝缘的干式电流互感器的尺寸小，性能好，安全可靠，现在生产的高低压成套配电装置中差不多都采用这类新型电流互感器。

（四）电流互感器的选择与校验

电流互感器应按装设地点的条件及额定电压、一次电流、二次电流（一般为5 A）、准确度等级等条件进行选择，并校验其短路动稳定性和热稳定性。具体选择步骤如下：

（1）电流互感器的额定电压不小于电网电压。

（2）原边额定电流不小于1.2～1.5倍的长时最大工作电流，即：

$$I_{1N} \geqslant (1.2 \sim 1.5) I_{ca} \tag{4-2}$$

（3）电流互感器的精确等级应与二次设备的要求相适应。需要注意，电流互感器的准确度等级与二次负荷容量有关。电流互感器的二次负荷 S_2 不得大于其准确度等级所限定的额定二次负荷 S_{2N}，即互感器满足准确度等级要求的条件为：

$$S_{2N} \geqslant S_2 \tag{4-3}$$

电流互感器的二次负荷 S_2 由其二次回路的阻抗 Z_2 决定，包括二次回路中所有串联的仪表、继电器电流线圈的阻抗 $\sum Z_i$、连接导线的阻抗 Z_{WL} 和所有接头的接触电阻 R_{XC} 等。由于继电器电流线圈和连接导线中的感抗远比其电阻小，因此可认为：

$$|Z_2| \approx \sum |Z_i| + |Z_{WL}| + R_{XC} \tag{4-4}$$

式中：$\sum |Z_i|$ 可由仪表、继电器的产品样本查得；R_{XC} 很难准确测定，且是可变的，一般近似地取为0.1 Ω。

电流互感器的二次负荷 S_2 按下式计算：

$$S_2 = I_{2N}^2 |Z_2| \approx I_{2N}^2 \left(\sum |Z_i| + R_{WL} + R_{XC}\right) \tag{4-5}$$

或：

$$S_2 \approx \sum S_i + I_{2N}^2 (R_{WL} + R_{XC}) \tag{4-6}$$

假设电流互感器不满足 $S_{2N} \geqslant S_2$ 的要求，则应改选较大变流比或较大容量的互感器，或者加大二次接线的截面面积。电流互感器二次回路的导线一般采用铜线，最小截面面积不小于2.5 mm^2，最大不超过 10 mm^2。

电流互感器的多数产品是给出动稳定倍数和热稳定倍数，因此电流互感器短路稳定性的校验方式为：

根据动稳定倍数 $K_{es}=i_{max}/(\sqrt{2}I_{1N})$，其动稳定性校验的条件为：

$$K_{es}\sqrt{2}I_{1N}\geqslant i_{sh}^{(3)} \tag{4-7}$$

根据热稳定倍数 $K_t=I_t/I_{1N}$，其热稳定性校验的条件为：

$$(K_tI_{1N})^2t\geqslant I_{\infty}^{(3)2}t_{ima} \tag{4-8}$$

或：

$$K_tI_{1N}\geqslant I_{\infty}^{(3)}\sqrt{\frac{t_{ima}}{t}} \tag{4-9}$$

一般电流互感器的热稳定试验时间 $t=1$ s，因此其热稳定性校验的条件亦为：

$$K_tI_{1N}\geqslant I_{\infty}^{(3)}\sqrt{t_{ima}} \tag{4-10}$$

（4）继电保护用的电流互感器还应按 10％误差曲线进行校验。

作为继电保护用的电流互感器，精确等级只有在装置动作时才有意义。为保证继电器可靠动作，允许其误差不超过 10％，因此对所选电流互感器需进行 10％误差校验。

产品样本中提供互感器的 10％误差曲线，它是在电流误差为 10％时一次电流倍数（一次最大电流与额定一次电流之比）m 与二次负载阻抗 Z_2 之间的关系曲线，如图 4-16 所示。

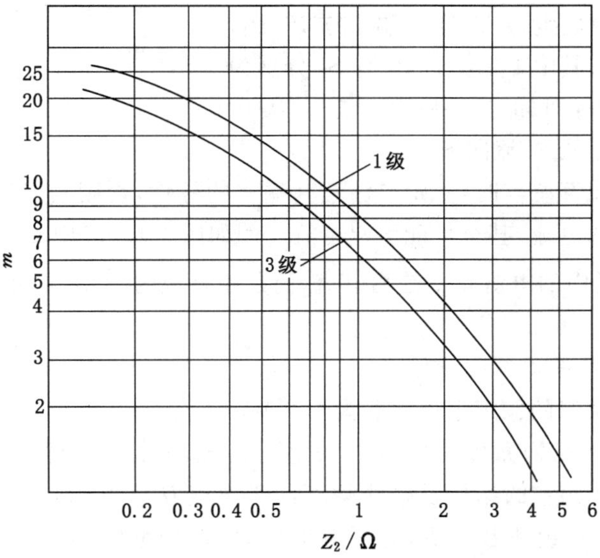

图 4-16　电流互感器 10％误差曲线

校验时根据二次回路的负载阻抗值，从所选电流互感器的 10％误差曲线上，查出允许的电流倍数 m，其数值应大于保护装置动作时的实际电流倍数 m_p，即：

$$m>m_p=\frac{1.1I_{op}}{I_{1N}} \tag{4-11}$$

式中　I_{op}——保护装置的动作电流；

1.1——考虑电流互感器的 10％误差。

（五）电流互感器使用注意事项

（1）电流互感器在工作时其二次侧不得开路，不允许接熔断器和开关。电流互感器正常工作时，由于其二次回路串联的是电流线圈，阻抗很小，因此接近于短路状态。当二次侧开路时，由于电流互感器的二次绕组匝数远比一次绕组匝数多，所以会感应出危险的高压，危及人身和设备的安全，因此电流互感器工作时二次侧不允许开路。在安装时，其二次接线要求牢固可靠，且其二次侧不允许接入熔断器和开关。

（2）电流互感器的二次侧有一端必须接地。互感器二次侧有一端接地，是为了防止其一、二次绕组间绝缘击穿时，一次侧的高电压窜入二次侧，危及人身和设备的安全。

（3）电流互感器在连接时，要注意其端子的极性。按照规定，我国互感器和变压器的绕组端子，均采用“减极性”标号法。

所谓“减极性”标号法，就是互感器或变压器按图 4-17 所示接线时，一次绕组接上电压 U_1，二次绕组感应出电压 U_2。这时将一、二次绕组一对同名端短接，则在其另一对同名端测出的电压为 $U=|U_1-U_2|$。

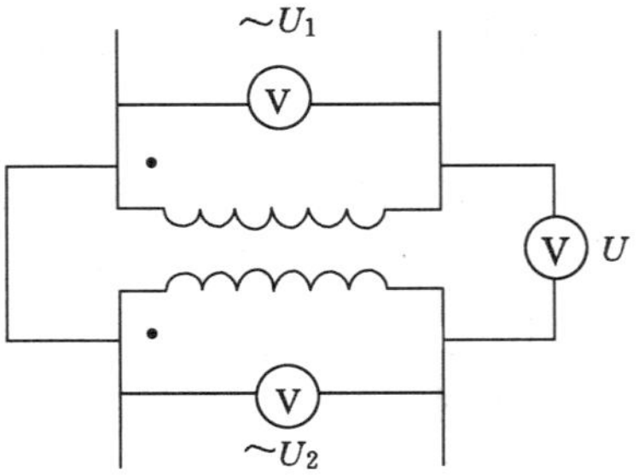

U_1—输入电压；U_2—输出电压。

图 4-17　互感器和变压器的“减极性”判别法

用“减极性”法所确定的“同名端”，实际上就是“同极性端”，即在同一瞬间，两个对应的同名端同为高电位，或同为低电位。

《互感器 第 2 部分：电流互感器的补充技术要求》(GB/T 20840.2—2014)规定：一次绕组端子标 P_1、P_2，二次绕组端子标 S_1、S_2，其中 P_1 与 S_1、P_2 与 S_2 分别为对应的同名端。由图 4-9 可知，如果一次电流 I_1 从 P_1 流向 P_2，则二次电流 I_2 从 S_2 流向 S_1。

在安装和使用电流互感器时，一定要注意其端子的极性，否则其二次仪表、继电器中流过的电流就不是预想的电流，甚至可能引起事故。例如图 4-10(b)中 C 相电流互感器的 S_1、S_2 如果接反，则公共线中的电流就不是相电流，而是相电流的$\sqrt{3}$倍，可能使电流表烧毁。

三、电压互感器

（一）电压互感器的基本结构原理

电压互感器二次绕组的额定电压一般为 100 V。

电压互感器的基本结构原理图如图 4-18 所示。通常电压互感器是将电网的高压转换为 100 V 的低压，因此它的结构及接线均不同于电流互感器：其一次绕组匝数很多，并联在一次电路中；二次绕组匝数较少，并联有电压表、保护继电器的电压线圈等。由于电压线圈的阻抗一般都很大，所以电压互感器工作时其二次侧接近于空载状态，绕组截面面积一般也较小。

电压互感器的一次电压 U_1 与其二次电压 U_2 之间有下列关系：

$$U_1 \approx \frac{N_1}{N_2}U_2 \approx K_U U_2 \tag{4-12}$$

式中　N_1、N_2——电压互感器一、二次绕组的匝数；

K_U——电压互感器的电压比，一般表示为其额定一、二次电压比，即 $K_U=U_{1N}/U_{2N}$，例如 10 000 V/100 V。

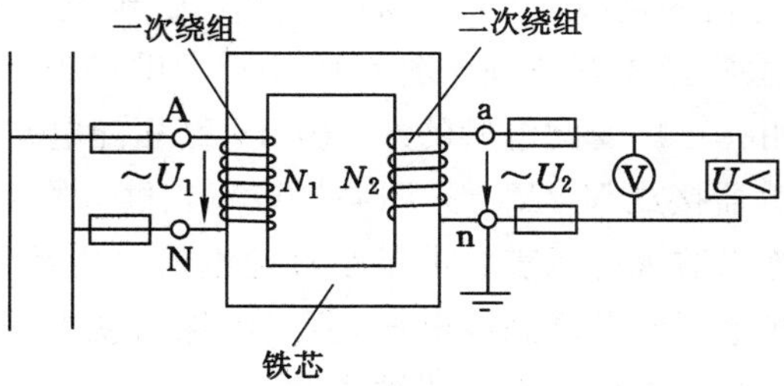

图 4-18　电压互感器的基本结构原理图

（二）电压互感器的接线方案

电压互感器在三相电路中有如图 4-19 所示的几种常见的接线方案。

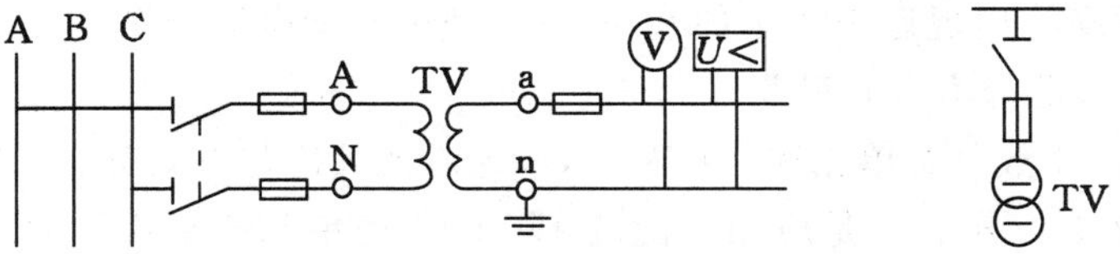

(a)　一个单相电压互感器

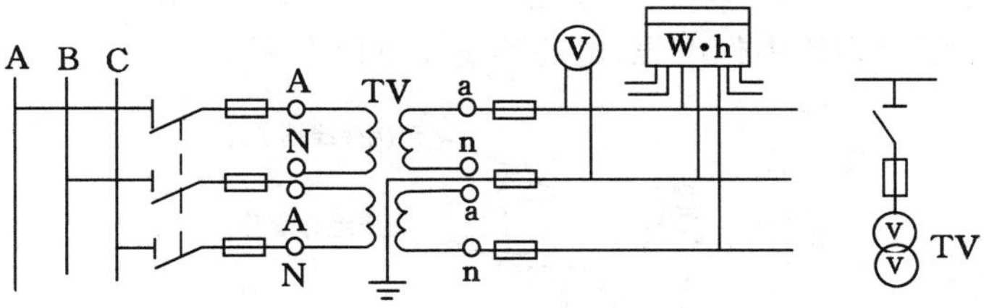

(b)　两个单相电压互感器接成 V/V 形

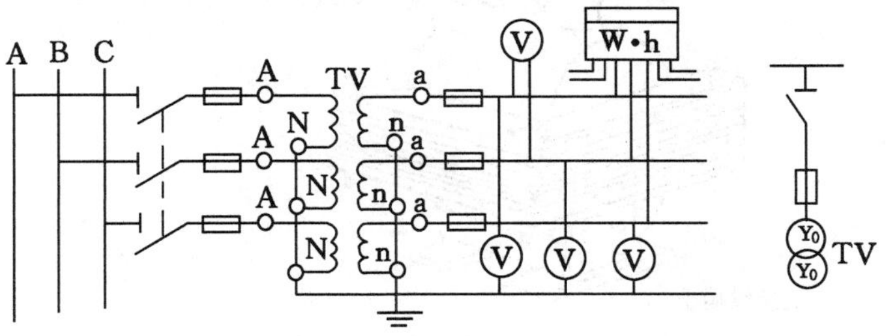

(c)　3个单相电压互感器接成 Y_0/Y_0 形

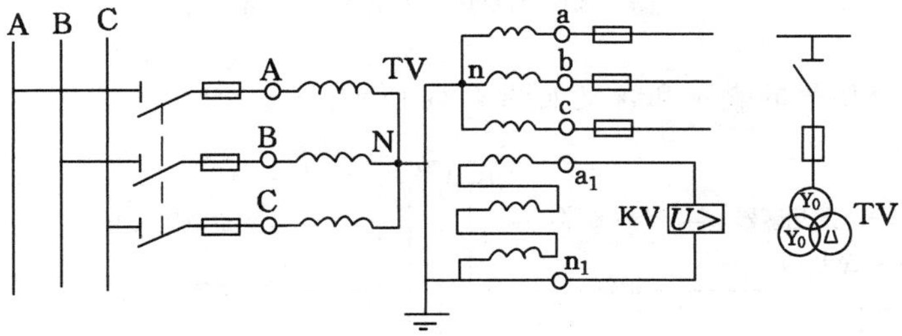

(d)　3个单相三绕组电压互感器或一个三相五芯柱三绕组电压互感器接成 $Y_0/Y_0/\triangle$（开口三角）形

图 4-19　电压互感器的接线方案

(1) 一个单相电压互感器的接线[图 4-19(a)]。供仪表、继电器接于一个线电压。

(2) 两个单相电压互感器接成 V/V 形[图 4-19(b)]。供仪表、继电器接于三相三线制电路的各个线电压，广泛用在工厂变配电所的 6～10 kV 高压配电装置中。

(3) 3 个单相电压互感器接成 Y_0/Y_0 形[图 4-19(c)]。供电给要求线电压的仪表、继电器，并供电给接相电压的绝缘监视电压表。由于小接地电流电力系统在一次电路发生单相接地时，另两个完好相的相电压要升高到线电压，所以绝缘监视电压表要按线电压选择，否则在一次电路发生单相接地时，电压表有可能被烧毁。

(4) 3 个单相三绕组电压互感器或一个三相五芯柱三绕组电压互感器接成 $Y_0/Y_0/$⊿(开口三角)形[图 4-19(d)]。其接成 Y_0 的二次绕组，供电给接线电压的仪表、继电器及接相电压的绝缘监视用电压表；接成⊿(开口三角)形的辅助二次绕组，接电压继电器。一次电压正常时，由于 3 个相电压对称，因此开口三角形两端的电压接近于零。但当某一相接地时，开口三角形两端将出现近 100 V 的零序电压，使电压继电器动作，发出信号。

(三) 电压互感器的类型和型号

电压互感器按相数分有单相和三相两类，按绝缘及其冷却方式分有干式(含环氧树脂浇注式)和油浸式两类。图 4-20 是应用广泛的 JDZJ-10 型单相三绕组、环氧树脂浇注绝缘的户内电压互感器外形图。3 个 JDZJ-10 型电压互感器可按图 4-19(d)所示 $Y_0/Y_0/$⊿(开口三角形)连接，供小电流系统中作电压、电能测量及绝缘监视之用。

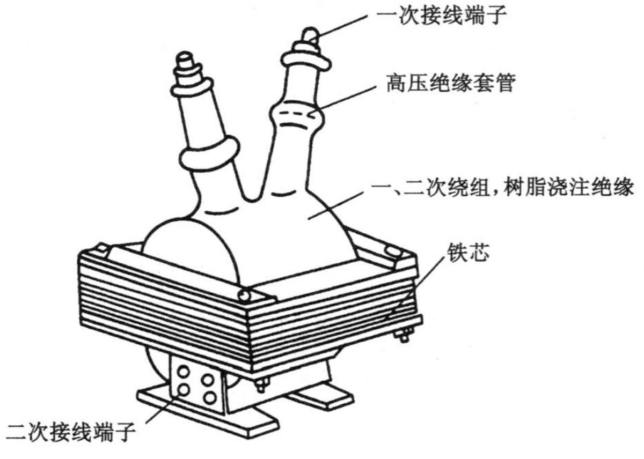

图 4-20 JDZJ-10 型电压互感器

电压互感器全型号的表示和含义如图 4-21 所示。

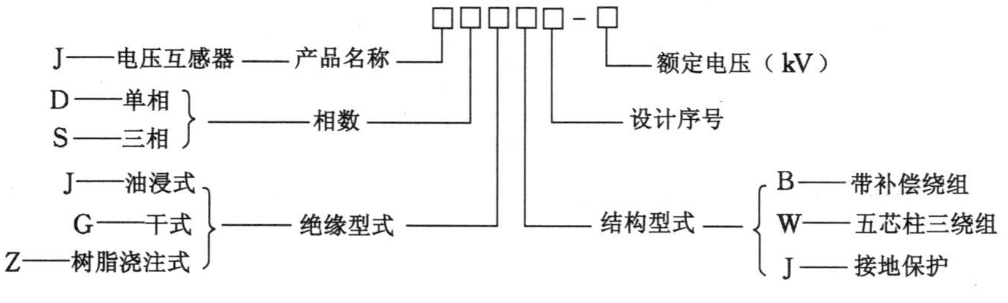

图 4-21 电压互感器全型号的表示和含义

(四) 电压互感器的选择

电压互感器应按装设地点的条件及一次电压、二次电压(一般为 100 V)、准确度级等条件进行选择。由于它的一、二次侧均有熔断器保护,故不需进行短路稳定性的校验。

1. 一次额定电压的选择

电压互感器一次额定电压 U_{1N} 应与接入电网的额定电压等级 U_N 相适应,即满足:

$$1.1U_{1N} > U_N > 0.9U_{1N} \tag{4-13}$$

电压互感器二次电压一般情况下不得超过标准值的 10%,因此,二次绕组电压按表 4-11 进行选择。

表 4-11　电压互感器的二次绕组电压

绕组	二次主绕组		二次辅助绕组	
高压侧接线	接于线电压上	接于相电压上	中性点直接接地	中性点不直接接地
二次绕组电压/V	100	$100/\sqrt{3}$	100	100/3

2. 按二次负荷校验精确等级

电压互感器的准确度也与其二次负荷容量有关,满足的条件与电流互感器的相同,即 $S_{2N} \geqslant S_2$,这里的 S_2 为其二次侧所有并联的仪表、继电器电压线圈所消耗的总视在功率,即:

$$S_2 = \sqrt{\left(\sum P_u\right)^2 + \left(\sum Q_u\right)^2} \tag{4-14}$$

式中,$\sum P_u = \sum(S_u \cos\varphi_u)$,$\sum Q_u = \sum(S_u \sin\varphi_u)$,分别为仪表、继电器电压线圈消耗的总有功功率和总无功功率。

(五) 电压互感器使用注意事项

(1) 电压互感器工作时其二次侧不得短路,熔断器应完好。由于电压互感器一、二次绕组都是在并联状态下工作的,如果二次侧短路,将产生很大的短路电流,有可能烧毁互感器,甚至影响一次电路的安全运行。因此,电压互感器的一、二次侧都必须装设熔断器,进行短路保护。

(2) 电压互感器的二次侧有一端及外壳必须接地。这与电流互感器的二次侧有一端必须接地的目的相同,也是为了防止一、二次绕组间的绝缘击穿时,一次侧的高压窜入二次侧,危及人身和设备的安全。

(3) 电压互感器在连接时也应注意其端子的极性。《互感器 第 3 部分:电磁式电压互感器的补充技术要求》(GB/T 20840.3—2013)规定:单相电压互感器的一、二次绕组端子标以 A、N 和 a、n,其中 A 与 a、N 与 n 各为对应的“同名端”或“同极性端”,而三相电压互感器,一次绕组端子分别标 A、B、C、N,二次绕组端子分别标 a、b、c、n,A 与 a、B 与 b、C 与 c、N 与 n 分别为“同名端”或“同极性端”,其中 N 和 n 分别为一、二次三相绕组的中性点。电压互感器连接时端子极性错误会造成保护的误动或拒动。

第三节　限流电抗器及其选择

在大容量电力系统中，短路电流可能达到很大的数值，如不加以限制，不但设备选择困难，且不经济，也不利于安全。在矿山供电系统中，当井下中央变电所母线的短路容量超过井下高压配电箱的额定断流容量时，必须采取措施限制短路电流。

一、短路电流的限制

要限制短路电流，主要是通过增大短路回路的阻抗来实现，常用方法有以下几种。

（一）改变供电系统的运行方式

将供电系统并列运行的变压器、线路改为分列运行，增大短路回路的阻抗，可以限制短路电流。

（二）在回路中串入限流电抗器

通过改变系统运行方式仍无法使短路电流达到要求时，可以在回路中串入限流电抗器。将具有较大电抗值的电抗器串联在线路中，人为增大短路回路阻抗，可以将短路回路电流限制在允许范围以内。

在工矿企业中通常采用水泥电抗器限制短路电流。水泥电抗器是由纱布包绝缘的铜或铝绞线绕制成多匝空芯线圈，在专设的支架上浇注成水泥支柱，再经真空干燥后涂漆制成。由于没有铁芯，电抗器的电感值(L)与通过线圈的电流无关，所以在正常运行和短路状态下，其 L 值将保持不变。如果有铁芯，短路电流通过它时将造成饱和，造成 L 值下降，达不到限制短路电流的目的。此外，铁芯产生的涡流损耗和磁滞损耗还会增加正常运行时的铁损。

电抗器的三相绕组可水平布置，也可垂直叠装在一起布置，或成品字形布置。工矿变电所多采用垂直布置方式，如图 4-22 所示。在垂直布置方式中，中间相绕组的绕向应与上、下绕组的绕向相反，这样当两相冲击短路电流流过电抗器时，相邻两相绕组间产生的电动力相互吸引而不是相互排斥，可使支柱绝缘子承受压力而不是拉力，使抗压强度高于抗拉强度的

图 4-22　垂直布置的水泥电抗器

支柱绝缘子工作更加稳定可靠。水泥电抗器结构简单，价格低，工作可靠，缺点是笨重，尺寸大。表 4-12 给出部分水泥电抗器的技术数据。

表 4-12　部分水泥电抗器的技术数据

型号	额定电流/A	额定电压/kV	通过容量/(kV·A)	无功容量/kvar	额定电抗率/%	75 ℃时一相中损耗/W	短路稳定性/A		每相质量/kg	外形尺寸/mm				单相瓷座数量/件
							动稳定电流	1 s 热稳定电流		外径	单相高度	瓷座中心直径	水平布置时相间最小中心距	
NKL-6-200-4	200	6	3×694	27.8	4	1 740	12 750	9 900	400	1 085	725	720	1 400	8
NKL-6-200-5	200	6	3×694	34.7	5	2 050	10 200	9 900	415	1 150	815	810	1 400	8
NKL-6-200-6	200	6	3×694	41.6	6	2 350	8 500	9 880	527	1 085	905	720	1 400	8
NKL-6-200-8	200	6	3×694	55.5	8	2 880	6 300	9 850	530	1 105	995	810	1 250	8
NKL-6-200-10	200	6	3×694	69.4	10	3 340	5 100	9 800	585	1 105	1 085	810	1 250	8
NKL-6-300-3	300	6	3×1 040	31.2	3	1 500	19 500	17 600	380	945	725	720	1 600	10
NKL-6-300-4	300	6	3×1 040	41.6	4	2 340	19 100	12 800	435	945	815	720	1 550	10
NKL-6-300-5	300	6	3×1 040	52	5	2 580	15 300	12 650	405	1 085	725	720	1 550	8
NKL-6-300-6	300	6	3×1 040	62.5	6	2 910	12 800	12 700	410	1 085	725	720	1 550	8
NKL-6-300-8	300	6	3×1 040	83.2	8	3 620	9 560	12 700	480	1 085	815	720	1 550	8
NKL-6-300-10	300	6	3×1 040	104	10	4 140	7 650	12 700	490	1 105	905	810	1 550	8
NKL-6-400-3	400	6	3×1 385	41.6	3	2 170	26 000	21 350	570	1 059	995	810	1 900	10
NKL-6-400-4	400	6	3×1 385	55.4	4	2 900	25 500	19 500	640	1 105	995	810	1 800	10
NKL-6-400-5	400	6	3×1 385	69.2	5	3 080	20 400	19 500	659	1 085	1 085	720	1 800	8
NKL-6-400-6	400	6	3×1 385	82.9	6	3 330	17 000	15 700	377	1 105	725	810	1 600	8
NKL-6-400-8	400	6	3×1 385	111	8	4 050	12 750	15 500	426	1 085	725	720	1 500	8
NKL-6-400-10	400	6	3×1 385	138.7	10	4 760	10 200	15 500	480	1 105	815	810	1 500	8

二、水泥电抗器的选择

电抗器应根据使用条件、额定电压、额定电流和百分电抗选择，并校验电压损失及短路时的稳定性。

（一）按额定电压选择

$$U_{N\cdot L} \geqslant U_N \tag{4-15}$$

式中　$U_{N\cdot L}$——电抗器的额定电压；

　　U_N——电抗器安装位置的电网额定电压。

（二）按额定电流选择

$$I_{N\cdot L} \geqslant I_{ca} \tag{4-16}$$

式中　$I_{N\cdot L}$——电抗器的额定电流；

　　I_{ca}——线路的长时最大工作电流。

（三）选择电抗器的百分电抗值

1. 短路回路所要求的最小相对基准电抗

欲限制短路容量到某一数值，则短路回路所要求的相对基准电抗的最小值为：

$$X_d^* = \frac{S_d}{S_{k\cdot max}} \tag{4-17}$$

式中 X_d^*——限制短路电流所需的总相对基准电抗的最小值；

S_d——计算短路电流时选取的基准容量，MV·A；

$S_{k\cdot max}$——短路回路所允许的短路容量最大值，即要限制短路容量不超过此值，MV·A。

2. 限流所需电抗器的相对基准电抗

设未串联电抗器前回路原有的相对基准电抗为 $X_{d\cdot\sum}^*$，则串入短路回路的电抗器其相对基准电抗的最小值 $X_{d\cdot L}^*$ 应为：

$$X_{d\cdot L}^* = X_d^* - X_{d\cdot\sum}^* \tag{4-18}$$

3. 确定电抗器的相对额定电抗器百分数

$$X_L\% = X_{d\cdot L}^* \frac{\sqrt{3}I_{N\cdot L}}{U_{N\cdot L}} \frac{U_d^2}{S_d} \times 100\% \tag{4-19}$$

根据上式的计算结果，选取标准百分电抗值不小于该值的电抗器。

（四）校验电抗器的电压损失

正常运行时，电抗器有一定的电压降，为保证用户的电压质量，电压损失一般不能超过额定电压的5%。在电抗器上产生的电压损失计算公式为：

$$\Delta U_L\% = X_L\% \frac{I_{ca}}{I_{N\cdot L}} \sin\varphi \tag{4-20}$$

式中 I_{ca}——电抗器的长时最大工作电流，A；

φ——负荷的功率因数角。

（五）母线残余电压校验

电网发生短路时，线路电抗器的电压降可使变电所母线上维持一定的剩余电压，当短路直接发生在电抗器后面时，剩余电压在数值上等于电抗器在短路电流下的电压降。在电抗器的额定电压等于装置的额定电压时，可用下式校验：

$$\Delta U_{re}\% = X_L\% \frac{I''}{I_N} \tag{4-21}$$

在电抗器后出线发生短路时，因为不使电动机制动，并能在短路切除后迅速使电动机恢复运转，故规定母线残压不应低于其额定电压的60%～70%。如果低于此值，则应选择百分电抗值更大一级的电抗器，或者在出线上采取速断保护装置以减少电压降低的时间。

（六）动稳定及热稳定校验

动稳定校验公式为：

$$i_{max\cdot L} \geqslant i_{sh}^{(3)} \tag{4-22}$$

式中 $i_{max\cdot L}$——电抗器的最大动稳定电流。

热稳定校验公式为：

$$I_t^2 t \geqslant I_\infty^{(3)2} t_{ima} \tag{4-23}$$

【例4-1】 某矿井下中央变电所6 kV母线总负荷为4 000 kV·A，cos φ=0.8。为限制短路电流，地面变电所6 kV母线分列运行，用两条电缆向井下供电，井下中央变电所母线短路容量为80 MV·A，采用的BGP_6-6型高压配电箱短路容量为50 MV·A，下井回路短路电流假想作用时间 t_{ima}=1.2 s。请选择合适的电抗器。

解：(1) 确定电抗器型号及百分电抗值

① 电抗器的额定电压和额定电流的选择

井下总负荷电流为：

$$I_{ca}=\frac{S}{\sqrt{3}U_N}=\frac{4\ 000}{\sqrt{3}\times 6}=385\ (A)$$

根据电网电压，确定电抗器的额定电压为 6 kV。同时，根据《煤矿安全规程》规定，向井下中央变电所供电的线路，当其中一回路停止供电时，其余回路应能担负全部负荷的供电。所以本例中电缆的最大长时工作电流即为 385 A，则电抗器的额定电流应不低于 385 A。

查表 4-12，初步选择额定电压 6 kV、额定电流 400 A 的 NKL-6-400 型铝线水泥电抗器。

② 电抗器的百分电抗值的确定

a. 确定系统固有相对基准电抗。基准容量取 100 MV・A，系统固有相对基准电抗值为：

$$X_{d\cdot\Sigma}^{*}=\frac{S_d}{S_k}=\frac{100}{80}=1.25$$

b. 限流所需的相对基准电抗为：

$$X_d^{*}=\frac{S_d}{S_{k\cdot max}}=\frac{100}{50}=2$$

c. 限流所需电抗器的相对基准电抗为：

$$X_{d\cdot L}^{*}=X_d^{*}-X_{d\cdot\Sigma}^{*}=2-1.25=0.75$$

d. 电抗器的百分电抗值为：

$$X_L\%=X_{d\cdot L}^{*}\frac{\sqrt{3}I_{N\cdot L}}{U_{N\cdot L}}\frac{U_d^2}{S_d}\times 100\%$$

$$=0.75\times\frac{\sqrt{3}\times 0.4}{6}\times\frac{6.3^2}{100}\times 100\%$$

$$=3.44\%$$

选择标准百分电抗值为 4%，电抗器的全型号为 NKL-6-400-4。

e. 计算串入电抗器后的中央变电所的母线短路容量。

电抗器的实际相对基准电抗值为：

$$X_{d\cdot L}^{*\prime}=X_L\%\frac{U_{N\cdot L}}{\sqrt{3}I_{N\cdot L}}\frac{S_d}{U_d^2}$$

$$=4\%\times\frac{6}{\sqrt{3}\times 0.4}\times\frac{100}{6.3^2}$$

$$=0.87$$

串入电抗器后短路回路的总相对基准电抗值为：

$$X_d^{*\prime}=X_{d\cdot L}^{*\prime}+X_{d\cdot\Sigma}^{*}=0.87+1.25=2.12$$

串入电抗器后中央变电所 6 kV 母线上的短路容量为：$S_k=\frac{S_d}{X_d^{*\prime}}=\frac{100}{2.12}=47.2\ (MV\cdot A)<50\ MV\cdot A$，符合要求。

(2) 电抗器的校验

查表 4-12 可知 NKL-6-400-4 型电抗器的动稳定电流为 25.5 kA，1 s 热稳定电流为 19.5 kA。

① 动稳定性校验

根据串入电抗器后的中央变电所 6 kV 母线上的短路容量 47.2 kV・A，可得电抗器出口处短路电流约为：

$$I_k^{(3)}=\frac{S_k}{\sqrt{3}U_{av}}=\frac{47.2}{\sqrt{3}\times 6.3}=4.33\ (kA)$$

短路冲击电流为：

$$i_{sh}^{(3)}=2.55I_k^{(3)}=2.55\times 4.33=11.04\ (kA)$$

由于 $i_{max\cdot L}=25.5\ kA\geqslant i_{sh}^{(3)}=11.04\ kA$，所以动稳定校验合格。

② 热稳定性校验

由于 $I_t^2t=19.5^2\times 1=380.25>I_k^{(3)2}t_{ima}=4.33^2\times 1.2=22.5$，所以，热稳定校验合格。

③ 电压损失校验

$$\Delta U_L\%=X_L\%\frac{I_{ca}}{I_{N\cdot L}}\sin\varphi=4\%\times\frac{385}{400}\times 0.6=2.3\%<5\%$$

故所选电抗器正常工作时的电压损失符合要求。

第四节　电弧的产生与灭弧方式

当开关的触头分离切断电路时，如果电压在 10～20 V，电流在 80～100 mA 以上时，触头间就会产生电弧，因此电弧是高压开关设备开断过程中的必然现象。为此，在讲述开关设备之前，先简单介绍电弧产生和熄灭的原理与方法，并提出对电气触头的一些基本要求。

一、电弧的特点

电弧是一种气体放电现象，具有如下特点：

(1) 能量集中，温度高。电弧中心温度高达 10 000 ℃以上，电弧表面温度也可达 3 000～4 000 ℃以上，因此电弧高温会造成触头表面金属的熔化或烧蚀，烧毁电气设备和导线电缆，甚至可能引起火灾和爆炸事故。此外，强烈的弧光可能损伤人的视力，严重的可致人失明。

(2) 电弧是一束游离的气体，质轻、易变形，在油流、气流及电磁等外力作用下会迅速发生变形、移动与伸长，在强磁场作用下速度可达 300 m/s。

(3) 电弧一旦产生，只需很低电压即可维持其继续燃烧而不会熄灭。

二、电弧的产生

（一）产生电弧的根本原因

开关触头在分断电流时会产生电弧，根本的原因在于触头本身及触头周围的介质中含有大量可被游离的电子。这样，当分断的触头之间存在足够大的外加电压的条件下，这些电子就有可能强烈电离而产生电弧。

（二）产生电弧的游离方式

(1) 热电发射。当开关触头分断电流时，阴极表面由于大电流逐渐收缩集中而出现炽热的光斑，温度很高，因而使触头表面分子中外层电子吸收足够的热能而发射到触头的间隙中去，形成自由电子。

(2) 高电场发射。开关触头分断之初，电场强度很大。在这种高电场的作用下，触头表面的电子可能被强拉出来，使之进入触头间隙，也形成自由电子。

(3) 碰撞游离。当触头间隙存在着足够大的电场强度时,其中的自由电子以相当大的动能向阳极移动,在高速移动中碰撞到中性质点,就可能使中性质点中的电子游离出来,从而使中性质点变为带电的正离子和自由电子。这些被碰撞游离出来的带电质点在电场力的作用下,继续参加碰撞游离,结果使触头间介质中的离子数越来越多,形成“雪崩”现象。当离子浓度足够大时,介质击穿而发生电弧。

(4) 高温游离。电弧的温度很高,表面温度达 3 000～4 000 ℃,弧心温度可达 10 000 ℃。在这样的高温下,电弧中的中性质点可游离为正离子和自由电子(据研究,一般气体在 9 000～10 000 ℃时发生游离,而金属蒸气在 4 000 ℃左右即发生游离),从而进一步加强了电弧中的游离。触头越分开,电弧越大,高温游离也越显著。

由于以上几种游离方式的综合作用,使得触头在带电开断时产生的电弧得以维持。

三、电弧的熄灭

(一) 电弧熄灭的条件

要使电弧熄灭,必须使触头间电弧中的去游离率大于游离率,即其中离子消失的速率大于离子产生的速率。

(二) 电弧熄灭的去游离方式

(1) 正负带电质点的“复合”。复合就是正负带电质点重新结合为中性质点。这与电弧中的电场强度、电弧温度及电弧截面面积等因素有关。电弧中的电场强度越弱,电弧的温度越低,电弧的截面面积越小,则带电质点的复合越强。此外,复合与电弧所接触的介质性质也有关系。如果电弧接触的表面为固体介质,则由于较活泼的电子先使介质表面带一负电位,带负电位的介质表面就吸引电弧中的正离子而造成强烈的复合。

(2) 正负带电质点的“扩散”。扩散就是电弧中的带电质点向周围介质中扩散开去,从而使电弧中的带电质点减少。扩散的原因,一方面是由于电弧与周围介质的温度差,另一方面是由于电弧与周围介质的离子浓度差。扩散也与电弧截面面积有关。电弧截面面积越小,离子扩散也越强。

上述带电质点的复合与扩散,都使电弧中的离子数减少,使去游离增强,从而有助于电弧的熄灭。

(三) 交流电弧的熄灭

由于交流电流每半个周期要经过零值一次,而电流过零时,电弧将暂时熄灭,所以交流电弧每一个周期(2π 电角度)要暂时熄灭两次,如图 4-23 所示。电弧熄灭的瞬间,弧隙温度骤降,高温游离终止,去游离(主要是复合)大大增强。这时弧隙虽然处于游离状态,但是阴极附近空间差不多立刻获得很高的绝缘强度。随后弧隙的电场强度又可能使之击穿,使电弧复燃。但是由于触头的迅速断开,电场强度迅速降低,一般交流电弧经过若干周期的熄灭、复燃的反复,最终完全熄灭。因此交流电弧的熄灭,可利用交流电流过零时电弧要暂时熄灭这一特性,来加速电弧的熄灭。低压开关的交流电弧显然是比较容易熄灭的。具有较完善灭弧结构的高压断路器,交流电弧的熄灭一般也只有几个周期;而真空断路器灭弧只需半个周期,即电流第一次过零时就能使电弧熄灭。

(四) 开关电器中常用的灭弧方法

(1) 速拉灭弧法。迅速拉长电弧,可使弧隙的电场强度骤降,正负离子的复合迅速增强,从而加快电弧的熄灭。这种灭弧方法是开关电器中普遍采用的最基本的一种灭弧法。

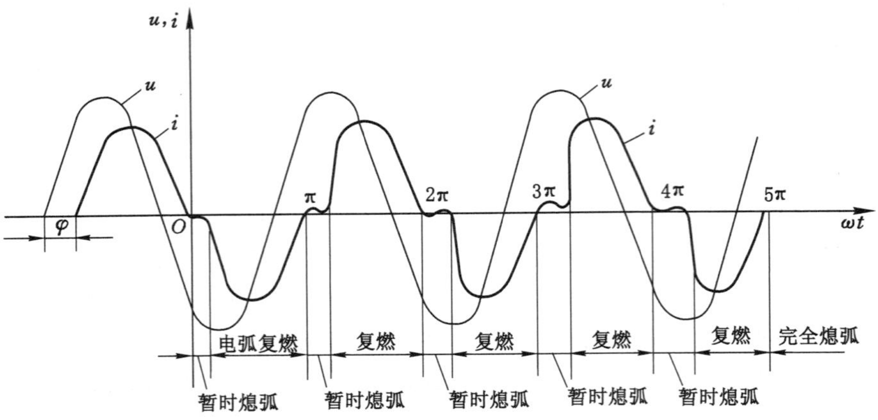

图 4-23　开关断开交流电流时电路电压和电流的变动曲线

高压开关中装设的强力断路弹簧，目的就在于加快触头的分断速度，迅速拉长电弧。

(2) 冷却灭弧法。降低电弧的温度，可使电弧中的高温游离减弱，正负离子的复合增强，有助于加速电弧的熄灭。这种灭弧方法在开关电器中也应用较普遍，也是一种基本的灭弧方法。

(3) 吹弧灭弧法。利用外力(如气流、油流或电磁力)来吹动电弧，使电弧加快冷却，同时拉长电弧，降低电弧中的电场强度，使离子的复合和扩散增强，从而加速电弧的熄灭。按吹弧的方向分，有横吹和纵吹两种，分别如图 4-24(a)、(b)所示。按外力的性质分，有气吹、油吹、电动力吹和磁吹等方式。当迅速拉开低压刀开关的刀闸时，不仅迅速拉长了电弧，而且其本身回路电流产生的电动力作用于电弧，也吹动电弧使之加速拉长，如图 4-25 所示。有的开关采用专门的磁吹线圈来吹弧，如图 4-26 所示。也有的开关利用铁磁物质(如钢片)来吸动电弧，相当于反向吹弧，如图 4-27 所示。

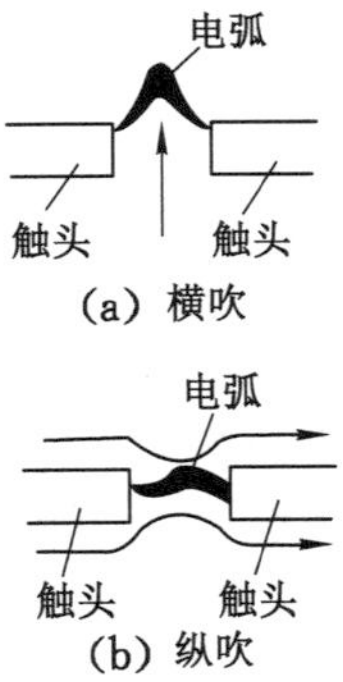

图 4-24　吹弧方式

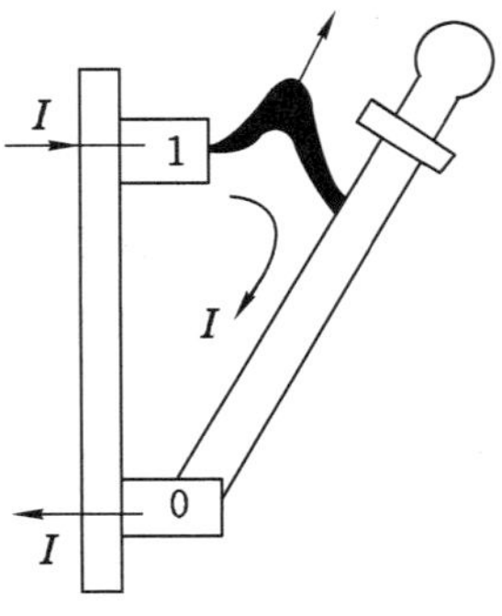

图 4-25　电动力吹弧

(4) 长弧切短灭弧法。电弧的电压降主要降落在阴极和阳极上，其中阴极电压降又比阳极电压降大得多，而电弧的中间部分(弧柱)的电压降是很小的。如果利用若干金属片(栅片)将长弧切割成若干短弧，则电弧的电压降相当于近似地增大若干倍。当外加电压小于电弧上的电压降时，电弧就不能维持而迅速熄灭。钢灭弧栅(又称去离子栅)将长弧切成若干短弧的情形如图 4-28 所示。它利用了图 4-25 所示的电动力吹弧，同时又利用了图 4-27 所

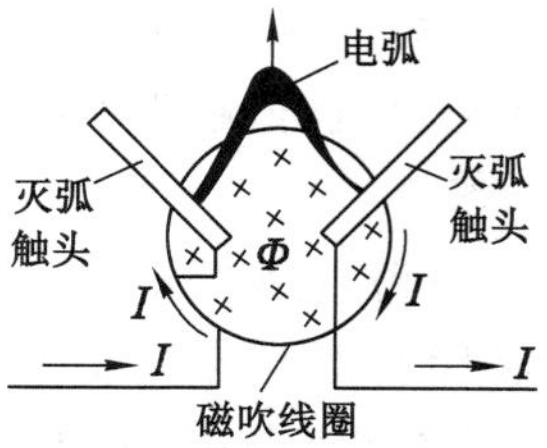

图 4-26 磁力吹弧

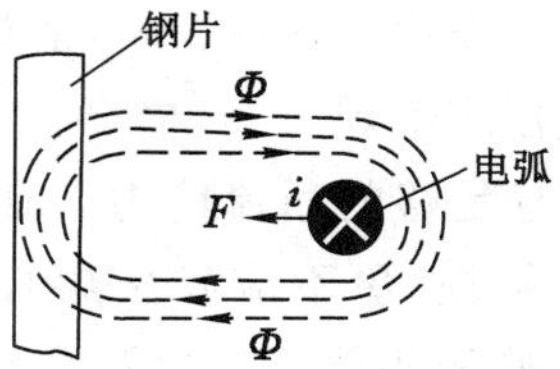

图 4-27 铁磁吸弧

示的铁磁吸弧，将电弧吸入钢灭弧栅。钢片对电弧还有一定的冷却降温作用。

(5) 粗弧分细灭弧法。将粗大的电弧分成若干平行的细小电弧，使电弧与周围介质的接触面增大，改善电弧的散热条件，降低电弧的温度，从而使电弧中正负离子的复合和扩散都得到加强，使电弧加速熄灭。

(6) 狭沟灭弧法。使电弧在固体介质所形成的狭沟中燃烧，改善了电弧的冷却条件，同时由于电弧与固体表面接触使其带电质点的复合大大增强，从而加速电弧的熄灭。例如，有的熔断器熔管内充填有石英砂，使熔丝在石英砂中熔断，就是利用狭沟灭弧原理。又如采用图 4-29 所示绝缘灭弧栅，先利用电动力吹弧使电弧进入绝缘灭弧栅内，然后利用狭沟灭弧原理来加速电弧的熄灭。

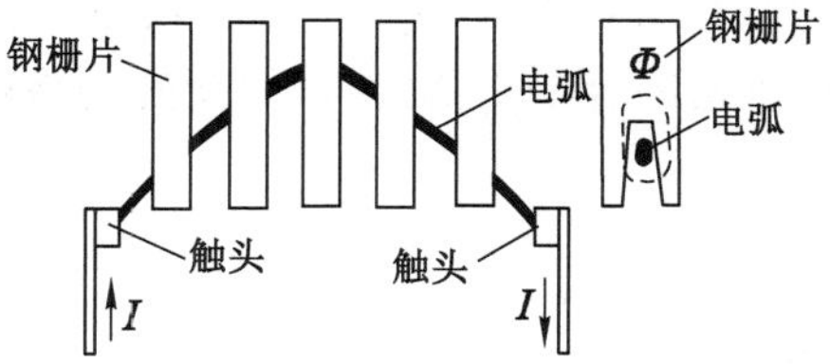

图 4-28 钢灭弧栅对电弧的作用

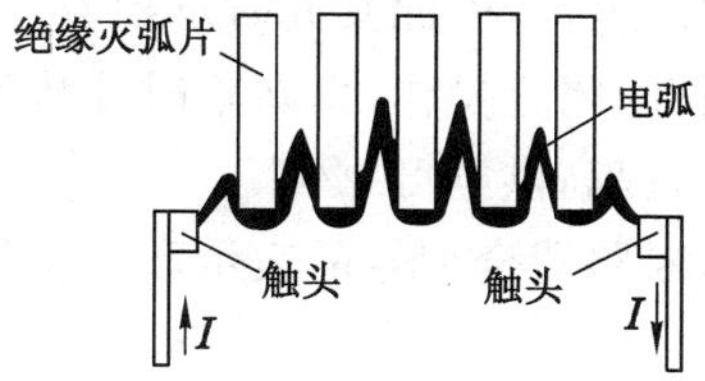

图 4-29 绝缘灭弧栅对电弧的作用

(7) 真空灭弧法。真空具有较高的绝缘强度，如果将开关触头装在真空容器内，则在触头分断时其间产生的电弧(称为真空电弧)一般较小，且在电流第一次过零时就能熄灭。

(8) 六氟化硫(SF_6)灭弧法。SF_6 气体具有优良的绝缘性能和灭弧性能，其绝缘强度约为空气的 3 倍，其绝缘强度恢复的速度约比空气快 100 倍，因此采用 SF_6 来灭弧，可以大大提高开关的断路容量和缩短灭弧时间。

在现代的开关电器中，常常根据具体情况综合地采用上述某几种灭弧法来达到迅速灭弧的目的。

四、对电气触头的基本要求

电气触头是开关电器中极其重要的部件。开关电器工作的可靠程度，与触头的结构和状况有着密切的关系。为保证开关电器可靠工作，电器触头必须满足下列基本要求：

(1) 满足正常负荷的发热要求。正常负荷电流(包括过负荷电流)长期通过触头时，触头的发热温度不应超过允许值。为此，触头必须接触紧密良好，尽量减小或消除触头表面的氧化层，尽量降低接触电阻。

(2) 具有足够的机械强度。触头要能经受规定的通断次数而不致发生机械故障或损坏。

(3) 具有足够的动稳定性和热稳定性。在可能发生的最大短路冲击电流通过时，触头不致因电动力作用而损坏；在可能最长的短路时间内通过短路电流时，触头不致被其产生的热量过度烧损或熔焊。

(4) 具有足够的断流能力。在开断所规定的最大负荷电流或短路电流时，触头不应被电弧过度烧损，更不应发生熔焊现象。为了保证触头在闭合时尽量降低触头电阻，而在通断时又使触头能经受电弧高温的作用，有些开关触头分为工作触头和灭弧触头两部分。工作触头采用导电性好的铜或镀银铜触头，而灭弧触头采用耐高温的铜钨等合金触头。通路时，电流主要通过工作触头；而通断电流时，电弧在灭弧触头之间产生，不致使工作触头烧损。

第五节　矿井高压开关设备及其选择

一、高压开关电器

在电力系统中，将能接通、断开或切换高压电路的电器统称为高压开关电器。分立使用的高压开关电器有熔断器、隔离开关、负荷开关和断路器 4 类，下面分别加以介绍。

(一) 高压断路器

高压断路器具有很强的灭弧性能，既可用于在正常情况下接通和断开电路，又可用于切除短路故障电流，因此其同时承担着控制和保护的双重任务。断路器可配合自动重合闸完成多次断开、闭合操作，即在临时性故障排除后，自动重新闭合断路器，使被切断的电路恢复正常运行，提高供电可靠性。

高压断路器全型号的表示和含义如图 4-30 所示。

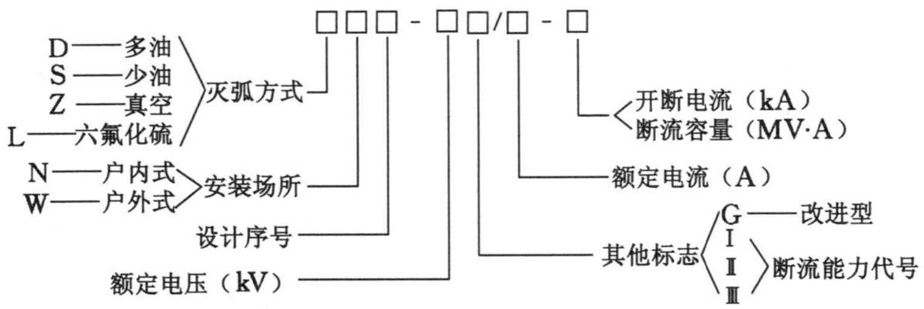

图 4-30　高压断路器全型号的表示和含义

高压断路器按其采用的灭弧介质分为油断路器、六氟化硫(SF_6)断路器、真空断路器等，过去应用最广的是油断路器，但现在它已在很多场所被真空断路器和 SF_6 断路器所取代，油断路器现在主要在原有的老配电装置中继续使用。

油断路器按其油量多少和油的功能，又分多油式和少油式两大类。多油断路器的油既作为灭弧介质，又作为相对地(外壳)和相与相之间的绝缘介质，体积大，用油量多，目前较少采用。而少油断路器的油只作为灭弧介质，用油量少(一般只有几千克)，过去 3～10 kV 户内配电装置中广泛采用少油断路器。下面介绍 SN10-10 型户内少油断路器、SF_6 断路器和真空断路器。

1. SN10-10 型高压少油断路器

SN10-10 型少油断路器是我国统一设计、广泛应用的一种少油断路器。按其断流容量 S_{oc}分，有Ⅰ、Ⅱ、Ⅲ型。SN10-10Ⅰ型，S_{oc}＝300 MV·A；SN10-10 Ⅱ型，S_{oc}＝500 MV·A；SN10-10 Ⅲ型，S_{oc}＝750 MV·A。

SN10-10 型高压少油断路器的外形结构如图 4-31 所示。该断路器油箱采用环氧树脂玻璃钢制成的绝缘筒，具有很高的强度，同时减小了磁滞涡流损耗。其灭弧室机构如图4-32 所示，由 6 块三聚氰胺灭弧片构成 3 个横吹口及两个纵吹油道，因而具有很强的灭弧能力，断流容量大，可在两个半波内熄灭电弧电流。

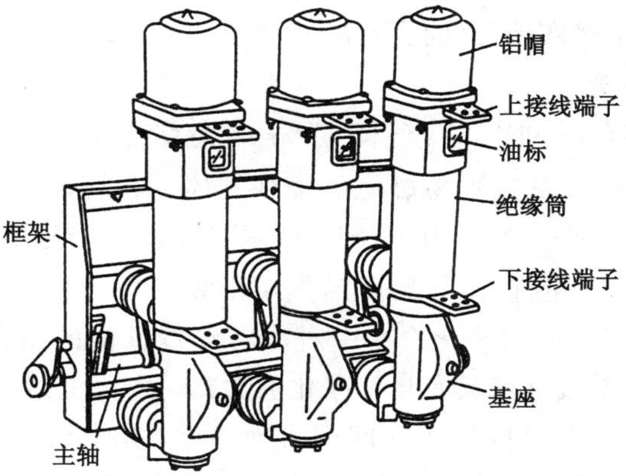

图 4-31　SN10-10 型高压少油断路器

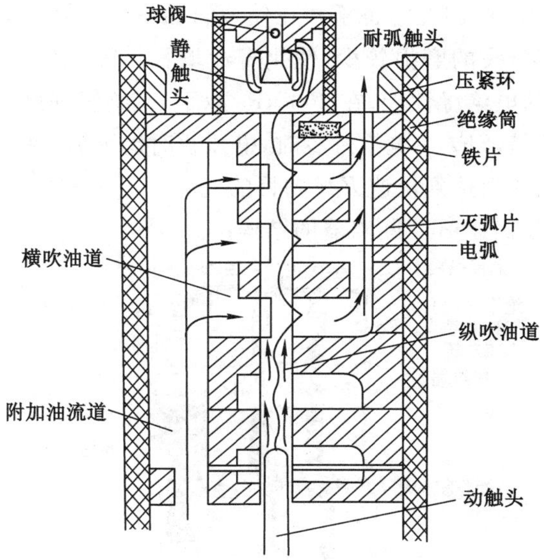

图 4-32　SN10-10 型高压少油断路器灭弧室结构示意图

当触头分断电弧时，油被气化、分解，灭弧室内腔压力增大，使静触头座内的钢球上升，将球阀关闭，电弧在密闭的空间燃烧，压力急剧增大；当导电杆向下运动，依次打开上、中、下

3个横吹口时，油气混合物高速横吹电弧使其熄灭。

当开断小电流时，电弧能量小，横吹效果不佳，导电杆继续向下打开纵吹油道，电弧受到纵吹；加上导电杆向下运动，将一部分油压入附加油流道横吹电弧，起到机械油吹作用，从而使小电流电弧很快熄灭。

由于断路器的静触头在上部，不但能产生机械油吹的效果，同时因为导电杆向下运动，使得导电杆处的电弧不断与冷油接触，既降低了触头温度，又使电弧受到良好冷却，加强了灭弧效果。断路器最上面的一个灭弧片，在靠近喷口处预埋一个铁片，从而把电弧引向耐弧触头，以减少主触头的损坏。

少油断路器的优点是结构简单、坚固，运行比较安全，体积小，用油少；缺点是附装电流互感器较为困难，不适用于严寒地带(油少易冻)等。

2. 高压六氟化硫断路器

六氟化硫(SF_6)断路器，是利用SF_6气体做灭弧和绝缘介质的一种断路器。

SF_6是一种无色、无味、无毒且不易燃烧的惰性气体。在均匀电场情况下，SF_6的绝缘强度是空气的2.5～3倍。3个大气压力下，SF_6的绝缘强度与变压器油相同。在150 ℃以下时，其化学性能非常稳定。但它在电弧高温作用下要分解出有较强腐蚀性和毒性的氟(F_2)，且氟能与触头表面的金属离子化合为一种具有绝缘性能的白色粉末状的氟化物，因此这种断路器的触头一般都设计成具有自动净化的功能。由于上述的分解和化合作用所产生的活性杂质大部分能在几微秒的极短时间内自动还原，同时SF_6不含碳元素，这对灭弧和绝缘介质来说，是极为优越的特性。前面介绍的油断路器用油做灭弧介质，而油在电弧高温作用下要分解出碳，使油中的含碳量增高，从而降低了油的绝缘性和灭弧性能，因此油断路器在运行过程中需要经常监视油色，适时分析油样，必要时更换新油。而SF_6断路器就无此麻烦，SF_6又不含氧元素，因此它也不存在使金属触头表面氧化的问题。所以SF_6断路器与空气断路器相比，其触头的磨损较少，使用寿命增长。SF_6除了具有上述优良的物理、化学性能外还具有优良的电绝缘性能，在300 kPa以下，其绝缘强度与一般绝缘油的绝缘强度大体相当，特别优越的是，SF_6在电流过零时，电弧暂时熄灭后，具有迅速恢复绝缘强度的能力，从而使电弧难以复燃而达到快速灭弧的目的。

图4-33是LN2-10型高压SF_6断路器的结构图。

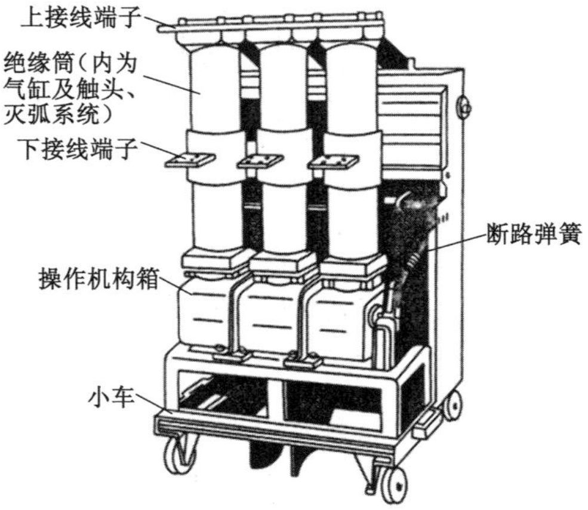

图4-33　LN2-10型高压SF_6断路器

SF_6 断路器的优点是：

(1) 灭弧能力强，易于制成断流容量大的断路器。由于介质绝缘恢复特别快，可以经受幅值大、陡度高的恢复电压而不易被击穿。通常 SF_6 断路器的断口可不加并联电阻，即能可靠地切断各种故障，而不产生重燃。

(2) 允许开断次数多，寿命和检修周期长。由于 SF_6 分解后可以快速复合，分解物不含影响绝缘能力的物质，且电弧存在时间短，触头受损轻，延长了检修周期，提高了电气寿命。

(3) 散热性能好，通流能力大。SF_6 具有分子量重、比热大、热容量大的特性，在相同压力情况下对流时带走的热量多，总散热效果好。

(4) 开断小电感电流及电容电流时，基本不出现过电压。因为 SF_6 弧柱细而集中，并保持到电流接近零时无截流现象，又由于 SF_6 气体灭弧能力强，电弧熄灭后不易重燃，故不会出现过电压。

SF_6 断路器的缺点是：要求制造加工精度高，对其密封性能要求更严，因此价格比较昂贵。

SF_6 断路器适用于需频繁操作及有易燃易爆危险的场所，现在已开始广泛应用在高压配电装置中以取代油断路器，特别是广泛应用在封闭式组合高压配电装置(GIS)中。GIS即气体绝缘开关设备(Gas Insulated Switchgear)，由断路器、隔离开关、接地开关、电流互感器、电压互感器、避雷器、母线、连接件和出线终端等组成，这些设备或部件全部封闭在金属接地的外壳中，在其内部充有一定压力的 SF_6 绝缘气体，故也称 SF_6 全封闭组合电器，在我国的超高压、特高压变电站已经得到广泛应用。

3. 高压真空断路器

高压真空断路器是利用“真空”(气压为 $10^{-2}\sim10^{-6}$ Pa)灭弧的一种断路器，其触头装在真空灭弧室内。由于真空中不存在气体游离问题，所以这种断路器的触头断开时电弧很难发生。但是在实际的感性负荷电路中，灭弧速度过快，瞬间切断电流，将使截流陡度极大，从而使电路出现极高的过电压，这对电力系统是十分不利的。因此，这种“真空”不宜是绝对的真空，而是能在触头断开时因高电场发射和热电发射产生一点电弧(称为“真空电弧”)，且能在电流第一次过零时熄灭，这样燃弧时间短(至多半个周期)，又不致产生很高的过电压。

图 4-34 是 ZN12-12 型高压真空断路器的外形结构图。

真空断路器灭弧室的结构如图 4-35 所示。真空灭弧室的中部，有一对圆盘状的触头，在触头分离时，由于高电场发射和热电发射而使触头间产生电弧。电弧的温度很高，可使触头表面产生金属蒸气。随着触头的分开和电弧电流的减小，触头间的金属蒸气密度也逐渐降低。当电弧电流过零时电弧暂时熄灭，触头周围的金属离子迅速扩散，凝聚在四周的屏蔽罩上，以致在电流过零后只几个微秒的极短时间内，触头间实际上又恢复了原有的高真空度。因此，当电流过零后虽又加上高电压，但触头间隙也不会再次击穿，也就是说，真空电弧在电流第一次过零时就能完全熄灭。

真空断路器具有体积小、重量轻、动作快、使用寿命长、噪声低、振动小、无外露火花易于防爆、安全可靠和便于维护检修等优点，主要应用于频繁操作和安全要求较高的场所，目前煤矿供电系统中真空断路器得到普遍应用。其缺点是在开合闸操作中可能产生过电压，需要采取必要的操作过电压抑制措施。此外，对断路器的真空度还没有有效的实时监视与测量方法。

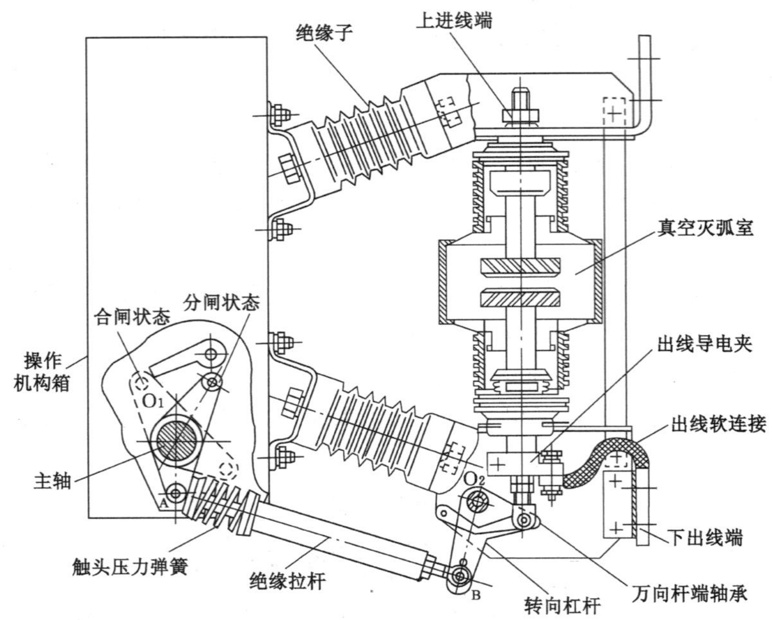

图 4-34　ZN12-12 型高压真空断路器

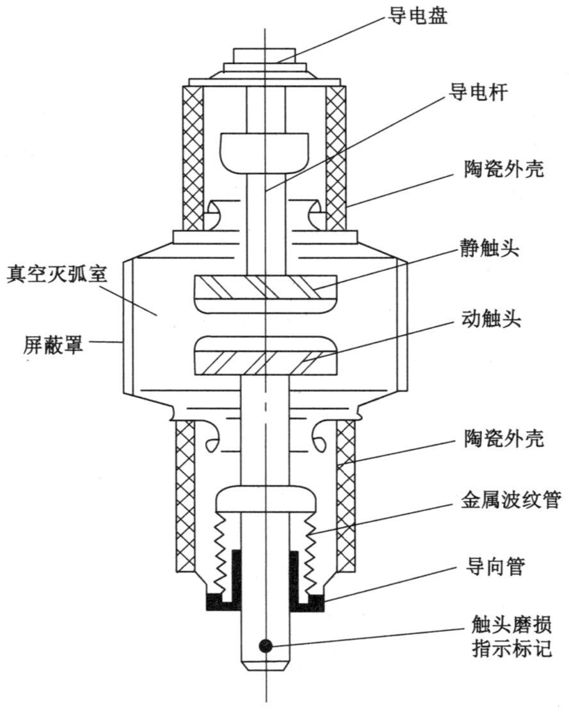

图 4-35　真空断路器灭弧室的结构

（二）高压隔离开关

高压隔离开关是一种没有灭弧装置的控制电器，因此不允许带负荷进行分、合闸操作，一般与断路器配合使用。其功能主要有：

(1) 隔离高压电源。将需要检修的电气设备用隔离开关与电网的带电部分可靠地隔离，使被检修的电气设备与电源有明显可见的断开间隙，而且断开间隙的绝缘及相间绝缘都足够安全可靠，能充分保证设备和线路检修人员的人身安全。

(2) 改变系统运行方式。如在双母线运行的电路中，利用隔离开关和断路器配合进行倒闸操作，将设备或线路从一组母线切换到另一组母线上去。

(3) 在一定的情况下可以用来单独接通和切断小电流电路。如励磁电流不超过 2 A 的空载变压器；电容电流不超过 5 A 的空载线路以及电压互感器和避雷器；在 10 kV 以下，负荷电流不超过 15 A 的线路或环路均衡电流不超过 70 A 的线路等。

高压隔离开关按安装地点，分为户内式和户外式两大类。图 4-36 所示是 GN8-10 型户内式高压隔离开关的外形，图 4-37 所示是 GW2-35 型户外式高压隔离开关的外形。

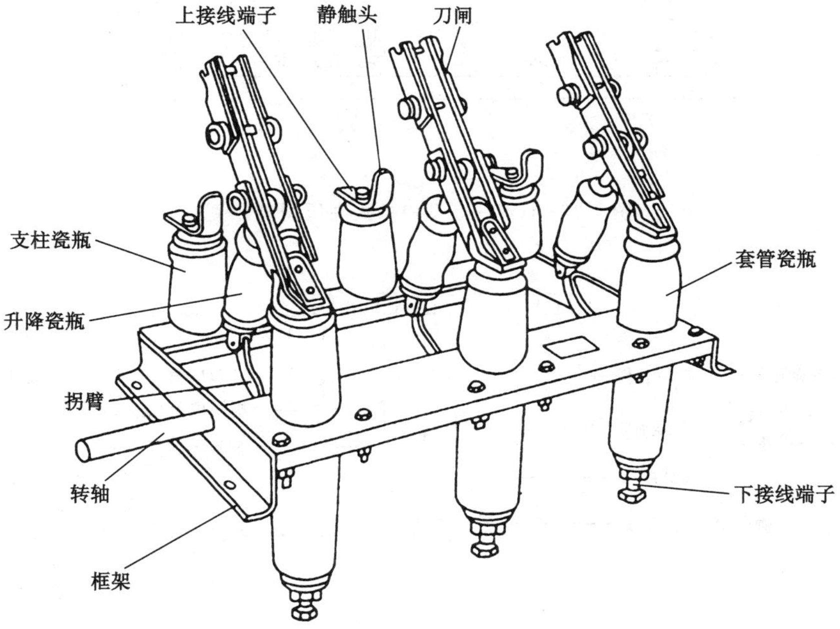

图 4-36　GN8-10 型户内式高压隔离开关

高压隔离开关全型号的表示和含义如图 4-38 所示。

户内式高压隔离开关通常采用 CS6 型(C——操作机构，S——手动，6——设计序号)手动操作机构进行操作，而户外式高压隔离开关则大多采用高压绝缘操作棒来操作，也有的通过杠杆传动的手动操作机构进行操作。图 4-39 是 CS6 型手动操作机构与 GN8 型隔离开关配合的一种安装方式。

由于隔离开关无灭弧装置，只能切除较小的电流，故应用时应严格遵守“倒闸操作”的有关规定，严禁带负荷进行分、合闸操作。装有隔离开关和断路器的线路或电气设备，在进行送电或断电操作的正确顺序是：送电时先合隔离开关，后合断路器；断电时先分断路器，后分隔离开关。为避免隔离开关和断路器的误操作，一般在它们之间加装机械和电气闭锁装置。

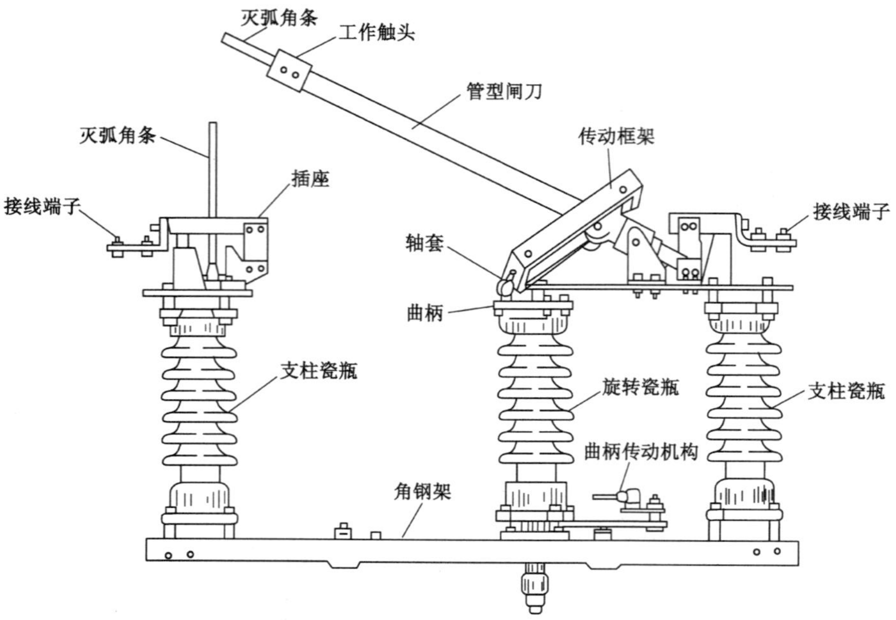

图 4-37　GW2-35 型户外式高压隔离开关

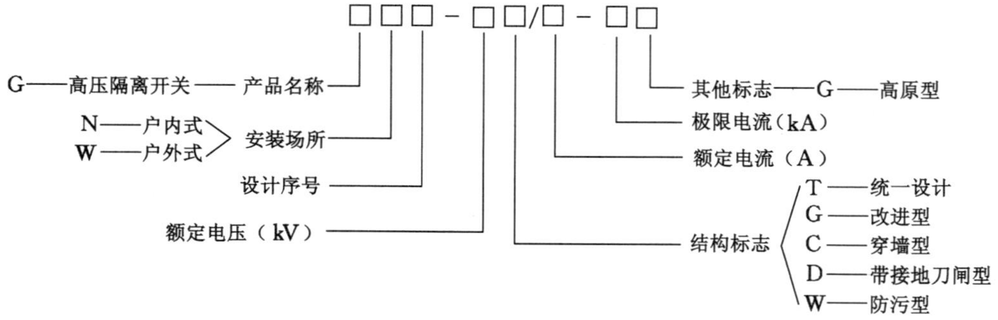

图 4-38　高压隔离开关全型号的表示和含义

（三）高压熔断器

熔断器是一种结构简单、应用广泛的保护电器，一般由熔断管、熔体、灭弧填充物、指示器、静触座等构成。熔断器串联在电路中使用，当所在电路通过的电流超过规定值并经一定时间后，其熔体熔断，断开电路，达到保护目的。熔断器主要用于对输电线路和设备进行短路保护，有时也可用于过负荷保护。

熔体熔断时间与所通过电流的关系曲线，称为熔断器保护特性曲线，它由制造厂家给出，如图 4-40 所示。由图可见，通过的电流越大（在允许开断容量范围内），熔体熔断的时间越短，这种特性称为反时限特性。同一电流通过不同额定电流的熔体时，额定电流小的熔体先熔断。

工矿企业供电系统中，室内广泛采用 RN1、RN2 型等高压管式限流熔断器；室外则广泛采用 RW4-10、RW10-10F 型等高压跌落式熔断器，也有的采用 RW10-35 型高压限流熔断器等。

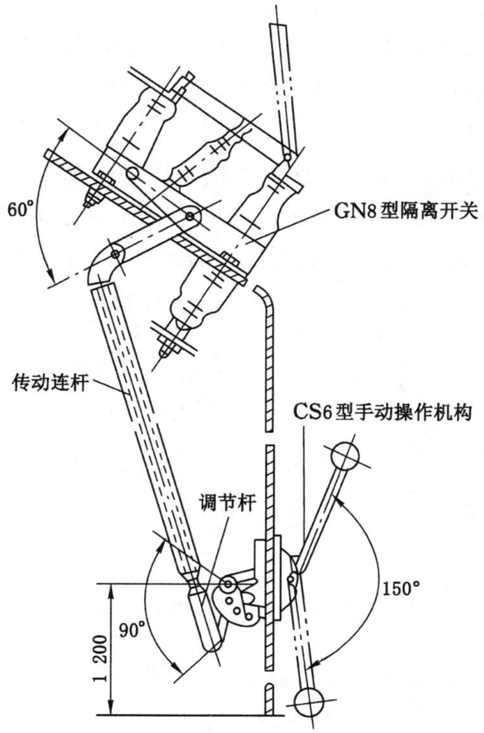

图 4-39　CS6 型手动操作机构与 GN8 型隔离开关配合的一种安装方式

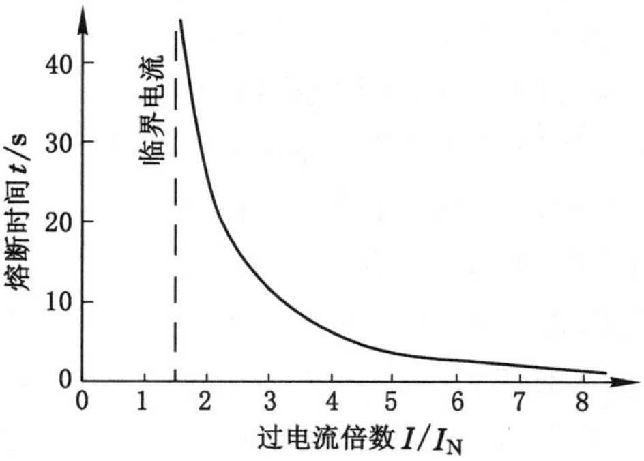

图 4-40　熔断器的保护特性曲线

高压熔断器全型号的表示和含义如图 4-41 所示。

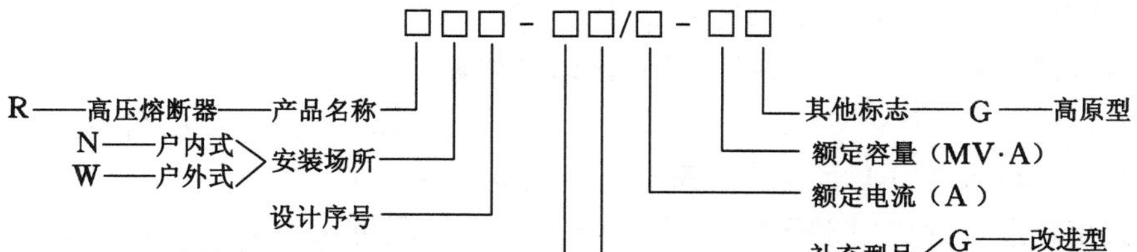

图 4-41　高压熔断器全型号的表示和含义

1. RN1 和 RN2 型户内高压管式熔断器

RN1 型和 RN2 型户内高压管式熔断器的结构基本相同，都是在瓷质熔管内充填石英砂的密闭管式熔断器。RN1 型主要用于高压线路和设备的短路保护，也能起过负荷保护的作用，其熔体要通过主电路的电流，因此其结构尺寸较大，额定电流可达数百安。RN2 型只用作高压电压互感器一次侧的短路保护。由于电压互感器二次侧连接的都是阻抗很大的电压线圈，其工作接近于空载状态，其一次侧电流很小，因此 RN2 型的结构尺寸较小，其熔体额定电流一般为 0.5 A。

图 4-42 是 RN1、RN2 型高压管式熔断器的外形结构图，图 4-43 是其熔管的剖面示意图。

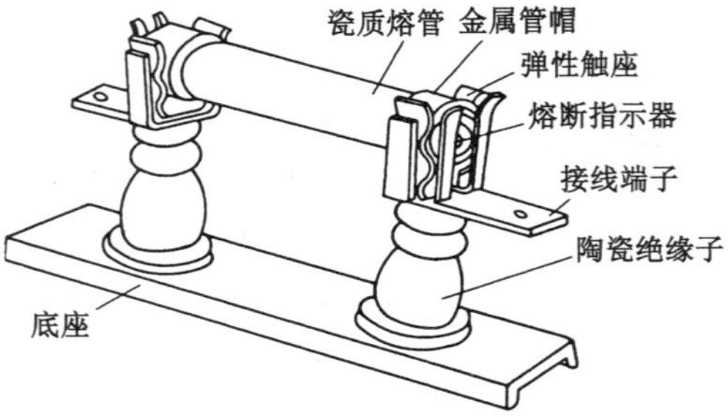

图 4-42 RN1、RN2 型高压熔断器

由图 4-43 可见，熔断器的工作熔体（铜熔丝）上焊有小锡球。锡是低熔点金属，过电流时锡球受热快速熔化，包围铜熔丝，铜锡的分子相互渗透而形成熔点比铜的熔点低的铜锡合金，使铜熔丝能在较低的温度下熔断，即所谓“冶金效应”。它使得熔断器能在过负荷电流和较小的短路电流下动作，提高了保护灵敏度。该熔断器采用多根熔丝并联，以便它们在熔断时产生多根并行的电弧，利用“粗弧分细灭弧法”来加速电弧的熄灭。熔管内充填有石英砂，熔丝熔断时产生的电弧完全在石英砂的狭小缝隙内燃烧，又利用了“狭沟灭弧法”，因此其灭弧能力很强，能在短路后不到半个周期切断短路电流，即短路电流未达到冲击值之前就能完全熄灭电弧，从而使熔断器本身及其所保护的线路和设备不受短路冲击电流的影响，因此这种熔断器属于限流式熔断器。

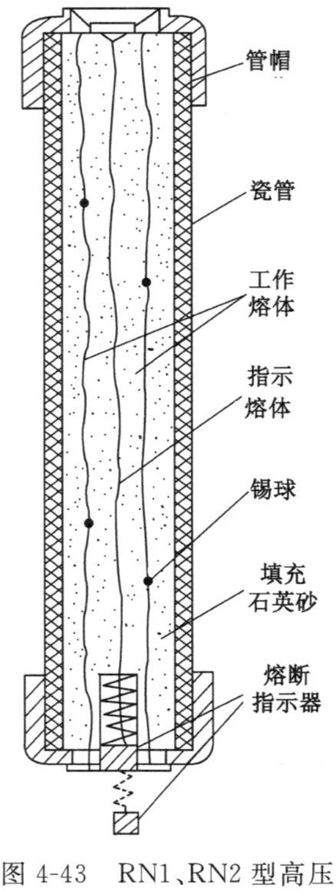

图 4-43 RN1、RN2 型高压熔断器的熔管剖面图

对于指示型熔断器，当短路电流或过负荷电流通过熔体时，工作熔体熔断后，指示熔体也相继熔断，其红色指示器弹出，如图 4-43 中虚线所示，给出熔体熔断的指示信号。

2. RW4-10 和 RW10-10F 型户外高压跌落式熔断器

跌落式熔断器广泛应用于环境正常的室外场所，其既可用于 6～10 kV 线路和设备的短路保护，又可在一定条件下直接用高压绝缘操作棒（俗称令克棒）来操作熔管的分合。一般的跌落式熔断器如 RW4-10G 型等，只能在无负荷下操作，或通断小容量的空载变压器和空载线路等，其操作要求与高压隔离开关相同。而负荷型跌落式熔断器如 RW10-10F 型，则能带负荷操作，其操作要求与下面将要介绍的负荷开关相同。

图 4-44 是 RW4-10G 型跌落式熔断器的基本结构图。熔管为自产气式结构，外层为酚醛纸管或环氧玻璃布管，内套纤维质消弧管。它串接在线路上，正常运行时，其熔管上端的动触头借熔丝张力拉紧后，利用绝缘操作棒将此动触头推入上静触头内锁紧，同时下动触头与下静触头也相互压紧，从而使电路接通。当线路上发生短路时，短路电流使熔丝熔断，形成电弧。消弧管(熔管)由于电弧烧灼而分解出大量气体，使管内压力剧增，并沿管道形成强烈的气流纵向吹弧，使电弧迅速熄灭。熔管的上动触头因熔丝熔断后失去张力而下翻，使锁紧机构释放熔管，在触头弹力及熔管自重作用下，回转跌落，造成明显可见的断开间隙，起到隔离开关的作用。

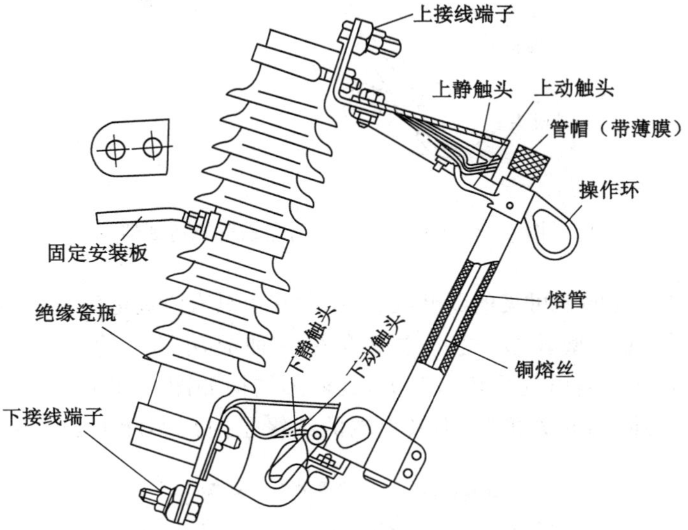

图 4-44　RW4-10G 型跌落式熔断器的基本结构图

这种跌落式熔断器还采用了“逐级排气”的结构。由图 4-44 所示，熔管上端在正常运行时被一薄膜封闭，可以防止雨水侵入。在分断小的短路电流时，由于上端封闭而形成下端单端排气，使管内保持足够大的压力，这有利于熄灭小的短路电流产生的电弧。而在分断大的短路电流时，由于管内产生的气压大，使上端薄膜冲开而形成两端排气，这有利于防止分断大的短路电流可能造成的熔管爆炸，从而有效地解决自产气熔断器分断大小故障电流的矛盾。

RW10-10F 型跌落式熔断器(负荷型)是在一般跌落式熔断器的上静触头上加装了简单的灭弧室，如图 4-45 所示，因而能带负荷操作。

跌落式熔断器依靠电弧燃烧使产气的消弧管分解产生的气体来熄灭电弧，即使负荷型熔断器加装有简单的灭弧室，其灭弧能力也不是很强，灭弧速度也不快，都不能在短路电流达到冲击值之前熄灭电弧，因此属于非限流式熔断器。

（四）高压负荷开关

高压负荷开关，具有简单灭弧装置，能通断一定的负荷电流和过负荷电流，但不能断开短路故障电流，因此它常与高压熔断器串联使用，以借助熔断器来切除短路故障。负荷开关断开

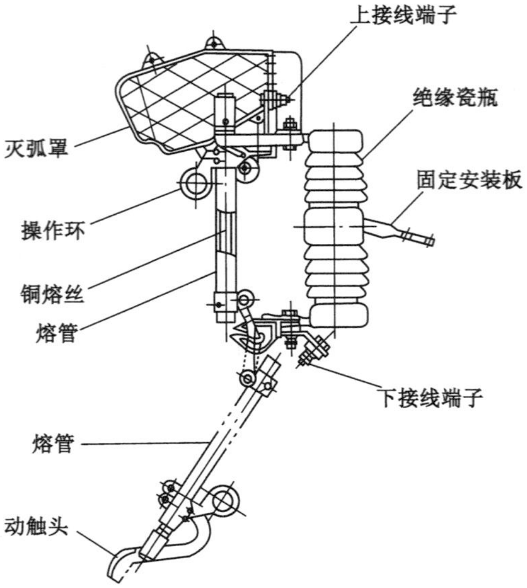

图 4-45　RW10-10F 负荷型跌落式熔断器

后，与隔离开关一样，有明显可见的断开间隙，因此它也具有隔离电源、保证安全检修的功能。

高压负荷开关的类型较多，这里主要介绍一种应用最广的户内压气式高压负荷开关——FN3-10RT 型户内压气式负荷开关，其外形结构如图 4-46 所示。图中上半部分为负荷开关本身，外形与隔离开关相似，但其上端的绝缘子内部实际上是一个压气式灭弧装置，

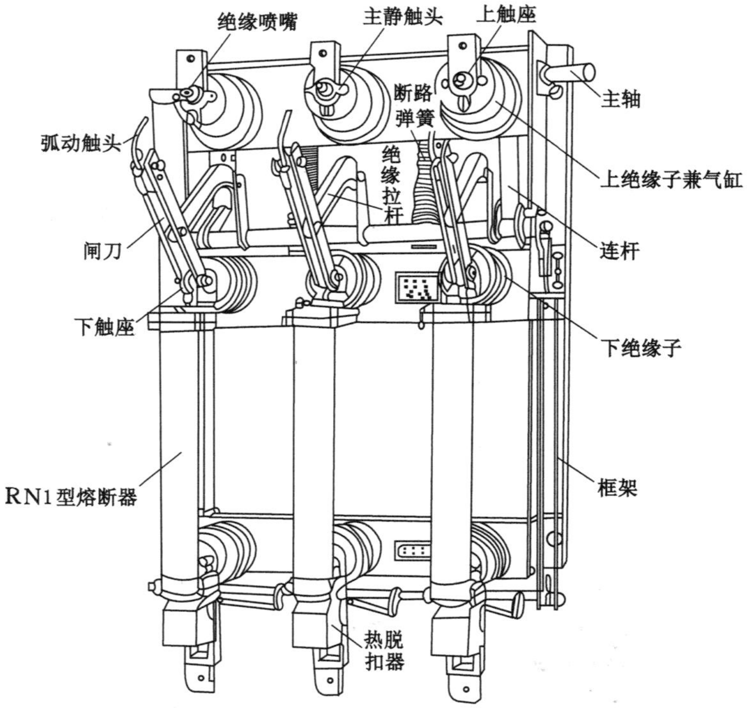

图 4-46　FN3-10RT 型高压负荷开关

如图 4-47 所示。当负荷开关分闸时，在闸刀一端的弧动触头与绝缘喷嘴内的弧静触头之间产生电弧。由于分闸时主轴转动而带动活塞压缩气缸内的空气使之从喷嘴向外吹弧，加之断路弹簧使电弧迅速拉长以及电流回路的电磁吹弧作用，使电弧迅速熄灭。但是，负荷开关的灭弧断流能力是很有限的，只能用于断开负荷电流和一定的过负荷电流。负荷开关可以装设热脱扣器用于过负荷保护，但绝不能配以短路继电保护来自动跳闸。

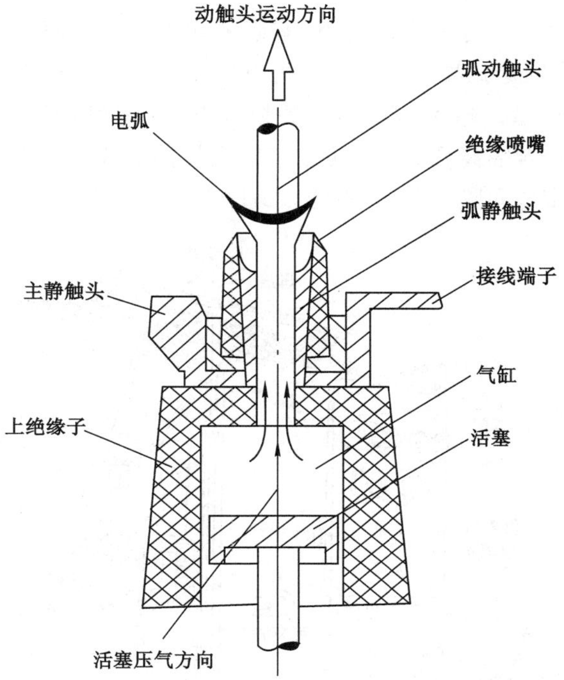

图 4-47　压气式灭弧装置工作示意图

高压负荷开关全型号的表示和含义如图 4-48 所示。

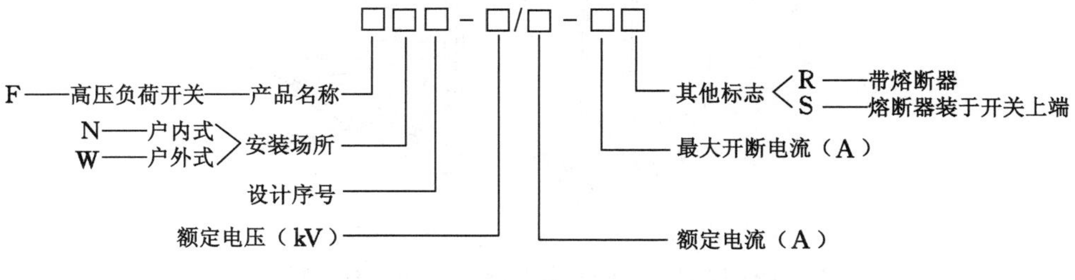

图 4-48　高压负荷开关全型号的表示和含义

二、高压开关柜

高压开关柜是以高压开关为主，按一定的接线方案，针对不同使用场合、控制对象及主要电气元件的特点，将有关的一、二次设备组合起来，装于封闭式或敞开式金属柜内的一种高压成套配电装置。它主要用于配电系统，做接受与分配电能或直接启动大型电动机用。高压开关柜的每个柜(一个间隔)构成一个电气回路。制造厂生产各种一次接线方案的开关柜，构成不同的电气回路的间隔。应用时，可按设计的电气主接线方案，选配各种接线方案的开关柜，组合成整个配电装置。

高压开关柜的组成有母线、高压开关、电流及电压互感器、计量仪表和保护装置、信号及操动机构等。根据结构和应用场所的不同，高压开关柜分为普通型、矿用一般型和隔爆型等。

（一）普通型高压开关柜

普通型高压开关柜可以用于一般环境下，有固定式和移开式两大类型。在一般变电所中，普遍采用较为经济的固定式高压开关柜。我国现在大量生产和广泛应用的固定式高压开关柜主要为GG-1A(F)型。这种防误型开关柜具有“五防”功能：① 防止误分误合断路器；② 防止带负荷误拉误合隔离开关；③ 防止带电误挂接地线；④ 防止带接地线误合隔离开关；⑤ 防止人员误入带电间隔。图4-49是GG-1A(F)-07S型固定式高压开关柜结构图。

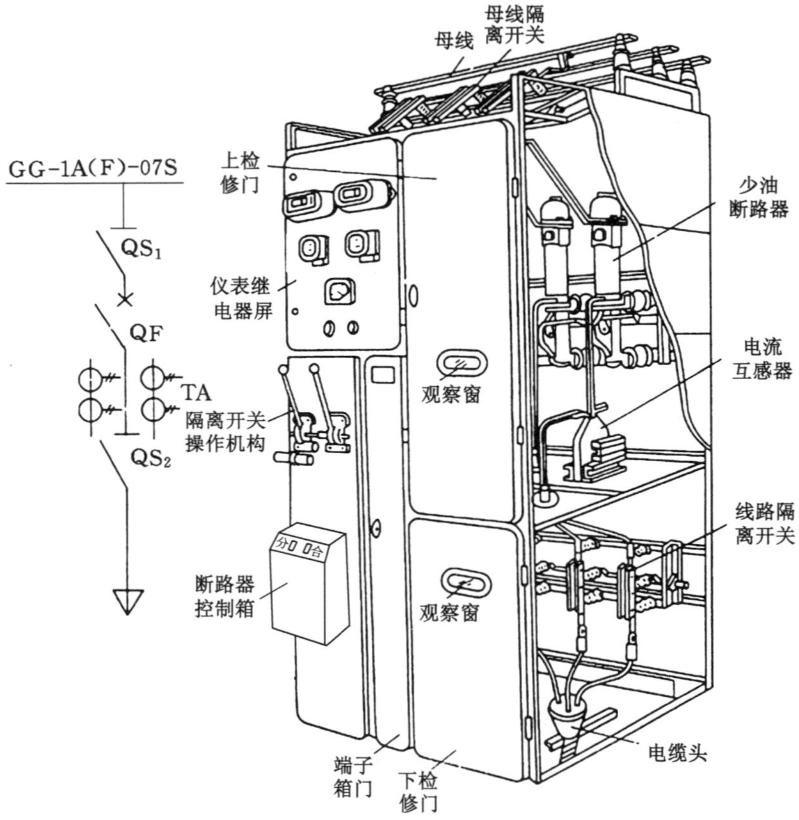

图4-49　GG-1A(F)-07S型固定式高压开关柜(断路器柜)

移开式开关柜是将高压断路器等主要电气设备装在可以拉出和推入开关柜的手车上，断路器等设备需检修时，可随时将其手车拉出，然后推入同类备用手车，即可恢复供电。因此，采用移开式开关柜，比采用固定式开关柜，具有检修安全、供电可靠性高等优点，但其价格较贵。

20世纪80年代以来，我国设计生产了一些符合IEC(国际电工委员会)标准的新型开关柜，例如 KGN 型铠装式固定柜、XGN 型箱式固定柜、JYN 型间隔式手车柜、KYN 型铠装式手车柜以及 HXGN 型环网柜等。其中环网柜适用于环形电网供电，广泛应用于城市电网的改造和建设中。图 4-50 为 KYN28A-12 系列高压开关柜外观及内部结构示意图。

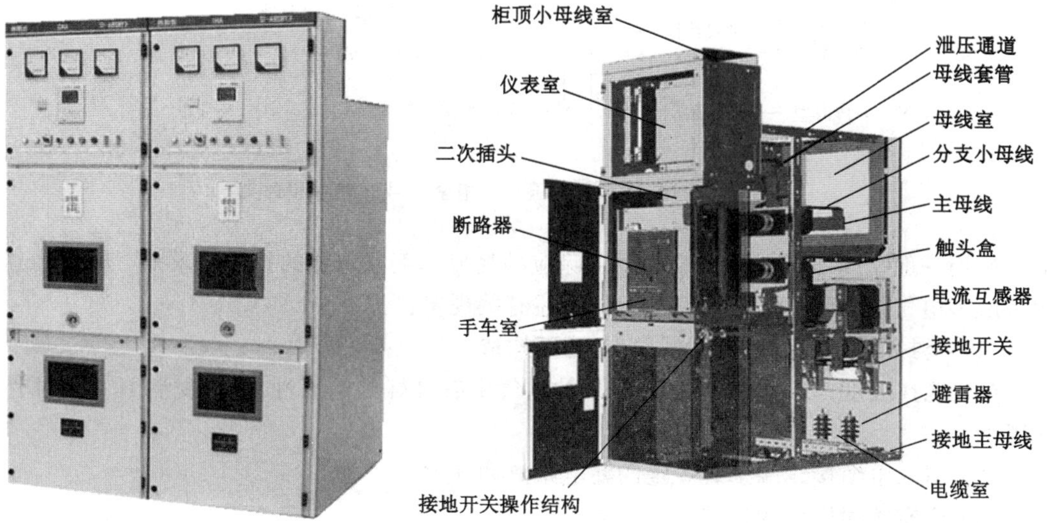

(a) 外观　　(b) 内部结构

图 4-50　KYN28A-12 系列高压开关柜

KYN28A-12 系列高压开关柜，采用具有高开断能力和低截流值的真空断路器作为主开关，结构先进、合理、紧凑，性能优越，安全可靠，同时具有“五防”闭锁，防止误操作，且所有操作均在柜门关闭状态下进行，防护等级高，更换断路器简单，手车互换性能好，广泛应用于电力系统各类变电所以及发电厂、工矿企业高压配电。

国产系列高压开关柜全型号的表示和含义如图 4-51 所示。

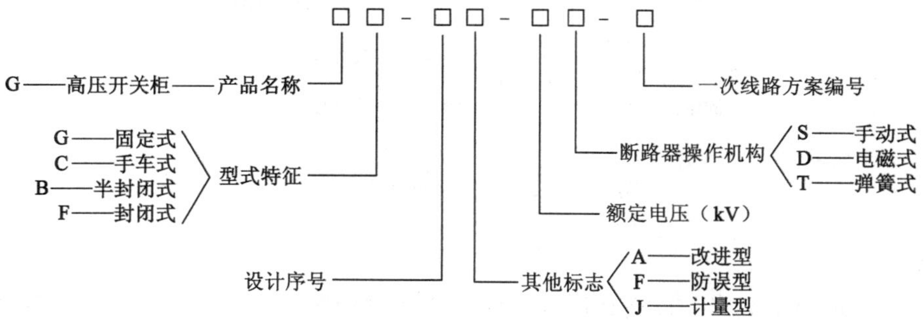

图 4-51　国产系列高压开关柜全型号的表示和含义

国产新系列高压开关柜全型号的表示和含义如图 4-52 所示。

（二）矿用一般型高压开关柜

矿用一般型高压开关柜可以用于无瓦斯和煤尘突出、通风良好、无爆炸危险的煤矿井下井底车场、大巷、中央变电所等处，用于分配电能，也适用于地面变（配）电所和露天矿分配电

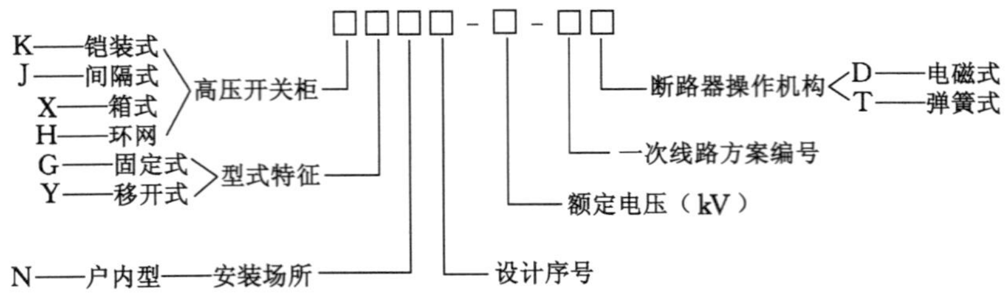

图 4-52　国产新系列高压开关柜全型号的表示和含义

能。矿用一般型高压开关柜的结构要求除应满足成套配电装置的技术要求外，还应满足《矿用一般型电气设备》(GB/T 12173)中的下述有关规定：

(1) 全封闭外壳，具有防机械损伤、防潮构造。

(2) 能在温度 35 ℃、相对湿度 97％的空气中有良好的绝缘性，绝缘材料具有耐油性和耐弧性。

(3) 引入电缆接线端子有一定的漏电距离和气隙。

(4) 应有防误操作的机械闭锁装置。

(5) 电缆引出线应有接线盒，或用插销连接电缆。

目前常用的矿用一般型高压开关柜有 KYGG-2Z 型、GKG 型、KYGC 型等，现简单介绍其中的 KYGG-2Z 型高压真空配电箱。

KYGG-2Z 型高压真空配电箱是矿用一般型设备，适用于井下无爆炸危险的主要通风巷道和井底车场的机电硐室内，作为 6～10 kV 高压线路配电开关，也可以直接控制变压器和井下水泵的高压电动机。其型号含义如图 4-53 所示。

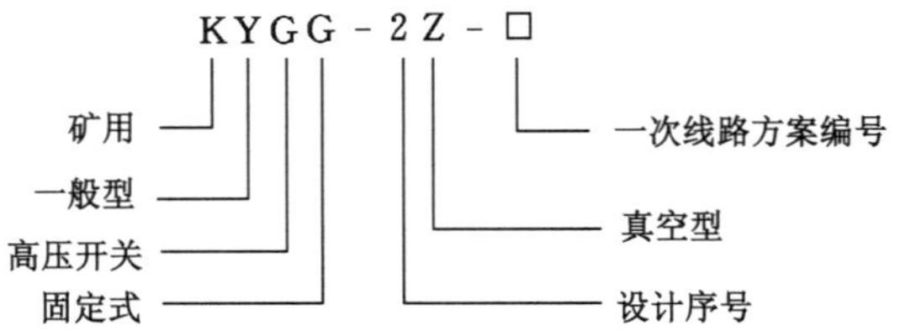

图 4-53　KYGG-2Z 的型号含义

1. 结构

图 4-54 所示为 KYGG-2Z 型高压真空配电箱的结构图。电源电缆从箱底后侧进入，接至位于配电箱上方前部的母线上，经上隔离开关、电流互感器接至真空断路器，再经下隔离开关接至出线电缆，由柜底后侧送出。在断路器下方还并联有电压互感器，柜底部还设有压敏电阻。上下隔离开关可由前门的操作手柄经传动杆手动操作。断路器的正前方设有小门，打开此门可手动或电动操作断路器。仪表继电器室内安装着所有二次回路的装置，其前面的门板上安装有监视仪表、信号指示及操作开关等，继电器室可随门转出，以便检修。为防止误操作，开关柜也具有“五防”功能。

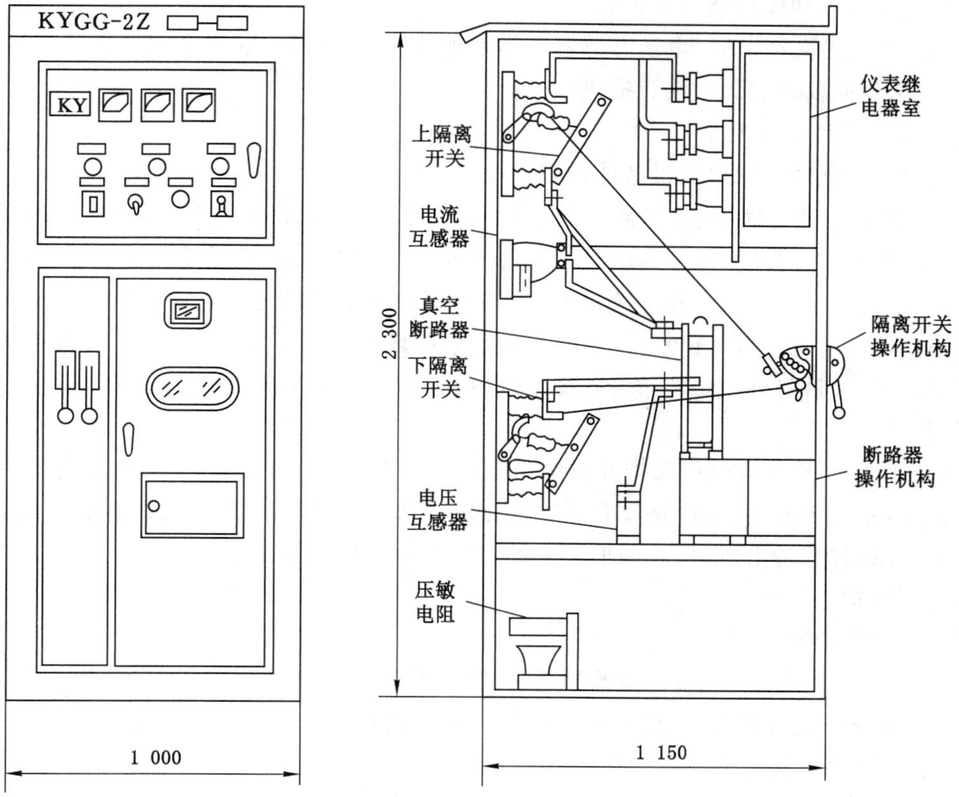

图 4-54　KYGG-2Z 型矿用高压真空配电箱

2. 电路组成及各元件作用

KYGG-2Z 型矿用一般型高压真空配电箱由主回路和辅助回路组成。为适应不同用户的需要，KYGG-2Z 系列高压配电箱的主回路接线方案共 20 种，其编号为 01～20。图4-55为 02 号主回路接线方案，其主回路由隔离开关 QS_1 和 QS_2、真空断路器 QF、电流互感器 TA_1 和 TA_2、电压互感器 TV、高压熔断器 FU 以及压敏电阻 RV 组成。辅助回路由电压互感器和电流互感器的二次侧引出。各元件的作用如下：

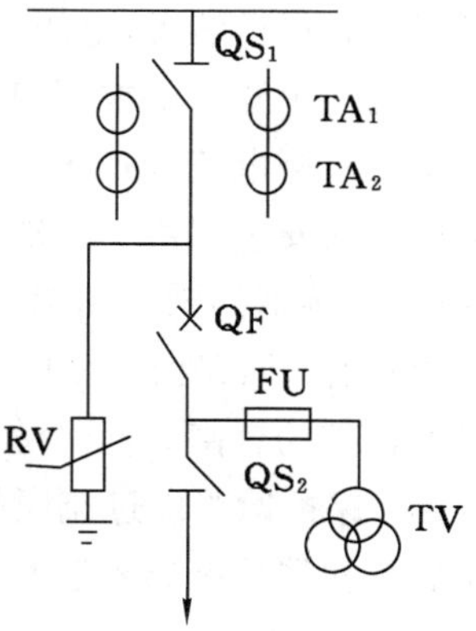

图 4-55　KYGG-2Z-02 型主回路接线方案

(1) 隔离开关 QS。隔离开关的作用是检修配电箱时隔离电源电压，以保证断电检修。隔离开关没有灭弧装置，严禁用隔离开关通断负荷电路。

(2) 真空断路器 QF。真空断路器是一种封闭在灭弧装置内的开关。真空断路器采用真空管灭弧，其作用是通断负荷电流、切断短路电流。

(3) 压敏电阻 RV。压敏电阻的阻值与电压成反比变化，其作用是实现过电压保护。

(4) 高压熔断器 FU。高压熔断器的作用是实现过流保护。

(5) 电压互感器 TV。电压互感器是一种特殊的变压器，它将高压变成 100 V 的低压，其作用是向仪表和保护装置提供高电压信号。

(6) 电流互感器 TA。电流互感器也是一种特殊的变压器，它将大电流变成 5 A 的小电流，其作用是向仪表和保护装置提供大电流信号。

3. 主回路的工作原理

主回路实现对高压电气设备的控制和保护。

(1) 控制。通电时，先将隔离开关 QS_1、QS_2 合上，接通高压电源，再手动或电动操作，将真空断路器 QF 合闸，所控高压电气设备通电工作。断电时，先手动或电动操作切断真空断路器，使电气设备停止工作。检修时，为防止双电源供电时另一电源经负荷侧倒送电，需在断路器断开后，分别断开电源侧和负荷侧设置的隔离开关 QS_1 和 QS_2，切断配电箱电源，再挂接地线，最后打开配电箱进行检修。恢复送电时，先撤除接地线，再合隔离开关，最后合断路器。

(2) 保护。具有过电压保护和过电流保护。当工作电压正常时，压敏电阻端电压较小，阻值很大，相当于开路，对电路没有影响；当过电压时，压敏电阻端电压较高，阻值变得很小，相当于短路，释放过电压，从而保护了设备的绝缘。当发生过流时，高压熔断器的熔体熔断，实现过流保护。

4. 辅助回路的工作原理

辅助回路用于实现对主回路的测量、控制和保护。

(1) 测量回路互感器二次侧所接电压表、电流表及信号灯组成监测回路，实现对主回路电压、电流的测量及开关柜的状态指示。

电压互感器的一次侧并联在高压电路上，二次侧与仪表和保护装置并联。由于二次侧电压与一次侧电压成正比，可根据其比例关系测出一次侧电压，既扩大了仪表的量程，又使仪表与高压电路绝缘，保证了仪表的安全。由于变压器的电流与电压成反比，二次侧电压较小而电流较大，所以电压互感器的二次侧严禁短路。为了防止高压因绝缘击穿而窜入低压，烧毁仪表和保护装置，电压互感器的铁芯和二次绕组的一端必须接地。

电流互感器的一次侧串联在高压电路上，二次侧与仪表和保护装置串联。由于二次侧电流与一次侧电流成正比，可根据其比例关系测出一次侧电流，同样扩大了仪表的量程，保证了仪表的安全。由于二次侧电流较小而电压较大，所以电流互感器二次侧严禁开路。同理，电流互感器的铁芯和二次侧绕组的一端必须接地。

(2) 控制回路由合闸电动机及其控制按钮等组成。电动合闸时，按下合闸按钮，合闸电动机旋转带动合闸。同时储能弹簧、断路器合扣，实现对断路器的电动合闸。

(3) 保护回路由过流脱扣器和欠压脱扣器组成。当主回路发生过电流和欠电压时，其相应的脱扣器使断路器脱扣，在储能弹簧的作用下分闸，实现过流保护和欠压保护。

(三) 矿用隔爆型高压配电箱

矿用隔爆型高压配电箱适用于矿井井下在有瓦斯和煤尘爆炸危险的场所向变压器、高压电动机和高压分支线路供电。

目前煤矿井下常用的隔爆高压配电箱有 BGP9L-6、PBG-10、PJG-10 型等，主要技术数据见表 4-13。其中字符和数字的含义为：B——隔爆；G——高压；P——配电箱(装置)；9L——90 年代联合设计；10(6)——额定电压 10(6) kV。

表 4-13　常用隔爆高压配电装置主要技术数据

型号	额定电压/kV	额定电流/A	额定开断电流（有效值）/kA	极限通过电流（峰值）/kA	热稳定电流/kA	固有分闸时间/s
PBG-10(6)、BGP9L-6	10(6)	50、75、100、150、200、300、400、500、630	12.5	31.5	12.5(2 s)	<0.1
PJG-6、PJG-10	6	50、100、150、200、250、300、400、500、630	12.5	31.5	12.5(2 s)	<0.1

BGP9L-6 型矿用隔爆型高压真空配电装置主要用于具有爆炸性危险气体（甲烷混合物）的煤矿井下，对额定频率为 50 Hz、额定工作电压为 6 kV、额定电流至 400 A 的供电系统进行控制和保护，并可用于直接启动高压电动机。

1. 结构

图 4-56 为 BGP9L-6 型配电箱的结构示意图。箱体后腔上部为进线腔，3 根导电杆作为贯穿母线，固定在箱体两侧板的大绝缘座上；后腔下部为出线腔，装有负荷侧出线喇叭口和供控制、监视信号连线的小喇叭口，在出线端口装有零序电流互感器。箱体的中间隔板上装有 6 个隔离开关静触头插座；上面 3 个插座与进线连接，下面 3 个插座与出线连接。箱体的前腔装有机芯小车，车上装有隔离开关动触头插销、电流互感器、真空断路器、电压互感器、

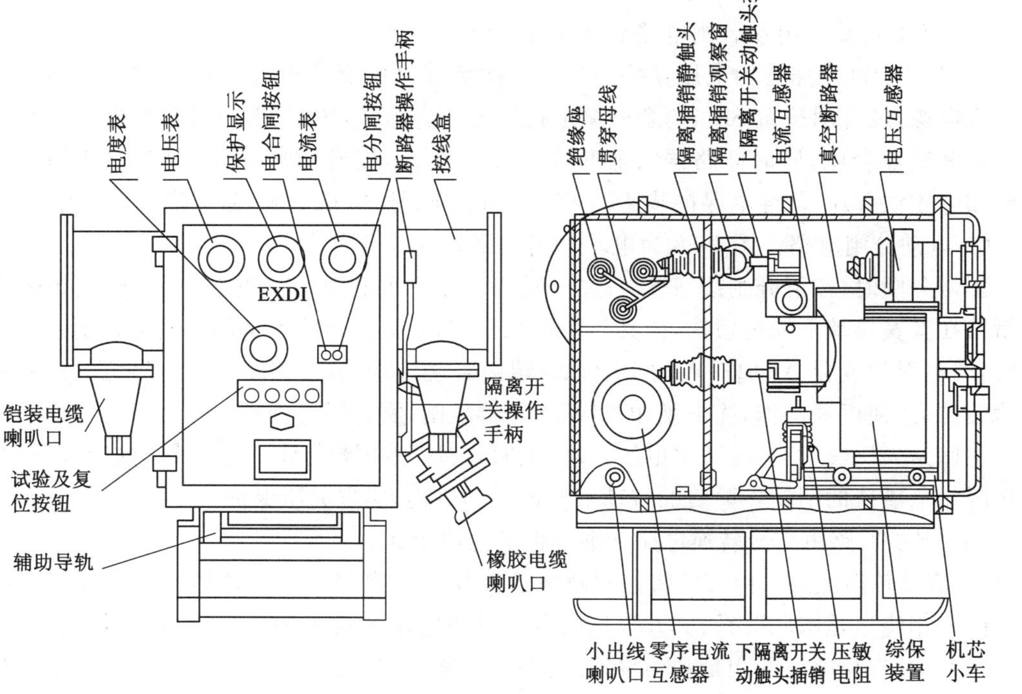

图 4-56　BGP9L-6 型配电箱的结构示意图

继电保护装置、压敏电阻或阻容保护和断路器分合闸机构等。在箱体下有辅助导轨,抽出后可同箱体中轨道对接,以便于将整个机芯抽出,而且不用拆线,修理和维护时可方便地将小车拉出,与后腔的电源及负载分断,实现断电检修。箱体右侧装有隔离开关操作手柄和断路器操作手柄及连锁机构。箱门为活节式压紧门。压紧机构由活节螺栓、螺母、弹簧垫、压块、轴座及销轴构成。用可转动的活节螺栓上的螺母和压铁将门法兰与箱体法兰紧固。其特点是螺栓数量少,只有8条螺栓,开、关门速度较快,螺母、弹簧垫在螺栓上不会丢失,结构简单、可靠性高、工艺性好、成本低。箱门上有计量用电度表、电压表、电流表,故障显示窗,断路器分、合闸按钮,过流、漏电、绝缘监视试验按钮及复位按钮等。

为保证安全,配电箱设有以下机械闭锁装置:

(1) 隔离开关与断路器的闭锁。断路器在合闸位置时,机芯隔离小车不能拉出或推进;小车被拉出或未推到位,断路器不能进行合闸操作。

(2) 隔离开关与箱门的闭锁。在箱门打开状态,机芯小车不能进行隔离开关合闸操作;机芯小车处于隔离开关合闸位置时,箱门不能打开。

2. 电路组成

图4-57为BGP9L-6型配电箱的电气原理图。其电路组成与前述的KYGG-2Z-02型配电箱基本相同,不同的是这里的隔离开关采用了插销、插座式,减小了开关的体积;增加了零序电流互感器TAN,用于提供零序电流信号。

3. 工作原理

主回路的工作原理与KYGG-2Z高压真空配电箱相同,故不赘述。辅助回路实现对主回路的监测、控制和保护。下面介绍各辅助回路的工作原理。

(1) 监测回路由电压互感器TV二次回路Y形绕组所接电压表PV、单相电度表PJ及电流互感器二次回路所接电流表组成,实现对主回路电压、电流、电能的测量。

(2) 控制回路由电动合闸电路和电动分闸电路组成。

① 电动合闸电路。由电压互感器TV二次侧提供的交流电经三相桥式整流器U_1,变为直流电源,经合闸按钮SB_1,向合闸微电机供电。合闸时,按下SB_1按钮,微电机带动合闸机构使断路器合闸,同时断路器的辅助接点QF_1闭合,接通合闸指示灯LED_1、LED_2;QF_2将脱扣电磁铁YA_1与继电保护装置A接通;QF_3断开微电机电源,微电机停止工作。

② 电动分闸电路。图4-58为电动分闸电路组成示意图。

正常分闸时,按下分闸按钮SB_2,欠压脱扣电磁铁因断电而消失磁力,欠压脱扣电磁铁的衔铁在弹簧拉动下撞击锁钩,使其与跳钩脱扣,断路器在分闸弹簧的作用下跳闸。故障分闸时,继电保护装置A动作,A的16与23端接通,脱扣电磁铁YA_1通电产生磁力,克服了弹簧的拉力,使衔铁动作,撞击脱扣机构,断路器跳闸,实现断电保护。

主回路欠压(<35%的额定电压)或停电时,欠压脱扣器线圈的磁力减小或消失,从而使欠压脱扣电磁铁的衔铁在弹簧的拉动下撞击脱扣机构,实现欠压保护。

(3) 保护回路由信号转换电路和继电保护电路组成。

① 信号转换电路。由TV将主回路电压转换为二次侧开口三角形绕组的零序电压信号。因三相绕组是串联关系,其开口端电压为三相电压的相量和。当三相主回路正常时三相电压对称,三相电压的相量和为零,继电保护装置A的3、4两端无电压;当一相发生接地或漏电时三相电压不对称,三相电压的相量和不为零,通常称此电压为零序电压。开口三角

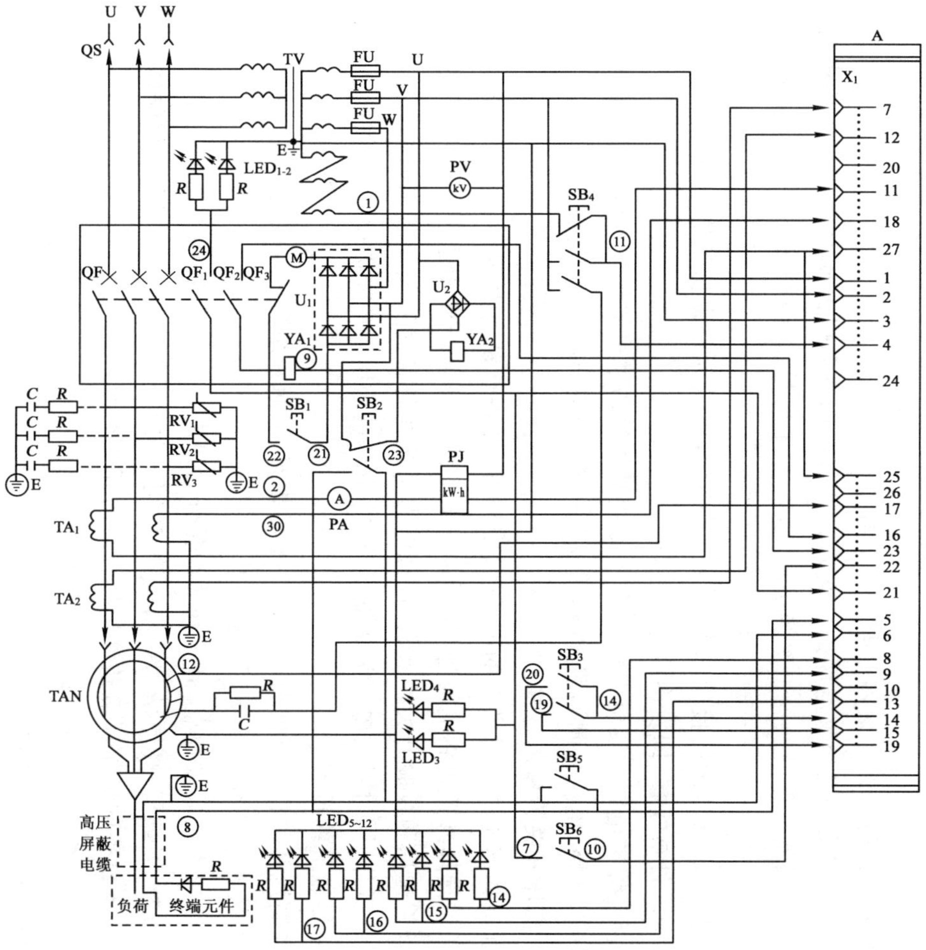

电原理符号说明

QS	隔离开关
QF	真空断路器
Q_1、Q_2、Q_3	断路器辅助触点
YA_1	脱扣电磁铁
YA_2	欠压脱扣电磁铁
M	电动机
U	整流桥
FU_1~FU_3	熔断器
TV	三相五柱电压互感器
TA_1、TA_2	电流互感器
TAN	零序电流互感器
PV	电压表
PA	电流表
PJ	单相电度表
SB_1	合闸按钮
SB_2	分闸按钮
SB_3	过载试验按钮
SB_4	漏电试验按钮
SB_5	监视试验按钮
SB_6	复位按钮
LED_1、LED_2	合闸指示发光二极管
LED_3、LED_4	电源指示发光二极管
LED_5、LED_6	过载指示发光二极管
LED_7、LED_8	短路指示发光二极管
LED_9、LED_{10}	漏电指示发光二极管
LED_{11}、LED_{12}	监视指示发光二极管
VD_1 ~ VD_7	整流二极管
RV_1 ~ RV_3	压敏电阻
R_1、R_2	电阻器 RJ-0.5-3.3 kΩ
R_{13}	电阻器 RJ-0.5-12 kΩ
R_{14}	电阻器 RJ-2-1 kΩ
C_1	电容器 CJ41-20 μF-160 V
R_{15} ~ R_{17} C_2 ~ C_4	阻容保护器
A	继电保护装置
X_1	26线航空插头座

图 4-57 BGP9L-6型配电箱的电气原理图

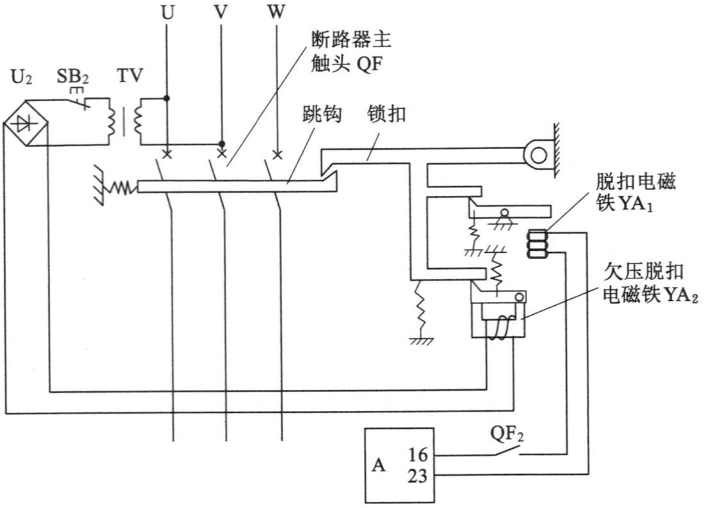

图 4-58 电动分闸电路组成示意图

形绕组与其一次侧绕组组成零序电压互感器。

由 TAN 二次侧接至继电保护装置 A 的 17 端,向继电保护装置 A 提供零序电流信号。由 TA_2 将主回路电流转换为二次侧小电流,向 A 中的过流保护提供主回路 U、W 相的电流信号。

由高压双屏蔽电缆的接地芯线、监视芯线及其终端元件提供绝缘监视信号。一旦绝缘破损,终端元件被短接,即发出绝缘破损信号。

② 继电保护电路。继电保护装置 A 是由晶体管与继电器组成的电子综合保护电路,它与信号转换回路、电动分闸回路配合,可实现过载、短路、漏电、绝缘监视等保护。

三、高压开关设备的选择

正确选择高压开关对供电的可靠性、安全性、经济性都有着重要意义。首先,应根据使用环境条件选择开关设备的类型,使所选开关型式与环境条件相适应;其次,应根据电网实际工作条件选择和校验开关的参数,保证电力系统在正常时和发生故障时高压开关均能安全、可靠地工作;同时考虑电气设备的经济性,应尽量选用国产先进设备,并注意在技术合理的条件下尽量节约投资。

不同高压开关在选择时考虑的条件不尽相同,下面介绍高压开关选择的一般原则。

(一)按使用环境选择开关设备的类型

为了适应不同装设地点,高压开关设备分为户内式和户外式;按照不同工作环境分为普通型、防污型、湿热型、高原型和矿用型等,矿用开关又分为矿用一般型和矿用隔爆型等。因此,应先根据设备的工作环境条件选择合适的开关类型。

(二)按正常工作条件选择开关设备

1. 根据额定电压选择

所选开关设备的额定电压应与所在电网额定电压等级相对应,应不低于其装设处电网的额定电压,或设备的最高允许工作电压不小于所在电网的最高电压。

2. 根据额定电流选择

开关设备的额定电流 I_N 应不小于通过它的最大长时间工作电流 I_{ca}，即：

$$I_N \geqslant I_{ca} \tag{4-24}$$

由于开关设备的额定电流 I_N 是指当其工作在由厂家规定的环境温度 θ_0 下(我国目前生产的电气设备均规定 $\theta_0=+40$ ℃)的长期允许通过的最大电流，故当装设地点的环境最高温度低于规定的 θ_0 时，每降低 1 ℃载流量可以提高 0.5%，但总提高量不得超过 20%。当环境最高温度高于 θ_0 但不超过 60 ℃时，长时允许电流按下式进行修正：

$$I_p = k_{so} I_N = I_N \sqrt{\frac{\theta_{h\cdot a}-\theta}{\theta_{h\cdot a}-\theta_0}} \tag{4-25}$$

式中　I_p——实际环境温度为 θ 时的长时允许工作电流，A；

k_{so}——修正系数；

$\theta_{h\cdot a}$——每年最热月份的平均最高温度，℃；

θ——实际环境最高温度，℃；

θ_0——电气设备规定的标准环境温度，℃，一般 $\theta_0=+40$ ℃。

(三) 按短路条件校验开关设备

发生短路故障时，瞬时增大的短路电流通过电气设备或载流导体会产生很大的电动力，可能使设备受到破坏或产生永久性变形；强大的短路电流产生的热量造成设备温度升高，使导体机械强度降低以致变形或接触部分连接状态恶化。设备的温升使绝缘强度降低，并加速老化，过高温度会使绝缘破坏。为了正确选择电气设备及载流导体，保证对正常情况下选择的电气设备在短路故障发生时不会造成力破坏和热破坏，必须用短路电流的电动力效应及热效应对电气设备进行相应的动稳定性和热稳定性校验，对开关设备要求有足够的断流能力。常用高压电气设备需进行的选择与校验项目见表 4-14。

表 4-14　高压电气设备的选择与校验项目

电气设备名称	电压/kV	电流/A	断流能力/kA 或(MV·A)	短路稳定性校验	
				动稳定性	热稳定性
高压熔断器	√	√	√	—	—
高压隔离开关	√	√	—	√	√
高压负荷开关	√	√	√	√	√
高压断路器	√	√	√	√	√
电流互感器	√	√	—	√	√
电压互感器	√	—	—	—	—
高压电容器	√	—	—	—	—
母线	—	√	—	√	√
电缆	√	√	—	—	√
支柱绝缘子	√	—	—	√	—
套管绝缘子	√	√	—	√	√

表 4-14(续)

电气设备名称	电压/kV	电流/A	断流能力 /kA 或(MV·A)	短路稳定性校验	
				动稳定性	热稳定性
选择校验条件	设备的额定电压应不小于装置地点的额定电压或最高电压(若设备额定电压按最高工作电压表示)	设备的额定电流应不小于通过它的计算电流	设备的最大开断电流或功率应不小于它可能开断的最大电流或功率	按三相短路冲击电流校验	按三相短路稳态电流和短路发热假想时间校验

注:① 表中"√"表示必须校验,"—"表示不要校验。

②《高压交流开关设备和控制设备标准的共用技术要求》(GB/T 11022—2020)规定,高压设备的额定电压,按其所在系统的最高电压上限确定。因此,原来额定电压为 3 kV、6 kV、10 kV、35 kV 等的高压开关电器,按此新标准,许多新生产的高压开关电器额定电压都相应地改为 3.6 kV、7.2 kV、12 kV、40.5 kV 等。

③ 选择变电所高压侧的设备和导体时,其计算电流应取主变压器高压侧额定电流。

④ 对高压负荷开关,其最大开断电流应不小于它可能开断的最大过负荷电流;对高压断路器,其最大开断电流应不小于实际开断时间(继电保护动作时间加断路器固有分闸时间)的短路电流周期分量。关于熔断器断流能力的校验条件,与熔断器的类型有关。

【例 4-2】 某矿地面变电所主接线系统如图 4-59 所示。已知 6 kV 侧的总负荷为 12 500 kV·A。正常情况下,变电所采用并列运行。变电所 35 kV 设备,采用室外布置,35 kV进线的继电保护动作时间为 2.5 s。6 kV 侧变压器总开关(QF_6、QF_7)不设保护,变电所 35 kV 与 6 kV 母线的短路参数如表 4-15 所列。变电所内采用高压成套开关柜 GG1-A 型,变电所最高环境温度为 42 ℃,电源由母线中间引入。请选择变压器两侧的断路器。

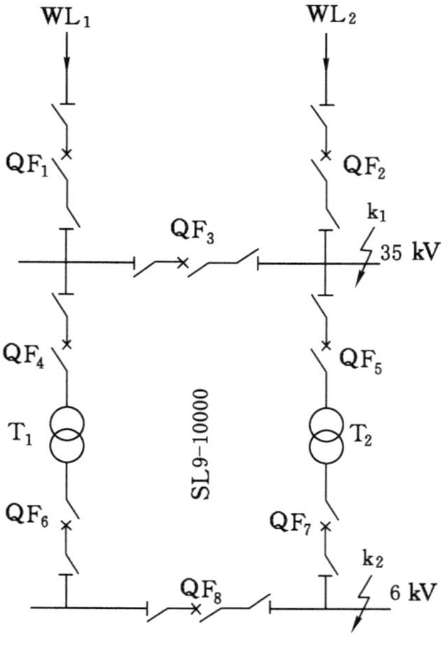

图 4-59　某矿地面变电所主接线系统

表 4-15　变电所 35 kV 与 6 kV 母线的短路参数

运行方式	35 kV 母线 k_1 点的短路电流值/kA			6 kV 母线 k_2 点的短路电流值/kA		
	$I_k^{(3)}$	$i_{sh}^{(3)}$	S_k	$I_k^{(3)}$	$i_{sh}^{(3)}$	S_k
并列运行	20	51	1 212.5	19.9	50.7	206.8
分列运行	12	30.6	727.5	10.9	27.8	124.7

解:考虑到故障情况下只有一台变压器运行,所以变压器 35 kV 侧长时最大负荷电流为:

$$I_{ca1}=\frac{S_{NT}}{\sqrt{3}U_{NT1}}=\frac{10\ 000}{\sqrt{3}\times 35}=165\ (A)$$

6 kV 侧长时最大负荷电流为:

$$I_{ca2}=\frac{S_{NT}}{\sqrt{3}U_{NT2}}=\frac{10\ 000}{\sqrt{3}\times 6}=962\ (A)$$

按照工作环境、电压、电流等条件要求,QF_4、QF_5 断路器布置在室外,初步选择为 ZW17-40.5/1600-25 型真空断路器;QF_6、QF_7 断路器布置在室内,初步选用成套高压开关柜,断路器为 ZN12-10/1250-25 型户内式真空断路器。所选断路器的电气参数如表 4-16 所列。

表 4-16　所选断路器的电气参数

型号	额定电压/kV	额定电流/A	额定开断电流/kA	断流容量/(MV·A)	极限电流峰值/kA	热稳定电流/kA
ZW17-40.5	40.5	1 600	25	1 500	63	25(4 s)
ZN12-10	10	1 250	25	500	63	25(4 s)

根据短路电流,对断路器的动、热稳定性及其断流容量进行校验。在进行校验时,应根据系统接线方式确定设备的最大运行方式,然后进行校验。根据矿井电网运行特点,在例中,QF_5 的最大运行方式为并列运行,QF_7 的最大运行方式为分列运行。

(1) 动稳定性校验

根据表 4-15、表 4-16 数据,QF_5 按 k_1 点并列运行最大冲击电流校验,即:$i_{max}=63\ kA>i_{sh}^{(3)}=51\ kA$,表明动稳定性符合要求。

QF_7 按 k_2 点分列运行的最大冲击电流校验,即:$i_{max}=63\ kA>i_{sh}^{(3)}=27.8\ kA$,表明动稳定性符合要求。

(2) 热稳定性校验

对 QF_5 的热稳定性校验:由于变压器容量为 10 000 kV·A,变压器应设有差动保护,因此在差动保护范围内短路时,继电保护动作时间为 0,因此可取 $t_{ima}=0.2$ s。当短路发生在 6 kV 母线上时,差动保护不动作,此时过流保护动作,保护动作时间为 2 s,此时可取 $t_{ima}=2.2$ s。

故当 k_1 点短路时,QF_5 的等效 4 s 热稳定电流为:

$$I_{4\cdot k1}=I_{k1}^{(3)}\sqrt{\frac{t_{ima}}{4}}=20\times\sqrt{\frac{0.2}{4}}=4.5\ (kA)<I_4=25\ kA$$，表明热稳定性符合要求。

故当 k_2 点短路时，QF_5 的等效 4 s 热稳定电流为：

$$I_{4\cdot k2}=\frac{I_{k2}^{(3)}}{n_T}\sqrt{\frac{t_{ima}}{4}}=\frac{10.9}{35/6.3}\times\sqrt{\frac{2.2}{4}}=1.5\ (kA)<I_4=25\ kA$$，表明热稳定性符合要求。

对 QF_7 的热稳定性校验：因为 QF_5 的过流保护动作时间为 2 s，$t_{ima}=2.2$ s，在 k_2 点短路时 QF_7 的等效 4 s 热稳定电流为：

$$I_{4\cdot k2}=I_{k2}^{(3)}\sqrt{\frac{t_{ima}}{4}}=10.9\times\sqrt{\frac{2.2}{4}}=8.1\ (kA)<I_4=25\ kA$$，表明热稳定性符合要求。

(3) 断路器的断流容量校验

QF_5 的断流容量为 1 500 MV·A，大于最大运行方式下 k_1 的短路容量 1 212.5 MV·A，满足断流容量要求。

QF_7 的额定断流容量为 500 MV·A，使用在 6 kV 时的断流容量为：$S'_{oc}=500\times\frac{6}{10}=300$ (MV·A)，大于最大运行方式下 k_2 的短路容量 124.7 MV·A，满足断流容量要求。

【例 4-3】 煤矿井下采区变电所如图 4-60 所示，请分别为 KBSGZY-500/6 移动变电站(T_1)和 KBSG-200/6 干式变压器(T_2、T_3)选择合适的高压配电装置及总高压配电装置。

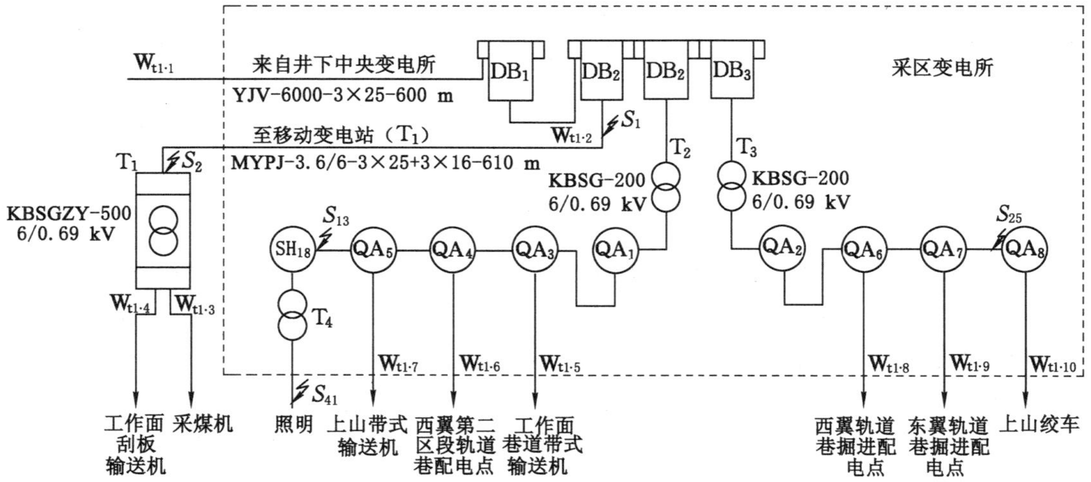

图 4-60 煤矿井下采区变电所电气图

解：3 台变压器的高压配电装置均设于采区变电所，按照《煤矿安全规程》，选择隔爆型。

(1) 按额定参数选择

《煤矿安全规程》规定：井下移动变电站、动力变压器高压侧应有短路、过负荷、接地和欠压释放保护；供给移动变电站的高压馈线应有电缆监视保护。BGP9L-6 系列高压隔爆配电箱符合要求。

① KBSGZY-500/6 移动变电站高压配电箱的选择。

配电箱额定电压：6 kV。

配电装置额定电流应大于移动变电站的最大长时工作电流 I_{NT}：

$$I_{NT}=\frac{S_{NT}}{\sqrt{3}U_{NT}}=\frac{500}{\sqrt{3}\times 6}=48.1\ (A)$$

从表 4-13 中选取 BGP9L-6/50 型隔爆配电箱。

② KBSG-200/6 干式变压器高压配电箱的选择。

额定电压：6 kV。

额定电流应大于变压器额定电流 I_{NT}：

$$I_{NT}=\frac{S_{NT}}{\sqrt{3}U_{NT}}=\frac{200}{\sqrt{3}\times 6}=19.2\ (A)$$

选择 BGP9L-6/50 型隔爆配电箱 2 台。

③ 采区变电所总高压配电箱选择。

额定电压：6 kV。

额定电流应大于总负荷(1 台移动变电站＋2 台干式变压器)最大长时工作电流，取 3 台变压器额定电流之和作为总最大长时工作电流：

$$I_{NT}=48.1+2\times 19.2=86.5\ (A)$$

选择 BGP9L-6/100 型隔爆配电箱。

采区变电所高压配电箱选择结果见表 4-17。

表 4-17 采区变电所高压配电箱选择结果

负荷	型号	额定电流/A	额定电压/kV	额定开断电流/kA
KBSGZY-500/6 移动变电站	BGP9L-6/50	50	6	12.5
KBSG-200/6 干式变压器	BGP9L-6/50	50		
总负荷	BGP9L-6/100	100		

(2) 断流能力校验

对所选高压配电箱，其额定开断电流为 12.5 kA，是国内最大电流，一般都要大于设备安装处短路电流。

如果主要变电所母线上最大短路电流超过 12.5 kA，则在地面变电所下井回路中一定会加限流电抗器。我国矿井井下中央变电所母线上的短路电流均限制在 12.5 kA 以下。

第六节 母线及绝缘子选择

一、母线的选择

(一) 材料和形状的选择

母线的材料有铜、铝、钢等。铜电阻率低，抗腐蚀性强，机械强度大，但价格较贵，因此铜母线只用在持续工作电流大，且位置特别狭窄的发电机、变压器出线处或污秽对铝有严重腐蚀而对铜腐蚀较轻的场所。铝电阻率是铜的 1.7～2 倍，但密度只有铜的 30％，价格较低，因此除《煤矿安全规程》要求必须采用铜母线的特殊环境外，一般都采用铝母线。钢母线电阻率大于铜、铝，容易锈蚀，故只用于负荷电流很小、年利用小时数少的地方。

母线形状有矩形、圆管形和多股绞线等。室内电压在 35 kV 以下、室外电压在 10 kV 以下时，一般用矩形母线，因为它较实心圆母线具有冷却条件好、交流电阻率小、在相同条件下截面面积较小的优点。矩形母线从冷却条件、集肤效应、机械强度等方面综合考虑，一般高宽比为 1/5～1/12。35 kV 及以上的室外配电母线一般采用多股绞线（钢芯铝绞线），并用耐张绝缘子。35 kV 及以上的室外配电装置中一般采用圆形截面的母线，如管形或多芯绞线（如钢芯铝绞线），一般不用矩形母线，防止发生电晕。

（二）母线标识

三相 U、V、W 分别以黄色、绿色、红色表示。不接地的中线以紫色表示，接地的中线以紫色加黑色条纹表示。保护接地母线以黑色表示。直流母线正极、负极分别用褐色和蓝色表示。

（三）母线截面面积的选择

变电所除配电装置的汇流母线及较短导体的截面面积按长时最大工作电流选择外，其余导体的截面面积一般按经济电流密度选择。母线选择完用短路条件校验其动、热稳定性。

(1) 按长时最大工作电流选择母线截面面积。母线所在电路中长时最大工作电流 I_{ca} 应不大于母线该截面面积的长时最大允许电流 I_N，即：

$$I_N \geqslant I_{ca} \tag{4-26}$$

母线的长时最大允许电流 I_N 是环境最高温度为 25 ℃、导体最高发热温度（θ_h）为 70 ℃时的长时允许电流。当环境最高温度为 θ 时，其长时最大允许电流应修正为：

$$I_p = \sqrt{\frac{\theta_h - \theta}{\theta_h - 25}} \cdot I_N \tag{4-27}$$

对于矩形母线，平放时散热条件较差，长时允许电流会下降。当母线宽度大于 60 mm 时，电流降低 8%；小于 60 mm 时，电流下降 5%。

(2) 按短路条件进行校验。室内布置的母线应校验其热稳定性，对硬母线还应校验其动稳定性。校验方法见本书第三章第六节内容。

【例 4-4】 试对例 4-2 中变电所 6 kV 侧母线截面面积进行选择和校验。

解：选择矩形硬铝母线，其长时最大工作电流是根据变压器二次额定电流 I_{NT2} 乘以分配系数 K_L，即：

$$I_{ca} = K_L I_{NT2} = 0.8 \times 962 = 769.6\ (\text{A})$$

根据长时最大允许电流选用 80 mm×6 mm 的矩形铝母线，其额定电流为 1 150 A。

由于环境最高温度为 42 ℃，其长时允许电流为：

$$I_p = \sqrt{\frac{\theta_h - \theta}{\theta_h - 25}} \cdot I_N = 1\ 150 \times \sqrt{\frac{70-42}{70-25}} = 907\ (\text{A})$$

考虑到动稳定性，母线采用平放，其允许电流值相应再降低 8%，故：

$$I'_p = I_p \times 0.92 = 907 \times 0.92 = 834\ (\text{A}) > 769.6\ \text{A}$$

故长时电流符合要求。

(1) 母线动稳定性校验

GG-1A 配电柜宽 1.2 m，柜间空隙为 0.018 m，母线中心距为 0.25 m。由于采用中间进线，故并列运行时，母线两端短路，母线所受电动力最大，其值为：

$$F^{(3)}=\sqrt{3}K_{f}i_{sh}^{(3)2}\cdot\frac{l}{a}\times10^{-7}=\sqrt{3}\times1.05\times(50.7\times10^{3})^{2}\times\frac{1.218}{0.25}\times10^{-7}=2\ 278\ (\mathrm{N})$$

母线的最大弯矩为：

$$M=\frac{Fl}{10}=\frac{2\ 278\times1.218}{10}=277.5\ (\mathrm{N\cdot m})$$

母线的截面系数为：

$$W=\frac{b^{2}h}{6}=\frac{(0.08)^{2}\times0.006}{6}=6.4\times10^{-6}(\mathrm{m}^{3})$$

母线的计算应力为：

$$\sigma_{c}=\frac{M}{W}=\frac{277.5}{6.4\times10^{-6}}=43.4\times10^{6}(\mathrm{Pa})=43.4\ \mathrm{MPa}<\sigma_{al}=70\ \mathrm{MPa}$$

故该母线满足短路动稳定性要求。

（2）母线热稳定性校验

已知继电保护动作时间为 2.5 s，则短路电流作用在母线上的总时间为：

$$2.5+0.2=2.7\ (\mathrm{s})$$

该母线满足热稳定性要求的最小允许截面面积为：

$$A_{min}=I_{\infty}^{(3)}\frac{\sqrt{t_{ima}}}{C}=19.9\times10^{3}\times\frac{\sqrt{2.7}}{87}=375.9\ (\mathrm{mm}^{2})<80\times6=480\ (\mathrm{mm}^{2})$$

故该母线满足热稳定性要求。

二、母线支柱绝缘子和套管绝缘子的选择

支柱绝缘子对母线起支持、固定和绝缘作用。母线穿过建筑物或其他物体时，用套管绝缘子绝缘。绝缘子按使用地点分为户外式和户内式两种。

（一）支柱绝缘子的选择

支柱绝缘子按使用地点和母线电压选择，并按短路条件校验其动稳定性。支柱绝缘子动稳定性按最大允许应力 F_{p} 进行校验，即：

$$F_{p}=0.6F_{p\cdot s}\geqslant FK=F\frac{H_{s}}{H} \tag{4-28}$$

式中　F_{p}——绝缘子的最大允许应力，N；

F——短路冲击电流的电动力，N；

$F_{p\cdot s}$——绝缘子的机械强度（抗弯破坏负荷，由绝缘子技术数据表查得），N；

K——换算系数；

H_{s}——短路电流的作用力的力臂，m，$H_{s}=H+\dfrac{h}{2}$；

h——上表面宽度，m；

H——绝缘子抗弯力的力臂，m。

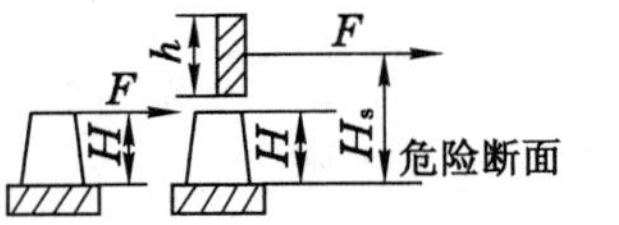

图 4-61　换算系数 K 的说明图

H_{s} 与 H 的换算关系如图 4-61 所示。

（二）套管绝缘子的选择

套管绝缘子按使用地点、额定电压、额定电流进行选择，并按短路条件校验其热稳定性和动稳定性。

1. 额定电流

套管绝缘子的额定电流是绝缘子内导体在环境温度为 40 ℃、导体最高发热温度(θ_h)为 80 ℃时的长时允许电流。当环境最高温度为 θ 时，其长时最大允许电流应修正为：

$$I_p = \sqrt{\frac{\theta_h - \theta}{\theta_h - 40}} \cdot I_N = \sqrt{\frac{80 - \theta}{40}} \cdot I_N \tag{4-29}$$

2. 动稳定性校验

套管绝缘子的动稳定性，按其最大允许应力进行校验，即：

$$F_p = 0.6F_{p \cdot s} \geqslant F \tag{4-30}$$

式中 F——短路冲击电流的电动力，N；

$F_{p \cdot s}$——该套管绝缘子的抗弯破坏强度(由套管绝缘子技术数据表查得)，N。

在计算作用力 F 时，支持距离按照下式计算：

$$L_{s \cdot d} = \frac{L_1 + L_2}{2} \tag{4-31}$$

式中 L_1——套管与支持绝缘子的距离；

L_2——套管自身的长度。

3. 热稳定性校验

套管绝缘子的热稳定电流时间 t 一般铜导体取 10 s，铝导体取 5 s。校验公式为：

$$I_t^2 t \geqslant I_\infty^{(3)2} t_{ima} \tag{4-32}$$

式中 I_t——电气设备的热稳定电流；

t——I_t 对应的热稳定试验时间。

I_t 可通过查有关手册或产品样本获得。

习题与思考

4-1 变压器有何作用？矿山供电系统中涉及的变压器有哪些类型？分别使用在哪些场所？为什么？

4-2 电抗器有何作用？如何合理选择电抗器？

4-3 互感器有何作用？什么是互感器的精确等级？精确等级与互感器容量有什么关系？

4-4 电流互感器结构有何特点？使用时需要注意哪些事项？电流互感器有几种典型接线？适用于哪些场合？

4-5 电压互感器结构有何特点？使用时需要注意哪些事项？电压互感器有几种典型接线？适用于哪些场合？

4-6 什么是电弧？电弧的产生和熄灭需要哪些条件？常用的灭弧方法有哪些？

4-7 高压断路器有什么作用？常用断路器有几种？

4-8 高压隔离开关有什么作用？何为倒闸操作规程？

4-9 何为限流式熔断器？为何跌落式熔断器是非限流式熔断器？其使用有何特点？

4-10 为何负荷开关一般要加熔断器使用？

4-11 何为开关柜“五防”？

4-12　简述如何合理选择电气设备。

4-13　某煤矿地面变电所的 6 kV 部分供电系统如图 4-62 所示。已知全矿负荷总容量为 7 000 kV·A，功率因数为 0.95；井下总容量为 3 000 kV·A，功率因数为 0.7。变电所正常时采用双回路并列运行，地面变电所母线短路电流并列运行时为 8 kA，分列运行时为 6 kA。进线设有横差功率方向保护和过流保护，过流保护动作时间为 1 s，出线过流保护动作时间为0.5 s。变电所选用 GG-1A 型高压配电柜，进线柜分别放在母线两端。试完成：(1) 进线开关柜中断路器和隔离开关的选择；(2) 6 kV 母线截面面积的选择；(3) 下井电抗器的选择（当井下短路容量超过 50 MV·A 时需加电抗器）。

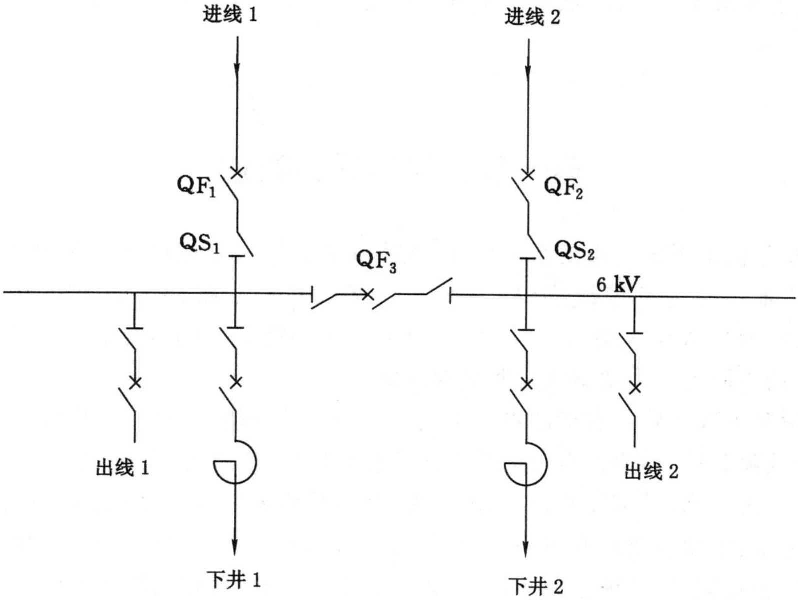

图 4-62　习题 4-13 的供电系统

第五章　电力线路及其选择

内容提要：本章首先介绍矿山电力线路的结构及特点，然后介绍架空导线、电力电缆及其选择，重点讲述煤矿井下高、低压电缆的选择及其安装与维护要求。本章是矿山供电系统设计的重要内容。

第一节　电力线路概述

电力线路是供电系统的重要组成部分，主要任务是完成电能的输送和分配。电力线路按电压等级高低可分为低压线路（1.2 kV 及以下）、高压线路（3～110 kV）、超高压线路（220～750 kV）及特高压线路（1 000 kV 及以上）；按功能的不同可分为配电线路和输电线路；按输电结构不同可分为架空线路和电缆线路。

架空线路和电缆线路各有优缺点。架空线路一般投资较少，具有安装简便、易于检修维护、便于查找故障等优点，但也有容易受自然条件（如风、雪、雷电、覆冰等）影响供电的安全可靠性，需要架线走廊、不够美观，受空间条件制约，长距离跨越（如跨越江河湖海等）困难等缺点。相比之下，电缆线路具有不易受外界干扰的影响、占用空间小、安全美观等优点，特别适合城市人口密集区域、特殊空间环境（如煤矿井下）、需长距离跨越（如海底供电）等情况下的供电，缺点主要是成本一般较高、寻找故障困难、维修恢复时间长等。因此，选择架空线路还是电缆线路供电，应根据实际情况从供电的安全、可靠、经济性等方面综合考虑确定。

一、架空线路的结构及敷设要求

架空线路由导线、电杆、绝缘子和线路金具等主要元件组成，如图 5-1 所示。为了防雷，有的架空线路上还装设有避雷线（又称架空地线）。为了加强电杆的稳固性，有的电杆还安装有拉线或扳桩。

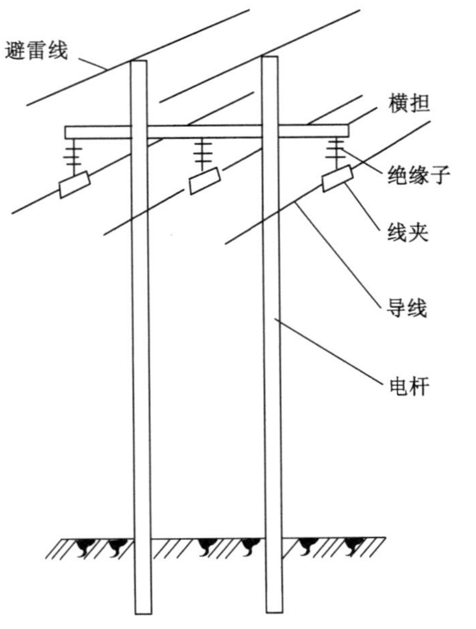

图 5-1　架空线路的结构

（一）导线

架空导线是线路的主体，担负着输送电能的功能。它架设在电杆上，既要经受自身重量和各种外力的作用，还要承受大气中各种有害物质的侵蚀。因此，导线必须具有良好的导电性，同时要具有一定的机械强度和耐腐蚀性，尽可能地质轻而价廉。

导线材质主要有铜、铝和钢。铜的导电性最好，机械强度也高，但价格昂贵。铝的机械强度较差，但导电性较好，且具有质轻、价廉的优点，因此在能“以铝代铜”的场合，宜尽量采用铝导线。钢的机械强度很高，价格低廉，但其导电性差，功率损耗大，对交流电流还有磁滞涡流损耗（铁磁损耗），在大气中容易锈蚀，因此钢导线较少做电力传输用，一般在架空线路上只做避雷线使用，且使用镀锌钢绞线以防腐蚀。

架空线路一般采用裸导线。裸导线按其结构分，有单股线和多股绞线，一般采用多股绞线。绞线又有铜绞线（TJ）、铝绞线（LJ）和钢芯铝绞线（LGJ）之分。铜绞线机械强度大，防腐性能好，导电性好，但价格高，主要用于腐蚀严重地区。铝绞线导电性能良好，质轻价廉，但机械强度较差，故只适用于档距不大的 10 kV 的架空线路。在机械强度要求较高和 35 kV 及以上的架空线路上，则多采用钢芯铝绞线。钢芯铝绞线简称钢芯铝线，其横截面结构如图 5-2 所示。这种导线的线芯是钢线，用以增强导线的抗拉强度，弥补铝线机械强度较差的缺点；而其外围用铝线，取其导电性较好的优点。由于交流电流在导线中通过时有“集肤效应”，交流电流实际上只从铝线部分通过，从而弥补了钢线导电性差的缺点。钢芯铝线型号中表示的截面积，就是其铝线部分的有效截面积。

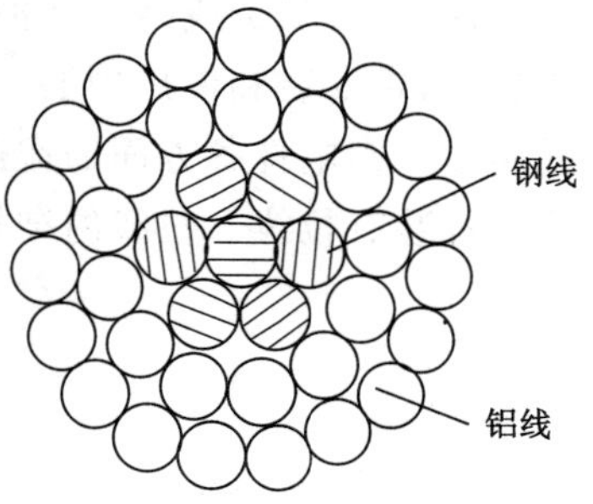

图 5-2　钢芯铝绞线横截面构造

对于工厂和城市中 10 kV 及以下的架空线路，当安全距离难以满足要求、临近高层建筑及在繁华街道或人口密集地区、空气严重污染地段和建筑施工现场，按《66 kV 及以下架空电力线路设计标准》（GB 50061—2010）规定，可采用绝缘导线。

（二）电杆、横担和拉线

电杆是支持导线的支柱，是架空线路的重要组成部分。对电杆的要求，主要是要有足够的机械强度，同时尽可能地经久耐用，价廉，便于搬运和安装。

电杆按其采用的材料分为木杆、水泥杆（钢筋混凝土杆）和铁塔。对工业企业，水泥杆应用最为普遍，采用水泥杆可以节约大量的木材和钢材，且经久耐用，维护简单，较为经济。

电杆按其在架空线路中的地位和功能分，有直线杆、分段杆、转角杆、终端杆、跨越杆和分支杆等型式。图 5-3 是上述各种杆型在低压架空线路上应用的示意图。

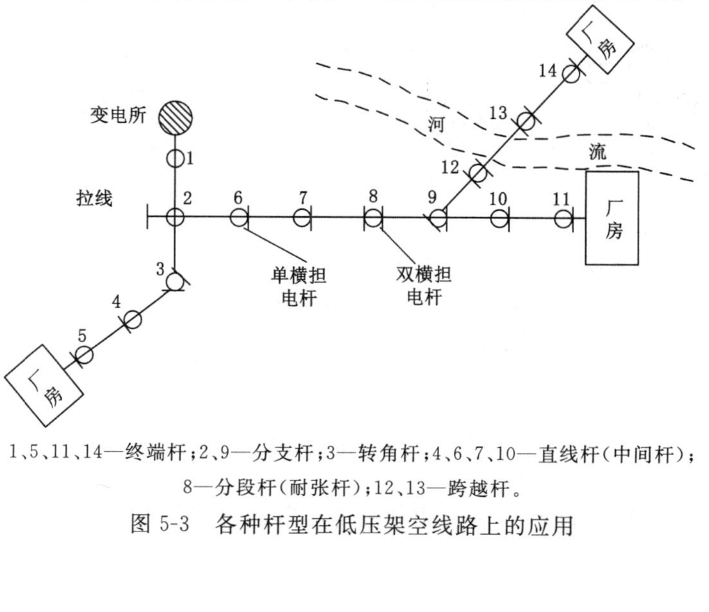

1、5、11、14—终端杆；2、9—分支杆；3—转角杆；4、6、7、10—直线杆（中间杆）；
8—分段杆（耐张杆）；12、13—跨越杆。

图 5-3　各种杆型在低压架空线路上的应用

横担安装在电杆的上部,用来安装绝缘子以架设导线。常用的横担有木横担、铁横担和瓷横担。现在工厂里普遍采用的是铁横担和瓷横担。瓷横担是我国独特的产品,具有良好的电气绝缘性能,兼有绝缘子和横担的双重功能,能节约大量的木材和钢材,有效地利用电杆高度,降低线路造价。它在断线时能够转动,以避免因断线而扩大事故,同时它的表面便于雨水冲洗,可减少线路的维护工作量。它结构简单,安装方便,可加快施工进度。但瓷横担比较脆,在安装和使用中必须避免机械损伤。图 5-4 所示是高压电杆上安装的瓷横担。

拉线用于平衡电杆各方面的作用力,并抵抗风压以防止电杆倾倒,如终端杆、转角杆、分段杆等往往都装有拉线。拉线的结构如图 5-5 所示。

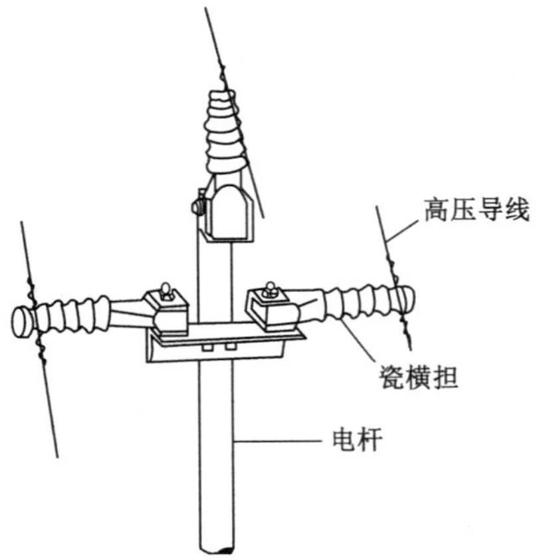

图 5-4　高压电杆上安装的瓷横担

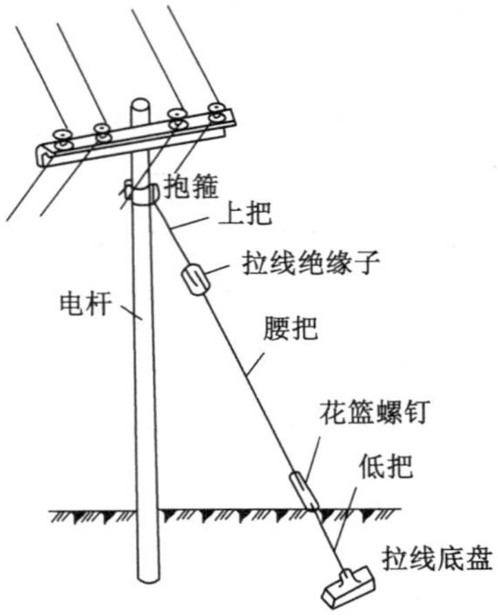

图 5-5　拉线的结构

（三）线路绝缘子和金具

绝缘子又称瓷瓶。线路绝缘子用来将导线固定在电杆上,并使导线与电杆绝缘。因此对绝缘子既要求具有一定的电气绝缘强度,又要求具有足够的机械强度。线路绝缘子按电压高低分低压绝缘子和高压绝缘子两大类。图 5-6 所示是几种高压线路绝缘子的外形结构。

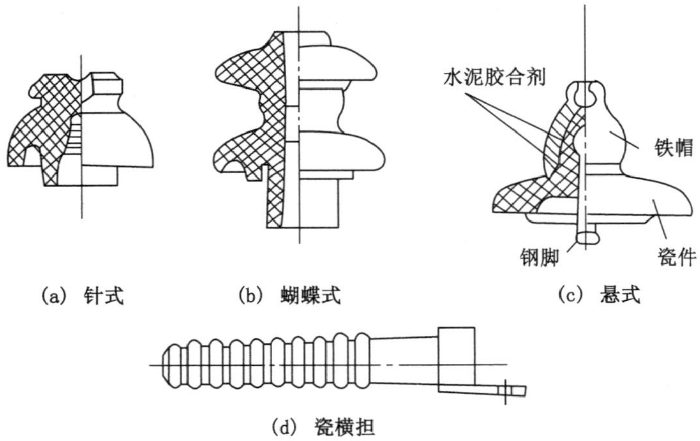

图 5-6　高压线路绝缘子

线路金具是用来连接导线、安装横担和绝缘子等的金属附件,包括安装针式绝缘子的直脚[图 5-7(a)]和弯脚[图 5-7(b)],安装蝴蝶式绝缘子的穿芯螺钉[图 5-7(c)],将横担或拉线固定在电杆上的 U 形抱箍[图 5-7(d)],调节拉线松紧的花篮螺钉[图 5-7(e)],以及悬式绝缘子串的挂环、挂板、线夹[图 5-7(f)]等。

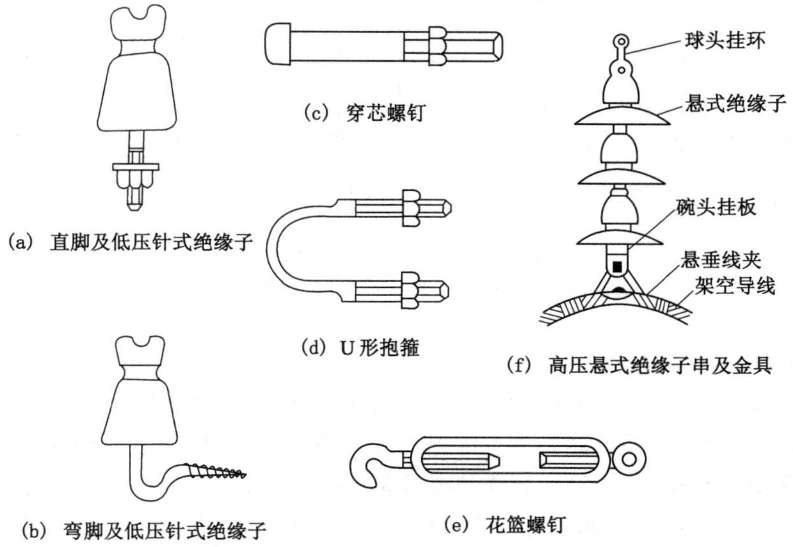

图 5-7　架空线路用金具

（四）架空线路的敷设

1. 架空线路敷设的要求和路径的选择

敷设架空线路,要严格遵守有关技术规程的规定。整个施工过程中,要重视安全教育,采取有效的安全措施,特别是立杆、组装和架线时,更要注意人身安全,防止发生事故。竣工以后,要按照规定的手续和要求进行检查和验收,确保工程质量。

选择架空线路的路径时,应考虑以下原则:

(1) 路径要短,转角尽量少。尽量减少与其他设施的交叉;当与其他架空线路或弱电线路交叉时,其间距及交叉点或交叉角应符合《66 kV 及以下架空电力线路设计标准》(GB 50061—2010)的规定。

(2) 尽量避开河洼和雨水冲刷地带、不良地质地区及易燃、易爆等危险场所。

(3) 不应引起机耕、交通和人行困难。

(4) 不宜跨越房屋,应与建筑物保持一定的安全距离。

(5) 应与工厂和城镇的整体规划协调配合,并适当考虑今后的发展。

2. 导线在电杆上的排列方式

三相四线制低压架空线路的导线,一般都采用水平排列,如图 5-8(a)所示。由于中性线(PEN 线)电位在三相均衡时为零,而且其截面面积一般较小,机械强度较差,所以中性线一般架设在靠近电杆的位置。三相三线制架空线路的导线,可三角形排列,如图 5-8(b)、(c)所示;也可水平排列,如图 5-8(d) 所示。多回路导线同杆架设时,可三角形与水平混合排列,如图 5-8(e)所示;也可全部垂直排列,如图 5-8(f)所示。电压不同的线路同杆架设时,电压较高的线路应架设在上边,电压较低的线路则架设在下边。

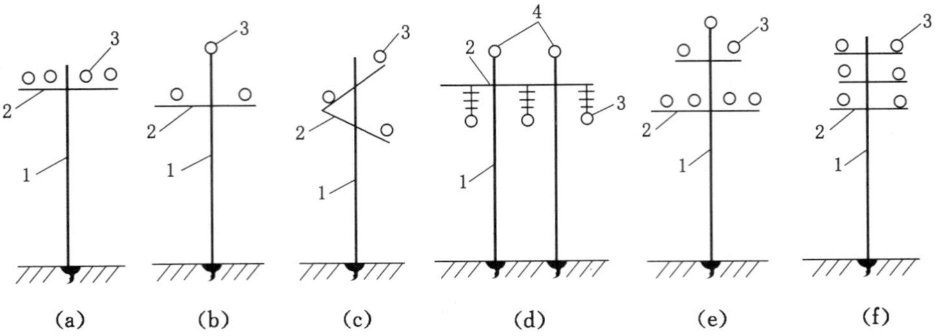

1—电杆；2—横担；3—导线；4—避雷线。

图 5-8　导线在电杆上的排列方式

3. 架空线路的档距、弧垂及其他有关间距

架空线路的档距(又称跨距)，是指同一线路上相邻两根电杆之间的水平距离，如图 5-9 所示。架空线路的弧垂(又称弛垂)，是指架空线路一个档距内导线最低点与两端电杆上导线悬挂点之间的垂直距离，如图 5-9 所示。导线的弧垂是由于导线存在着荷重所形成的。弧垂不宜过大，也不宜过小。弧垂过大，则在导线摆动时容易引起相间短路，而且造成导线对地或对其他物体的安全距离不够；弧垂过小，则将使导线内应力增大，在天冷时可能使导线收缩绷断。

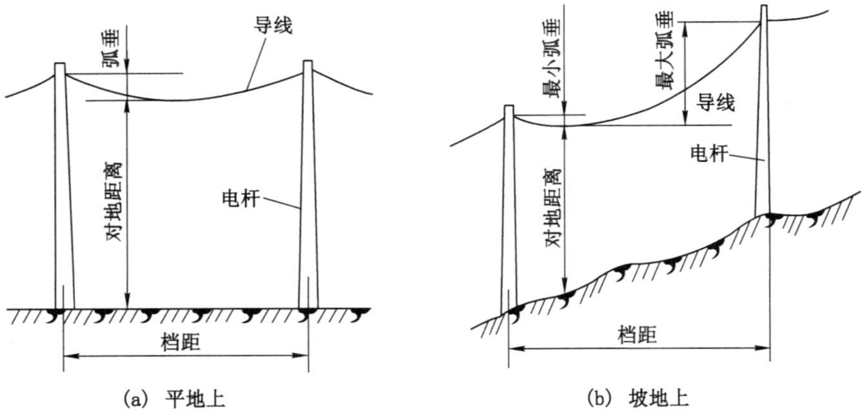

图 5-9　架空线路的档距和弧垂

架空线路的线间距离、档距、导线对地面和水面的最小距离、架空线路与各种设施接近和交叉的最小距离等，在 GB 50061—2010 等标准中均有明确规定，设计和安装时必须遵循。

二、电缆线路的结构和电缆类型

电缆线路主要由电缆、电缆接头与封端头、电缆支架、电缆夹等组成。

(一) 电缆的种类与结构

由于受到空间限制及考虑人身和矿井安全，除架线电机车采用架空裸导线供电外，在煤矿井下全部动力均由电缆供电；在地面工业广场内，一般也采用电缆向提升、通风等用电设备供电。因此电缆供电是矿井供电最主要的方式。

在输、配电线路中，目前常用的电力电缆，主要有铠装电缆与橡胶绝缘电缆两大类。铠装电缆机械强度高，但不易弯曲，主要用于向固定及半固定的电气设备供电；橡胶绝缘电缆轻便易弯曲，主要用于移动设备的供电。

矿用电缆相比普通电缆工作环境复杂，受到岩石冒落、机械压砸等容易产生短路、漏电，引发瓦斯煤尘爆炸、设备烧毁和人身触电事故，因此必须正确地选择、安装、使用、维护矿用电缆，以适应煤矿井下环境条件和安全保护的特殊要求。

1. 铠装电缆

铠装电缆按铠装形式不同分为钢带铠装和钢丝铠装两种。钢带铠装是以钢带缠绕在电缆的外面，其抗压强度高，但抗拉强度差，适用于敷设在倾角小于 45°的巷道中。钢丝铠装是用钢丝缠绕在电缆的外面，其抗拉强度高，但抗压强度差，适用于敷设在倾角大于 45°的斜井或立井中。由于钢铠和铅包可导电，可兼作接地线，因此其电缆芯线中可省去接地芯线，为降低钢铠的接地电阻，一些电缆在铠装层中附加铜丝以增强其电导率。

图 5-10(a)所示为塑料绝缘铠装电缆图。

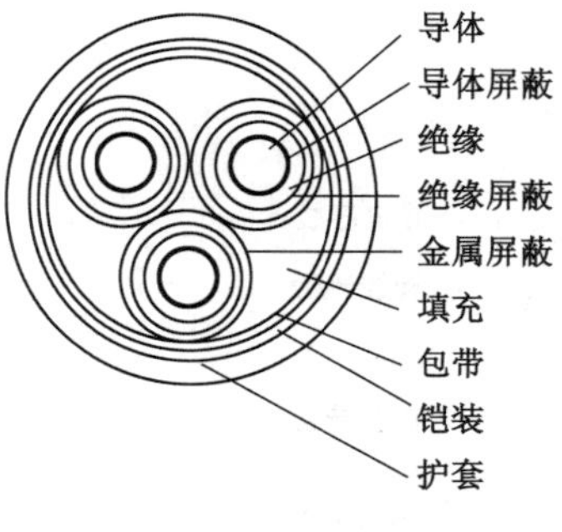

(a) 塑料绝缘铠装电缆结构图

(b) 钢带铠装塑料绝缘电缆

(c) 钢丝铠装塑料绝缘电缆

图 5-10　铠装电缆

为使电缆能够弯曲，三相导电芯线由多股铜线或铝线绞合而成。相间绝缘采用交联聚乙烯绝缘或聚氯乙烯绝缘，使导电芯线之间及芯线与大地之间可靠绝缘。填充料的作用主要是将电缆统包为圆形填补空隙用。塑料外护层采用聚氯乙烯制成，由于其具有防腐、防锈、阻燃、无高差限制等优点，适用于有易燃物和腐蚀性场所。

常用塑料绝缘电力电缆有交联聚乙烯绝缘-聚氯乙烯护套电缆和聚氯乙烯绝缘-聚氯乙

烯护套电缆两种。聚氯乙烯绝缘具有耐油、耐酸碱、耐腐蚀、阻燃、敷设高差不限等优点;交联聚乙烯绝缘除具有上述特点外,还耐高压,并且耐热性及耐溶剂性能都有所改善,应优先选用。

因为铝芯电缆接头易氧化造成接触不良,尤其在短路时短路电弧产生的高温铝粉很容易引起瓦斯、煤尘的爆炸,所以,在有火灾、爆炸危险的场所严禁使用铝芯电缆和铝包电缆。在进风斜井、井底车场及其附近、中央变电所至采区变电所之间,可以采用铝芯电缆,其他地点必须采用铜芯电缆。煤矿井下低压线路不得使用铝芯电缆。

2. 橡胶绝缘电缆

橡胶绝缘电缆一般采用橡胶护套,因此一般也称橡套电缆,其柔软易弯曲,适用于采掘机械等移动设备的供电。橡套电缆按结构和材料的不同分为普通橡套电缆、非延燃橡套电缆和屏蔽橡套电缆 3 种。

(1) 普通橡套电缆

普通橡套电缆结构如图 5-11 所示。导电芯线由多股细铜丝绞合而成;橡胶绝缘可实现相间绝缘;防震橡胶芯起固定芯线作用,同时保证成缆后电缆呈圆形;橡胶护套用于增强电缆的机械强度和对地绝缘强度。

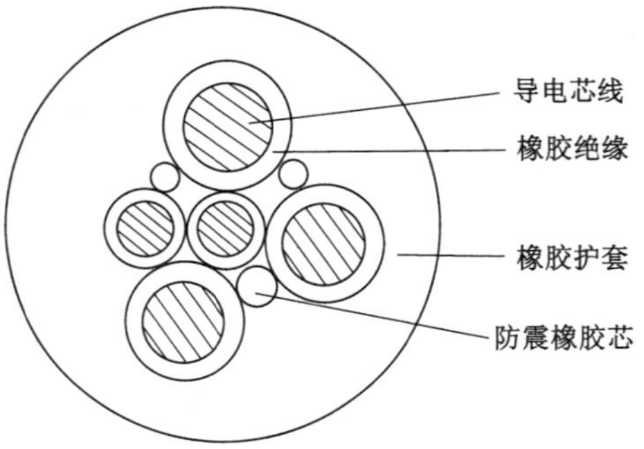

图 5-11　普通橡套电缆结构

用于井下向三相电气设备供电的橡套电缆,其芯线数量至少应为 4 芯,4 芯导线中截面面积最大的 3 芯为三相电力主芯线,余下 1 芯为保护接地芯线;超过 4 芯的如 6 芯、7 芯、8 芯、11 芯等,除 3 芯电力芯线、1 芯接地线外,其余芯线均为控制线。

普通橡套电缆采用天然橡胶制成,易燃烧,不能用于煤矿井下易燃易爆环境中。

(2) 非延燃橡套电缆

非延燃橡套电缆习惯称为阻燃橡套电缆,其结构与普通橡套电缆相同,只是其护套采用氯丁橡胶制成,由于它燃烧时产生的氯化氢气体不助燃,能将火焰包围起来使之与氧气隔离而自行熄灭,故适用于井下易燃易爆环境。此外,氯丁橡胶还具有良好的机械性能、耐油性能,是理想的矿用电缆护套材料。为加强橡套电缆抗拉强度,在橡胶护套和绝缘之间,增加了镀锌钢丝线绕包层或编织包层而制成加强型,用于承受较大拉力的各种移动设备。

(3) 屏蔽橡套电缆

屏蔽橡套电缆的结构与其他橡套电缆基本相同,只是在其导电芯线橡胶绝缘层外包了一层屏蔽层。屏蔽层有半导体橡胶和铜丝尼龙编织网两种，图 5-12 所示为国产矿用低压屏蔽橡套电缆结构，其中垫芯采用导电橡胶制成，裸芯接地线与导电橡胶紧密接触为一个整体。在电缆中，由于各屏蔽层都是接地的，当任一相主芯线绝缘破损时，电流首先通过屏蔽层与接地导线在电缆内部形成接地故障（漏电故障），使检漏继电器动作而迅速切断电源。这样既可防止严重的相间短路故障的发生，又可防止漏电火花或短路电弧引起周围环境中的易燃易爆物的燃烧和爆炸，还可避免电缆漏电通过外部大地构成回路造成的人身触电伤害。所以屏蔽电缆主要用于有爆炸危险的场所和向移动频繁的电气设备供电。

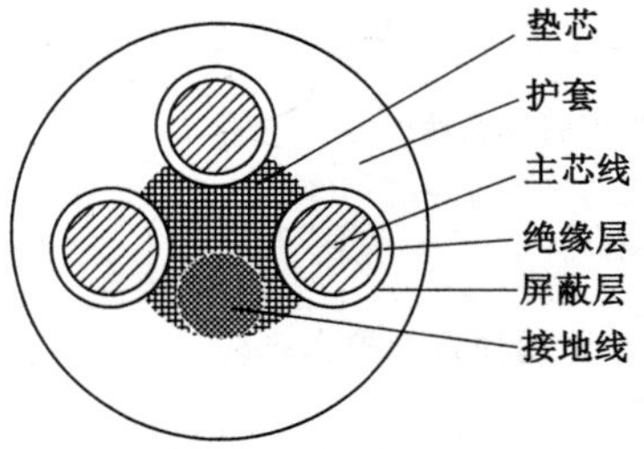

(a)　无控制线低压屏蔽电缆

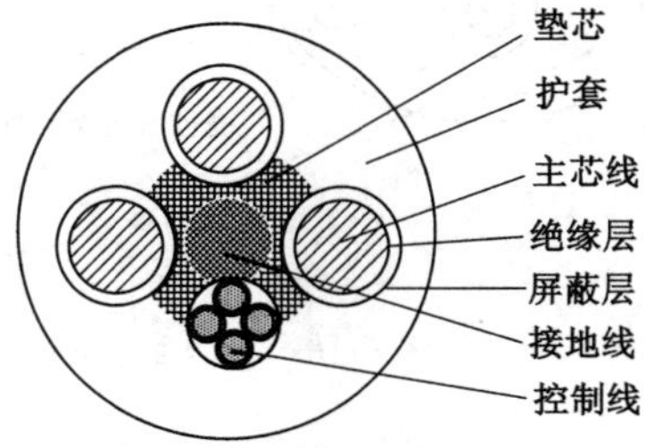

(b)　有控制线低压屏蔽电缆

图 5-12　国产矿用低压屏蔽橡套电缆结构

MYPJ-3.6/6 型 6 kV 屏蔽监视型矿用橡套电缆主要用于井下 6 kV 移动变电站及类似设备的供电电缆。电缆结构如图 5-13 所示。图中，导体屏蔽采用半导电挤包层或半导电挤包层＋半导电带包层组合，厚度为 0.77 mm；绝缘屏蔽采用半导电带包层＋金属/纤维编织层，计算厚度为 1.7 mm。

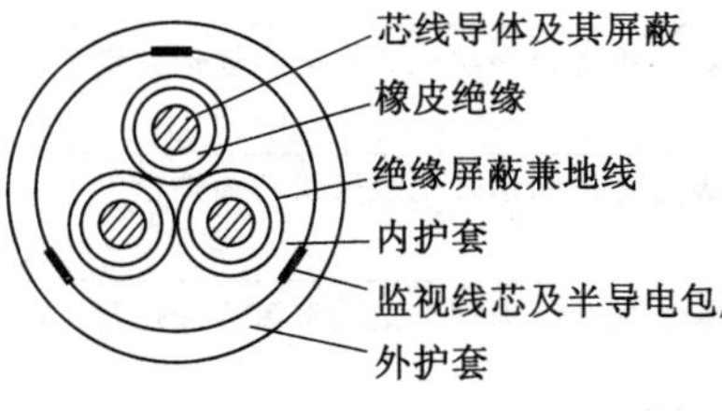

图 5-13　MYPJ-3.6/6 型 6 kV 屏蔽监视型矿用橡套电缆

1.14 kV 采煤机用金属屏蔽橡套电缆结构如图 5-14 所示。

0.66～1.14 kV 采煤机用橡套电缆结构如图 5-15 所示。

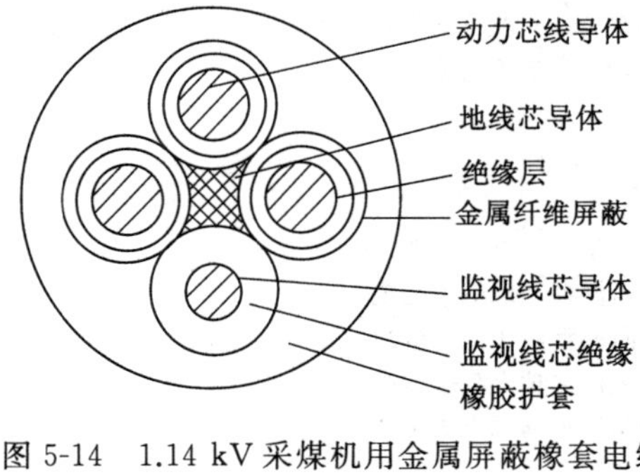

图 5-14　1.14 kV 采煤机用金属屏蔽橡套电缆

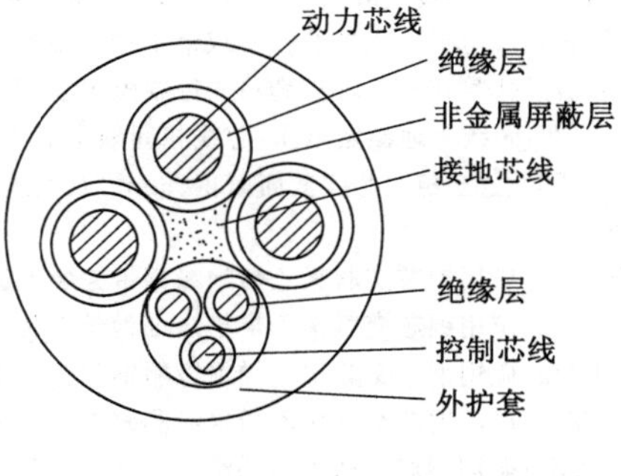

图 5-15　0.66～1.14 kV 采煤机用橡套电缆

1.14 kV 采煤机用屏蔽监视加强型橡套电缆结构如图 5-16 所示。

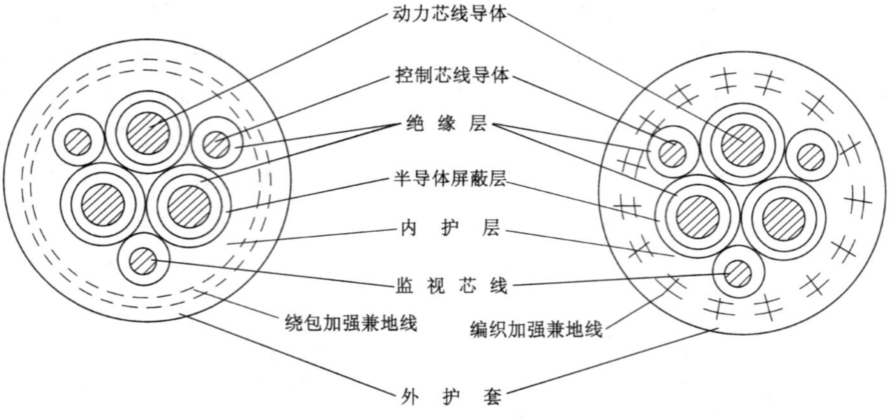

图 5-16　1.14 kV 采煤机用屏蔽监视加强型橡套电缆

表 5-1、表 5-2 给出了常用铠装电缆和橡套电缆的型号、名称及使用场所说明。

表 5-1　矿井常用铠装电缆的型号、名称及使用场所

型号		名称	使用场所
铜芯	铝芯		
VV22	VLV22	铜(铝)芯聚氯乙烯绝缘钢带铠装聚氯乙烯护套电力电缆	室内,电缆沟、土壤中、矿井中,能承受拉力
VV32	VLV32	铜(铝)芯聚氯乙烯绝缘细钢丝铠装聚氯乙烯护套电力电缆	水中,井筒中,能承受拉力
VV42	VLV42	铜(铝)芯聚氯乙烯绝缘粗钢丝铠装聚氯乙烯护套电力电缆	水中,井筒中,能承受较大拉力
YJV22	YJLV22	铜(铝)芯交联聚乙烯绝缘钢带铠装聚氯乙烯护套电力电缆	矿井巷道、易燃且有严重腐蚀环境中,不能承受大的拉力
YJV32	YJLV32	铜(铝)芯交联聚乙烯绝缘细钢丝铠装聚氯乙烯护套电力电缆	矿井巷道、易燃且有严重腐蚀环境中,能承受一定拉力
YJV42	YJLV42	铜(铝)芯交联聚乙烯绝缘粗钢丝铠装聚氯乙烯护套电力电缆	矿井巷道、易燃且有严重腐蚀环境中,能承受较大拉力

注:此类电缆常用标识为□□□□□-U_0/U-3×□-□,其含义如下:

① 电缆类别代号:M—煤矿用;V—聚氯乙烯绝缘电缆;YJ—交联聚乙烯绝缘电缆。

② 线芯材质代号:L—铝芯;T—铜芯,不标。

③ 内护层代号:Q—铅包;L—铝包;V—聚氯乙烯护套。

④ 铠装层代号:0—无铠装;2—双钢带;3—细圆钢丝;4—粗圆钢丝;5—波纹钢带;6—不锈钢钢带;S—带联锁。

⑤ 外被层代号:0—无外护套;1—纤维外护套;2—聚氯乙烯护套;3—聚乙烯护套。

⑥ U_0/U:芯线对地额定电压/芯线相间额定电压(kV)。

⑦ 3×□-□:三相主芯线截面面积(mm^2)及电缆长度(m)。

例如:

MYJV22:矿用铜芯交联聚乙烯绝缘钢带铠装聚氯乙烯护套阻燃型高压电力电缆

MYJV32:矿用铜芯交联聚乙烯绝缘细钢丝铠装聚氯乙烯护套阻燃型高压电力电缆

MYJV42:矿用铜芯交联聚乙烯绝缘粗钢丝铠装聚氯乙烯护套阻燃型高压电力电缆

MYJV62:矿用铜芯交联聚乙烯绝缘非磁性不锈钢钢带铠装聚氯乙烯护套阻燃型高压电力电缆

MYJVS2:矿用铜芯交联聚乙烯绝缘带联锁铠装聚氯乙烯护套阻燃型高压电力电缆

表 5-2　煤矿井下移动设备常用阻燃电缆

<table>
<tr><th>型号</th><th>电缆名称</th><th>额定电压/kV</th><th>主芯线截面面积/mm^2</th><th>芯数</th><th>主要用途</th></tr>
<tr><td>MZ</td><td>矿用电钻电缆</td><td rowspan="2">0.3/0.5</td><td>2.5</td><td rowspan="2">4～5</td><td rowspan="2">电钻、照明设备</td></tr>
<tr><td>MZP</td><td>矿用屏蔽电钻电缆</td><td>4</td></tr>
<tr><td>MC</td><td>采煤机橡套软电缆</td><td>0.38/0.66</td><td>16～50</td><td rowspan="7">4～10</td><td rowspan="7">采煤机、掘进机及类似设备</td></tr>
<tr><td rowspan="3">MCP</td><td rowspan="3">采煤机屏蔽橡套软电缆</td><td>0.38/0.66</td><td>16～50</td></tr>
<tr><td>0.66/1.14</td><td>35～95</td></tr>
<tr><td>1.9/3.3</td><td>35～95</td></tr>
<tr><td>MCPT</td><td>采煤机金属屏蔽橡套软电缆</td><td>1.9/3.3</td><td>35～95</td></tr>
<tr><td rowspan="2">MCPTJ</td><td rowspan="2">采煤机金属屏蔽监视型橡套软电缆</td><td>0.66/1.14</td><td>16～95</td></tr>
<tr><td>1.9/3.3</td><td>35～95</td></tr>
<tr><td>MY</td><td>煤矿用移动橡套软电缆</td><td>0.38/0.66</td><td>4～95</td><td rowspan="4">4～10</td><td rowspan="4">移动采煤设备及类似设备</td></tr>
<tr><td rowspan="2">MYP</td><td rowspan="2">煤矿用移动屏蔽橡套软电缆</td><td>0.38/0.66</td><td>4～95</td></tr>
<tr><td>0.66/1.14</td><td>10～95</td></tr>
<tr><td>MYPT</td><td>煤矿用移动金属屏蔽橡套软电缆</td><td>1.9/3.3</td><td>35～95</td></tr>
<tr><td rowspan="2">MYPTJ
(MYPJ)</td><td rowspan="2">煤矿用移动金属屏蔽监视型橡套软电缆</td><td>3.6/6</td><td rowspan="2">16～95</td><td rowspan="2">9</td><td rowspan="2">移动变电站及类似设备</td></tr>
<tr><td>6/10</td></tr>
</table>

注：此类电缆常用标识为□□□□-U_0/U-3×□+1×□+□×□-□，其含义如下：

① 电缆类别代号：M—矿用阻燃电缆。

② 线芯材质代号：L—铝芯；T—铜芯，不标。

③ 使用场所代号：C—采掘机械用；Z—电钻用；Y—移动设备用。

④ 屏蔽形式代号：P—普通屏蔽；PT—金属屏蔽；PTJ—金属屏蔽监视型。

⑤ U_0/U：芯线对地额定电压/芯线相间额定电压(kV)。

⑥ 3×□+1×□+□×□-□：三相主芯线截面面积+地线截面面积+控制线数量及截面面积(mm^2)以及电缆长度(m)。

(二) 电缆的支架与电缆夹

电缆支架用于支持电缆，使其相互之间保持一定的距离，便于散热、修理及维护；在短路时避免波及邻近电缆或设备。

在地面，电缆支架多用型钢制作，将电缆排放在支架上，并加以固定。矿井下电缆线路经常变动，因此在永久性巷道内采用电缆钩悬挂电缆，非永久性巷道采用木楔或帆布袋吊挂电缆，以便在电缆承受意外重力时吊挂物首先损坏，电缆可自由坠落免遭损坏。

在需要对电缆进行固定或承担电缆自重的地方，如立井井筒或倾角大于 30°的巷道内敷设电缆时，应采用电缆夹或电缆卡固定，但应防止电缆被夹伤。电缆夹型式可按照敷设需要进行选择。

(三) 电缆连接盒(头)与终端盒(头)

电缆的互相连接处和电缆终端是电缆的最薄弱处，应予以特别注意，以免发生短路故障。为了加强绝缘，防止绝缘油的流失及潮气侵入，电缆连接处应采用电缆连接盒，电缆末端则应使用终端盒与电气设备相连。

第二节　架空导线及其选择

一、导线选择的一般规定

(1) 电压等级在 110 kV 及以上的架空线路宜采用钢芯铝绞线，截面面积不宜小于 150～185 mm^2。35～66 kV 架空线路亦宜采用钢芯铝绞线，截面面积不宜小于 70～95 mm^2。城市电网中 3～10 kV 架空线路宜采用铝绞线，主干线截面面积应为 150～240 mm^2，分支线截面面积不宜小于 70 mm^2；但在化工污秽及沿海地区，宜采用绝缘导线、铜绞线或钢芯铝绞线，当采用绝缘导线时，绝缘子绝缘水平应按 15 kV 考虑，采用铜绞线或钢芯铝绞线时，绝缘子绝缘水平应按 20 kV 考虑。农村电网中 10 kV 架空线路宜选用钢芯铝绞线或铝绞线，其主干线截面面积应按中期规划(5～10 年)一次选定，不宜小于 70 mm^2。

(2) 市区和工厂 10 kV 及以下架空线路，遇下列情况可采用绝缘铝绞线（据 GB 50061—2010规定)：① 线路走廊狭窄，与建筑物之间的距离不能满足安全要求的地段；② 高层建筑邻近地段；③ 繁华街道或人口密集地区；④ 游览区和绿化区；⑤ 空气严重污秽地段；⑥ 建筑施工现场。

(3) 城市和工厂的低压架空线路宜采用铝芯绝缘线，主干线截面面积宜采用 150 mm^2，一次建成，次干线宜采用 120 mm^2，分支线宜采用 50 mm^2。农村的低压架空线路可采用钢芯铝绞线或铝芯绝缘线，其主干线亦宜一次建成。

(4) 架空线路导线的长时允许载流量，应按周围空气温度进行校正。周围空气温度（环境温度)应采用当地 10 年或以上的最热月的每日最高温度的月平均值。

(5) 从供电变电所二次侧出口到线路末端变压器一次侧入口的 6～10 kV 架空线路的电压损耗，不宜超过供电变电所二次侧额定电压的 5%。

(6) 架空线路导线的截面面积，不应小于机械强度所要求的最小截面面积。

二、导线截面面积选择原则

为了保证供电系统安全、可靠、优质、经济地运行，导线截面面积选择方法有：

(1) 按经济电流密度选择。输电线路和高压配电线路由于传输距离远、容量大、运行时间长、年运行费用高，导线截面面积一般按照经济电流密度进行选择，以保证年运行费用最低。

(2) 按长时允许电流选择。使得导线在通过正常最大负荷电流即计算电流时产生的发热温度，不致超过其正常运行时的最高允许温度。

(3) 按允许电压损失选择。导线在通过正常最大负荷电流即计算电流时产生的电压损耗，不应超过其正常运行时允许的电压损耗。

(4) 按机械强度要求选择。为防止架空导线由于机械强度不足导致断线，架空导线的最小允许截面面积如表 5-3 所列。

对长距离大电流线路和 35 kV 及以上高压线路，可先按照经济电流密度确定截面面积，再按照其他条件校验，最后取最大者；10 kV 及以下高压线路及 1 kV 以下低压动力线路，通常是先按照发热条件来选择导线截面面积，再按照电压损耗和机械强度校验。低压照明线路对电压水平要求较高，通常先按照允许电压损耗进行选择，再按照发热条件和机械强度校验。按上述经验选择计算，比较容易满足要求，较少返工。

表 5-3　架空线路按机械强度要求的最小允许截面面积

导线类型	6～35 kV 架空线路		1 kV 及以下线路
	居民区	非居民区	
铝及铝合金绞线	35 mm^2	25 mm^2	16 mm^2
钢芯铝绞线	25 mm^2	16 mm^2	16 mm^2
铜线	16 mm^2	16 mm^2	ϕ3.2 mm

三、高压架空线路的选择计算

（一）按照经济电流密度选择导线截面面积

导线截面面积大小与电网的运行费用有密切关系。导线截面面积越大，电能损耗越小，但线路投资、维修管理费用和有色金属消耗量都要增加。因此从经济方面考虑，导线应选择一个比较合理的截面面积，既要使电能损耗小，又不要过分增加线路投资、维修管理费用和有色金属消耗量。

图 5-17 是线路年运行费用 C 与导线截面面积 A 的关系曲线。

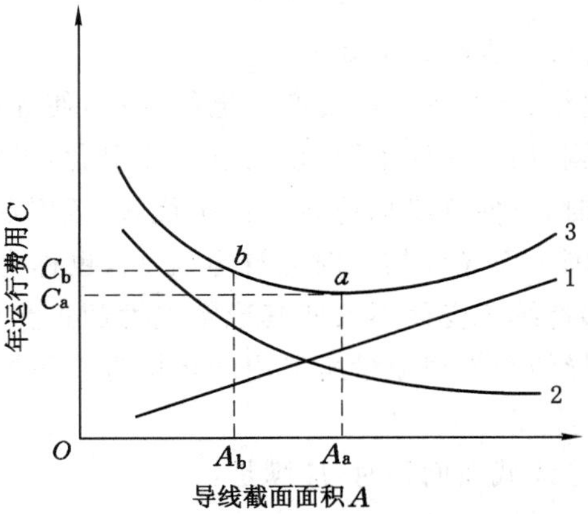

图 5-17　线路的年运行费用与导线截面面积的关系曲线

图 5-17 中，曲线 1 表示线路的年折旧费（即线路投资除以折旧年限之值）和线路的年维修管理费之和与导线截面面积的关系曲线；曲线 2 表示线路的年电能损耗费与导线截面面积的关系曲线；曲线 3 为曲线 1 与曲线 2 的叠加，表示线路的年运行费用（包括线路的年折旧费、维修管理费和电能损耗费）与导线截面面积的关系曲线。由曲线 3 可以看出，与年运行费用最小值 C_a（曲线 3 上 a 点）相对应的导线截面面积 A_a 不一定是很经济合理的截面面积，因为 a 点附近曲线 3 比较平坦。如果将导线截面面积再选小一些，例如选为 A_b（b 点），年运行费用 C_b 增加不多，而有色金属消耗量却显著减少。因此从全面的经济效益来考虑，导线截面面积选为 A_b 比选为 A_a 更为经济合理。这种从全面经济效益考虑，既使线路的年运行费用接近于最小，又适当考虑有色金属节约的导线截面面积，称为经济截面面积，用符号 A_{ec}表示。

与经济截面面积对应的导线电流密度，称为经济电流密度，用符号 J_{ec}表示。我国现行的经济电流密度值如表 5-4 所列，由表可见经济电流密度与年最大负荷利用小时数 T_{max}有关。

表 5-4　导线和电缆的经济电流密度　　单位：A/mm^2

线路类别	导线材质	年最大负荷利用小时		
		3 000 h 以下	3 000～5 000 h	5 000 h 以上
架空线路	铜	3.00	2.25	1.75
	铝	1.65	1.15	0.90
电缆线路	铜	2.50	2.25	2.00
	铝	1.92	1.73	1.54

按经济电流密度选择导线截面面积，应先根据用户的年最大负荷利用小时数 T_{max}，再根据导线材质查出其经济电流密度 J_{ec}，按线路正常运行的最大长时工作电流（即计算电流）I_{ca}，计算导线经济截面面积 A_{ec}为：

$$A_{ec}=\frac{I_{ca}}{J_{ec}} \tag{5-1}$$

选择等于或稍小于 A_{ec}的标准截面面积 A，即：

$$A \leqslant A_{ec} \tag{5-2}$$

（二）按长时允许电流选择导线截面面积

电流通过导线（包括电缆、母线等）时，要产生电能损耗，使导线发热，导线温度过高时，会使导线接头处的氧化加剧，增大接触电阻，使之进一步氧化，最后可能发展到断线。而绝缘导线和电缆的温度过高时，可使绝缘加速老化甚至烧毁，或引起火灾。因此，导线的正常发热温度不得超出允许范围。而导线的长时允许电流 I_p，也称允许载流量，就是在规定的环境温度条件下，导线能够持续承受而不致使其稳定温度超过允许值的最大电流。如果导线敷设地点的环境温度与导线允许载流量所采用的环境温度不同时，则导线的允许载流量应乘以温度校正系数 K_{so}。

按长时允许电流选择导线截面面积时，应满足：

$$K_{so}\cdot I_p \geqslant I_{ca} \tag{5-3}$$

式中　I_p——环境温度为＋25 ℃时导线的长时允许电流，裸导体的长时允许电流可查表 5-5；

K_{so}——环境温度不是＋25 ℃时载流量的校正系数，可查表 5-6；

I_{ca}——通过电缆的最大长时工作电流（计算电流），A。

表 5-5　裸导体的长时允许电流（环境温度为＋25 ℃，导线最高允许温度为 70 ℃）

铜线			铝线			钢芯铝线	
导线型号	长时允许电流/A		导线型号	长时允许电流/A		导线型号	室外长时允许电流/A
	室内	室外		室内	室外		
TJ-4	50	25	LJ-16	105	80	LGJ-16	105
TJ-6	70	35	LJ-25	135	110	LGJ-25	135
TJ-10	95	60	LJ-35	170	135	LGJ-35	170
TJ-16	130	100	LJ-50	215	170	LGJ-50	215
TJ-25	180	140	LJ-70	265	215	LGJ-70	265

表 5-5(续)

铜线			铝线			钢芯铝线	
导线型号	长时允许电流/A		导线型号	长时允许电流/A		导线型号	室外长时允许电流/A
	室内	室外		室内	室外		
TJ-35	220	175	LJ-95	325	260	LGJ-95	325
TJ-50	270	220	LJ-120	375	310	LGJ-120	375
TJ-70	340	280	LJ-150	440	370	LGJ-150	440
TJ-95	415	340	LJ-185	500	425	LGJ-185	500
TJ-120	485	405	LJ-240	610	—	LGJ-240	610
TJ-150	570	480				LGJ-300	700
TJ-185	645	550				LGJ-400	800
TJ-240	770	650					

表 5-6 导体长时允许电流温度校正系数 K_{so}

导线最高允许温度/℃	环境温度/℃											
	−5	0	+5	+10	+15	+20	+25	+30	+35	+40	+45	+50
+90	—	—	1.14	1.11	1.07	1.04	1.00	0.96	0.92	0.88	0.83	0.79
+80	1.24	1.20	1.17	1.13	1.09	1.04	1.00	0.95	0.90	0.85	0.80	0.74
+70	1.29	1.24	1.20	1.15	1.11	1.05	1.00	0.94	0.88	0.81	0.74	0.67
+65	1.32	1.27	1.22	1.17	1.12	1.06	1.00	0.94	0.87	0.79	0.71	0.61
+60	1.36	1.31	1.25	1.20	1.13	1.07	1.00	0.93	0.85	0.76	0.66	0.54
+55	1.41	1.35	1.29	1.23	1.15	1.08	1.00	0.91	0.82	0.71	0.58	0.41
+50	1.48	1.41	1.34	1.26	1.18	1.09	1.00	0.89	0.78	0.63	0.45	0

(三)按允许电压损失选择导线截面面积

由于线路存在着阻抗,所以在负荷电流通过线路时要产生电压损耗。按一般规定:高压配电线路的电压损耗,一般不得超过线路额定电压的5%;从变压器低压侧母线到用电设备受电端的低压配电线路的电压损耗,一般不得超过用电设备额定电压的5%;对视觉要求较高的照明线路,则为2%～3%。如果线路的电压损耗值超过了允许值,则应适当增大导线的截面面积,使之满足允许电压损耗的要求。

1. 电压损失的计算

设导线的电阻为 R,电抗为 X,当电流通过导线时,使线路两端电压不相等。设线路始端电压有效值为 U_1,末端电压有效值为 U_2,二者的差值即为线路的电压损失,用 ΔU 表示,即:

$$\Delta U = U_1 - U_2 \tag{5-4}$$

以百分数表示,为:

$$\Delta U\% = \frac{U_1 - U_2}{U_N} \times 100\% \tag{5-5}$$

式中 U_N——线路额定电压。

(1)终端负荷电压损失计算

三相对称系统的线电压损失 ΔU 为：

$$\Delta U=\sqrt{3}I(R\cos\varphi+X\sin\varphi) \tag{5-6}$$

式中 I——线路通过的电流；

R、X——线路的阻抗；

φ——功率因数角。

实际计算时习惯用负载功率和线路参数代替公式中的电流和阻抗，表达式为：

$$\Delta U=\frac{1}{U_N}(PR_0L_{ca}+QX_0L_{ca}) \tag{5-7}$$

或：

$$\Delta U=\frac{1}{U_N}(PR_0L_{ca}+P\tan\varphi X_0L_{ca}) \tag{5-8}$$

以百分数表示时为：

$$\Delta U\%=\frac{P\cdot L_{ca}}{10U_N^2}(R_0+X_0\tan\varphi)\% \tag{5-9}$$

式中 P——负荷有功功率，kW；

Q——负荷无功功率，kvar；

φ——功率因数角，(°)；

L_{ca}——电缆长度，km；

R_0、X_0——线路单位长度电阻和电抗，Ω/km，见表 5-7；

U_N——线路额定电压，kV。

表 5-7 裸绞线的电阻和电抗

导线型号	单位长度电阻/(Ω/km)	线间几何均距/m									
		0.6	0.8	1.0	1.25	1.50	2.00	2.50	3.00	3.50	4.00
		单位长度电抗/(Ω/km)									
LJ-16	1.847	0.356	0.377	0.391	0.405	0.416	0.434	0.448	0.459		
LJ-25	1.188	0.345	0.363	0.377	0.391	0.402	0.421	0.435	0.448		
LJ-35	0.854	0.336	0.352	0.366	0.380	0.391	0.410	0.424	0.435	0.445	0.453
LJ-50	0.593	0.325	0.341	0.355	0.369	0.380	0.398	0.413	0.423	0.433	0.441
LJ-70	0.424	0.312	0.330	0.344	0.358	0.370	0.388	0.399	0.410	0.420	0.428
LJ-95	0.317	0.302	0.320	0.344	0.348	0.360	0.378	0.390	0.401	0.411	0.419
LJ-120	0.253	0.295	0.313	0.327	0.341	0.352	0.371	0.382	0.393	0.403	0.411
LJ-150	0.200	0.288	0.305	0.319	0.333	0.345	0.363	0.377	0.388	0.398	0.406
LJ-185	0.162	0.281	0.299	0.313	0.327	0.339	0.356	0.371	0.382	0.392	0.400
LJ-240	0.125	0.273	0.291	0.305	0.319	0.330	0.348	0.362	0.374	0.383	0.392
LGJ-16	1.926			0.387	0.401	0.412	0.430	0.444	0.456	0.466	0.474
LGJ-25	1.286			0.374	0.388	0.400	0.418	0.432	0.443	0.453	0.461
LGJ-35	0.796			0.359	0.373	0.385	0.403	0.417	0.429	0.438	0.446
LGJ-50	0.609			0.351	0.365	0.376	0.394	0.408	0.420	0.429	0.437

表 5-7(续)

导线型号	单位长度电阻/(Ω/km)	线间几何均距/m									
		0.6	0.8	1.0	1.25	1.50	2.00	2.50	3.00	3.50	4.00
		单位长度电抗/(Ω/km)									
LGJ-70	0.432					0.364	0.382	0.396	0.408	0.417	0.425
LGJ-95	0.315					0.353	0.371	0.385	0.397	0.406	0.414
LGJ-120	0.255					0.347	0.365	0.379	0.391	0.400	0.408
LGJ-150	0.211					0.340	0.358	0.372	0.384	0.398	0.401
LGJ-185	0.163							0.365	0.377	0.386	0.394
LGJ-240	0.130							0.357	0.369	0.378	0.386

(2) 分布负荷电压损失计算

分布负荷的特点是一条线路沿途接有多个负荷，如图 5-18 所示。

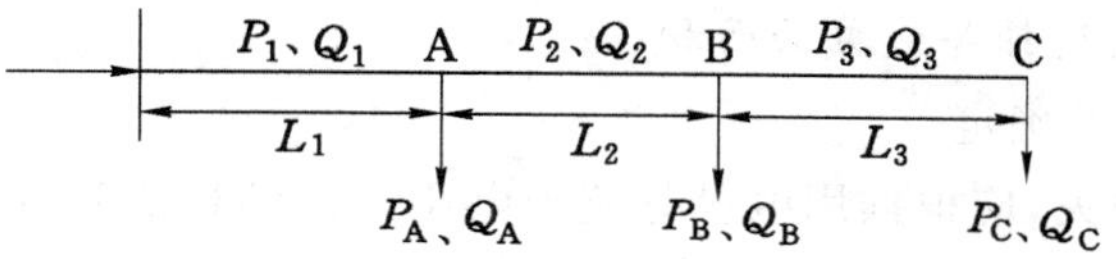

图 5-18　干线式分布负荷供电线路

根据电压损失可叠加原理，电压损失计算公式为：

$$\Delta U=\frac{1}{U_N}[(P_1R_0L_1+Q_1X_0L_1)+(P_2R_0L_2+Q_2X_0L_2)+(P_3R_0L_3+Q_3X_0L_3)]$$

$$=\frac{1}{U_N}\sum_{i=1}^{n}(P_iR_0L_i+Q_iX_0L_i) \tag{5-10}$$

$$P_1=P_A+P_B+P_C$$
$$Q_1=Q_A+Q_B+Q_C$$
$$P_2=P_B+P_C$$
$$Q_2=Q_B+Q_C$$
$$P_3=P_C$$
$$Q_3=Q_C$$

式中　P_A、P_B、P_C——干线 A、B、C 点的分支负荷的有功功率，kW；

Q_A、Q_B、Q_C——干线 A、B、C 点的分支负荷的无功功率，kvar。

以百分数表示时为：

$$\Delta U\%=\frac{1}{10U_N^2}\sum_{i=1}^{n}(P_iR_0L_i+Q_iX_0L_i)\% \tag{5-11}$$

(3) 变压器的电压损失计算

若已知变压器及其所带负载的有关技术参数，则变压器电压损失 ΔU_T 计算公式为：

$$\Delta U_T=\sqrt{3}I_{ca\cdot T}(R_T\cos\varphi_T+X_T\sin\varphi_T) \tag{5-12}$$

$$I_{ca\cdot T}=\frac{S_{ca\cdot T}}{\sqrt{3}U_{T\cdot 2N}}$$

$$Z_T = U_k\% U_{T\cdot 2N}^2 / S_T$$

$$R_T = \Delta P_k \cdot U_{T\cdot 2N}^2 / S_T^2$$

$$X_T = \sqrt{Z_T^2 - R_T^2}$$

式中 $S_{ca\cdot T}$——变压器的计算容量，kV·A；

S_T——变压器的额定容量，kV·A；

$U_k\%$——变压器的短路电压(阻抗压降)百分比；

$U_{T\cdot 2N}$——变压器的二次侧额定电压，kV；

ΔP_k——变压器的短路损耗，W；

R_T、X_T、Z_T——变压器的电阻、电抗、阻抗，Ω。

以百分数表示时为：

$$\Delta U_T\% = \frac{\Delta U_T}{U_{T\cdot 2N}} \times 100\% \tag{5-13}$$

2. 按允许电压损失选择导线截面面积

(1) 允许电压损失的确定

电网的允许电压损失，应根据用电设备端子电压允许偏移值和变压器一次侧电压偏移等具体情况综合确定。用电设备端子允许的电压偏移值见表 5-8。

表 5-8 用电设备端子允许的电压偏移值

用电户及用电设备名称		电压允许偏移值/%
电力用户	35 kV 及以上供电及对电压质量有特殊要求的用户	±5
	10 kV 及以下高压供电的电力用户	±7
电动机	正常情况下	±5
	特殊情况下	+5～−10
照明灯	视觉要求较高的场所	+5～−2.5
	一般工作场所	±5
	事故、道路、警卫照明等	+5～−10
其他用电设备无特殊要求时		±5

当缺乏设计资料时，线路允许电压损失可以参考表 5-9。

表 5-9 线路允许电压损失值

线路类型	允许电压损失/%
从供电变压器二次侧母线算起的 6(10)kV 线路	5
从配电变压器二次侧母线算起的低压线路	5
从配电变压器二次侧母线算起的供照明负荷的低压线路	3～5

当无变压器一次侧电压偏移资料时，可先确定本级电网的电压损失，然后减去变压器的电压损失，即可确定线路的允许电压损失。当本级线路由若干段线路组成时，还应减去其他

各段线路的电压损失，求出该段线路的允许电压损失，然后按允许电压损失选择该段线路的导线截面面积。

(2) 按允许电压损失选择导线截面面积

按照电压损失选择导线截面面积时，可先求出该段线路的允许电压损失，然后根据该允许电压损失再确定该段导线的截面面积。由于线路的电压损失包括电阻和电抗两部分的电压损失之和，所以不能直接确定导线的截面面积。

实际中考虑到导线的截面面积对线路的电抗影响很小，如矿山供电的高压架空线路电抗值约为 0.4 Ω/km、高压电缆电抗值约为 0.08 Ω/km，所以，可先假定线路的电抗值，计算出线路部分的电压损失，线路的电阻部分的电压损失即为该线路的允许电压损失与其电抗部分的电压损失之差，根据线路电阻上的允许电压损失来确定导线截面面积。

由式(5-8)可得线路电阻上的电压损失计算公式为：

$$\Delta U=\frac{PR_0L_{ca}}{U_N} \tag{5-14}$$

式中　P——该线路供电的所有负荷的计算有功功率，kW，$P=K_{de}\sum P_N$；

L_{ca}——该线路的计算长度，km；

U_N——该线路的额定电压，kV；

R_0——该段线路单位长度电阻值，Ω/km，$R_0=\frac{1}{\gamma_{sc}A}$，$\gamma_{sc}$ 为线路导体的电导率，m/(Ω·mm²)，见表 3-6。

则可得：

$$\Delta U=\frac{K_{de}\sum P_NL_{ca}\times10^3}{U_N\gamma_{sc}A} \tag{5-15}$$

因而该段线路导线满足电压损失的最小截面面积 A_{min} 为：

$$A_{min}=\frac{K_{de}\sum P_NL_{ca}\times10^3}{U_N\gamma_{sc}\Delta U} \tag{5-16}$$

根据式(5-16)计算结果选择标称截面面积不小于 A_{min} 的导线，然后根据该截面面积确定其电抗值。若与假定的电抗值相差不大，则说明所选导线截面面积合理，否则应按所选截面面积校验电压损失，或重新假定电抗值进行复算。

对电缆线路若忽略电抗时，导线电阻中的电压损失可取该段线路的允许电压损失，选择出截面面积后不必进行校验。

【例 5-1】　某企业变电所由一条 35 kV 架空线路供电，最大计算有功功率为 6 300 kW，功率因数为 0.8，年最大负荷利用小时数为 4 000 h，线路长度为 20 km。若线间几何均距为 2 m，线路允许电压损失为 6.5%。请计算选择导线截面面积。

解：对 35 kV 架空线路应选择 LGJ 型钢芯铝绞线。由于该线路为全厂电源进线，容量大、线路长、年运行时间长，所以应按经济电流密度选择导线截面面积，然后按其他条件校验。

(1) 按经济电流密度选择导线截面面积

线路长时最大工作电流为：

$$I_{ca}=\frac{P_{ca}}{\sqrt{3}U_N\cos\varphi_{wm}}=\frac{6\ 300}{\sqrt{3}\times 35\times 0.8}=130\ (A)$$

查表 5-4,钢芯铝绞线的经济电流密度为 1.15 A/mm^2,所以其经济截面面积为:

$$A_{ec}=\frac{I_{ca}}{J_{ec}}=\frac{130}{1.15}=113\ (mm^2)$$

选择等于或稍小于 A_{ec} 的标准截面面积 A,即 $A\leqslant A_{ec}$,因而选择 LGJ-95 型钢芯铝绞线。

(2) 按长时允许电流进行校验

查表 5-5 可知,LGJ-95 型钢芯铝绞线的长时允许电流为 325 A,大于线路的长时最大工作电流 $I_{ca}=130$ A,校验合格。

(3) 按机械强度进行校验

查表 5-3 可知满足机械强度的最小截面面积为 25 mm^2,所选截面面积 95 mm^2 大于 25 mm^2,故满足机械强度的要求。

(4) 按允许电压损失进行校验

线路阻抗查表 5-7,可知 95 mm^2 的钢芯铝绞线,当线间几何均距为 2 m 时,其 $R_0=0.315\ \Omega/km$,$X_0=0.371\ \Omega/km$,线路的电压损失为:

$$\Delta U=\frac{1}{U_N}(PR_0L_{ca}+P\tan\varphi X_0L_{ca})$$
$$=\frac{1}{35}\times[6\ 300\times 0.315\times 20+6\ 300\times \tan(\arccos 0.8)\times 0.371\times 20]$$
$$=2\ 135.7\ (V)$$

线路允许电压损失为:

$$\Delta U=U_N\times 6.5\%=35\times 10^3\times 6.5\%=2\ 275\ V>2\ 135.7\ V$$

满足电压损失要求。

因此最后可确定选择 LGJ-95 型钢芯铝绞线。

四、闭式电网的导线截面面积选择

煤矿常见的闭式电网的形式是环形电网及两端供电网络,如图 5-19 所示。闭式电网中的每个用户都能从两个以上的输电线路获得电源。

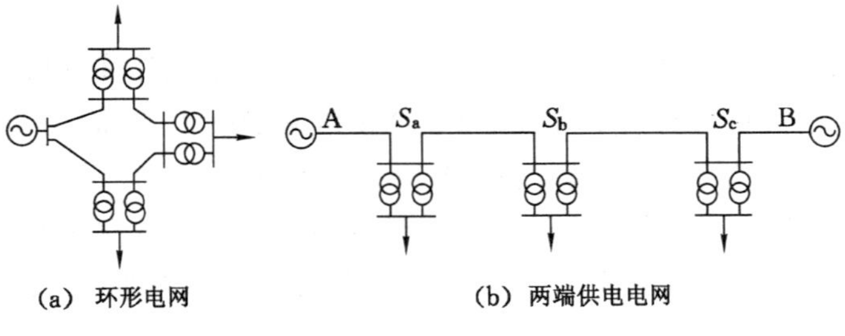

(a) 环形电网　　(b) 两端供电电网

图 5-19　闭式电网

闭式电网的电压损失计算,首先根据负荷分布计算出电网的功率分布,找功率分点,将闭式电网中功率分点分开，然后按开式电网计算电压损失的方式求出电网的始、末端电压。

所谓功率分点，就是该点负荷是同时由两侧电源供电的点，通常在电路图中用符号“▼”标识。如果有功功率分点与无功功率分点不重合时，则用“▼”代表有功功率分点，用“▽”代表无功功率分点。

闭式电网的功率分点与电路参数、负荷分布及电源电压等有关。

（一）闭式电网的功率分布计算

采用近似法计算闭式电网的功率分布时，首先略去各线段中的功率损耗对功率分布的影响，求出近似的功率分布，然后根据这一功率分布求出各线段的功率损耗，再与各点的功率相加，即得线路的功率分布。

在具体计算时，先根据线路参数与负荷分布绘出等值电路，如图 5-20 所示。

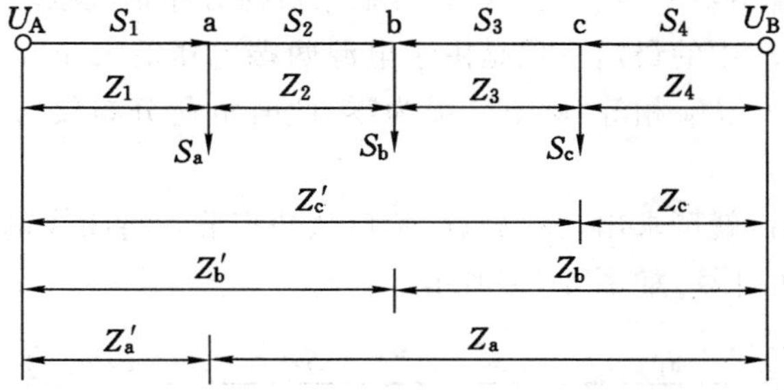

图 5-20　两端供电线路的等值电路

当电源电压 U_A、U_B，线路参数 Z_1、Z_2、Z_3、Z_4 和变电所负荷 S_a、S_b、S_c 均为已知，假定各段的功率方向如图 5-20 所示，忽略网络损耗的影响，按基尔霍夫定律，由图可得各线段的功率和电压降为：

$$\left.\begin{aligned} S_A &= S_1 \\ S_2 &= S_1 - S_a \\ S_B &= S_4 = S_a + S_b + S_c - S_1 \end{aligned}\right\} \tag{5-17}$$

$$\dot{U}_A - \dot{U}_B = \sqrt{3}\dot{I}_1 Z_1 + \sqrt{3}\dot{I}_2 Z_2 - \sqrt{3}\dot{I}_3 Z_3 - \sqrt{3}\dot{I}_4 Z_4 \tag{5-18}$$

由于忽略了线路的功率损耗，负荷电压均取额定电压 U_N。将式(5-18)用功率表示得：

$$\dot{U}_A - \dot{U}_B = \frac{S_1}{\overline{U}_N}Z_1 + \frac{S_2}{\overline{U}_N}Z_2 - \frac{S_3}{\overline{U}_N}Z_3 - \frac{S_4}{\overline{U}_N}Z_4 \tag{5-19}$$

或：

$$\overline{U}_N(\dot{U}_A - \dot{U}_B) = S_1 Z_1 + S_2 Z_2 - S_3 Z_3 - S_4 Z_4 \tag{5-20}$$

式中　$\overline{U}_N$——额定电压的共轭值。

将式(5-17)代入式(5-20)，整理可得：

$$S_1 = \frac{S_a(Z_2 + Z_3 + Z_4) + S_b(Z_3 + Z_4) + S_c Z_4}{Z_1 + Z_2 + Z_3 + Z_4} + \frac{\overline{U}_N(\dot{U}_A - \dot{U}_B)}{Z_1 + Z_2 + Z_3 + Z_4} \tag{5-21}$$

令 $Z_a = Z_2 + Z_3 + Z_4$；$Z_b = Z_3 + Z_4$；$Z_c = Z_4$；$Z_\sum = Z_1 + Z_2 + Z_3 + Z_4$；得到电源 A 输出的功率 S_A 为：

$$
\begin{aligned}
S_{A} &= S_{1} \\
&= \frac{S_{a}Z_{a} + S_{b}Z_{b} + S_{c}Z_{c}}{Z_{\Sigma}} + \frac{\overline{U}_{N}(\dot{U}_{A} - \dot{U}_{B})}{Z_{\Sigma}} \\
&= \frac{\sum_{i=1}^{n} S_{i}Z_{i}}{Z_{\Sigma}} + \frac{\overline{U}_{N}(\dot{U}_{A} - \dot{U}_{B})}{Z_{\Sigma}}
\end{aligned} \tag{5-22}
$$

同理可得：

$$
S_{B} = S_{4} = \frac{\sum_{i=1}^{n} S_{i}Z'_{i}}{Z_{\Sigma}} + \frac{\overline{U}_{N}(\dot{U}_{B} - \dot{U}_{A})}{Z_{\Sigma}} \tag{5-23}
$$

式中　Z'_{i}——负荷点 i 至电源 A 之间的总阻抗。

在求出任一电源输出功率 S_A、S_B 后，即可根据负荷分布情况校验计算值是否正确。

式(5-22)、式(5-23)中的最后一项是由于电源两端电压的大小和相位不同而产生的平衡电流。如果电网中 U_A、U_B 相等，则第二项为零，此时负荷分布仅与各项负荷的大小及电网阻抗有关。

各段负荷计算出后，就可求出功率分点，然后从功率分点将闭式网络分开成两个开式网络就可以进行电压损失计算，如图 5-21 所示。

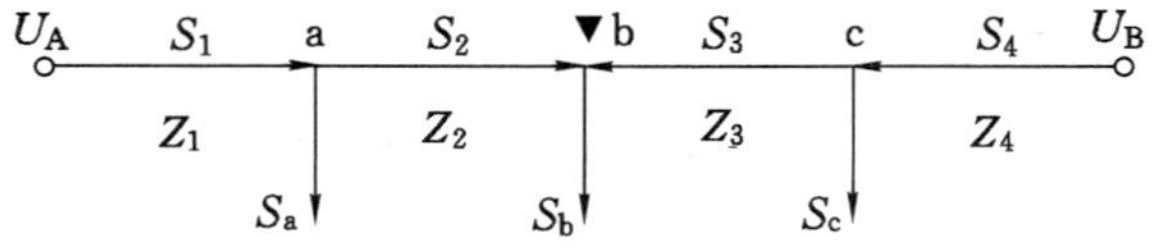

(a) 闭式电网电路

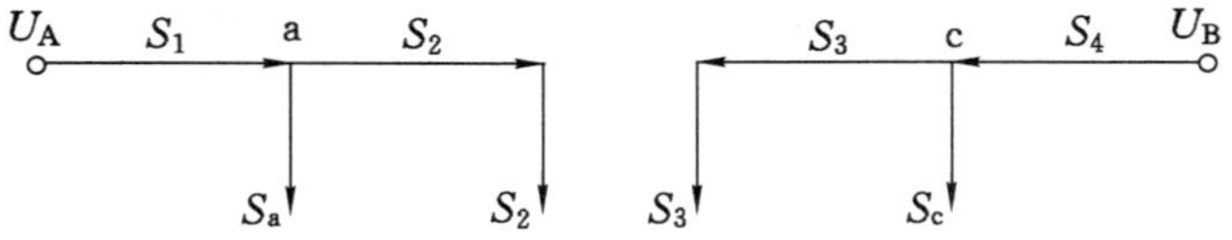

(b) 从功率分点分开后的电路

图 5-21　闭式电网分解成开式电网的电路

若有功功率分点与无功功率分点重合，则功率分点就是电网电压的最低点；若两者不重合，则只有通过计算才能确定哪个功率分点是电压最低点。计算方法是比较两个分点间线路上的 Q_iX_i 与 P_iR_i，当有功损失大时，电压最低点在有功功率分点，反之在无功功率分点。

（二）闭式电网的电压损失计算及导线截面面积的选择

闭式电网的功率分布与电网参数有关，当导线截面面积未选定时，要确定电网的功率分布可以采用以下办法。

方法一：若导线截面面积相当，电路参数只与线路长度有关，可根据各段线路长度求得电网的功率分布。该法适用于负荷点较密集、线段较短的电网，也适用于大的区域电网。因为区域电网导线截面面积大，线路参数主要决定于线路电抗，因此功率分布主要由线路的长度决定，与导线截面面积关系不大。

方法二：按供电距离最小的原则，人为将电网从中间分开，从而确定其功率分布。当电网的功率分布确定后，将电网从功率分点分开，按开式电网来计算电网损失，选择导线截面面积。在截面面积选择后，须将电网重新连接，求出电网的实际功率分布，再验算功率分点的电压损失。

此外，所选截面面积还必须在任一电源故障下，校验长时允许电流和电压损失。

五、低压线路导线的截面面积选择

对于 1 kV 及以下的低压线路，与高压架空线相比，通常线路较短，而负荷电流较大，因此一般不按经济电流密度选择。低压动力线按长时允许电流选择截面面积，按允许电压损失及机械强度校验；低压照明线路，由于其对电压水平要求较高，所以一般按允许电压损失选择截面面积，按长时允许电流和机械强度校验。

（一）按长时允许电流选择导线截面面积

要求导线的长时允许电流不小于线路的计算负荷电流，即：

$$I_{p} \geqslant I_{ca} \tag{5-24}$$

长时允许电流的确定与用电设备工作制有如下关系：

(1) 长期工作制的用电设备，其导线的截面面积按用电设备的额定电流选择。

(2) 反复短时工作制的用电设备，其导线的允许电流按下列情况确定：

① 截面面积小于或等于 6 mm^2 的铜线以及截面面积小于或等于 10 mm^2 的铝线，其允许电流按长期工作制的允许电流确定。

② 截面面积大于 6 mm^2 的铜线以及截面面积大于 10 mm^2 的铝线，其允许电流按长期工作制的允许电流乘以反复短时工作制的校正系数确定。其校正系数根据导线发热时间常数 τ、负荷持续率 ε 和全周期时间 T 确定。

③ 短时工作制的用电设备，其允许电流按短时工作制的规定计算，即长期工作制的允许电流乘以短时工作制的校正系数。校正系数根据导线发热时间常数 τ 和工作时间 t 确定。

以上校正系数可查有关设计手册。

④ 按②和③校正后，导线允许载流量不应小于用电设备在额定负载持续率下的额定电流或短时工作电流。

导线的长时允许电流还应根据敷设处的环境温度进行修正。

（二）按允许电压损失选择导线截面面积

因为低压线路负荷电流大，故电压损失也较大，必须按允许电压损失选择导线截面面积。一般规定低压配电线路，自配电变压器二次侧出口至线路末端的允许电压降为额定电压(220 V、380 V)的 4%。对视觉要求较高的照明线路，一般要求电压损失为 2%～3%。如果线路的电压损失超过了允许值，则应适当加大导线截面面积，使之满足电压损失要求。电压损失计算公式同高压线路。

（三）按机械强度选择导线截面面积

为保证低压架空线路的安全运行，应满足机械强度要求，可查表 5-3。

第三节 电力电缆及其选择

一、电缆的选择

电缆的选择包括对电缆型号、长度、芯数和主芯线截面面积的选择。

（一）电缆型号的选择

各种型号电缆对使用环境和敷设方式都有一定的要求，使用时应根据不同的环境特征选择，考虑原则主要是安全、经济和施工方便。井下电缆的选用应遵守下列规定：

（1）电缆敷设地点的水平差应与规定的电缆允许敷设水平差相适应。

（2）电缆应带有供保护接地用的足够截面面积的导体。

（3）严禁采用铝包电缆。

（4）必须选用取得煤矿矿用产品安全标志的阻燃电缆。

（5）电缆主线芯的截面面积应满足供电线路负荷的要求。

（6）对于固定敷设的高压电缆要求：

① 在立井井筒或倾角为45°及以上的井巷内，应采用煤矿用粗钢丝铠装电力电缆。

② 在水平巷道或倾角在45°以下的井巷内，应采用煤矿用钢带或细钢丝铠装电力电缆。

③ 在进风斜井、井底车场及其附近、主变电所至采区变电所之间，可以采用铝芯电缆，其他地点必须采用铜芯电缆。

（7）固定敷设的低压电缆，应采用煤矿用铠装或非铠装电缆或对应电压等级的煤矿用橡套软电缆。对于半固定敷设的低压干线电缆，为了移动方便一般选用阻燃橡套电缆。低压支线一律采用阻燃橡套电缆。1 140 V设备及采掘工作面的660 V和380 V设备，必须用分相屏蔽阻燃橡套电缆；移动式和手持式电气设备，应使用专用的橡套电缆。

（8）非固定敷设的高低压电缆，必须采用符合MT 818标准的橡套软电缆。移动式和手持式电气设备应使用专用橡套电缆。

（9）照明、通信、信号和控制用的电缆应采用铠装或非铠装通信电缆、橡套电缆或MVV型塑力缆。

（10）井下低压电缆必须采用铜芯电缆，严禁采用铝芯电缆。移动变电站应采用监视型屏蔽型橡套电缆。

（二）电缆长度的确定

由于电缆都有一定的柔性，在敷设悬挂时必然有一定的悬垂度，因此，选择电缆的实际长度L_{ca}为：

$$L_{ca}=K_{in}\cdot L_{w} \tag{5-25}$$

式中 L_{w}——电缆敷设路径长度，m；

K_{in}——增长系数，对于橡套电缆$K_{in}=1.1$，对于铠装电缆$K_{in}=1.05$。

为便于维护，当电缆有中间接头时，其长度应在接线盒两端各增加3 m。

此外，对移动设备用的橡套电缆，其实际长度应按使用时的最大距离满足上述规定外，还应另加3～5 m的机头活动长度。对于半固定机械（如上、下山或中间巷道内的带式输送机、刮板输送机等），如启动器在机头附近时，则由其至电动机的一段支线电缆的长度以5～10 m计。

（三）电缆芯数的确定

井下所用电缆，不论其芯数为多少，都必须有足够的导电截面面积供保护接地之用。

对于铠装电缆，一般场合选3芯即可，电缆的铅包可用作接地线。

对于橡套电缆可分两种情况：

（1）当设备的控制按钮不在工作机械上时，如平巷输送机、回柱绞车等，可选用 4 芯电缆。其中 3 芯为主芯线，另 1 芯（一般为较细者）作为接地线。

（2）对于控制按钮装在工作机械上的移动设备，如采煤机、装煤机等，可选用 6 芯电缆，其中，将截面面积较小的 1 根芯线作为地线。对某些采煤机组，可根据具体要求，选用 7～11 芯的电缆，但必须有 1 根芯线作为专用地线。

（四）电缆主芯线截面面积的选择

1. 确定电缆截面面积的一般条件

选择电缆截面面积，主要是选择电缆主芯线的截面面积。主芯线截面面积一般按以下条件来确定：

（1）实际流过电缆的长时工作电流不得超过电缆允许的负荷电流；否则，电缆会因电流长时过大而使芯线温度升高，缩短电缆使用寿命。

（2）为使电气设备正常运行，其端电压不得低于额定电压的 95%。所以要求电缆的实际电压损失必须小于电路允许的电压损失。

（3）由于电动机启动时的电流为额定电流的 5～7 倍（鼠笼电动机），这将增大线路的电压损失。为保证大容量电动机正常启动，要求启动时的端电压不低于额定电压的 75%。

（4）电缆的机械强度必须满足要求，特别是向移动电气设备供电的橡套电缆。

在实际工作中，对于矿用电缆，由于在制造时已考虑了煤矿电气设备对电缆机械强度的要求，所以，对不同的电气设备，只要按表 5-10 选择电缆截面面积，即可满足电缆机械强度的要求。

表 5-10　橡套电缆按机械强度要求的最小截面面积

用电设备名称	最小截面面积/mm²	用电设备名称	最小截面面积/mm²
采煤机组	35～50	局部通风机	4～6
可弯曲刮板输送机	16～35	调度绞车	4～6
一般刮板输送机	10～25	手持电站	4～6
回柱绞车	16～25	照明设备	2.5～4
电动装岩机	16～25		

2. 井下高压电缆截面面积的选择

（1）井下高压电缆截面面积的选择方法

① 按经济电流密度选择电缆截面面积

按经济电流密度选择电缆截面面积的计算公式为：

$$A_{ec}=\frac{I_{ca}}{J_{ec}\cdot n} \tag{5-26}$$

式中　A_{ec}——按经济电流密度选择的电缆截面面积，mm^2；

I_{ca}——正常运行时通过电缆的最大长时间负荷电流，即计算负荷电流，A；

J_{ec}——经济电流密度，A/mm^2；

n——正常运行时并联运行的电缆数量。

当按经济电流密度选择电缆截面面积时，应先根据负荷性质，由表 5-11 查出其年最大负荷利用小时数 T_{max}，再据该值及导线材料，查出经济电流密度，同时求出线路正常运行时的最大长时工作电流即计算负荷电流 I_{ca}，最后再从标准截面面积电缆中选取截面面积 A，

并使 $A \leqslant A_{ec}$。

表 5-11 各类用户年最大负荷利用小时数

用户类别	室内照明	一班制企业	二班制企业	三班制企业
T_{max}/h	1 500～2 500	2 000～3 000	3 000～5 000	5 000～7 000

② 按长期允许电流选择电缆截面面积

当电缆中有电流流过时，必然会使其发热，并且在导线的温度超过其能承受的极限值时，就会使其加速老化，使用寿命缩短或迅速损坏，从而造成漏电或短路事故。

为反映导线在确定的环境温度(对电缆为 25 ℃)下不同截面面积导线承载电流的能力，对它们都规定了长时允许通过的最大电流值，通常这些值是由实验方法确定的。表 5-12、表 5-13 列出了矿用铠装电缆和矿用橡套电缆的长时允许负荷电流(载流量)，供选择电缆截面面积用。

表 5-12 矿用铠装电缆长时允许负荷电流 单位：A

电压	1 000 V						6 000 V	
芯线截面面积/mm²	铜芯电缆			铝芯电缆			铜芯电缆	铝芯电缆
	长时允许电流	熔片额定电流最大允许值	过流继电器整定电流最大允许值	长时允许电流	熔片额定电流最大允许值	过流继电器整定电流最大允许值	长时允许电流	长时允许电流
3×4	42	60		32	35			
3×6	55	80		41	60			
3×10	70	100		55	80		65	48
3×16	95	125		70	100		80	85
3×25	125	160	240	95	125		110	100
3×35	155	200	300	115	160	240	135	125
3×50	190	225	340	145	200	300	165	150
3×70	235	300	450	180	225	340	200	190
3×95	285	350	525	220	300	450	245	200

注：按环境温度+25 ℃，芯线最高允许工作温度+80 ℃(1 000 V)、+65 ℃(6 000 V)时确定。

表 5-13 矿用橡套电缆长时允许载流量 单位：A

额定电压/kV	截面面积/mm²								
	4	6	10	16	25	35	50	70	95
1	36	46	64	85	113	138	173	215	260
1.14				85	110	135	170	205	250
6				94	121	148	170	205	250
10				104	138	171	213		

注：本表是芯线温度+65 ℃、环境温度+25 ℃时的值。当环境温度不等于+25 ℃时，应将表中的数据乘以表 5-6 中所示的校正系数，得到电缆的允许载流量。

按长时允许电流选择电缆截面面积时，应满足：

$$K_{so} \cdot I_p > I_{ca} \tag{5-27}$$

式中　I_p——环境温度为+25 ℃时电缆的允许载流量，A，对不同绝缘的高压电缆，该值可查表5-12、表5-13得到；

K_{so}——环境温度不是+25 ℃时载流量的校正系数，可查表5-6得到，若在一根管内同时敷设2～4根电缆时，还应将所查值乘以系数0.95；

I_{ca}——通过电缆的最大长时工作电流，A。

需要说明，I_{ca}值在不同情况下有不同取法。对向单台或两台高压电动机供电的电缆，一般取各电动机的额定电流之和；对向单台变压器供电的电缆，应取变压器一次侧计算电流；对向一个采区供电的电缆，应取采区的最大电流；对并列运行的电缆线路，应按一路故障情况加以考虑。

③ 按短路电流热稳定校验电缆截面面积

短路时满足电缆热稳定的最小截面面积计算式为：

$$A_{min}=I_{\infty}^{(3)}\frac{\sqrt{t_{ima}}}{C} \tag{5-28}$$

式中　$I_{\infty}^{(3)}$——三相稳态短路电流，A；

t_{ima}——短路电流作用的假想时间，s；

C——导体热稳定系数，$A\cdot\sqrt{s}/mm^2$，可查表3-15。

④ 按允许电压损失校验电缆截面面积

为保证用电设备的正常运行，必须使其供电电缆电压损失在允许范围内。

我国规定电缆线路的允许电压损失百分数标准为：10～35 kV及以上线路为±5%；10 kV及以下线路为±7%。对矿井高压电缆，在计算电压损失时，其长度应从地面变电所开始计算。

用允许电压损失校验高压电缆截面面积的步骤是：先根据所选电缆截面面积，查表5-14、表5-15、表5-16，得R_0、X_0，再根据负荷功率P、额定电压U_N和功率因数角φ，按式(5-9)求得$\Delta U\%$。如果计算结果符合前述关于电缆线路电压损失百分比的标准，则确定选该型电缆，否则即应改选。

表5-14　矿用铠装电缆单位长度的有效电阻和电抗　　单位：Ω/km

电缆主芯线截面面积/mm²	铜				铝			
	≤1 kV		6 kV		≤1 kV		6 kV	
	R_0	X_0	R_0	X_0	R_0	X_0	R_0	X_0
4	5.348	0.095			9.013	0.095		
6	3.566	0.090			6.008	0.090		
10	2.139	0.073			3.605	0.073		
16	1.337	0.067 5	1.340	0.068	2.253	0.067 5	2.257	0.068
25	0.856	0.066 2	0.857	0.066	1.441	0.066 2	1.445	0.066
35	0.610	0.063 7	0.612	0.064	1.030	0.063 7	1.030	0.064
50	0.428 3	0.062 5	0.429	0.063	0.721	0.062 5	0.722	0.063
70	0.304 4	0.061 2	0.306	0.061	0.514 5	0.061 2	0.516	0.061
95	0.225 4	0.060 2	0.226	0.060	0.380	0.060 2	0.380	0.060

表 5-15　煤矿用移动橡套电缆的单位长度电阻和电抗

阻抗/(Ω/km)	截面面积/mm^2								
	4	6	10	16	25	35	50	70	95
R_0	5.5	3.693	2.159	1.369	0.863 8	0.616 0	0.448 4	0.315 1	0.230 1
X_0	0.101	0.095	0.092	0.090	0.088	0.084	0.081	0.078	0.075

表 5-16　采煤机橡套电缆的单位长度电阻和电抗

阻抗/(Ω/km)	截面面积/mm^2								
	10	16	25	35	50	70	95	120	150
R_0	2.180	1.480	0.937	0.683	0.491	0.346	0.248 7	0.164	0.132
X_0	0.092	0.090	0.088	0.084	0.081	0.078	0.075	0.074	0.066

(2) 选择实例

【例 5-2】 已知采区变电所计算容量为 1 100 kV·A,电压为 6 kV,功率因数 $\cos\varphi=0.7$,供电电缆长 1 500 m,向采区供电的中央变电所短路容量为 50 MV·A,计算选择由中央变电所至采区变电所的高压电缆。

解:① 按经济电流密度选择电缆截面面积

高压电缆的最大长时工作电流 $I_{max\cdot w}$ 为:

$$I_{max\cdot w}=\frac{S_{ca}}{\sqrt{3}U_N}=\frac{1\ 100}{\sqrt{3}\times 6}=105.9\ (A)$$

矿井生产一般为三班制,年利用小时数大于 5 000 h,选用铝芯电缆时经济电流密度为 $J_{ec}=1.54\ A/mm^2$,则电缆经济截面面积为:

$$A_{ec}=\frac{I_{max\cdot w}}{J_{ec}}=\frac{105.9}{1.54}=68.8\ (mm^2)$$

查表 5-12,选择 YJLV22-6000-3×70 型铝芯交联聚乙烯绝缘钢带铠装聚氯乙烯护套电缆。

② 按长时允许电流校验所选截面面积

查表 5-12,得 70 mm^2 铠装电缆在电压 6 kV、环境温度为 25 ℃、芯线温度为 65 ℃时的长时允许载流量为 190 A。设该电缆工作环境温度为 30 ℃,电缆芯线温度为 65 ℃,查表 5-6,取 $K_{so}=0.94$,则:

$$K_{so}\cdot I_p=0.94\times 190=178.6\ (A)>105.9\ (A)$$

故所选电缆满足长时允许电流要求。

③ 按电压损失校验

10 kV 以下高压配电线路允许电压损失为 7%,由表 5-14 得 R_0、X_0,电缆线路实际电压损失为:

$$\Delta U\%=\frac{P\cdot L_{ca}}{10U_N^2}(R_0+X_0\tan\varphi)\%$$

$$=\frac{1\ 100\times 0.7\times 1.5}{10\times 6^2}\times(0.516+0.061\times 1.02)\%$$
$$=1.86\%$$

同时考虑由煤矿地面变电所 6 kV 高压母线到井下中央变电所的电缆线路距离较短，电压损失很小，总电压损失不会大于 7%，因而可以确定所选电缆满足电压损失要求。

④ 按热稳定条件校验

由电缆热稳定允许最小截面面积 $A_{\min}=I_{\infty}^{(3)}\frac{\sqrt{t_{\text{ima}}}}{C}$ 可知，所选电缆可以承受的最大短路电流为(设短路电流假想作用时间为 0.25 s)：

$$I_{\infty\cdot\max}^{(3)}=\frac{A\cdot C}{\sqrt{t_{\text{ima}}}}=\frac{70\times 87}{\sqrt{0.25}}=12\ 180\ (\text{A})$$

对应的电缆可以承受的最大短路容量为：

$$S_{\max\cdot s}=\sqrt{3}U_{\text{av}}\cdot I_{\infty\cdot\max}^{(3)}=\sqrt{3}\times 6.3\times 12.18=132.9\ (\text{MV}\cdot\text{A})>100\ \text{MV}\cdot\text{A}$$

即大于井下最大短路容量 100 MV·A，符合热稳定要求。

所以选择 YJLV22-6000-3×70 型铝芯交联聚乙烯绝缘钢带铠装聚氯乙烯护套电缆完全符合要求。

3. 低压电缆的截面面积选择

(1) 选择原则

① 基本原则与高压电缆相同。

② 电缆的正常工作负荷电流应等于或小于电缆的长时间允许载流量。

③ 在正常运行时，低压电缆最远端的电压不应低于电网额定电压的规定值。

④ 电缆的机械强度，应符合用电设备使用场合的要求。通常对采掘工作面的用电设备，给出最小电缆截面面积。

⑤ 对距离最远、容量最大的电动机，在重载情况下，应保证其启动端电压不低于额定电压的 75%，以便确保磁力启动器有足够的吸合电压。在选择低压电缆截面面积时，一般要按启动条件加以校验。

⑥ 所选电缆截面面积必须与保护装置适配，为保证在短路时有足够的热稳定性及继电保护的灵敏度要求，所选电缆截面面积在进行继电保护整定时有时还需要进行调整，并最终确定。

(2) 支线电缆截面面积的选择

工作面配电点到各移动机械的支线电缆都属于采区供电系统电缆网络的支线，相对较短且通过电流不大，在正常运行时，网络中的电压损失所占比重小，故电压损失小，因此电压损失不是选择电缆的主要依据。考虑到这些电缆的工作环境很差，同时所采用的橡套电缆的机械强度很差，并且经常移动、弯折，容易受到挤砸伤，故选择截面面积主要按满足机械强度的要求，再按允许载流量校验。

向固定、半固定设备供电的支线电缆，如输送机上山、上山绞车房及运输平巷的供电干线上向输送机、绞车供电的支线电缆，由于其很短，且不经常移动，在选择其截面面积时，不是以满足电压损失和机械强度为准，而是按照允许负荷选择，同高压电缆一样。

当低压支线电缆向单台或两台电机供电时，其长时最大工作电流按照下式计算：

$$I_{ca}=\frac{P_{N}\times10^{3}}{\sqrt{3}U_{N}\cos\varphi_{N}\eta_{mo}} \tag{5-29}$$

式中 I_{ca}——长时最大工作电流,A;

P_N——电动机额定功率,kW;

U_N——电动机额定工作电压,V;

η_{mo}——电动机额定效率;

$\cos\varphi_N$——电动机额定功率因数。

低压电缆向多台电机供电时,可以将其看作一组负荷,其长时最大工作电流按下式计算:

$$I_{ca}=\frac{K_{de}\sum P_{N}\times10^{3}}{\sqrt{3}U_{N}\cos\varphi_{wm}} \tag{5-30}$$

式中 I_{ca}——长时最大工作电流,A;

K_{de}——电动机组的需用系数;

$\sum P_N$——电动机组的总额定功率,kW;

U_N——电动机额定工作电压,V;

$\cos\varphi_{wm}$——电动机加权平均功率因数。

【例 5-3】 一工作面采用 MLS3-170S 型双滚筒采煤机,采煤机相关技术参数为:额定功率 170 kW,额定工作电压 660 V,功率因数 0.86,额定效率 0.93,负荷系数 0.75。为其选择合适的供电电缆。

解: 采煤机供电电缆截面面积主要按满足机械强度的要求选择,再按允许载流量校验。

按表 5-10 最小截面面积要求,选择 3×35 mm² 截面面积的电缆,查表 5-13 可知电缆长时允许载流量 $I_p=138$ A。其长时最大工作电流为:

$$I_{ca}=\frac{P_{N}\times10^{3}}{\sqrt{3}U_{N}\cos\varphi_{N}\eta_{mo}}=\frac{170\times10^{3}}{\sqrt{3}\times660\times0.86\times0.93}=186\ (\text{A})$$

由于不满足 $I_p\geqslant I_{ca}$ 的要求,因此改为选择 3×70 mm² 截面面积的电缆,查表 5-13 知其长时允许载流量为 215 A,满足要求。

故选择 MCP-0.66/1.14-3×70+1×10+3×6 型电缆。

(3) 干线电缆截面面积的选择

由于干线电缆是向不经常移动的设备供电,固定架设在巷道支柱上,一般采用铠装电缆。因为其本身有较好的机械强度,故主要不依据机械强度选择截面面积。由于它们在正常工作时负荷电流大、供电距离长,线路电压损失相对较突出,因此应按照允许电压损失选择截面面积,再按长时允许载流量校验。下面结合采区低压供电系统介绍干线电缆的截面面积选择、校验方法和步骤。

① 确定变压器至电动机间电缆的允许电压损失 ΔU_p。按照正常运行时电缆线路末端电压不低于额定电压 95%的原则,用下式计算线路中的允许电压损失:

$$\Delta U_{p}=U_{T\cdot2N}-0.95U_{N} \tag{5-31}$$

式中 ΔU_p——允许电压损失,V;

$U_{T\cdot2N}$——变压器二次侧的额定电压,V;

U_N——电网额定电压,V。

井下低压电网在不同电网电压下正常与最大允许电压损失值见表 5-17。

表 5-17　不同电网电压下正常与最大允许电压损失　　单位:V

额定电压 U_N	变压器副边额定电压 $U_{T\cdot 2N}$	正常运行时电动机负偏移－5%U_N		特殊情况下电动机最大负偏移－10%U_N	
		电动机端电压	允许电压损失	电动机端电压	允许电压损失
127	133	121	12	119	14
380	400	361	39	342	58
660	690	627	63	594	96
1 140	1 200	1 083	117	1 026	174

② 确定采区低压电网的电压损失 ΔU,使 $\Delta U<\Delta U_p$。由采区低压电网的电压损失分布图 5-22 可知,ΔU 通常由三部分组成,即:

$$\Delta U=\Delta U_T+\Delta U_{tl}+\Delta U_{bl}\leqslant \Delta U_p \tag{5-32}$$

式中　ΔU_T——变压器电压损失,V;

ΔU_{tl}——供电干线电缆的电压损失,V;

ΔU_{bl}——供电支线电缆的允许电压损失,V。

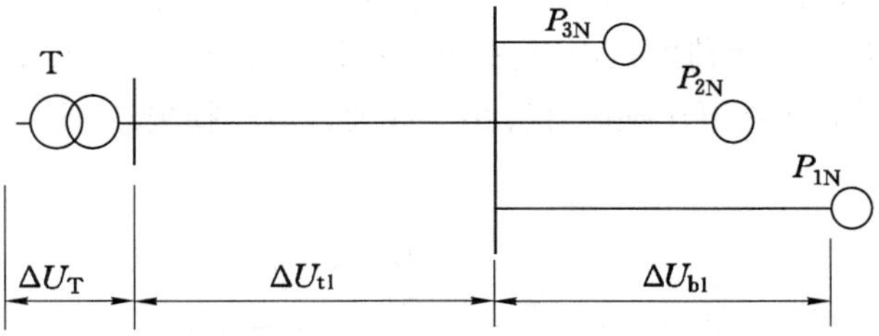

图 5-22　采区低压电网的电压损失分布图

其中,支线电缆的电压损失 ΔU_{bl}计算公式为:

$$\Delta U_{bl}=\sqrt{3}I_{bl}(R_{bl}\cos\varphi_{bl}+X_{bl}\sin\varphi_{bl}) \tag{5-33}$$

井下低压电缆截面面积一般限制在 70 mm^2 以下(最大不超过 95 mm^2),此时 $X_{bl}\ll R_{bl}$,故上式可简化为:

$$\Delta U_{bl}=\sqrt{3}I_{bl}R_{bl}\cos\varphi_{bl} \tag{5-34}$$

同时,由于 $I_{bl}=\dfrac{P_N\times 10^3}{\sqrt{3}U_N\cos\varphi_{bl}\eta_{mo}}$,$R_{bl}=\dfrac{L_{bl}}{\gamma_{sc}A_{bl}}$,则有:

$$\Delta U_{bl}=\frac{P_N L_{bl}\times 10^3}{\gamma_{sc}U_N A_{bl}\eta_{mo}} \tag{5-35}$$

式中　A_{bl}——电缆截面面积,mm^2;

γ_{sc}——电缆材料的电导率,m/(Ω·mm^2)。

变压器电压损失 ΔU_T 计算公式见式(5-12)。

③ 按干线铠装电缆的允许电压损失选择电缆。此时,应根据干线电缆的两种供电方式,按下述方法计算。

Ⅰ. 辐射式带有集中负荷的电缆截面面积的选择(图 5-22)。首先计算供电距离最远、负荷最大的支线电缆上的电压损失，亦即计算支线最大电压损失，再计算出变压器电压损失，根据最大允许电压损失，可以得到干线允许电压损失：

$$\Delta U_{p\cdot tl}=\Delta U_{p}-(\Delta U_{T}+\Delta U_{bl}) \tag{5-36}$$

由于：

$$\Delta U_{p\cdot tl}=\frac{\sum P_{N}}{\gamma_{sc}A_{tl}U_{N}}K_{de}L_{tl}\times 10^{3} \tag{5-37}$$

所以有：

$$A_{tl}=\frac{\sum P_{N}}{\gamma_{sc}U_{N}\Delta U_{p\cdot tl}}K_{de}L_{tl}\times 10^{3} \tag{5-38}$$

式中 $\sum P_{N}$——干线供电的所有电动机额定功率的总和，kW；

A_{tl}——干线电缆截面面积，mm^2；

L_{tl}——干线电缆的长度，m；

K_{de}——该组电动机的需用系数；

其他参数含义同上。

求出干线电缆截面面积之后，可选择一大于或等于 A_{tl} 的标准截面面积。

Ⅱ. 对干线电缆带分支负荷的截面面积的选择(图 5-23)。对于低压干线电缆为带有分支负荷的线路，在根据最大允许电压损失计算出干线允许电压损失后，干线电缆截面面积按下式计算：

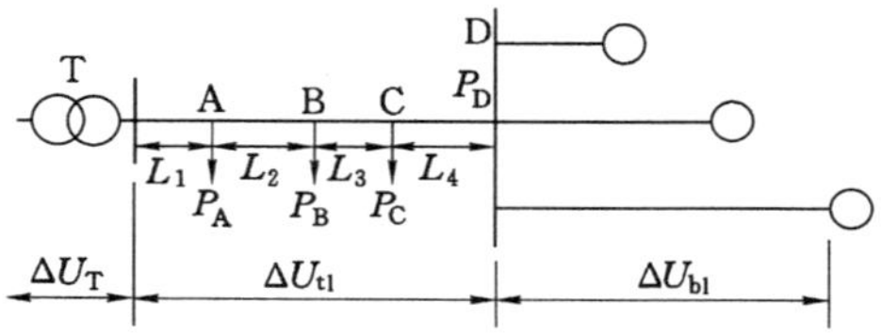

图 5-23　带分支负荷干线电缆的电压损失

$$A_{tl}=\frac{(P_1L_1+P_2L_2+P_3L_3+P_4L_4)K_{de}\times 10^3}{\gamma_{sc}U_{N}\Delta U_{p\cdot tl}}=\frac{\sum_{i=1}^{n}(P_iL_i)}{\gamma_{sc}U_{N}\Delta U_{p\cdot tl}}K_{de}\times 10^3 \tag{5-39}$$

$$P_1=P_A+P_B+P_C+P_D$$

$$P_2=P_B+P_C+P_D$$

$$P_3=P_C+P_D$$

$$P_4=P_D$$

式中 P_A、P_B、P_C、P_D——干线 A、B、C 点的分支负荷额定功率及配电点 D 的总负荷功率，kW；

其他参数含义同上。

④ 按照允许载流量校验。

⑤ 按启动条件校验电缆截面面积。

启动条件：采区用电设备中容量最大、距离变压器最远的工作机械正常启动，而其他工作机械处于正常运转时的工作条件。

由于启动时电动机启动电流约为额定电流的 5～7 倍，会造成较大的电压损失，严重时会造成电动机由于端电压过低而无法启动，可按电动机启动时的端电压不低于额定电压 75％校验，即：

$$\Delta U_{p\cdot st} = U_{T\cdot 2N} - 0.75U_{N\cdot mo} \tag{5-40}$$

式中　$\Delta U_{p\cdot st}$——电动机启动时电网允许电压损失，V；

$U_{T\cdot 2N}$——变压器二次侧额定电压，V；

$U_{N\cdot mo}$——电动机额定电压，V。

把电动机启动时的电流及启动时的功率因数等有关量代入正常工作时计算变压器、电缆电压损失的公式中，计算各部分电压损失之和，然后与启动时允许电压损失进行比较，如果不符合要求，则需增大电缆截面面积，或采取适当措施。

【例 5-4】 选择图 5-24 所示采区局部供电系统中的两条干线电缆截面面积。已知变压器为型号 KBSG-200/6 的干式隔爆变压器，$U_k\%=4\%$，$\Delta P_{NT}=1\ 400$ W，$S_{ca\cdot T}=110.8$ kV·A；掘进工作面需用系数为 0.4，加权功率因数为 0.6。设备数据如表 5-18 所列。

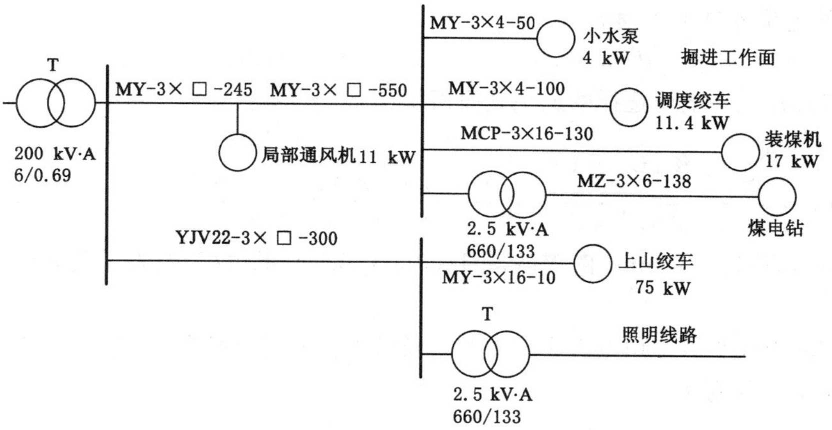

图 5-24　采区局部供电系统

表 5-18　设备数据

设备名称	额定容量 P_N/kW	额定电压 U_N/V	额定电流 I_N/A	额定功率因数 $\cos\varphi$	额定效率 η_{mo}	负荷系数 K_{lo}
局部通风机	11	660	12.5	0.88	0.88	0.6
小水泵	4	660	5.6	0.75	0.84	0.95
调度绞车	11.4	660	12.9	0.87	0.89	0.75
装煤机	17	660	20	0.84	0.88	0.75
煤电钻变压器	2.5	660/133	2.18/10.9	0.8	0.85	1
上山绞车	75	660	82	0.87	0.91	0.5
照明变压器	2.5	660/133	2.18/10.9	0.8	0.95	1

解：(1) 向上山绞车房供电干线电缆截面面积的选择

① 查表5-17，得660 V电网的最大允许电压损失 $\Delta U_{p}=63$ V。

② 计算上山绞车支线电缆的电压损失：

$$\Delta U_{bl}=\frac{P_{N}L_{bl}\times 10^{3}}{\gamma_{sc}U_{N}A_{bl}\eta_{mo}}=\frac{75\times 10\times 10^{3}}{42.5\times 660\times 16\times 0.91}=1.84\ (V)$$

③ 计算变压器电压损失：

$$I_{ca\cdot T}=\frac{S_{ca\cdot T}}{\sqrt{3}U_{T\cdot 2N}}=\frac{110.8\times 10^{3}}{\sqrt{3}\times 690}=92.71\ (A)$$

$$Z_{T}=\frac{U_{k}}{100}\frac{U_{T\cdot 2N}^{2}}{S_{T}}=0.04\times\frac{690^{2}}{200\times 10^{3}}=0.095\ (\Omega)$$

$$R_{T}=\Delta P_{NT}\frac{U_{T\cdot 2N}^{2}}{S_{T}^{2}}=1\ 400\times\left(\frac{690}{200\times 10^{3}}\right)^{2}=0.017\ (\Omega)$$

$$X_{T}=\sqrt{Z_{T}^{2}-R_{T}^{2}}=0.093\ (\Omega)$$

$$\begin{aligned}\Delta U_{T}&=\sqrt{3}I_{ca\cdot T}(R_{T}\cos\varphi_{T}+X_{T}\sin\varphi_{T})\\&=\sqrt{3}\times 92.71\times(0.017\times 0.6+0.093\times 0.8)\\&=13.58\ (V)\end{aligned}$$

④ 干线电缆允许电压损失为：

$$\Delta U_{p\cdot tl}=63-(1.84+13.58)=47.58\ (V)$$

则可得其按允许电压选择的最小截面面积：

$$A_{tl}=\frac{\sum_{i=1}^{n}P_{Ni}K_{de}L_{tl}\times 10^{3}}{\gamma_{sc}\Delta U_{p\cdot tl}U_{N}}=\frac{(75+2.5)\times 0.5\times 300\times 10^{3}}{42.5\times 47.58\times 660}=8.71\ (mm^{2})$$

选择截面面积为10 mm² 的YJV22-1000-3×10-300的电缆，查表得其允许长时载流量为70 A。

而其实际干线长时工作电流为上山绞车长时工作电流与照明变压器工作电流之和。上山绞车长时工作电流为：

$$I_{ca}=\frac{P_{N}\times 10^{3}}{\sqrt{3}U_{N}\cos\varphi_{N}\eta_{mo}}=\frac{75\times 10^{3}}{\sqrt{3}\times 660\times 0.87\times 0.91}=82.87\ (A)$$

干线长时工作电流为：

$$I_{ca\cdot tl}=82.87+2.18=85.05\ (A)$$

不符合载流量要求，改选择长时载流量为113 A的YJV22-1000-3×25-300的电缆，满足要求。

(2) 向掘进工作面供电干线电缆截面面积的选择

① 660 V电网的最大允许电压损失 $\Delta U_{p}=63$ V。

② 计算掘进工作面支线电缆的电压损失：

$$\Delta U_{bl}=\frac{P_{N}L_{bl}\times 10^{3}}{\gamma_{sc}U_{N}A_{bl}\eta_{mo}}=\frac{17\times 130\times 10^{3}}{42.5\times 660\times 16\times 0.88}=5.60\ (V)$$

③ 计算变压器电压损失，同前：

$$\Delta U_{T}=13.58\ (V)$$

④ 干线电缆允许电压损失为：

$$\Delta U_{p\cdot tl}=63-5.60-13.58=43.82\ (V)$$

则可得其按允许电压选择的最小截面面积：

$$A_{tl}=\frac{\sum_{i=1}^{n}(P_iL_i)}{\gamma_{sc}U_N\Delta U_{p\cdot tl}}K_{de}\times 10^3$$

$$=\frac{(11+17+4+11.4+2.5)\times 245+(17+4+11.4+2.5)\times 550}{42.5\times 660\times 43.82}\times 0.4\times 10^3$$

$$=9.91\ (mm^2)$$

选择截面面积为 10 mm^2 的 MY-0.38/0.66-3×10+1×10-745 型电缆。查表得其允许长时载流量为 64 A，而其实际干线长时工作电流为：

$$I_{ca}=\frac{K_{de}\sum P_N\times 10^3}{\sqrt{3}U_N\cos\varphi_{wm}}=\frac{(11+17+4+11.4+2.5)\times 0.4\times 10^3}{\sqrt{3}\times 660\times 0.6}=26.77\ (A)$$

符合载流量要求。

二、矿山井下电缆敷设

(1) 由于煤矿井下可能存在瓦斯突出和水害等危险，对电缆的选型及敷设要求很严格，以下井下电缆敷设要求以煤矿为例，冶金及其他矿山参照采用。

(2) 井下电缆选型应符合下列要求：

① 立井、钻孔中的下井电缆必须采用钢丝铠装电缆，斜井平巷可采用钢带铠装电缆。

② 淋水大的井筒，应采用有外保护层的铠装电缆。

③ 除进风斜井、进风平硐的下井电缆采用铝芯外，其余均应采用铜芯。

④ 下井电缆可沿钻孔敷设。

(3) 井下电缆选择应符合下列要求：

① 电缆实际敷设地点的水平差，应与电缆规定的敷设水平差相适应。

② 电缆应带有供保护接地用的足够截面面积的导体。

③ 严禁采用铝包电缆。

(4) 电缆敷设应符合下列要求：

① 溜放煤、矸、材料的溜道中严禁敷设电缆。

② 用机械提升的进风的倾斜井巷(不包括输送机上、下山)和使用木支架的立井井筒中，不应敷设电缆。

③ 在水平巷道或倾角 30°以下的井巷中，电缆应用吊钩悬挂。

④ 在立井井筒或倾角 30°及以上的井巷中，电缆应用夹子、卡箍或其他夹持装置进行敷设，夹持装置应能承担电缆重量，并不得损坏电缆。

⑤ 水平巷道或倾斜井巷中悬挂的电缆应有适当的弛度，并在承受意外重力时能自由坠落。其悬挂高度应使电缆在有矿车掉道时不致受撞击，在电缆坠落时不致落在轨道或输送机上。

⑥ 电缆悬挂点的间距：在水平巷道或倾斜井巷内不得超过 3 m，在立井井筒内不得超过 6 m。

⑦ 沿钻孔敷设的电缆必须绑紧在钢丝绳上，钻孔必须加装套管。

⑧ 电缆不应悬挂在压风管或水管上，不得遭受淋水或滴水。在电缆上严禁悬挂任何物

件，如果电缆同压风管、供水管在巷道同一侧敷设时，必须敷设在管子上方，并保持 0.3 m 以上的距离，电缆同风筒等易燃物应分挂在巷道的两侧，盘圈或盘 8 字形的电缆不得带电，但采煤机等电缆车上的电缆不受此限。

⑨ 井筒和巷道内的通信和信号电缆，应同电力电缆分挂在井巷的两侧，如果受条件限制不能分挂在两侧时，在井筒内应敷设在距电力电缆 0.3 m 外的地方，在巷道内应敷设在电力电缆上方 0.1 m 以上的地方。

⑩ 高低压电缆敷设在巷道同一侧时，高低压电缆之间的间距应大于 0.1 m，高压电缆之间和低压电缆之间的间距不得小于 50 mm，以便摘挂。

⑪ 井下巷道内的电缆，沿线每隔一定距离，在拐弯或分支点以及连接不同直径电缆的接线盒两侧，都应设置注有编号、用途、电压和截面面积的标志牌，以便识别。

⑫ 立井井筒中所用的电缆中间不得有接头。如果因井筒太深需设接头时，应将接头设在中间水平巷道内，以便检修维护。运行中因故需要增设接头而又无中间水平巷道可利用时，可在井筒中设置接线盒，但应妥善放置在托架上，不应使接头承力。

⑬ 硐室内和木支架的井巷中敷设的电缆必须将黄麻外皮剥除，并应定期在铠装层上加涂防锈油漆，电缆穿过墙壁部分应用套管保护，并严密封堵管口。

（5）电缆的连接，必须符合下列要求：

① 电缆同电气设备的连接，必须用与电气设备性能相符的各种矿用防爆型、矿用一般型接线盒，电缆芯线必须使用齿形压板（卡爪）或线鼻子同电气设备进行连接。

② 不同型号电缆之间不得直接连接，必须经过符合要求的接线盒、连接器或母线盒进行连接。同型号电缆之间，除应按上述连接方法进行连接外，也可直接连接，但必须符合下述要求：

a. 纸绝缘电缆必须使用符合要求的电缆接线盒连接，高压纸绝缘电缆接线盒必须灌注绝缘充填物。

b. 橡套电缆的连接必须采用硫化热补或与热补有同等效能的冷补，在地面热补或冷补后的橡套电缆，必须经浸水耐压试验合格后方可下井使用。

c. 塑料电缆的连接，其连接处的机械强度及电气、防潮密封、老化等性能应符合矿用电缆的技术标准要求。

习题与思考

5-1　简述架空线路的组成及作用。

5-2　矿用电缆按绝缘材料的不同有几种类型？分别适合对哪些电气设备供电？

5-3　屏蔽电缆基本结构及特殊作用是什么？移动变电站的高压侧应配什么型号的电缆？

5-4　什么叫电压偏移？什么叫电压损失？何为经济电流密度？

5-5　高压架空线路与低压架空线路导线截面面积的选择有何异同点？为什么？

5-6　对煤矿井下高压电缆线路的截面面积选择有哪些要求？为什么？与井下低压电缆的选择有何异同？

5-7　如何计算供电系统中的允许电压损失？

5-8　在确定的采区变压器供电的低压电网中，各段线路间允许电压损失的分配如何？怎样校验电压损失？

5-9　简述采区低压电网中选择干线电缆截面面积的方法与步骤。

5-10　在垂直、倾斜和水平巷道中的电缆敷设有哪些要求？

5-11　某矿地面变电所受电电压为 35 kV，由矿区变电所采用两条架空线为其供电，两条线路一条工作，一条备用。线路长度均为 12 km，导线几何均距为 2.5 m，矿井计算负荷为 9 300 kW，功率因数为 0.95。试选择架空线路的导线截面面积及型号。

5-12　如图 5-25 所示为某厂供电系统图，要求平时两条线路同时供电，电压损失不超过 5%。当一条线路停电检修时，另一路可供给全厂所有负荷用电，此时电压损失要求不超过 7%。试选择 35 kV 架空线路的导线截面面积及型号。

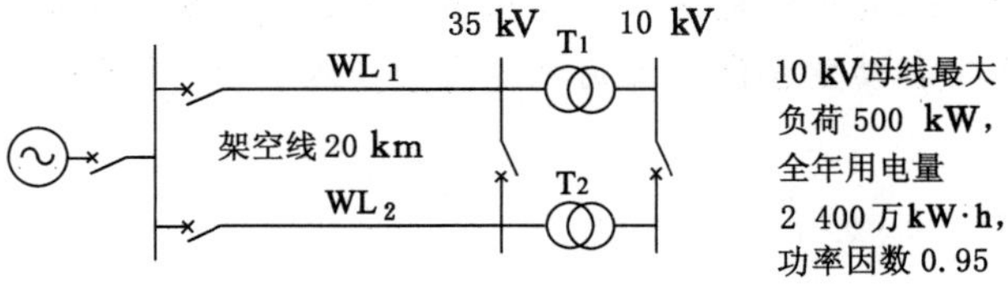

图 5-25　习题 5-12 图

第六章　过流保护与自动化装置

内容提要：在供电系统中发生故障时，必须有相应的自动保护装置，或将故障部分及时地从系统中切除，以保证非故障部分的继续工作；或发出报警信号，以便值班人员检查并采取消除故障的措施。本章首先讲述了供电系统中常用的熔断器保护、低压断路器保护和继电保护等过电流保护装置，其中继电保护功能很多，而且是实现供电系统自动化的基础，给予重点介绍；接着讲述了自动重合闸和备用电源自动投入装置，并简单介绍了工厂供电系统自动化基础内容。

第一节　过电流保护的任务和要求

一、过电流保护装置的类型和任务

由于电气设备内部绝缘老化、遭受雷击、外力损坏、人为破坏或工作人员误操作等原因，可能使运行中的电力系统发生故障和造成不正常的运行状况。最常见的不正常运行和故障为过负荷和各种形式的短路，均会产生很大的过流，同时还可使电力系统的电压水平下降，影响工厂供电系统的安全运行。为了避免过负荷和短路引起的过电流对系统的影响，在供电系统中装有不同类型的过电流保护装置。

工矿企业供电系统的过电流保护装置主要有熔断器保护、低压断路器保护和继电保护。

(1) 熔断器保护。它是靠熔体的熔断来达到系统保护的目的，适用于高低压供电系统，多用在防止过载和短路的保护线路中。由于其装置简单经济，所以在工矿企业供电系统中应用非常广泛；但是其断流能力较小，选择性较差，且其熔体熔断后要更换熔体或更换熔断器才能恢复供电，供电可靠性差，因此在要求供电可靠性高的场所不宜采用熔断器保护。

(2) 低压断路器保护。该法也称为低压自动开关保护，是用低压自动空气开关构成保护装置。由于低压自动空气开关保护方式多种多样，而且可作为控制开关进行操作，它适用于要求供电可靠性较高和操作灵活方便的低压供配电系统中。

(3) 继电保护。它是用各种不同类型的继电器按一定方式连接和组合，构成继电保护装置。继电器往往既作为事故、故障检测元件，又作为控制元件。当系统出现事故或故障时，继电器检测出并产生相应动作，通过控制断路器的脱扣线圈实现跳闸操作，或给出报警信号，以达到对系统进行保护的目的。它适用于要求供电可靠性较高、操作灵活方便，特别是自动化程度较高的高压供配电系统中。

熔断器保护和低压断路器保护都能在过负荷和短路时动作，将过负荷和短路部分切除，以减轻故障危害，防止事故蔓延，保证供电系统的其他部分恢复正常运行。但熔断器主要用于短路保护，而低压断路器除了可用于过负荷和短路保护外，有的还可用于低电压或失压保护。

继电保护装置在过负荷时动作，一般只发出报警信号，引起运行值班人员注意，以便检查并消除故障，只有过负荷危及人身或设备安全时，才动作于跳闸；而在发生短路故障时，则要求有选择性地动作于跳闸，将故障部分及时地从供电系统中切除，以保证非故障部分的继续工作。

二、对保护装置的基本要求

为了使保护装置能准确及时地完成保护任务，对于保护装置来说，在技术上，一般应满足四个基本要求，即选择性、速动性、灵敏性和可靠性。

（一）选择性

当供电系统发生故障时，保护装置动作应只切除故障设备，即首先由距故障点最近的断路器动作切除故障线路，使停电范围尽量缩小，从而保证系统中无故障部分仍能正常运行。相反，如果系统中发生故障时，距故障点近的保护装置不动作（拒动），而离故障点远的保护装置动作（越级动作），就称为失去选择性。

（二）速动性

快速地切除故障可以提高电力系统并列运行稳定性，减轻短路电流对设备的损坏程度，加快系统电压的恢复。因此，在发生故障时，应力求保护装置能迅速动作切除故障。

故障切除时间等于保护装置动作时间和断路器动作时间之和。一般的快速保护装置动作时间为 0.06～0.12 s，最快的可达 0.01～0.04 s；一般断路器的动作时间为 0.06～0.15 s，最快的可达 0.02～0.06 s。

（三）灵敏性

灵敏性是指保护装置在保护范围内对发生故障或不正常运行状态的反应能力。在继电保护装置的保护范围内，不论短路点的位置、短路性质如何以及短路点是否有过渡电阻，保护装置都应能敏锐感觉并正确作出反应。保护装置的灵敏性，通常用灵敏系数（也称灵敏度）来衡量，它主要决定于被保护元件和电力系统的参数和运行方式。保护装置的灵敏系数愈高，愈能反映轻微故障。计算灵敏系数分两种情况：

(1) 对于反映故障参数量增加的保护装置：

$$\text{灵敏系数}=\frac{\text{保护区末端金属性短路时故障参数的最小计算值}}{\text{保护装置动作参数的整定值}}$$

(2) 对于反映故障参数量降低的保护装置：

$$\text{灵敏系数}=\frac{\text{保护装置动作参数的整定值}}{\text{保护区末端金属性短路时故障参数的最大计算值}}$$

（四）可靠性

保护装置的可靠性是指在规定的保护范围内发生了属于它应该动作的故障时，它不应该拒绝动作；而在任何不属于它应该动作的情况下，则不应该误动作。

以上所讲的对保护装置的四项基本要求，对一个具体的保护装置而言，不一定都是同等重要的，而往往有所侧重。例如对电力变压器，由于它是供电系统中最关键的设备，因此对其保护装置的灵敏度要求较高，而对一般电力线路的保护装置，灵敏度要求可低一些，但对其选择性要求较高。又例如，在煤矿井下，为了快速切除故障，防止发生瓦斯煤尘爆炸，只能在保证速动性要求下兼顾选择性。这四个基本要求有统一的一面，又有互相矛盾的一面，在考虑保护方案时要统筹兼顾，尽力做到简单经济。

第二节　熔断器保护

熔断器因其价格低廉，结构和使用简单，在工矿企业供电系统，特别是 1 000 V 及以下的低压配电装置中使用相当广泛。熔断器一般串接在被保护设备前或电源引出线中，主要由熔管和熔体组成，当被保护区出现过载电流或短路电流时，熔断器熔体熔断，切除故障设备或线路，起到保护作用。

一、熔断器在供配电系统中的配置

熔断器在供电系统中的配置应符合选择性保护的原则，也就是熔断器要配置得能使故障范围缩小到最低限度。此外应考虑经济性，即供电系统中配置的熔断器数量要尽量地少。

图 6-1 所示是车间低压放射式配电系统中熔断器配置的合理方案，既可满足保护选择性的要求，配置的熔断器数量又较少。图中熔断器 FU_5 用来保护电动机及其支线，当 k_5 处短路时，FU_5 熔断。熔断器 FU_4 主要用来保护动力配电箱母线，当 k_4 处短路时，FU_4 熔断。同理，熔断器 FU_3 主要用来保护配电干线，FU_2 主要用来保护低压配电屏母线，FU_1 主要用来保护电力变压器。在 k_3、k_2、k_1 处短路时，也都是靠近短路点的熔断器熔断。

但在三相四线制或三相五线制低压配电系统中的 PE 线和 PEN 线上，不允许装设熔断器，以免 PE 线或 PEN 线因熔断器熔断而断路时，使所有接 PE 线或 PEN 线的设备的外露可导电部分带电，危及人身安全。

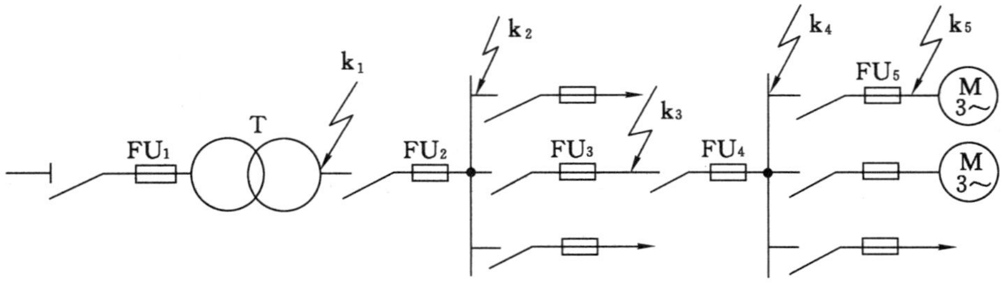

图 6-1　熔断器在低压系统中的合理配置示例

二、熔断器的选择

熔断器的技术参数主要有熔断器的额定电压和额定电流，由于熔断器在短路事故时要切断巨大的短路电流，所以在选择熔断器参数时还要考虑它的断流能力。

（一）熔断器使用环境的选择

熔断器的类型应符合安装条件（户内或户外）及被保护设备对保护的技术要求。

（二）熔断器电压的选择

熔断器的额定电压指熔断器能承受的长期工作电压，其数值要与线路电压相一致。即：

$$U_{FU} \geqslant U_N \tag{6-1}$$

式中　U_{FU}——熔断器额定电压；

U_N——熔断器装设处线路额定电压。

（三）熔断器电流的选择

熔断器额定电流分为熔断器熔管额定电流与熔体额定电流，前者指熔断器本身载流部分和接触部分发热所依据的电流，后者指熔体本身发热所依据的电流，在同一熔断器中可配用不同额定电流的熔体，但所配熔体的最大额定电流值不能超过熔断器熔管额定电流。熔断器电流选择的一般原则是：

$$I_{FU} \geqslant I_{FE} \geqslant I_{ca} \tag{6-2}$$

式中　I_{FU}——熔断器熔管额定电流；

I_{FE}——熔断器熔体额定电流；

I_{ca}——线路上最大长时工作电流。

根据熔断器所保护对象的不同，熔断器熔体额定电流还应作进一步考虑。

1. 保护电力线路的熔断器熔体电流的选择

用于保护电力线路的熔体电流选择需满足下列条件：

(1) 熔体额定电流 $I_{N \cdot FE}$应不小于线路的计算电流 I_{ca}，以使熔体在线路正常运行时不致熔断，即：

$$I_{N \cdot FE} \geqslant I_{ca} \tag{6-3}$$

(2) 熔体额定电流 $I_{N \cdot FE}$还应躲过线路的启动电流 I_{pk}，以使熔体在线路上出现正常的启动电流时也不致熔断。由于启动电流是短时最大电流，而熔体加热熔断需一定时间，所以应满足下列条件。

① 对于单台电动机，应满足：

$$I_{N \cdot FE} \geqslant K \cdot I_{pk} \tag{6-4}$$

式中　I_{pk}——单台电动机启动电流；

K——小于1的计算系数。系数 K 应根据熔断器的特性和电动机的启动情况决定。启动时间在 3 s 以下，宜取 $K=0.25\sim0.35$；启动时间为 3～8 s，宜取 $K=0.35\sim0.5$；启动时间超过 8 s 或频繁启动、反接制动，宜取 $K=0.5\sim0.6$。

② 对于多台电动机，应满足：

$$I_{N \cdot FE} \geqslant K[I_{ca} + (K_{st \cdot max} - 1)I_{N \cdot M}] \tag{6-5}$$

式中　I_{ca}——线路上计算电流；

$K_{st \cdot max}$——线路中启动电流最大一台电动机的启动电流倍数；

$I_{N \cdot M}$——线路中启动电流最大一台电动机的额定电流；

K——计算系数，与式(6-4)中系数相同。

但必须说明，由于熔断器类型繁多，特性各异，因此上述有关计算系数 K 的统一取值方法不一定都很恰当，故《通用用电设备配电设计规范》规定：保护交流电动机的熔断器熔体额定电流“应大于电动机的额定电流，且其安秒特性曲线计及偏差后略高于电动机启动电流和启动时间的交点。当电动机频繁启动和制动时，熔体的额定电流应再加大1～2级”。

③ 熔体额定电流要与被保护线路电缆、导线的长期允许工作电流配合，以保证导线、电缆不会因线路短路，特别是长期过负荷损坏甚至起燃。因此还应满足下列条件：

$$I_{N \cdot FE} \geqslant K_{OL} I_{p} \tag{6-6}$$

式中　I_{p}——绝缘导线和电缆的允许载流量，可从有关手册查取；

K_{OL}——绝缘导线和电缆的允许短时过载系数。如果熔断器只作短路保护时，对电缆和穿管绝缘导线，取 2.5；对明敷绝缘导线，取 1.5。如果熔断器不只作短路保护，而且要求作过负荷保护时，例如住宅建筑、重要仓库和公共建筑中的照明线路，有可能长时间过负荷的动力线路，以及在可燃建筑物构架上明敷的有延燃性外层的绝缘导线线路等，则应取为 1（当 $I_{N.FE} \leqslant 25$ A 时则应取为 0.85）。对有爆炸性气体和粉尘的区域内的线路，应取为 0.8。

以上三个条件需同时满足，如不满足时则应改选熔断器的型号规格，或适当加大导线或电缆的芯线截面面积。

2. 保护电力变压器的熔断器熔体电流的选择

用于保护容量在 1 000 kV·A 以下变压器的熔体电流选择需满足下列条件：

$$I_{N \cdot FE} \geqslant (1.5 \sim 2.0) I_{1N \cdot T} \tag{6-7}$$

式中 $I_{1N \cdot T}$——变压器的一次侧额定电流。

式(6-7) 综合考虑了三个方面：

(1) 熔体额定电流应躲过变压器允许的正常过负荷电流。油浸式变压器的正常过负荷，在室内可达 20%，室外可达 30%。正常过负荷下熔断器不应熔断。

(2) 熔体额定电流应躲过变压器空载合闸时的励磁涌流。励磁涌流中含有数值很大的非周期分量，而且衰减较慢（与短路电流非周期分量相比较），因此其波形在过渡过程中相当长一段时间内，都偏向时间轴的一侧。很明显，熔断器的熔体电流如果不躲过励磁涌流，就可能在变压器空载投入时或电压突然恢复时使熔断器熔断，破坏供电系统的正常运行。

(3) 熔体额定电流应躲过来自变压器低压侧的电动机自启动所引起的尖峰电流。

3. 保护电压互感器的熔断器熔体电流的选择

由于电压互感器二次侧的负荷很小，近似于空载，因此用于保护高压电压互感器的熔断器（RN2 型）熔体额定电流一般选 0.5 A。

三、熔断器分断能力校验

在选择熔断器时，还应校验其分断能力。

(1) 对于非限流式熔断器，由于非限流式熔断器不能在短路电流达到冲击值之前熄灭电弧、切除短路电流，因此其分断能力应满足下式：

$$I_{oc} \geqslant I_{sh}^{(3)} \tag{6-8}$$

式中 I_{oc}——熔断器额定开断电流；

$I_{sh}^{(3)}$——熔断器安装地点的三相短路冲击电流有效值。

(2) 对于限流式熔断器，由于限流式熔断器能在短路电流达到冲击值之前完全熔断并熄灭电弧、切除短路电流，因此其分断能力应满足下式：

$$I_{oc} \geqslant I'' \tag{6-9}$$

式中 I''——熔断器安装地点的三相次暂态电流有效值。

(3) 对具有断流能力上下限的熔断器，其断流能力的上限应满足式(6-8)的校验条件，其断流能力的下限应满足下式：

$$I_{oc \cdot min} \leqslant I_{k}^{(2)} \tag{6-10}$$

式中 $I_{oc \cdot min}$——熔断器的最小开断电流；

$I_{k}^{(2)}$——熔断器所保护线路的末端两相短路电流。

四、熔断器保护灵敏度校验

为了保证熔断器在其保护区内发生短路故障时可靠地熔断，按规定，熔断器保护的灵敏度应满足下列条件：

$$S_p=\frac{I_{k\cdot min}}{I_{N\cdot FE}}\geqslant K \tag{6-11}$$

式中　$I_{k\cdot min}$——熔断器保护线路末端在系统最小运行方式下的最小短路电流，对中性点不接地系统取两相短路电流 $I_k^{(2)}$，对中性点直接接地系统取单相短路电流 $I_k^{(1)}$；

K——熔断器灵敏系数的最小比值，具体数值见表 6-1。

表 6-1　检验熔断器保护灵敏度的最小比值 K

熔体额定电流/A		4～10	16～32	40～63	80～200	250～500
熔断时间/s	5	4.5	5	5	6	7
	0.4	8	9	10	11	—

注：表中 K 值适用于符合 IEC 标准的一些新型熔断，如 RT12、RT14、RT15、NT 等型熔断器。对于老型熔断器，可取 $K=4\sim7$，即近似地按表中熔断时间为 5 s 的熔断器来取值。

五、前后熔断器间的选择性配合

在熔断器保护装置中，各级线路的保护要考虑相互间的选择性配合。熔断器的熔断时间与通过电流大小有一定的关系，这一关系称为熔断器的保护特性或安秒特性，它是熔体熔断电流和熔断时间的关系曲线。熔断器动作的选择性按照保护特性曲线可以得到，但应注意的是，熔断器保护特性曲线表示的是某种熔断器动作电流与动作时间的平均值，实际时限可能会有±30%～±50%的差别。

如图 6-2 所示线路，设支线 WL_2 的首端 k 点发生三相短路，则三相短路电流 I_k 要通过 FU_2 和 FU_1。由于保护选择性要求，应该是 FU_2 的熔体首先熔断，切断故障线路 WL_2，而 FU_1 不再熔断，使干线 WL_1 恢复正常运行。但由熔体实际熔断时间与其产品的标准特性曲线查得的熔断时间可能有±30%～±50%的偏差，从最不利的情况考虑：k 点短路时，FU_1 的实际熔断时间 t_1' 比标准特性曲线查得的时间 t_1 小 50%（为负偏差），即 $t_1'=0.5t_1$；而 FU_2 的实际熔断时间 t_2' 又比标准特性曲线查得的时间 t_2 大 50%（为正偏差），即 $t_2'=1.5t_2$。

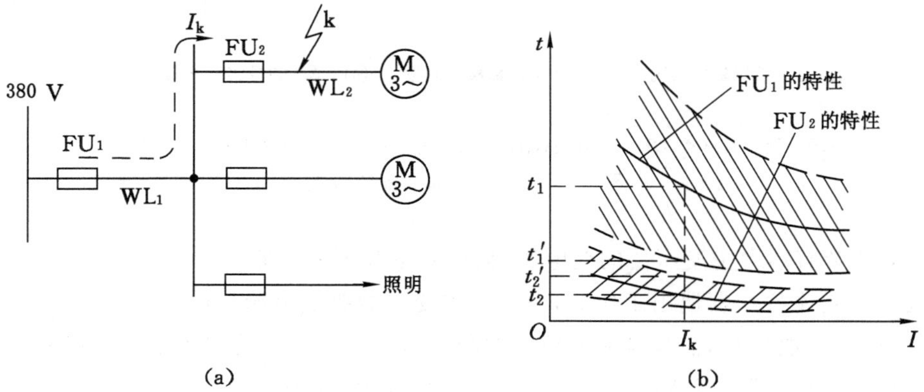

图 6-2　熔断器保护时限整定

由熔断器保护特性曲线可以看出，要保证前后两熔断器 FU_1 和 FU_2 的保护选择性，必须满足的条件是 $t_1' > t_2'$，即 $0.5t_1 > 1.5t_2$，因此有 $t_1 > 3t_2$。

第三节　低压断路器保护

低压断路器也称为低压自动空气开关，它是工厂低压保护、操作回路中广泛使用的一种电气设备，既能作为线路通断切换的操作电气开关，又能作为线路的短路、过载、欠压保护装置。

一、低压断路器在低压配电系统中的配置

在低压配电系统中，低压断路器通常有三种配置方式。

（一）单独接低压断路器或低压断路器-刀开关的方式

（1）对于只装一台主变压器的变电所，低压侧主开关采用低压断路器，如图 6-3(a)所示。

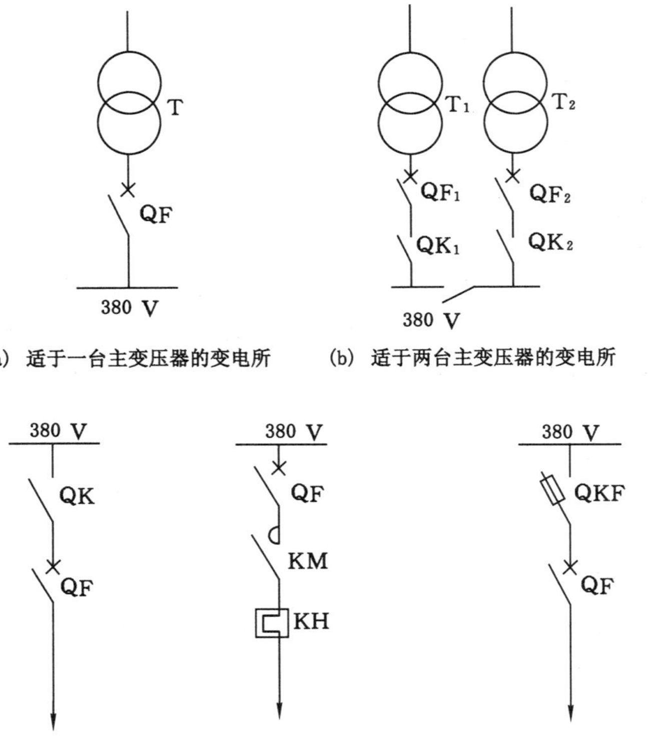

(a) 适于一台主变压器的变电所　(b) 适于两台主变压器的变电所

(c) 适于低压配电出线　(d) 适于频繁操作电路　(e) 适于自复式熔断器保护的电路

QF—低压断路器；QK—刀开关；QKF—刀熔开关；KM—接触器；KH—热继电器。

图 6-3　低压断路器的配置方式

（2）对于装有两台主变压器的变电所，低压侧主开关采用低压断路器时，低压断路器容量应考虑到一台主变压器退出工作时，另一台主变压器要供电给变电所 60%～70%以上的负荷及全部一、二级负荷，而且这时两段母线都带电。为了保证检修主变压器和低压断路器的安全，低压断路器的母线侧应装设刀开关或隔离开关，如图 6-3(b)所示，以隔离来自低压母线的反馈电源。

(3) 对于低压配电出线上装设的低压断路器，为保证检修配电出线和低压断路器的安全，在低压断路器的母线侧应加装刀开关，如图 6-3(c)所示，以隔离来自低压母线的电源。

(二) 低压断路器与磁力启动器或接触器配合的方式

对于频繁操作的低压线路，宜采用图 6-3(d)所示的接线方式。这里的低压断路器主要用于电路的短路保护，而磁力启动器或接触器用于电路频繁操作的控制，它上面的热继电器用于过负荷保护。

(三) 低压断路器与熔断器配合的方式

如果低压断路器的断流能力不足以断开电路的短路电流时，可采用如图 6-3(e)所示接线方式。这里的低压断路器作为电路的通断控制及过负荷和失压保护，它只装热脱扣器和失压脱扣器，不装过流脱扣器，而是利用熔断器或刀熔开关来实现短路保护。如果采用自复式熔断器与低压断路器配合使用，则既能有效地切断短路电流，又能在短路故障消除后自动恢复供电，从而大大提高供电可靠性。低压断路器与自复式熔断器相组合而构成的低压断路器将是低压系统中控制保护电器的一个发展方向。

二、低压断路器的参数选择

(一) 低压断路器使用环境的选择

低压断路器的类型应符合安装条件(户内或户外)、保护性能及操作方式的要求，因此应同时选择其操作机构型式。

(二) 额定电压选择

低压断路器额定电压应与线路电压等级一致，即：

$$U_{OR} \geqslant U_N \tag{6-12}$$

式中　U_{OR}——低压断路器额定电压；

U_N——线路额定电压。

(三) 额定电流选择

低压断路器所装设的脱扣器有过电流脱扣器及热脱扣器，因此需选择过电流脱扣器额定电流和热脱扣器额定电流。

1. 过电流脱扣器额定电流选择

过电流脱扣器的额定电流 $I_{N\cdot OR}$应不小于线路的最大负荷计算电流，即：

$$I_{N\cdot OR} \geqslant I_{ca} \tag{6-13}$$

式中　$I_{N\cdot OR}$——低压断路器主触头额定电流。

2. 热脱扣器额定电流选择

热脱扣器的额定电流 $I_{N\cdot TR}$应不小于线路的最大负荷计算电流 I_{ca}，即：

$$I_{N\cdot TR} \geqslant I_{ca} \tag{6-14}$$

三、低压断路器脱扣器的整定

(一) 低压断路器过电流脱扣器动作值整定

低压断路器通常装设有三种类型的过电流脱扣器，分别为瞬时过电流脱扣器、短延时过电流脱扣器、长延时过电流脱扣器。

1. 瞬时过电流脱扣器动作电流的整定

瞬时过电流脱扣器的动作电流 $I_{op\cdot 0}$应躲开线路的尖峰电流 I_{pk}，即：

$$I_{op\cdot 0} \geqslant K_{rel} I_{pk} \tag{6-15}$$

式中 K_{rel}——可靠系数。对动作时间在 0.02 s 以上的万能式断路器，可取 1.35；对动作时间在 0.02 s 及以下的塑壳式断路器，宜取 2～2.5。

2. 短延时过电流脱扣器动作电流和动作时间的整定

短延时过电流脱扣器的动作电流 $I_{op \cdot s}$ 应躲过线路短时间出现的负荷尖峰电流 I_{pk}，即：

$$I_{op \cdot s} \geqslant K_{rel} I_{pk} \tag{6-16}$$

式中 K_{rel}——可靠系数，一般取 1.2。

延时过电流脱扣器的动作时间通常分为 0.2 s、0.4 s 和 0.6 s 三级，应按前后保护装置保护选择性要求来确定，应使前一级保护的动作时间比后一级保护的动作时间至少长一个时间级差 0.2 s。

3. 长延时过电流脱扣器动作电流和动作时间的整定

长延时过电流脱扣器主要用于过负荷保护，因此其动作电流 $I_{op \cdot l}$ 只需躲过线路的最大负荷电流即计算电流 I_{ca}，即：

$$I_{op \cdot l} \geqslant K_{rel} I_{ca} \tag{6-17}$$

式中 K_{rel}——可靠系数，一般取 1.1。

长延时过电流脱扣器的动作时间，应躲过允许过负荷的持续时间。其动作特性通常是反时限的，即过负荷电流越大，其动作时间越短。一般动作时间取为 1～2 h。

4. 过电流脱扣器与被保护线路的配合要求

为了不致发生因过负荷或短路引起绝缘导线或电缆过热引燃而其低压断路器不跳闸的事故，低压断路器过电流脱扣器的动作电流 I_{op} 还应满足条件：

$$I_{op} \geqslant K_{OL} I_{p} \tag{6-18}$$

式中 I_{p}——绝缘导线和电缆的允许载流量；

K_{OL}——绝缘导线和电缆的允许短时过负荷倍数。对瞬时和短延时过电流脱扣器，一般取 4.5；对长延时过电流脱扣器，可取 1；对有爆炸性气体和粉尘区域内的线路，应取 0.8。

如果不满足上式的配合要求，则应改选脱扣器动作电流，或者适当加大导线和电缆的芯线截面面积。

（二）低压断路器热脱扣器动作值整定

热脱扣器用于过负荷保护，其动作电流 $I_{op \cdot TR}$ 按下式整定：

$$I_{op \cdot TR} \geqslant K_{rel} I_{ca} \tag{6-19}$$

式中 K_{rel}——可靠系数，一般取 1.1，不过一般应通过实际运行试验进行检验。

四、低压断路器断流能力校验

为保证低压断路器可靠切除故障线路，还必须进行断流能力校验。对动作时间较长，在 0.02 s 以上的框架式低压断路器（如 DW 型），应用被保护线路的三相短路电流周期分量 $I_{k}^{(3)}$ 进行校验，即：

$$I_{oc} \geqslant I_{k}^{(3)} \tag{6-20}$$

式中 I_{oc}——低压自动开关极限分断电流。

对动作时间在 0.02 s 及以下的塑壳式低压断路器（如 DZ 型），应用被保护线路三相短路冲击电流 $I_{sh}^{(3)}$（或 $i_{sh}^{(3)}$）进行校验，即：

$$I_{oc} \geqslant I_{sh}^{(3)} \text{（或 } i_{oc} \geqslant i_{sh}^{(3)}\text{）} \tag{6-21}$$

五、低压断路器动作灵敏度校验

低压自动开关在作过电流保护时，要保证其瞬时或短延时过电流脱扣器动作的灵敏性要求，即满足条件：

$$S_{P}=\frac{I_{K\cdot\min}}{I_{op}}\geqslant S_{P\cdot\min} \tag{6-22}$$

式中　I_{op}——瞬时或短延时过电流脱扣器动作电流值；

$I_{K\cdot\min}$——低压断路器保护线路末端在系统最小运行方式下的短路电流，对中性点不接地系统为两相短路电流 $I_k^{(2)}$，对中性点直接接地系统为单相短路电流 $I_k^{(1)}$；

$S_{P\cdot\min}$——低压断路器保护的最低灵敏系数，取为 1.5。

六、前后低压断路器之间及低压断路器与熔断器之间的选择性配合

（一）前后低压断路器之间的选择性配合

在低压配电系统中，前后两级的低压断路器保护要进行选择性配合，包含动作值及时限的配合。

一般来说，要保证前后两低压断路器之间能选择性动作，前一级低压断路器宜采用带短延时的过电流脱扣器，后一级低压断路器则采用瞬时过电流脱扣器，而且动作电流也是前一级大于后一级，至少前一级的动作电流不小于后一级动作电流的 1.2 倍，即：

$$I_{op\cdot 1}\geqslant 1.2I_{op\cdot 2} \tag{6-23}$$

不同脱扣器动作时限与各级配电系统的选择性配合见表 6-2。

表 6-2　脱扣器时限与配电系统级数的配合

级数	第一种组合		第二种组合	
	上一级整定	下一级整定	上一级整定	下一级整定
0	0.2 s	瞬动	0.1 s	瞬动
1	0.4 s	0.2 s	0.2 s	0.1 s
2	长延时	0.4 s	0.4 s	0.2 s
3	—	—	长延时	0.4 s

（二）低压断路器与熔断器之间的选择性配合

要检验低压断路器与熔断器之间是否符合选择性配合，只有通过它们的保护特性曲线。前一级低压断路器可按厂家提供的保护特性曲线考虑－30％～－20％的负偏差，而后一级熔断器可按厂家提供的保护特性曲线考虑＋30％～＋50％的正偏差。在这种情况下，如果两条曲线不重叠也不交叉，且前一级的曲线总在后一级的曲线之上，则前后两级保护可实现选择性动作，而且两条曲线之间留有的裕量越大，则两者动作的选择性越有保证。

第四节　常用继电保护装置及电流保护接线方式

继电保护是用各种不同类型的继电器按一定方式连接和组合，构成继电保护装置。继电器往往既作为事故、故障检测元件，又作为控制元件。当系统出现事故或故障时，继电器

检测出并产生相应动作，控制断路器的脱扣线圈，或给出报警信号，以达到对系统进行保护的目的。这种保护装置的核心可以是继电器、电子元件电路或微处理器。

一、继电保护装置的任务

供电系统和各种电气设备，在正常运行过程中，总难免会因为各种自然或人为的原因，如绝缘老化、负载过大、外部机械力的破坏、操作失误等，不能正常运行。供电系统中发生不正常运行状态和故障时，都可能造成系统事故，使系统或系统中的一部分的正常工作遭到破坏，并造成对用户少送电或电能质量变坏到不能容许的程度，甚至造成电气设备的损坏和人员伤亡。

在供电系统中，除应采取各项积极措施消除或减小发生故障的可能性以外，故障一旦发生，必须迅速而有选择性地切除故障元件，这是保证供电系统安全运行的最有效方法之一。切除故障的时间常常要求小到十分之几甚至百分之几秒。如何快速有效地对供电系统进行故障检测、故障报警、故障切除，是供电系统保护装置所承担的任务，这种保护装置大多是由继电器及其附属装置构成的，故称为继电保护装置。现在的继电器已被电子元件或计算机所代替，但仍然沿用此名称。

继电保护装置，就是指能反应电力系统中电气元件故障或不正常运行状态，并动作于断路器跳闸或发出信号的一种自动装置。为了保护安全可靠地供电，电力系统中主要电气设备及线路都要装设继电保护装置。继电保护装置的任务是：

(1) 当被保护设备或线路发生故障时，保护装置能迅速动作，有选择性地将故障部分断开，以减轻故障危害，防止事故蔓延。

(2) 当设备出现不正常运行状态时，保护装置一般作用于信号，以便及时采取措施，防止事故发生。

在供电系统中，为了提高可靠性，除了装设继电保护装置外，还设有各种自动装置，如自动重合闸、备用电源自动投入装置等。

二、对继电保护装置的基本要求

为了使继电保护装置能够及时完成保护任务，对于动作于跳闸的继电保护，也必须满足选择性、速动性、灵敏性和可靠性四个基本要求。这四个基本要求是分析研究继电保护性能的基础，也是贯穿本节的一条主线，在它们之间，既有矛盾的一面，又有在一定条件下统一的一面。继电保护的科学研究、设计、制造和运行的绝大部分工作也是围绕着如何处理好这四个基本要求之间辩证统一关系而进行的。

三、继电保护装置的组成

供电系统发生故障时，会引起电流的增加和电压的降低，以及电流、电压间相位角的变化、功率方向的改变等。因此，利用故障时某些特定参数与正常运行时的差别，就可以构成各种不同原理和类型的继电保护。例如：

(1) 反映电流改变的，有电流速断、定时限过电流及零序电流等保护。

(2) 反映电压改变的，有低电压和过电压保护。

(3) 既反映电流又反映电流与电压间相位角改变的，有方向过电流保护。

(4) 反映电压与电流的比值，即反映短路点到保护安装处阻抗的，有距离保护等。

(5) 反映输入电流与输出电流之差的，有变压器差动保护等。

在供电系统中应用的继电保护装置种类很多，尽管它们在结构上各不相同，但基本上是由测量、逻辑、执行三个功能部分组成，如图 6-4 所示。

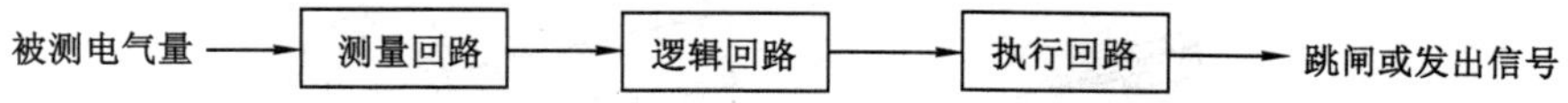

图 6-4　继电保护装置的原理框图

（一）测量部分

测量部分测量被保护对象的有关输入电气量，并与给定的整定值进行比较，根据比较的结果，给出“是”、“非”，“大于”、“不大于”，“等于 0 或 1”性质的一组逻辑信号，从而判定保护是否应该启动。

（二）逻辑部分

逻辑部分根据测量部分各输出量的大小、性质，输出的逻辑状态，出现的顺序或它们的组合，使保护装置按一定的逻辑关系工作，最后确定是否应该使断路器跳闸或发出信号，并将有关命令传给执行部分。继电保护中常用的逻辑回路有“或”、“与”、“非”、“延时启动”、“延时返回”以及记忆等回路。

（三）执行部分

执行部分根据逻辑部分传送的信号，最后完成保护装置所担负的任务。如故障时，动作于跳闸；不正常运行时，发出信号；正常运行时，不动作等。

四、常用继电器的分类

继电器是一种在其输入的物理量（电气量或非电气量）达到规定值时，其电气输出电路被接通或分断的自动电器。继电器按其输入量性质分为电气继电器和非电气继电器两大类。按其用途分为控制继电器和保护继电器两大类，前者用于自动控制电路中，后者用于继电保护电路中。本节只讨论保护继电器。

保护继电器根据其反应物理量的不同，分为电流、电压、功率方向、阻抗等继电器；按作用原理分为电磁型、感应型、整流型、晶体管型、集成电路型和微机型等继电器；根据测量元件与主回路连接方式不同，又分为一次作用式（直接与主回路连接）继电器和二次作用式（经互感器连接）继电器；根据执行元件作用于跳闸的方式不同分为直接动作式（由执行元件的电磁机构直接作用使开关跳闸）继电器与间接作用式（经继电器接点接通跳闸线圈）继电器，后者的操作电源有直流与交流两种；按其在保护装置中的功能分，有启动继电器、时间继电器、信号继电器、中间（或出口）继电器等。下面就对供电系统中常用的几种保护继电器加以介绍。

（一）电磁式电流继电器和电压继电器

电磁式电流继电器和电压继电器在继电保护装置中均为启动元件，属于测量继电器。电流继电器的文字符号为 KA，电压继电器的文字符号为 KV。

当前常用的 DL-10 系列电磁式电流继电器的基本结构如图 6-5 所示，其内部接线和图形符号如图 6-6 所示。

由图 6-5 可知，当继电器线圈 1 通过电流时，电磁铁 2 中产生磁通，力图使 Z 形钢舌片 3 向凸出磁极偏转。与此同时，轴 4 上的反作用弹簧 5 又力图阻止钢舌片旋转。当继电器线圈中的电流增大到使钢舌片所受的转矩大于弹簧的反作用力矩时，钢舌片便被吸近磁极，使常开触点闭合，常闭触点断开，这就叫作继电器动作。

过电流继电器线圈中能够使继电器动作的最小电流，称为继电器的动作电流，用 I_{op}

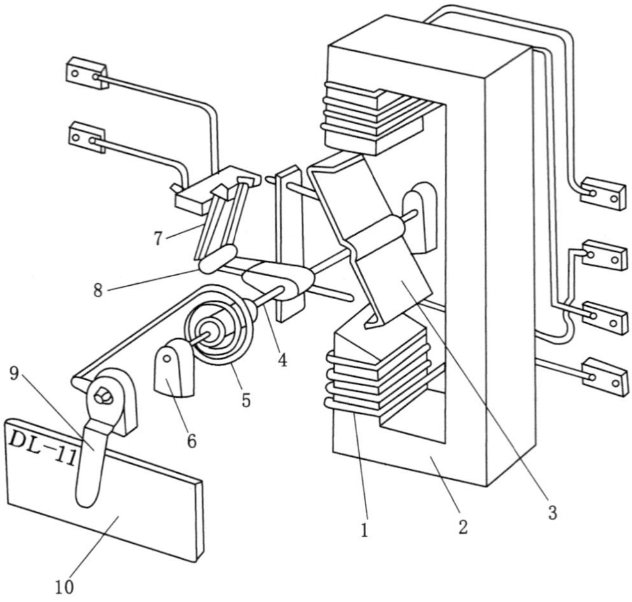

1—线圈；2—电磁铁；3—钢舌片；4—轴；5—弹簧；6—轴承；7—静触点；
8—动触点；9—启动电流调节螺杆；10—标度盘。

图 6-5　DL-10 系列电磁式电流继电器的内部结构

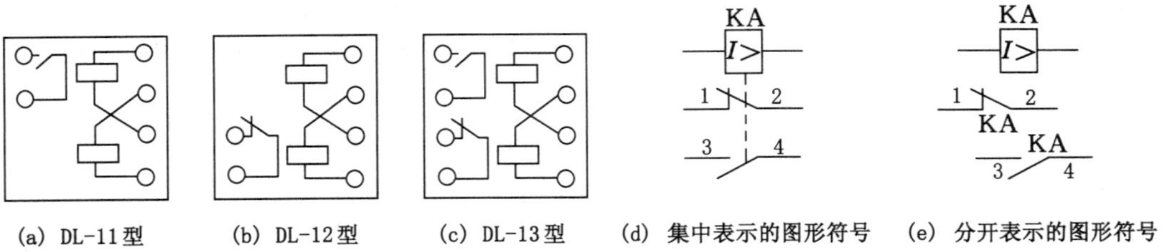

KA1-2—常闭(动断)触点；KA3-4—常开(动合)触点。

图 6-6　DL-10 系列电磁式电流继电器的内部接线和图形符号

表示。过电流继电器动作后，减小线圈电流到一定值时，钢舌片在弹簧的作用下返回起始位置。过电流继电器线圈中能够使继电器由动作状态返回的最大电流，称为继电器的返回电流，用 I_{re} 表示。继电器的返回电流与动作电流的比值，称为继电器的返回系数，用 K_{re} 表示，即：

$$K_{re}=\frac{I_{re}}{I_{op}} \tag{6-24}$$

返回系数是继电器的一项重要质量指标。对于反应参数增加的继电器，如电磁式过电流继电器，返回系数 K_{re} 恒小于 1；对于反应参数减小的继电器，如低压继电器，其返回系数 K_{re} 总大于 1。而在实际应用中，常常要求过电流继电器有较高的返回系数，希望 K_{re} 越接近 1 越好。对于过电流继电器，K_{re} 应不小于 0.85；对于低电压继电器，K_{re} 应不大于 1.25。为使 K_{re} 接近 1，应尽量减少继电器运动系统的摩擦，并使电磁力矩与反作用力矩适当配合。

应该注意的是：当过电流继电器线圈中的电流 $I_r < I_{op}$ 时，继电器根本不动作；而当 $I_r \geqslant I_{op}$ 时，则继电器能够突然迅速动作，其常开触点闭合，常闭触点断开。在继电器动作以后，当电流减小到 $I_r \leqslant I_{re}$ 时，继电器又能立即突然地返回原位，常开触点断开，常闭触点闭合。无论启动和返回，继电器的动作都是明确、干脆的，它不可能停留在某一个中间位置，这种特性称为继电特性。

电磁式电压继电器的结构和原理，与电磁式电流继电器极为类似，只是电压继电器的线圈为电压线圈并多做成低电压（欠电压）继电器。低电压继电器的动作电压 U_{op} 为其线圈上能够使继电器动作的最高电压，其返回电压 U_{re} 为能够使继电器由动作状态返回到起始位置的最低电压。

（二）电磁式时间继电器

电磁式时间继电器在继电保护装置中用来使保护装置获得所要求的延时（时限）。时间继电器的文字符号为 KT。

工厂供电系统中常用的 DS-110、120 系列电磁式时间继电器的基本结构如图 6-7 所示，其内部接线和图形符号如图 6-8 所示。

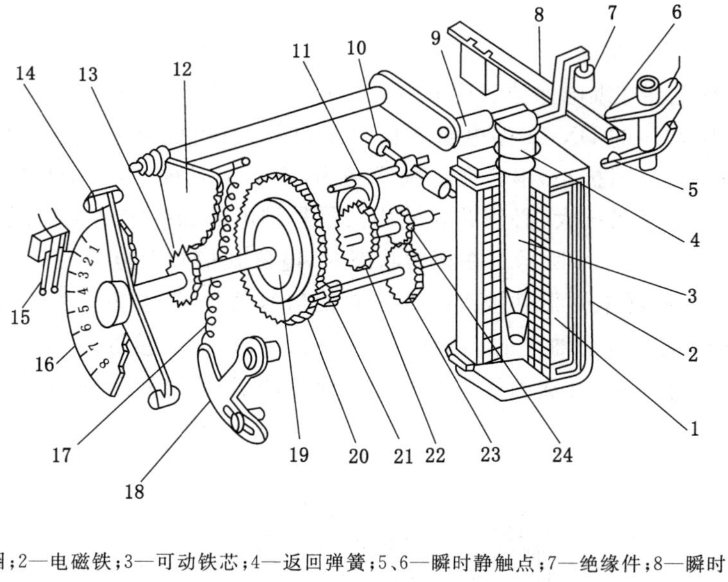

1—线圈；2—电磁铁；3—可动铁芯；4—返回弹簧；5、6—瞬时静触点；7—绝缘件；8—瞬时动触点；9—压杆；10—平衡锤；11—摆动卡板；12—扇形齿轮；13—传动齿轮；14—主动触点；15—主静触点；16—动作时限标度盘；17—拉引弹簧；18—弹簧拉力调节器；19—摩擦离合器；20—主齿轮；21—小齿轮；22—掣轮；23、24—钟表机构传动齿轮。

图 6-7　DS-110、120 系列电磁式时间继电器的内部结构

当继电器线圈接上工作电压时，铁芯被吸入，使被卡住的一套钟表机构被释放，同时切换瞬时触点。在拉引弹簧作用下，经过整定的时间，使主触点闭合。

继电器的延时时限，可借改变主静触点的位置（即它与主动触点的相对位置）来调节。调节的时限范围，在标度盘上标出。

当继电器的线圈断电时，继电器在弹簧的作用下返回起始位置。为了缩小继电器的尺寸和节约材料，时间继电器的线圈通常不按长时间接上额定电压来设计，因此凡需长时间接上电

压工作的时间继电器(如 DS-111C 型等),应在它动作后,利用其常闭瞬时触点的断开,使其线圈串入限流电阻,以限制线圈的电流,免使线圈过热烧毁,同时又能维持继电器的动作状态。

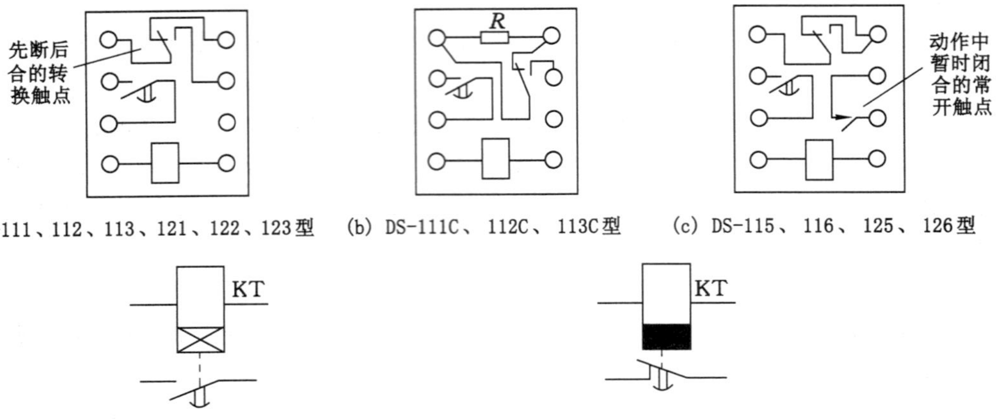

(a) DS-111、112、113、121、122、123型 (b) DS-111C、112C、113C型 (c) DS-115、116、125、126型

(d) 时间继电器的缓吸线圈及延时闭合触点 (e) 时间继电器的缓放线圈及延时断开触点

图 6-8 DS-110、120 系列电磁式时间继电器的内部接线和图形符号

(三) 电磁式信号继电器

电磁式信号继电器在继电保护装置中用来发出指示信号。信号继电器的文字符号为 KS。

在供电系统中常用的 DX-11 型电磁式信号继电器,有电流型和电压型两种:电流型信号继电器线圈的特点是阻抗小,串联在二次回路内,不影响其他二次元件的动作;电压型信号继电器线圈的特点是阻抗大,必须并联使用。信号继电器的基本结构如图 6-9 所示,其内部接线和图形符号如图 6-10 所示。在正常状态时,电磁式信号继电器的信号牌是被衔铁支持住的,当继电器线圈通电时衔铁被吸向铁芯而使信号牌掉下,显示动作信号,同时带动转动轴旋转 90°,使固定在转动轴上的动触点和静触点接通,从而接通信号回路,发出音响或灯光信号。要使信号停止,可旋动外壳上的复位旋钮,断开信号回路,同时使信号牌复位。

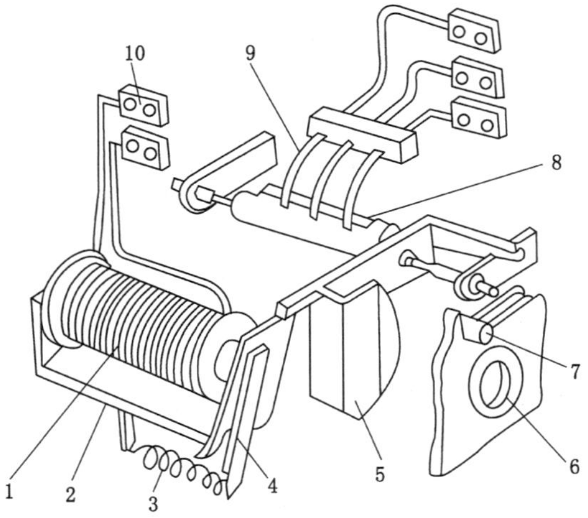

1—线圈;2—电磁铁;3—弹簧;4—衔铁;5—信号牌;6—玻璃窗孔;7—复位旋钮;
8—动触点;9—静触点;10—接线端子。

图 6-9 DX-11 型电磁式信号继电器的内部结构

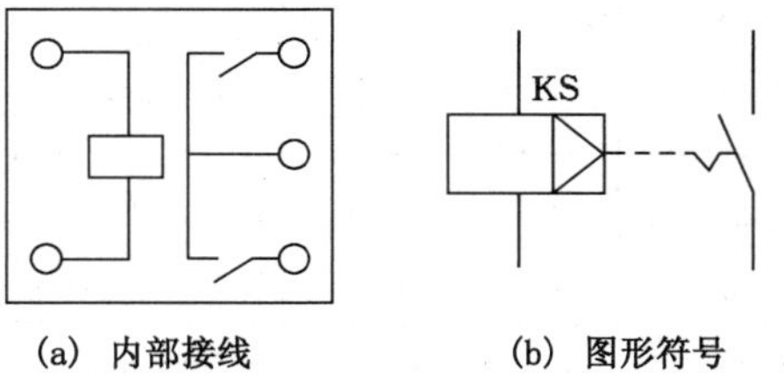

图 6-10　DX-11 型电磁式信号继电器的内部接线和图形符号

（四）电磁式中间继电器

电磁式中间继电器在继电保护装置中用作辅助继电器，以弥补主继电器触点数量或触点容量的不足。其文字符号为 KM。

供电系统中常用的 DZ-10 系列电磁式中间继电器的基本结构如图 6-11 所示。当其线圈通电时，衔铁被快速吸向电磁铁，从而使触点切换。当线圈断电时，继电器快速释放衔铁，触点全部返回起始位置。这种快吸快放的电磁式中间继电器的内部接线和图形符号如图 6-12 所示。

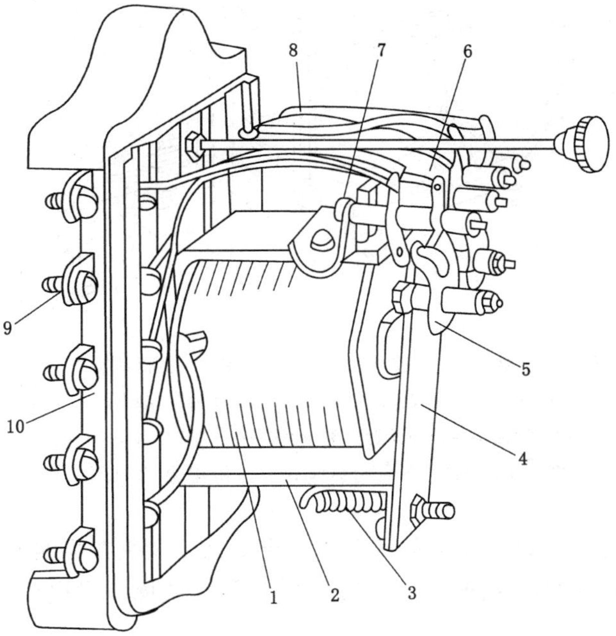

1—线圈；2—电磁铁；3—弹簧；4—衔铁；5—动触点；6、7—静触点；8—连接线；9—接线端子；10—底座。

图 6-11　DZ-10 系列电磁式流中间继电器的内部结构

（五）感应式电流继电器

感应式电流继电器具有上述电磁式电流继电器、时间继电器、信号继电器和中间继电器的功能，即它在继电保护装置中既能作为启动元件，又能实现延时、给出信号和直接接通跳闸回路等功能；既能实现带时限的过电流保护，又能同时实现电流速断保护，从而使保护装置大大

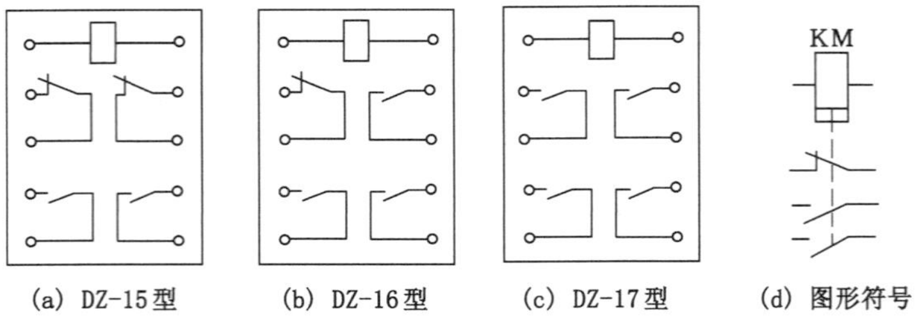

图 6-12　DZ-10 系列电磁式中间继电器的内部接线和图形符号

简化。此外，感应式继电器应用交流操作电源，可减少投资，简化二次接线。因此，在中小型工厂供电系统中，感应式电流继电器应用较为普遍。工厂供电系统中常用的 GL-10 系列感应式电流继电器的结构如图 6-13 所示，此种继电器由感应系统和电磁系统两大部分组成。

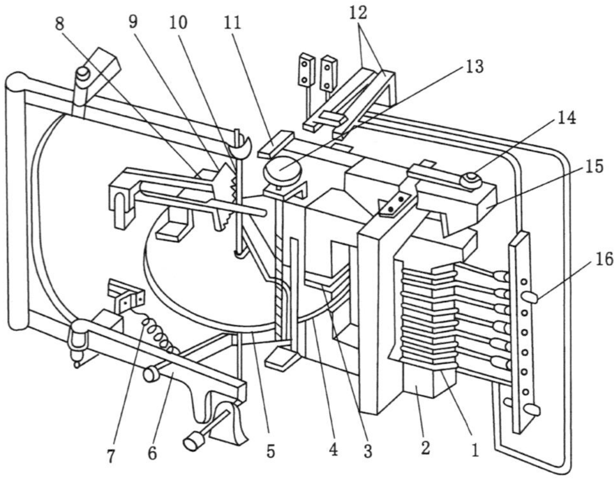

1—线圈；2—电磁铁；3—短路环；4—铝盘；5—钢片；6—铝框架；7—调节弹簧；
8—制动永久磁铁；9—扇形齿轮；10—蜗杆；11—扁杆；12—触点；13—时限调节螺杆；
14—速断电流调节螺钉；15—衔铁；16—动作电流调节插销。

图 6-13　GL-10 系列感应式电流继电器的内部结构

感应系统主要包括线圈 1、带有短路环 3 的电磁铁 2 及装在可偏框架 6 上的转动铝盘 4 等。电磁系统主要包括线圈 1、电磁铁 2 和衔铁 15 等。线圈 1 和电磁铁 2 是感应系统和电磁系统共用的。

感应系统的工作原理可参看图 6-14，当线圈 1 有电流 I_{KA} 通过时，电磁铁 2 在短路环 3 的作用下，产生在时间和空间位置上不相同的两个磁通 Φ_1 和 Φ_2，且 Φ_1 超前于 Φ_2。这两个磁通均穿过铝盘 4，根据电磁感应原理，这两个磁通在铝盘上产生一个始终由超前磁通 Φ_1 向落后磁通 Φ_2 方向的转动力矩 M_1。根据电度表的工作原理可知，此时作用于铝盘上的转动力矩为：

$$M_1 \propto \Phi_1 \Phi_2 \sin \psi \tag{6-25}$$

式中　ψ——Φ_1 与 Φ_2 间的相位差，此值为一常数。

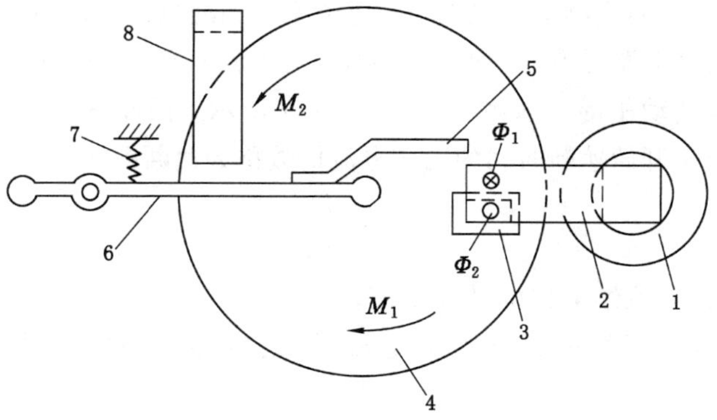

1—线圈；2—电磁铁；3—短路环；4—铝盘；5—钢片；6—铝框架；7—调节弹簧；8—制动永久磁铁。

图 6-14　感应式电流继电器的转动力矩 M_1 和制动力矩 M_2

由于 $\Phi_1 \propto I_{KA}$，$\Phi_2 \propto I_{KA}$，且 ψ 为常数，因此：

$$M_1 \propto I_{KA}^2 \tag{6-26}$$

对应于电磁铁的另一侧装有一个产生制动力矩的永久磁铁 8，铝盘在转动力矩 M_1 作用下转动，同时切割永久磁铁 8 的磁通，在铝盘上感应出涡流，涡流又与永久磁铁的磁通作用，产生一个与 M_1 反向的制动力矩 M_2。制动力矩 M_2 与铝盘转速 n 成正比，即：

$$M_2 \propto n \tag{6-27}$$

这个制动力矩在某一转速下，与电磁铁产生的转动力矩相平衡，因此在一定的电流下保持铝盘匀速旋转。在 M_1 和 M_2 的共同作用下，继电器的铝盘受力虽有使框架 6 和铝盘 4 向外推出的趋势，但由于受到弹簧 7 的拉力，框架和铝盘仍保持在初始位置。

当继电器线圈的电流增大到继电器的动作电流时，由电磁铁产生的转动力矩随之增加，并使铝盘转速随之增大，永久磁铁产生的制动力矩也随之增大。这两个力克服弹簧的反作用力而将框架及铝盘推出来，使蜗杆 10 与扇形齿轮 9 啮合，这就叫继电器动作。由于铝盘的转动，扇形齿轮就沿着蜗杆上升，最后使继电器触点 12 切换，同时使信号牌掉下，从观察孔内可直接看到红色或白色的信号指示，表示继电器已经动作。

继电器线圈中的电流越大，铝盘转得越快，扇形齿轮沿蜗杆上升的速度也越快，因此动作时间越短。这说明继电器的感应元件具有反时限动作特性，如图 6-15 曲线 abc 所示。

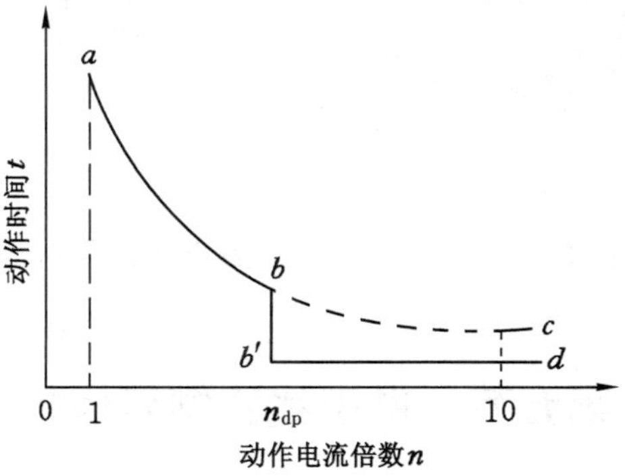

abc—感应元件的反时限特性；$b'd$—电磁元件的速断特性。

图 6-15　感应式电流继电器的动作特性曲线

电磁系统的工作原理：当继电器线圈中的电流增大到继电器整定的速断电流时，电磁铁瞬时将衔铁 15 吸下，使继电器触点 12 切换，同时信号牌掉下，给予动作信号指示。这说明继电器的电磁系统具有速断动作特性，如图 6-15 直线 $b'd$ 所示。因此电磁系统的元件也称速断元件。动作曲线上对应于开始速断时间的动作电流倍数称为速断电流倍数，用 n_{dp} 表示，即：

$$n_{dp}=\frac{I_{dp}}{I_{op}} \tag{6-28}$$

式中 I_{op}——感应式电流继电器的动作电流；

I_{dp}——感应式电流继电器的速断电流，即继电器线圈中使速断元件动作的最小电流。

实际 GL-10 系列感应式电流继电器的电流速断倍数 $n_{dp}=2\sim8$，n_{dp}是利用图 6-13 中的速断电流调节螺钉 14 来调节的，实际是调节电磁铁 2 与衔铁 15 之间的气隙距离。而继电器的动作电流 I_{op}则利用插销 16 来选择插孔位置进行调节，实际是改变线圈 1 的匝数。GL-10 系列继电器 I_{op}最大只能为 10 A，而且只能是整数的级进调节。

感应式电流继电器的动作时间是利用螺杆 13 来调节的，也就是调节扇形齿轮顶杆行程的起点，而使动作特性曲线上下移动。应当注意的是，继电器时限调节螺杆的标度尺，是以 10 倍动作电流的动作时间来刻度的，而继电器实际的动作时间与通过继电器线圈的电流大小有关，可从相关技术手册中动作特性曲线上查得。

GL-10 系列感应式电流继电器的内部接线和图形符号如图 6-16 所示。

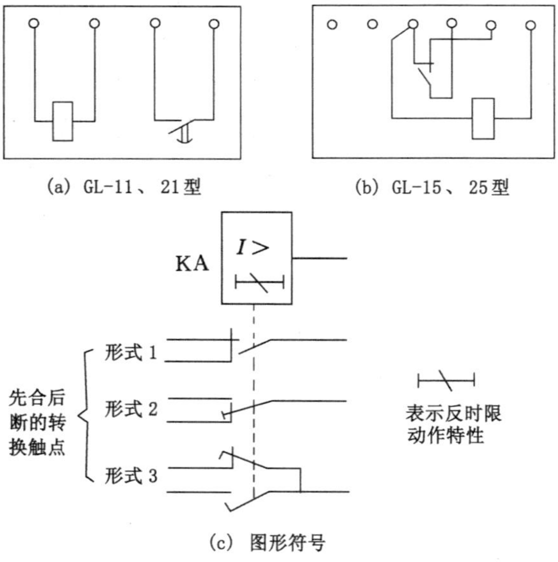

图 6-16 GL-11、21、15、25 型感应式电流继电器的内部接线和图形符号

第五节 供电线路继电保护

工矿企业供电网络最常见的故障有断线、短路等。在供配电线路发生相间短路故障的特点是，线路中的电流突然增大，电压突然下降。利用这些特点可以构成相间短路的电流、

电压保护，主要用于 35 kV 及以下的小接地电流系统中。在线路上发生相间短路时，继电保护装置使断路器跳闸，切除短路故障。当线路上发生单相接地故障时，只有接地电容电流，并不影响三相系统的正常运行，但需发出信号，因此需装设绝缘监视装置或单相接地保护。工矿企业供电线路电流、电压保护的原理很简单，它们的关键在于如何选择保护的整定值，以及如何设计保护各个元件间的逻辑关系。这也是本节的重点讲授内容。

一、电流保护的接线方式与接线系数

（一）电流保护的接线方式

电流保护的接线方式是指保护中电流互感器和电流继电器之间的连接方式。对于相间短路保护常用的接线方式有三相三继电器式完全星形接线、两相两继电器式不完全星形接线、两相一继电器电流差式接线、两相三继电器式不完全星形接线等 4 种，如图 6-17 所示。这几种接线方式各具特点，其应用范围也是不相同的。下面分析各种接线方式的特点。

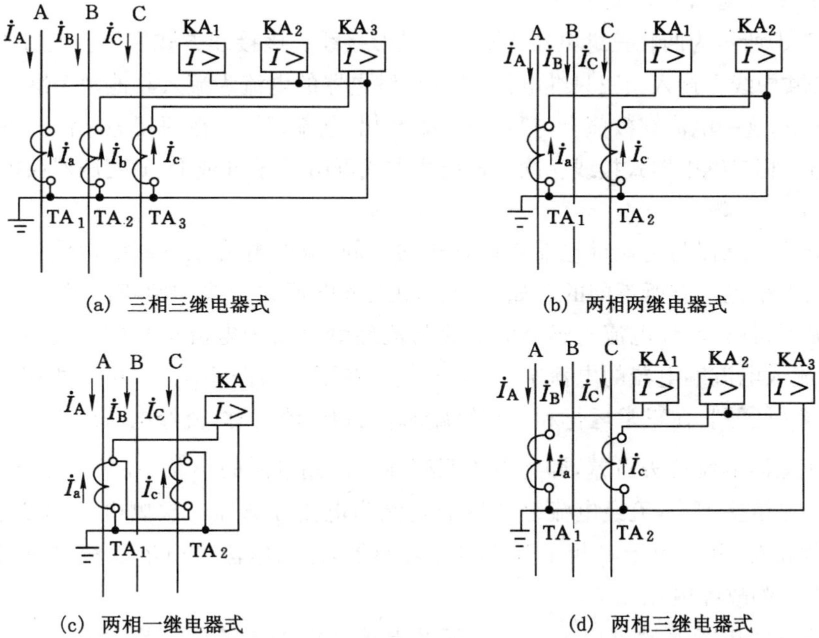

(a) 三相三继电器式　(b) 两相两继电器式　(c) 两相一继电器式　(d) 两相三继电器式

图 6-17　电流互感器与继电器接线方式

1. 三相三继电器式完全星形接线

图 6-17(a)所示为三相三继电器式完全星形接线，是将 3 个电流互感器与 3 个电流继电器分别按相连接在一起，互感器和继电器均接成星形。3 个继电器的触点是并联连接的，相当于“或”回路，当其中任一触点闭合后均可动作于跳闸或启动时间继电器等。三相三继电器接线所用保护元件最多，各相都接有电流互感器和电流继电器，无论线路发生三相短路、两相短路还是单相接地短路，短路电流都会通过电流互感器反应出来，产生相应的保护动作。因而在需要单相接地短路保护的大电流接地系统中，或在采用其他接线方式灵敏度要求得不到保证时，都可采用此接线方式。

2. 两相两继电器式不完全星形接线

图 6-17(b)所示为两相两继电器式不完全星形接线，用装设在 A、C 相上的 2 个电流互

感器与 2 个电流继电器分别按相连接在一起。由于 B 相不装设互感器和继电器，因此当该相出现接地故障时，电流继电器不可能反应出来，保护装置不能起到保护作用。对于相间短路故障，则至少有一个电流继电器流过短路电流，使保护装置动作。该接线所用设备较少，主要用于小电流接地系统(中性点不接地或经阻抗接地系统)。

3. 两相一继电器电流差式接线

图 6-17(c)所示为两相一继电器电流差式接线。此种接线方式较为简单经济，但对不同形式的短路故障，其接线系数和灵敏度不同，一般只用作小容量设备和高压电动机的保护。该接线方式不能用于 Y/d 或 D/y 变压器保护上，这是因为当变压器二次侧出现不对称短路时，变压器另一侧的流入继电器的电流 $I_{KA}=I_a-I_c=0$，保护装置灵敏度为零，不可能起到保护作用。该接线只能用作相间短路保护，接线简单，设备少，灵敏度低，主要作为电动机或不太重要的 10 kV 及以下线路过流保护。

4. 两相三继电器式不完全星形接线

图 6-17(d)所示为两相三继电器式不完全星形接线。该接线方式实际上是在两相两继电器式接线的公共中线上接入第三只继电器，流入该继电器的电流为流入其他两个继电器电流之和，在对称情况下，这一电流在数值上与第三相(即 B 相)电流相等。在两相短路情况下，保护装置的灵敏度也与三相三继电器式接线相同。该接线方式可用于 Y/d 或 D/Y 变压器保护。

(二) 接线系数

由于电流互感器与电流继电器连接方式的不同，流经电流互感器的电流以及流经电流继电器的电流大小也是有所不同的。如对于三相三继电器式接线和两相两继电器式接线，无论在什么情况下，各相流经电流互感器的电流与流经继电器的电流均相同。而对于两相一继电器式接线，流入电流继电器的电流 $\dot{I}_{KA}=\dot{I}_a-\dot{I}_c$。在不同短路情况下，对于两相一继电器式接线，情况更有所区别：在正常运行和三相短路时，三相电流对称，流经电流继电器的电流为流经 A、C 两相互感器电流的矢量差，即为电流互感器二次侧电流的$\sqrt{3}$倍；在 A、C 两相短路时，A、C 两相电流相位相差 180°，流经电流继电器的电流为电流互感器二次侧电流的 2 倍；在 A、B 两相或 B、C 两相短路时，由于 B 相未装设电流互感器，流入电流继电器的故障电流仅为一相电流互感器二次侧故障电流。

为表征流经电流互感器电流与实际流经电流继电器电流的区别，引入接线系数 K_w，它表示流入继电器电流 I_{KA}与电流互感器二次侧电流 $I_{TA\cdot 2}$的比值，即：

$$K_w=\frac{I_{KA}}{I_{TA\cdot 2}} \tag{6-29}$$

电流互感器不同接线方式下各种短路情况所对应的接线系数 K_w 值见表 6-3。

表 6-3 接线系数 K_w 值

短路类型	接线类型			
	三相三继电器	两相两继电器	两相一继电器	两相三继电器
三相短路	1	1	$\sqrt{3}$	1
A、C 两相短路	1	1	2	1
A、B 两相或 B、C 两相短路	1	1	1	1

引入接线系数 K_w 后，电流互感器一次侧电流与流入电流继电器电流的关系为：

$$I_{TA\cdot1}=K_i I_{TA\cdot2}=K_i \frac{I_{KA}}{K_w} \qquad (6\text{-}30)$$

式中　K_i——电流互感器变比；

$I_{TA\cdot1}$——电流互感器一次侧电流；

$I_{TA\cdot2}$——电流互感器二次侧电流；

I_{KA}——继电器电流。

二、继电保护装置的操作方式

继电保护装置的操作电源，有直流操作电源和交流操作电源两大类。交流操作电源由于具有投资少、运行维护方便及二次回路简单可靠等优点，故在中小工厂中应用最为广泛。

交流操作电源供电的继电保护装置主要有以下两种操作方式。

（一）直接动作方式

直接动作方式如图 6-18 所示。该方式是利用断路器手动操作机构内的过流脱扣器（跳闸线圈）YR 作为直动式过流继电器，接成两相一继电器式或两相两继电器式。正常运行时，YR 流过的电流远小于其动作电流，因此不动作。而在一次电路发生相间短路时，YR 动作，使断路器 QF 跳闸。这种操作方式简单经济，但保护灵敏度低，实际上较少应用。

（二）"去分流跳闸"的操作方式

"去分流跳闸"的操作方式如图 6-19 所示。该方式下，正常运行时，电流继电器 KA 的常闭触点将跳闸线圈 YR 短路分流，YR 无电流通过，所以断路器 QF 不会跳闸。当一次电路发生相间短路时，电流继电器 KA 动作，其常闭触点断开，使跳闸线圈 YR 的短路分流支路被去掉（即所谓"去分流"），从而使电流互感器的二次电流全部通过 YR，致使断路器 QF 跳闸，即所谓"去分流跳闸"。这种操作方式的接线也比较简单，且灵敏可靠，但要求电流继电器 KA 触点的分断能力足够大。GL-15、16、25、26 等型电流继电器，其触点容量相当大，短时分断电流可达 150 A，完全能够满足短路时"去分流跳闸"的要求。

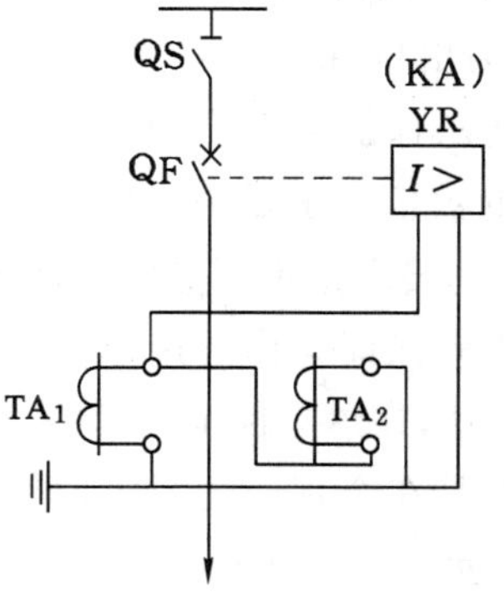

QF—断路器；TA_1、TA_2—电流互感器；
YR—断路器跳闸线圈（即直动式继电器 KA）。
图 6-18　直接动作式过电流保护电路

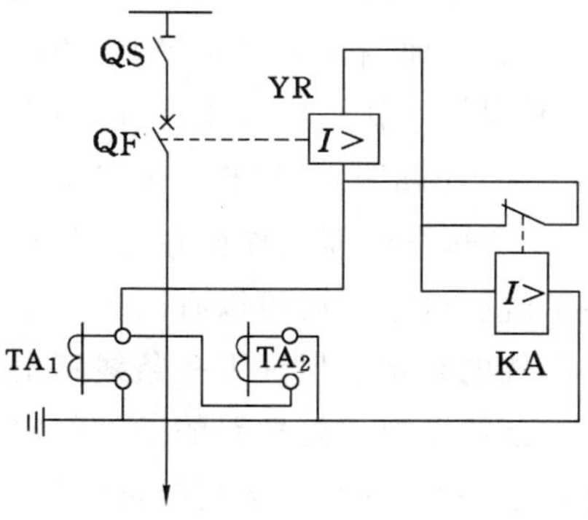

QF—断路器；TA_1、TA_2—电流互感器；
KA—电流继电器（GL 型）；YR—断路器跳闸线圈。
图 6-19　"去分流跳闸"的过电流保护电路

三、过电流保护

过电流保护是根据短路时电流增大的特性构成的,它是反映被保护线路电流值增大,超过预定值而动作跳闸的保护。根据电流继电器的不同接入方式和采用的继电器类型,过电流保护装置有各种不同形式。

(一)电流速断保护

1. 电流速断保护的动作原理与整定计算

根据对继电保护快速性的要求,在简单、可靠和保证选择性的前提下,保护装置动作切除故障的时间原则上总是越快越好,因此在各种电气元件上,应力求装设快速动作的继电保护。对于仅反应于电流增大而瞬时动作的电流保护,称为电流速断保护。电流速断保护的作用是保证在任何情况下只切除本线路上的故障。其整定计算原理可用图 6-20 所示的单电源辐射网络来说明。假定在每一条线路上均装有电流速断保护,则当线路 WL_1 上发生故障时,希望保护 1 能瞬时动作,而当线路 WL_2 上发生故障时,希望保护 2 能瞬时动作,它们的保护范围最好能达到本线路全长的 100%。但这种愿望是否能实现,需要做具体分析。

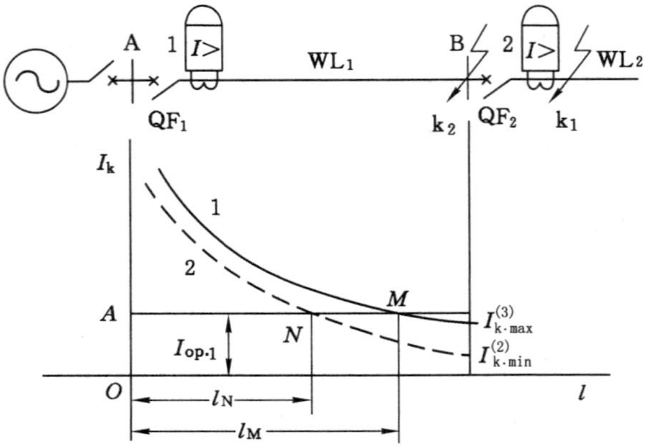

图 6-20 电流速断保护整定计算原理说明

图 6-20 中,以保护 1 为例。当本线路末端 k_2 点发生短路时,希望速断保护 1 能够瞬时动作切除故障,而当相邻线路 WL_2 的始端(习惯上又称为出口)k_1 点短路时,按照选择性的要求,速断保护 1 就不应该动作,因为该处的故障应由速断保护 2 动作切除。但是实际上,k_2 点和 k_1 点短路时,从保护 1 安装处所流过短路电流的数值几乎是一样的。因此,速断保护 1 在 k_2 点短路时能动作而在 k_1 点短路时又不能动作的要求是不可能同时得到满足的。

为了解决这个矛盾可以有两种方法。一种方法是优先保证动作的选择性,即从保护装置启动参数的整定上保证下一条线路出口处短路时不启动,在继电保护技术中,这又称为按躲开下一条线路出口处短路的条件整定。另一种方法就是在个别的情况下,当快速切除故障是首要条件时,就采用无选择性的速断保护,而以自动重合闸来纠正这种无选择性动作。

现在以 WL_1 线路断路器处的电流速断保护为例来分析电流速断保护的整定计算原则。首先应计算 WL_1 线路各处三相和两相短路时的短路电流。若忽略线路的电阻分量,则归算至断路器 QF_1 处的系统等效电源的相电势为 E_s,等效电源的阻抗最大值为 $X_{s.max}$(称此时该等效电源系统为最小运行方式),最小值为 $X_{s.min}$(称此时该等效电源系统为最大运行方式)，故障点至保护安装处的距离为 l，设每千米线路正序电抗为 x_1，则在线路各点三相短路时最大短路电流 $I_{k\cdot max}^{(3)}$ 和两相短路时最小短路电流 $I_{k\cdot min}^{(2)}$ 分别为：

$$I_{k\cdot max}^{(3)}=\frac{E_s}{X_{s\cdot min}+x_1 l} \tag{6-31}$$

$$I_{k\cdot min}^{(2)}=\frac{\sqrt{3}}{2}\times\frac{E_s}{X_{s\cdot max}+x_1 l} \tag{6-32}$$

其电流变化曲线分别如图 6-20 中的曲线 1 和 2 所示。

为了保证电流速断保护动作的选择性，对保护 1 来讲，其动作电流必须整定得大于 k_2 点短路时可能出现的最大短路电流，即在最大运行方式下 B 母线上的三相短路电流。故保护 1 处的电流速断保护的动作电流应整定为：

$$I_{op\cdot 1}=K_{rel}^{I} I_{kB\cdot max} \tag{6-33}$$

式中　K_{rel}^{I}——电流速断保护的可靠系数，可取 1.2～1.3，K_{rel} 主要用于保证在有各种误差（如元件整定误差和互感器误差等）的情况下该保护在区外短路时不动作；

$I_{kB\cdot max}$——最大运行方式下 B 母线上的三相短路电流。

速断保护的动作电流在图 6-20 中为直线 MN，它与曲线 1 和 2 分别相交在 M 点和 N 点。可以看出，电流速断不能保护线路全长，它的最大保护范围是 AM，最小保护范围是 AN。

速断保护的灵敏度，通常用保护区长度与被保护线路全长的百分比来表示，一般要求在系统最小运行方式下两相短路时的保护范围应不小于 15%。最小保护范围的长度 l_{min} 可由最小运行方式下两相短路电流（曲线 2）与保护动作电流（直线 MN）的交点 N 求得。因为：

$$I_{op\cdot 1}=\frac{\sqrt{3}}{2}\times\frac{E_s}{X_{s\cdot max}+x_1 l_{min}} \tag{6-34}$$

所以：

$$l_{min}=\frac{1}{x_1}\left(\frac{\sqrt{3}E_s}{2I_{op\cdot 1}}-X_{s\cdot max}\right) \tag{6-35}$$

2. 电流速断保护的接线

电流速断保护的接线如图 6-21 所示。电流继电器接于电流互感器的二次侧，它动作后启动中间继电器，其触点闭合后，经串联信号继电器而接通断路器的跳闸线圈。中间继电器有两个作用：

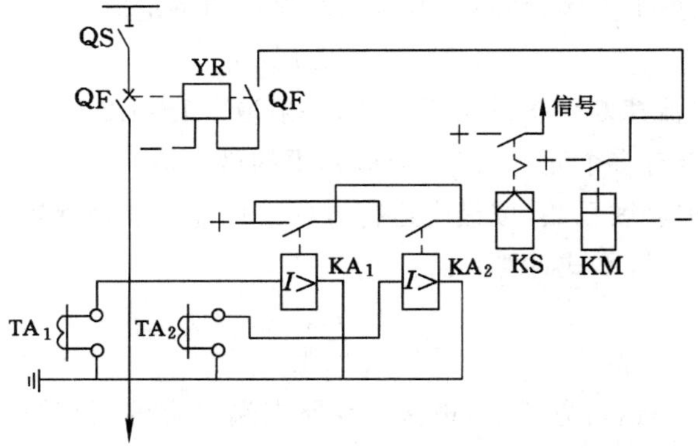

图 6-21　电流速断保护的接线图

(1) 利用它的触点接通跳闸回路,起到增加电流继电器触点容量的作用。

(2) 当线路上装设有管形避雷器时,利用中间继电器来增大保护装置的固有动作时间,以避免避雷器放电时引起速断保护误动作。一般避雷器放电时间可能持续到 40~60 ms,因此利用延时 60~80 ms 动作的中间继电器即可满足这一要求。

电流速断保护的主要优点是简单可靠、动作迅速,因而获得了广泛的应用。它的缺点是不能保护线路的全长,保护范围受系统运行方式变化的影响。当系统运行方式变化很大时,或者被保护线路的长度很短时,速断保护就可能没有保护范围,因而不能采用。

在个别的情况下,电流速断保护也可以保护线路的全长,比如线路-变压器组接线。由于线路和变压器可以看成是一个元件,因此电流速断保护就可以按照躲开变压器低压侧线路出口处的短路来整定,由于变压器的阻抗一般较大,因此,变压器低压侧出口处的短路电流就大为减小,这样整定以后,电流速断保护就可以保护变压器进线侧线路的全长,并能保护变压器的一部分。

(二) 限时电流速断保护

由于电流速断保护只能保护线路的一部分,而该线路剩下部分的短路故障必须依靠另外一种电流保护,这就是限时电流速断保护。对它的要求,首先是在任何情况下都能保护本线路的全长,并具有足够的灵敏度;其次是在满足上述要求的前提下,力求具有最小的动作时限。正是由于它能以较小的时限快速切除全线路范围以内的故障,因此称之为限时电流速断保护。

1. 限时电流速断保护的工作原理及整定计算

限时电流速断保护的工作原理及整定计算可用图 6-22 说明。假设线路 WL_1 和 WL_2 分别装有电流速断保护和限时电流速断保护,在变电所 B 降压变压器上装设瞬时动作的电流差动保护。QF_1 和 QF_2 处的电流速断保护动作电流值分别为 $I_{op\cdot 1}^{\mathrm{I}}$ 和 $I_{op\cdot 2}^{\mathrm{I}}$,保护范围分别为 $l_{op\cdot 1}^{\mathrm{I}}$ 和 $l_{op\cdot 2}^{\mathrm{I}}$。由于要求限时电流速断保护必须保护线路的全长,因此它的保护范围必然要延伸到下一条线路中去,这样当下一条线路出口处发生短路时,它就要启动,为了保证动作的选择性,就必须使保护的动作带有一定的时限。为了使这一时限尽量缩短,首先考虑使它的范围不超出下一条线路速断保护的范围,而动作时限则比下一条线路的速断保护高出一个时间阶段,此时间阶段以 Δt 表示。对于通常采用的断路器和间接作用的二次式继电器而言,Δt 的数值为 0.35~0.6 s,一般取为 0.5 s。

以图 6-22 中的保护 1 为例,其限时电流速断保护的整定值为:

$$I_{op\cdot 1}^{\mathrm{II}} = K_{rel}^{\mathrm{II}} I_{op\cdot 2}^{\mathrm{I}} \tag{6-36}$$

式中 K_{rel}^{II}——限时电流速断保护的可靠系数,一般取 1.1~1.2。

如果相邻母线上接有多个元件,$I_{op\cdot 2}^{\mathrm{I}}$ 应取其中的最大值。

限时电流速断保护灵敏系数,按最小运行方式下仍能可靠地保护线路全长进行校验,对于图 6-22 中的保护 1 可按下式计算:

$$K_s^{\mathrm{II}} = \frac{I_{kB\cdot min}^{(2)}}{I_{op\cdot 1}^{\mathrm{II}}} \tag{6-37}$$

式中 $I_{kB\cdot min}^{(2)}$——在最小运行方式下,被保护线路末端 B 点的两相短路电流;

K_s^{II}——灵敏系数,不应低于 1.3~1.5。

当该保护灵敏度不满足要求时,动作电流可采用和相邻线路电流保护的限时电流速断

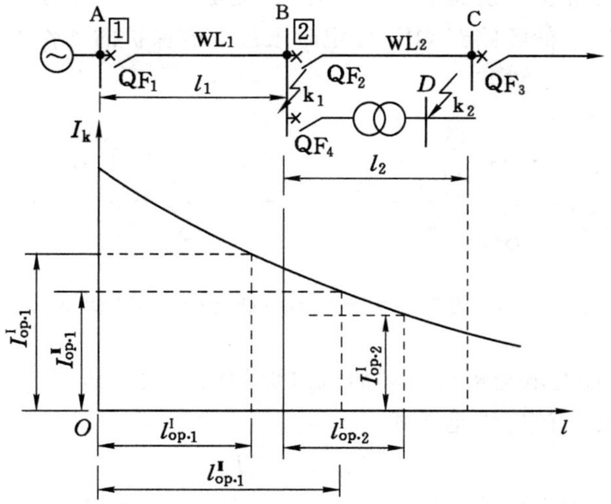

图 6-22　限时电流速断保护整定计算原理说明

保护整定值配合的方法，这样其动作时限就应该比下一条线路限时电流速断保护的时限再高一个 Δt，一般取 1～1.2 s。

2. 限时电流速断保护的接线

限时电流速断保护的接线如图 6-23 所示，它和电流速断保护接线的主要区别是用时间继电器代替了中间继电器，这样当电流继电器动作后，还要经过时间继电器的延时时间 Δt 才能动作于跳闸。如果在 Δt 以前故障被切除，则电流继电器立即返回，整个保护随即复归原状，而不会形成误动作。

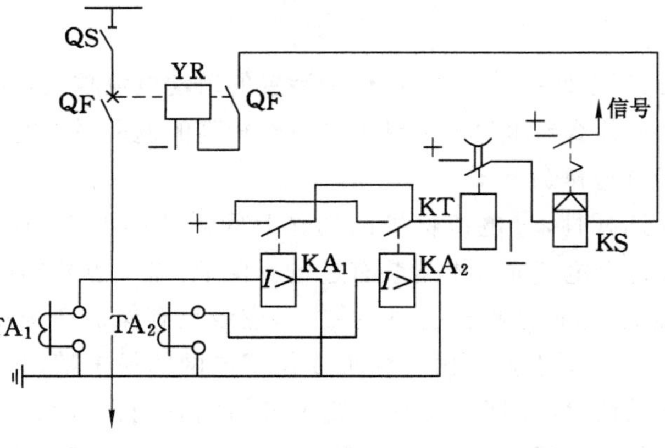

图 6-23　限时电流速断保护的接线图

（三）定时限过电流保护

1. 过电流保护动作电流的整定

过电流保护通常是指其动作电流 I_{op}^{III} 按照躲开最大负荷电流来整定的一种保护装置。它在正常运行时不应该启动，而在电网发生故障时，则能反应于电流的增大而动作。在一般的情况下，它不仅能够保护本线路的全长，而且也能够保护相邻线路的全长，以起到后备保护的作用。图 6-24 所示的断路器 QF_1 处定时限过电流保护的动作电流应按以下两个条件进行整定。

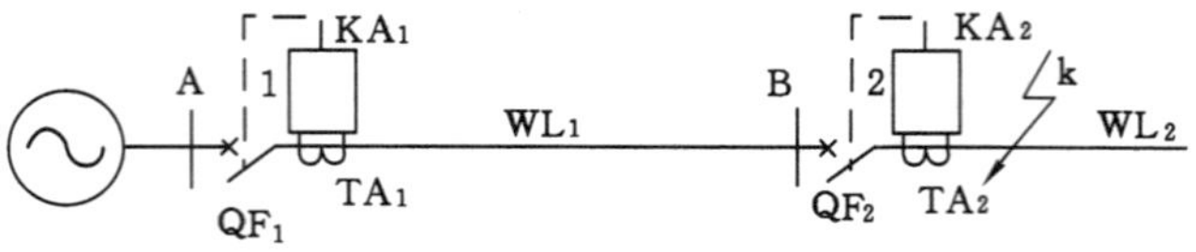

图 6-24　过电流保护动作电流的整定计算原理说明

(1) 正常运行并伴有电动机自启动而流过保护的最大负荷电流为 $K_{ss}I_{ca}$ 时，该电流保护不动作，即要求动作电流应满足下式：

$$I_{op\cdot 1}^{\rm III} > K_{ss}I_{ca} \tag{6-38}$$

式中　K_{ss}——电动机的自启动系数，数值大于 1，应由电网具体接线和负荷性质、试验数据等因素确定；

I_{ca}——正常情况下流过被保护线路的最大负荷电流。

(2) 作为后备保护的定时限过电流保护在故障切除后，且下一条母线由电动机启动而流过最大负荷电流时，应能可靠返回，即要求保护装置 1 的返回电流满足下式：

$$I_{re} = K_{rel}^{\rm III}K_{ss}I_{ca} \tag{6-39}$$

式中　$K_{rel}^{\rm III}$——定时限过电流保护可靠系数，一般采用 1.15～1.25。

由于保护装置的启动与返回是通过电流继电器来实现的，因此，由返回系数公式 $K_{re}=\frac{I_{re}}{I_{op}}$，则保护装置的启动电流为：

$$I_{op\cdot 1}^{\rm III} = \frac{K_{rel}^{\rm III}K_{ss}}{K_{re}}I_{ca} \tag{6-40}$$

由这一关系可见，当返回系数越小，则保护装置的启动电流越大，因而其灵敏度就越差，这是不利的。这就是为什么要求过电流继电器应有较高的返回系数的原因。

2. 过电流保护动作时限的整定

为了保证动作的选择性，过电流保护的动作时间沿线路的纵向按阶梯原则整定。如图 6-25 所示，假定在每个电气元件上均装有过电流保护，当 k 点短路时，保护 1～3 在短路电流的作用下都可能启动，但按照选择性的要求，应该只有保护 3 动作，切除故障，而保护 1～2 在故障切除之后应立即返回。由于保护 3 位于电网的最末端，只要电动机内部故障，它就可以瞬时动作予以切除，t_0 即为保护装置本身的固有动作时间。对于保护 2 来讲，为了保证 k 点短路时动作的选择性，其动作时限 t_1 比 t_0 大一个时间阶段 Δt，则保护 2 的动作时限为 $t_1=t_0+\Delta t$，依此类推。

一般地，为了充分保证动作的选择性，任一过电流保护的动作时限，应选择得比相邻各元件保护的动作时限均高出至少一个 Δt。在图 6-25 所示的网络中，保护 1 的动作时限应同时满足所有支路的时限要求，且动作时限应取其中最大的一个。

从图 6-25 中可以看出，当故障越靠近电源端时，短路电流越大，而此时过电流保护动作切除故障的时间反而越长，这是一个很大的缺点。正是由于这个原因，在电网中广泛采用电

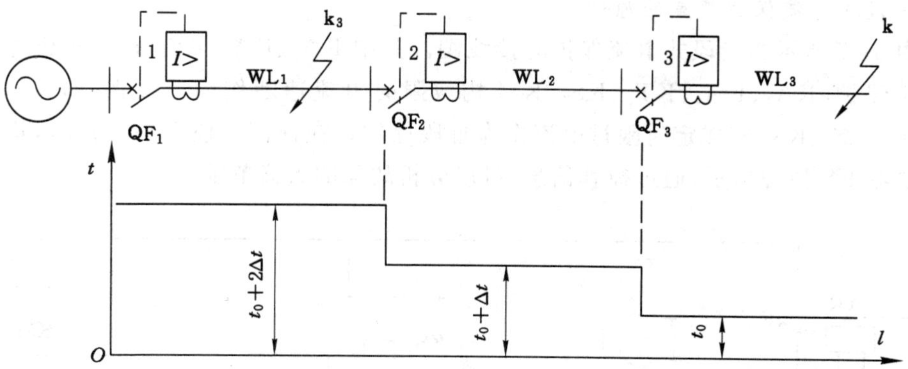

图 6-25　过电流保护动作时限的选择说明

流速断和限时电流速断为本线路的主保护，以快速切除故障，利用过电流保护来作为本线路和相邻元件的后备保护。

3. 过电流保护灵敏系数的校验

过电流保护的灵敏系数的校验计算为：

$$K_{s}^{\mathrm{III}}=\frac{I_{kB\cdot min}^{(2)}}{I_{op\cdot 1}^{\mathrm{III}}} \tag{6-41}$$

当过电流保护作为本线路的主保护时，应采用最小运行方式下本线路末端的两相短路电流进行校验，要求 $K_{s}^{\mathrm{III}}\geqslant 1.3\sim 1.5$；当作为相邻线路的后备保护时，则应采用最小运行方式下相邻线路末端的两相短路电流进行校验，要求 $K_{s}^{\mathrm{III}}\geqslant 1.2$。

（四）三段式电流保护装置

1. 三段式电流保护的构成

由于电流速断保护不能保护线路全长，限时电流速断保护又不能作为相邻线路的后备保护，因此输电线路通常采用三段式电流保护，即电流速断保护作为Ⅰ段保护，限时电流速断保护作为Ⅱ段保护，定时限过电流保护作为Ⅲ段保护，构成一整套保护装置。

在具体应用时，根据电网的实际情况可选用速断加过电流保护、限时速断加过电流保护，也可三者同时采用。以图 6-26 为例，在电网的末端——用户的电动机或其他受电设备上，保护 3 采用瞬时动作的过电流保护即可满足要求，其动作电流按照躲开电动机的最大启动电流来整定。对于保护 2 来说，应首先考虑采用 0.5 s 的过电流保护，如果电网要求线路 WL_2 上的故障必须快速切除，则可增设一个电流速断保护，此时保护 2 就是一个速断加过电流的两段式保护。对于保护 1，其过电流保护由于要和保护 2 配合，动作时限要整定为 1～1.2 s，此时就应考虑增设电流速断保护或同时装设电流速断保护和限时速断保护，这样保护 1 可能是两段式也可能是三段式。越靠近电源端，则过电流保护的动作时限就越长，因此，一般都需要装设三段式的保护。由图可见，当全线路任何地点发生短路时，如果不发生保护或断路器拒动的情况，则故障都可以在 0.5 s 内予以切除。

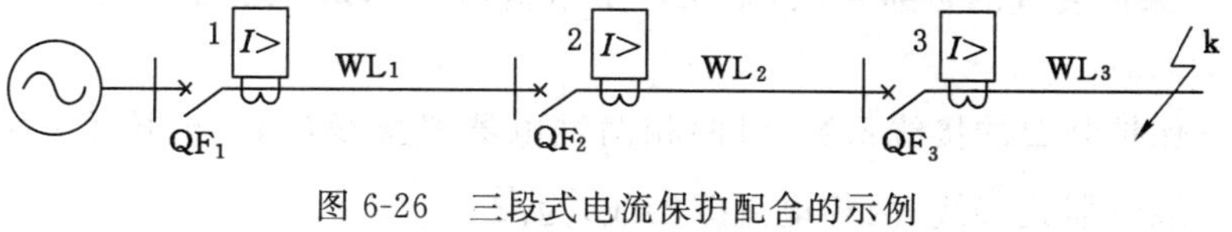

图 6-26　三段式电流保护配合的示例

2. 三段式电流保护装置的原理

如图 6-27 所示为三段式电流保护的接线图。其中 KA_1、KA_2、KS_1、KM 构成电流速断作为Ⅰ段保护，KA_3、KA_4、KT_1、KS_2、KM 构成限时电流速断作为Ⅱ段保护，KA_5、KA_6、KA_7、KT_2、KS_3、KM 构成定时限过电流作为Ⅲ段保护。在任何一段保护动作时，均有相应信号继电器 KS 掉牌指示，通过掉牌信息，可以分析故障的大概范围。

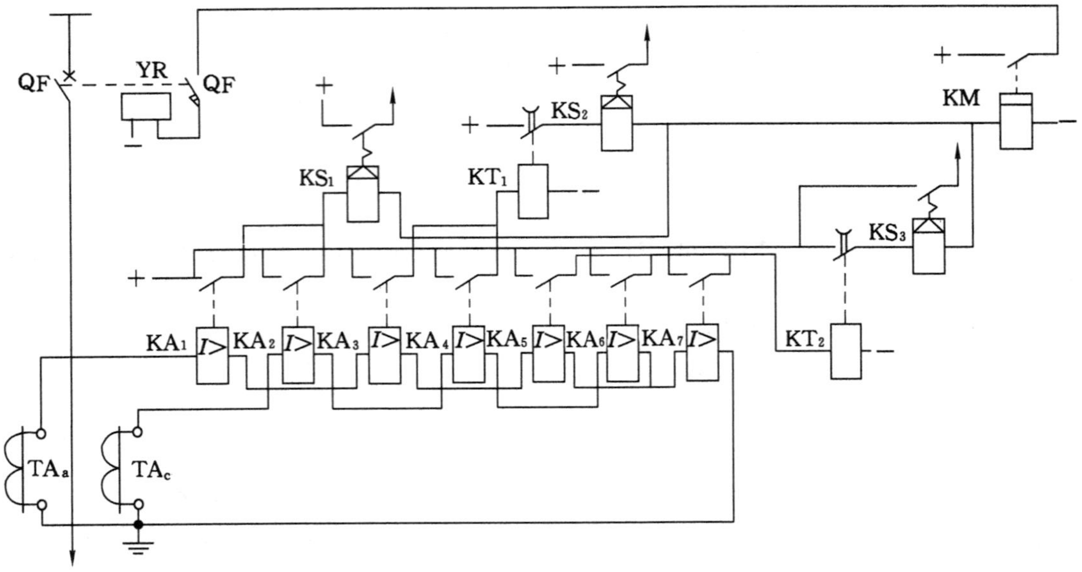

图 6-27　三段式电流保护的接线图

（五）低电压闭锁的过流保护

当系统的运行方式变化较大时，电流速断保护灵敏度可能不满足要求（保护范围很小，甚至没有保护区），此时可采用低电压闭锁的过流保护，以提高保护的灵敏度。

如图 6-28 所示保护电路，在线路过电流保护的过流继电器 KA 的常开触点回路中，串入低电压继电器 KV 的常闭触点，而 KV 经过电压互感器 TV 接在被保护线路的母线上。

在供电系统正常运行时，母线电压接近于额定电压，因此电压继电器 KV 的常闭触点是断开的。这时的电流继电器 KA 即使由于线路过负荷而误动作（即 KA 触点闭合），也不致造成断路器 QF 误跳闸。正因为如此，凡装有低电压闭锁的过电流保护装置的动作电流 I_{op}，不必按躲过线路的最大负荷电流 $I_{L \cdot max}$ 来整定，而只需按躲过线路的计算电流 I_{ca} 来整定，当然保护装置的返回电流 I_{re} 也应躲过 I_{ca}。因此，装有低电压闭锁的过电流保护的继电器动作电流整定计算公式为：

$$I_{op}=\frac{K_{rel}K_{w}}{K_{re}K_{TA}}I_{ca} \tag{6-42}$$

式中　K_{rel}——保护装置的可靠系数，对 DL 型电流继电器取 1.2，对 GL 型电流继电器取 1.3；

K_{w}——保护装置的接线系数，对两相两继电器式接线（相电流接线）为 1，对两相一继电器式接线（两相电流差接线）为$\sqrt{3}$；

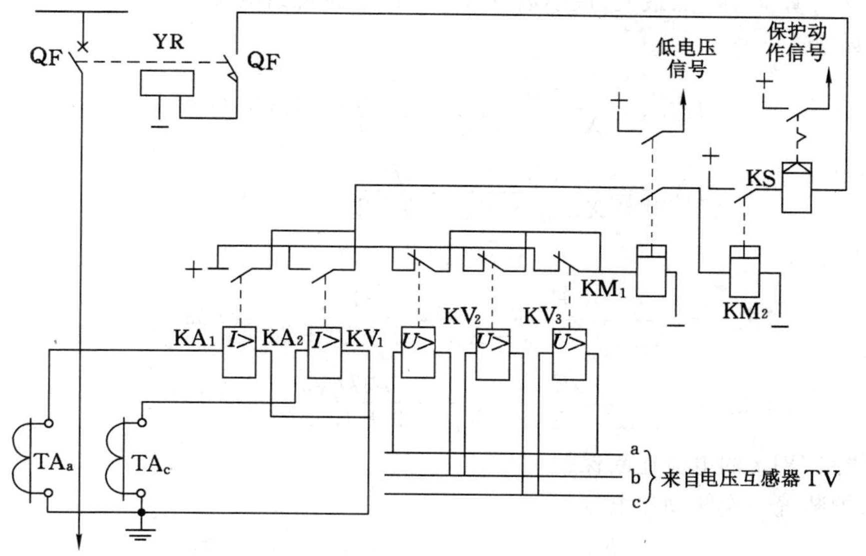

图 6-28　低电压闭锁的过电流保护

K_{TA}——保护装置所连接的电流互感器变流比；

I_{ca}——线路计算电流。

由于其 I_{op} 的减小，从而有效地提高了保护灵敏度。上述低电压继电器 KV 的动作电压 U_{op}，按躲过母线正常最低工作电压 U_{min} 来整定，当然其返回电压也应躲过 U_{min}。因此，低电压继电器动作电压的整定计算公式为：

$$U_{op}=\frac{U_{min}}{K_{rel}K_{re}K_{TV}}\approx 0.6\frac{U_N}{K_{TV}} \tag{6-43}$$

式中　U_{min}——母线最低工作电压，取 $(0.85\sim0.95)U_N$；

U_N——线路额定电压；

K_{rel}——保护装置的可靠系数，可取 1.2；

K_{re}——低电压继电器的返回系数，一般取 1.25；

K_{TV}——电压互感器的变压比。

（六）三段式电流保护计算实例

【例 6-1】　如图 6-29 所示，35 kV 网络中每条线路的断路器均装设三段式电流保护。已知电源等效阻抗为 $X_{s.max}=9\ \Omega$，$X_{s.min}=6\ \Omega$；线路阻抗为 $X_{AB}=10\ \Omega$，$X_{BC}=24\ \Omega$；线路 WL_2 最大的过流保护时限为 2 s；线路 WL_1 最大负荷电流为 150 A；电流互感器采用不完全星形接法，其变比为 300/5。试计算 WL_1 各段保护动作电流及动作时限，校验保护灵敏度。

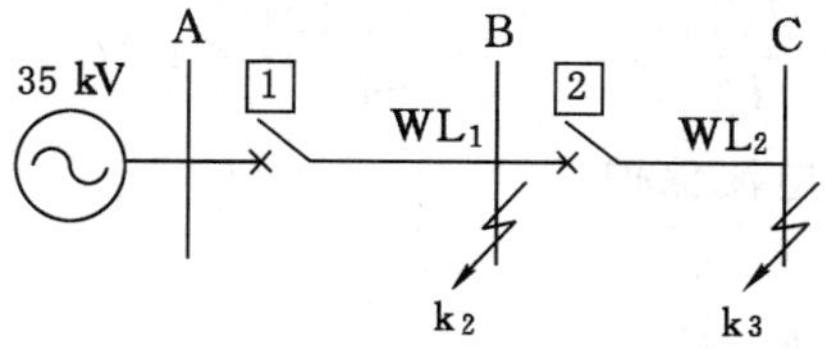

图 6-29　三段式电流保护计算实例示意图

解：(1) 计算 k_2、k_3 点最大、最小运行方式下的三相短路电流

对于 k_2 点：

$$I_{k2\cdot max}^{(3)}=\frac{E_s}{X_{s\cdot min}+X_{AB}}=\frac{37/\sqrt{3}}{6+10}=1.335\ (kA)$$

$$I_{k2\cdot min}^{(3)}=\frac{E_s}{X_{s\cdot max}+X_{AB}}=\frac{37/\sqrt{3}}{9+10}=1.124\ (kA)$$

对于 k_3 点：

$$I_{k3\cdot max}^{(3)}=\frac{E_s}{X_{s\cdot min}+X_{AB}+X_{BC}}=\frac{37/\sqrt{3}}{6+10+24}=0.534\ (kA)$$

$$I_{k3\cdot min}^{(3)}=\frac{E_s}{X_{s\cdot max}+X_{AB}+X_{BC}}=\frac{37/\sqrt{3}}{9+10+24}=0.497\ (kA)$$

(2) 线路 WL_1 的电流速断保护

① 保护装置一次侧动作电流：

$$I_{op\cdot 1}^{I}=K_{rel}^{I}I_{k2\cdot max}=1.3\times 1.335=1.736\ (kA)$$

② 保护装置二次侧电流，即继电器动作电流：

$$I_{op\cdot 1r}^{I}=\frac{K_w}{K_{TA}}I_{op\cdot 1}^{I}=\frac{1}{300/5}\times 1\ 736=28.9\ (A)$$

式中 K_w——接线系数，采用两相不完全星形接法，接线系数为 1；

K_{TA}——电流互感器变比。

③ 灵敏度校验：

$$l_{min}=\left(\frac{\sqrt{3}E_s}{2I_{op\cdot 1}^{I}}-X_{s\cdot max}\right)=\frac{\sqrt{3}}{2}\times\frac{37/\sqrt{3}}{1.736}-9=1.657\ (\Omega)$$

$$l_{min}/X_{AB}=1.657/10\times 100\%=16.57\%>15\%\text{，合格}$$

(3) 线路 WL_1 的限时电流速断保护

① WL_2 电流速断动作电流：

$$I_{op\cdot 2}^{I}=K_{rel}^{I}I_{k3\cdot max}=1.3\times 0.534=0.694\ 2\ (kA)$$

② WL_1 Ⅱ段保护动作电流：

$$I_{op\cdot 1}^{II}=K_{rel}^{II}I_{op\cdot 2}^{I}=1.1\times 694.2=764\ (A)$$

③ WL_1 Ⅱ段继电器动作电流：

$$I_{op\cdot 1r}^{II}=\frac{K_w}{K_{TA}}I_{op\cdot 1}^{II}=\frac{1}{300/5}\times 764=12.7\ (A)$$

④ 动作时限应与 WL_2 电流速断相配合，$t_1^{II}=t_2^{I}+\Delta t$，取 $t_2^{I}=0$，$\Delta t=0.5$ s，则 $t_1^{II}=0.5$ s。

⑤ 校验电流保护Ⅱ段灵敏度系数：

$$K_s^{II}=\frac{\sqrt{3}}{2}\times\frac{I_{k2\cdot min}^{(3)}}{I_{op\cdot 1}^{II}}=\frac{0.866\times 1.124}{0.764}=1.27>1.25\text{，合格}$$

(4) 线路 WL_1 的定时限电流保护

① 一次侧动作电流：

$$I_{op\cdot 1}^{III}=\frac{K_{rel}K_{ss}}{K_{re}}I_{ca}=\frac{1.2\times 1.3}{0.85}\times 150=275\ (A)$$

② 继电器动作电流：

$$I_{op\cdot 1r}^{\mathrm{III}}=\frac{K_w}{K_{TA}}I_{op\cdot 1}^{\mathrm{III}}=\frac{1}{300/5}\times 275=4.58\ (\mathrm{A})$$

③ 动作时限应与 WL_2 的过电流保护动作相配合。

④ 灵敏度系数校验：

近后备保护：

$$K_s^{\mathrm{III}}=\frac{\sqrt{3}}{2}\times\frac{I_{k2\cdot\min}^{(3)}}{I_{op\cdot 1}^{\mathrm{III}}}=\frac{0.866\times 1.124}{0.275}=3.54>1.5,\text{合格}$$

远后备保护：

$$K_s^{\mathrm{III}}=\frac{\sqrt{3}}{2}\times\frac{I_{k3\cdot\min}^{(3)}}{I_{op\cdot 1}^{\mathrm{III}}}=\frac{0.866\times 0.497}{0.275}=1.57>1.2,\text{合格}$$

四、小接地电流系统的单相接地保护

在小接地电流系统中，发生单相接地故障时，只有很小的接地电容电流，而相间电压不变，因此可暂时继续运行。但是这毕竟是一种故障，而且由于非故障相的对地电压要升高为原来对地电压的$\sqrt{3}$倍，因此对线路绝缘是一种威胁，如果长期下去，可能引起非故障相的对地绝缘击穿而导致两相接地短路，这将引起开关跳闸，线路停电。因此，在系统发生单相接地故障时，必须通过无选择性的绝缘监视装置或有选择性的单相接地保护装置，发出报警信号，以便运行值班人员及时发现和处理。

工厂中常见的单相接地保护装置为绝缘监测装置和零序电流保护装置两种。

（一）绝缘监测装置

工厂中常见的小电流接地系统的绝缘监测装置由三个单相三绕组电压互感器或一个三相五芯柱三绕组电压互感器构成，接线如图 6-30 所示。

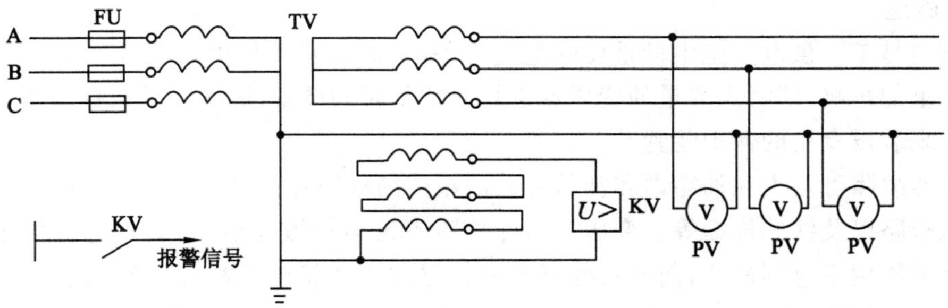

图 6-30　绝缘监测装置原理图

在正常运行时，系统三相电压对称，三个电压表数值相等，接于开口三角形绕组内的电压继电器 KV 不受电压（或只有少量不平衡电压），继电器不动作。当出现一相对地短路故障时，该相对地电压为零，而其余非故障相对地电压升高，产生零序电压，使电压继电器 KV 动作，发出报警信号，值班人员通过各电压表指示，可以判断故障相别。这种绝缘监测装置简单易行，在工厂中使用得相当广泛。

（二）零序电流保护装置

对小电流接地系统，当出现单相对地短路时，故障相与非故障相流过的电容电流大小是不一样的，产生的零序电流也不一样。利用这一特点，可以构成零序电流保护装置。对架空线路，可在线路的各相均装设电流互感器接成零序电流滤过器，如图 6-31 所示。系统正常运行时，各相电流对称，电流继电器线圈电流为零，继电器 KA 不动作；当出现单相对地短路故障时，产生零序电流，继电器 KA 启动发出报警信号。对电缆线路，则采用零序电流互感器来实现单相接地保护，如图 6-32 所示。当三相对称时，由于三相电流之和为零，在零序电流互感器铁芯中没有磁通产生，其二次侧也不会感应出电流，继电器 KA 不动作；当出现单相接地时，零序电流产生，从电缆头接地线流经电流互感器，在互感器二次侧产生感应电势及电流，使继电器 KA 动作，发出信号。应注意的是，电缆头的接地线在装设时必须穿过零序电流互感器铁芯后接地，否则保护装置不起作用。

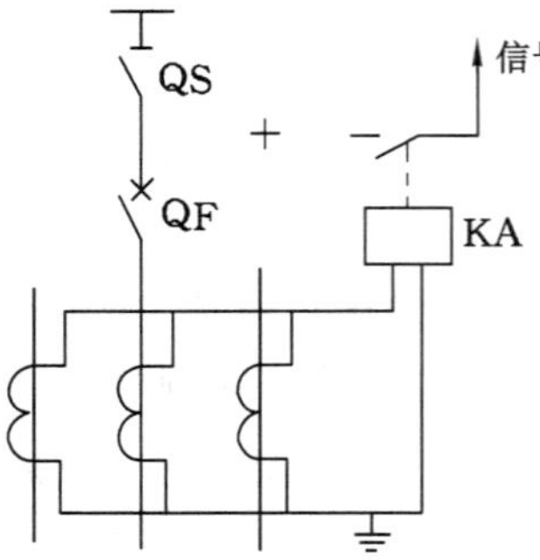

图 6-31　架空线路零序电流保护接线

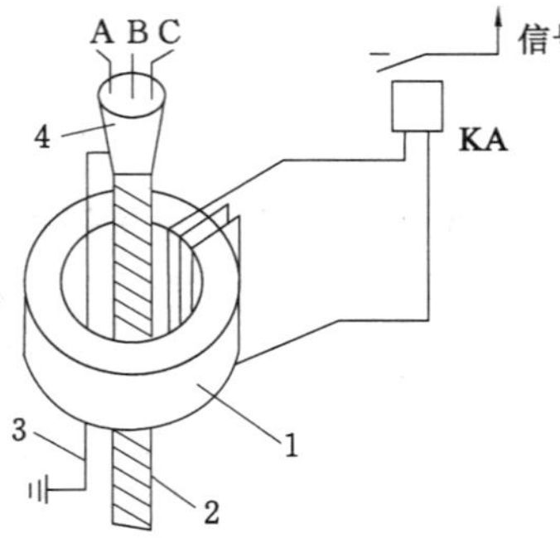

1—零序电流互感器；2—电缆；
3—接地线；4—电缆头。

图 6-32　电缆线路零序电流保护接线

第六节　变压器保护

一、概述

变压器是工厂供电系统中最重要的电气设备，它的故障给供电可靠性和系统的正常运行带来严重的影响，同时大容量的变压器也是非常重要的设备，因此必须根据变压器容量和重要程度来装设专用的保护装置。

变压器故障可发生在油箱内和油箱外。油箱内的故障包括绕组的相间短路、匝间短路、单相接地短路以及铁芯烧损等。变压器内部故障不仅会烧毁变压器，而且容易由于绝缘物和油在电弧作用下急剧汽化，而导致变压器油箱爆炸。油箱外的故障主要是套管和引出线上发生的相间短路、单相接地短路等，此外还有变压器外部短路引起的过电流等。

变压器不正常状态主要有过负荷和由于外部短路引起的过电流及油箱的油面降低等。

对于上述故障类型和不正常运行状态，并考虑变压器的容量，在变压器上要装设下列几种保护：

(1) 瓦斯保护。对于容量在 800 kV·A 及其以上的油浸式变压器和 400 kV·A 及其以上的车间内油浸式变压器应装设瓦斯保护，作为变压器油箱内各种故障和油面降低的主保护。其中轻瓦斯保护动作于信号，重瓦斯保护动作于跳开变压器各电源侧的断路器。

(2) 纵差保护或电流速断保护。为反应变压器绕组和引出线的相间短路，以及中性点直接接地电网侧绕组和引出线的接地短路，应装设纵差保护或电流速断保护。对于并联运行的变压器容量在 6 300 kV·A 及其以上、单独运行的变压器容量在 10 000 kV·A 及其以上和工业企业中的重要变压器容量在 6 300 kV·A 以上时，均应装设纵差保护，并将此保护作为变压器绕组、绝缘套管及引出线相间短路的主保护。小于上述容量界限的变压器可用电流速断保护代替纵差保护。上述的纵差保护或电流速断保护动作后，均应使变压器各电源侧的断路器跳开。

(3) 过电流保护。一般用于降压变压器，作为变压器外部短路及瓦斯和纵差(或电流速断)保护的后备保护。

(4) 零序电流保护。当变压器中性点直接接地或经放电间隙接地时，应装设零序电流保护，作为变压器外部接地短路的保护。

(5) 过负荷保护。接于一相电流上，变压器过负荷时延时作用于信号。对于无人值班的变电所内，必要时也可作用于跳闸或自动切除一部分负荷。

二、变压器的瓦斯保护

对于油浸变压器，当油箱内部故障(包括轻微的匝间短路和绝缘保护破坏引起的经电弧电阻的接地短路)时，由于故障点短路电流和电弧作用，变压器油和其他绝缘物会因受热而分解出气体，因气体较轻，它们将从油箱上升到最上部的油枕，故障越严重，产气越多，可形成强烈的气流。利用油箱内部故障这一特点，可构成反应于气体变化而动作的保护装置，称为瓦斯保护。该保护是利用瓦斯继电器来实现的。将瓦斯继电器安装于油箱和油枕之间的管道中，如图 6-33 所示，这样，油箱内部产生的气体必须通过瓦斯继电器才能流向油枕。为便于气体流动，在安装变压器时，使油箱底部与水平面有 1%～1.5%的升高坡度，连接管具有 2%～4%的升高坡度。

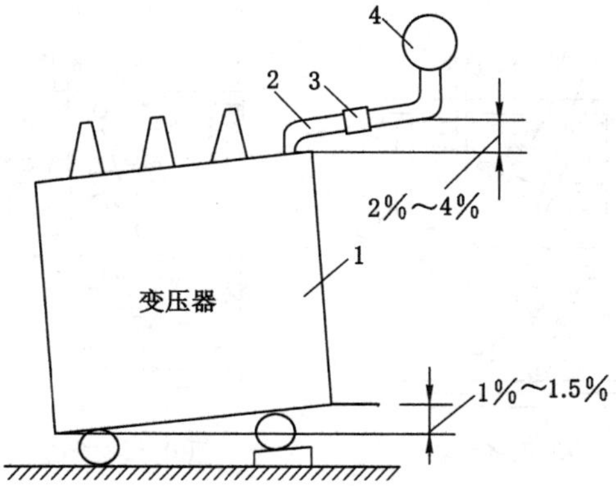

1—变压器油箱；2—连通道；3—气体继电器；4—油枕。

图 6-33　瓦斯继电器安装示意图

(一) 瓦斯继电器的结构和工作原理

我国目前使用的瓦斯继电器有三种型式：浮筒式、挡板式和挡板油杯式。它们的动作原理基本相同。

浮筒式由上、下两个浮筒及水银接点组成，由于存在浮筒渗油而误动作及水银接点抗震性能差等缺点，逐渐被淘汰。

挡板式是将下浮筒换成了挡板，上浮筒仍保留，它仍有一定的缺点。

挡板油杯式是用开口杯代替浮筒，用干簧接点代替水银接点的开口杯与挡板复合结构的瓦斯继电器。该结构的瓦斯继电器可弥补上述继电器的缺点，其结构如图6-34所示。

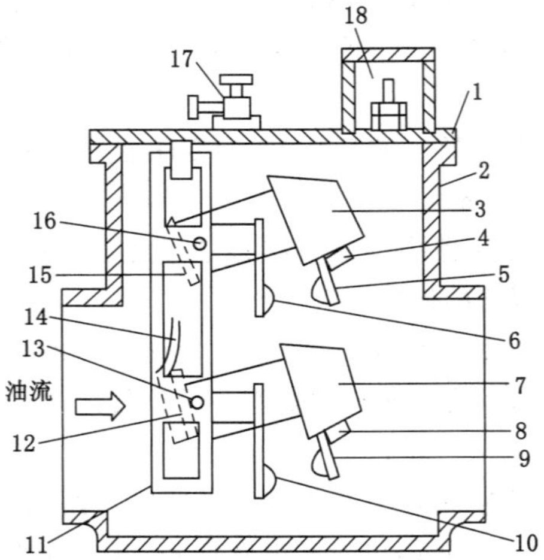

1—盖；2—容器；3—上油杯；4、8—永久磁铁；5—上动触点；6—上静触点；7—下油杯；9—下动触点；10—下静触点；11—支架；12—下油杯平衡锤；13—下油杯转轴；14—挡板；15—上油杯平衡锤；16—上油杯转轴；17—放气阀；18—接线盒。

图6-34　挡板油杯式瓦斯继电器结构

正常时，如图6-35(a)所示，上、下开口杯都浸在油内。由于开口杯及其附件在油内的重力所产生的力矩比平衡锤产生的力矩小，所以开口杯处向上倾，上、下动触点是断开的。

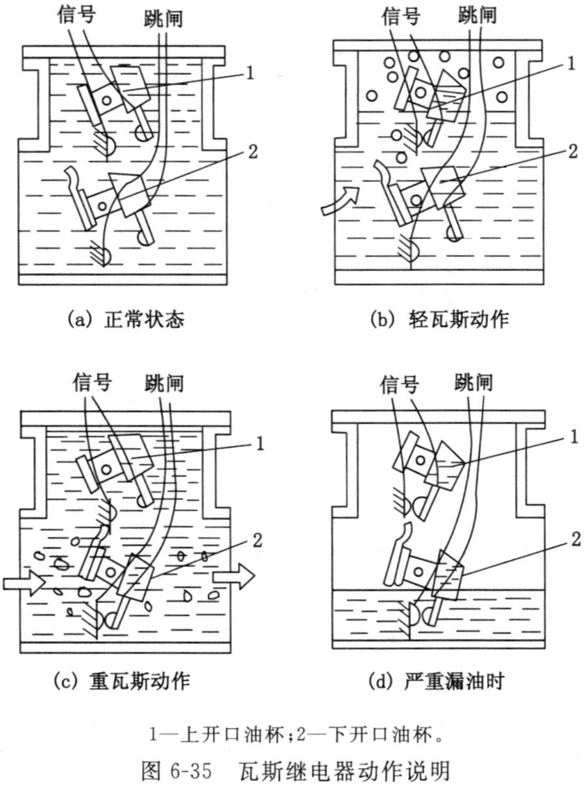

1—上开口油杯；2—下开口油杯。

图6-35　瓦斯继电器动作说明

当发生轻微故障时，如图 6-35(b)所示，产生的气体上升，聚集在继电器上部，使油面下降，上开口杯露出油面，此时由于浮力减小，其重力大于平衡锤，于是开口杯绕转轴顺时针方向转动，带动上动触点闭合，产生轻瓦斯保护动作信号。

当发生严重故障时，如图 6-35(c)所示，产生强烈气流和油流，直接冲击挡板，使挡板及下开口杯一起沿顺时针方向转动，带动下动触点闭合，发出跳闸脉冲，表示重瓦斯保护动作。

如果变压器油箱漏油，如图 6-35(d)所示，使得瓦斯继电器容器内的油也慢慢流尽。先是瓦斯继电器的上油杯下降，上动触点接通，发生报警信号；接着其下油杯露出油面，下动触点接通，使断路器跳闸，同时发出跳闸信号。

（二）变压器瓦斯保护接线

油浸式变压器瓦斯保护的接线图如图 6-36 所示。当变压器内部发生轻微故障（轻瓦斯）时，瓦斯继电器 KG 的上触点 KG1-2 闭合，动作于报警信号。当变压器内部发生严重故障（重瓦斯）时，KG 的下触点 KG3-4 闭合，通常是经中间继电器 KM 动作于断路器 QF 的跳闸机构 YR，同时通过信号继电器 KS 发出跳闸信号。但 KG3-4 闭合，也可以利用切换片 XB 切换，使 KS 线圈串接限流电阻 R，动作于报警信号。

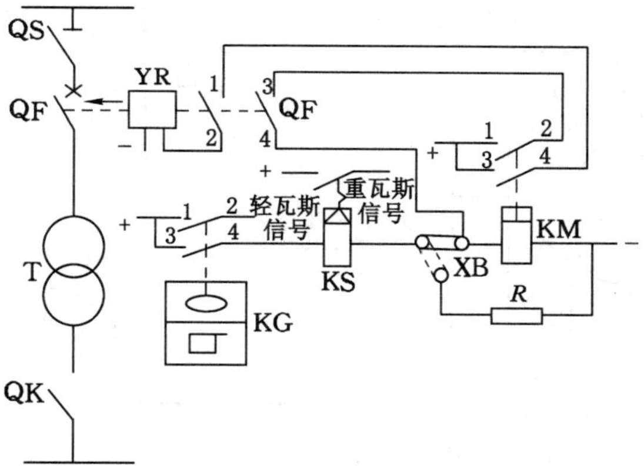

T—电力变压器；KG—瓦斯继电器；KS—信号继电器；
KM—中间继电器；QF—断路器；YR—跳闸线圈；XB—切换片；R—限流电阻。
图 6-36　变压器瓦斯保护的接线

由于瓦斯继电器下触点 KG3-4 在重瓦斯故障时可能有“抖动”（接触不稳定）的情况，因此为了使跳闸回路稳定地接通，断路器能足够可靠地跳闸，这里利用中间继电器 KM 的上触点 KM1-2 作为“自保持”触点。只要 KG3-4 因重瓦斯动作一闭合，就使 KM 动作，并借其上触点 KM1-2 的闭合而自保持动作状态，同时其下触点 KM3-4 也闭合，使断路器 QF 跳闸。断路器跳闸后，其辅助触点 QF1-2 断开跳闸回路，以减轻中间继电器触点的工作，而其另一对辅助触点 QF3-4 则切断中间继电器 KM 的自保持回路，使中间继电器返回。

瓦斯保护的主要优点是动作快，灵敏度高，稳定可靠，接线简单，能反应变压器油箱内部各种类型的故障，特别是对于短路匝数很少的匝间短路，其他保护可能不动作，瓦斯保护就具有特别重要的意义，所以瓦斯保护是变压器内部故障的主要保护之一。根据规定，800 kV·A 及以上的油浸式变压器和 400 kV·A 及以上的车间内油浸式变压器，均应装设瓦斯保护。

三、变压器的纵差保护

（一）纵差保护基本原理

变压器的纵差保护主要用来保护变压器内部以及引出线和绝缘套管的相间短路，也可用来保护变压器的匝间短路，其保护区在变压器一、二次侧所装电流互感器之间。

图 6-37 是变压器差动保护的单相原理接线图。在变压器正常运行或差动保护的保护区外发生短路时，TA_1 的二次电流 $\dot{I}_1'$ 与 TA_2 的二次电流 $\dot{I}_2'$ 相等或近似相等，则流入继电器 KA 的电流 $\dot{I}_{KA}=\dot{I}_1'-\dot{I}_2'\approx0$，继电器 KA 不动作。当差动保护的保护区内发生短路时，对于单端供电的变压器来说，$\dot{I}_2'=0$，所以 $\dot{I}_{KA}=\dot{I}_1'$，超过继电器 KA 所整定的动作电流 $I_{op\cdot cd}$，使 KA 瞬时动作，然后通过出口继电器使断路器跳闸，切除短路故障，同时通过信号继电器发出信号。

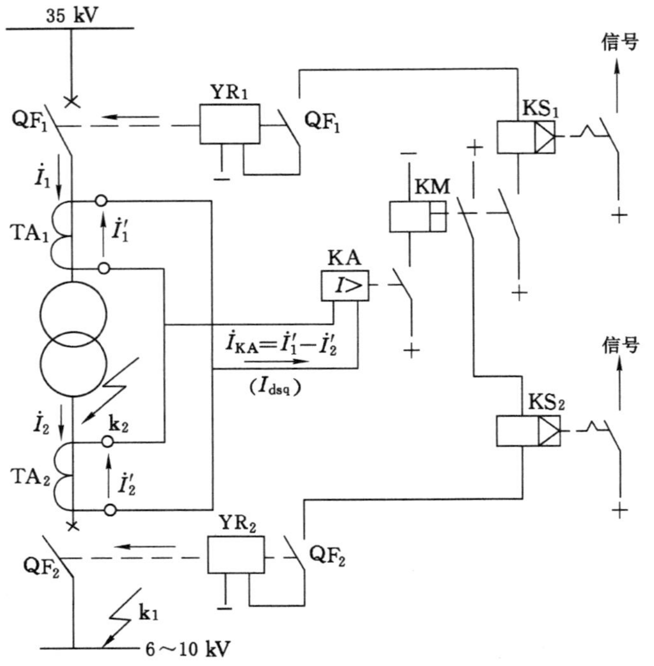

图 6-37　变压器的纵差保护接线图

（二）变压器纵差保护中的不平衡电流及其减小措施

变压器纵差保护是通过比较变压器两侧电流的大小及相位来确定是正常情况、外部故障还是内部故障的。我们希望，当变压器内部出现故障时，不平衡电流不为 0，而在变压器正常运行或保护区外部短路时，不平衡电流为 0。但这几乎是不可能的，因为不平衡电流不仅与变压器及电流互感器的接线方式和结构性能等因素有关，而且与变压器的运行有关，因此只能设法使之尽可能地减小。下面分析不平衡电流产生的原因和减小方法。

1. 电流互感器的影响

由于变压器的变压比和电流互感器的变流比各有标准，因此不太可能使之完全配合恰当，从而不太可能使差动保护两边的电流完全相等，这就必然在差动回路中产生不平衡电流。例如，图 6-37 中，变压器变比为 K_T，为使两侧互感器二次电流相等，应满足：

$$I_1' = I_2' = \frac{I_1}{K_{TA_1}} = \frac{I_2}{K_{TA_2}} \tag{6-44}$$

即：

$$\frac{K_{TA_2}}{K_{TA_1}} = \frac{I_2}{I_1} = K_T \tag{6-45}$$

式中　K_{TA_1}——变压器高压侧电流互感器 TA_1 变比；

K_{TA_2}——变压器低压侧电流互感器 TA_2 变比；

K_T——变压器变比。

由此可见，两侧互感器变比的比值等于变压器的变比时，才能消除不平衡电流，但是由于互感器产品变比的标准化，这个条件很难满足，由此产生不平衡电流。另外，变压器带负荷调压时，改变分接头其变比也随之改变，将使不平衡电流增大。

为消除这一不平衡电流，可以在互感器二次回路接入自耦电流互感器来进行平衡，或利用速饱和电流互感器中的或专门的差动继电器中的平衡线圈来实现平衡。

2. 变压器励磁涌流的影响

由于变压器在空载时投入产生的励磁涌流只通过变压器一次绕组，而二次绕组因开路而无电流，从而在差动回路中产生不平衡电流。在正常运行情况下，此电流很小，一般不超过额定电流的 2%～10%。在外部故障时，由于电压降低，励磁电流减小，它的影响就更小。但是当变压器空载投入或外部故障切除后电压恢复时，则可能出现数值很大的励磁电流，又称为励磁涌流。这是因为变压器在稳态工作时，铁芯中的磁通滞后于外加电压 90°，如图 6-38(a)所示。如果空载合闸时，正好在外加电压瞬时值 $u=0$ 时接通电路，则铁芯中应该具有磁通 $-\Phi_m$。但是由于铁芯中的磁通不能突变，因此，将感应出一个

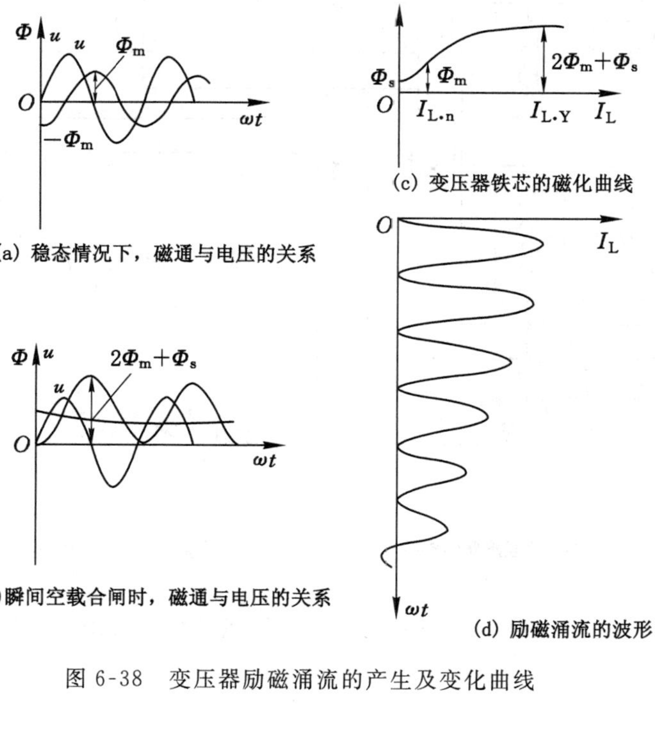

(a) 稳态情况下，磁通与电压的关系

(b) u=0瞬间空载合闸时，磁通与电压的关系

(c) 变压器铁芯的磁化曲线

(d) 励磁涌流的波形

图 6-38　变压器励磁涌流的产生及变化曲线

非周期分量（直流分量）的磁通，幅值为$+\Phi_m$。这样在经过半个周期以后，铁芯中的磁通就达到$2\Phi_m$。如果铁芯中还有剩余磁通Φ_s，则总磁通将为$2\Phi_m+\Phi_s$，如图6-38(b)所示。此时变压器的铁芯严重饱和，励磁电流I_L将急剧增大，此电流就称为变压器的励磁涌流$I_{L\cdot Y}$，如图6-38(c)所示。其数值最大可达额定电流的6～8倍，同时包含大量的非周期分量和高次谐波分量，如图6-38(d)所示。励磁涌流的衰减时间与回路的阻抗有关。在开始瞬间$I_{L\cdot Y}$衰减很快，经0.5～1 s后，其值不大于$(0.25\sim0.5)I_{L\cdot n}$，但在大型变压器中要衰减完毕，则需要较长的时间。励磁涌流通过电流互感器变换后，将完全流入保护的差动回路中，若不采取措施，会导致保护误动作。

3. 变压器接线方式的影响

工厂总降压变电所的主变压器通常采用Y/d11接线方式，这就造成变压器两侧电流30°的相位差。虽然可通过恰当选择变压器两侧电流互感器的变流比，使互感器二次侧电流相等，但由于这两个电流之间存在30°相位差，从而在差动回路中仍然有相当大的不平衡电流。为了消除相位差造成的这一不平衡电流，通常采用相位补偿的方法，即将变压器Y侧的互感器二次接成△形、变压器△侧互感器接成Y形使相位得到校正，如图6-39(a)所示。图6-39(b)是电流互感器一次侧和二次侧电流相量图，通过补偿后可实现相位一致。但即使是这样接线，在实际上仍不能完全消除不平衡电流，这是由于接线系数的不同（Y为1，d为$\sqrt{3}$），互感器的计算变比与标准变比不一致造成的。

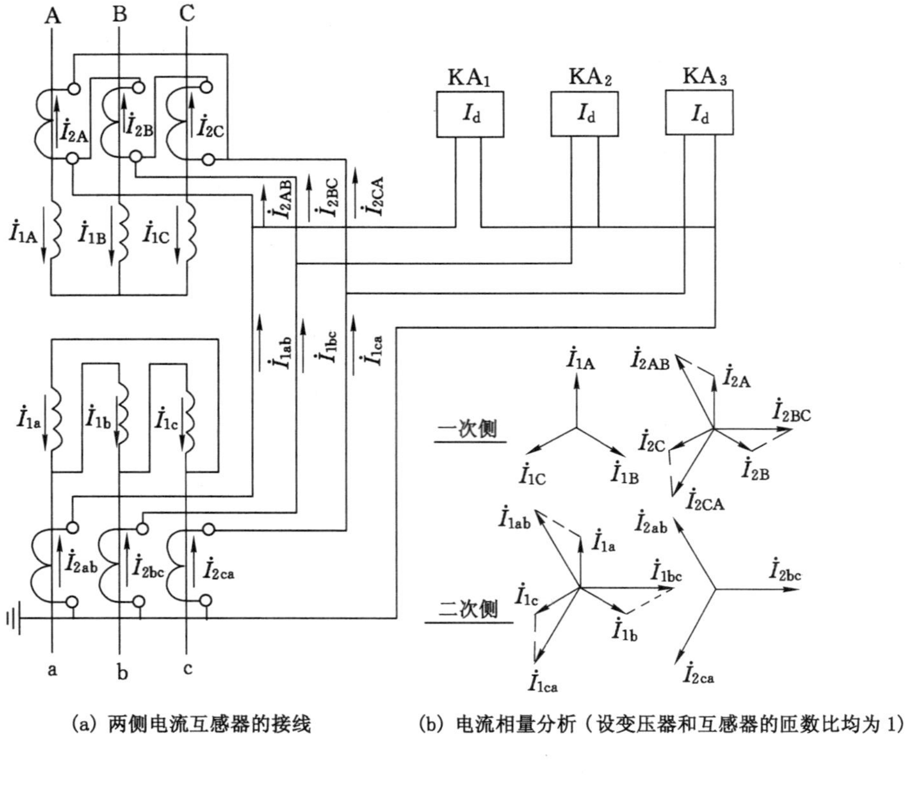

(a) 两侧电流互感器的接线　　(b) 电流相量分析（设变压器和互感器的匝数比均为1）

图6-39　Y/d11连接变压器的纵差保护接线

4. 变压器带负荷调整分接头的影响

变压器带负荷调整分接头是调整电压的一种方法，实际上改变分接头就是改变变压器的变比。如果差动保护已按照某一变比调整完毕，则当分接头改变时，就会产生一个不平衡电流流入继电器。要消除这个不平衡电流，再采用改变运行中差动继电器平衡线圈圈数的方法是不可能的，因为变压器的分接头经常在改变，而差动保护的电流回路在带电的情况下是不能操作的。因此，对由此而产生的不平衡电流，就应在纵差保护的整定中考虑。

5. 减小不平衡电流的措施

（1）由于变压器两侧电流相位不同而产生的不平衡电流和由于计算变比与实际变比不同而产生的不平衡电流，可采用适当地选择电流互感器二次线圈的接线形式和变比，以及采用平衡线圈的方法，使其降到最小。

（2）对于励磁涌流，可利用它所包含的周期分量，在差动保护继电器中采取速饱和中间变流器来躲过涌流的影响，或者利用励磁涌流具有间断角和二次谐波等特点制成躲过涌流的差动继电器。

（3）对于由于变压器两侧电流互感器的型号不同以及变压器带负荷调整分接头而产生的不平衡电流是不能完全消除的，因此，变压器的差动保护必须躲开这些不平衡电流的影响，可采用提高整定值的办法来躲过。

（三）变压器差动保护动作电流的整定及灵敏度的检验

1. 变压器差动保护动作电流的整定

变压器差动保护的动作电流 I_{op}应满足以下三个条件：

（1）应躲过变压器差动保护区外短路时出现的最大不平衡电流 $I_{dsq \cdot max}$，即：

$$I_{op}=K_{rel}I_{dsq \cdot max} \tag{6-46}$$

式中　K_{rel}——可靠系数，可取 1.3。

（2）应躲过变压器的励磁涌流，即：

$$I_{op}=K_{rel}I_{1N \cdot T} \tag{6-47}$$

式中　$I_{1N \cdot T}$——变压器额定一次电流；

K_{rel}——可靠系数，可取 1.3～1.5。

（3）在电流互感器二次回路断线且变压器处于最大负荷时，差动保护不应误动作，因此有：

$$I_{op}=K_{rel}I_{L \cdot max} \tag{6-48}$$

式中　$I_{L \cdot max}$——最大负荷电流，取为(1.2～1.3)$I_{1N \cdot T}$；

K_{rel}——可靠系数，可取 1.3～1.5。

2. 变压器差动保护灵敏度的检验

变压器差动保护的灵敏度，按变压器二次侧在系统最小运行方式下发生两相短路来检验，其灵敏系数 $S_P \geqslant 2$。

四、变压器的电流速断保护

对于较小容量的变压器，可以在电流侧装设电流速断保护代替纵差保护，作为电流侧绕组、套管及引出线故障的主要保护，并用过电流保护作为变压器内部故障的后备保护。

图 6-40 为电力变压器定时限过电流保护、电流速断保护和过负荷保护综合电路图，电流互感器装于电源侧。电源侧为中性点直接接地系统时，保护采用完全星形接线方式；电源

侧为中性点不接地或经消弧电抗器接地系统时，保护则采用两相式不完全星形接线方式。

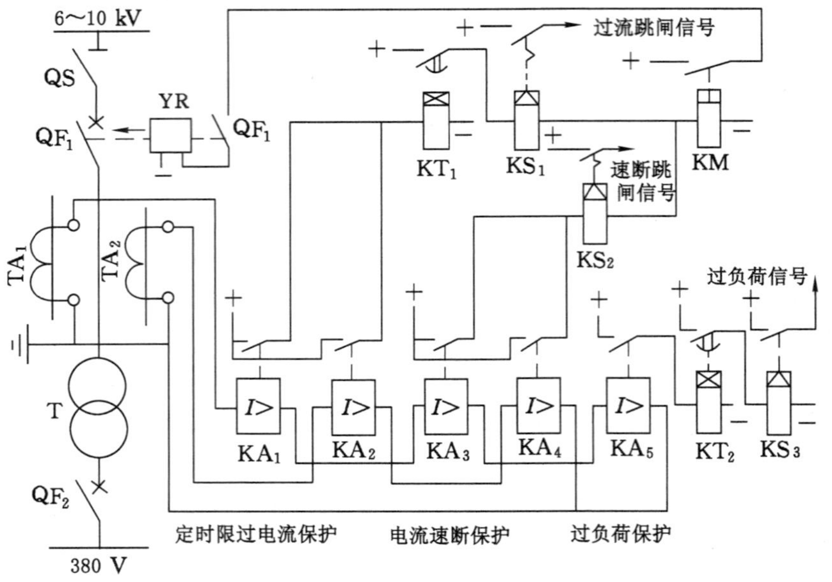

图 6-40　电力变压器定时限过电流保护、电流速断保护和过负荷保护综合电路图

变压器电流速断保护的动作电流按躲过变压器二次侧母线三相短路时的最大短路电流整定，即：

$$I_{op}=K_{rel}I_{k\cdot max}^{(3)} \tag{6-49}$$

式中　K_{rel}——可靠系数，取为 1.2～1.3；

$I_{k\cdot max}^{(3)}$——变压器二次侧母线三相短路时的最大短路电流。

电流速断保护的启动电流还应躲过变压器空载合闸时的励磁涌流，按上式整定的启动电流可以满足这一要求。

电流速断保护接线简单、动作快速，在过电流保护及瓦斯保护相配合之下，可以很好地作为中、小容量变压器的保护，但作为变压器内部故障保护存在以下缺点：

(1) 当系统容量不大时，保护区很短，灵敏度达不到要求。

(2) 在无电源的一侧，套管引出线的故障不能保护，要依靠过电流保护，这样切除故障时间长，对系统安全运行影响较大。

(3) 对于并列运行的变压器，负荷侧故障时，若无母联保护，过流保护将无选择性地切除所有变压器。

所以，对并列运行变压器，容量大于 6 300 kV·A 和单独运行容量大于 10 000 kV·A 时，不采用电流速断保护，而采用纵差保护；对于容量为 2 000～6 300 kV·A 的变压器，当电流速断保护灵敏度小于 2 时，也可采用纵差保护。

五、变压器的过电流保护

为了反应变压器外部短路引起的过电流并作为变压器主保护的后备保护，变压器还要装设过电流保护。

变压器的过电流保护接线如图 6-40 所示，电流互感器装设在电源侧，这样可使变压器也包括在保护范围之内。

过电流保护的电流互感器和继电器通常采用三相星形接线方式，相对于两相不完全星形接线可以得到较高的灵敏度。

变压器过电流保护的一次侧启动电流的整定原则是躲过最大负荷电流，即：

$$I_{op}=\frac{K_{rel}}{K_{re}}(1.5\sim3)I_{1N\cdot T} \tag{6-50}$$

式中　K_{rel}——保护装置的可靠系数，取 1.2～1.3；

K_{re}——返回系数，一般取 0.85；

$I_{1N\cdot T}$——变压器的额定一次电流。

变压器过电流保护动作时间的整定是按“阶梯原则”整定，但对电力系统的终端变电所如车间变电所的变压器来说，其动作时间可整定为最小值(0.5 s)。

变压器过电流保护的灵敏度，按变压器二次侧母线在系统最小运行方式下发生两相短路时换算到一次侧的短路电流值 $I'_{k\cdot min}$来检验，要求灵敏系数 $S_P\geqslant1.5$。如果 S_P 达不到要求，可采用低电压闭锁的过电流保护。

六、变压器的过负荷保护

变压器过负荷时三相电流是同时增加的，所以过负荷保护只需装在一相上用一只电流继电器即可(接线如图 6-40 所示)。为了防止短时过负荷或在外部短路时发出不必要的信号，需装设一只延时闭合的时间继电器，其动作时限应大于过电流保护动作时限 1～2 个时限级差。同时，时间继电器的线圈应允许有较长时间通过电流，所以应选用线圈串有限流电阻的时间继电器。

过负荷保护与过电流保护合用一组电流互感器。它只装在有运行人员监视的变压器上。

过负荷保护动作后只发出信号，运行人员接到信号后可进行处理。

过负荷保护的一次动作电流，按躲过变压器额定电流来整定，即：

$$I_{op}=\frac{K_{rel}}{K_{re}}I_{N\cdot B} \tag{6-51}$$

式中　K_{rel}——保护装置的可靠系数，取 1.05；

K_{re}——返回系数，一般取 0.85；

$I_{N\cdot B}$——保护安装侧变压器的额定电流。

变压器过负荷保护的动作时限一般也取 10～15 s。

第七节　高压电动机保护

一、概述

对矿山电压为 3 kV 及以上的异步电动机和同步电动机应装设相间短路保护，并根据生产工艺过程的需要可装设过负荷保护、低电压保护以及单相接地保护等，同步电动机还应有失步保护。

对 2 000 kW 以下的高压电动机绕组及引出线的相间短路，宜采用电流速断保护，保护装置宜采用两相式。对 2 000 kW 及以上的高压电动机，或电流速断保护灵敏度不符合要求的 2 000 kW 以下的高压电动机，应装设纵差保护。所有保护装置应动作于跳闸。

对生产过程中易发生过负荷的电动机，应装设过负荷保护。保护装置应根据负荷特性，带时限动作于信号或跳闸。

当单相接地电流大于 5 A 时，应装设有选择性的单相接地保护；当单相接地电流小于 5 A时，可装设接地（绝缘）监视装置。单相接地电流为 10 A 及以上时，保护装置动作于跳闸；单相接地电流为 10 A 以下时，保护装置可动作于信号。

对下列高压电动机应装设低电压保护：① 当电源电压短时降低或短时中断后又恢复时，需要断开的次要电动机和有备用自动投入装置的电动机，一般要求低电压保护经 0.5 s 动作于跳闸；② 生产过程不允许或不需要自启动的电动机，一般要求低电压保护经 0.5～1.5 s 动作于跳闸；③ 在电源电压长时间消失后须从电网中自动断开的电动机，一般要求低电压保护经 5～20 s 动作于跳闸。

二、高压电动机的电流速断保护

（一）电流速断保护的接线及其动作电流的整定计算

电动机的电流速断保护一般采用两相一继电器式接线。如果要求保护灵敏度较高时，可采用两相两继电器式接线。继电器采用 GL-15、25 型时，可利用该继电器的电磁元件来实现电流速断保护。

电流速断保护的动作电流（速断电流）I_{op}，应躲过电动机的最大启动电流 $I_{st \cdot max}$，整定计算的公式为：

$$I_{op}=\frac{K_{rel}K_{w}}{K_{TA}}I_{st\cdot max} \tag{6-52}$$

式中 K_{rel}——保护装置的可靠系数，采用 DL 型电流继电器时取 1.4～1.6，采用 GL 型电流继电器时取 1.6～2；

K_{w}——接线系数；

K_{TA}——互感器变比。

（二）纵差保护的接线及其动作电流的整定计算

在 3～10 kV 系统中，电动机差动保护可采用两相两继电器式接线，如图 6-41 所示。继电器 KA 可采用 DL-11 型电流继电器，也可采用专门的差动继电器。

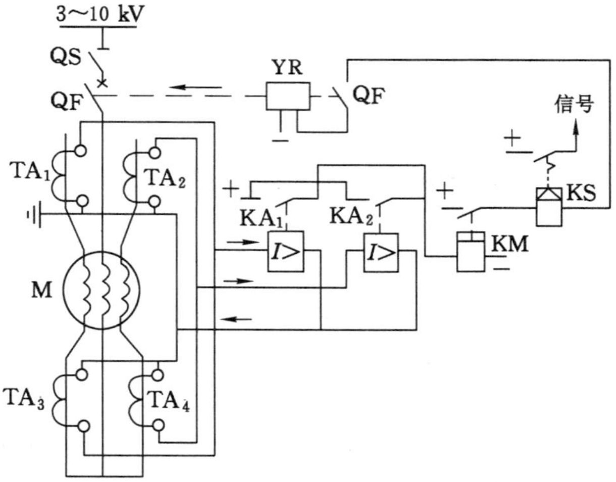

KA—DL 型电流继电器；KM—DZ 型中间继电器；KS—DX 型信号继电器。

图 6-41 高压电动机纵差保护的接线

差动保护的动作电流 I_{op}，应按躲过电动机额定电流 $I_{N\cdot M}$来整定，整定计算的公式为：

$$I_{op}=\frac{K_{rel}}{K_{TA}}I_{N\cdot M} \tag{6-53}$$

式中　K_{rel}——保护装置的可靠系数，对 DL 型电流继电器取 1.5～2。

三、高压电动机的过负荷保护

作为过负荷保护，可采用一相一继电器式接线。但如果电动机装有电流速断保护时，可利用作为电流速断保护的 DL 型继电器的感应元件来实现过负荷保护。

过负荷保护的动作电流 I_{op}，按躲过电动机的额定电流 $I_{N\cdot M}$来整定，整定计算公式为：

$$I_{op}=\frac{K_{rel}K_{w}}{K_{re}K_{TA}}I_{N\cdot M} \tag{6-54}$$

式中　K_{rel}——保护装置的可靠系数，对 DL 型继电器取 1.2，对 GL 型继电器取 1.3；

K_{re}——继电器的返回系数，一般为 0.85。

过负荷保护的动作时间，应大于电动机启动所需的时间，一般取为 10～16 s。对于启动困难的电动机，可按躲过实测的启动时间来整定。

四、高压电动机的单相接地保护

当高压电动机的单相接地电流大于 5 A 时，应装设单相接地保护，其接线如图 6-42 所示。

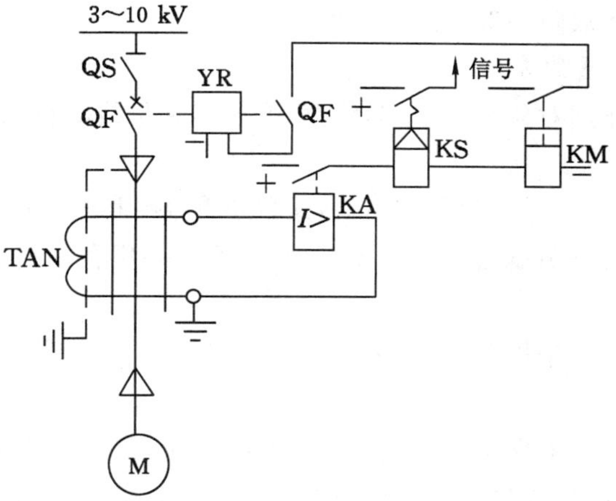

KA—电流继电器；KS—信号继电器；KM—中间继电器；TAN—零序电流互感器。

图 6-42　高压电动机的单相接地保护

单相接地保护的动作电流 $I_{op(E)}$，应按躲过保护区外（即零序电流互感器 TAN 以前）发生单相接地故障时流过 TAN 的电动机本身及其配电电缆的电容电流 $I_{C\cdot M}$来整定，即整定计算公式为：

$$I_{op(E)}=\frac{K_{rel}}{K_{TA}}I_{C\cdot M} \tag{6-55}$$

式中　K_{rel}——保护装置的可靠系数，取 4～5；

K_{TA}——TAN 的变流比。

单相接地保护的动作电流亦可近似地按保护的灵敏系数 S_P（一般取 1.5）来整定，即：

$$I_{op(E)}=\frac{I_C-I_{C\cdot M}}{K_{TA}S_P} \tag{6-56}$$

式中 I_C——与高压电动机定子绕组有电联系的整个电网的单相接地电容电流；

$I_{C\cdot M}$——被保护电动机及其配电电缆的电容电流，一般可忽略不计。

第八节　自动重合闸与备用电源自动投入装置

一、概述

为提高供电的可靠性和缩短继电保护的动作时间，在电网的保护中还广泛地采用自动重合闸和备用电源自动投入等自动装置。

二、自动重合闸装置

供电系统的运行经验证明：架空线路上的故障大多数是瞬时故障，如雷电的放电等。这些故障虽然引起断路器跳闸，但故障消除后，故障点的绝缘一般能自行恢复。如果断路器再合闸，便可以立即恢复供电，从而缩短停电时间，提高供电的可靠性。

能使断路器因保护动作跳闸后自动重新合闸的装置称为自动重合闸装置，简称 ARD 或 ZCH。在 1 kV 以上的架空线路和电缆线路与架空线路混合线路中，当装有断路器时，一般均应装设自动重合闸装置；对电力变压器和母线，必要时可以装设自动重合闸装置；电缆线路中一般不装设自动重合闸装置，因为电缆线路中的大部分跳闸多因电缆、电缆头或中间接头绝缘破坏所致，这些故障一般不是瞬时的。

（一）自动重合闸装置的分类

(1) 按照 ARD 的作用对象分，可分为线路、变压器和母线的自动重合闸，其中以线路的自动重合闸应用最广。

(2) 按照 ARD 的动作方法分，可分为机械式自动重合闸和电气式自动重合闸。前者多用在断路器采用弹簧式或重锤式操动机构的变电所中，后者多用在断路器采用电磁式操动机构的变电所中。

(3) 按照 ARD 的使用条件分，可分为单侧和双侧电源的自动重合闸，在工厂和农村电网中前者应用较多。

(4) 按照 ARD 和继电器保护配合的方式分，可分为 ARD 前加速、ARD 后加速和不加速三种，究竟采用哪一种，应视电网的具体情况而定，但以 ARD 后加速应用最多。

(5) 按照 ARD 的动作次数分，可分为一次自动重合闸、二次自动重合闸和三次自动重合闸。在供配电系统中，一般采用一次自动重合闸装置。

（二）对自动重合闸装置的基本要求

(1) 手动或通过遥控操作将断路器断开，或手动合闸于故障，随即由保护装置动作，断路器跳闸后，自动重合闸不应动作。

(2) 除上述情况外，当断路器因继电保护动作或其他原因而跳闸时，自动重合闸装置均应动作。

(3) 自动重合闸的次数应符合预先规定，即使 ARD 装置中任一元件发生故障或接点黏结，也应保证不多次重合闸。

(4) 应优先采用控制开关位置与断路器位置不对应的原则来启动重合闸，同时也允许由保护装置来启动，但此时必须采取措施保证自动重合闸能可靠地动作。

(5) 自动重合闸在完成动作以后，一般应能自动复归，准备好下一次再动作。有值班人员看守的 10 kV 以下的线路也可采用手动复归。

(6) 自动重合闸应有可能在重合闸以前或重合闸以后加速继电器保护的动作。

(7) 自动重合闸装置动作应尽量快，以便减少工厂的停电时间。一般重合闸时间为 0.7 s 左右。

(三) 自动重合闸继电器的结构和工作原理

DH-2 型自动重合闸继电器(KAR)由一个时间继电器(时间元件)、一个电码继电器(中间元件)及一些电阻、电容元件组成，其接线如图 6-43 所示。

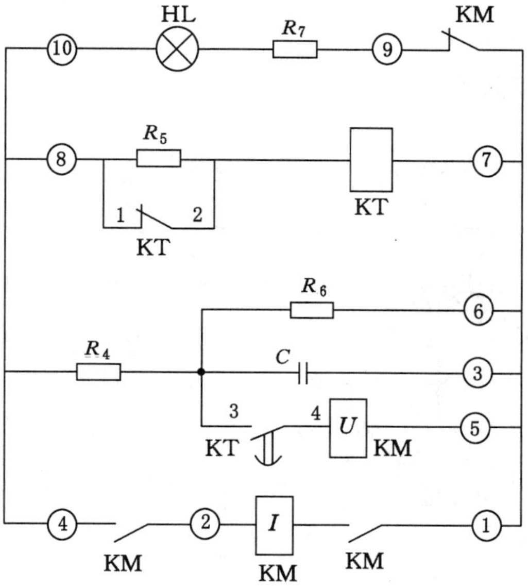

图 6-43　DH-2 型自动重合闸继电器接线图

(1) 时间元件 KT。该元件由 DS-22 型时间继电器构成，用以调整从装置启动到发出接通断路器合闸线圈回路的脉冲为止的延时，该元件有一对延时且可调整的常开触点、一对延时常闭触点及两对瞬时转换触点。

(2) 中间元件 KM。该元件由电码继电器构成，是装置的出口元件，用以发出接通断路器合闸线圈回路的脉冲。继电器的线圈由两个绕组构成：一是电压绕组，用于中间元件的启动；二是电流绕组，用于保持中间元件的吸合。

(3) 电容器 C。该元件用于保证 KAR 只动作一次。

(4) 充电电阻 R_4。该元件用于限制电容器的充电电流，从而影响充电速度。

(5) 附加电阻 R_5。时间元件 KT 启动后，R_5 即串入其线圈回路内，用于保证 KT 线圈的热稳定性。

(6) 放电电阻 R_6。在保护动作，但重合闸不应动作(禁止重合闸)时，电容器经过 R_6 放电。

(7) 信号灯 HL。在装置的接线中，HL 用于监视中间元件的触点、控制开关的接通位置及控制母线的电压。故障发生时以及控制母线电压中断时，信号灯应熄灭。

(8) 附加电阻 R_7。该元件用于限制信号灯的电流。

输电线路在正常情况下，KAR 中的电容 C 经电阻 R_4 已经充满电，整个装置准备动作。

需要重合闸时，启动信号接通时间元件 KT，经过延时后触点 KT3-4 闭合，电容器 C 通过 KT3-4 对 KM(U)放电，KM 吸合工作，出口处输出重合闸信号。电容器的放电电流是衰减的，为了保持 KM 吸合，KM 中还设了一个 KM(I)绕组，将其串接在 KM 的出口回路中，靠其输出电流本身来维持 KM 的吸合，直到外部切断该电流(完成合闸任务后)为止。如果线路上发生的是暂时性故障，则合闸成功，KT 的启动信号随之消失，继电器的触点立即复位。如果线路上存在永久性故障，KAR 只动作一次。

(四) 电气一次自动重合闸装置

如图 6-44 所示为采用 DH-2 型重合闸继电器的自动重合闸装置原理图，图中所画为合闸后的位置，SA_1 为断路器控制开关，SA_2 为自动重合闸装置选择开关(只有 ON 和 OFF 两个位置)，用于投入和解除 ARD。

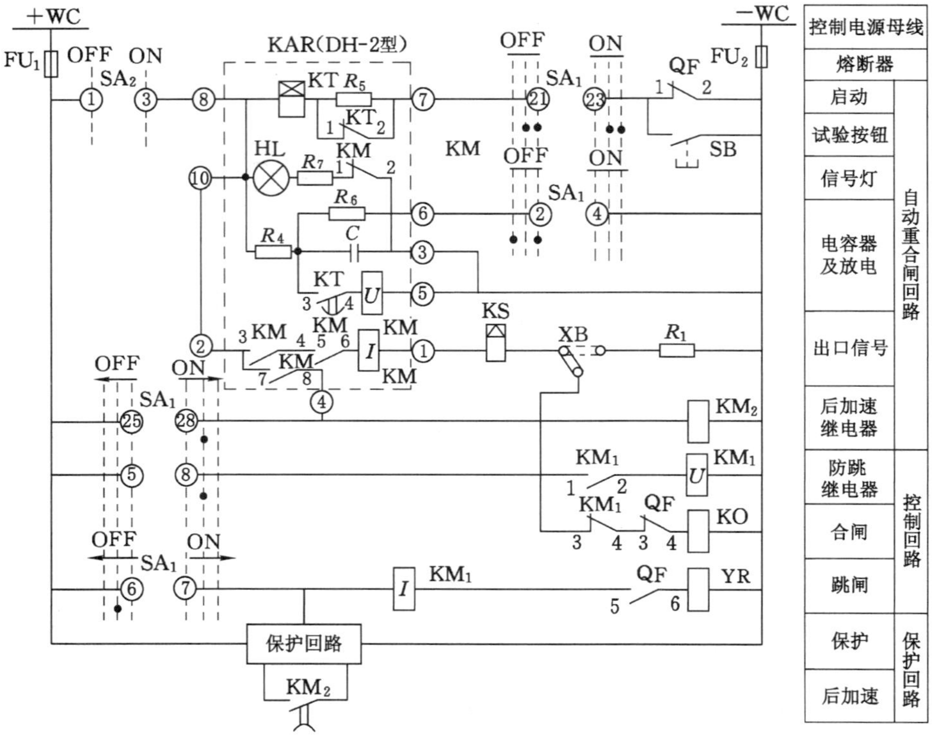

图 6-44　电气一次自动重合闸装置原理图

1. 故障跳闸后的自动重合闸过程

线路正常运行时，SA_1 和 SA_2 都扳到合闸(ON)位置。重合闸继电器 KAR 中的电容器 C 经 R_4 充电，指示灯 HL 亮，表明母线电压正常，电容器已在充电状态。

一次线路发生故障时，保护装置发出跳闸信号，跳闸线圈 YR 得电，断路器跳闸。QF 的辅助触点全部复位，而 SA_1 仍在合闸位置。QF1-2 闭合，通过 SA_1㉑-㉓触点给 KAR 发出重合闸信号。经 KT 延时，出口继电器 KM 给出重合闸信号，其常闭触点 KM1-2 断开，使 HL 熄灭，表示 KAR 已经动作，其出口回路已经接通；合闸接触器 KO 经 +WC→SA_2→KM3-4→KM5-6→KM 电流线圈 →KS→XB→$KM_1$3-4→QF3-4 接通负电源，从而使断路器重新合闸。触点 QF1-2 断开，解除重合闸启动信号，触点 QF3-4 断开合闸回路，亦使 KAR 的中间继电器 KM 复位，解除 KM 自锁。若线路故障是暂时的，此时故障应已消失，继电器保护不会再动作，则重合闸成功；若故障是永久性的，则继电保护又使断路器跳闸，QF1-2 再次给出重合闸启动信号，但这段时间内 KAR 中正在充电的电容器 C 两端电压没有上升到 KM 的工作电压，KM 拒动，断路器就不会再次合闸，从而保证了一次重合闸。

在 KAR 的出口回路中串联信号继电器 KS，是为了记录 KAR 的动作，并为 KAR 动作发出灯光信号和音响信号。

2. 手动跳闸时，重合闸不应重合

人为操作断路器跳闸是运行的需要，无须重合闸，利用 SA_1 的触点㉑-㉓和②-④来实现。控制开关跳闸时，SA_1 的㉑-㉓触点不通，跳闸后仍保持断开状态，从而可靠切断了重合闸的正电源，使重合闸不可能动作。此外，在预备跳闸和跳闸后，SA_1 的②-④触点接通，使电容器 C 与 R_6 并联，C 充电不到电源电压而不能重合闸。

3. 防跳功能

当 ARD 重合于永久性故障时，断路器将再一次跳闸，为了防止 KAR 中的出口继电器 KM 的输出触点有粘连现象，设置了 KM 两对触点 3-4、5-6 串联输出，若有一对触点粘连，另一对也能正常工作。另外，KM_1 的电流线圈因跳闸而被启动并自锁，触点 $KM_1$1-2 闭合，KM_1 电压线圈通电保持，$KM_1$3-4 断开，切断合闸回路，防止跳跃现象。

4. 采用了后加速保护装置动作的方案

一般线路都装有带时限过电流保护和电流速断保护。如果故障发生在线路末端的“死区”，则速断保护不会动作，过电流保护将延时动作于断路器跳闸。如果一次重合闸后，故障仍未消除，过电流保护继续延时使断路器跳闸。这将使故障持续时间延长，危害加剧。本电路中，KAR 动作后，一次重合闸的同时，KM7-8 闭合，接通加速继电器 KM_2，其延时断开的常开触点 KM_2 立即闭合，短接保护装置的延时部分为后加速保护装置动作做好准备。若一次重合闸后故障仍存在，保护装置将不经延时，由触点 KM_2 直接接通保护装置的出口元件，使断路器快速跳闸。ARD 与保护装置的这种配合方式称为 ARD 后加速。

ARD 与继电保护的配合还有一种前加速的方式。不管哪一段线路发生故障，均由装设于首端的保护装置动作，瞬时切断全部供电线路，继而首端的 ARD 动作，使首端断路器立即重合闸。如为永久性故障，再由各级线路按其保护装置整定的动作时间有选择性地动作。

ARD 后加速动作能快速地切除永久性故障，但每段线路都需装设 ARD；前加速保护使用 ARD 设备少，但重合闸不成功会扩大事故范围。

三、备用电源自动投入装置

对供电可靠性要求较高的变配电所，通常采用两路及以上的电源进线。这两路电源进线的工作方式可均为工作电源互为备用，也可一路为工作电源另一路为备用电源。前者称为暗备用，后者称为明备用。备用电源自动投入装置(APD)就是当主电源线路中发生故障而断电时，能自动而且迅速将备用电源投入运行，从而大大提高供电可靠性，保证对用户不间断供电的装置。

(一) 对备用电源自动投入装置的要求

(1) 工作电源不论何种原因消失(故障或误操作)时，APD 应动作。

(2) 应保证在工作电源断开后,备用电源电压正常时,才投入备用电源。

(3) 备用电源自动投入装置只允许动作一次。

(4) 电压互感器二次回路断线时,APD 不应误动作。

(5) 采用 APD 的情况下,应检验备用电源过负荷情况和电动机自启动情况,如过负荷严重或不能保证电动机自启动,应在 APD 动作前自动减负荷。

(二) 备用电源自动投入装置的接线

由于变电所电源进线及主接线的不同,对所采用的 APD 要求和接线也有所不同。如 APD 有采用直流操作电源的,也有采用交流操作电源的,电源进线运行方式有主(工作)电源和备用电源方式,也有互为备用电源方式。

1. 主电源与备用电源方式的 APD 接线

如图 6-45 所示为采用直流操作电源的备用电源自动投入装置接线图。当主(工作)电源进线因故障断电时,失压保护动作,使 QF_1 跳闸,其辅助常闭触点 QF_1 1-2 闭合,常开触点 QF_1 3-4 打开,时间继电器 KT 线圈失电,由于 KT 触点延时打开,故在其打开前,合闸接触器 KM 得电,QF_2 的合闸线圈 YO_2 通电合闸,QF_2 两侧的隔离开关预先闭合,备用电源被投入。应当注意,这个接线比较简单,有些未画出,如母线 WB 短路引起 QF_1 跳闸,也会引起备用电源自动投入,这是不允许的。只有电源进线上方发生故障,而 QF_1 以下部分没有发生故障时,才能投入备用电源,若 QF_1 以下线路发生故障,引起 QF_1 跳闸,应加入备用电源闭锁装置,禁止 APD 投入。

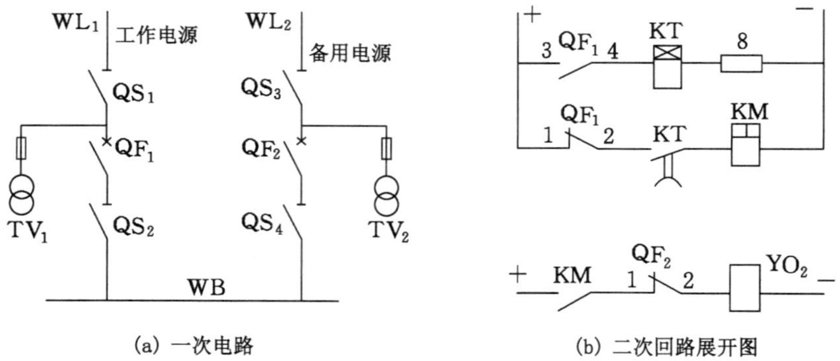

图 6-45 备用电源自动投入装置接线图

2. 互为备用电源的 APD 接线

当双电源进线互为备用时,要求任一主工作电源消失时,另一路备用电源自动投入装置动作。图 6-46 是高压双电源互为备用的 APD 电路,采用的控制开关 SA_1、SA_2 均为 LW2 型万能转换开关,其触点⑤-⑧只在"合闸"时接通,触点⑥-⑦只在"分闸"时接通。断路器 QF_1 和 QF_2 均采用交流操作电源的 CT7 型弹簧操作机构。

假设电源 WL_1 在工作,WL_2 在备用,即断路器 QF_1 在合闸位置,QF_2 在分闸位置,这时控制开关 SA_1 在"合闸后"位置,SA_2 在"分闸后"位置,它们的触点⑤-⑧和⑥-⑦均断开,而触点 SA_1 ⑬-⑯接通,触点 SA_2 ⑬-⑯断开,指示灯 RD_1(红灯)亮,GN_1(绿灯)灭,RD_2(红灯)灭,GN_2(绿灯)亮。

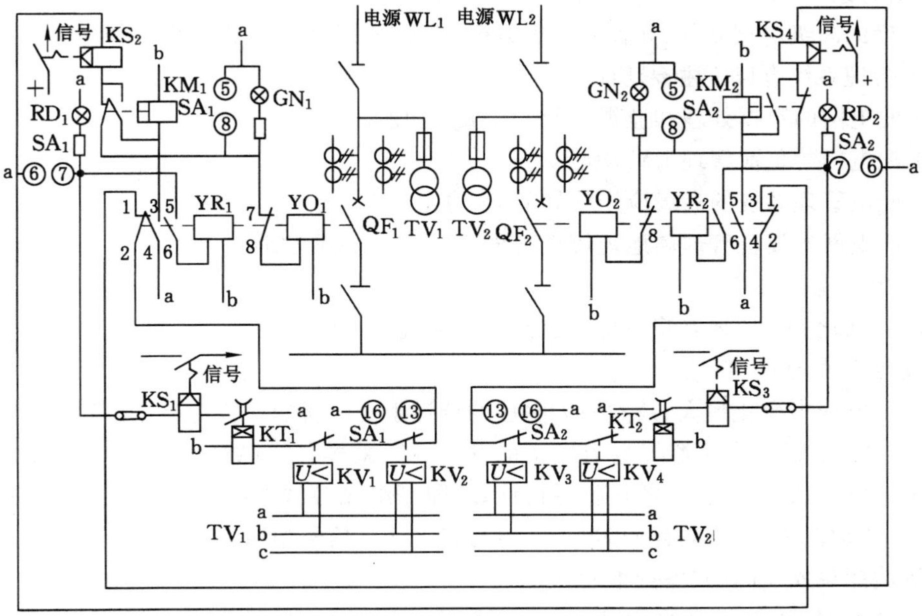

WL_1、WL_2—电源进线；QF_1、QF_2—断路器；TV_1、TV_2—电压互感器(其二次侧相序为 a、b、c)；
SA_1、SA_2—控制开关；KV_1～KV_4—电压继电器；KT_1、KT_2—时间继电器；
KM_1、KM_2—中间继电器；KS_1～KS_4—信号继电器；YR_1、YR_2—跳闸线圈；
YO_1、YO_2—合闸线圈；RD_1、RD_2—红色指示灯；GN_1、GN_2—绿色指示灯。

图 6-46　高压双电源互为备用的 APD 电路

当工作电源 WL_1 断电时，电压继电器 KV_1 和 KV_2 动作，它们的触点返回闭合，接通时间继电器 KT_1，其延时闭合的常开触点闭合，接通信号继电器 KS_1 和跳闸线圈 YR_1，使断路器 QF_1 跳闸，同时给出跳闸信号，红灯 RD_1 因触点 $QF_1$5-6 断开而熄灭，绿灯 GN_1 因触点 $QF_1$7-8 闭合而点亮。与此同时，断路器 QF_2 的合闸线圈 YO_2 因触点 $QF_1$1-2 闭合而通电，使断路器 QF_2 合闸，从而使备用电源 WL_2 自动投入，恢复变配电所的供电，同时红灯 RD_2 亮，绿灯 GN_2 灭。

反之，如果运行的备用电源 WL_2 又断电时，同样的，电压继电器 KV_3、KV_4 将使断路器 QF_2 跳闸，使 QF_1 合闸，又自动投入电源 WL_1。

第九节　配电系统自动化

一、配电系统自动化的基本概念

近年来，国际上提出了实现配电系统自动化的几大系统，即配电管理系统 DMS、配电自动化 DA 和需方用电管理系统 DSM。

(一) 配电管理系统 DMS

配电管理系统是通过终端自动化设备来收集电网中设备的状态和测量值，实现监视控制的远方操作——SCADA 功能，并具有自动控制用电负荷的功能，与其他计算机应用系统

(如管理信息系统 MIS)相连,共享数据和应用成果。此外,配电管理系统 DMS 还具有计算机辅助调度的高级应用软件,并存储历史数据,供制表、检索和分析历史事件用。

配电管理系统有以下主要功能:

(1) 配电网的数据处理和监视控制 SCADA 功能。

(2) 配电网的负荷管理 LM 功能。

(3) 配电管理系统的高级应用软件 PAS 功能。

(4) 配电网的设备管理和地理信息系统 AM/FM/GIS 功能。

(二) 配电自动化 DA

配电自动化 DA 主要是指变电所自动化和馈线自动化。

1. 变电所自动化

当前配电网中变化最大、效益最为明显的莫过于变电所的综合自动化,其主要特点是:

(1) 直接从线路、变压器等电力设备的 TA、TV 采样,通过数字信号处理器 DSP 后得出各相电流电压的波形值,据此进行分析计算,即可组成各种继电保护装置(如线路过流保护、变压器差动保护等)。与此同时,进一步与有关接点信号相结合,将重合闸、故障录波、故障测距等功能集成在同一"保护单元"中。

(2) 同理,将 DSP 得出的各相电流电压数字波形,通过数值计算即可得出各相电流电压的基波和谐波的有效值(均方根值),以及各相有功功率、无功功率、有功电度、无功电度等测量值,并和有关的输入输出接点一起集成在同一"测量控制单元"(或称"I/O 单元")中。

(3) 保护单元与 I/O 单元(统称为间隔级单元)的集成,还可根据 I/O 的接点位置信号,通过软件组合对保护和控制进行各种条件闭锁,从而全面实现综合自动化系统对变电站的保护、测量和控制功能。

这样的综合自动化系统,在节约设备、电缆、用地以及相应的施工、安装、调试工作量上,将具有明显的效益。

2. 馈线自动化

馈线自动化是指变电站馈电线路开关以后、用户表计以前沿馈电线路网络分布的各种测量控制装置,用以监视馈电线路运行工况、提高供电质量和保证供电的可靠性。这些装置主要有:

(1) 线路运行参数采集单元。采集单元与变电站综合自动化中测量单元的原理完全相同,一般装在 380 V/220 V 的低压网络中,用以采集馈电线路的电流、电压、有功电能、无功电能以及停电时间等。

(2) 配电自动监控单元。上述的采集单元加上 I/O 控制部分,即可组成与变电站综合自动化中测量控制单元原理完全相同的配电自动监控单元。

(3) 故障定位、隔离和自动恢复供电单元。这是馈电线路自动化中的一个独特功能。这种由分段器、重合器组成的柱上断路器系统,能自动对故障进行定位、隔离及自动恢复供电,显著地提高供电的可靠性。

(三) 需方用电管理系统 DSM

所谓的 DSM,就是利用市场机制,使供需双方均可受益并达到整体节能目标的一个手段。DSM 和 DA 不同,它们之间远不是一个简单的技术问题,而更多的是一个"生产与消费"的关系问题。

DSM 总的目标是对负荷曲线进行改善，其具体目标是：① 削峰；② 填谷；③ 错峰；④ 战略节电；⑤ 战略的负荷增长；⑥ 灵活的负荷曲线。

①～③项是传统负荷管理的目标，较易理解；④～⑥项是增加的目标，战略节电包括改进电器效率，战略的负荷增长主要通过电气化来减少对传统燃料的使用以提高总体效益，灵活的负荷曲线则是为了提高供电可靠性而通过负荷控制来改变负荷曲线。可见，DSM 的目标不仅限于单纯地使负荷曲线平坦、提高负荷率，而且还包括一些因地制宜的节电和电气化目标，以提高电力供需的整体水平。

与 DSM 配合，引导用户用电，激励用户参与负荷管理的多种电价有：① 峰谷分时、分季电价；② 地区电价；③ 实时电价；④ 论质电价；⑤ 需量电价。

二、配电网综合自动化

配电自动化是 20 世纪 80 年代末首先由美国等几个工业发达国家逐步发展起来的，其内容也在不断变化。配电自动化发展到今天，其内容可以大致分为四个方面：一是馈线自动化，即配电线路自动化；二是用户自动化，这与需方管理含义是相同的；三是变电站自动化，它常常是输电和配电的结合部，这里仅指其与配电有关的部分；四是配电管理自动化，其中包括网络分析。

（一）馈线自动化

馈线自动化是指配电线路的自动化。广义地说，馈线自动化应包括配电网的高压、中压和低压三个电压等级范围内线路的自动化。线路是指从变电站的变压器二次侧出线至线路上的负荷之间的配电线路。对于高压配电线，其负荷一般是二次降压变电站；对于中压配电线，其负荷可能是大电力用户或是配电变压器；对于低压配电线，其负荷是广大的用户。

1. 运行状态监测

它可分为正常状态和事故状态下的监测。正常状态下监测的量主要有电压、电流、有功功率、无功功率、功率因数、电量等以及开关设备的运行状态，监测量是实时的，监测装置一般称为线路终端(FTU)。在有数据传输设备时，这些量可以送到某一级的 SCADA 系统；在没有传输设备时，可以选择某些可以保存或指示的量进行监测。由于配电网内测点太多，因此要选择确有必要的量保存，以节省投资。装有 FTU 的配电网，同样可以完成事故状态下的监测。没有装设 FTU 的地点也可以装设故障指示器，通常它装在分支线路和大用户处，具有一定的抗干扰能力和定时自复位功能。如果故障指示器有触点，也可以经过通信设备把故障信息传送到某一级的 SCADA 系统。

2. 远方控制

远方控制可以分为集中式和分散式两类。所谓集中式，是指由 SCADA 系统根据从 FTU 获得的信息，经过判断作出控制；分散式是指 FTU 向馈线中相关的开关控制设备发出信息，各控制器根据收到的信息综合判断后实施对所控开关设备的控制。控制方式的选用要根据配电结构的复杂程度和控制方式的适应性等要求确定。

3. 无功功率补偿和调压

配电网中无功功率补偿设备主要有安装在变电站和安装在用户端两种。前者在变电站自动化中加以控制和调节，后者一般为就地控制。但是在小容量配电难以实现就地补偿的情况下，在中压配电线路上进行无功功率补偿仍有广泛的应用。

（二）用户自动化

用户自动化可称为需方管理，其功能有控制和自动化的内容，但更多的是一种管理，应通过电力市场来调节电力供需双方的关系利益。用户自动化主要有负荷管理、用户管理等。

1. 负荷管理

在我国传统的负荷管理中，负荷控制是在发电容量不足的情况下采取抑制负荷的方法（如削峰、填谷和错峰等）改善负荷曲线，这种控制曾在我国配电网中普遍采用。随着发电容量的增加，这种落后的负荷控制方式必须改变。根据天气状况、用户需要的最优运行方式，并加以用电控制，以便用最少的电量获得最好的社会和经济效益以及用电的舒适度，这将使负荷曲线平坦，节约电力，减少供电费用，推迟电源投资和减少用户电费支出。

2. 用户管理

它主要包括自动计费、业务扩充、用户服务等内容。利用计算机等设备进行操作，可提高处理事务的自动化程度，节省劳动力，改善劳动条件，并可提高服务质量，也便于对数据进行检查和管理。用户服务方面，如停电报告及处理、交费及票据处理等，可利用计算机等较先进的技术和设备，提高服务的自动化水平和质量。

（三）变电站自动化

变电站在配电网中的地位十分重要。它既是高压配电网中的负荷，又是下一级配电网的电源。变电站自动化是配电自动化的重点，有如下一些基本功能：各种电气设备运行参数的监测；开关就地或远方控制；与继电保护通信；与智能电子装置连接，并实行控制；与上级控制中心或其他系统通信；简单的数据处理。

1. 系统组成

高压采用微机保护，低压采用监控单元，再用通信电缆将其与计算机联网之后就可以组成一个现代化变配电站管理系统——变配电站综合自动化系统。

2. 变配电站综合自动化系统主要功能

变配电站综合自动化系统的管理计算机通过通信电缆与安装在现场的所有微机保护和监控单元进行信息交换。管理计算机可以向下发送遥控操作命令，进行有关参数修改，随时接受微机保护与监控单元传上来的遥测、遥信与事故信息。管理计算机可通过对信息的处理，进行存盘保存；通过记录打印与画面显示，还可以对系统的运行情况进行分析；通过遥信可以随时发现与处理事故，减少事故停电时间；通过遥控可以合理调配负荷，实现优化运行，从而为实现现代化管理提供必需的条件。

管理计算机软件要标准化，操作要简单方便，人机界面友好，组态方便，用户使用与二次开发简单，容易掌握。

与继电保护配合，实现馈线自动化有多种方法，开关设备也有断路器、重合器等多种设备。馈线的走廊负荷电流要考虑到负荷转移的情况，因此在保护的配置（包括重合闸）和定值的设置上要加以综合考虑。

如果馈线自动化是由馈线上的FTU采集信息送到某一级SCADA系统，由软件处理信息并作出判断，而后进行故障区隔离和负荷转移，恢复供电，那么这个SCADA系统可以是在调配中心的主站，或者就是设在变电站的自动化系统。第一种方式，采用有线传输信息，变电站至少要将信息转发至调配中心；第二种方式，变电站的SCADA系统要增加馈线自动化的应用软件，这样它就成为二级主站（如果调配中心的主站称为一级主站的话）。采用方式要根据不同的配电网进行具体选择。前一种方式大大增加了变电站到调配中心主站的通信量，但简化了变电站的SCADA系统；后一种方式实行了信息和功能的分层，但增加了变电站自动化的技术难度。

（四）配电管理自动化

配电管理自动化是指用计算机、通信等设备和技术对配电网的运行进行管理。从信息的角度看，它是一个信息收集和处理的系统。它在操作系统、数据库、人机界面、通信规约上遵守现行的工业标准，是一个开放系统。

1. 配电管理自动化中GIS/AM技术

由于配电网直接面向用户，尤其是城市配电网，电气设备的布局、馈线的走廊与地理位置、城市房屋、街道走向关系密切，如能把配电网的设备和运行信息与地理信息、自动绘图(GIS/AM)相联系，将使配电网信息的含义表示得更直观，也为运行带来极大的方便。

2. 集中式的配电管理系统

这是指由一个配电自动化主站，实行对整个配电网的数据采集和馈线自动化、变电站自动化。用户自动化集成为一个系统，这个系统可以称为集中式配电管理系统(DMS)。整个配电自动化由一个一级主站、若干个二级主站以及若干个子系统（如用电管理子系统、负荷管理子系统等）集成，这样信息的收集和处理也是分层的，这种结构最适合采用计算机网络技术。该系统主要功能有数据采集与控制、运行状态监测、配电设备管理、停电管理、检修管理、计量计费、负荷管理、网络分析、营业管理、工作管理、网络重构、与相关系统通信等。

习题与思考

6-1　供电系统中有哪些常用的过电流保护装置？

6-2　如何选择线路熔断器的熔体？为什么熔断器保护要考虑与被保护的线路导线相配合？

6-3　选择熔断器时应考虑哪些条件？在校验断流能力时，限流熔断器与非限流熔断器各应满足什么条件？

6-4　简述继电保护的基本原理及对继电保护的基本要求。

6-5　低压断路器的瞬时、短延时和长延时过流脱扣器的动作电流各如何整定？其热脱扣器的动作电流又如何整定？

6-6　电磁式电流继电器、时间继电器、信号继电器和中间继电器在继电保护装置中各起什么作用？感应式电流继电器又有哪些功能？

6-7　试分析在两相电流差接线方式中，发生三相短路和A、C两相短路及A、B两相短路时的接线系数K_w。

6-8　试述线路定时限过电流保护的构成原理、时限特性以及时限级差Δt是如何确定的。

6-9　试述定时限过电流保护的动作电流整定原则。

6-10　如何确定瞬时电流速断保护的保护范围？

6-11　采用低电压闭锁的过电流保护为什么能提高过电流保护灵敏度？

6-12　电流速断保护的动作电流（速断电流）应如何整定？其整定计算公式是怎样的？电流速断保护为什么会出现“死区”？如何弥补？

6-13　对某 35 kV 网络中每条线路的断路器均装设三段式电流保护，示意图见图6-47。线路 WL_1 上最大负荷电流为 $I_{L.max}=220$ A，电流互感器变比为 300/5，采用两相星形接线。线路 WL_2 上动作时限为 1.8 s。k_1、k_2、k_3 各点的三相短路电流分别为：最大运行方式下，$I_{k1.max}^{(3)}=4$ kA，$I_{k2.max}^{(3)}=1.4$ kA，$I_{k3.max}^{(3)}=0.54$ kA；最小运行方式下，$I_{k1.min}^{(3)}=3.5$ kA，$I_{k2.min}^{(3)}=1.25$ kA，$I_{k3.min}^{(3)}=0.5$ kA。试求线路 WL_1 上三段式电流保护中各段保护的动作电流、动作时间并进行灵敏性校验。计算中取 $K_{rel}^{\mathrm{I}}=1.3$，$K_{rel}^{\mathrm{II}}=1.15$，$K_{rel}^{\mathrm{III}}=1.2$，$K_{re}=0.85$，$K_{ss}=2$，$\Delta t=0.5$ s。

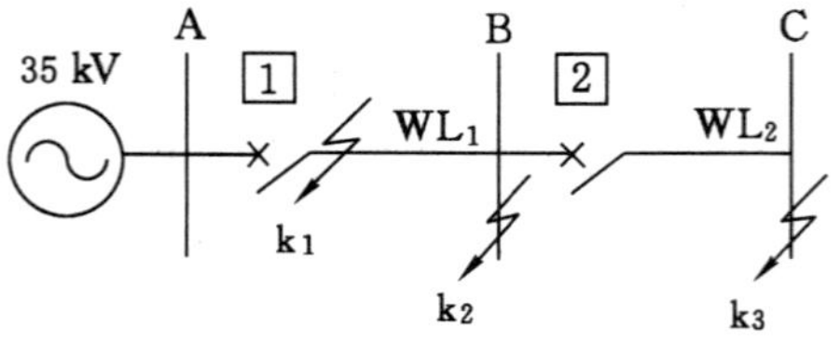

图 6-47　习题 6-13 系统

6-14　如图 6-48 所示，110 kV 供电网络，$X_{s.max}=15\ \Omega$，$X_{s.min}=14\ \Omega$；线路单位长度正序阻抗为 $X_1=0.4\ \Omega/\mathrm{km}$；取 $K_{rel}^{\mathrm{I}}=1.25$，$K_{rel}^{\mathrm{II}}=1.2$。试求解电流保护 1 的Ⅰ、Ⅱ段保护动作电流和动作时间，并校验Ⅰ、Ⅱ段的灵敏系数，若灵敏系数不满足时怎么办？

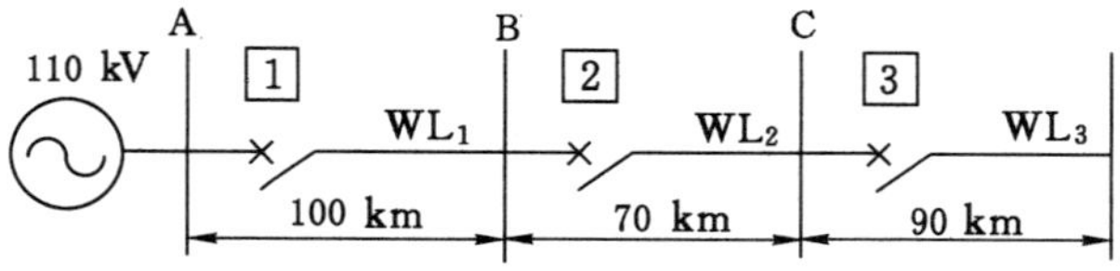

图 6-48　习题 6-14 系统

6-15　电力变压器通常需要装设哪些继电保护装置？它们的保护范围是如何划分的？

6-16　变压器瓦斯保护规定在哪些情况下应予装设？什么情况下“轻瓦斯”动作？什么情况下“重瓦斯”动作？

6-17　变压器的纵差保护有何特殊问题？应采取什么措施？

6-18　电力变压器的瓦斯保护与纵差保护的作用有何区别？若变压器内部发生故障，两种保护是否都会动作？

6-19　在 Y/d11 接线的变压器上构成纵差保护，如何进行相位补偿？变压器两侧电流互感器的变比应该如何选择？

6-20　高压电动机的电流速断保护和纵差保护各适用于什么情况？

6-21　什么是自动重合闸？有什么要求？

6-22　简述自动重合闸装置的工作原理。

6-23　什么是备用电源自动投入装置？有什么要求？

6-24　简述双电源互为备用电源自动投入装置的工作原理。

6-25　试述备用电源自动投入装置的启动跳闸部分和合闸部分的接线原理。

第七章　过电压及其防护

内容提要：本章首先讲述过电压的类型，然后介绍各种过电压的产生原因、危害及防护方法，主要包括大气过电压及其防护、内部过电压及其防护、电气装置的接地及有关保护等。

电网电磁能量发生突变时会造成设备、线路对地电压的异常升高，出现危及设备、线路绝缘的电压，称为过电压。过电压按其来源的不同分为大气过电压和内部过电压两类。

大气过电压是指供电系统的电气设备和建筑物受直接雷击或感应雷电放电产生的过电压，由于其能量来源于外界故又称外部过电压、雷电过电压。大气过电压在供电系统中所形成的雷电冲击电流幅值可达数十万安，冲击电压幅值可达数十万伏甚至百万伏，破坏性极大。

内部过电压则是由于电力系统的操作、故障等原因，导致系统电磁能量在转换过程中产生的异常电压升高。因其能量来自电网本身，故称为内部过电压。对于煤矿，危害较大的内部过电压有真空开关操作过电压和弧光接地过电压两种。

第一节　大气过电压及其防护

一、雷电的种类及其危害

雷电是带有电荷的雷云之间或雷云对大地或地上物体产生急剧放电的一种自然现象。

（一）直击雷

雷云直接对大地放电的雷电现象称为直击雷。

对雷云的形成理论，一般认为是在闷热的天气里，地面上的水汽蒸发上升，在高空低温影响下水汽凝结成冰晶，冰晶受到上升气流的冲击而破碎分裂，气流挟带一部分带正电的小冰晶上升，形成正雷云，而另一部分较大的带负电的冰晶则下降，形成负雷云。由于高空气流的流动，所以正、负雷云均在天空中飘浮不定。据观测，在地面上产生雷击的雷云多为负雷云。

当空中的雷云靠近大地时，由于地球是一个大导体，在静电感应的作用下，雷云下面对应区域的地面，必然感应出大量与雷云带电极性相反的电荷，如图 7-1(a)所示。

当雷云与大地之间在某一方位的电场强度达到 25～30 kV/cm 时，雷云就会开始向这一方位放电，形成一个导电的空气通道，称为雷电先导。大地感应出的异性电荷集中的上述方位尖端上方，在雷电先导下行到离地面 100～300 m 时，也形成一个上行的迎雷先导，如图 7-1(b)所示。当雷电先导与迎雷先导相互接近时，正、负电荷强烈吸引中和而产生强大的雷电流（闪电），并使雷电流周围的空气骤然膨胀爆炸，形成雷声。这就是直击雷的主放电阶段。这个时间极短，一般只有 50～100 μs。主放电阶段之后，雷云中的剩余电荷继续沿着主放电通道向大地放电，形成断续的隆隆雷声。这就是直击雷的余晖放电阶段，时间约为30～150 ms，电流较小，约几百安。

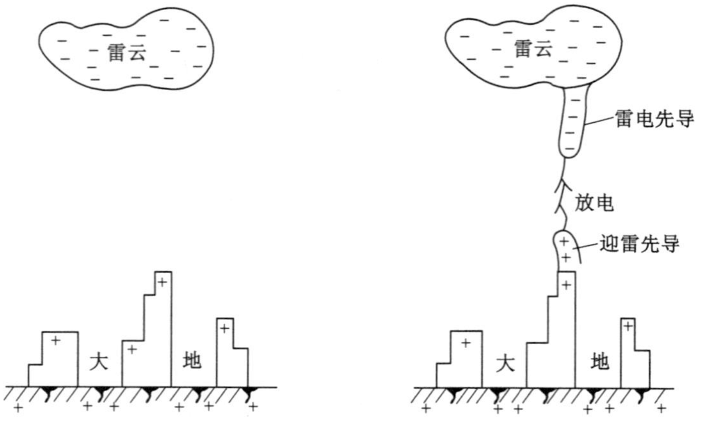

(a)　负雷云出现在大地建筑物上方时　　(b)　负雷云对建筑物顶部尖端放电时

图 7-1　雷云对大地放电(直击雷)示意图

因此，雷电实际上是雷云的放电现象。雷云放电也可在两个带异性电荷的雷云间进行。当雷云离大地较近时，雷云和大地之间的电压可达数百万伏，其雷电流可达数十万安。

直击雷的雷电流大、频率高、电压高、持续时间短，故人与动物若遭直击雷，就会发生烧伤或死亡事故。如果直击雷通过建筑物或电气设备对地放电，因雷电放电通道的温度可达数十万摄氏度，故将使易燃物或设备起火，使爆炸品爆炸，金属物熔化，产生严重后果。直击雷过电压是因为雷电流在被击电气设备上所产生的阻抗压降所致，其大小与雷电流幅值、波形以及被击物的阻抗特性有关。直击雷的破坏性是极大的，必须采取可靠的预防和保护措施。

（二）感应雷

当架空线路的上空存在雷云时，架空导线上的异性电荷将被雷云吸引，大量集中在雷云下方的位置，这种电荷叫束缚电荷，如图 7-2(a)所示。当这种雷云对地或对其他雷云放电结束后，这种束缚力随即消失，原来导线上的束缚电荷便被解除束缚而成为自由电荷，因而对地呈现极高的电位，并沿导线向两个方向传播，这种称为感应雷，或称雷电波，如图 7-2(b)所示。雷电波在沿导线传播的过程中，若遇某处或某一电气设备的对地绝缘较差，高电位的

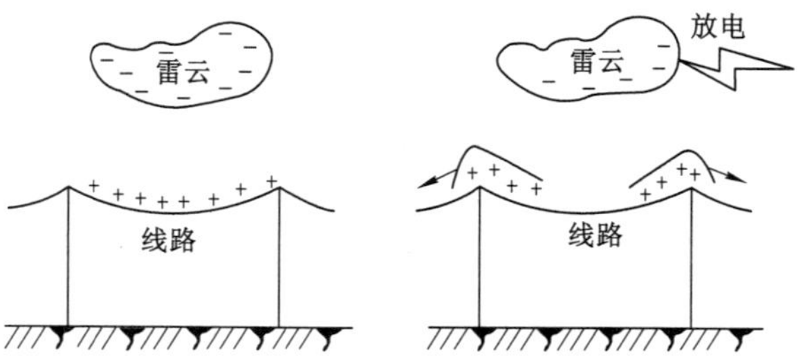

(a)　雷云在线路上方时　　(b)　雷云对地或对其他雷云放电后

图 7-2　架空线路上的感应过电压

雷电波便将该处或该设备的对地绝缘击穿放电，使线路和设备被烧毁。接在架空线上的电力变压器就常遭雷电波的冲击而击穿。

强大的雷电流沿着导体如接地引下线泄放入地时，由于雷电流具有很大的幅值和陡度，因此在它周围产生强大的电磁场。如果附近有一开口的金属环，如图 7-3 所示，则其电磁场将在该金属环的开口（间隙）处产生相当大的感应电动势而产生火花放电。这对存放有易燃易爆物品的建筑物是十分危险的。为了防止雷电的电磁感应引起的危险过电压，应该用跨接导体或用焊接将开口金属环（包括包装箱上的铁皮箍）连成闭合回路后接地。

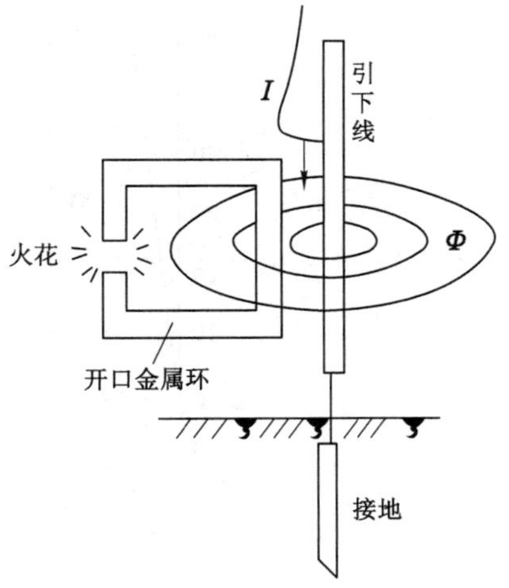

图 7-3 开口金属环上的电磁感应过电压

感应雷的破坏作用同样是极大的。据统计，在雷电事故中，因感应雷所造成的事故约占 70%，因此必须采取可靠的保护措施。

（三）球雷

球状闪电俗称球雷，闪电的一种，通常都在雷暴之下发生。球雷是在雷雨天气时出现的带有大量电荷、电位很高的气团，略呈圆球形，直径为 15～30 cm 不等，十分光亮，形似一团火球，能随风飘动，有时能飘进室内，如果碰到对地绝缘较差的人或动物，它便通过人身或动物对地放电，使之遭雷击伤亡。如果碰到其他适合对地放电的设备或金属导体，球雷就会通过设备或导体放电，造成设备损坏及财产损失。

因球状闪电较为罕见，出现没有规律，研究十分困难，目前也没有具体的有效设备或办法避免它的危害。在遇到球雷时，应屏息不动，避免破坏周围的气流平衡，更不要用肢体接触球雷，否则可能造成致命伤害。

二、雷电的有关名词概念

（一）雷电流的幅值和陡度

雷电流是指流入雷击点的电流，它是一个幅值很大、陡度很高的冲击波电流，如图 7-4 所示。

雷电流的幅值 I_m，与雷云中的电荷量及雷电放电通道的阻抗值有关。雷电流一般在 1～4 μs内增长到幅值 I_m。雷电流在幅值以前的一段波形称为波头，而从幅值起衰减到 $I_m/2$ 的一段波形称为波尾。雷电流的陡度 α 用雷电流波头部分增长的速率来表示，即 $\alpha = di/dt$。雷电流的陡度，据测定，可达 50 kA/μs 以上。对电气设备绝缘来说，雷电流的陡度越大，由 $u_L = L di/dt$ 可知，产生的过电压越高，对设备绝缘的破坏性也越严重。因此，如何降低雷电流的幅值和陡度是防雷保护的一个重要课题。

（二）年平均雷暴日数

凡有雷电活动的日子，包括看到雷闪和听见雷声，都称为雷暴日。由当地气象台、站统计的多年雷暴日的平均值，称为年平均雷暴日数。年平均雷暴日数不超过 15 d 的地区，称为少雷区；年平均雷暴日数超过 40 d 的地区，称为多雷区；年平均雷暴日数超过 90 d 的地区

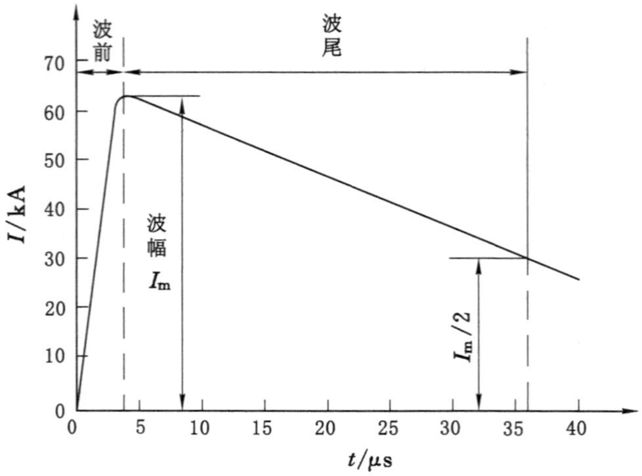

图 7-4　雷电流的波形

即雷害特别严重的地区，称为雷电活动特别强烈地区，亦可归入多雷区。年平均雷暴日数越多，说明该地区的雷电活动越频繁，因此防雷要求越高，防雷措施越需加强。

（三）年预计雷击次数

年预计雷击次数是表征建筑物可能遭受雷击的一个频率参数。按《建筑物防雷设计规范》规定，年预计雷击次数按下式计算：

$$N=0.1KT_dA_e \tag{7-1}$$

式中　T_d——年平均雷暴日数，按当地气象台、站资料确定；

A_e——与建筑物截收雷击次数相同的等效面积；

K——校正系数，在一般情况下取 1，在下列情况下取相应数值：位于旷野的孤立建筑物取 2，金属屋面的砖木结构建筑物取 1.7，位于河边、湖边、山坡下或山地中土壤电阻率较小处、地下水露头地、土山顶部、山谷风口等处的建筑物以及特别潮湿处的建筑物取 1.5。

（四）雷电电磁脉冲

雷电电磁脉冲，又称浪涌电压。它是雷电直接击在建筑物的防雷装置上或击在建筑物附近所引起的一种电磁感应效应。绝大多数雷电电磁脉冲可通过连接导体使相关联设备的电位升高而产生电流冲击或电磁辐射，使电子信息系统受到干扰。所以雷电电磁脉冲对电子信息系统是一种干扰源，必须加以防护。

三、防雷保护装置

（一）避雷针

避雷针的作用是保护电气设备、线路及建筑物等免遭直击雷的危害。一般独立避雷针的构造如图 7-5 所示，它主要由接闪器（避雷针的针尖）1、杆塔 2、接地引下线 3 和接地极 4 组成。

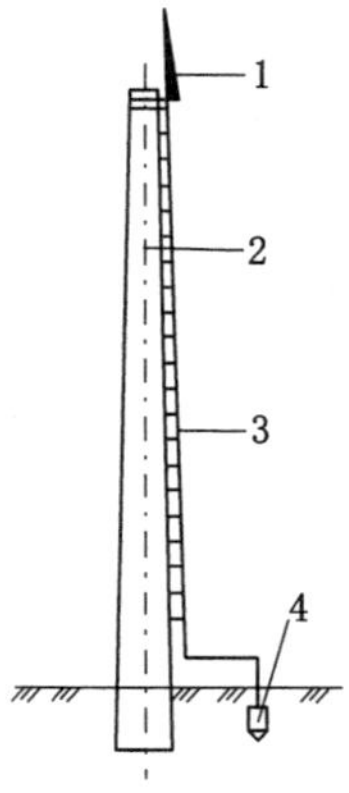

1—接闪器；2—杆塔；
3—接地引下线；
4—接地极。

图 7-5　独立避雷针的构造

接闪器长 1～2 m，一般采用镀锌圆钢或钢管制成，圆钢直径为 12～20 mm，钢管直径常用 20～25 mm。它通常安装在电杆（支柱）

或构架、建筑物上，它的下端要经引下线与接地装置相连。接地引下线用直径 8～12 mm 的镀锌圆钢或4×48～4×100 mm^2 的镀锌扁钢制成，也可用截面面积不小于 25 mm^2 的镀锌钢绞线制成。接地极一般采用直径 50 mm、壁厚 3.5 mm、管长 2.5 m 的镀锌钢管垂直敷设。杆塔采用混凝土杆或铁塔。

避雷针的功能实质上是引雷作用。由于避雷针高于被保护的对象，并具有良好的接地，故针尖的电位就等于大地的电位。当雷云接近避雷针所在的范围时，雷云对地感应的异性电荷被吸引到避雷针的顶部，改变了空间电场的分布，使雷云向避雷针放电，放电电流经引下线和接地极泄漏入地，从而使避雷针附近一定空间范围内的物体免遭雷击。所以，避雷针实质是“引雷”针，它把雷电流引入地下，从而保护了线路、设备和建筑物等。

避雷针的保护范围，以它能够防护直击雷的空间来表示。对建筑物防雷，一般采用国家标准《建筑物防雷设计规范》按照 IEC 推荐的“滚球法”来确定，而电力行业标准《交流电气装置的过电压保护和绝缘配合设计规范》中规定的避雷针、线保护范围，按“折线法”来确定，适用于变配电所和电力线路的过电压保护。

1.“滚球法”保护范围的计算

“滚球法”是一种计算避雷针保护范围的方法，它的计算原理为以一个半径为 h_r（滚球半径）的球体，在装有避雷针的建筑物上滚过，滚球体由于受建筑物上所安装的避雷针的阻挡而无法触及的范围就是避雷针的保护范围。滚球半径 h_r 按建筑物的防雷类别不同而取不同值，如表 7-1 所列。

表 7-1　按建筑物防雷类别确定滚球半径和避雷网格尺寸

建筑物防雷类别	滚球半径 h_r/m	避雷网格尺寸/(m×m)
第一类防雷建筑物	30	≤5×5 或≤6×4
第二类防雷建筑物	45	≤10×10 或≤12×8
第三类防雷建筑物	60	≤20×20 或≤24×16

单支避雷针的保护范围参看图 7-6，确定方法如下。

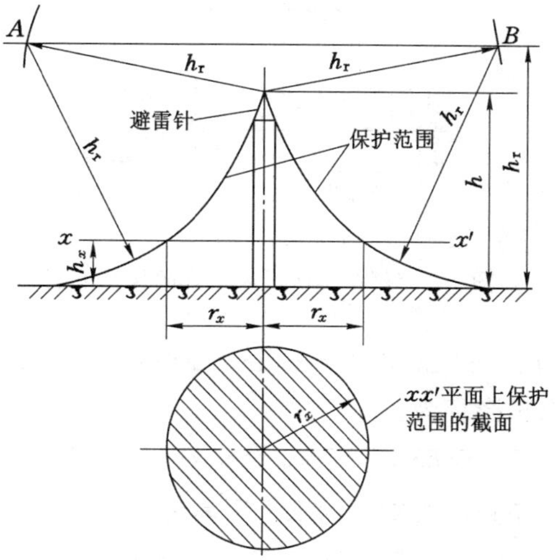

图 7-6　单支避雷针的保护范围

(1) 当避雷针高度 $h \leqslant h_r$ 时,确定避雷针保护范围的方法为:

① 在距地面高 h_r 处作一平行于地面的平行线。

② 以针尖为圆心、h_r 为半径作弧线,交于平行线 A、B 两点。

③ 以 A、B 为圆心,h_r 为半径作弧线,该弧线与针尖相交、与地面相切,以此弧线起到地面上的整个锥形空间,就是避雷针的保护范围。

④ 避雷针在 h_x 高度的平面 xx' 上的保护半径 r_x 按下式计算:

$$r_x = \sqrt{h(2h_r - h)} - \sqrt{h_x(2h_r - h_x)} \tag{7-2}$$

式中 h_r——滚球半径,第一类防雷建筑物为 30 m、第二类为 45 m、第三类为 60 m;

h_x——被保护物的高度。

⑤ 避雷针在地面上的保护半径 r_0 为:

$$r_0 = \sqrt{h(2h_r - h)} \tag{7-3}$$

(2) 当避雷针高度 $h > h_r$ 时,在避雷针上截取高度为 h_r 的一点代替单支避雷针针尖作为圆心,其余的做法同前。

关于两支及多支避雷针的保护范围,可参看有关设计手册。

【例 7-1】 某厂一座高 30 m 的水塔旁边,建有一水泵房(属第三类防雷建筑物),尺寸如图 7-7 所示。水塔上安装有一支高 2 m 的避雷针。试问此避雷针能否保护这一水泵房?

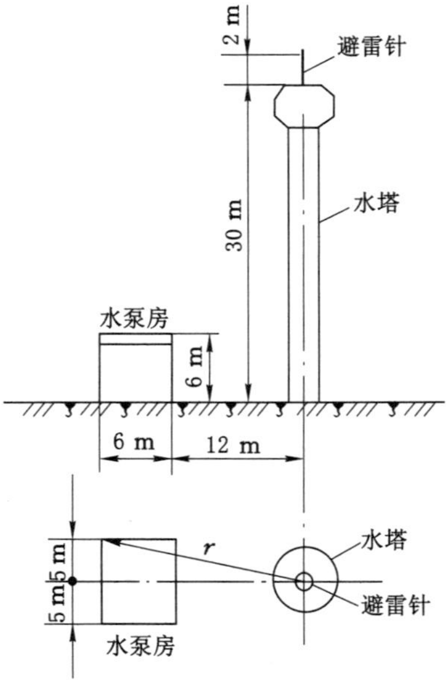

图 7-7 例 7-1 所示避雷针的保护范围

解:查表得滚球半径 $h_r = 60$ m,而 $h = 30\text{ m} + 2\text{ m} = 32$ m,$h_x = 6$ m。故得避雷针在水泵房顶部高度上的水平保护半径为:

$$r_x = \sqrt{32 \times (2 \times 60 - 32)} - \sqrt{6 \times (2 \times 60 - 6)} = 26.9\ (\text{m})$$

而水泵房顶部最远一角距离避雷针的水平距离为:

$$r = \sqrt{(12 + 6)^2 + 5^2} = 18.7\ (\text{m}) < r_x$$

故水塔上的避雷针能够保护这一水泵房。

2."折线法"保护范围的计算

单支避雷针的保护范围如图 7-8 所示，为一上、下承接的两个圆锥形空间(保护伞)。设图中高度 $h \leqslant 30$ m。

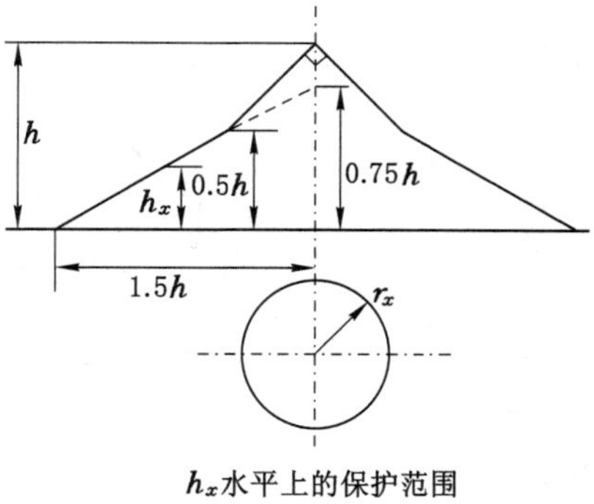

图 7-8 "折线法"计算单支避雷针的保护范围

由图可以看出，避雷针对地平面的保护半径为 $1.5h$；从针顶向下作与针成 45°角的斜线，与从针底 $1.5h$ 处向针 $0.75h$ 处所作的连线交于 $0.5\ h$ 处，此交点把圆锥形保护范围分为上、下两个空间，每个空间内不同高度上的保护半径与避雷针高度的关系如下：

当 $h_x \geqslant 0.5h$ 时：

$$r_x = (h - h_x)K_h \tag{7-4}$$

当 $h_x < 0.5h$ 时：

$$r_x = (1.5h - 2h_x)K_h \tag{7-5}$$

式中 K_h——高度影响系数。当 $h \leqslant 30$ m 时，$K_h = 1$；当 120 m$\geqslant h >$30 m 时，$K_h = 5.5/\sqrt{h}$。

(二) 避雷线

避雷线的功能和原理，与避雷针基本相同。

避雷线一般采用截面面积不小于 35 mm^2 的镀锌钢绞线，架设在架空线路或其他物体(包括建筑物)的上方，以保护其免遭直接雷击。由于避雷线既是架空，又要接地，因此又称为架空地线。

单根避雷线的保护范围，按设计规定：当避雷线高度 $h \geqslant 2h_r$ 时，无保护范围。当避雷线的高度 $h < 2h_r$ 时，应按下列方法确定(参看图 7-9)。在确定架空避雷线保护范围时，应计及弧垂的影响。在无法确定弧垂的情况下，等高支柱间的档距小于 120 m 时，其避雷线中点的弧垂宜取 2 m；档距为 120～150 m 时，弧垂宜取 3 m。

(1) 距地面 h_r 处作一平行于地面的平行线。

(2) 以避雷线为圆心、h_r 为半径作弧线，交于平行线 A、B 两点。

(3) 以 A、B 为圆心，h_r 为半径作弧线，该两弧线相交或相切，并与地面相切。从该弧线起到地面止的空间，就是避雷线的保护范围。

(4) 当 $2h_r > h > h_r$ 时，保护范围最高点的高度 h_0 按下式计算：

$$h_0 = 2h_r - h \tag{7-6}$$

(5) 避雷线在 h_0 高度的 xx' 平面上的保护宽度 b_x 按下式计算：

$$b_x = \sqrt{h(2h_r - h)} - \sqrt{h_x(2h_r - h_x)} \tag{7-7}$$

关于两根等高避雷线的保护范围，可参看有关设计手册。

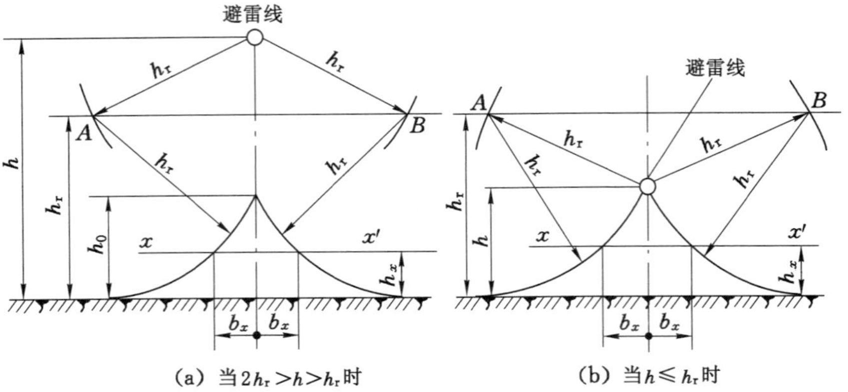

图 7-9 单根避雷线的保护范围

（三）避雷带和避雷网

避雷带和避雷网主要用来保护建筑物特别是高层建筑物，使之免遭直接雷击和雷电感应。

避雷带和避雷网宜采用圆钢或扁钢，优先采用圆钢。圆钢直径应不小于 8 mm；扁钢截面面积应不小于 48 mm^2，其厚度应不小于 4 mm。当烟囱上采用避雷环时，其圆钢直径应不小于 12 mm；扁钢截面面积应不小于 100 mm^2，其厚度应不小于 4 mm。避雷网的网格尺寸要求如表 7-1 所列。

以上接闪器均应经引下线与接地装置连接。引下线宜采用圆钢或扁钢，优先采用圆钢，其尺寸要求与避雷带、避雷网采用的相同。引下线应沿建筑物外墙明敷，并经最短路径接地；建筑艺术要求较高者可暗敷，但其圆钢直径应不小于 10 mm，扁钢截面面积应不小于 80 mm^2。

（四）避雷器

避雷器（包括电涌保护器）用来防止感应雷沿线路侵入变配电所或其他建筑物内，以免危及被保护设备的绝缘，或用来防止雷电电磁脉冲对电子信息系统的电磁干扰。

避雷器应与被保护设备并联，且安装在被保护设备的电源侧，如图 7-10 所示。当线路上出现危及设备绝缘的雷电过电压时，避雷器的火花间隙就被击穿，或由高阻抗变为低阻

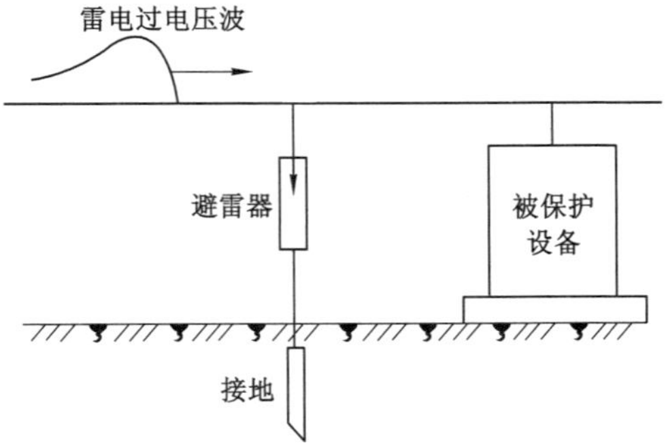

图 7-10 避雷器的连接

抗，使雷电过电压通过接地引下线对大地放电，从而保护了设备的绝缘，或消除了雷电电磁干扰。

避雷器的类型有阀式避雷器、排气式避雷器、保护间隙、金属氧化物避雷器和电涌保护器等。

1. 阀式避雷器

阀式避雷器，又称为阀型避雷器，主要由火花间隙和阀片组成，装在密封的瓷套管内。火花间隙用铜片冲制而成。每对间隙用厚 0.5～1 mm 的云母垫圈隔开，如图 7-11(a)所示。正常情况下，火花间隙能阻断工频电流通过，但在雷电过电压作用下，火花间隙被击穿放电。阀片是用陶料黏固的电工用金刚砂(碳化硅)颗粒制成的，如图 7-11(b)所示。这种阀片具有非线性电阻特性，特性曲线如图 7-11(c)所示。正常电压时，阀片电阻很大，而过电压时，阀片电阻则变得很小。因此阀式避雷器在线路上出现雷电过电压时，其火花间隙被击穿，阀片电阻变得很小，能使雷电流顺畅地向大地泄放。当雷电过电压消失、线路上恢复工频电压时，阀片电阻又变得很大，使火花间隙的电弧熄灭、绝缘恢复而切断工频续流，从而恢复线路的正常运行。

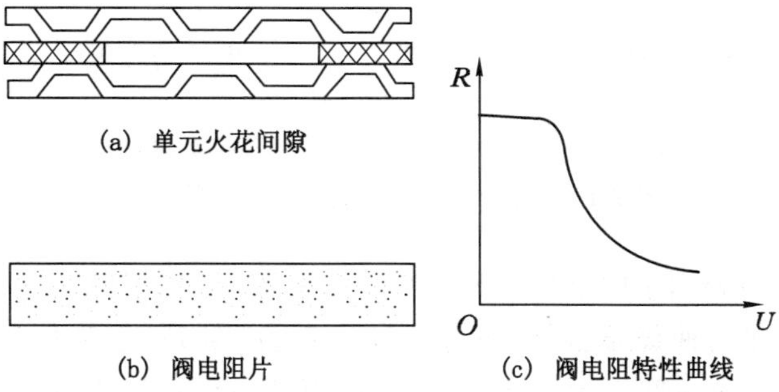

图 7-11　阀式避雷器的组成部件及其特性曲线

阀式避雷器中火花间隙和阀片的多少，与其工作电压高低成比例。高压阀式避雷器串联很多单元火花间隙，目的是将长弧分割成多段短弧，以加速电弧的熄灭。但阀电阻的限流作用是加速电弧熄灭的主要因素。

图 7-12(a)和(b)分别是 FS4-10 型高压阀式避雷器和 FS-0.38 型低压阀式避雷器的结构图。

普通阀式避雷器除上述 FS 型外，还有一种 FZ 型。FZ 型避雷器内的火花间隙旁边并联有一串分流电阻。这些并联电阻主要起均压作用，使与之并联的火花间隙上的电压分布比较均匀。火花间隙未并联电阻时，由于各火花间隙对地和对高压端都存在着不同的杂散电容，从而造成各火花间隙的电压分布也不均匀，这就使得某些电压较高的火花间隙容易击穿重燃，导致其他火花间隙也相继重燃而难以熄灭，使工频放电电压降低。火花间隙并联电阻后，相当于增加了一条分流支路。在工频电压作用下，通过并联电阻的电导电流远大于通过火花间隙的电容电流，这时火花间隙上的电压分布主要取决于并联电阻的电压分布。由于各火花间隙的并联电阻是相等的，因此各火花间隙上的电压分布也相应地比较均匀，从而大大改善了阀式避雷器的保护特性。

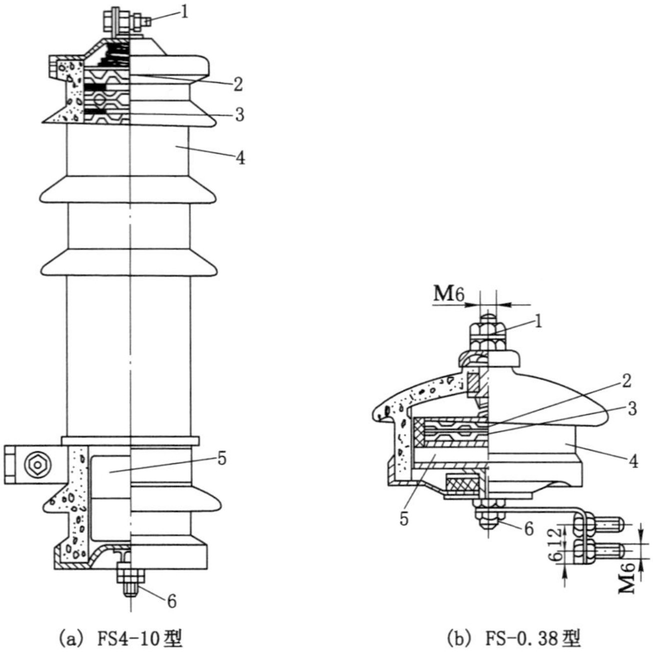

1—上接线端子;2—火花间隙;3—云母垫圈;4—瓷套管;5—阀电阻片;6—下接线端子。

图 7-12　高低压普通阀式避雷器结构图

FS 型阀式避雷器主要用于中小型变配电所,FZ 型则主要用于发电厂和大型变配电站。

阀式避雷器除上述两种普通型外,还有一种磁吹型,即 FC 型磁吹阀式避雷器,其内部附加有磁吹装置来加速火花间隙中电弧的熄灭,从而进一步改善其保护性能,降低残压。它专用来保护重要的而绝缘又比较薄弱的旋转电机等。

阀式避雷器型号的表示和含义如图 7-13 所示。

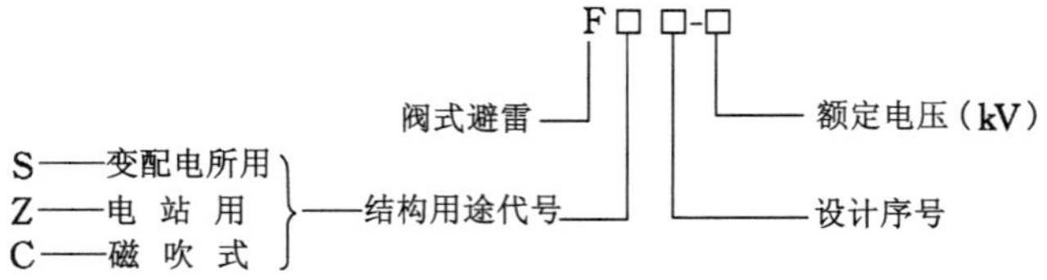

图 7-13　阀式避雷器型号的表示和含义

注:对避雷器型号中的额定电压,过去是用避雷器适应的电力系统额定电压来表示的,如 FZ□-6 型,表示该型避雷器适应于额定电压为 6 kV 的系统。但目前生产的避雷器,其额定电压一般按其灭弧电压值(指避雷器在雷电过电压作用下放电终止时的最高电压)来表示,如 FZ□-6 型避雷器的灭弧电压为 7.6 kV,因此其型号表示为 FZ□-7.6 型。同样,原 FZ□-10 型现表示为 FZ□-12.7 型,FZ□-35 型现表示为 FZ□-41 型,等等。

2. 排气式避雷器

排气式避雷器,通称管型避雷器,如图 7-14 所示,由产气管、内部间隙 s_1 和外部间隙 s_2

等三部分组成。产气管由纤维、有机玻璃或塑料制成。内部间隙装在产气管内，间隙电极 2 为棒形，电极 3 为环形。

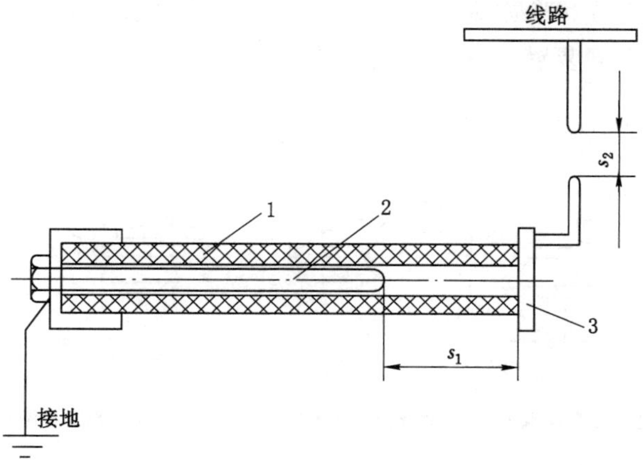

1—产气管；2—内部棒形电极；3—环形电极；s_1—内部间隙；s_2—外部间隙。

图 7-14　排气式避雷器

当线路上遭到雷击或雷电感应时，雷电过电压使排气式避雷器的内、外间隙击穿，强大的雷电流通过接地装置入地。由于避雷器放电时内阻接近于零，所以其残压极小，工频续流极大。雷电流和工频续流使产气管内部间隙产生强烈的电弧，使管内壁材料烧灼产生大量灭弧气体，由管口喷出，强烈吹弧，使电弧迅速熄灭，全部灭弧时间最多 0.01 s（半个周期）。这时外部间隙的空气迅速恢复绝缘，使避雷器与系统隔离，恢复系统的正常运行。

为了保证避雷器可靠地工作，在选择排气式避雷器时，其开断电流的上限应不小于安装处短路电流的最大有效值（计入非周期分量），而其开断电流的下限应不大于安装处短路电流可能的最小值（不计非周期分量）。在排气式避雷器的全型号中就表示出了开断电流的上、下限。

排气式避雷器全型号的表示和含义如图 7-15 所示。

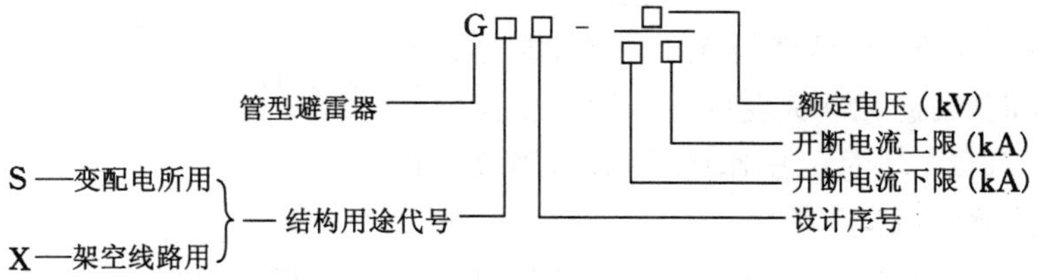

图 7-15　排气式避雷器全型号的表示和含义

排气式避雷器具有简单经济、残压很小的优点，但它动作时有电弧和气体从管中喷出，因此它只能用在室外架空场所，主要用在架空线路上。此外，它动作时工频续流很大，相当于相间短路，往往要引起线路开关跳闸，因此对于装有排气式避雷器的线路，宜装设一次自动重合闸装置（ARD），以便排气式避雷器动作引起开关跳闸后能自动重合闸，迅速恢复供电。

3. 保护间隙

保护间隙又称角型避雷器，其结构如图 7-16 所示。它简单经济，维护方便，但保护性能差，灭弧能力小，容易造成接地或短路故障，使线路停电。因此，对于装有保护间隙的线路，一般也宜装设自动重合闸装置，以提高供电可靠性。

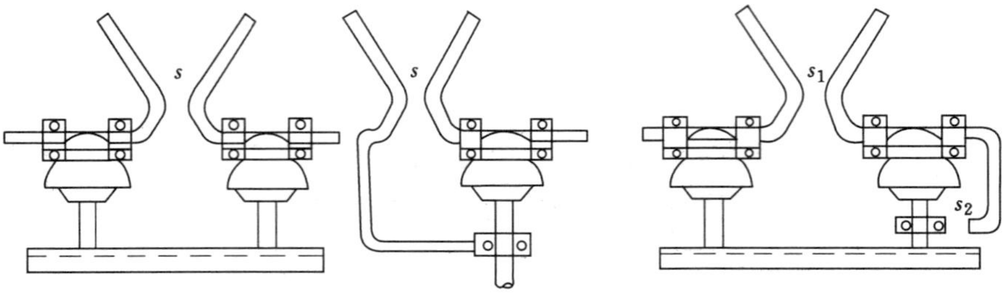

(a) 双支持绝缘子单间隙　(b) 单支持绝缘子单间隙　(c) 双支持绝缘子双间隙

s—保护间隙；s_1—主间隙；s_2—辅助间隙。

图 7-16　保护间隙结构

保护间隙的安装，是一个电极接线路，另一个电极接地。但为了防止间隙被外物（如鼠、鸟、树枝等）偶然短接而造成接地或短路故障，没有辅助间隙的保护间隙[如图 7-16(a)、(b)中的 s]必须在其公共接地引下线中间串入一个辅助间隙 s_2，如图 7-17 所示。这样即使主间隙被外物短接，也不致造成接地或短路。

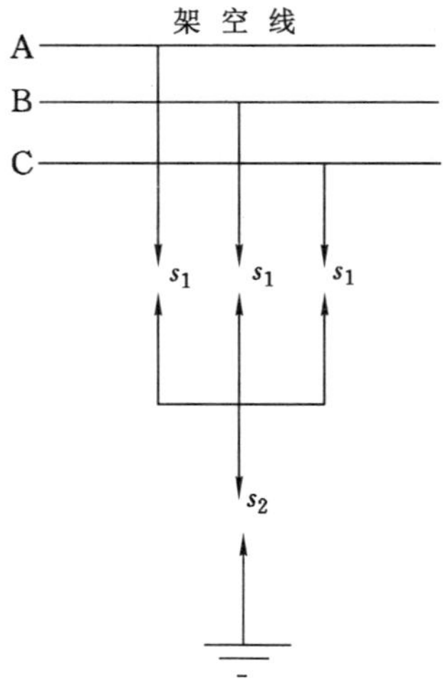

s_1—主间隙；s_2—辅助间隙。

图 7-17　三相线路上保护间隙的连接

保护间隙只用于室外不重要的架空线路上。

4. 金属氧化物避雷器

金属氧化物避雷器按照有无火花间隙分为两种类型，最常见的一种是无火花间隙只有压敏电阻片的避雷器。压敏电阻片是由氧化锌或氧化铋等金属氧化物烧结而成的多晶半导体陶瓷元件，具有理想的阀电阻特性。在正常工频电压下，它呈现极大的电阻，能迅速有效地阻断工频续流，因此无须火花间隙来熄灭由工频续流引起的电弧。而在雷电过电压作用下，其电阻又变得很小，能很好地泄放雷电流。

另一种是有火花间隙且有金属氧化物电阻片的避雷器，其结构与前面讲的普通阀式避雷器类似，只是普通阀式避雷器采用的是碳化硅电阻片，而有火花间隙金属氧化物避雷器采用的是性能更优异的金属氧化物电阻片，具有比普通阀式避雷器更优异的保护性能，且运行更加安全可靠，所以它是普通阀式避雷器的更新换代产品。

金属氧化物避雷器全型号的表示和含义如图 7-18 所示。

需要注意的是，金属氧化物避雷器额定电压现在一般用其灭弧电压值来表示。

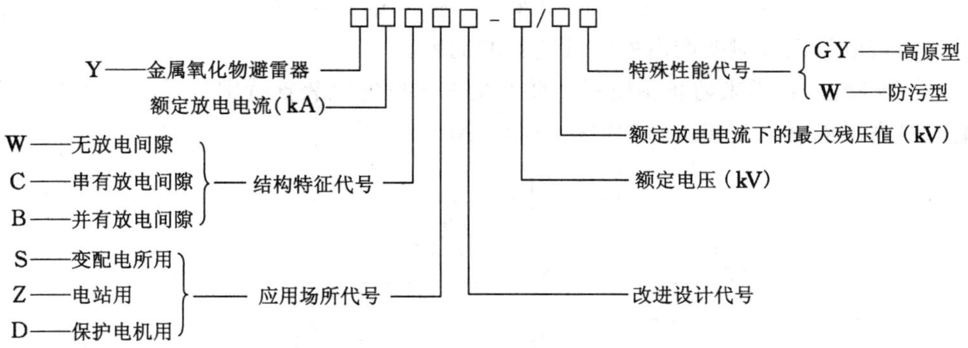

图 7-18　金属氧化物避雷器全型号的表示和含义

四、电气装置的防雷

(一) 架空线路的防雷措施

(1) 架设避雷线。这是防雷的有效措施,但造价高,因此只在 66 kV 及以上的架空线路上才全线架设,35 kV 的架空线路上一般只在进出变配电所的一段线路上装设,而 10 kV 及以下的架空线路上一般不装设。

(2) 提高线路本身的绝缘水平。在架空线路上,可采用木横担、瓷横担或高一级电压的绝缘子,以提高线路的防雷水平。这是 10 kV 及以下架空线路防雷的基本措施之一。

(3) 利用三角形排列架空线的顶线兼作防雷保护线。对于中性点不接地系统的 3～10 kV 架空线路,可在其三角形排列的顶线绝缘子上装设保护间隙,如图 7-19 所示。在出现雷电过电压时,顶线绝缘子上的保护间隙被击穿,通过其接地引下线对地泄放雷电流,从而保护了下边两根导线。由于线路为中性点不接地系统,一般也不会引起线路断路器跳闸。

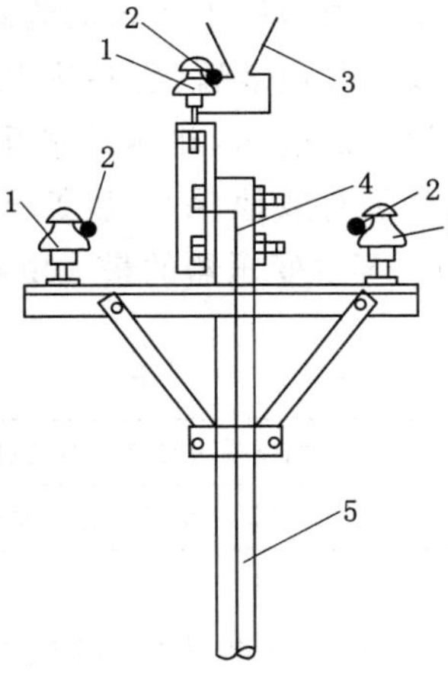

1—绝缘子;2—架空导线;
3—保护间隙;4—接地引下线;
5—电杆。

图 7-19　顶线绝缘子附加保护间隙

(4) 装设自动重合闸装置。线路上因雷击放电造成线路电弧短路时,会引起线路断路器跳闸,但断路器跳闸后电弧会自行熄灭。如果线路上装设一次自动重合闸装置,使断路器经 0.5 s 自动重合闸,电弧通常不会复燃,从而能恢复供电,这对一般用户不会有多大影响。

(5) 个别绝缘薄弱地点加装避雷器。对架空线路中个别绝缘薄弱地点,如跨越杆、转角杆、分支杆、带拉线杆以及木杆线路中个别金属杆等处,可装设排气式避雷器或保护间隙。

(二) 变配电所的防雷措施

(1) 装设避雷针。室外配电装置应装设避雷针来防护直击雷。如果变配电所处在附近更高的建筑物上防雷设施的保护范围之内或变配电所本身为车间内型,则可不必再考虑直击雷的防护。

(2) 装设避雷线。处于峡谷地区的变配电所,可利用避雷线来防护直击雷。在 35 kV

及以上的变配电所架空进线上，架设 1～2 km 的避雷线，以消除一段进线上的雷击闪络，避免其引起的雷电侵入波对变配电所电气装置的危害。

(3) 装设避雷器，用来防止雷电侵入波对变配电所电气装置特别是对主变压器的危害。变配电所对高压侧雷电波侵入防护的接线图如图 7-20 所示。

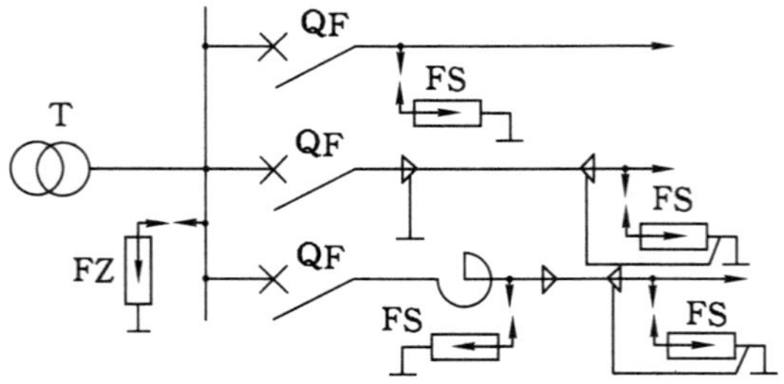

图 7-20　变配电所对雷电波侵入的防护

对于用电缆作为出线的架空线，避雷器应装在电缆头附近，其接地应和电缆的外皮相连。当避雷器动作时，电缆对绝缘所承受的电压为避雷器残压与雷电流在接地电阻上的压降之和；当接地与外皮相连时，则仅为避雷器残压，其值较低。当出线接有电抗器时，应在电抗器与电缆之间装设一组阀式避雷器，用以防止电抗器处的雷电波反射过电压对电缆绝缘的危害。

变电所母线上装设的阀式避雷器 FZ 为变电站型，FS 为配电所型，后者保护特性稍差，为直接对配电装置（包括主电力变压器）起到防止雷电入侵波的保护作用，它一般应装在被保护设备的前面，并尽量靠近被保护设备，否则会因雷电波的反射而失去保护作用。

为了有效地保护主变压器，阀式避雷器应尽量靠近主变压器安装。阀式避雷器至 3～10 kV主变压器的最大电气距离如表 7-2 所列。

表 7-2　阀式避雷器至 3～10 kV 主变压器的最大电气距离

雷雨季节经常运行的进线线路数	1	2	3	≥4
避雷器至变压器的最大电气距离/m	15	23	27	30

(三) 高压电动机的防雷措施

高压电动机的定子绕组是采用固体介质绝缘的，其冲击耐压试验值大约只有相同电压等级的油浸式电力变压器的 1/3，加之长期运行，固体介质还要受潮、腐蚀和老化，会进一步降低其耐压水平。因此，高压电动机对雷电波侵入的防护，不能采用普通的 FS 型或 FZ 型阀式避雷器，而应采用专用于保护旋转电动机的 FCD 型磁吹阀式避雷器，或采用有串联间隙的金属氧化物避雷器。对定子绕组中性点能引出的高压电动机，就在中性点装设磁吹阀式避雷器或金属氧化物避雷器。对定子绕组中性点不能引出的高压电动机，可采用图 7-21 所示接线。为降低沿线路侵入的雷电波波头陡度，减轻其对电动机绕组绝缘的危害，可在电动机进线上加一段 100～150 m 的引入电缆，并在电缆前的电缆头处安装一组普通阀式或排气式避雷器，而在电动机电源端（母线上）安装一组并联有电容器（0.25～0.5 μF）的 FCD 型磁吹阀式避雷器。

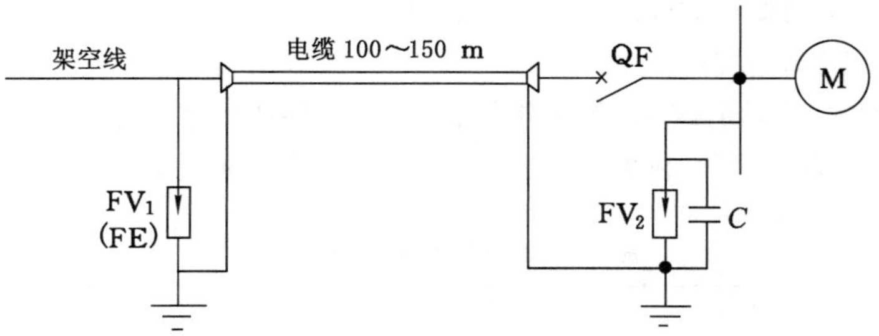

FV_1—普通阀式避雷器；FV_2—磁吹阀式避雷器；FE—排气式避雷器。

图 7-21　高压电动机对雷电波侵入的防护

五、建筑物的防雷

（一）建筑物的防雷类别

建筑物（含构筑物，下同）根据其重要性、使用性质、发生雷电事故的可能性和后果，按防雷要求分为三类。

1. 第一类防雷建筑物

（1）凡制造、使用或储存炸药、火药、起爆药、火工品等大量爆炸物质的建筑物，因电火花而引起爆炸会造成巨大破坏和人身伤亡者。

（2）具有 0 区或 10 区爆炸危险环境的建筑物。

（3）具有 1 区爆炸危险环境的建筑物，因电火花而引起爆炸会造成巨大破坏和人身伤亡者。

2. 第二类防雷建筑物

（1）制造、使用或储存爆炸物质的建筑物，但电火花不易引起爆炸或不致造成巨大破坏和人身伤亡者。

（2）具有 1 区爆炸危险环境的建筑物，但电火花不易引起爆炸或不致造成巨大破坏和人身伤亡者。

（3）具有 2 区或 11 区爆炸危险环境的建筑物。

（4）工业企业内有爆炸危险的露天钢质封闭气罐。

（5）预计雷击次数大于 0.06 次/年的部、省级办公建筑物及其他重要的或人员密集的公共建筑物；预计雷击次数大于 0.3 次/年的住宅、办公楼等一般性民用建筑物。

（6）国家级重要建筑物。

3. 第三类防雷建筑物

（1）根据雷击后对工业生产的影响及产生的后果，并结合当地气象、地形、地质及周围环境等因素，确定需要防雷的 21 区、22 区、23 区危险环境。

（2）预计雷击次数大于或等于 0.06 次/年的一般工业建筑物。

（3）预计雷击次数大于或等于 0.012 次/年且小于或等于 0.06 次/年的部、省级办公建筑物及其他重要的或人员密集的公共建筑物；预计雷击次数大于或等于 0.06 次/年且小于或等于 0.3 次/年的住宅、办公楼等一般性民用建筑物。

（4）在平均雷暴日大于 15 d/年的地区，高度在 15 m 及以上的烟囱、水塔等孤立的高耸建筑物；在平均雷暴日小于或等于 15 d/年的地区，高度在 20 m 及以上的烟囱、水塔等孤立的高耸建筑物。

(5) 省级重点文物保护的建筑物及省级档案馆。

(二) 建筑物的防雷措施

按建筑物防雷设计规定，各类防雷建筑物应在建筑物上装设防直击雷的接闪器，避雷带、网应沿表 7-3 所列的屋角、屋脊、屋檐等易受雷击的部位敷设。

表 7-3　建筑物易受雷击的部位

序号	屋面情况	易受雷击的部位	备注
1	平屋面	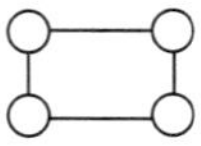	(1) 图上圆圈“○”表示雷击率最高的部位，实线“——”表示易受雷击部位，虚线“┈”表示不易受雷击部位。 (2) 对序号 3、4 所示屋面，在屋脊有避雷带的情况下，当屋檐处于屋脊避雷带的保护范围内时，屋檐上可不再装设避雷带
2	坡度不大于 1/10 的屋面	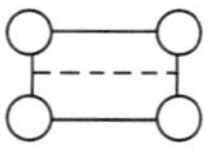	
3	坡度大于 1/10 且小于 1/2 的屋面	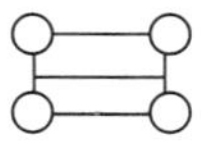	
4	坡度不小于 1/2 的屋面	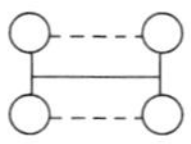	

1. 第一类防雷建筑物的防雷措施

(1) 防直击雷。装设独立避雷针或架空避雷线(网)，使被保护建筑物及其风帽、放散管等突出屋面的物体均处于接闪器的保护范围内。避雷网格尺寸不应大于 5 m×5 m 或 6 m×4 m。独立避雷针和架空避雷线(网)的支柱及其接地装置至被保护建筑物及与其有联系的管道、电缆等金属物之间的距离，架空避雷线(网)至被保护建筑物屋面和各种突出屋面物体之间的距离，均不得小于 3 m。接闪器接地引下线的冲击接地电阻不大于 10 Ω。当建筑物高于 30 m 时，尚应采取防侧击雷的措施。

(2) 防雷电感应。建筑物内外的所有可产生雷电感应的金属物件均应接到防雷电感应的接地装置上，其工频接地电阻不大于 10 Ω。

(3) 防雷电波侵入。低压线路宜全线采用电缆直接埋地敷设。在入户端，应将电缆的金属外皮、钢管接到防雷电感应的接地装置上。当全线采用电缆有困难时，可采用水泥电杆和铁横担的架空线，并使用一段电缆穿钢管直接埋地引入，其埋地长度不应小于 15 m。在电缆与架空线连接处，还应装设避雷器。避雷器、电缆金属外皮、钢管及绝缘子铁脚、金具等均应连接在一起接地，其冲击接地电阻不大于 10 Ω。

2. 第二类防雷建筑物的防雷措施

(1) 防直击雷。宜在建筑物上装设避雷网(带)或避雷针或由其混合组成的接闪器，使被保护的建筑物及其风帽、放散管等突出屋面的物体均处于接闪器的保护范围内。避雷网格尺寸不应大于 10 m×10 m 或 12 m×8 m。接闪器接地引下线的冲击接地电阻不大于 10 Ω。当建筑物高于 45 m 时，尚应采取防侧击雷的措施。

(2) 防雷电感应。建筑物内的设备、管道、构架等主要金属物，应就近接至防直击雷的接地装置或电气设备的保护接地装置上，可不另设接地装置。

(3) 防雷电波侵入。当低压线路全长采用埋地电缆或敷设在架空金属线槽内的电缆引入时，在入户端应将电缆金属外皮和金属线槽接地。低压架空线改换一段埋地电缆引入时，埋地长度也不应小于 15 m。平均雷暴日小于 30 d/年地区的建筑物，可采用低压架空线直接引入建筑物内，但在入户处应装设避雷器，或设 2～3 mm 的保护间隙，并与绝缘子铁脚、金具连接在一起接到防雷装置上，其冲击接地电阻不大于 10 Ω。

3. 第三类防雷建筑物的防雷措施

(1) 防直击雷。也宜在建筑物上装设避雷网(带)或避雷针或由其混合组成的接闪器。避雷网格尺寸不应大于 20 m×20 m 或 24 m×16 m。接闪器接地引下线的冲击接地电阻不大于 30 Ω。当建筑物高于 60 m 时，尚应采取防侧击雷的措施。

(2) 防雷电感应。为防止雷电流流经引下线和接地装置时产生的高电位对附近金属物或电气线路的反击，引下线与附近金属物和电气线路的间距应符合《民用建筑电气设计规范》的要求。

(3) 防雷电波侵入。对电缆进出线，应在进出端将电缆的金属外皮、钢管等与电气设备的接地相连接。当电缆转换为架空线时，应在转换处装设避雷器。电缆金属外皮和绝缘子铁脚、金具等应连接在一起接地，其冲击接地电阻不大于 30 Ω。进出建筑物的架空金属管道，在进出处应就近连接到防雷或电气设备的接地装置上或单独接地，其冲击接地电阻不大于 30 Ω。

第二节　内部过电压及其防护

一、开关操作过电压及抑制

在电力系统中，由于断路器的正常操作，使电网运行状态突然变化，导致系统内部电感和电容之间电磁能量的相互转换，造成振荡，因而在某些设备或局部电网上出现过电压。这种过电压称为操作过电压。真空断路器、接触器由于具有良好的性能(分断速度快、使用寿命长、不需要维护、分断能力大等)而在煤矿供电系统中的应用日趋广泛，但也产生了比其他类型开关更严重的操作过电压，必须加以抑制，以保证安全用电。

(一) 真空开关操作过电压的种类

1. 截流过电压

当真空开关或其他类型的开关断开电路时，在电流接近自然零点以前，由于电弧不稳定，突然提前熄灭的现象称为截流，在此瞬间的电流值称为截流值。由于电流突然截止，在感性负荷上将产生异常过电压，过电压值与电路波阻抗(中频下的阻抗)成正比，与负荷功率因数成反比。产生截流过电压最严重的情况是断开刚启动的电动机，因此时功率因数最低；或断开空载干式变压器，因其波阻抗大，功率因数也低。

大量的测试结果表明，对于空载变压器和空载电动机，当利用真空断路器切断电路时所产生的过电压值为 2.8～4.4 倍的相电压，其值远小于利用油断路器或空气断路器切断相同负载时所产生的截流过电压值(约 10 倍相电压)。

截流值越大，则电流的变化率越大，而截流过电压就越高。截流是由于开关触头之间电弧不稳定造成的。当电流变小时，放射出来的金属离子减少，少到低于维持电弧所需要的粒子密度时，电弧就开始不稳定，电流波形发生振荡，最后产生截流。截流值的大小与触头材料有很大关系，亦受负载参数和负载电流的影响。

目前国内外真空开关管的触头都采用低截流材料制作，使之截流值较低。一般真空接触器的截流值为 0.5～5 A,真空断路器的截流值为 2～10 A。再加上截流过电压的频率只有几千赫兹,持续几个周波,很快衰减,故截流过电压对电气设备危害不大,但对小功率电动机则属例外。

2. 电弧多次重燃过电压

用真空开关断开小电流电感电路,在电流过零之前,如果触头的开距很小,当瞬间恢复电压上升到大于触头间隙所能承受的电压时,间隙便被重新击穿而发生电弧重燃。由于电路上存在杂散电容,故在开关触头之间产生高频振荡电流。真空开关有分断高频电流的能力,在高频电流过零时切断电弧,而此时触头间隙已比前次切断的增大,则在触头间恢复电压上升到更高值时产生再次击穿,并再次引起电弧重燃。

这种过程可能重复若干次,在理论上该过程可以持续几毫秒,直到触头间隙增大到能承受瞬间恢复电压为止。这种重燃过电压的幅值,由于电压的多次重叠可达到很高的数值,一般在电动机启动时切断电源可达 10～15 倍相电压,因而危害很大。

3. 预击穿过电压

在真空开关合闸过程中,当动触头到达某一位置时,其间隙介质不能承受回路电压,以致在触头闭合前被击穿产生电弧,间隙中流过高频振荡电流,并在第一个高频电流零点时熄灭。随着触头间隙的进一步缩小,将产生第二次、第三次或更多次的击穿。其他类型的开关如油开关或 SF_6 开关都可能出现预击穿,但真空开关切断高频电流的能力强,可能多次重复出现预击穿,一般为 3～7 次,最高可达 10 次,并产生过电压。预击穿过电压峰值一般不超过系统相电压峰值的 3 倍,但频率很高,接近 1 MHz,而且波前陡峭,每次启动时都可能出现,所以对电动机绕组绝缘的威胁很大。

(二) 操作过电压抑制措施

1. 阻容过电压抑制器

这种保护又名阻容浪涌吸收器,由电容和电阻串联组成,接在电网的线间或相、地之间,改变了原回路的阻抗值,对各种过电压的发生都有一定的抑制作用。电容是一个最简单的滤波器,对过电压有吸收和降低波前陡度(充电)的作用,而串联的电阻则具有降低冲击电流的作用,只要参数选择得当,使它在高频时的阻抗大大低于电源阻抗,构成一个分压器。由于各相阻容串联支路与用电设备绕组并联,因而可有效地降低截流过电压的幅值和频率,减小预击穿过电压的波前陡度,所以特别适用于电动机的过电压保护。

2. 氧化锌压敏电阻过电压抑制器

氧化锌压敏电阻具有较理想的伏安特性(近似理想的晶体稳压管),与阀式避雷器类似,在正常工作电压下只有微安级电流,在过电压的作用下则可流过很大的电流(呈极低的电阻)。压敏电阻工作性能稳定,能连续承受操作过电压,一般能将过电压倍数限制在 3 以内。压敏电阻只能起到对过电压的限幅作用,对过电压的波形陡度降低很小,因而对于重要的设备有时同时使用两种保护措施,即采用相与地间接压敏电阻的同时设置阻容过电压抑制器。

二、电弧接地过电压及消除

电弧接地过电压只发生在中性点不直接接地的电网中。当发生单相接地故障,如 6～10 kV电网的接地电流大于 30 A 或 20～60 kV 电网的接地电流大于 10 A 时,则故障处的电弧就难以自动熄灭,但又不足以形成稳定电弧,因而可能出现电弧似燃似灭的不稳定电弧,称之为间歇性电弧。间歇性电弧的存在,使电网中的电感、电容回路产生电磁振荡,从而产生遍及整个电网的电弧(弧光)接地过电压。

电弧接地时过电压的实测值不超过 3.2 倍的相电压，绝大部分情况下均小于 3 倍的相电压。由于过电压倍数较低，故不会对变压器、电气设备及线路的正常绝缘造成危害。但是，这种电弧接地过电压一旦发生，便分布于整个电网之中，若无可靠的接地（漏电）保护装置则持续时间较长，因而容易击穿电网中的绝缘薄弱处，如运行多年的电缆、电动机或受潮的电缆接线盒等而造成异相接地短路故障。所以，必须采取措施来消除电弧接地过电压。

电网单相接地电流中，主要成分是另外两相的对地电容电流（详见第八章分析），其中电缆线路的分布电容起主要作用，故减小线路长度、多采用架空线路、采用多台变压器单独供电以减小接地电流的数值，是消除电弧接地过电压的措施之一。

对于煤矿 6～10 kV 电网，当接地电流超过《煤矿安全规程》的规定（不应大于 20 A）时，广泛采用中性点经消弧线圈（电感）接地的运行方式，其本质是利用电感接地电流进行电容电流补偿原理，将单相接地电流减小到不能建立电弧的程度，从而消除弧光接地过电压。

此外，在煤矿井下供电系统中设置完善的漏电保护系统，实现快速、有选择性地切除单相接地故障支路电源，也是一种消除弧光接地过电压的有效措施。

第三节　电气装置的接地及有关保护

一、接地的有关概念

（一）接地和接地装置

电气装置的某部分与大地之间作良好的电气连接，称为接地。埋入地中并直接与大地接触的金属导体，称为接地体或接地极。专门为接地而人为装设的接地体，称为人工接地体。兼作接地体用的直接与大地接触的各种金属构件、金属管道及建筑物的钢筋混凝土基础等，称为自然接地体。连接接地体与设备、装置接地部分的金属导体，称为接地线。接地线在设备、装置正常运行情况下是不载流的，但在故障情况下要通过接地故障电流。

接地线与接地体合称接地装置。由若干接地体在大地中相互用接地线连接起来的一个整体，称为接地网。其中接地线又分接地干线和接地支线，如图 7-22 所示。接地干线一般应采用不少于两根导体在不同地点与接地网相连接。

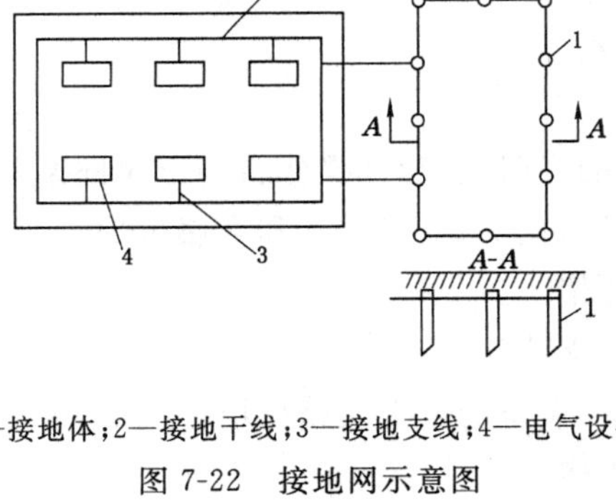

1—接地体；2—接地干线；3—接地支线；4—电气设备。

图 7-22　接地网示意图

（二）工作接地、保护接地和重复接地

1. 工作接地

工作接地是为保证电力系统和设备达到正常工作要求而进行的一种接地，例如电源中性点的接地、防雷装置的接地等。各种工作接地有各自的功能。例如电源中性点直接接地，能在运行中维持三相系统中相线对地电压不变；而防雷装置的接地，是为了对地泄放雷电流，实现防雷保护的要求。

2. 保护接地与接零

保护接地是为保障人身安全、防止间接触电而将设备的外露可导电部分接地。保护接地作用的说明详见第八章第五节。

保护接地的形式有两种：

(1) 设备的外露可导电部分经各自的接地线(PE 线)直接接地，如 TT 系统和 IT 系统中设备外壳的接地。

(2) 设备的外露可导电部分经公共的 PE 线或经 PEN 线接地。这种接地形式，我国电工界过去习惯称为“保护接零”。上述的 PE 线和 PEN 线就称为“零线”。

必须注意：同一低压配电系统中，不能有的设备采取保护接地而有的设备采取保护接零；否则，当采取保护接地的设备发生单相接地故障时，采取保护接零的设备外露可导电部分(外壳)将带上危险的电压。

3. 重复接地

在 TN 系统中，为确保公共 PE 线或 PEN 线安全可靠，除在电源中性点进行工作接地外，还应在 PE 线或 PEN 线的下列地点进行重复接地：

(1) 在架空线路终端及沿线每隔 1 km 处。

(2) 电缆和架空线引入车间和其他建筑物处。

必须注意：N 线不能重复接地，否则系统中所装设的漏电保护(参看第八章讲述)不起作用。

二、电气装置的接地及其接地电阻

(一) 电气装置应该接地或接零的金属部分

《电气装置安装工程 接地装置施工及验收规范》(GB 50169—2016)规定，电气装置的下列金属部分，均应接地或接零：

(1) 电气设备的金属底座、框架及外壳和传动装置。

(2) 携带式或移动式用电器具的金属底座和外壳。

(3) 箱式变电站的金属箱体。

(4) 互感器的二次绕组。

(5) 配电、控制、保护用的屏(柜、箱)及操作台的金属框架和底座。

(6) 电力电缆的金属护层、接头盒、终端头和金属保护管及二次电缆的屏蔽层。

(7) 电缆桥架、支架和井架。

(8) 变电站(换流站)构、支架。

(9) 装有架空地线或电气设备的电力线路杆塔。

(10) 配电装置的金属遮栏。

(11) 电热设备的金属外壳。

(二) 电气装置可不接地或不接零的金属部分

《电气装置安装工程 接地装置施工及验收规范》规定，附属于已接地电气装置和生产设施上的下列金属部分可不接地：

(1) 安装在配电屏、控制屏和配电装置上的电气测量仪表、继电器和其他低压电器的外壳。

(2) 与机床、机座之间有可靠电气接触的电动机和电器的外壳。

(3) 额定电压为 220 V 及以下的蓄电池室内的金属支架。

(三) 接地电阻及其要求

接地电阻是接地线和接地体的电阻与接地体散流电阻的总和。由于接地线和接地体的电阻相对很小,因此接地电阻可认为就是接地体的散流电阻。

接地电阻按其通过电流的性质分为以下两种:

(1) 工频接地电阻,即工频接地电流流经接地装置入地所呈现的接地电阻,用 R_{gr} 或 R_E 表示。

(2) 冲击接地电阻,即雷电流流经接地装置入地所呈现的接地电阻,用 R_{sh} 或 R_i 表示。

我国有关规程规定的部分电力装置所要求的工作接地电阻(包括工频接地电阻和冲击接地电阻)值如表 7-4 所列,供参考。

表 7-4　部分电力装置要求的工作接地电阻值

序号	电力装置名称	接地的电力装置特点		接地电阻值
1	1 kV 以上大电流接地系统	仅用于该系统的接地装置		$R_E \leqslant \dfrac{2\,000\ \text{V}}{I_k^{(1)}}$ 当 $I_k^{(1)} > 4\,000$ A 时 $R_E \leqslant 0.5\ \Omega$
2	1 kV 以上小电流接地系统	仅用于该系统的接地装置		$R_E \leqslant \dfrac{250\ \text{V}}{I_E}$ 且 $R_E \leqslant 10\ \Omega$
3		与 1 kV 以下系统共用的接地装置		$R_E \leqslant \dfrac{120\ \text{V}}{I_E}$ 且 $R_E \leqslant 10\ \Omega$
4	1 kV 以下系统	与总容量在 100 kV·A 以上的发电机或变压器相连的接地装置		$R_E \leqslant 10\ \Omega$
5		上述(序号 4)装置的重复接地		$R_E \leqslant 10\ \Omega$
6		与总容量在 100 kV·A 及以下的发电机或变压器相连的接地装置		$R_E \leqslant 10\ \Omega$
7		上述(序号 6)装置的重复接地		$R_E \leqslant 30\ \Omega$
8	避雷装置	独立避雷针和避雷器		$R_E \leqslant 10\ \Omega$
9		变配电所装设的避雷器	与序号 4 装置共用	$R_E \leqslant 4\ \Omega$
10			与序号 6 装置共用	$R_E \leqslant 10\ \Omega$
11		线路上装设的避雷器或保护间隙	与电机无电气联系	$R_E \leqslant 10\ \Omega$
12			与电机有电气联系	$R_E \leqslant 5\ \Omega$
13	防雷建筑物	第一类防雷建筑物		$R_{sh} \leqslant 10\ \Omega$
14		第二类防雷建筑物		$R_{sh} \leqslant 10\ \Omega$
15		第三类防雷建筑物		$R_{sh} \leqslant 30\ \Omega$

注:R_E 为工频接地电阻;R_{sh} 为冲击接地电阻;$I_k^{(1)}$ 为流经接地装置的单相短路电流;I_E 为单相接地电容电流。

关于低压 TT 系统和 IT 系统中电力设备外露可导电部分的保护接地电阻 R_E，按规定应满足这样的条件，即在接地电流 I_E 通过 R_E 时产生的对地电压不应高于 50 V(安全特低电压)，因此保护接地电阻为：

$$R_E = \frac{50\ \mathrm{V}}{I_E} \tag{7-8}$$

如果作为设备单相接壳故障保护的漏电断路器动作电流取为 30 mA(安全电流值)，则 50 V/0.03 A=1 667 Ω。这一电阻值很大，很容易满足要求。一般取 $R_E \leqslant 100\ \Omega$，以确保安全。

低压 TN 系统采取保护接零方式，所有设备的外露可导电部分均接公共 PE 线或 PEN 线，因此不存在保护接地电阻问题。

三、接地装置的装设与布置

(一) 自然接地体的利用

在设计和装设接地装置时，首先应充分利用自然接地体，以节约投资，节约钢材。如果实地测量所利用的自然接地体接地电阻已满足要求，且这些自然接地体又满足短路热稳定度条件时，除 35 kV 及以上变配电所外，一般就不必再装设人工接地装置了。

可以利用的自然接地体有：

(1) 埋设在地下的金属管道，但不包括可燃和有爆炸物质的管道。

(2) 金属井管。

(3) 与大地有可靠连接的建筑物的金属结构。

(4) 水工建筑物及其类似的构筑物的金属管、桩等。

对于变配电所来说，可利用其建筑物的钢筋混凝土基础作为自然接地体。对 3～10 kV 变配电所来说，如果其自然接地体电阻满足规定值，可不另设人工接地体。对 35 kV 及以上变配电所则还必须敷设以水平接地体为主的人工接地网。

利用自然接地体时，一定要保证其良好的电气连接。在建、构筑物结构的结合处，除已焊接者外，都要采用跨接焊接，而且跨接线尺寸不得小于规定值。

(二) 人工接地体的装设

人工接地体的装设有垂直埋设和水平埋设两种，如图 7-23 所示。

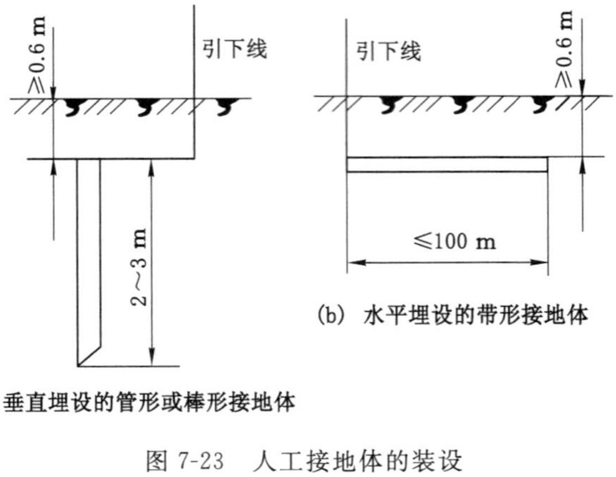

图 7-23 人工接地体的装设

最常用的垂直接地体为直径 50 mm、长 2.5 m 的钢管。如果采用的钢管直径小于 50 mm，则钢管的机械强度较小，易弯曲，不适于用机械方法打入土中；如果钢管直径大于

50 mm，则钢材耗用增大，而散流电阻减小甚微，很不经济（例如钢管直径由 50 mm 增大到 125 mm 时，散流电阻仅减小 15%）。如果采用的钢管长度小于 2.5 m 时，散流电阻增加很多；如果钢管长度大于 2.5 m 时，则难于打入土中，而散流电阻也减小不多。由此可见，采用直径为 50 mm、长度为 2.5 m 的钢管作为垂直接地体是最为经济合理的。但是为了减小外界温度变化对散流电阻的影响，埋入地下的接地体，其顶端离地面不宜小于 0.6 m。

当土壤电阻率 ρ 偏高时，如 $\rho \geqslant 300\ \Omega \cdot m$ 时，为降低接地装置的接地电阻，可采取以下措施：

（1）采用多支线外引接地装置，其外引长度不宜大于 $2\sqrt{\rho}$，ρ 为埋设地点的土壤电阻率。

（2）如果地下较深处土壤电阻率较低时，可采用深埋式接地体。

（3）局部进行土壤置换处理，换以电阻率较低的黏土或黑土（见图 7-24），或进行土壤化学处理，填充以炉渣、木炭、石灰、食盐、废电池等降阻剂（见图 7-25）。

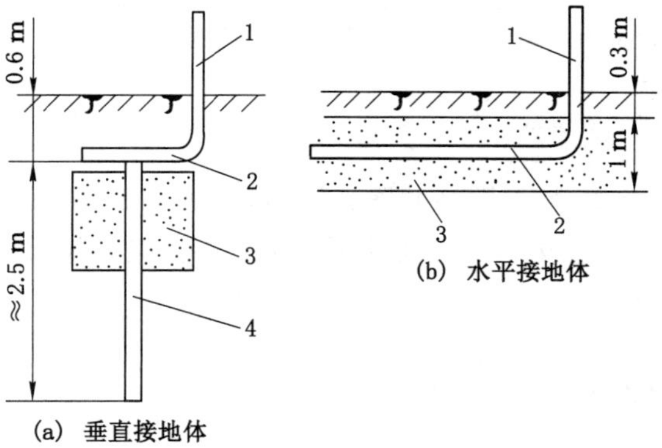

1—引下线；2—连接扁钢；3—黏土；4—钢管。

图 7-24 土壤置换处理

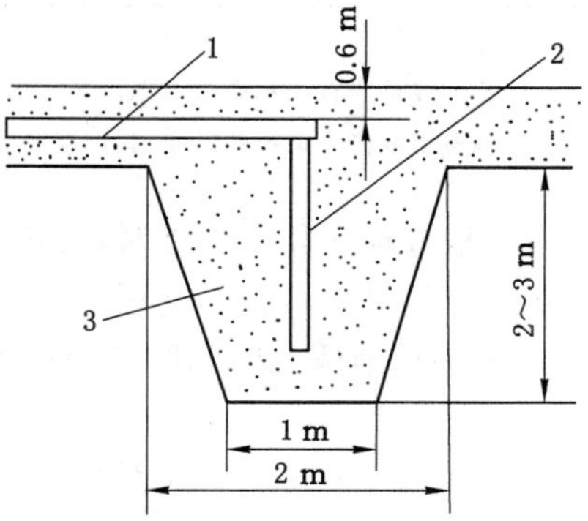

1—扁钢；2—钢管；3—降阻剂。

图 7-25 土壤化学处理

按《电气装置安装工程 接地装置施工及验收规范》规定，钢接地体和接地线的截面面积不应小于表 7-5 所列规格。对 110 kV 及以上变电所或腐蚀性较强场所的接地装置，应采用热镀锌钢材，或适当加大截面面积。不得采用铝导体作接地体或接地线。

表 7-5 钢接地体和接地线的最小规格

种类、规格及单位		地上	地下
圆钢直径/mm		8	8/10
扁钢	截面面积/mm^2	48	48
	厚度/mm	4	4
角钢厚度/mm		2.5	4
钢管管壁厚度/mm		2.5	3.5/2.5

注：1. 地下部分圆钢的直径，其分子、分母数据分别对应于架空线路和发电厂、变电站的接地网。

2. 地下部分钢管的壁厚，其分子、分母数据分别对应于埋于土壤和埋于室内混凝土地坪中。

按规定，铜及铜覆钢接地体的截面面积一般不应小于表 7-6 所列规格。

表 7-6　铜及铜覆钢接地体的最小规格

种类、规格及单位	地上	地下
铜棒直径/mm	8	水平接地极 8
		垂直接地极 15
铜排截面面积/mm^2/厚度/mm	50/2	50/2
铜管管壁厚度/mm	2	3
铜绞线截面面积/mm^2	50	50
铜覆圆钢直径/mm	8	10
铜覆钢绞线直径/mm	8	10
铜覆扁钢截面面积/mm^2/厚度/mm	48/4	48/4

注：1. 裸铜绞线不宜作为小型接地装置的接地极用，当作为接地网的接地极时，截面面积应满足设计要求；

2. 铜绞线单股直径不应小于 1.7 mm；

3. 铜覆钢规格为钢材的尺寸，其铜层厚度不应小于 0.25 mm。

当多根接地体相互邻近时，会出现入地电流相互排挤的屏蔽效应，如图 7-26 所示。这种屏蔽效应使接地装置的利用率下降。因此垂直接地体之间的距离不宜小于接地体长度的 2 倍，而水平接地体之间的距离一般不宜小于 5 m。

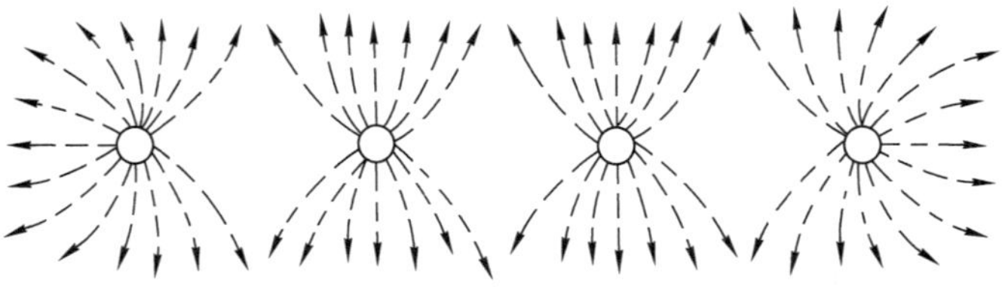

图 7-26　接地体间的电流屏蔽效应

人工接地网的布置，应尽量使地面的电位分布均匀，以降低接触电压和跨步电压。人工接地网的外缘应闭合。外缘各角应作成圆弧形，圆弧的半径不宜小于均压带间距的一半。35 kV 及以上变电所的人工接地网内应敷设水平均压带，如图 7-27 所示。为保障人身安全，应在经常有人出入的走道处铺设碎石、沥青路面，或在地下加装帽檐式均压带。

为了减小建筑物的接触电压，接地体与建筑物的基础间应保持不小于 1.5 m 的水平距离，通常取 2～3 m。

（三）防雷装置的接地装置要求

避雷针宜设独立的接地装置。防雷装置的接地装置（包括接地体和接地线）及避雷针（线、网）引下线的结构尺寸，应符合表 7-5 注 2 的要求。

为了防止雷击时雷电流在接地装置上产生的高电位对被保护的建筑物和配电装置及其接地装置进行“反击闪络”，危及建筑物和配电装置的安全，防直击雷的接地装置与建筑物和配电装置及其接地装置之间应有一定的安全距离，此安全距离与建筑物的防雷等级有关。总体来说，空气中的安全距离 $s_0 \geqslant 5$ m，地下的安全距离 $s_E \geqslant 3$ m，如图 7-28 所示。

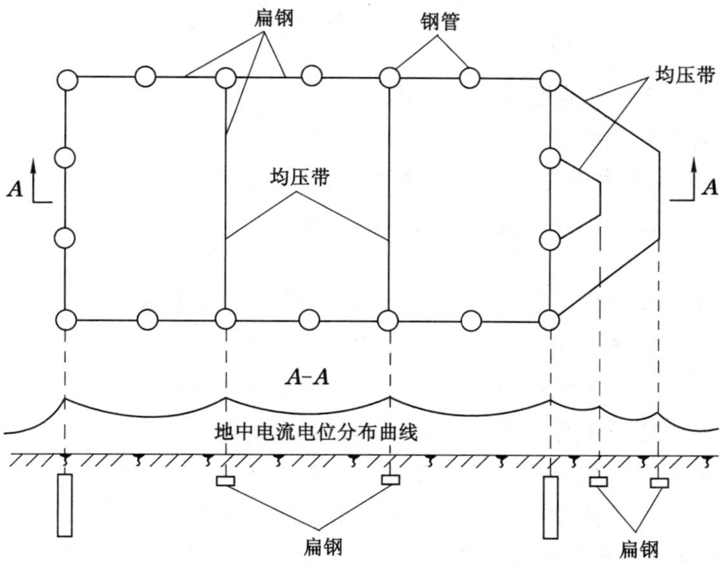

图 7-27　加装均压带的人工接地网

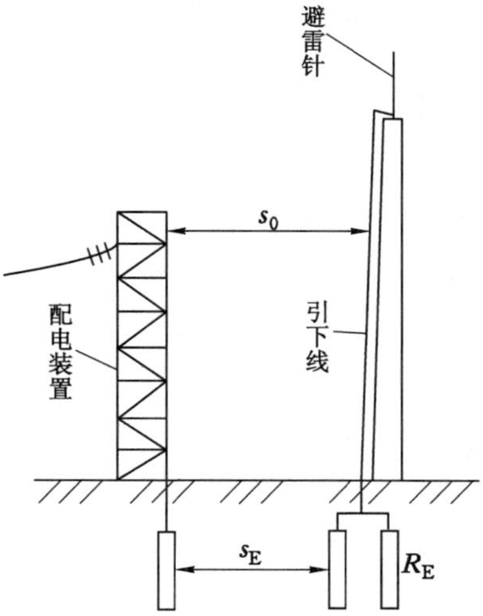

图 7-28　防直击雷的接地装置与建筑物和配电装置及其接地装置间的安全距离

为了降低跨步电压，保障人身安全，按规定，防直击雷的人工接地体距建筑物入口或人行道的距离不应小于 3 m。当小于 3 m 时，应采取下列措施之一：① 水平接地体局部埋深应不小于 1 m；② 水平接地体局部应包绝缘物，可采用 50～80 mm 厚的沥青层；③ 采用沥青碎石地面，或在接地体上面敷设 50～80 mm 厚的沥青层，其宽度应超过接地体 2 m。

习题与思考

7-1　什么叫过电压？过电压有哪些类型？

7-2　雷电过电压有哪些形式？各是如何产生的？

7-3　避雷针、避雷线和避雷带(网)各主要用在哪些场所？

7-4　什么叫“滚球法”？如何用滚球法来确定避雷针、线的保护范围？与“折线法”有何不同？

7-5　避雷器的主要功能是什么？阀式避雷器、排气式避雷器、保护间隙和金属氧化物避雷器在结构、性能上各有哪些特点？各应用在哪些场合？

7-6　架空线路有哪些防雷措施？变配电所又有哪些防雷措施？

7-7　高压电动机应采用哪种类型避雷器进行防雷？为什么？

7-8　建筑物按防雷要求分哪几类？各类防雷建筑物各应采取哪些防雷措施？

7-9　内部过电压有哪些形式？分别应采取哪些防护措施？

7-10　什么叫接地？什么叫接地装置？什么叫人工接地体和自然接地体？

7-11　防直击雷的接地装置与配电装置接地装置能否共地？为什么？

7-12　某厂储油罐，直径 9 m，高出地面 8 m，为第一类防雷建筑物，需设置一根独立避雷针进行保护，需要避雷针距离罐最少 5 m，试计算并确定避雷针的高度。

第八章　电气设备防爆与井下三大保护

内容提要：煤矿井下的特殊环境对井下的电气设备和电网保护都有着特殊的要求。本章首先介绍煤矿井下环境对矿用电气设备的要求和矿用电气设备防爆原理，然后讲述井下漏电保护、保护接地和过流保护三大保护的实现。井下电网三大保护是矿山供电系统的重要内容。

第一节　矿用电气设备

一、煤矿井下的环境对矿用电气设备的要求

矿用电气设备是指符合《煤矿安全规程》要求，能够用于煤矿井下的各种电气设备。煤矿生产以井下巷道作业为主，井下的生产环境条件要比地面条件恶劣得多，因此所用电气设备必须适应井下的特殊要求，保证井下供电系统的安全、可靠，故障时应避免造成人身触电伤害，防止引起瓦斯煤尘爆炸，从而确保整个矿山生产的连续性和安全性。

煤矿井下的环境对矿用电气设备的要求主要有以下几个方面：

(1) 井下在有瓦斯、煤尘等易爆环境下使用的电气设备必须具有防爆性能。

(2) 考虑到井下巷道、硐室及采掘工作面等空间狭窄，电气设备应尽可能体积小、重量轻，以便于运输、安装、移动。

(3) 井下常会发生片帮、冒顶、掉矸等意外砸压破坏，因此要求电气设备应有坚固的外壳；为防止电缆挤伤、砸伤，应加强绝缘及防护；机械设备运行时振动较大，其内部器件的固定、安装等应有防振设计。

(4) 井下空气潮湿，相对湿度在90%～95%以上，有时可达100%，有时硐室、巷道局部有滴水、淋水等，因而要求电气设备有较好的防潮性和绝缘性。

(5) 井下散热条件差，硐室、巷道温度较高，要求电气设备应尽量选择耐热性好的铜材作为导体，并采用较高的绝缘等级。

(6) 井下电气设备启动频繁，电网电压波动大，负荷变化大，容易过载，要求电动机等拖动设备有较大的启动力矩和较强的抗过载能力。

(7) 煤矿井下供电系统及设备工作环境条件差，容易发生漏电、短路、过负荷等故障，造成人身触电、电火灾、瓦斯爆炸等事故，所以必须采取各种预防措施防止事故的发生，同时设置完善的保护系统，一旦发生事故，保护装置迅速切断故障部分的电源，防止事故进一步扩大，确保矿井、设备及人员安全。

二、瓦斯、煤尘爆炸条件分析

矿井瓦斯通常是指甲烷(CH_4)，是地下开采时从煤层或岩层内涌出的一种无色、无臭、

无味、无毒的气体，比空气轻（比重0.554）。当瓦斯浓度（即在空气中的含量，体积百分比）达到5%～16%时，遇到温度达650～750 ℃的点火源，如明火、灼热导体、电火花等，就可能发生爆炸。试验表明，最容易引爆的瓦斯浓度是8.5%，爆炸压力最大的瓦斯浓度是9.5%；当瓦斯浓度低于5%时，遇火不爆炸，但能在火焰外围形成燃烧层；瓦斯浓度在16%以上时，其失去爆炸性，但在空气中遇火仍会燃烧。

煤尘是伴随着煤炭开采、运输作业而产生的悬浮固体颗粒，它同样具有爆炸性。当煤尘的粒度在1 μm～1 mm范围内，挥发分指数（即煤尘中所含挥发物的相对量）超过10%，其在空气中的悬浮含量达到30～2 000 g/m³ 时，便具有爆炸性，浓度在300～400 g/m³ 时爆炸力最强。煤尘引燃温度为610～1 050 ℃，一般为700～800 ℃。引燃温度越高，越容易引起爆炸。

因此，矿井发生瓦斯、煤尘爆炸必须同时具备以下两个条件：

(1) 瓦斯、煤尘浓度在爆炸浓度范围之内。

(2) 存在足够高温度的点火源，如明火、高热导体、电火花等。

当瓦斯中含有煤尘时，会使爆炸浓度的下限降低。表8-1显示出了当瓦斯和煤尘同时存在时，由于相互影响，使二者的爆炸浓度下限降低的情况。可见，当矿井空气中同时存在瓦斯和煤尘时，危险程度将显著增加。

表8-1　瓦斯、煤尘同时存在时的爆炸浓度下限

瓦斯浓度下限/%	0.5	1.4	2.5	3.5	4.5
煤尘浓度下限/(g/m³)	34.5	26.4	15.5	6.1	0.4

瓦斯、煤尘从接触点火源引起发生化学反应到发生爆炸要经过一个很短的时间，这种现象称为引爆延迟现象，该时间称为引爆延迟时间（也称瓦斯爆炸的感应期）。引爆延迟时间随点燃温度的升高而缩短，随瓦斯、煤尘浓度的降低而延长，一般不超过几秒。

引爆延迟时间虽然短暂，但对指导煤矿安全生产却有着十分重要的意义。在设计制造矿用电气设备时，常根据点燃温度来确定电气设备及导电体的最高允许温度，而利用引爆延迟时间来确定快速保护的动作时间，实现在引起爆炸前切断点火源。

三、防止瓦斯、煤尘爆炸的措施

(1) 严格控制瓦斯和煤尘的浓度在规定浓度以下。控制瓦斯浓度主要是加强通风，使总回风巷或一翼回风巷中的瓦斯浓度低于0.75%。当采区回风巷、采掘工作面回风巷风流中瓦斯浓度超过1%时，就必须停止工作，撤出人员，进行处理。对于煤尘，可用注水、洒水、撒岩粉及控制风速等方法迫使其降落，减少悬浮的煤尘，将煤尘在空气中的含量降低到20 g/m³以下。

(2) 采取一切措施杜绝井下高温火源的产生。控制井下各种可能引爆的热源、火源和电源，使之不能外露或低于引爆温度，在一切可能具备瓦斯和煤尘爆炸条件的场所必须使用防爆电气设备。

(3) 设置完善的井下供电保护系统。通过合理选择中性点接地方式、设置保护接地系统、加装限流电抗器等方式减小漏电电流和短路电流，预防瓦斯、煤尘爆炸；当供电系统或设备发生电气故障可能引爆瓦斯、煤尘时，及时快速地切断故障电源。

(4) 加强技术管理，强化安全意识。严格规范执行各项安全制度和操作制度，保证井下供电系统与设备的正常运行。

四、矿用电气设备的类型与防爆原理

(一) 矿用电气设备的类型

矿用电气设备可分为矿用一般型电气设备和矿用防爆型电气设备。

1. 矿用一般型电气设备

这种电气设备可以用于煤矿井下但不存在瓦斯、煤尘等爆炸危险的场所，如低瓦斯矿井的井底车场、主进风巷道及井下中央变电所等。矿用一般型电气设备应在其外壳的明显处设有清晰的永久性金属凸纹红色标志“KY”。

矿用一般型电气设备具有坚固的外壳，能够防止任何人员从外部直接接触带电体；有良好的封闭性，能满足防水、防潮、防外物的要求；有电缆引入装置，引入电缆的接线端子有足够的空气间隙和漏电距离，并能防止电缆扭转、拔脱和损伤；开关手柄和门盖之间有机械闭锁，有内外接地螺栓，并标有接地符号等。

2. 矿用防爆型电气设备

防爆型电气设备是指采取了特别的防爆措施，可以在有爆炸危险的场所正常安全使用的电气设备。防爆型电气设备，在其设计、制造、检验、维护等诸方面都必须遵守现行国家标准 GB/T 3836 的规定。其按使用环境的不同分为三类。

Ⅰ类电气设备：用于煤矿瓦斯气体环境。Ⅰ类防爆型式考虑了瓦斯和煤粉的点燃以及地下用设备增加的物理保护措施，可在井下有瓦斯、煤尘爆炸危险的场所使用。

Ⅱ类电气设备：用于除煤矿瓦斯气体之外的其他爆炸性气体环境。适用于有各种爆炸性气体或可燃物的化工厂、石油开采、石油炼制、舰船等场所。

Ⅲ类电气设备：用于除煤矿以外的爆炸性粉尘环境。

防爆电气设备的总标志为“Ex”。将不同防爆电气设备的类型、类别、级别和组别连同防爆设备的总标志“Ex”一起，构成防爆标志。要求在电气设备外壳的明显处，设有清晰的永久性金属凸纹红色防爆标志，如矿用隔爆型标志为“Exd Ⅰ”。

国家标准 GB/T 3836 将防爆电气设备按防爆结构的不同分为 10 种基本类型：

(1) 隔爆型电气设备(Ex d，类型代号，下同)。通过坚固外壳承受内部爆炸压力并阻断火焰传播，适用于 1 区、2 区气体环境。

(2) 增安型电气设备(Ex e)。增强设备结构可靠性，防止正常运行时产生火花或高温，主要用于 2 区。

(3) 本质安全型电气设备(Ex i)。限制电路能量(电压、电流、温度)，确保无法引燃爆炸性环境，分为 ia(0/1/2 区)和 ib(1/2 区)。

(4) 正压型电气设备(Ex p)。保持外壳内部压力高于外部环境，阻止爆炸性气体进入，适用于复杂工况。

(5) 充油型电气设备(Ex o)。将部件浸入油中隔绝爆炸性混合物，适用于高电压设备。

(6) 充砂型电气设备(Ex q)。外壳内填充砂粒材料阻断电弧与火焰，用于特殊防护场景。

(7) 浇封型电气设备(Ex m)。通过浇封剂密封导电部件，彻底隔离危险气体，用于小型精密设备。

(8) 无火花型电气设备(Ex n)。确保设备在正常运行中不产生火花或过热,适用于低风险区域。

(9) 气密型电气设备(Ex h)。全密封金属外壳完全隔绝外部爆炸性气体,适用于高防护要求场景。

(10) 特殊型电气设备(Ex s)。非标准设计,需通过专门测试和认证,满足特殊工况需求,一般采用网罩隔爆结构或微孔隔爆结构。

(二) 矿用电气设备的防爆原理

在煤矿井下使用的防爆电气设备主要有隔爆型、本质安全型和增安型三类,下面分别进行详细介绍。

1. 矿用隔爆型(Exd Ⅰ)电气设备

矿用隔爆型电气设备的隔爆外壳利用间隙防爆原理设计制造,具有足够的机械强度,能耐受内部爆炸性混合物可能产生的最大压力,并通过严格控制接合面的间隙、宽度及加工光洁度,使电气设备外壳内部发生的电火花及爆炸不致引燃外部爆炸性混合物,即要求隔爆外壳要有耐爆性和隔爆性能。

耐爆性也称为爆炸稳定性,即外壳要有足够的机械强度,在外壳内爆炸性混合物的爆炸压力作用下,外壳不致被破坏,因而爆炸所产生的火焰不能直接去点燃壳外的爆炸性混合物。试验证明,当爆炸性混合物爆炸时,外壳内产生的最大压力为 0.73 MPa,设备外壳净容积不同,所产生的最大压力也不同,一般都比此值小。因此,必须根据净容积的大小来确定电气设备外壳的机械强度。隔爆外壳的机械强度要求见表 8-2。此外,对于用衬垫密封的空腔,由于爆炸后的气体不能泄出,压力可能增高,因此,不论该外壳净容积是多大,其外壳均要求能承受 0.8 MPa 的压力。

表 8-2 隔爆外壳的机械强度要求

外壳净容积/L	0.5 以下	0.5～2	2 以上
应受净压力/MPa	0.3	0.6	0.8

说明:本表仅供参考,用于设计制造时应查 GB/T 3836.2—2021 中相应表格。

设计隔爆外壳时,应尽量避免具有多个连通空腔的结构,这种结构由于爆炸有先后之分而极易产生压力叠加现象,使外壳不能承受而损坏。为了避免压力叠加,隔爆外壳的内腔不宜制成有小连通孔的多空腔结构;壳体内元件的安放也应避免将整个空腔分成若干小空腔;外壳的纵向尺寸与横向尺寸之比也不宜过大。不能避免多空腔结构,且相邻两空腔净容积之比不小于 4 时,必须用净断面积不小于 750 mm^2 的一个或数个孔连通,使两个空腔里的爆炸性混合物能同时爆炸,以免形成压力叠加。

隔爆性亦称不传爆性,即当爆炸性混合物在外壳内爆炸所产生的高温气体与火焰通过外盖与壳体的接合面喷向壳外时,受到足够的冷却,使之不能将壳外爆炸性混合物点燃。

隔爆外壳的隔爆性能主要靠隔爆面长度、间隙厚度和隔爆面光洁度等参数来保证,这三个参数通常称为隔爆三要素。

壳内爆炸的火焰,以发火点为中心向外扩散,并通过壳体隔爆法兰盘向壳外扩散,对整个壳体而言,法兰盘的宽度就是隔爆面的长度,通常用“L”表示。当壳内爆炸向壳外扩散时，法兰隔爆面能吸收大量热量，使通过的火焰及喷射物温度急剧降低，以致达不到点燃温度。

隔爆接合面相对表面间的距离称为间隙厚度，也叫气隙厚度，通常用符号“W”表示。间隙的作用是：使壳内爆炸喷射物与隔爆面紧密接触，有利于温度的降低；能破坏向外喷射火焰的结构，使锥形火焰变成舌状，接触面增大，有利于冷却；滞缓爆炸喷射物的速度，延长冷却时间，加大热损失；间隙有漏气泄压作用，降低壳内爆炸所产生的压力，减小对外壳的爆炸冲击力。

隔爆接合面如果比较粗糙，一方面等于增大了隔爆接合面的间隙，影响隔爆性能；另一方面，表面粗糙容易积存灰尘，造成表面生锈，而生锈的间隙，在爆炸火焰的作用下，会脱离出金属粒子，灼热的金属粒子向外喷出，降低了隔爆性能。接合面表面平均粗糙度不能超过 6.3 μm。

为了满足隔爆性能的要求，隔爆三要素随隔爆面结构形式、壳体容积的不同有确定的数值，在《爆炸性环境 第 2 部分：由隔爆外壳“d”保护的设备》(GB/T 3836.2—2021)中有明确的规定。

2. *矿用本质安全型(Exib Ⅰ)电气设备*

在规定的试验条件下，正常工作或规定的故障条件下所产生的电火花和热效应，均不能点燃规定的爆炸性混合物的电路，叫作本质安全电路(简称本安电路)，所有电路均为本安电路的电气设备叫作本质安全型(简称本安型)设备。

本安型设备按安全程度和使用场所不同，可分为 Exia 和 Exib 两种。Exia 的防爆级别高于 Exib。Exia 级本质安全仪表在正常工作状态下以及电路中存在两起故障时，电路元件不会发生燃爆。在 Exia 型电路中，工作电流被限制在 100 mA 以下，适用于 0 区、1 区和 2 区。Exib 级本质安全仪表在正常工作状态下以及电路中存在一起故障时，电路元件不发生燃爆。在 Exib 型电路中，工作电流被限制在 150 mA 以下，适用于 1 区和 2 区。注：0 区指连续出现或长期出现爆炸性气体混合物的环境；1 区指在正常运行时可能出现爆炸性气体混合物的环境；2 区指在正常运行时不太可能出现爆炸性气体混合物的环境，或即使出现也仅是短时存在的爆炸性气体混合物的环境。

试验表明，当瓦斯浓度为 8.2%～8.5%时最容易爆炸，所需点燃瓦斯的最小能量为 0.28 mJ，只要将电路中的能量限制在点燃瓦斯的最小能量之内，就可实现安全火花。因此，在设计本安电路时，常采用以下措施来降低电火花的能量：

(1) 在合理选择电气元件参数的基础上，尽量降低电源供电电压。

(2) 在电路中串接限流电阻或利用导线本身的电阻来限制电路中的电流。

(3) 电感元件两端并联二极管，消耗电感元件释放出来的磁场能量。

(4) 电容元件两端并联二极管或电阻，消耗电容元件释放出来的电场能量。

(5) 在本安电路与非本安电路间采用安全栅，防止非本安电路的能量进入本安电路，限制电火花的能量。

本安型设备只能用于低电压、小电流的电路中，如信号指示、监测仪表、控制保护等回路。本安型电气设备分为单一式和复合式两种类型。单一式本安型电气设备是指电气设备的全部电路都是由本安电路组成的，如便携式仪表。复合式本安型电气设备是指电气设备的辅助回路是本安电路，主回路是非本安电路，如矿用隔爆兼本安型电气设备(标志为

Exdia Ⅰ或 Exdib Ⅰ)。

3. 矿用增安型(Exe Ⅰ)电气设备

增安型电气设备是对在正常运行条件下不会产生电弧或火花的电气设备进一步采取措施,提高其安全程度,防止电气设备产生危险温度、电弧和火花的可能性的防爆型式。

对于那些可以制成增安型电气设备的普通电气设备需要采取一些增安措施,才能达到增安型电气设备的性能要求。这些措施是:① 制成有效的防护外壳;② 选择合适的爬电距离和电气间隙;③ 提高绝缘材料的绝缘等级;④ 限制设备的温度;⑤ 电路和导线要可靠连接。

增安型电气设备的外壳应具备较好的防水、防外物能力,以确保增安型电气设备安全可靠运行。为此,增安型电气设备的外壳应采用耐机械作用和热作用的金属制成。对有绝缘带电部件的外壳,其防护等级应达到 IP44;对有裸露带电部件的外壳,其防护等级应达到 IP54。

为了保证电气设备正常运行,增大电气间隙与爬电距离是制造增安型电气设备所采取的重要措施之一。电气设备中有一些零部件在正常工作情况下是不带电的,但当带电零部件的绝缘发生损坏而又未接地时,那些不带电的零部件就有可能带电,这时一旦发生碰撞就会产生电火花,有引爆周围爆炸性混合物的危险。因此,带电零部件之间及带电零件与接地零件之间或带电零件与不带电零件之间都应保持一定距离,即一定的电气间隙。如果电气间隙过小就容易发生击穿放电现象,因此增大电气间隙在一定程度上能够提高增安型电气设备的安全性。煤矿井下的电气设备处在空气潮湿、粉尘散落的环境中工作,这种环境会降低电气设备的绝缘性能,绝缘表面易发生碳化,导致短路击穿现象发生。为提高增安型电气设备的绝缘性能和安全性能,就需要增大其爬电距离。因此,增安型电气设备的电气间隙和爬电距离均应高于一般电气设备,其标准见表 8-3。

表 8-3 电气间隙和爬电距离

工作电压 U /V	最小爬电距离/mm			最小电气间隙 /mm
	材料级别			
	Ⅰ	Ⅱ	Ⅲa	
$U\leqslant 15$	1.6	1.6	1.6	1.6
$15<U\leqslant 30$	1.8	1.8	1.8	1.8
$30<U\leqslant 60$	2.1	2.6	3.4	2.1
$60<U\leqslant 110$	2.5	3.2	4	2.5
$110<U\leqslant 175$	3.2	4	5	3.2
$175<U\leqslant 275$	5	6.3	8	5
$275<U\leqslant 420$	8	10	12.5	6
$420<U\leqslant 550$	10	12.5	16	8
$550<U\leqslant 750$	12	16	20	10
$750<U\leqslant 1\,100$	20	25	32	14

表 8-3(续)

工作电压 U /V	最小爬电距离/mm			最小电气间隙 /mm
	材料级别			
	Ⅰ	Ⅱ	$Ⅲ_a$	
1 100<U≤2 200	32	36	40	30
2 200<U≤3 300	40	45	50	36
3 300<U≤4 200	50	56	63	44
4 200<U≤5 500	63	71	80	50
5 500<U≤6 600	80	90	100	60
6 600<U≤8 300	100	110	125	80
8 300<U≤11 000	125	140	160	100

注:1. Ⅰ类电气设备在额定电压 1 140 V 时的最小爬电距离和最小电气间隙值可用线性内插法计算。

2. 爬电距离是根据工作电压、绝缘材料的耐泄痕性和绝缘件的表面形状确定的。按相对漏电起痕指数(CTI)对绝缘材料的分级:Ⅰ级:600≤CTI;Ⅱ级:400≤CTI<600;$Ⅲ_a$级:175≤CTI<400。

绝缘材料是保证电气设备正常运行的重要条件,为了提高增安型电气设备的安全性能,在制造设备时要尽量提高绝缘等级。煤矿井下的电气设备是在潮气大、粉尘多、机械振动严重等环境条件下运行的,同时设备在运行时还会发生过载、堵转、频繁启动等现象,这些情况必然会使设备内部的绝缘材料性能下降,加速老化,影响其使用寿命。因此,制造增安型电气设备必须采取吸潮性小、耐热性好、耐电弧性能好、具有良好的电气性能和机械性能、绝缘等级较高的固体绝缘材料。为了提高电气设备的绝缘性能,对于有绕组的电气设备,如电动机、变压器的绕组还要进行特殊的绝缘处理:① 要选用适用于煤矿井下恶劣环境下长期工作的带绝缘层的绕组导线(包括导线的绝缘类型和绝缘层的厚度),一般选用有一层绝缘层的漆包线或有两层绝缘层的裸导线;② 当绕组制成后要进行干燥和浸渍绝缘漆的处理,这样既可以提高绕组的机械强度,还可以提高绕组的耐潮、耐热和耐电弧能力,大大提高增安型电气设备的安全性。

任何绝缘材料的绝缘性能都是相对的,只有在一定的使用条件下才能存在,如果超过了它的使用条件(主要是指绝缘材料的耐热等级所规定的极限温度),绝缘性能就会被破坏,电气设备就会发生短路、击穿、火花放电等危险现象,甚至会点燃周围爆炸性混合物。因此,使用温度的高低是关系电气设备的绝缘性能好坏和整个设备能否安全运行的关键。严格控制电气设备的最高温度(也就是它的极限温度)是提高增安型电气设备安全性能的重要措施。在确定增安型电气设备的极限温度时主要考虑以下两个因素:① 设备使用环境中爆炸性混合物被点燃的危险温度;② 结构材料的热稳定温度。在这两者中选择较低的温度作为增安型电气设备的极限温度。

五、矿用电气设备的使用范围及选用

根据《煤矿安全规程》的规定,井下电气设备必须按表 8-4 所列要求进行选用。

表 8-4　井下电气设备选型

设备类别	突出矿井和瓦斯喷出区域	高瓦斯矿井、低瓦斯矿井				
		井底车场、中央变电所、总进风巷和主要进风巷		翻车机硐室	采区进风巷	总回风巷、主要回风巷、采区回风巷、采掘工作面和工作面进、回风巷
		低瓦斯矿井	高瓦斯矿井			
高低压电机和电气设备	矿用防爆型（增安型除外）	矿用一般型	矿用一般型	矿用防爆型	矿用防爆型	矿用防爆型（增安型除外）
照明灯具	矿用防爆型（增安型除外）	矿用一般型	矿用防爆型	矿用防爆型	矿用防爆型	矿用防爆型（增安型除外）
通信、自动控制的仪表、仪器	矿用防爆型（增安型除外）	矿用一般型	矿用防爆型	矿用防爆型	矿用防爆型	矿用防爆型（增安型除外）

注：1. 使用架线电机车运输的巷道中及沿巷道的机电设备硐室内可以采用矿用一般型电气设备（包括照明灯具、通信、自动控制的仪表、仪器）。

2. 突出矿井井底车场的主泵房内，可以使用矿用增安型电动机。

3. 突出矿井应当采用本安型矿灯。

4. 远距离传输的监测监控、通信信号应当采用本安型，动力载波信号除外。

5. 在爆炸性环境中使用的设备应当采用 EPL Ma 保护级别。非煤矿专用的便携式电气测量仪表，必须在甲烷浓度 1.0%以下的地点使用，并实时监测使用环境的甲烷浓度。

第二节　漏电故障与人身触电

一、漏电概论

（一）漏电故障的基本概念

在电力系统中，无论是架空线路还是电缆线路，在正常情况下各相导线与大地之间都应保持很好的绝缘状态，一般可认为绝缘阻抗为无穷大。但是实际上这个绝缘阻抗不可能为无穷大，那么也就意味着，正常情况下各相导线会通过对地绝缘阻抗形成对地泄漏电流，不过因为绝缘阻抗很大，该电流很小，不会危及人身和电气设备的安全，因而这种对地泄漏电流属于正常状态。当电网对地绝缘阻抗下降，泄漏电流增加到可能危及人身或电气设备安全时，就发展成为漏电故障，相应的电流就称为漏电电流，漏电电流的大小可能在数十毫安至数十安之间。当绝缘阻抗进一步下降，漏电电流增大到数百安及以上时，它就超出了漏电故障的范围，成为过电流（或短路）故障。

需要说明，正常的泄漏电流和漏电故障电流不能依靠电流大小简单划分，同样漏电故障电流和过电流也不能直接依靠电流大小进行划分。区分是正常的泄漏、漏电故障还是过流故障需要根据电网结构、电压等级、中性点接地方式以及保护的整定、设置等因素确定。漏电保护的动作值可以看作正常泄漏和漏电故障的界限标志，同样，过流保护装置的动作值就是漏电故障与过流故障的界限标志。

在中性点直接接地的低压供电系统中，当发生单相导线直接接地时，接地电流回路阻抗包括电源阻抗、线路阻抗、接地电阻、中性点接地电阻等，这些元件的等效阻抗很小，因而接地电流很大，可达到数百甚至数千安培，这种接地属于短路故障，通常称为单相接地短路，应由过流保护装置切断故障线路电源。若发生单相导线经过一定数值的过渡阻抗接地，入地电流较小，一般不会超过几个安培，则这种接地属于漏电故障，此时过流保护装置不应动作，而应由漏电保护装置动作。

在中性点不接地（$Z_N=\infty$）或经高阻抗接地或经消弧线圈接地的供电系统中的低压供电系统中，如图 8-1 所示，电网对地绝缘很好，由于接地电流只能通过电网三相对地绝缘阻抗及中性点对地绝缘阻抗构成回路，回路阻抗很大，因而即使发生单相直接接地，电网通过接地点流入大地的电流也很小，一般不足 1 A，因而属于漏电故障。

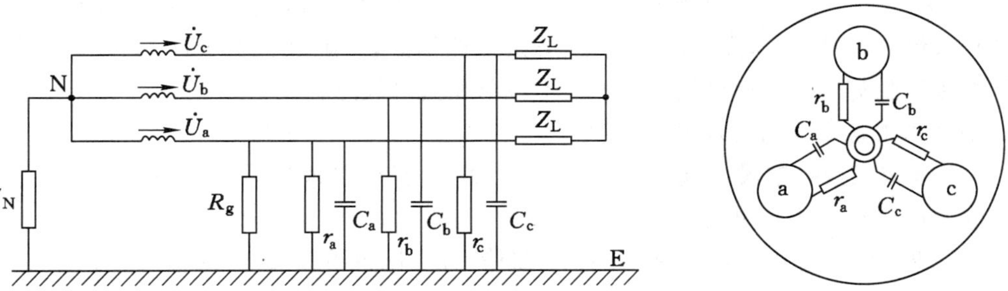

(a) 电网单相漏电故障等值电路示意图　　(b) 电缆各相线对地绝缘阻抗示意图

r_a、r_b、r_c 和 C_a、C_b、C_c—各相导线对地的绝缘电阻和分布电容；Z_N—中性点对地阻抗；

R_g—接地故障电阻；Z_L—负载等效阻抗。

图 8-1　电网漏电故障等值示意电路

由于中性点直接接地系统在发生单相直接接地时会造成短路故障，对矿井生产安全造成很大威胁，因此《煤矿安全规程》第四百四十条规定："严禁井下配电变压器中性点直接接地。严禁由地面中性点直接接地的变压器或者发电机直接向井下供电。"

在中性点不直接接地的低压供电系统中，发生单相接地（包括直接接地和经过渡阻抗接地）、两相及三相对地总绝缘阻抗下降到一定危险值的电气故障均称为漏电故障，简称漏电，因而漏电可分为单相漏电、两相漏电和三相漏电，为便于理论分析，其中前两种也习惯称为不对称漏电故障，后者称为对称性漏电故障。在这种供电系统中发生人身触电可以看作单相漏电，相当于单相经过渡电阻接地的漏电故障。

根据煤矿井下电网的实际情况，漏电又可分为集中性漏电和分散性漏电。

集中性漏电是指发生在电网中某一处或某一点而其余部分的对地绝缘水平仍然正常的漏电情况。集中性漏电又分为长期集中性漏电、间歇性集中漏电和瞬间集中漏电。当电网中某一设备或电缆由于绝缘损坏或带电导体碰触金属外壳造成漏电故障，如果没有相应保护或保护装置拒动，会使漏电故障长期存在，就属于长期集中性漏电。如果电网中某台设备或某段电缆存在绝缘薄弱处，在设备启动或停止时受到启动电流冲击或开关开合闸的过电压冲击会导致间歇性集中漏电。瞬间集中漏电主要指人员或其他接地导体偶尔触及设备带电部分后，立刻又摆脱或分开的情况。

分散性漏电是整条线路或整个电网对地绝缘水平均匀下降至低于允许水平的漏电，如电缆长期过负荷运行或超期运行导致绝缘老化引起的绝缘水平下降就属于分散性漏电。

（二）产生漏电的原因

1. 电缆或电气设备本身的原因

(1) 敷设在井下巷道的电缆由于井下环境潮湿，且运行多年，其绝缘老化或潮气入侵，引起绝缘电阻下降，使正常运行时系统对地的绝缘阻抗偏低或发生漏电。如果偶然发生过电压冲击，也会使绝缘水平较低处发生击穿，产生集中性漏电。

(2) 开关设备长期使用，接线板潮湿，可能造成漏电；内部元件或导线绝缘老化，或导线头碰壳，也会造成漏电；自动馈电开关中的过流继电器，当调整螺杆过低时也会因相对地放电造成漏电。

(3) 长期使用的电动机，工作时绕组发热膨胀，停机后冷却收缩，使绝缘在冷缩中形成缝隙，潮气、粉尘容易进入，发生绝缘受潮、绕组散热不好，使绝缘材料变性、老化造成漏电。电动机内接头脱落导致一相导线接触外壳形成单相漏电故障。

2. 因施工安装不当引起漏电

(1) 电缆施工接线错误，如误将相线与地线相接；橡套电缆接头违反施工工艺要求，如不使用电缆接线盒连接或明接头等。

(2) 电缆与设备连接时，芯线接头不牢、封堵不严、压板不紧，运行或移动过程造成接头脱落或接头松动，使相线与设备外壳接触漏电等。

(3) 橡套电缆违反规定用铁丝或铜丝悬挂，长时间后绝缘磨损造成漏电。

(4) 开关或其他电气设备的内部接线错误，或接头松脱，导致漏电。

3. 因管理不严引起漏电

(1) 管理不严，电缆被埋或脱落浸泡水中而引起漏电故障。

(2) 电气设备长期过负荷运行造成绝缘老化而发生漏电。

(3) 电动机长期被矸石、杂物等堵塞风道，造成通风不良发热使绝缘受损而漏电。

(4) 对已经发生受潮或水淹的电气设备未经过严格的干燥处理和对地绝缘电阻、耐压测试又投入运行，而发生漏电。

4. 因维修操作不当引起漏电

(1) 工人工作时劳动工具容易使电缆刮伤或碰伤，造成漏电。设备移动时电缆容易受到挤压等造成漏电。

(2) 冷热补的橡套电缆或浇灌的电缆接头，由于芯线连接不牢、绝缘胶浇灌不均匀等造成运行期间接头容易发热，造成漏电。

(3) 开关设备检修后，线头、金属碎片、小零件、电工工具等遗留在设备内，容易导致漏电。

(4) 修理电气设备时停送电操作错误、带电操作或施工不慎等造成漏电或人身触电。

(5) 开关分合闸、灭弧机构故障等造成漏电。

5. 因意外事故造成漏电

(1) 因顶板脱落、矿车出轨、支柱倾倒等意外机械事故使电缆绝缘破损发生漏电。

(2) 井下电缆因短路造成局部对地绝缘损坏，恢复送电时容易发生漏电。

(3) 大气过电压侵入井下供电系统，击穿电缆对地绝缘而发生漏电。

（三）井下低压电网发生漏电的危害

煤矿井下低压电网大部分在采区，环境条件恶劣，电气设备密集，人员较多，电网的漏电故障将会导致以下危害：

(1) 人身触电。电气设备绝缘损坏后导致外壳带电，工作人员一旦接触到设备外壳就会造成触电事故。由于井下温度高、湿度大，人员出汗多，触电事故往往造成严重伤害。

(2) 引起瓦斯、煤尘爆炸。由于井下环境中存在瓦斯、煤尘，漏电故障产生的电火花可能会引起瓦斯、煤尘爆炸，造成重大破坏。

(3) 使电雷管无准备引爆。漏电电流在其通过路径上会产生电位差，漏电电流越大，所产生的电位差越大。如果电雷管两端引线与漏电回路不同电位接触，就可能发生电雷管无准备爆炸。

(4) 烧损电气设备，引起火灾。长期存在的漏电故障，较大的漏电电流会在通过设备绝缘损坏处产生大量热量，甚至可能出现起火燃烧的情况。

(5) 引起短路事故。据统计，约30%的单相接地故障会引起短路，造成更严重的破坏。

(6) 严重影响生产，造成经济损失。煤矿井下的漏电故障必须立即停电处理，因而影响生产，降低经济效益。漏电故障处理不及时，造成火灾、短路等会引起更大破坏。

二、触电及影响触电程度的因素

触电是指人体触及带电导体或因绝缘损坏而带电的电气设备外壳，甚至接近高压带电体而成为电流通路的现象。

触电对人体组织的破坏过程十分复杂，按照触电对人体的伤害可分为电击和电伤两种类型。电击是触电后人体成为电路的一部分，电流流经人体会引起热损伤、对体液的电化学作用以及对呼吸系统、神经系统和心脏等的影响，造成人体内部组织、脏器的损伤和破坏，导致残废甚至死亡。电击也称内伤，触电致死的事故主要由电击造成，所以电击是最危险的触电事故。电击致死的原因，目前世界上一般认为有两种主要因素：一是大电流引起心室颤动、收缩紊乱、失去泵血功能，造成血液循环障碍致死；另一种是电流破坏神经系统，使人呼吸停止而导致死亡。不同于电击，电伤一般是在人体接近高压带电体或不当操作开关设备时，强电弧对人体表面的烧伤，当烧伤面积不大时，一般没有生命危险。一般情况下，电击对人体的伤害强于电伤。在高压电网，电击和电伤可能会同时发生；对低压电网，大部分为电击事故。

人身触电是复杂的生理过程，至今没有建立一个完整的触电理论学说，一方面是由于触电机理的复杂性，另一方面在于进行大量人体触电试验在伦理等各方面的困难性。根据对动物和人体试验所得的大量数据和分析结果，可以归纳出影响触电程度的主要因素如下。

(一) 触电电流

触电时流过人身的电流称为触电电流，用 I_{ma} 表示。人身触电电流的大小是直接影响人身触电伤害程度的重要因素。触电电流越大，对人体组织的破坏性越大，也就越危险。根据人体对电流的感受程度，触电电流分为四个阶段：

(1) 感知电流。手部有发热、轻微针刺痛感，此时的电流称为感知电流。感知电流平均值约为1.1 mA，女性感知电流要略小，约为0.7 mA，女性对电流的敏感度要高于男性。

(2) 反应电流。可引起预料不到的不自主反应和造成事故(如高空跌落)的最小触电电流称为反应电流，约为1.5～5 mA。

(3) 摆脱电流。人体能够忍受且受刺激的肌肉能摆脱带电体的最大电流称为摆脱电流。摆脱电流的试验平均值男性和女性分别为16 mA和10.5 mA，考虑一定的安全系数，目前国际上将其极限定为正常男性为 9 mA、正常女性为 6 mA。

(4) 极限电流。极限电流指可能使人致死的最小触电电流。极限电流由于有致死的危险，在人体上试验很难实现，多由动物试验来代替，其数据约为 25～50 mA。究竟多大的电流对人是致命的，各国的标准并不统一。由于电流通过人体时引起的心室纤维性颤动是电击致死的主要原因，引起心室纤维性颤动的最小电流称为心室纤维性颤动(简称心室纤颤)阈值。此阈值与通电时间长短有关，也与人体条件、心脏功能状况、人体与带电导体接触的面积和压力、电流在人体内通过的路径等有关，情况十分复杂，但与人的性别、肤色、种族无关。国际电工委员会 IEC 测试得出的导致心室纤颤的 15～100 Hz 交流电流 I_{ma} 与通电时间 t 的关系曲线如图 8-2 中曲线 c 所示。从曲线 c 可看出，通过人体的电流越大，电流效应作用的时间越长，人体遭电击致死的危险性越大。因此，为避免人体遭电击致死，应尽量限制通过人体的电流，并尽量缩短电流通过人体的持续时间，在发生电击事故时使故障回路上的保护电器尽快切断电源。

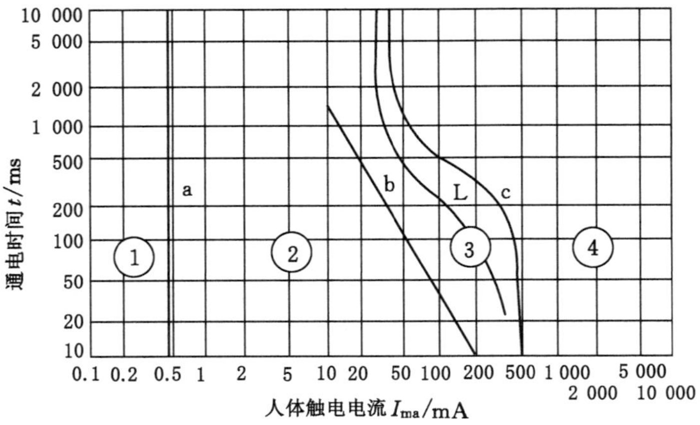

图 8-2　交流电流通过人体时的效应

在图 8-2 中有四个电流效应的区域，在各区域内人体对电流效应的生理反应如下：

①区——直线 a 左侧的区域，通常无感觉。

②区——直线 a 与折线 b 之间的区域，有电的感觉，但无病理反应。

③区——折线 b 至曲线 c 之间的区域，通常无器官损伤，可能出现肌肉收缩、呼吸困难、心房纤颤、无心室纤颤的短暂心脏停跳，此等病理反应随电流和时间的增大而加剧。

④区——曲线 c 右侧的区域，除出现③区的病理反应外，还出现导致死亡的心室纤颤以及心脏停跳、呼吸停止、严重烧伤等反应，它随电流和时间的增大而加剧。

从图 8-2 可知，如电击电流和其持续时间在④区内，人体就有死亡危险。但 c 曲线为在实验室内规定的外界条件下测定和绘制的曲线，在实验室外条件可能不同，例如电源电压可能高至 230 V 而非 220 V。为此，在制定电气安全措施时，尚需为外界条件变化留出一些裕量，通常以③区内离曲线 c 一段距离的曲线 L 作为人体是否安全的界限，如图 8-2 所示。从曲线 L 可知，只要 I_{ma} 小于 30 mA，人体就不致因发生心室纤颤而被电击致死，据此国际上将防电击的剩余电流动作保护器(以下简称 RCD)的额定动作电流值取为 30 mA。

我国煤矿井下过去长期使用 30～50 mA 作为人身触电的极限安全电流值，目前采用国际电工委员会 IEC 推荐的 30 mA·s 作为人体触电的极限电气安全参量(也称最大允许安秒值)。

不同电流值的工频交流与直流对人体的伤害情况见表 8-5。

表 8-5　电流对人体的影响

电流/mA	50 Hz 交流	直流
0.6～1.5	开始有感觉,手指有发热、发麻、刺痛感	无感觉
2～3	手指有强烈麻刺感,颤抖	无感觉
5～7	手部痉挛	感觉痒、刺痛、灼热
8～10	手难以摆脱带电体,手指到手腕有剧痛	热感觉增强
20～25	手迅速麻痹,不能摆脱带电体,剧痛,呼吸困难	热感觉增强较大,手部肌肉不强烈收缩
50～80	呼吸麻痹,心室开始震颤	有强烈热感觉,手部肌肉收缩,痉挛,呼吸困难
90～100	呼吸麻痹,持续 3 s 以上则心脏麻痹,心室颤动	呼吸麻痹
100～300	时间 0.1 s 以上则呼吸心脏麻痹,肌体受电流热破坏	

(二) 人体阻抗

人体阻抗指触电时触电电流流经人体各部分受到的阻抗之和,包括体内电阻和皮肤电阻。体内电阻由肌肉组织、血液、神经等组成,其电阻较小,基本不受外界条件影响,一般不低于 500 Ω。皮肤电阻是指皮肤表面的角质层电阻。角质层是一层不完善的电介质,厚度不均匀,约为 0.005～0.2 mm,电阻较大,且受外界条件影响较大,如皮肤损伤、出汗、环境湿度大时,皮肤电阻会急剧降低。随着电压升高,皮肤的角质层会被击穿,失去保护作用,此时人体阻抗就取决于体内电阻,因而人体阻抗可能在数百欧至数百千欧间波动。考虑到煤矿井下潮湿高温,工作繁重,工人容易出汗,所以常把井下工作人员的人体电阻定为 800～1 500 Ω,为便于计算通常取 1 000 Ω。

(三) 接触电压

触电时人体接触带电部分与站立点之间的电位差称为接触电压,其最大值为设备对地的相电压。流经人身的触电电流的大小与接触电压的高低有一定关系,一般电压越高,触电电流越大,但并非线性关系,如图 8-3 所示。接触电压、触电电流和人体阻抗之间的关系满足欧姆定律,但由于人体阻抗呈非线性,故接触电压与触电电流的关系也是非线性的。随着接触电压升高,人体阻抗下降,触电电流也相应增加,造成严重触电伤害事故。

(四) 触电持续时间

触电持续时间是指从触电瞬间开始到人体脱离电源或电源被切断的时间。它与触电电流一样是影响触电程度的重要因素。由图 8-2 曲线 c 可看出,触电持续时间越长,对人越危险,我国现行的 30 mA·s 的安全值规定即根据此道理确定。

(五) 其他因素

除前面四个主要因素外,影响触电程度的因素还有电流类型(直流危险小于交流)、频率(50～60 Hz 危害最大)、电流的流经途径(流经局部、体表伤害较轻,流经心脏、大脑、肺部等

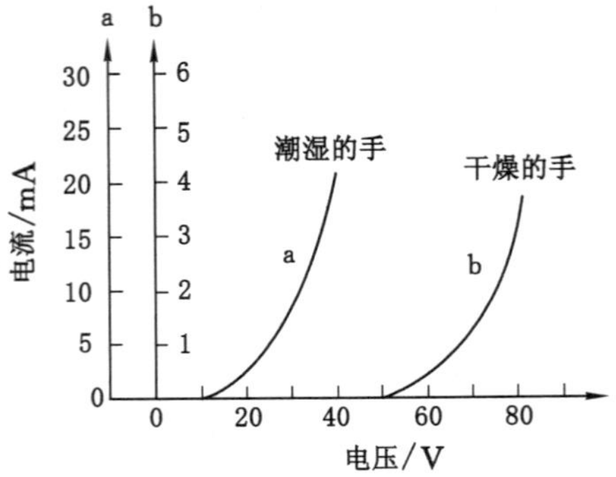

图 8-3 触电电流与接触电压的关系

伤害较重)、人的体质与心理状态等。

三、井下变压器中性点禁止直接接地分析

井下供电系统中变压器中性点接地方式是影响人身触电电流、漏电故障电流大小的重要因素,也是影响人身触电危险程度和井下电火灾与瓦斯、煤尘爆炸危险程度的重要因素。下面将通过数据对比分析来看变压器中性点接地方式对接地电流特别是人身触电电流有何影响。

(一) 变压器中性点直接接地的供电系统

如图 8-4 所示为中性点直接接地的低压供电系统分别发生单相直接接地和单相人身触电时的示意图。设电网额定电压为 660 V,中性点接地电阻为 2 Ω,取人体电阻为 1 000 Ω。

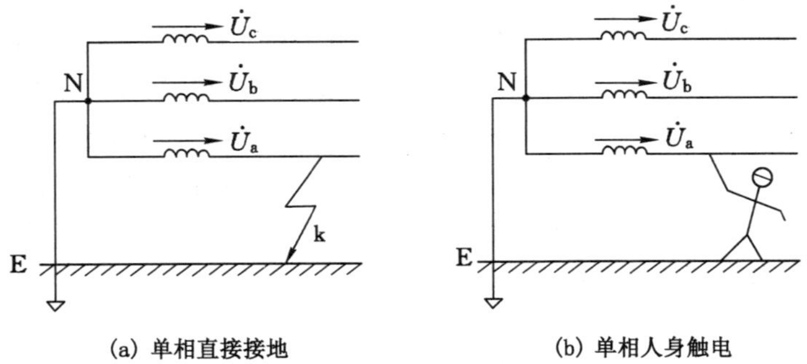

图 8-4 中性点直接接地的低压供电系统的接地故障电路

当发生单相直接接地故障时的接地电流为:

$$I_k = \frac{U_{ph}}{Z_N} = \frac{U_N}{\sqrt{3} Z_N} = \frac{660}{\sqrt{3} \times 2} = 190.5 \text{ (A)}$$

式中 U_{ph}——相电压。

发生单相人身触电时的触电电流为:

$$I_{ma} = \frac{U_{ph}}{R_{ma} + Z_N} = \frac{U_N}{\sqrt{3}(R_{ma} + Z_N)} = \frac{660}{\sqrt{3} \times (1\,000 + 2)} = 0.38 \text{ (A)} = 380 \text{ mA}$$

可见,在变压器中性点直接接地的供电系统中,发生单相直接接地时电流很大,属于短路故障,在有瓦斯煤尘爆炸危险的环境中非常危险;发生单相人身触电时的触电电流远大于 30 mA,会造成人身触电伤害。因而煤矿井下供电系统禁止采用中性点直接接地的运行方式。

（二）变压器中性点绝缘的供电系统

在变压器中性点绝缘的供电系统中，发生单相直接接地或单相人身触电时，由于中性点不接地，电流回路需要经过接地点或人体电阻，再经其他两相线路对地绝缘阻抗构成回路，因而此时各相对地绝缘阻抗不能忽略。由于负载电流对人身触电电流没有影响，负载阻抗可以忽略。则单相人身触电时的供电系统如图 8-5 所示，图中 R_{ma}为等效的人体电阻。

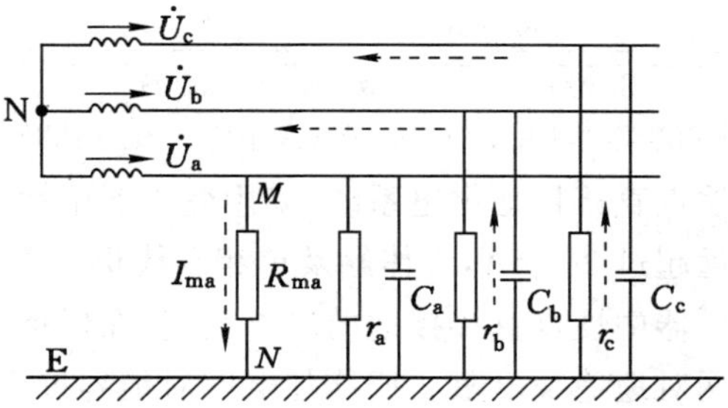

图 8-5 发生单相人身触电时的变压器中性点绝缘供电系统

为方便计算人体触电电流，下面通过戴维南定理推导出单相人身触电时的等效电路。

首先求出 M、N 间的开路电压 $\dot{U}_{MN\cdot oc}$。M、N 间开路相当于电网没有发生单相人身触电故障，因此三相电网仍是对称的，因而 $\dot{U}_{MN\cdot oc}$即为 a 相相电压，即 $\dot{U}_{MN\cdot oc}=\dot{U}_a=\dot{U}_{ph}$。

再求出 M、N 间的入端阻抗 Z_{in}。入端阻抗是指去掉外部电路（人体阻抗），将内部电路中的电源去掉（电压源短路、电流源开路）时，从 M、N 两点等效的阻抗。由图 8-5 可见，此时 Z_{in}相当于 r_a、r_b、r_c、C_a、C_b、C_c 的并联。设 $r=r_a=r_b=r_c$，$C=C_a=C_b=C_c$，故有：

$$Z_{in}=\frac{r}{3}//\frac{X_C}{3}=\frac{\frac{r}{3}\cdot\left(-j\frac{1}{3\omega C}\right)}{\frac{r}{3}+\left(-j\frac{1}{3\omega C}\right)}=\frac{r-jr^2\omega C}{3(r^2\omega^2C^2+1)} \tag{8-1}$$

电路的外部阻抗即为人体电阻，可得单相人身触电等效电路如图 8-6 所示。

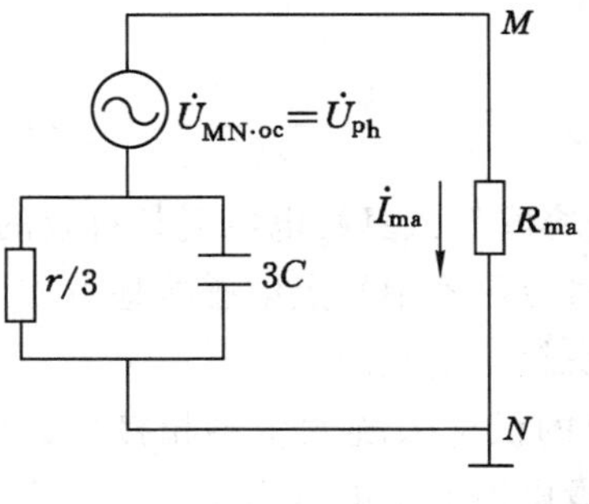

图 8-6 单相人身触电等效电路

则人身触电电流计算式为：

$$\dot{I}_{ma}=\frac{\dot{U}_{ph}}{R_{ma}+Z_{in}}=\frac{\dot{U}_N/\sqrt{3}}{R_{ma}+\frac{r-jr^2\omega C}{3(r^2\omega^2C^2+1)}} \tag{8-2}$$

$$I_{ma}=|\dot{I}_{ma}|=\frac{U_N/\sqrt{3}}{R_{ma}\sqrt{1+\frac{r(r+6R_{ma})}{9R_{ma}^2(1+\omega^2C^2r^2)}}} \tag{8-3}$$

对变压器中性点绝缘的供电系统，仍设电网额定电压为 660 V，取人体电阻为 1 000 Ω，各相对地绝缘电阻均为 35 kΩ，各相对地分布电容为 0.5 μF。则人身触电电流为：

$$I_{ma}=\frac{660/\sqrt{3}}{1\ 000\times\sqrt{1+\frac{35\ 000\times(35\ 000+6\times1\ 000)}{9\times1\ 000^2\times[1+314^2\times(0.5\times10^{-6})^2\times35\ 000^2]}}}=154\ (\text{mA})\gg30\ \text{mA}$$

可见，相比变压器中性点直接接地供电系统，采用变压器中性点绝缘的供电系统时人身触电电流有所减小，但仍远超过 30 mA，人体触及单相导线仍有生命危险。

由图 8-6 可知，对变压器中性点直接接地的供电系统，在保持电网额定电压不变的情况下，可以尝试通过增加电网对地绝缘电阻 r 或增加电网对地容抗 X_C（即减小 C）以减小人身触电电流。

首先分析增加电网对地绝缘电阻 r 对人身触电电流的影响。设式(8-3)中 $r\to\infty$，则有：

$$I_{ma}=\frac{3\omega CU_{ph}}{\sqrt{1+9R_{ma}^2\omega^2C^2}} \tag{8-4}$$

将各参数代入，得：

$$I_{ma}=\frac{3\times314\times0.5\times10^{-6}\times(660/\sqrt{3})}{\sqrt{1+9\times1\ 000^2\times314^2\times(0.5\times10^{-6})^2}}=162\ (\text{mA})$$

计算结果显示，当 $r\to\infty$时，人身触电电流没有减小，反而略有增加，表明单纯增加电网对地绝缘电阻并不能显著减小人身触电电流，甚至会使人身触电电流增加。

再分析增加电网对地容抗 X_C（即减小 C）对人身触电电流的影响。令式(8-3)中 $C\to0$，则有：

$$I_{ma}=\frac{U_{ph}}{R_{ma}+r/3} \tag{8-5}$$

将各参数代入，得：

$$I_{ma}=\frac{660/\sqrt{3}}{1\ 000+35\ 000/3}=30\ (\text{mA})$$

所以通过减小电网对地电容降低人身触电电流是有效的。由于减小电网对地电容是难以实现的，所以在实际中是通过变压器中性点电感接地方式，利用感性电流补偿容性电流来减小电网容性电流，以减小人身触电电流。

如果在变压器中性点绝缘的供电系统发生单相接地故障，其接地电流会不会很大呢？假设单相接地电阻为 0.1 Ω。设电网额定电压为 660 V，各相对地绝缘电阻均为 35 kΩ，各相对地分布电容为 0.5 μF。此时的单相接地电流为：

$$I_{gr}=\frac{660/\sqrt{3}}{0.1\times\sqrt{1+\frac{35\ 000\times(35\ 000+6\times0.1)}{9\times0.1^2\times[1+314^2\times(0.5\times10^{-6})^2\times35\ 000^2]}}}$$
$$=182.4\ (\text{mA})$$

如果不考虑电容电流，此时的单相接地电流为：

$$I_{gr}=\frac{660/\sqrt{3}}{0.1+35\ 000/3}=32.7\ (\text{mA})$$

可见单相接地电流与人身触电电流均略有增加，但电流数值都不大，属于漏电故障。

（三）变压器中性点经阻抗接地的供电系统

图 8-7 为变压器中性点经阻抗接地的供电系统发生单相人身触电的示意图。

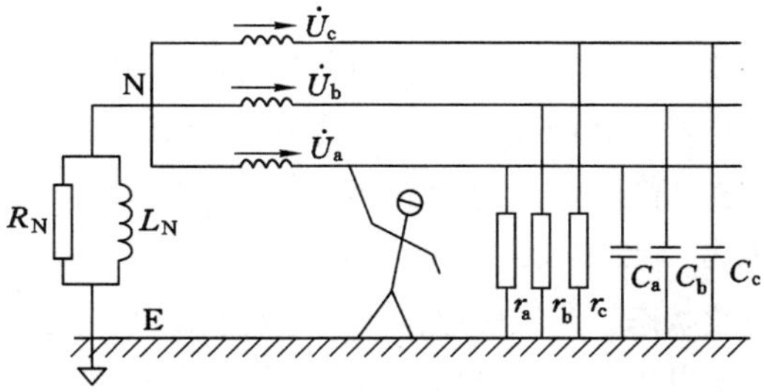

图 8-7　发生单相人身触电时的变压器中性点经阻抗接地的供电系统

这种中性点接地方式的单相人身触电等效电路如图 8-8 所示，图中 $Z_N=R_N//L_N$。

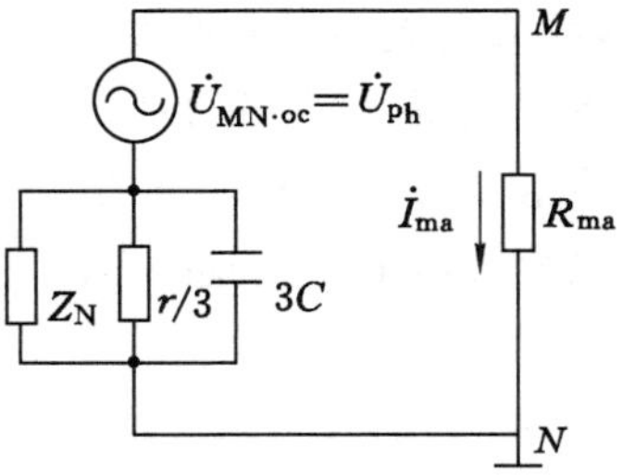

图 8-8　单相人身触电等效电路

则人身触电电流计算式为：

$$I_{ma}=\frac{U_N/\sqrt{3}}{R_{ma}\sqrt{1+\dfrac{1+\left(\dfrac{3}{r}+\dfrac{1}{R_N}\right)2R_{ma}}{R_{ma}^2\left[\left(\dfrac{3}{r}+\dfrac{1}{R_N}\right)^2+(3\omega C-1/\omega L_N)^2\right]}}}\tag{8-6}$$

对变压器中性点经阻抗接地的供电系统，仍设电网额定电压为 660 V，取人体电阻为 1 000 Ω，各相对地绝缘电阻均为 35 kΩ，各相对地分布电容为 0.5 μF，中性点接地阻抗 $R_N=\infty$，$L_N=6.761\ 6$ H。则人身触电电流为：

$$I_{ma}=\frac{660/\sqrt{3}}{1\ 000\times\sqrt{1+\dfrac{1+\dfrac{6\times 1\ 000}{35\ 000}}{1\ 000^2\times\left[\left(\dfrac{3}{35\ 000}\right)^2+\left(3\times 314\times 0.5\times 10^{-6}-\dfrac{1}{314\times 6.761\ 6}\right)^2\right]}}}$$

$=30\ (\text{mA})$

如果是单相经 0.1 Ω 电阻接地，此时接地电流为：

$$I_{gr}=\frac{660/\sqrt{3}}{0.1\times\sqrt{1+\dfrac{1+\dfrac{6\times 0.1}{35\ 000}}{0.1^2\times\left[\left(\dfrac{3}{35\ 000}\right)^2+\left(3\times 314\times 0.5\times 10^{-6}-\dfrac{1}{314\times 6.761\ 6}\right)^2\right]}}}$$

$=32.7\ (\mathrm{mA})$

分析数据可见，通过对变压器中性点采用适当参数的电感(阻抗)接地，可有效减小人身触电电流和接地电流，对保证人身安全和防止瓦斯煤尘爆炸十分有利。在我国煤矿井下低压电网的总开关装设的漏电保护装置中普遍加入电感接地，其原因即在此。在本例中 $L_N=6.761\ 6$ H，$X_L=2\ 123.1\ \Omega$，$C=0.5\ \mu F$，$X_{3C}=2\ 123.1\ \Omega$，$X_L=X_{3C}$，此时感性电流与容性电流大小相等，方向相反，称为全补偿或最佳补偿状态。当实际电网由于电缆长度等变化造成分布电容 C 改变时，则很难达到全补偿，也即人身触电电流将大于 30 mA。因而，在发生单相人身触电或接地故障时，还应该采取快速切除故障电源的方式，减少人身触电伤害及防止引起瓦斯煤尘爆炸。

(四) 分析结论

(1) 变压器中性点直接接地方式与变压器中性点不接地和经电感接地方式相比较，不管是人身触电电流还是单相接地故障电流都要大得多，人身触电电流大会增大对人的生命安全的威胁，接地电流大会增大点燃瓦斯、煤尘的可能。并且，煤矿井下空气湿度大，巷道狭窄，大的人身触电电流和接地故障电流对人身和设备的安全极为不利。因此，我国《煤矿安全规程》明文规定："严禁井下配电变压器中性点直接接地。严禁由地面中性点直接接地的变压器或者发电机直接向井下供电"。

(2) 由于电缆线路对地分布电容较大，发生人身触电或接地故障时电流较大，这时故障电流中主要是电容电流分量，因此，单纯提高电网对地绝缘水平对减小人身触电电流和接地故障电流没有太大帮助，甚至会有不利影响。

(3) 当电网供电距离比较长时，由于分布电容较大，可采用变压器中性点经电感接地方式，合理选择补偿电感值，可以有效减小人身触电电流和接地故障电流，防止发生人身触电伤害及引起瓦斯煤尘爆炸。

(4) 电感接地对减小单相接地故障电流效果明显。对于煤矿井下高压(6 kV 或 10 kV)电网，大的接地电流对井下安全供电威胁极大，因此，对单相接地故障电流比较大的井下高压电网，应该采用变压器中性点经消弧线圈接地方式，以限制煤矿井下高压电网的单相接地故障电流。《煤矿安全规程》第四百五十三条第一款规定："矿井 6 000 V 及以上高压电网，必须采取措施限制单相接地电容电流，生产矿井不超过 20 A，新建矿井不超过 10 A。"

第三节　单相漏电故障时电网中零序电流分布分析

煤矿井下的漏电故障中，单相漏电故障约占漏电故障总数的 85%，其中有部分的单相漏电故障会由于没有及时切除引起更为严重的短路故障，所以单相漏电故障为井下低压电网漏电故障的主要形式，应深入研究其参数变化规律，掌握其故障特征。目前，基于稳态分析的选择性漏电保护原理都是依据零序电流的大小或零序电流和零序电压的相位关系来选择故障线路的，因此，要理解选择性漏电保护的工作原理，首先必须清楚发生单相接地漏电故障时电网中的零序电流是如何分布的。

一、基于对称分量法的单相漏电故障分析

正常运行的供电系统的三相电压、电流及阻抗应是对称的。当供电系统中的一相发生漏电故障时，三相阻抗不同，因而电网的电压、电流也不再对称。对于不对称的供电系统，可以用对称分量法进行分析。

图 8-9(a)是电网发生单相漏电故障时的等效电路，其中，$\dot{U}_a$、$\dot{U}_b$、$\dot{U}_c$ 是对称的三相电源电压；Z_L 为对称的负荷阻抗，R_{WL}、L_{WL}为对称的线路阻抗；$r=r_a=r_b=r_c$、$C=C_a=C_b=C_c$ 分别为 a、b、c 三相导线对地的绝缘电阻和分布电容，也是对称的；Z_N 为变压器中性点接地元件(若中性点不接地，$Z_N=\infty$；若中性点经阻抗接地，则 Z_N 为接地阻抗值)，当电网正常运行时，中性点对地电压为零，Z_N 不起作用。当电网发生单相接地漏电故障时，由于三相阻抗不对称，则三相对地电压不再对称，等效电路如图 8-9(b)所示。则 a 相接地漏电故障的边界条件为：

$$\begin{cases}\dot{U}_{aE}=\dot{U}_a+\dot{U}_0=\dot{I}_aR_g\\ \dot{U}_{bE}=\dot{U}_b+\dot{U}_0\\ \dot{U}_{cE}=\dot{U}_c+\dot{U}_0\end{cases}\tag{8-7}$$

$$\begin{cases}\dot{I}_b=\dot{I}_c=0\\ \dot{I}_a=-\dot{I}_g\end{cases}\tag{8-8}$$

利用对称分量法可将式(8-7)中不对称的三相对地电压和不对称的电流相量分解为正序、负序和零序三组对称电势源和相应的对称电流相量，即：

$$\begin{pmatrix}\dot{U}_0\\ \dot{U}_1\\ \dot{U}_2\end{pmatrix}=\frac{1}{3}\begin{pmatrix}1&1&1\\1&a&a^2\\1&a^2&a\end{pmatrix}\begin{pmatrix}\dot{U}_{aE}\\ \dot{U}_{bE}\\ \dot{U}_{cE}\end{pmatrix}=\frac{1}{3}\begin{pmatrix}\dot{U}_{aE}+\dot{U}_{bE}+\dot{U}_{cE}\\ \dot{U}_{aE}+a\dot{U}_{bE}+a^2\dot{U}_{cE}\\ \dot{U}_{aE}+a^2\dot{U}_{bE}+a\dot{U}_{cE}\end{pmatrix}\tag{8-9}$$

$$\begin{pmatrix}\dot{I}_0\\ \dot{I}_1\\ \dot{I}_2\end{pmatrix}=\frac{1}{3}\begin{pmatrix}1&1&1\\1&a&a^2\\1&a^2&a\end{pmatrix}\begin{pmatrix}-\dot{I}_g\\ 0\\ 0\end{pmatrix}=\frac{1}{3}\begin{pmatrix}-\dot{I}_g\\ -\dot{I}_g\\ -\dot{I}_g\end{pmatrix}\tag{8-10}$$

这样就可以用图 8-9(c)等价于图 8-9(b)。在图 8-9(c)中，$\dot{U}_{1a}=\dot{U}_1$，$\dot{U}_{1b}=a^2\dot{U}_1$，$\dot{U}_{1c}=a\dot{U}_1$，$\dot{U}_{2a}=\dot{U}_2$，$\dot{U}_{2b}=a\dot{U}_2$，$\dot{U}_{2c}=a^2\dot{U}_2$。由于电路中其他部分是对称的，并且电路的参数(电源电势、电路阻抗等)没有变化，因此各序具有独立性，根据线性电路的叠加原理，可以将图 8-9(c)分解为图 8-9(d)、(e)、(f)，分别为正序电路、负序电路和零序电路。

图 8-9(d)正序电路中有两个正序电势源，一个是原来的三相对称电压源，另一个是故障点对地电压的等效正序电压源分量，都是对称的。正序电势源流经三相电网对地阻抗的总电流为零，因而图 8-9(d)正序电路可用图 8-10(a)单相电路描述。可写出其电压方程为：

$$\dot{U}_a-\dot{I}_{1a}(R_{WL}+jX_{WL})-\dot{U}_{1a}=0\tag{8-11}$$

则：

$$\dot{I}_{1a}=(\dot{U}_a-\dot{U}_{1a})/(R_{WL}+jX_{WL})\tag{8-12}$$

图 8-9(e)相应的负序电路可用图 8-10(b)单相电路描述。可写出其电压方程为：

$$\dot{I}_{2a}(R_{WL}+jX_{WL})+\dot{U}_{2a}=0\tag{8-13}$$

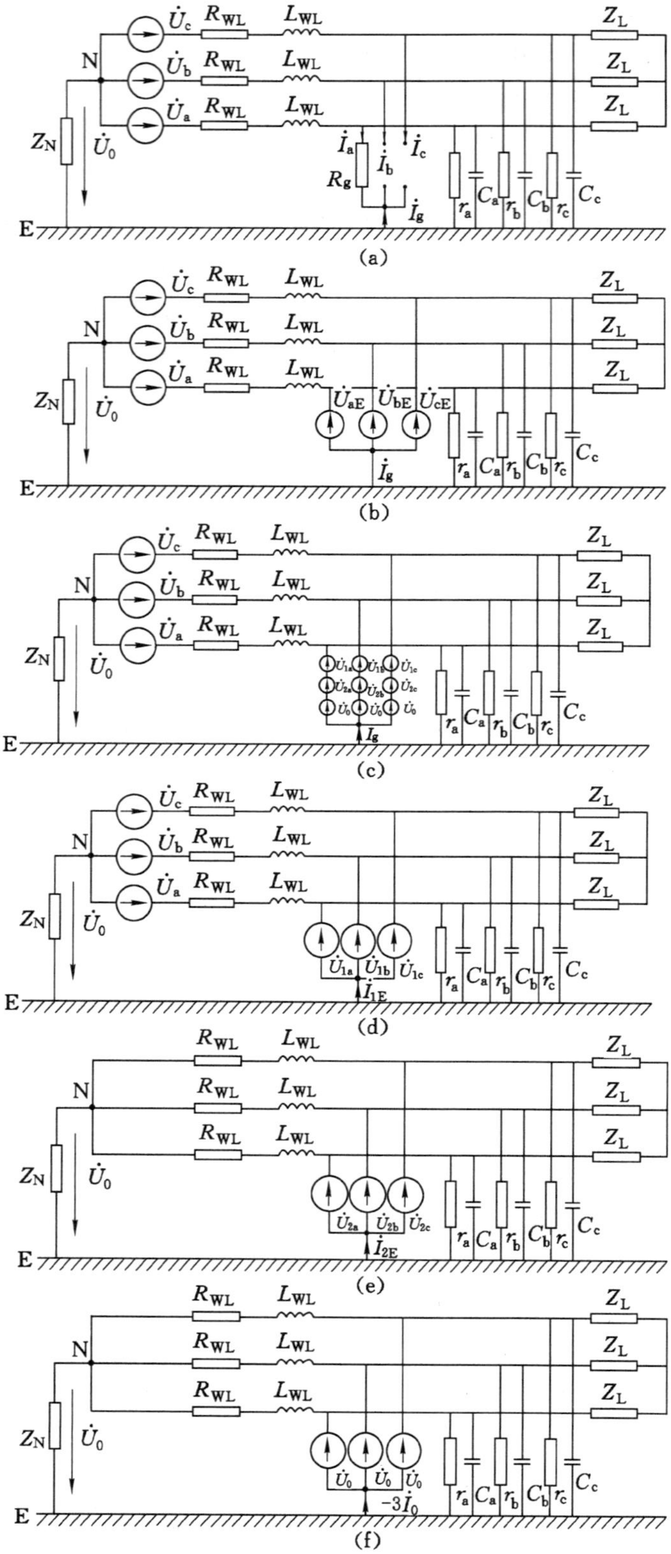

图 8-9　电网发生单相漏电故障时的等效电路

则：

$$\dot{I}_{2a} = -\dot{U}_{2a}/(R_{WL} + jX_{WL}) \tag{8-14}$$

图 8-9(f)零序电路中有一个零序电势源，是故障点对地电压的等效零序电压源分量，是同相位的。由于零序分量是 3 个同方向的向量，回路阻抗是电路的线路阻抗（与正序阻抗相等）、电网对地阻抗和中性点对地阻抗，因而图 8-9(f)零序电路可用图 8-10(c)单相电路描述。可写出其电压方程为：

$$-\dot{I}_0\left[r//\frac{1}{j\omega C}//(R_{WL} + jX_{WL} + 3Z_N)\right] + \dot{U}_0 = 0 \tag{8-15}$$

则：

$$\dot{I}_0 = \frac{\dot{U}_0}{r//\frac{1}{j\omega C}//(R_{WL} + jX_{WL} + 3Z_N)} \tag{8-16}$$

对中性点不直接接地的供电系统，$R_{WL}+jX_{WL}$很小，可以忽略，因此式(8-16)可以简化为：

$$\dot{I}_0 = \frac{\dot{U}_0}{r//\frac{1}{j\omega C}//3Z_N} = \frac{\dot{U}_0}{Z_0} \tag{8-17}$$

式中，$Z_0 = r//\frac{1}{j\omega C}//3Z_N$。

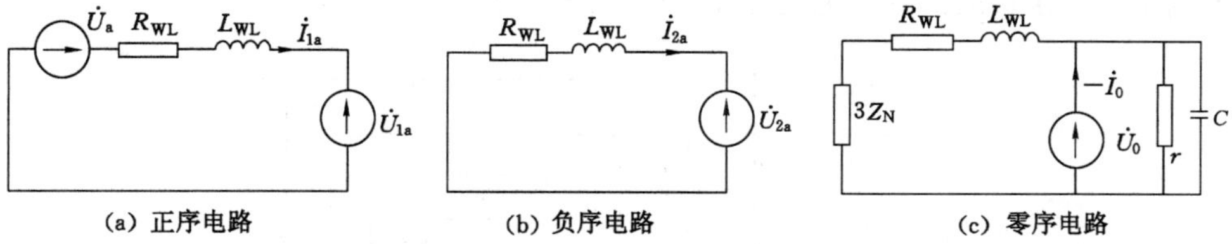

图 8-10　正序电路、负序电路和零序电路的单相分析电路

通过上面的分析，可以总结出如下结论：

(1) 变压器中性点不接地或经电感接地的电网发生单相漏电故障时，可以将不对称电路利用对称分量法分解为 3 个对称电路来分析。由于正序和负序电路的对称性，正序和负序电流对单相漏电故障电流没有影响，因此，只要分析零序电路就可准确地分析单相漏电故障电路。

(2) 零序相量是 3 个大小相等、方向相同的分量，依据结论(1)，图 8-11 可描述变压器中性点不接地或经电感接地电网中单相漏电故障。图中，Z_N 为变压器中性点接地元件；r 是每相对地绝缘电阻；C 是每相对地分布电容；U_0 是不对称故障点的等效电势源，是由单相漏电故障产生的。

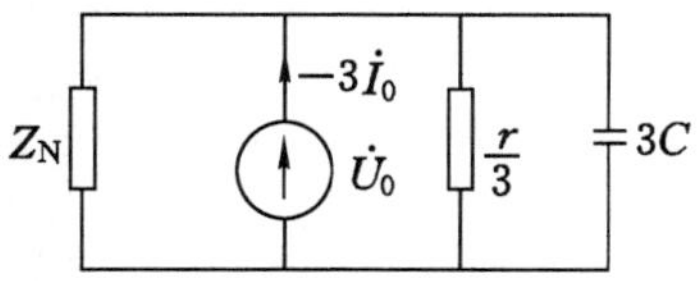

图 8-11　单相漏电故障的等值电路

(3) 由故障点的边界条件式(8-7)可得：

$$\dot{U}_0 = -\dot{U}_a - \dot{I}_g R_g \tag{8-18}$$

可用图 8-12 等效零序电势源电源部分。相应的，可用图 8-13 代替图 8-11 所示等值电路。

由式(8-17)、式(8-18)和式(8-10)可得：

$$\dot{U}_0 = \frac{-\dot{U}_a Z_0}{Z_0 + 3R_g} \tag{8-19}$$

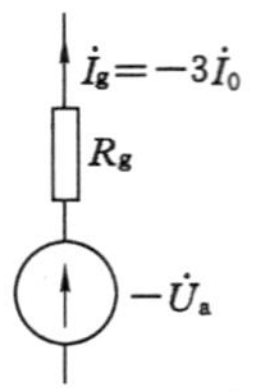

图 8-12　单相漏电故障点的电源等值电路

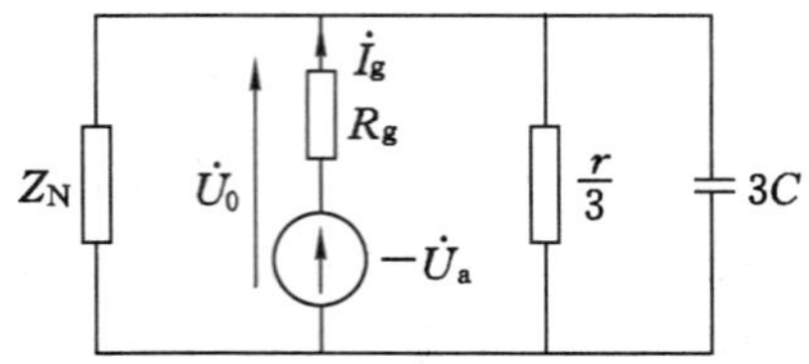

图 8-13　单相漏电故障的等值计算电路

$$\dot{I}_0=-\frac{1}{3}\dot{I}_g=\frac{-\dot{U}_a}{Z_0+3R_g} \tag{8-20}$$

$$\dot{I}_g=-3\dot{I}_0=\frac{3\dot{U}_a}{Z_0+3R_g} \tag{8-21}$$

因而，单纯零序电路可准确描述和分析单相漏电故障电路，零序电压 U_0 是不对称故障点的等效电势源，利用该等效电势源可清楚描述复杂电网中单相漏电故障时的零序电流分布情况。

二、单相漏电故障时电网中零序电流的分布

（一）变压器中性点绝缘供电系统

图 8-14 是一个典型的煤矿井下变压器中性点不接地低压供电系统的电路示意图。设在 4 条馈线中，第 4 条馈线发生了 a 相的单相接地漏电故障。利用对称分量法可以方便地得到电网中任一条馈线的零序电流分布，并可计算出其大小和相位。

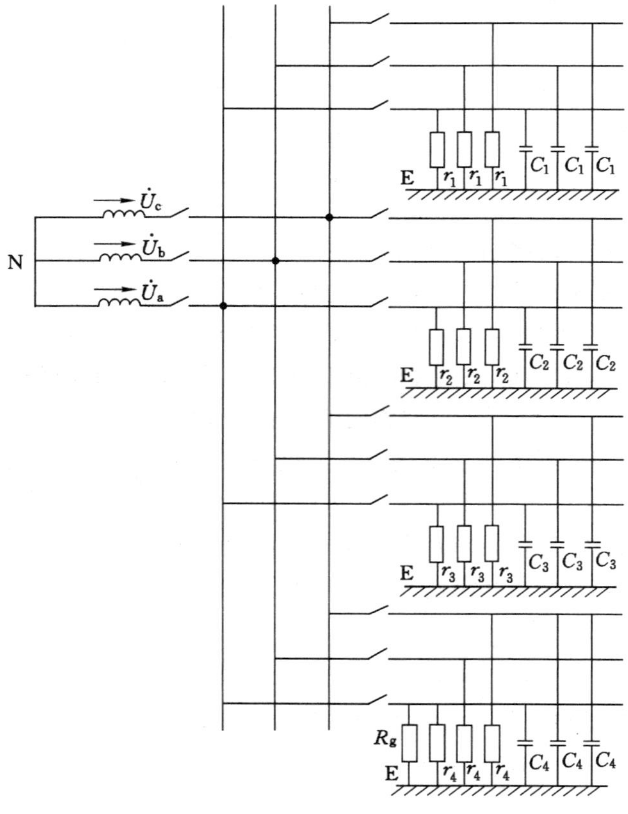

图 8-14　典型变压器中性点不接地低压供电系统的电路示意图

对图 8-14 所示的单相漏电故障，可以用图 8-15 所示电路来等效分析计算。图 8-15 是一个等值的零序电路，电路中将故障点用图 8-11 来代替，电路中只有一个电源，即零序电压，是不对称故障点的等效电势源。由于只有一个电源，可以很清楚地计算出各条馈线的零序电流的大小与零序电压的相位关系。

所有非故障馈线的零序电流：

$$\dot{I}_{0\cdot i}=\dot{U}_0\left(\frac{1}{r_i}+\mathrm{j}\omega C_i\right),i=1,2,3 \tag{8-22}$$

故障线路的零序电流：

$$\begin{aligned}\dot{I}_{0\cdot 4}&=-(\dot{I}_{0\cdot 1}+\dot{I}_{0\cdot 2}+\dot{I}_{0\cdot 3})\\&=-\dot{U}_0\left(\frac{1}{r_1}+\mathrm{j}\omega C_1+\frac{1}{r_2}+\mathrm{j}\omega C_2+\frac{1}{r_3}+\mathrm{j}\omega C_3\right)\end{aligned} \tag{8-23}$$

由式(8-22)、式(8-23)可以得出：

(1) 所有非故障馈线的零序电流的大小与该馈线的每相对地零序导纳成正比，方向为由母线流向馈线。

(2) 故障馈线的零序电流是由该故障馈线流向母线，大小为所有非故障馈线的零序电流之和。

这两条结论是变压器中性点不接地供电系统常用的选择性漏电保护方法的理论依据。图 8-16 是变压器中性点不接地供电系统发生单相漏电故障时的零序电压和零序电流关系向量图。

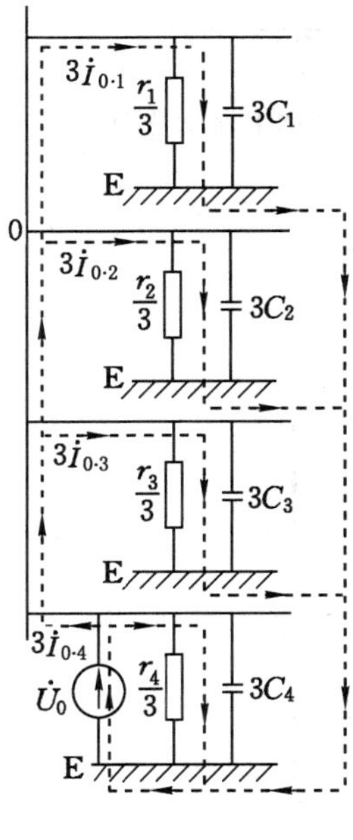

图 8-15　变压器中性点不接地低压供电系统的单相漏电故障零序等效电路

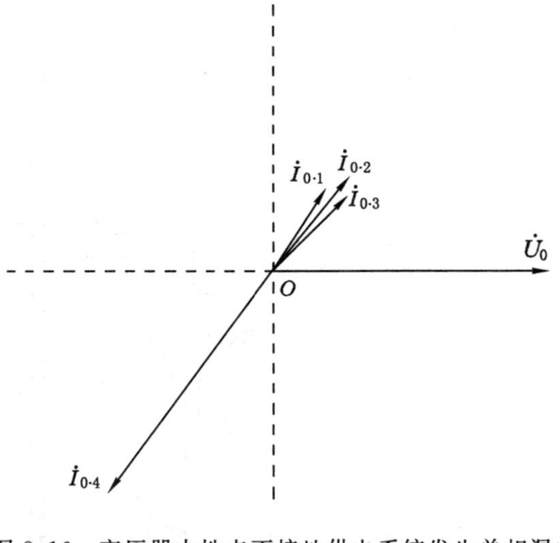

图 8-16　变压器中性点不接地供电系统发生单相漏电故障时的零序电压和零序电流关系向量图

（二）变压器中性点经电感接地电网

图 8-17 所示为典型的变压器中性点经补偿电感接地的低压供电系统示意图，在 4 条馈线中，第 4 条馈线发生了 a 相的单相接地漏电故障，其单相漏电故障零序等效电路如图8-18所示。

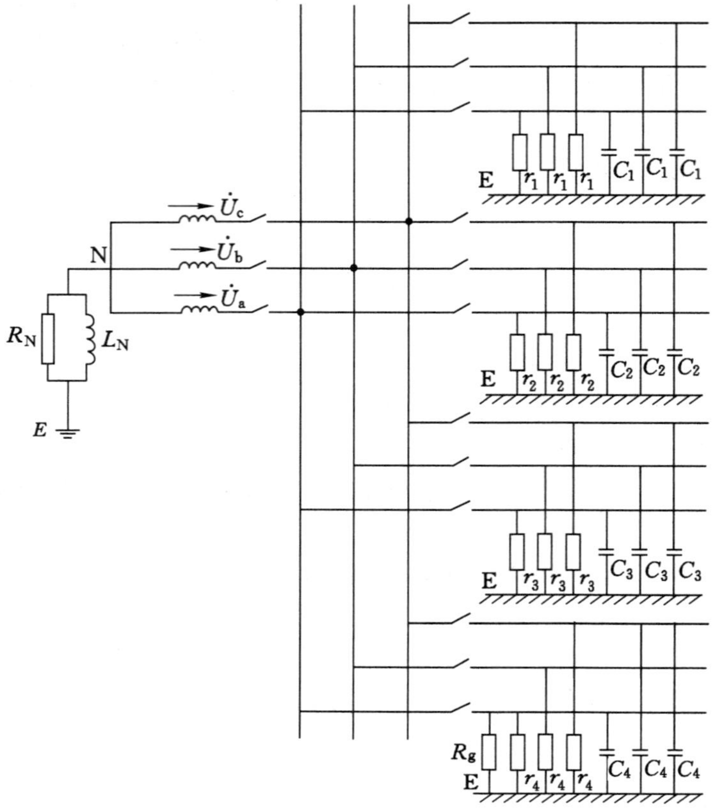

图 8-17　典型变压器中性点经电感接地低压供电系统的电路示意图

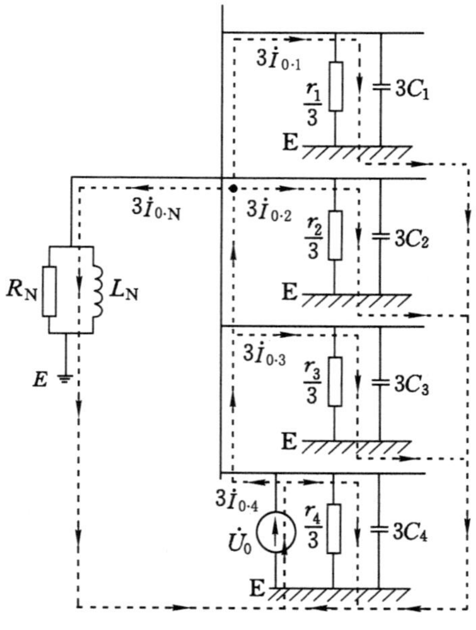

图 8-18　变压器中性点经电感接地低压供电系统的单相漏电故障零序等效电路

所有非故障馈线的零序电流与变压器中性点不接地供电系统相同，即：

$$\dot{I}_{0\cdot i}=\dot{U}_0\left(\frac{1}{r_i}+\mathrm{j}\omega C_i\right),i=1,2,3 \tag{8-24}$$

故障馈线的零序电流为所有非故障馈线的零序电流和变压器中性点接地的补偿电感电流总和，即：

$$\begin{aligned}\dot{I}_{0\cdot 4}&=-(\dot{I}_{0\cdot 1}+\dot{I}_{0\cdot 2}+\dot{I}_{0\cdot 3}+\dot{I}_{0\cdot \mathrm{N}})\\&=-\dot{U}_0\left[\sum_{i=1}^{3}\left(\frac{1}{r_i}+\mathrm{j}\omega C_i\right)+\frac{1}{3R_\mathrm{N}}-\mathrm{j}\frac{1}{3\omega L_\mathrm{N}}\right]\\&=-\dot{U}_0\left[\sum_{i=1}^{4}\frac{1}{r_i}+\frac{1}{3R_\mathrm{N}}+\mathrm{j}\left(\sum_{i=1}^{4}\omega C_i-\frac{1}{3\omega L_\mathrm{N}}\right)-\frac{1}{r_4}-\mathrm{j}\omega C_4\right]\end{aligned} \tag{8-25}$$

由于变压器中性点补偿电感的电感性电流的作用，故障馈线的零序电流有3种可能：

(1) 过补偿。当 $\frac{1}{3\omega L_\mathrm{N}}>\sum_{i=1}^{4}\omega C_i$ 时，补偿电感电流大于所有馈线(含故障线路)的对地分布电容电流，称为过补偿状态。由式(8-25)可见，零序电流 $\dot{I}_{0\cdot 4}$ 的实部为负，虚部为正，即处于第Ⅱ象限，如图8-19中 $\dot{I}_{0\cdot 4\text{-}1}$ 所示。

(2) 全补偿。当 $\frac{1}{3\omega L_\mathrm{N}}=\sum_{i=1}^{4}\omega C_i$ 时，补偿电感电流等于所有馈线(含故障线路)的对地分布电容电流，称为全补偿状态，也称最佳补偿状态。此时同样零序电流 $\dot{I}_{0\cdot 4}$ 的实部为负，虚部为正，仍处于第Ⅱ象限，如图8-19中 $\dot{I}_{0\cdot 4\text{-}2}$ 所示。

(3) 欠补偿。当 $\frac{1}{3\omega L_\mathrm{N}}<\sum_{i=1}^{4}\omega C_i$ 时，补偿电感电流小于所有馈线(含故障线路)的对地分布电容电流，称为欠补偿状态。此时同样零序电流 $\dot{I}_{0.4}$ 的实部为负，虚部可能为正也可能为负，即：可能处于第Ⅱ象限，如图8-19中 $\dot{I}_{0\cdot 4\text{-}3}$ 所示；也可能处于第Ⅲ象限，如图8-19中 $\dot{I}_{0\cdot 4\text{-}4}$ 所示。

图8-19中 $\dot{I}_{0\cdot 4\text{-}0}$ 是未经补偿的故障馈线的 $\dot{I}_{0\cdot 4}$，$\dot{I}_{0\cdot \mathrm{N}}$ 是补偿电感电流。

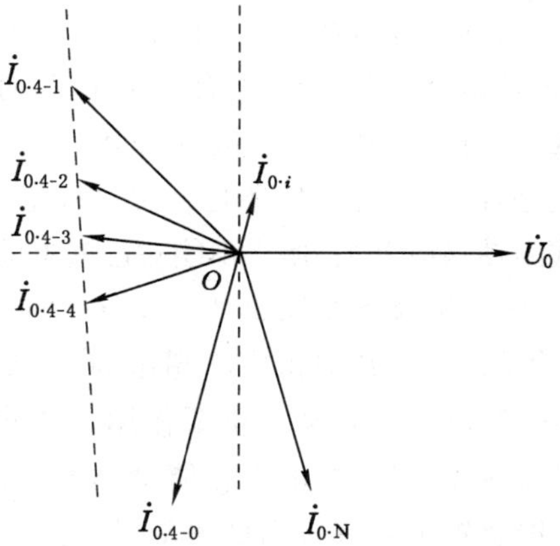

图8-19　中性点经电感接地系统的零序电流向量图

通过以上分析，变压器中性点经电感接地供电系统发生单相漏电故障具有下列特点：

(1) 所有非故障线路的零序电流的大小仍与线路每相对地零序导纳成正比，方向为由母线流向馈出线。

(2) 故障线路的零序电流的大小和方向与所有非故障线路的每相对地零序阻抗大小有关，还与中性点接地电感的补偿度有关。因此，一般用于变压器中性点不接地电网的选择性漏电保护原理对变压器中性点经补偿电感接地的电网是不适用的。

(3) 故障馈线的零序电流有功分量的大小为所有非故障馈线和变压器中性点补偿电流有功分量的总和，其方向与所有非故障馈线零序电流有功分量相反。这是变压器中性点经补偿电感接地电网采用零序电流有功分量选择性漏电保护的依据。

第四节 煤矿井下低压电网的漏电保护

煤矿井下低压电网的漏电保护装置用来在电网中发生漏电故障时自动切断故障电源，以防止造成人身触电伤亡和引起瓦斯煤尘爆炸。煤矿井下低压电网采取中性点不直接接地的运行方式，其漏电保护有附加电源直流检测式、利用三个整流管的直流检测式、零序电压式、零序电流式、零序功率方向式、零序电流有功分量方向式旁路接地式等多种方法，它们的保护原理各不相同，保护性能各有优缺点，通过多种保护方式的优势互补，才能构成完善的漏电保护系统。

一、对漏电保护的要求

井下低压电网的漏电故障可能导致人身触电、瓦斯煤尘爆炸和电雷管的无准备引爆，长期存在的漏电电流还可能使电气设备的绝缘进一步恶化，从而造成相间短路、电火灾和其他危及矿井安全的电气事故。为了防止漏电事故的发生，应采取各种预防措施，除了正确选择和使用电气设备、提高工作人员的电气安全素质外，还必须加强对低压电气设备，特别是电缆线路的运行、日常维护和预防性试验等工作，确保电网对地具有正常的绝缘水平。当电网发生漏电故障时，必须立即将故障电网(或故障线路)的电源切除，以防止事故范围的扩大。

漏电保护与过流保护一样属于继电保护的范围，也应该满足全面、安全、可靠、动作灵敏及具有选择性等基本要求。

煤矿井下低压电网可将一台动力变压器的供电区域作为一个独立的供电单元，所以，保护全面一方面是指保护范围应覆盖整个供电单元，没有动作死区，对供电单元内任何地方发生任何类型的漏电故障(对称的或不对称的)都能起到保护作用；另一方面是指无论电气设备或电网处于何种状态，即不论开关是合闸前、合闸后还是合闸过程中，只要发生漏电就能起到相应的保护作用，通过切断电源或闭锁送电开关，使之不能对已漏电的设备和线路送电。

安全性，从保护人员的角度出发就是要满足 30 mA·s 的规定，即从触电事故发生到电源被切除的时间乘以流过人体的电流，其乘积应不超出 30 mA·s。因此，提高保护装置的动作速度和降低通过人身的电流对人身安全有重要作用。从防止瓦斯煤尘爆炸的角度看，应保证在切断电源或发生间歇性漏电时，漏电火花能量小于 0.28 mJ。

保护可靠一方面要求保护装置本身有较高的可靠性，这主要通过系统结构、元件质量、制造装配工艺等来保证；另一方面要求保护性能可靠，对该供电单元范围内发生的各种漏电故障都一定动作(不拒动)，对该单元范围外的任何故障都一定不动作(不误动)。

动作灵敏是指保护装置对故障的反应能力，在保护范围内发生最轻漏电故障时也能可靠动作，即灵敏度高。

选择性是保护系统的一个重要参数，要求在供电单元中只切除故障部分的电源，而不切除非故障部分的电源。保护选择性的目的在于确保在发生故障时停电的范围尽可能小，以提高供电可靠性。

二、漏电保护原理

（一）附加电源直流检测式漏电保护

1. 保护原理

电网各相对地绝缘电阻的下降是电网发生漏电故障的一个显著特征，附加电源直流检测式漏电保护就是通过在三相电网中单独加入一个独立的直流电源以测量三相电网对地的总绝缘电阻，从而实现漏电保护的。附加电源直流检测式漏电保护电路原理如图 8-20 所示，直流电源 U 通过由三相电抗器 1L 所组成的人为中性点（也可以通过变压器中性点 N）加在三相电网与地之间，直流电流 I 由电源正极流入大地，经电网三相对地绝缘电阻 r_1、r_2、r_3 进入三相线路，再由三相电抗器 1L、零序电抗器 2L、千欧表 kΩ（实质为一只直流毫安表）和直流继电器 KD 返回电源负极（如图 8-20 虚线所示）。附加的直流电源作用于三相电网与大地之间，这样，在三相对地的绝缘电阻上有一直流电流回路，该直流电流大小直接反映电网对地绝缘电阻的变化，通过对直流电流 I 的测量和利用就构成了附加电源直流检测式漏电保护。

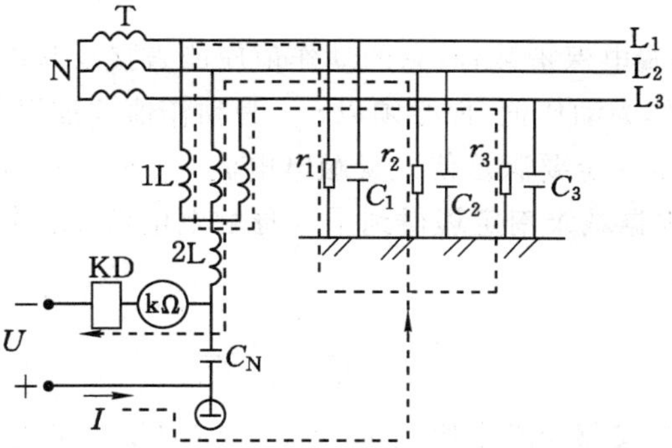

图 8-20　附加电源直流检测式漏电保护电路原理图

对于直流检测回路电流 I，电容 C_N 和电网对地电容 C_1、C_2、C_3 相当于开路，不会有电流通过，因而直流电流 I 的计算式为：

$$I=\frac{U}{R_{gr}+r_{\sum}+R_{1L}/3+R_{2L}+R_{k\Omega}+R_{KD}}=\frac{U}{R_{\sum}+r_{\sum}} \tag{8-26}$$

式中　U——附加直流电源电压，V；

R_{1L}——三相电抗器每相线圈的直流电阻，Ω；

R_{2L}——零序电抗器的直流电阻，Ω；

$R_{k\Omega}$——千欧表的直流电阻，Ω；

R_{KD}——直流继电器线圈的直流电阻，Ω；

R_{gr}——接地电阻，Ω；

$r_{\sum}$——三相电网对地绝缘电阻 r_1、r_2、r_3 并联后的总电阻，即 $r_{\sum}=\dfrac{1}{1/r_1+1/r_2+1/r_3}$；

$R_{\sum}$——$R_{\sum}=R_{1L}/3+R_{2L}+R_{k\Omega}+R_{KD}+R_{gr}$。

由于$R_{\sum}$远远小于$r_{\sum}$且值相对固定，因而式(8-26)可化简为：

$$I \approx \frac{U}{r_{\sum}} \tag{8-27}$$

当U一定时，直流继电器KD和千欧表中的电流值将主要随$r_{\sum}$的值而变。当漏电故障发生时，$r_{\sum}$下降到一定数值（动作电阻值），使电流I增加，使直流继电器KD动作，通过其常开或常闭接点，接通自动馈电开关的脱扣线圈，或断开其无压释放线圈，使自动馈电开关跳闸，实现漏电保护。

对于直流回路，$r_{\sum}$为三相电网各相对地的总绝缘电阻。当发生单相（如L_1相）漏电故障时，漏电相绝缘电阻r_1降低（$r_1=r^{(1)}$），其余两相为正常或无限大（$r^{(1)} \ll r_2=r_3$），则$r_{\sum}=r^{(1)}$；若发生两相漏电故障，如L_1、L_2两相绝缘电阻同时降低，且$r_1=r_2=r^{(2)}$，而L_3相为正常或很大，则$r_{\sum}=r^{(2)}/2$；若三相绝缘电阻同时下降，且$r_1=r_2=r_3=r^{(3)}$，则$r_{\sum}=r^{(3)}/3$。对于低压供电系统，无论发生单相漏电故障、两相漏电故障还是三相漏电故障，只要$r_{\sum}$下降到故障动作电阻值，漏电保护就应动作，也就是说，单相漏电故障动作电阻$r^{(1)}$、两相漏电故障动作电阻$r^{(2)}$、三相漏电故障动作电阻$r^{(3)}$之间的关系为：

$$r^{(1)} : r^{(2)} : r^{(3)} = 1 : 2 : 3 \tag{8-28}$$

2. *动作值整定*

作为直流检测式的漏电保护装置，它的动作值应能直接反映电网对地的绝缘状态，所以不以KD的动作电流来作为动作值，而必须以$r_{\sum}$为动作值并加以整定。由于人身安全电流为30 mA，故$r_{\sum}$的整定一定要满足使人身触电电流$I_{ma} \leqslant 30$ mA的条件。

在本章第二节中，根据戴维南定理得到了人身触电电流I_{ma}的表达式，在不考虑电网对地分布电容的情况下，有：

$$I_{ma} = \frac{U_{ph}}{R_{ma} + r/3} \tag{8-29}$$

对于660 V电网，在式(8-29)中代入$I_{ma}=30$ mA，$U_{ph}=380$ V，$R_{ma}=1\ 000\ \Omega$，可计算出$r=35$ kΩ。这说明要使人身触电电流不大于30 mA，三相电网对地的绝缘电阻必须不低于35 kΩ。据此和式(8-28)，可以确定660 V低压电网的单相漏电故障动作电阻值为$r^{(1)}=35\ \text{k}\Omega/3=11.7\ \text{k}\Omega$；两相漏电故障动作电阻值为$r^{(2)}=35\ \text{k}\Omega \times \frac{2}{3}=23.3\ \text{k}\Omega$；三相漏电故障动作电阻值为$r^{(3)}=35\ \text{k}\Omega$。

同理可以确定电网电压为380 V和1 140 V时的动作电阻值，我国煤矿井下低压电网现行的直流检测式漏电保护的动作电阻值见表8-6。

表8-6　直流检测式漏电保护的动作电阻值

电压/V	动作电阻/kΩ		
	单相漏电	两相漏电	三相漏电
380*	3.5	7	10.5
660	11	22	33
1 140	20	40	60

注：* 380 V电网动作电阻以50 mA为安全电流计算确定。

应该指出，上述分析没有考虑三相电网交流电流的影响，而实际上当电网对地绝缘阻抗不平衡时，即使电源电压对称，也会有交流电流流经三相电抗器、零序电抗器而进入直流继电器 KD 的线圈回路，使其工作受到干扰，因而动作值不再保持 1∶2∶3 的关系。此时，不仅绝缘电阻的不平衡对动作值有影响，而且三相电网的对地电容对动作电阻值也有影响。这显然对漏电保护装置的工作不利。

井下低压供电单元的对地电容主要取决于电缆的长度、截面面积、绝缘材料的厚度和电介质的性质，而长度的变化是最大的。电缆总长度越长，电网对地电容越大，电容容抗越小。但电网对地容抗的大小并不能表明它是否有漏电故障。因此，这种保护方式的动作电阻值不应受电网对地阻抗不平衡的影响，在设计保护电路时，应设法不让交流电流通过直流继电器 KD。如图 8-20 所示的电容器 C_N（几毫法至几十毫法）就是为此而设置的。一方面，C_N 连接在零序电抗器 2L 与大地之间，构成电网对地的交流通路，因电网对地阻抗不平衡而产生的交流电流（零序电流）被 C_N 旁路入地，不再通过 KD；另一方面，C_N 具有隔直的功能，它本身并不影响 KD 的正常工作。

3. 电容电流的补偿

根据本章第二节的理论分析，由于电网对地电容的存在，会使漏电电流和人身触电电流显著增大，而单纯提高绝缘电阻，到一定程度后反而会使漏电电流和人身触电电流增大。从电网运行的角度看，则希望绝缘电阻越高越好。这一矛盾，只有在电容的作用完全消失，或者说电容电流完全被补偿的情况下，才能得到解决。

由电工理论可知，在电感与电容并联的电路中，电感电流与电容电流反相，前者滞后电源电压 90°，后者超前电源电压 90°。因此，可以在电网的人为中性点（或变压器中性点）与大地之间增设一条可调的感性支路，如图 8-20 中的 2L、C_N 支路，利用零序电流流过 2L 所产生的电感电流与电网对地电容电流相抵消，使故障处漏电电流或人身触电电流数值大为降低，这就是电容电流补偿。发生单相漏电时的等效电路如图 8-21 所示。

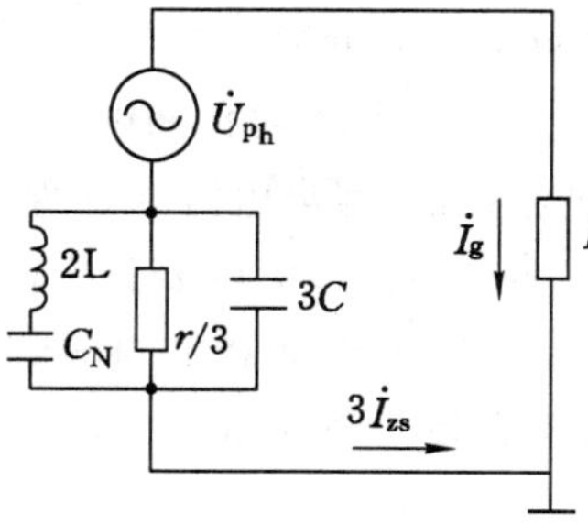

图 8-21　电容电流补偿等效电路

电容器 C_N 的容抗很小，可以忽略，故 2L、C_N 支路可看作纯电感支路，设其电感为 L。此时电网对地的总的零序阻抗 Z_{zs} 为 $r/3$、X_{3C} 和 X_L 的并联值，即：

$$Z_{zs}=\frac{r}{3}//\mathrm{j}X_L//(-\mathrm{j}X_{3C}) \tag{8-30}$$

由第二节分析结果，当感性电流与电容电流完全相同时，漏电电流最小。此时的条件显然是：

$$X_L=X_{3C} \tag{8-31}$$

即 $L=\dfrac{1}{3\omega^2 C}$，此即为并联谐振的条件。由此可以看出，随着电网对地电容的增大，2L 的电感值就应适当减小，才能满足完全补偿的要求。在完全补偿的情况下，漏电电流的计算就相当于 $C=0$ 时的条件。由式(8-30)可知：

(1) 当 $X_L > X_{3C}$ 时，漏电电流中电容电流大于补偿的电感电流，漏电电流呈容性，称为欠补偿状态，如图 8-22(a)所示。

(2) 当 $X_L < X_{3C}$ 时，漏电电流中电容电流小于补偿的电感电流，漏电电流呈感性，称为过补偿状态，如图 8-22(b)所示。

(3) 当 $X_L = X_{3C}$ 时，漏电电流中电容电流等于补偿的电感电流，漏电电流呈阻性，称为完全补偿或最佳补偿状态，如图 8-22(c)所示。

各种补偿状态时各电流的相位关系如图 8-22 所示。

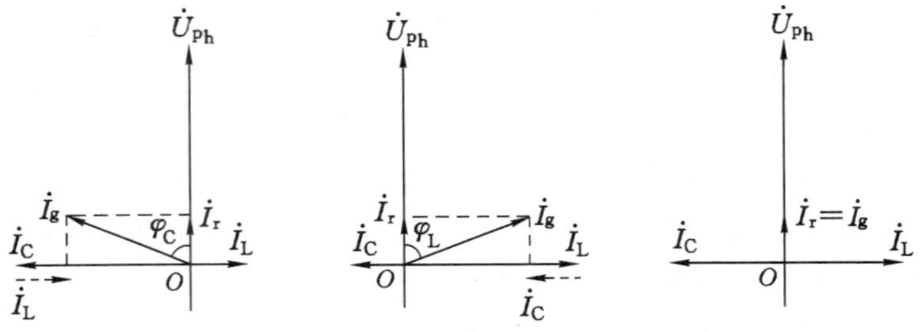

图 8-22 不同补偿状态时各电流的相位关系

4. 附加电源直流检测式漏电保护的优缺点

(1) 优点：

① 保护全面。它的保护范围几乎能覆盖整个低压供电单元，唯一不能保护的是从变压器低压侧至总馈电开关之间的一段数米长的电缆。此外，这种保护方式的动作无死区，故障跳闸不受故障类型(无论是对称漏电故障还是不对称漏电故障)和发生的时间、地点的影响。

② 对整个供电单元具有电容电流补偿，漏电电流和人身触电电流较小，减小故障危害。

③ 动作值整定简单，数值固定，而且能通过欧姆表直接监视电网对地的绝缘状况。

④ 与供电单元中各分支馈电开关、磁力启动器中的漏电闭锁单元一起，可以构成一个简单易行、可靠性高、成本低廉且易于查找故障支路的漏电保护系统。

(2) 缺点：

① 保护无选择性。如果只采用附加直流电源漏电保护，那么在供电单元内无论何处发生漏电，都将引起总开关跳闸，停电范围大，恢复送电时间较长，影响生产。

② 电容电流补偿是静态补偿。零序电抗器 2L 的电感值调定后不能随电网对地电容的变化而自动改变，不能达到最佳补偿状态，降低了保护的安全性。此外，补偿的感性电流会造成传统的基于零序电流大小或方向进行选择性漏电保护失败。

③ 保护装置的动作时间较长。当接地电阻 $R_g \geqslant 1\ \text{k}\Omega$ 时，动作时间大于或等于 50 ms，再加上自动开关的固有分闸时间 100～200 ms，故触电时间较长。以 30 mA · s 的标准要求，触电电流应在 100 mA 及以下，加重了电容电流补偿的负担。

（二）利用三个整流管的直流检测式漏电保护

利用三个整流管构成的直流检测式漏电保护装置，其原理如图 8-23(a)所示。三个整流管 V_1、V_2、V_3 分别接到电网的 L_1、L_2、L_3 三相，另一端连接在一起（共阴极连接），并经继电器或负载电阻 R_{L0} 接地。由于变压器的中性点不接地，经三个整流管整流以后的直流电流，必须流经 R_{L0}→大地→电网对地的绝缘电阻 r_1、r_2、r_3，才能返回电源，所以该回路电流的大小就直接反映了电网对地的绝缘状况，当电流增加到一定程度（达到漏电故障条件）就可以通过继电器作用在跳闸机构，完成漏电保护。

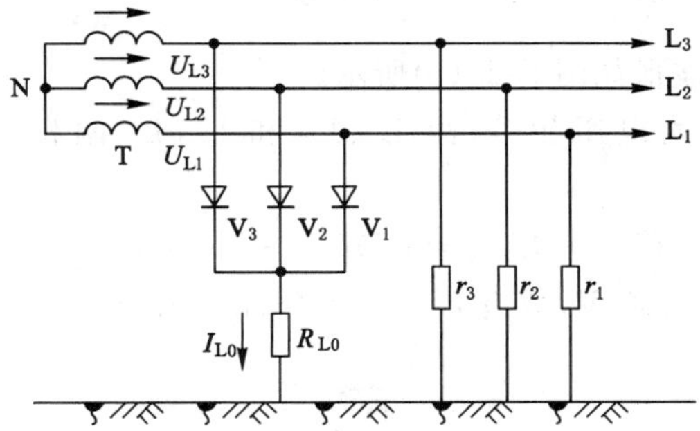

(a)

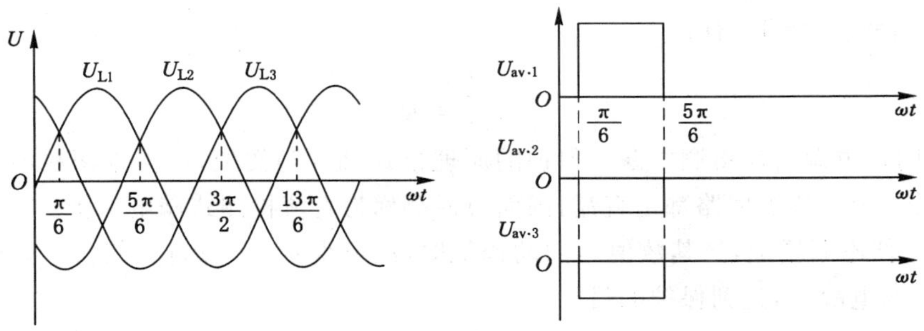

(b)　　　(c)

图 8-23　利用三个整流管的直流检测式漏电保护

1. 检测电流 I_{L0} 的计算

由三相电源的电压波形图[图 8-23(b)]可以看出，三相交流电压在同一时刻，只有一相高于其他两相，如当 $\omega t=\pi/6\sim5\pi/6$ 时，L_1 相电压总是高于 L_2、L_3 两相，因而 L_1 相的整流管 V_1 导通，L_2、L_3 两相的整流管 V_2、V_3 则在反向电压的作用下处于截止状态；当 $\omega t=5\pi/6\sim3\pi/2$ 时，V_2 导通，而 V_1 和 V_3 截止；当 $\omega t=3\pi/2\sim13\pi/6$ 时，V_3 导通，而 V_1、V_2 截止。所以在 $\omega t=\pi/6\sim13\pi/6$ 的一个周期内，三个整流管依次处于导通和截止状态，每 1/3 周期必有一个整流管导通而其余两个截止，我们只需取一个 1/3 周期计算，其余两段则完全相同。

在 $\omega t=\pi/6\sim5\pi/6$ 范围内，V_1 导通，电流由电源 U_{L1} 相流出，经过 V_1、大地，然后由 L_2、L_3 两相对地绝缘电阻 r_2、r_3 流回。此时，因为 L_1 相对 L_2、L_3 两相的电压差瞬时值不同，虽然 L_2、L_3 两相的对地绝缘电阻相等，但它们的电流瞬时值并不相等，为了求得该电流的平均值，应先计算各相的平均电压。

对于 L_1 相，其平均电压为：

$$U_{av\cdot1}=\frac{1}{2\pi/3}\int_{\pi/6}^{5\pi/6}\sqrt{2}U_{L1}\sin\omega t\,d(\omega t)=\frac{3\sqrt{2}U_{L1}}{2\pi}(-\cos\omega t)\Big|_{\pi/6}^{5\pi/6}=\frac{3\sqrt{6}U_{L1}}{2\pi}=1.17U_{L1} \tag{8-32}$$

同理，L_2、L_3 相的平均电压为：

$$U_{av\cdot2}=\frac{1}{2\pi/3}\int_{\pi/6}^{5\pi/6}\sqrt{2}U_{L1}\sin\left(\omega t-\frac{2\pi}{3}\right)d(\omega t)=-\frac{3\sqrt{6}U_{L1}}{4\pi}=-0.59U_{L1} \tag{8-33}$$

$$U_{av\cdot3}=\frac{1}{2\pi/3}\int_{\pi/6}^{5\pi/6}\sqrt{2}U_{L1}\sin\left(\omega t-\frac{4\pi}{3}\right)d(\omega t)=-\frac{3\sqrt{6}U_{L1}}{4\pi}=-0.59U_{L1} \tag{8-34}$$

$U_{av\cdot1}$、$U_{av\cdot2}$和 $U_{av\cdot3}$的波形如图 8-23(c)所示。

由于 L_2、L_3 两相的平均电压相等，故 L_1、L_2 和 L_1、L_3 两相之间的平均电压也相等。即：

$$U_{av\cdot12}=U_{av\cdot13}=U_{av\cdot1}-U_{av\cdot2}=1.17U_{L1}-(-0.59U_{L1})=1.76U_{L1} \tag{8-35}$$

对于 660 V 电网，$U_{L1}=380$ V，故有 $U_{av\cdot12}=U_{av\cdot13}=1.76\times380\ \text{V}=669$ V，负载电阻 R_{L0}中的平均电流为：

$$I_{L0}=\frac{U_{av\cdot12}}{r_2//r_3+R_{L0}} \tag{8-36}$$

当 $r_1=r_2=r_3=r$ 时，有：

$$I_{L0}=\frac{U_{av\cdot12}}{r/2+R_{L0}} \tag{8-37}$$

上式与附加电源直流检测式漏电保护的原理公式(8-26)类似，可见这两种漏电保护的基本原理相同，由于检测回路都是直流，因而习惯都称为直流检测式漏电保护。随着绝缘电阻的降低，I_{L0}便不断增加，当其数值达到动作值时，漏电保护装置动作，使自动馈电开关跳闸，便可切除漏电故障，达到保护的目的。

2. 特点及应用

该保护方式构成的漏电保护装置结构简单，不需要另设直流电源，即可获得近似附加电源检测式漏电保护的特性。此外，由于它具有较高的直流电压，所以能够较真实地反映电网的绝缘水平。

动作值受电源电压波动的影响较大和对整流管的反向电压要求较高(不低于相电压的 2.5 倍)是这种保护方式的缺点，因此它只在电压较低的地方使用，如用于 127 V 煤电钻综合保护装置中。

(三) 零序电压式漏电保护

基于对称分量法可知，不对称的漏电故障会产生零序电压，零序电压一般通过电压互感器二次侧开口三角形取出，利用漏电时零序电压的大小可以反映电网对地的绝缘程度，当零序电压大到一定程度，就认为发生漏电故障，使馈电开关跳闸或发出故障信号，这就是零序电压式漏电保护的原理。

由于零序电压式的漏电保护有很多缺点，如动作电阻值不固定、无选择性、不能保护对称性漏电故障、只能用在变压器中性点非直接接地的电网中等，因而一般主要用于 6 kV 及以上电网的绝缘监视装置中，如在煤矿地面变电所就普遍装设零序电压式漏电保护，在电网发生接地故障时会发出报警信号。

（四）零序电流式漏电保护

前面已经分析过，如果电网中发生了非对称性漏电故障，就必然会产生零序电压，此时如果存在零序回路，则在回路中将出现零序电流，利用各支路零序电流的大小、方向不同，可以实现放射式电网的横向选择性漏电保护。在各馈出线路首端装设的零序电流互感器检测出各支路的零序电流，并加以比较分析，可以查找出故障线路，由继电器作用于馈电开关跳闸，这就是零序电流式漏电保护。

零序电流式漏电保护既可以在中性点不接地系统中使用，也可以在中性点接地系统中使用。传统在煤矿 6～10 kV 电网中装设的接地选线装置，就是利用零序电流的大小和方向不同的原理实现的。

零序电流式漏电保护的缺点有动作电阻值不固定、不能保护对称性漏电故障及不能补偿电容电流等。

在各馈线上安装零序电流互感器时，应注意以下几点：

（1）零序电流互感器一般装在电缆头下方，零序电流互感器上方的电缆外皮接地线必须穿过零序电流互感器接地，零序电流互感器下方的电缆外皮接地线则不须穿过零序电流互感器，避免形成环路，如图 8-24 所示。

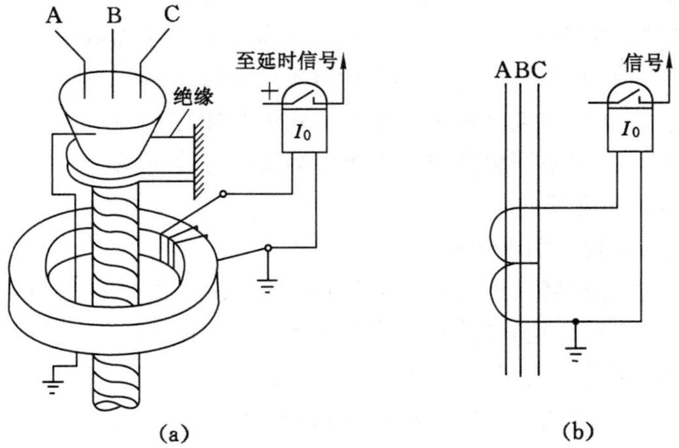

图 8-24　零序电流互感器的安装

（2）支撑零序电流互感器的铁框架不应形成闭合框架。

（3）所有配出线的零序电流互感器一、二次极性应核对正确。无论采用何种零序互感器，引出极性一定要统一。

（4）零序电流互感器的变比选择要正确。

同时需要注意在 6～10 kV 小电流接地系统中自动跟踪补偿装置与小电流接地选线装置之间的配合，否则接地选线装置不可能正确动作。

（五）零序功率方向式漏电保护

利用零序电流或零序电压的幅值大小来判断供电单元内是否发生了漏电，同时利用故障线路零序电流滞后零序电压 90°，非故障线路零序电流超前零序电压 90°的特点来实现零序功率方向式漏电保护。它之所以称为“零序功率”，是因为它同时利用了零序电流和零序电压两个参量进行选择的缘故。目前采用这一原理实现的装置在实际电网中应用较多，但同零序电流式漏电保护一样,该方法对中性点经消弧线圈接地的系统无效。

方向保护的原理如图 8-25 所示。当电网中出现零序电压升高时,表明某支路发生接地漏电故障或人身触电事故,由取样电路分别从电网中取出零序电压和各支路的零序电流信号,经放大整形后,由相位比较电路来判别故障支路,最后启动执行电路,切断故障支路的电源,从而实现选择性漏电保护。

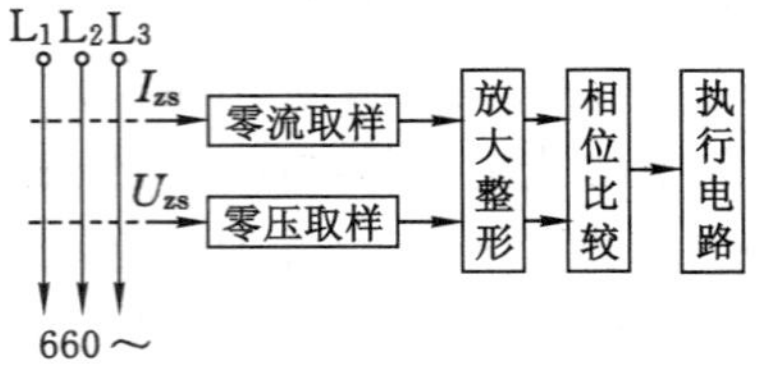

图 8-25　零序功率方向式漏电保护原理

零序功率方向式漏电保护具有较强的横向选择性,当支路发生漏电时,停电范围很小,其缺点与零序电流式漏电保护类似。这种保护,可用于中性点绝缘、经高阻接地及直接接地的低压供电系统中。

(六) 零序电流有功分量方向式漏电保护

对中性点经消弧线圈接地的系统可以采用零序电流有功分量方向式漏电保护。

由前述分析得到的式(8-24)、式(8-25)可见,流过故障线路始端的零序电流有功分量部分等于中性点电阻器 R_N 产生的有功电流和各非故障线路零序电流有功分量部分之和,零序电流有功分量部分相位滞后于零序电压 180°,而流过非故障线路的零序电流有功分量部分是由本支路对地绝缘电阻产生的,相位与零序电压相同。显然故障线路的零序电流有功分量部分的大小和方向均与非故障线路不同,因而只要以零序电压作为参考矢量,将此有功电流取出,就可十分方便地实现接地选线保护。这就是零序电流有功分量方向保护的基本原理。有功分量的取出,可采用软件或硬件相敏整流的方法实现。

(七) 旁路接地式漏电保护

该保护也称人为接地式漏电保护,保护原理如图 8-26 所示。当电网发生单相漏电或人身触及一相时,由检测选相器找出故障相并输出动作指令,执行继电器 KD_1～KD_3 迅速将故障相开关接通进行旁路接地,旁路接地利用专设的接地电阻 R_{gr} 的分流作用降低人身触电电流或经漏电处的接地电流,可防止人身触电伤害及引起瓦斯煤尘爆炸的危险,同时不影响电网的正常运行,故障支路跳闸后,旁路接地装置复位。这种保护方式的安全性较高,但保护范围单纯,只能保护单相漏电和人身触电,而且电路较为复杂,对元件的可靠性要求严格。为了避免造成两相或三相误接地,电路中还必须设置电气闭锁。旁路接地式漏电保护在一定条件下,能有效地削弱断电后电动机反电势和电网电容储能对触电人员的危害,此外,对反电势和电容向漏电点的馈送能量也同样有着削弱作用。

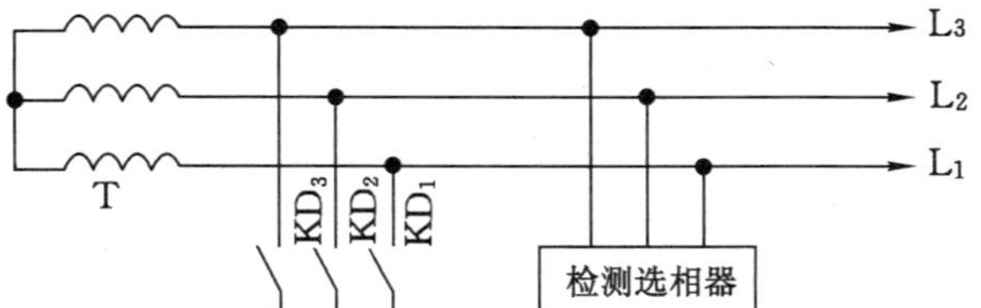

图 8-26　旁路接地式漏电保护示意图

三、JY82 型矿用隔爆检漏继电器

这种检漏继电器可用于煤矿井下中性点绝缘的，电压为 380 V 或 660 V、频率为 50 Hz 的三相交流电网中，能在井下有爆炸性危险的场所正常工作。它与低压供电单元的总馈电开关 QA 配合，可以对整个供电单元实行漏电跳闸的保护。

（一）主要功能

(1) 通过内装的欧姆表时刻监测电网的绝缘电阻，以便及时进行预防性检修。

(2) 当运行中的电网对地绝缘电阻降低到危险值、人触及一相导体或电网单相接地时，能迅速动作，使自动馈电开关跳闸，切断电源，防止发生触电、漏电事故。

(3) 当发生单相人身触电时，可由零序电抗器补偿通过人身的电容电流，减小人身触电电流，降低触电伤害程度。当电网发生单相接地时，可以减小接地的漏电电流，降低其引爆瓦斯、煤尘的能力。

（二）结构、电路及元件

JY82 型矿用隔爆检漏继电器由隔爆外壳及可拆出的电气芯子所组成。外壳的前盖利用止口卡在外壳本体上，并与隔离开关的操作手柄通过插销实现机械闭锁，以保证只有切断电源才能打开盖子，打开盖子就无法接通电源。前盖上有一个玻璃窗口，用以观察欧姆表的指示数值；还有一个试验按钮，用以检查漏电保护工作是否可靠。检漏继电器的左侧有两个喇叭口，上面的喇叭口用来与自动馈电开关进行电气连接，下面的喇叭门用来接辅助接地极。所有的电气元件均安装在可拆出的电气芯子上。继电器外壳装有拖橇，以便移动。

JY82 型检漏继电器的接线如图 8-27 所示，图中各主要元件的作用如下：

QS——隔离开关。即检漏继电器的电源开关，对自动馈电开关有电气闭锁作用。当此开关不合闸，即检漏继电器未投入运行时，由于它的一组辅助常闭接点 QS_1 接通自动馈电开关中脱扣线圈 YA 的电源，自动馈电开关便不能合闸。

1L——三相电抗器。它是把直流检测回路和三相交流电网连接起来的元件。三相电抗器的 3 个线圈始端分别接在电网的三相上，末端接成星形，形成人为中性点，正好接直流检测回路；其中有一相具有二次线圈，作为桥式整流器 VC 和指示灯 HL 的电源，二次线圈做成抽头式，以便调整附加直流电源的电压。

2L——零序电抗器。它有两个作用：一是本身具有较大的电抗值(105 Ω)，可以保证三相电抗器星形点对地的绝缘水平；二是通过它的电感电流来补偿漏电、触电时的电容电流。

C_2——滤波电容器，也叫接地电容，用来接通检漏继电器的交流回路。当电网发生漏电时，交流电流(零序电流)经 C_2 入地，从而减少交流电流对继电器 KD 直流回路的干扰。

KD——直流继电器，是检漏继电器的执行元件。它的额定动作电流为 5 mA，有两个常开接点 KD_1 和 KD_2。KD_1 为动作接点，用以接通自动馈电开关脱扣线圈的电源；KD_2 为自保接点，且比 KD_1 先行闭合，这样可以提高继电器的动作可靠性，并能防止间歇性漏电时烧毁接点 KD_1。

R_1——平衡电阻。其阻值为 1 kΩ，使整流器带有稳定的负荷，以保证整流器输出电压的稳定。

kΩ——千欧表。它实际上是一只刻着欧姆刻度的直流毫安表，用以实时监视三相电网

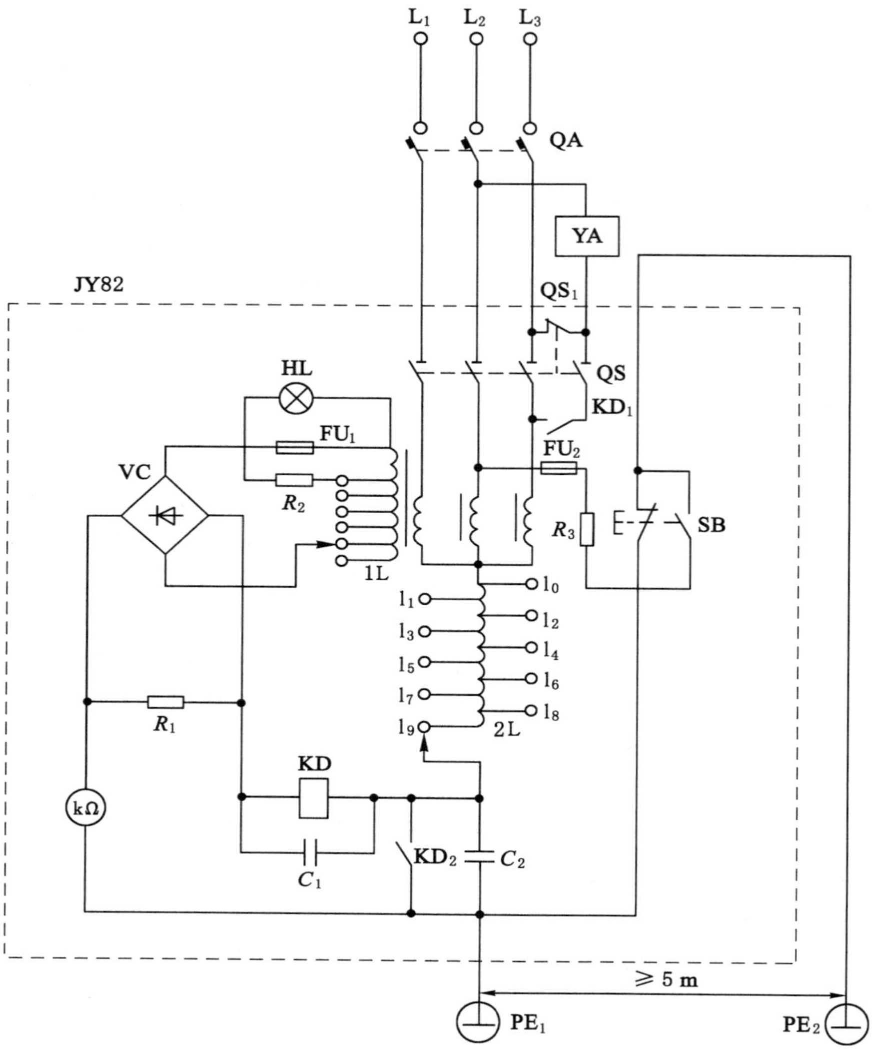

图 8-27　JY82 型检漏继电器接线图

对地的总绝缘电阻。

C_1——延时电容器。防止在检漏继电器投入运行的瞬间，因 C_2 的充电电流而引起 KD 的误动作。

VC——桥式整流器，提供直流电源，即附加到三相电网与大地间的直流电源。

HL——指示灯，供内部照明以便读取欧姆表指数，并兼作检漏继电器带电的指示灯。

R_3——试验电阻，用以检查检漏继电器的动作是否可靠，660 V 电网取 10 kΩ，380 V 电网取 3.3 kΩ。

SB——试验按钮，与试验电阻和辅助接地极配合，检查检漏继电器的动作是否可靠。

PE_1——局部接地极。

PE_2——辅助接地极，供漏电保护测试用，其安装地点距检漏继电器的局部接地极的距离应大于 5 m。

（三）工作原理

1. 监视电网的绝缘水平

JY82 型检漏继电器工作原理是附加电源直流检测式的保护方式。当隔离开关 QS 合闸以后，整个检漏继电器便通过三相电抗器 1L 与总开关 QA 连接，并开始工作。其直流检测回路如下：

$$\mathrm{VC(+)} \rightarrow \mathrm{k\Omega} \xrightarrow[\mathrm{PE_1}]{\mathrm{SB} \rightarrow \mathrm{PE_2}} \text{大地} \rightarrow \text{电网对地绝缘电阻}\, r_{\sum} \rightarrow \text{电网} \rightarrow \mathrm{1L} \rightarrow \mathrm{2L} \rightarrow \mathrm{KD} \rightarrow \mathrm{VC(-)}$$

此时，通过欧姆表的直流电流 I 可由下式求出：

$$I = \frac{U_{\mathrm{VC}}}{R + r_{\sum}} \tag{8-38}$$

式中　U_{VC}——附加直流电源电压，检漏继电器调整好后，便保持不变，V；

$r_{\sum}$——三相电网对地总绝缘电阻，即各相对地绝缘电阻的并联值，当参数对称时，$r_{\sum} = r/3$，Ω；

R——除 $r_{\sum}$ 以外，整个直流检测回路中各元件电阻之和，对于一个正在使用的检漏继电器，其数值不变且一般远小于 $r_{\sum}$，Ω。

因此，直流检测回路中的电流将随着 $r_{\sum}$ 的减小而变大，即毫安表的读数可以表示电网对地绝缘电阻值，按式(8-38)将毫安表的读数换算成欧姆数并标示，就可以随时读出电网对地的绝缘电阻，工作人员就可以根据该表的读数监视电网的绝缘水平。

2. 漏电、触电保护

当人触及电网任一相或电网对地绝缘电阻下降到危险值时，检测电流 I 将通过这样的回路：

$$\mathrm{VC(+)} \rightarrow \mathrm{k\Omega} \xrightarrow[\mathrm{PE_1}]{\mathrm{SB} \rightarrow \mathrm{PE_2}} \text{大地} \xrightarrow[r_{\sum}]{\text{人体电阻}\, R_{\mathrm{ma}}} \text{电网} \rightarrow \mathrm{1L} \rightarrow \mathrm{2L} \rightarrow \mathrm{KD} \rightarrow \mathrm{VC(-)}$$

由于人体电阻 R_{ma} 等于 1 kΩ，远小于 $r_{\sum}$，或者是 $r_{\sum}$ 降低，则检测电流 I 一旦超过 5 mA，直流继电器 KD 动作，$\mathrm{KD_2}$ 先行闭合自保，而后 $\mathrm{KD_1}$ 闭合，接通总开关 QA 脱扣线圈 YA 的电路，自动馈电开关跳闸，实现漏电保护。

3. 检漏继电器的可靠性试验

《煤矿安全规程》规定：每天必须对低压漏电保护进行一次跳闸试验。试验时，按下试验按钮 SB，接通试验回路：

$$\mathrm{VC(+)} \rightarrow \mathrm{k\Omega} \rightarrow \mathrm{PE_1} \rightarrow \mathrm{PE_2} \rightarrow \mathrm{SB} \rightarrow R_3 \rightarrow \mathrm{FU_2} \rightarrow \mathrm{1L}\,\text{中间相} \rightarrow \mathrm{2L} \rightarrow \mathrm{KD} \rightarrow \mathrm{VC(-)}$$

由于 R_3 值低于检漏继电器的整定值，故直流检测电流 I 必大于 5 mA。此时如果检漏继电器各部分都正常，它就会立即动作，使自动馈电开关跳闸。

4. 电网对地电容电流的补偿

检漏继电器在三相电抗器的星形点即人为中性点与大地之间接入了可调的感性支路，即图 8-27 中的零序电抗器 2L 和接地电容 C_2。当电网发生不对称漏电时，人为中性点出现对地电压（零序电压），该支路便产生感性电流。适当调整电感量，使电感电流与电容电流相抵消，就可使漏电电流下降。

电感量的调整通过改变 2L 的匝数（抽头）来达到。在试验调整时，可用三组容量相等的电容器组成模拟电网，当调整到使外加毫安表的读数为最小时，便认为是达到最佳补偿。

调整电感参数时，由于零序电抗器2L的电感电抗值较大（约10^5 Ω），而且又是靠改变线圈的抽头（l_0～l_9）进行调节，故不容易调准，再加上井下电网的对地电容经常变化，所以补偿效果较差，一般为50%左右。补偿效果E_0可按下式计算：

$$E_0=\frac{I_1-I_2}{I_1}\times 100\% \tag{8-39}$$

式中　I_1——无补偿，即将2L短接，并换成10^5 Ω电阻时外加毫安表的读数，mA；

I_2——最佳补偿时外加毫安表的读数，mA。

四、旁-直-零式低压选择性漏电保护系统方案

要实现对井下低压供电系统全面、安全、可靠及有选择性的漏电保护，要将多种漏电保护方式的优点，如直流检测式的全面性、旁路接地式的安全性、零序功率方向式的选择性等，有机地结合起来，才能获得理想的保护效果。以典型放射式的井下低压供电系统为例，综合了旁路接地式、直流检测式和零序功率方向式漏电保护的旁-直-零式选择性漏电保护系统的组成与保护设置如图8-28所示。

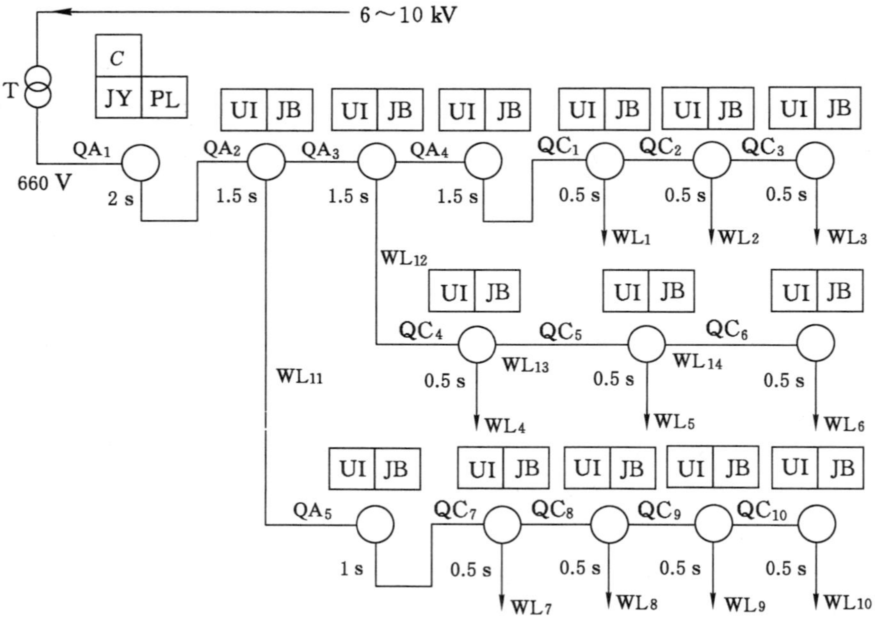

图8-28　旁-直-零式选择性漏电保护系统

该系统共设置了以下5种保护单元和插件：① C——附加三相接地电容器组；② PL——旁路接地式漏电继电器；③ JY——直流检测式漏电保护插件；④ UI——零序功率方向式漏电保护插件；⑤ JB——直流检测式漏电闭锁插件。

（1）附加三相接地电容器一组。附加三相接地电容器组是零序功率方向式选择性漏电保护所需要的，若不设置附加电容器组，则当供电单元只剩下一条支路运行时，方向保护插件将不起作用。该电容器组每相取值为0.2～0.25 μF，电容器耐压值应大于750 V，它装设于总开关QA_1内（负荷侧），其星形点连于接地网。

（2）旁路接地式漏电继电器一台。旁路接地主要作用是保证系统的安全性，使任何情况下人身触电的动作安秒值都不超出 30 mA・s 的规定，并显著降低单相漏电处入地的电流。当供电单元中任何地方发生单相漏电或人身触电时，旁路接地式继电器快速动作（<50 ms），使故障相在总开关处可靠接地，漏电电流绝大部分在总开关处经接地网入地，而故障点或人身触电的电流则变得很小，故此漏电跳闸时间允许延长。正是因为设置了旁路接地保护，才使得靠延时的纵向选择性得以实现，而不影响保护系统的安全性，并对供电单元内所有的馈电开关和磁力启动器的跳闸速度无过高的要求，从而有利于老设备的技术改造。

(3) 直流检测式漏电保护插件一块。该插件根据传统漏电保护理论设计，但要取消电容电流补偿电路，并增设延时电路，其动作分成启动和跳闸两步，延时 1.2～2 s，即一旦有漏电故障发生，就延时 1.2～2 s 再发出跳闸指令。该插件设在总开关 QA_1 内，主要用来弥补方向式漏电保护的动作死区（对称性漏电），此时，动作不延时，以提高安全性。为了避免对总开关 QA_1 进行较大的改造，该插件也可以设置在旁路接地式漏电继电器内。此外，直流检测式漏电保护插件还可以作为整个漏电保护系统的总后备，以提高其可靠性。

(4) 零序功率方向式漏电保护插件若干。在 QA_2～QA_5、QC_1～QC_{10} 中应各装设一块方向式漏电保护插件，其漏电启动时间不大于 20 ms，但跳闸指令的发出有不同的延时：QC_1～QC_{10} 为 0.3～0.5 s，QA_5 为 0.6～1.0 s，QA_2～QA_4 为 0.9～1.5 s。这样既能保证任何开关的跳闸都在旁路接地继电器动作之后，又能满足系统的纵、横向均有选择性的要求。不同的延时性能只需将该插件中的个别元件（电容）参数加以改变就可满足。0.3 s、0.6 s、0.9 s延时序列适用于由真空型馈电开关及磁力启动器所组成的供电系统，0.5 s、1.0 s、1.5 s 延时序列适用于由老式开关及启动器所组成的供电系统。

(5) 直流检测式漏电闭锁插件若干。该插件的电路设计比较简单，可与零序功率方向式漏电保护插件合为一个插件，这样有的元件可以共用，并能减少插件间的连接和插件的总体积。当开关与启动器合闸前负荷侧有漏电故障存在时，它的出口继电器闭锁各自控制的馈电开关与磁力启动器，使之合不上闸。低压总开关由于分、合闸操作很少，且所控制保护的线路极短，故不必设置漏电闭锁单元。

旁-直-零式选择性漏电保护系统的保护性能比较完善，漏电跳闸对于供电单元来说，纵向和横向都有选择性；各种情况下的漏电故障切除均满足 30 mA・s 的要求，使人身触电电流小于 10 mA，并能消除断电后电动机反电势和电网电容放电对人身及矿井的危害，具有较高的安全性；由于在总开关处设置了直流检测式漏电保护插件，因而各级开关、启动器中的方向式漏电保护至少获得一级后备保护，消除了动作死区。

第五节 保护接地与接零

漏电保护与保护接地都是防止人身触电伤害的重要措施，在井下电网中两种保护相辅相成，缺一不可。在防止人身触电伤害方面，两种保护侧重点有所不同。漏电保护侧重于故障发生后的跳闸时间，一旦发生漏电或人身触电，通过尽快切断电源，将故障存在的时间减小到最短。保护接地则侧重于尽量减小裸露漏电电流和人身触电电流，最大限度地降低故障的严重程度。地面低压三相四线制中性点直接接地系统的保护接地一般习惯称为“保护接零”，对防止人身触电有重要意义。

一、保护接地及其作用原理

所谓保护接地，就是用导体把电气设备中所有正常不带电、当绝缘损坏时可能带电的外露金属部分（电动机、变压器、电器、测量仪表的金属外壳、配电装置的金属构件、电缆终端盒与接线盒的金属外壳等）和埋在地下的接地极连接起来。它是预防人身触电伤害的一项极其重要的措施。

在井下电网中，保护接地的作用如图 8-29 所示。如图 8-29(a)所示，未装设保护接地时，当电气设备内部绝缘损坏等造成单相(L_3)带电体碰壳时，若人接触此外壳，则电流经过人体入地，再经其他两相对地绝缘阻抗回到电源。由前文分析可见，当考虑电网对地分布电容时，则通过人身的电流将远超过安全值。同时，碰壳处出现的漏电火花还可能引起瓦斯、煤尘爆炸。因此，没有保护接地，一旦发生漏电会危及人身和生产安全。

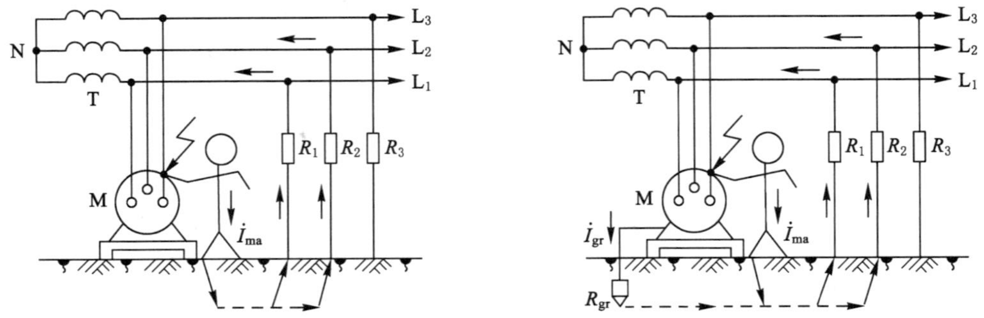

(a) 未装设保护接地　　(b) 装设保护接地

图 8-29　保护接地的作用

如图 8-29(b)所示，装设有保护接地的供电系统，同样发生单相带电体碰壳的漏电故障时，若人体接触外壳，电流将通过人体电阻与接地装置的接地电阻所构成的并联阻抗入地，再通过其他两相对地绝缘阻抗回到电源。由于接地装置的接地电阻远小于人体电阻，接地电阻的分流作用使人身触电电流大大减小。人身触电电流与通过接地极的电流关系为：

$$I_{gr}/I_{ma}=R_{ma}/R_{gr} \tag{8-40}$$

即：

$$I_{ma}=R_{gr}I_{gr}/R_{ma} \tag{8-41}$$

式中　R_{gr}——接地极的接地电阻，对于井下供电系统，要求 $R_{gr}\leqslant 2\ \Omega$；

I_{gr}——流过接地极的电流，A。

对于中性点绝缘的 660 V 低压电网，单相接地电流通常不大于 1 A，因此可得：

$$I_{ma}=2\times 1/1\ 000=0.002\ (\text{A})=2\ \text{mA}$$

可见，保护接地对人身触电安全是非常重要的。由式(8-41)还可以看出，接地电阻 R_{gr} 越小，则流经人体的电流 I_{ma} 就越小，电流大部分由接地极流入大地，所以只要将接地电阻的数值控制在《煤矿安全规程》规定的范围以内，就可以使人身触电电流降到反应电流以内，确保人身的安全。

此外，由于装设了保护接地装置，碰壳处的漏电电流大部分将经接地导体入地，由于接地电流很小，导体不会产生发热及电火花，从而避免了引爆瓦斯、煤尘的危险。

当电气设备单相碰壳，接地电流 I_{gr} 经接地极入地以后，便向周围及地下扩散，形成地中电流。距接地极越近的地方，电流通过土壤的导电面积越小；距接地极越远的地方，导电面积越大。如果在电流扩散的方向上选同样长的一段长度，可以看出：距接地极越近的地方，因半球面的表面积小，因而电阻较大；越远的地方，其电阻越小，离接地极 20 m 以外的地方，土壤电阻近似等于零。电流通过电阻要产生压降，因此距接地极越近的地方，在土壤中单位长度上的电压降越大；距接地极越远的地方，单位长度上的电压降也就越小，在 20 m 以外的土壤中，几乎没有电压降，可以认为该处的电位为零，这就是通常所说的电气上的“地”。接地回路中任何一点对“地”的电位差称为对地电压。接地极附近土壤中的电位分布曲线如图 8-30 所示。

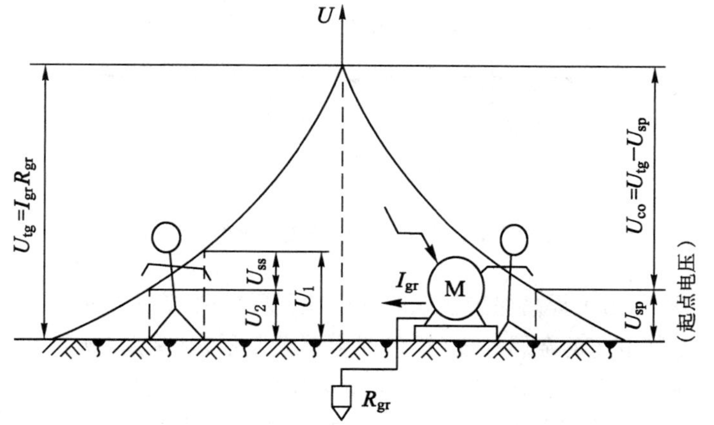

图 8-30　接地极周围土壤电位分布

接地极的对地电压 U_{tg} 与经接地极流入地中的接地电流之比称为接地极的流散电阻；电气设备接地部分的对地电压与接地电流之比称为接地装置的接地电阻，它等于接地线的电阻与接地极的流散电阻之和，因为接地线的电阻很小，可略去不计，故一般认为接地电阻等于流散电阻。

接触电压 U_{co} 的概念前面已经提到过，下面再介绍一下跨步电压的概念。在发生接地故障后，距离接地极 20 m 的圆内，地面上将呈现出不同的电位分布（图 8-30）。当人的两脚站在不同电位的地面时，两脚间的电位差叫作跨步电压 U_{ss}。在计算时，一般取步距 0.8 m，即取 0.8 m 间的电位差为跨步电压。由图可知，距接地极越近，跨步电压越大，反之越小。

从接触电压的角度看，保护接地的作用原理也可以这样解释：由于接地极的电阻很小，漏电电流在 R_{gr} 上产生的电压降亦很小，使得漏电设备外壳的对地电压大大降低，从而降低了接触电压，保证了触电人员的安全。

二、井下保护接地系统

井下各种电气设备在单独装设保护接地装置后，并不能完全消除触电的危险。如图 8-31所示的供电系统，电动机 M_1 和 M_2 均装设了单独的保护接地装置。当电动机 M_1 的一相（例如 L_1 相）绝缘损坏时，使其外壳带电，形成单相漏电故障；如电网没有漏电保护或漏电保护失灵，这一漏电故障将长期存在下去。在此情况下若电动机 M_2 的另一相（如 L_3 相）绝缘损坏，发生单相碰壳，这时电网就发生了两相对地短路，短路电流如图中箭头所示。如果单独保护接地电阻偏大，这一电流可能不足以使过流保护装置动作，这一故障将长期存在下去，这时电气设备外壳将带有危险的电压。两电动机外壳对地电压的大小，与两电动机的接地电阻成正比。若电动机 M_1 和 M_2 的接地电阻大小相等，则两电动机外壳对地电压相等，为电网额定电压的一半，即 380 V 电网对地电压为 190 V，660 V 电网对地电压为 330 V。可见，这时如果人体触及该电动机外壳，是非常危险的。

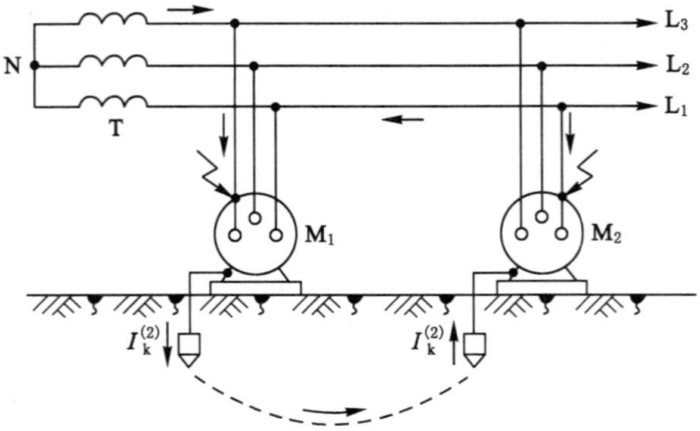

图 8-31　电气设备设有单独保护接地时的两相接地故障

所以，在煤矿井下，为了提高保护接地的安全性和可靠性，除了采取单独保护接地外，还利用供电的高、低压铠装电缆的金属外皮（铅包或金属铠装层）和橡套（塑料）电缆的接地芯线或屏蔽护套，把分布在井底车场、运输大巷、采区变电所以及工作面配电点的电气设备（36 V 以上）的金属外壳在电气上连接起来，这样就将各处埋设的接地极（或称局部接地极）也并联起来，形成一个井下保护接地系统，也称保护接地网。这样做不仅降低了接地电阻，也防止了不同电气设备的不同相同时碰壳（接地）所带来的危险，因为这时两相短路电流主要通过接地网流通，如图 8-32 所示，因而提高了两相短路电流的数值，保证过流保护装置可靠动作。

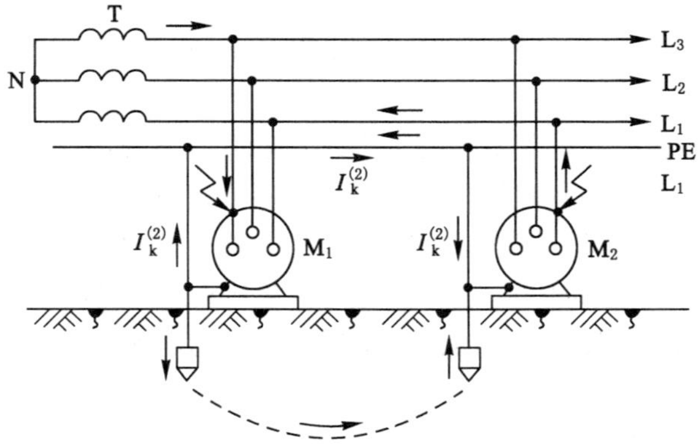

图 8-32　电气设备有保护接地网时的两相接地故障

如图 8-33 所示为井下保护接地系统示意图。井下保护接地系统由主接地极、局部接地极、接地母线、辅助接地母线、接地导线和连接导线等组成。

设置在井底主、副水仓或集水井内的接地极称为主接地极。主接地极要用面积不小于 0.75 m^2、厚度不小于 5 mm 的钢板做成。如矿井水为酸性时，应视其腐蚀性情况适当加大

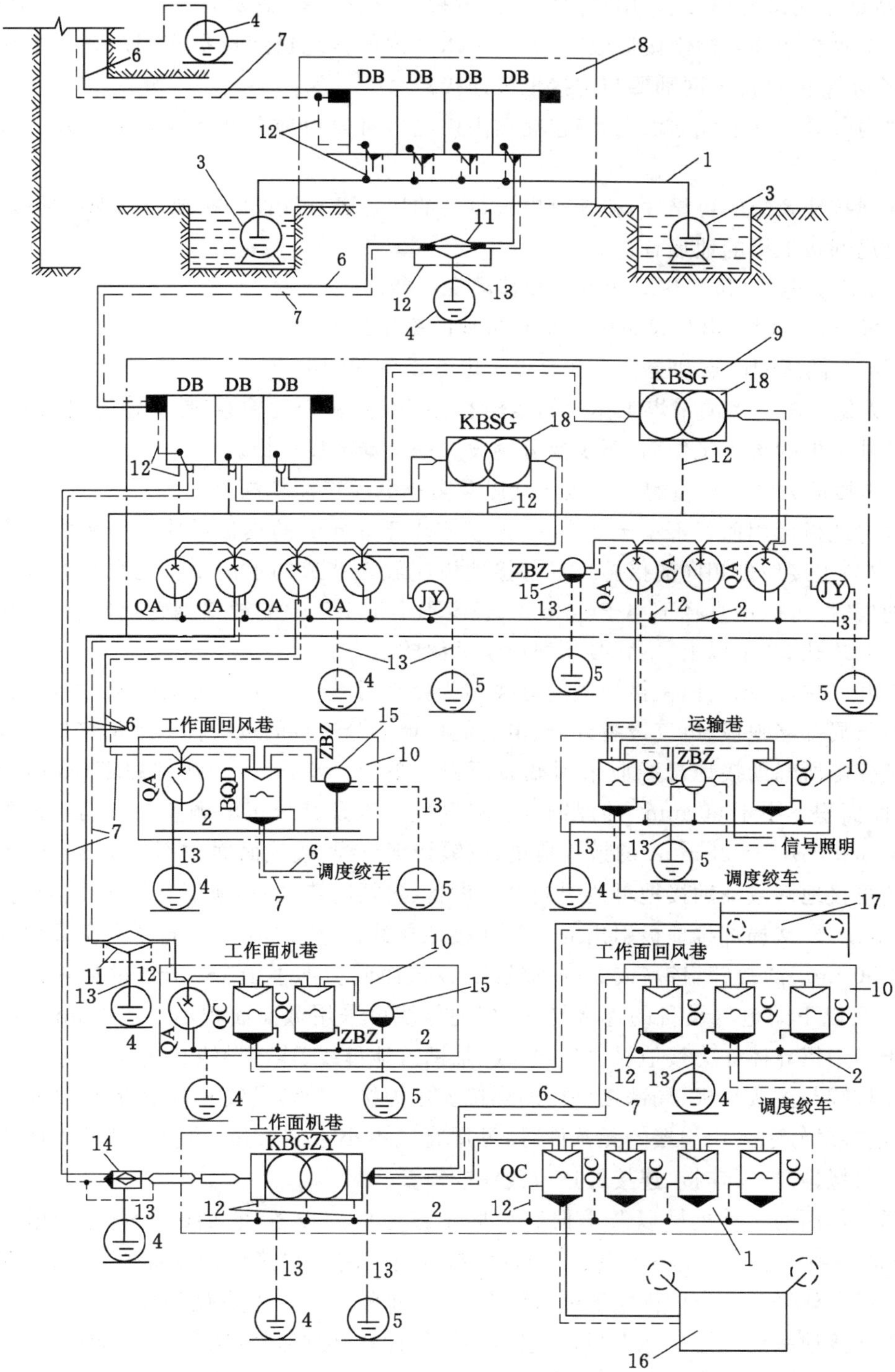

1—接地母线；2—辅助接地母线；3—主接地极；4—局部接地极；5—漏电保护辅助接地极；6—电缆；
7—电缆接地层；8—井下主变电所；9—采区变电所；10—配电点；11—电缆接线盒；12—连接导线；
13—接地导线；14—电缆连接器；15—煤电钻综合保护装置；16—采煤机；17—带式输送机；18—隔爆干式变压器；
QA—馈电开关；DB—配电箱；QC—磁力启动器；ZBZ—照明综保。

图 8-33　井下保护接地系统示意图

其厚度，或镀上耐酸金属，或采用其他耐腐蚀钢板。一般在主、副水仓内各设一个主接地极，以保证一个水仓清理或检修接地极时，另一个水仓内的接地极起保护作用。有多个水平的矿井，每个水平的总接地网都要与主接地极连接。

矿井内分区从井上独立供电者（包括钻眼供电），可以单独在井下或井上设置分区的主接地极。

为加强接地系统的可靠性，在装有电气设备的地点独立埋设的接地极称为局部接地极。需要装设局部接地极的地点有：

(1) 采区变电所（包括移动变电站和移动变压器）。

(2) 每个装有固定电气设备的硐室和单独的高压配电装置。

(3) 每个低压配电点和至少有 3 台以上电气设备的配电点。

(4) 无低压配电点的采煤工作面的运输巷、回风巷、集中运输巷（带式输送机巷）以及由变电所单独供电的掘进工作面，至少要分别设置一个局部接地极。

(5) 连接动力铠装电缆的每个接线盒以及高压电缆连接装置。

局部接地极可用面积不小于 0.6 m^2、厚度不小于 3 mm 的钢板做成。如矿井水为酸性时，应采取与主接地极相同的措施。局部接地极应放在巷道的水沟中。无水沟的地方埋设局部接地极时，可以用直径不小于 35 mm、长度不小于 1.5 m 的镀锌钢管，管上钻直径不小于 5 mm 的透孔 20 个以上，钢管必须埋设于潮湿的地方。

连接井底主、副水仓内主接地极的母线称为接地母线。井下各机电硐室、配电点、采区变电所内与局部接地极、电气设备外壳、电缆的接地部分连接的母线称为辅助接地母线。接地母线及变电所辅助接地母线应采用截面面积不小于 100 mm^2 的镀锌扁钢（或镀锌钢绞线）或截面面积不小于 50 mm^2 的裸铜线。采区配电点及其他机电硐室的辅助接地母线应采用截面面积不小于 50 mm^2 的镀锌扁钢（或镀锌钢绞线）或截面面积不小于 25 mm^2 的裸铜线。从总接地网或辅助接地母线引向电气设备（包括电缆）的接地部分的导线称连接导线（或接地引线）。从局部接地极引出的导线称接地导线。连接导线、接地导线应采用截面面积不小于50 mm^2的镀锌扁钢（或镀锌钢绞线）或截面面积不小于 25 mm^2 的裸铜线。电压为 127 V 及以下的电气设备的连接导线、接地导线可采用截面面积不小于 6 mm^2 的裸铜线。禁止采用铝导体作为接地极、接地母线、辅助接地母线、连接导线和接地导线。

接地母线与主接地极、局部接地极的连接要用焊接。接地导线和接地母线（或辅助接地母线）的连接最好也采用焊接。无条件时，可用直径不小于 10 mm 的镀锌螺栓加防松装置（弹簧垫、双螺帽）拧紧连接，连接处还应镀锡或镀锌。

采掘工作面的移动机械以及不便装设固定接地极的设备，它们的外壳应利用 6 芯或 4 芯橡套软电缆中的接地芯线来接地。这时，接地总线的一端接移动设备外壳，另一端接采区配电点设备外壳。巷道内固定照明接线盒，可以每隔 100 m 左右做局部接地一次。

对矿井接地系统的总接地电阻，一般可不进行计算，但必须定期测定。《煤矿安全规程》规定，任一组主接地极断开时，井下总接地网上任一保护接地点的接地电阻值，不得超过 2 Ω。每一移动式和手持式电气设备至局部接地极之间的保护接地用的电缆芯线和接地连接导线的电阻值，不得超过 1 Ω。

三、接地网各组成部分的检查

凡有值班人员的机电硐室和有专职司机的电气设备，交接班时必须由值班人员和专职司机对保护接地进行一次表面检查，而其他设备的保护接地，则由维修人员每周至少进行一次表面检查。

进行表面检查时，应着重观察整个接地网的连接情况，务必使其连续不断。对于接触不良或严重锈蚀等，应立即处理，否则将使接地电阻值增大。电气设备的保护接地装置未修复前，禁止向其送电。

电气设备在每次安装、检修或移动后，应详细检查其保护接地装置的完好情况。对那些振动较大及经常移动的电气设备，应该特别注意，随时加强检查。如果发现问题应及时记入记录簿内，并及时向有关领导汇报，处理的结果也要记入记录簿内。对各部分的检查内容有：

(1) 接地母线和接地引线的导体是否完整、平直与连续，铁质导体有无严重锈蚀、断裂或开焊现象，铜导线有无断丝或断线。如发现有损坏达到超过规定的情况，应及时进行处理或更换，并做好记录。

(2) 接地母线和接地引线与电气设备的金属外壳、接地极、接地端子的连接是否完整可靠。如果用螺栓连接，是否装有弹簧垫圈、压接是否坚固可靠；如果采用焊接，其焊缝是否符合规定。若发现有连接不符合规定者，应立即进行处理，并做好记录。

(3) 穿过墙壁或基础的接地母线，其防护套管是否完好；与电缆、管道等交叉时，其遮盖物是否完好。

(4) 设置在有腐蚀性环境中的接地母线与接地导线，还应定期涂防腐涂料。

(5) 每年至少要将主接地极和局部接地极从水仓或水沟提出来，详细检查一次。两个主接地极，应该轮流分别检查，不能同时提出来检查，以免影响安全。如果矿井水含酸性较大，应适当增加检查次数，如发现严重锈蚀或接触不良等情况，应立即处理。

(6) 对于设置在水沟以外的管状局部接地极，应经常灌注盐水，以保持良好的导电状态。

四、井下接地电阻的测定

井下总接地网的接地电阻值测定工作，应有专人负责，每季度至少进行一次，并把测量结果记入记录簿，以便查阅。新安装的接地装置，在投入运行前，应对其接地电阻值进行测量。

(一) 电流-电压表法

电流-电压表测量方法如图 8-34 所示。图中 A 为待测量接地电阻的接地极；B 为第一辅助接地极(金属探针)，用于测定 A 与大地零电位的电压 U_{tg}；C 为第二辅助接地极(金属探针)，使测量电流 I_{gr}能在 A、C 和大地之间形成回路。合上开关 QS，测取电压表和电流表的读数(U_{tg}和 I_{gr})，则接地极 A 的接地电阻 $R_{gr}=U_{tg}/I_{gr}$。

实际中，由于电流-电压表法测量接地电阻相对烦琐，且需要额外的电源和设备，因此较少采用。而接地电阻测量仪使用自带的电源(手摇发电或电池)和配套的电压电流探针，使用起来更为简单便捷，且抗干扰性较好，应用广泛。

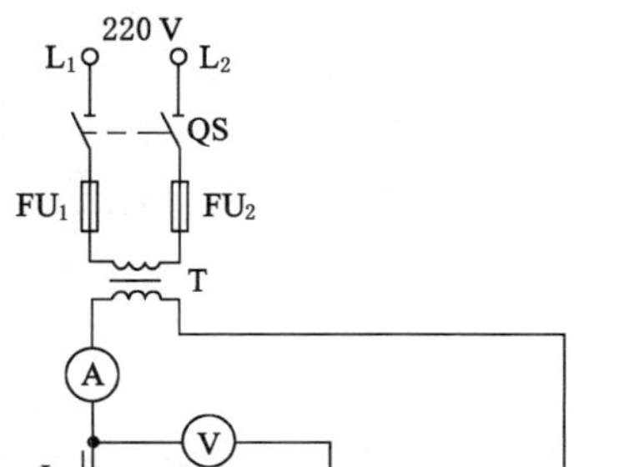

图 8-34　电流-电压表法测量接地电阻

(二) 用 ZC-18 型本质安全型接地电阻测量仪测量

在有瓦斯及煤尘爆炸危险的矿井内，进行接地电阻测量时，应用安全火花型仪表，如ZC-18型本质安全型接地电阻测量仪。该仪表的电源由其内部手摇式交流发电机提供，输出电压不超过27 V，输出电流不超过13 mA。当两接线端直接短路时，其短路电流也不超过17 mA，从而满足了安全火花的要求。

ZC-18型接地电阻测量仪由手摇发电机、电流互感器、电位器及检流计等组成，全部机构装于铝合金铸造的便携式外壳内，附件有辅助接地探测针（电压探针P′和电流探针C′）及连接导线等，装于附件袋内。表8-7给出了其各项技术参数。

表8-7　ZC-18型接地电阻测量仪技术参数

量限	0～10 Ω、0～100 Ω两挡
刻度分值	0～10 Ω，最小分格为0.1 Ω；0～100 Ω，最小分格为1 Ω
准确度	为额定值的±5%
发电机的摇把转速	等于或大于120 r/min
工作环境	温度为0～50 ℃；相对湿度为98%以下
外形尺寸	170 mm×110 mm×164 mm
质量	4 kg

1. 电路及工作原理

ZC-18型接地电阻测量仪的电路图如图8-35所示。仪表的接线端钮E与接地极E′相连接，另外两个端钮P和C与相应的辅助探针P′及C′相连接。P′和C′沿着接地极E′间隔20 m插入土壤中。

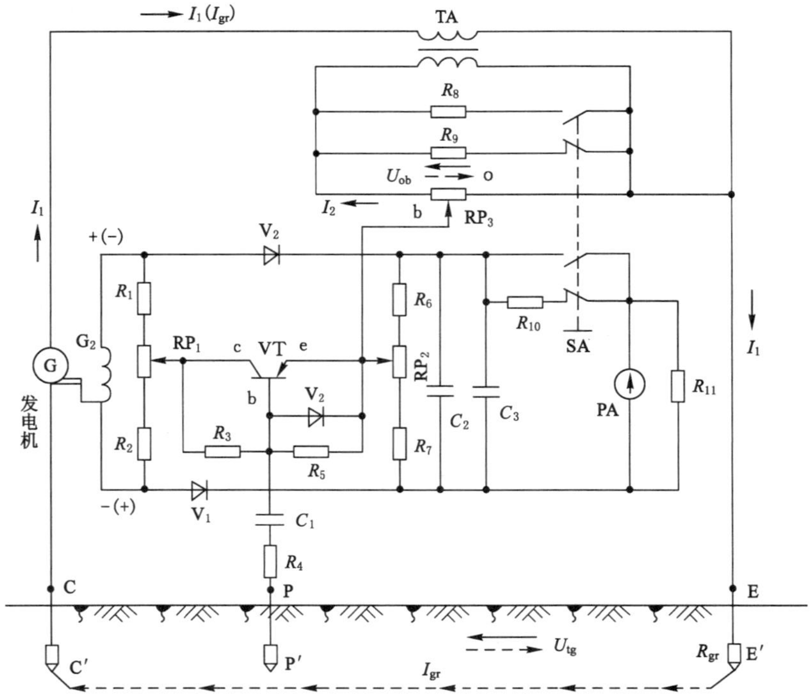

图8-35　ZC-18型接地电阻测量仪电路图

当测量者以 120 r/min 的速度摇动手摇发电机 G 时，便产生交流电流 I_1。I_1 从电动机一端经电流互感器 TA 的一次绕组、接地极 E′、大地和电流探针 C′回到发电机的另一端，它就是经接地极的接地电流 I_{gr}。接地极 E′与埋在处于零点位点的探针 P′间的电压就是 E′的对地电压 U_{tg}。电流互感器 TA 二次绕组产生的电流流过电位器 RP_3，其电流为 I_2，在电位器可调部分(ob 段)产生的电压为 U_{ob}。

为了从仪表上直接读出接地电阻值，须将 U_{tg} 和 I_{gr} 进行比较，为此设置了由晶体管整流电路和检流计 PA 所组成的比较电路。将 U_{tg} 的一端通过耦合电容器 C_1 接到晶体管整流电路的一端，将电位器 RP_3 中可调部分 ob 上的电压 U_{ob} 的同极性端接到晶体管整流电路的另一端，而 U_{tg} 与 U_{ob} 的另一端在电路上是连在一起的。这样，加在比较电路上的输入电压即为 U_{tg} 与 U_{ob} 之差。比较电路事先已调整到当无输入电压时，检流计 PA 的指针为零。因此，当有输入电压时，检流计 PA 的指针将偏向一方。

当发电正半周且 $|U_{ob}|>|U_{tg}|$ 时，发电机的第二绕组 G_2 的上端为“＋”，下端为“－”，U_{ob} 与 U_{tg} 的方向如图 8-35 中的实线所示，此时输入电压等于 $U_{ob}-U_{tg}$，加在三极 VT 的 eb 结上为反向电压，故 VT 截止，检流计无电流通过，指针指向零。

当发电负半周且 $|U_{ob}|>|U_{tg}|$ 时，U_{ob} 与 U_{tg} 的方向如图 8-35 中虚线所示，此时输入电压加在 VT 的 eb 结上为正向电压，故 VT 导通，因而比较电路中电流将沿以下路径流通：

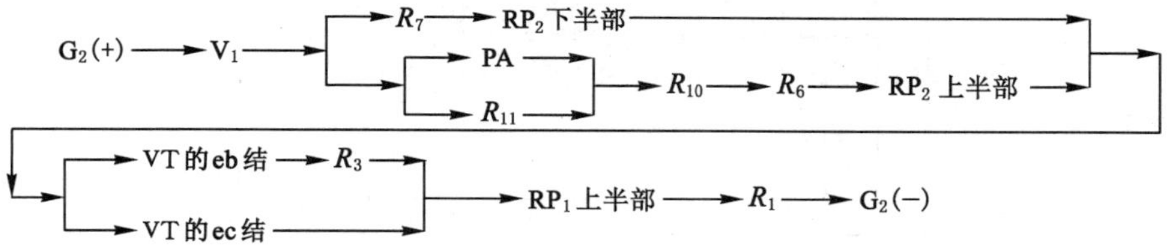

这时检流计指针将偏向一方。

同理可得，$|U_{ob}|<|U_{tg}|$ 时，发电正半周比较电路将有电流通过，检流计指针偏向另一方；而发电负半周则无电流通过。

可见，在测量时，如果 $U_{ob}\neq U_{tg}$，将有半波直流通过检流计，而检流计实际上是一个直流微安表，所以其指针将偏向一方。此时，通过调节电位器 RP_3 的可调部分 ob，使 $U_{ob}=U_{tg}$，则 VT 截止，检流计指针将指向零。如果与 b 点联动的标度盘满刻度为 10，当指针数值为 N 时，有：

$$I_1 R_{gr}=I_2 R_{RP_3}\frac{N}{10} \tag{8-42}$$

即：

$$R_{gr}=\frac{NR_{RP_3}I_2}{10I_1} \tag{8-43}$$

若 $I_1=I_2$，则：

$$R_{gr}=\frac{NR_{RP_3}}{10} \tag{8-44}$$

若 $I_2=I_1/10$，则：

$$R_{gr}=\frac{NR_{RP_3}}{100} \tag{8-45}$$

借助转换开关 SA 改变 I_2，就可以得到两个不同的量限，即 0～10 Ω 和 0～100 Ω，所以可直接从刻度盘上读出 R_{gr} 的大小。

2. 测量步骤

(1) 按图 8-36 所示连接线，沿被测接地极 E′，使电压探针 P′和电流探针 C′依直线彼此相距 20 m，且 P′位于 E′和 C′之间。

(2) 用导线将 E′、P′和 C′与仪表相应端钮连接起来。

(3) 将仪表水平放置，检查检流计的指针是否指示在黑线上，否则调整零位调节器 S_0，使之对准黑线。

(4) 转动量限转换开关 SA，将倍率标度盘拨于乘 10 倍数挡，慢慢转动发电机的手把，同时转动测量标度盘（电位器 RP_3 随之转动），使检流计的指针对准黑线。

(5) 加快发电机手把的转速，使其达到 120 r/min 以上，调整测量标度盘，使指针对准黑线。

(6) 如测量标度盘的读数小于 1，应将倍率标度盘置于乘 1 的倍数挡，再重新调整测量标度盘，以得到正确的读数。测量标度盘读数乘以倍率标度盘倍数的积即为所测接地极 E′的电阻值 R_{gr}。

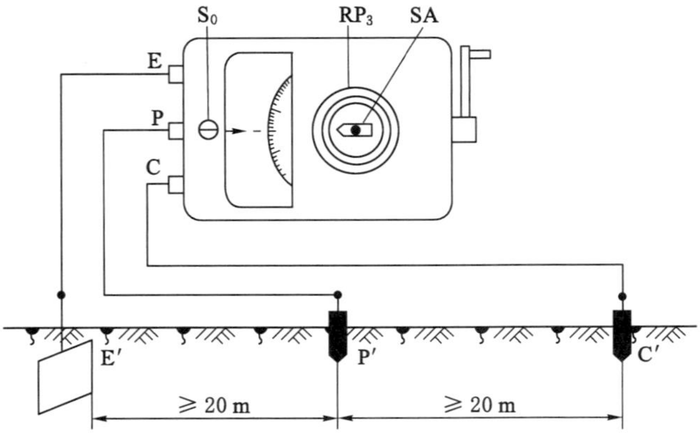

图 8-36　接地电阻测量示意图

五、TN 系统的保护接地与漏电保护

(一) TN 系统的保护接地

在中性点直接接地的 TN 系统中，保护接地通常是将设备的外露可导电部分经公共的 PE 线（如在 TN-S 系统中）或经 PEN 线（如在 TN-C 系统中）接地（见第一章“低压配电系统的接地形式”），TN 系统的 PEN 线和 PE 线习惯称为“保护零线”，因而这种接地形式我国习惯称为“保护接零”。由于 TN-C 系统存在较多安全隐患，已经禁止使用。因此，实际中的“保护接零”是将设备的外露可导电部分接在公共地线（即 PE 线）的。

必须注意，同一低压配电系统中，不能有的设备采取保护接地而有的设备又采取保护接零；否则，当采取保护接地的设备发生单相接地故障时，会造成中性点电位升高，从而引起采取保护接零的设备外露可导电部分（外壳）将带上危险的电压，如图 8-37 所示。

(二) 重复接地

在 TN 系统中，除在电源中性点进行工作接地外，还将电网 PE 线上的一处或多处通过接地装置与大地再次连接，称为重复接地。重复接地电阻不宜大于 10 Ω。重复接地的地点为：

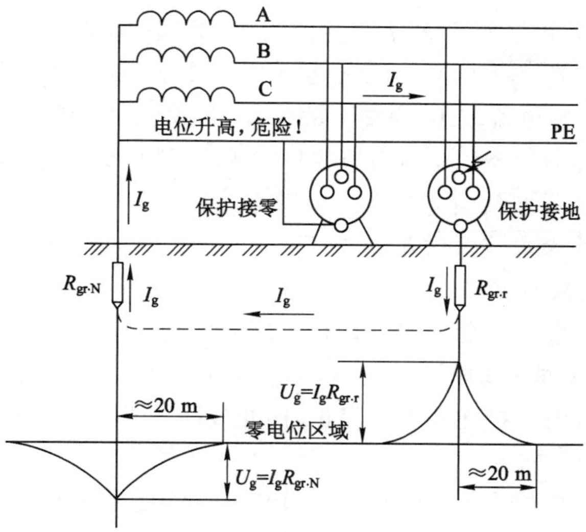

图 8-37　同一系统中有保护接地和接零时外壳接地设备发生碰壳短路的情况

(1) 在架空线路终端及沿线每隔 1 km 处。

(2) 电缆和架空线引入车间和其他建筑物处。

重复接地的作用是进一步降低发生单相导体碰壳接地事故时人身的接触电压及减少零线断线时漏电设备的外壳对地电压。例如，如图 8-38(a)所示，如果不进行重复接地，在 PE 线完好且有设备发生单相碰壳时，设备的外壳对地电压约为相电压的 1/2；在 PE 线断线且有设备发生单相碰壳时，接在断线后面的所有设备的外壳都将呈现接近于相电压的对地电压。如果进行了重复接地，如图 8-38(b)所示，假设重复接地电阻与中性点接地电阻相等，即 $R_{gr.r}=R_{gr.N}$，则在 PE 线完好有设备发生单相碰壳时，设备的外壳对地电压约为相电压的 1/4；在 PE 线断线且有设备发生单相碰壳时，接在断线后面的所有设备的外壳对地电压约为相电压的 1/2。显然，在发生同样故障时，有重复接地发生漏电故障时设备外壳呈现的对地电压显著降低。

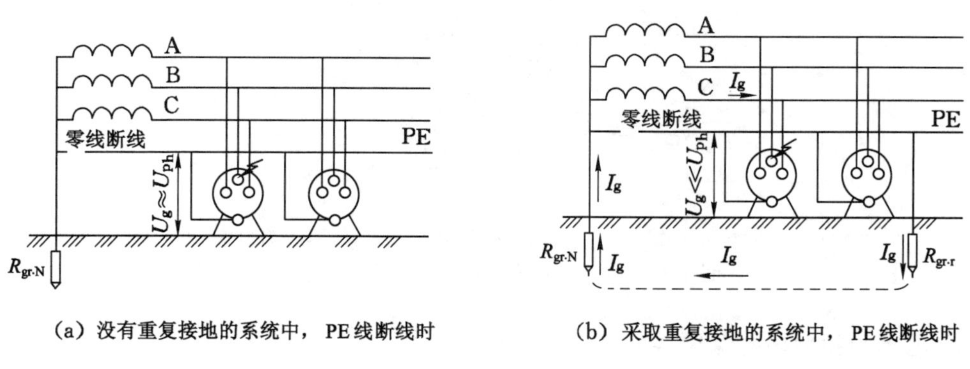

(a) 没有重复接地的系统中，PE 线断线时　　(b) 采取重复接地的系统中，PE 线断线时

图 8-38　重复接地的作用

(三) TN 系统的漏电保护

TN 系统为中性点直接接地系统,若发生相线与 PE 线的金属性短接,为单相短路故障,必须迅速切除,否则将产生严重后果,甚至引起火灾或爆炸。如果发生相线经过一定阻抗接大地或 PE 线,其接地故障电流较小,为漏电故障,此时故障设备的外露可导电部分可能呈现危险的对地电压,如不及时予以信号报警或故障切除,就有发生人身触电事故的可能。因此对漏电故障必须重视,采取适当的安全防护措施。TN 系统中的漏电故障保护通常采用零序电流保护(如利用剩余电流保护器)来实现。

1. 漏电保护器的功能与原理

漏电保护器又称剩余电流保护器(RCD),是指在规定条件下,当漏电电流(剩余电流)达到或超过规定值时能自动断开电路的一种保护电器。它一般用于 TN、TT 形式的低压配电系统中作为漏电和接地故障的保护,防止发生人身触电事故及因接地电弧引发的火灾。

电流动作型漏电保护器利用零序电流互感器来反映接地故障电流,以动作于脱扣机构。它按脱扣机构的结构分,有电磁脱扣型和电子脱扣型两类。

(1) 电磁脱扣型漏电保护器

如图 8-39 所示,正常运行时,穿过零序电流互感器 TAN 的三相电流相量和为零,零序电流互感器 TAN 二次侧不产生感应电动势,因此极化电磁铁 YA 的线圈中没有电流通过,其衔铁靠永久磁铁的磁力保持在吸合位置,使开关维持在合闸状态。当设备发生漏电或单相接地故障时,就有零序电流穿过互感器 TAN 的铁芯,使其二次侧产生感应电动势,电磁铁 YA 的线圈中有交流电流通过,从而使电磁铁 YA 的铁芯中产生交变磁通,与原有的永久磁通叠加,产生去磁作用,使其电磁吸力减小,衔铁被弹簧拉开,使自由脱扣机构 YR 动作,开关跳闸,断开故障电路,从而起到漏电保护的作用。

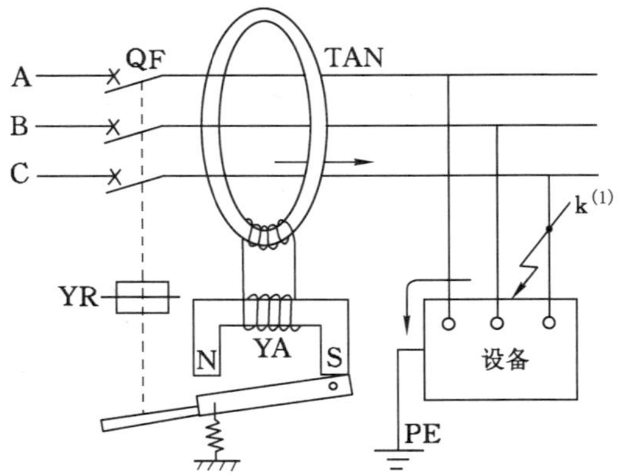

TAN—零序电流互感器;YA—极化电磁铁;QF—断路器;YR—自由脱扣机构。

图 8-39 电流动作的电磁脱扣型漏电保护器

(2) 电子脱扣型漏电保护器

如图 8-40 所示,电子脱扣型漏电保护器是在零序电流互感器 TAN 与自由脱扣机构 YR 之间接入一个电子放大器 AV。当设备发生漏电或单相接地故障时,互感器 TAN 二次侧感生的电信号经电子放大器 AV 放大后,接通脱扣机构 YR,使开关跳闸,从而也起到漏电保护的作用。

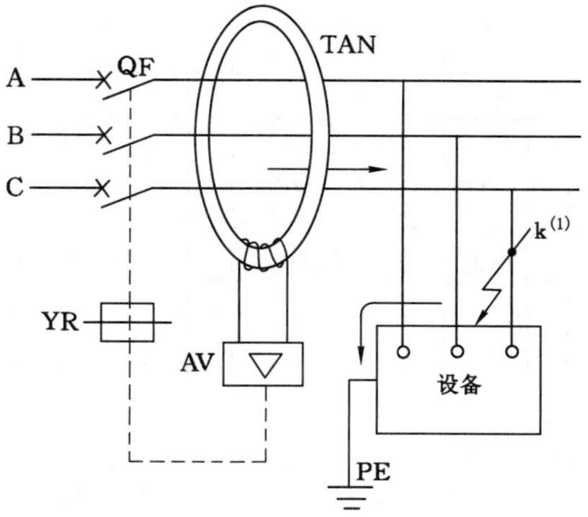

TAN—零序电流互感器；AV—电子放大器；QF—断路器；YR—自由脱扣机构。

图 8-40　电流动作的电子脱扣型漏电保护器

2. 漏电保护器的分类

漏电保护器按其保护功能和结构特征，可分为以下四类：

(1) 漏电保护开关。它由零序电流互感器、漏电脱扣器和主开关组装在一绝缘外壳之中，具有漏电保护及手动通断电路的功能，但不具有过负荷和短路保护的功能。这类产品主要应用于住宅，通称漏电开关。

(2) 漏电断路器。它是在低压断路器的基础上加装漏电保护部件所组成，因此具有漏电保护及过负荷和短路保护的功能。

(3) 漏电继电器。它由零序电流互感器和继电器组成，具有检测和判断漏电和接地故障的功能，由继电器发出信号，并控制断路器或接触器切断电路。

(4) 漏电保护插头/座。它由漏电开关或漏电断路器与插头/座组合而成，使插头/座回路连接的设备具有漏电保护功能。

漏电保护器按极数分，有单极两线、双极两线、三极三线、三极四线和四极四线等多种形式，其在低压配电线路中的接线如图 8-41 所示。

3. 漏电保护器的装设场所与要求

(1) 漏电保护器(RCD)的装设场所

由于人手握住手持式或移动式电器时，如果该电器漏电，则人手因触电痉挛而很难摆脱，触电时间一长，就会导致死亡。而固定式电器漏电，如人体触及，会因电击刺痛而弹离，一般不会继续触电。由此可见，手持式和移动式电器触电的危险性远远大于固定式电器触电。因此一般规定，安装有手持式和移动式电器的回路上应装设 RCD。由于插座主要是用来连接手持式和移动式电器的，因此插座回路上一般也应装设 RCD。《住宅设计规范》(GB 50096—2011)规定，除空调电源插座外，其他电源插座回路均应装设 RCD。

(2) PE 线和 PEN 线不得穿过 RCD 的零序电流互感器铁芯

在 TN-S 系统中或 TN-C-S 系统中的 TN-S 段装设 RCD 时，PE 线(保护接地线)不得穿

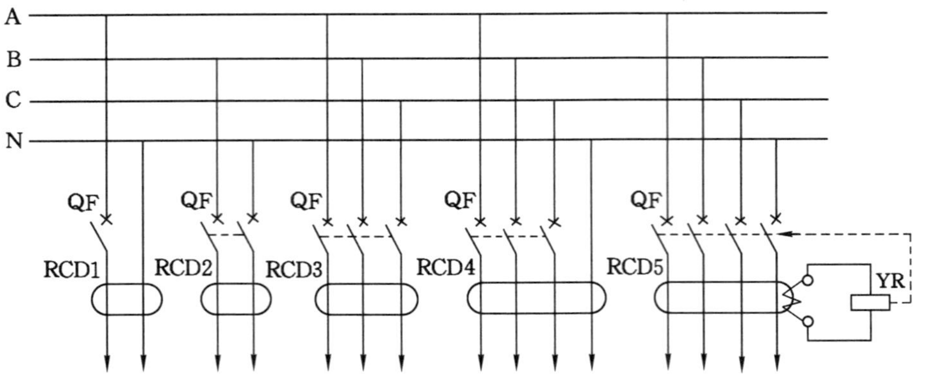

RCD1—单极两线；RCD2—双极两线；RCD3—三极三线；RCD4—三极四线；
RCD5—四极四线；QF—断路器；YR—漏电脱扣器。

图 8-41 各种 RCD 在低压配电线路中的接线示意图

过零序电流互感器的铁芯，否则，在发生单相接地故障时，由于进出互感器铁芯的故障电流相互抵消，RCD 不会动作，如图 8-42(a)所示。而在 TN-C 系统中或 TN-C-S 系统中的TN-C 段装设 RCD 时，PEN 线不得穿过零序电流互感器的铁芯，否则，在发生单相接地故障时，RCD 同样不会动作，如图 8-42(b)所示。

(a) TN-S 系统中 PE 线穿过互感器的铁芯，RCD 不动作　　(b) TN-C 系统中 PEN 线穿过互感器的铁芯，RCD 不动作

图 8-42 PE 线和 PEN 线不得穿过 RCD 的零序电流互感器铁芯说明图

TN-S 或 TN-C-S 系统中 RCD 的正确接线如图 8-43(a)所示。

对于 TN-C 系统，如果发生单相接地故障，就形成单相短路，其过电流保护装置应该动作，切除故障。

要在 TN-C 系统中装设 RCD，必须采取如图 8-43(b)所示的接线，但此接线已非 TN-C 系统而是 TN-C-S 系统了。

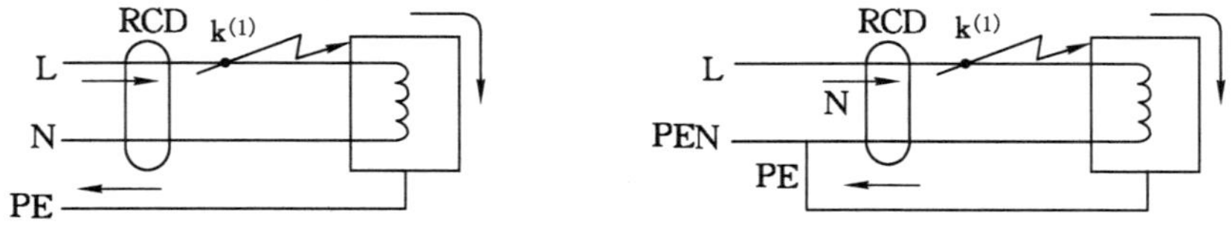

(a) TN-S 系统中 RCD 的正确接线　　(b) TN-C-S 系统的 TN-S 段中 RCD 的正确接线

图 8-43 RCD 在 TN 系统中的正确接线

(3) RCD负荷侧的N线与PE线不能接反

如图8-44所示低压配电线路中，假设其中插座XS2的N线端子误接于PE线上，而其PE线端子误接于N线上，则插座XS2的负荷电流 I 不是经N线而是经PE线返回电源，从而使RCD的零序电流互感器一次侧出现不平衡电流 I，造成漏电保护器RCD无法合闸。

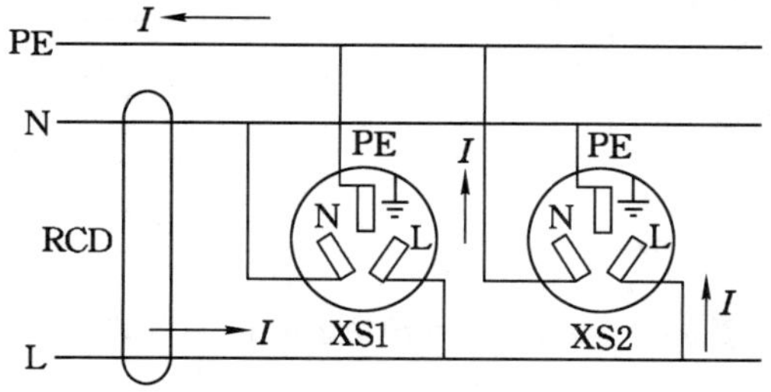

图8-44　RCD负荷侧的N线与PE线不能接反

为了避免N线与PE线接错，建议在电气安装中，N线使用淡蓝色绝缘线，PE线使用黄绿双色绝缘线，而A、B、C三相则分别使用黄、绿、红色绝缘线。

(4) 装设RCD时，不同回路不应共用一根N线

在电气施工中，为节约线路投资，往往将几回配电线路共用一根N线。如图8-45所示线路中，将装有RCD的回路与其他回路共用一根N线，这将使RCD的零序电流互感器一次侧出现不平衡电流而引起RCD误动，因此这种做法是不允许的。

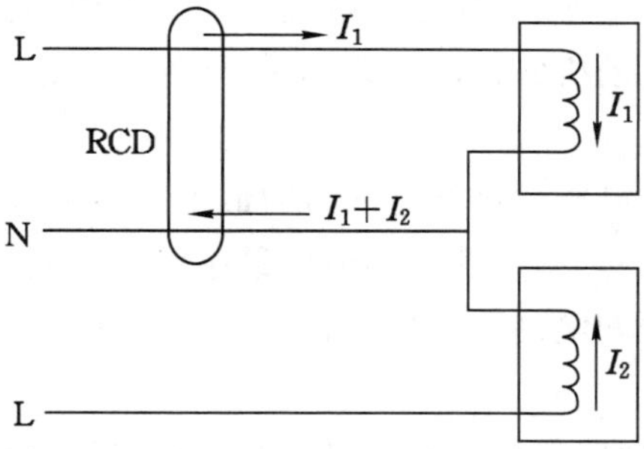

图8-45　不同回路共用一根N线可引起RCD误动

(5) 低压配电系统中多级RCD的装设要求

为了有效地防止因接地故障引起的人身触电事故及因接地电弧引发的火灾，通常在建筑物的低压配电系统中装设两级或三级RCD，如图8-46所示。

线路末端装设的RCD通常为瞬动型，动作电流一般取为30 mA(安全电流值)；对手持式用电设备，RCD动作电流则取为15 mA；对医疗电气设备，RCD动作电流取为10 mA。线路末端为低压开关柜、配电箱时，RCD动作电流也可取100 mA。其前一级RCD则采用选择型，其最长动作时间为0.15 s，动作电流则取300～500 mA，以保证前后RCD动作的选择性。根据国内外资料证实，接地电流只有达到500 mA以上时，其电弧能量才有可能引燃起火。因此，从防火安全来说，RCD的动作电流最大可达500 mA。

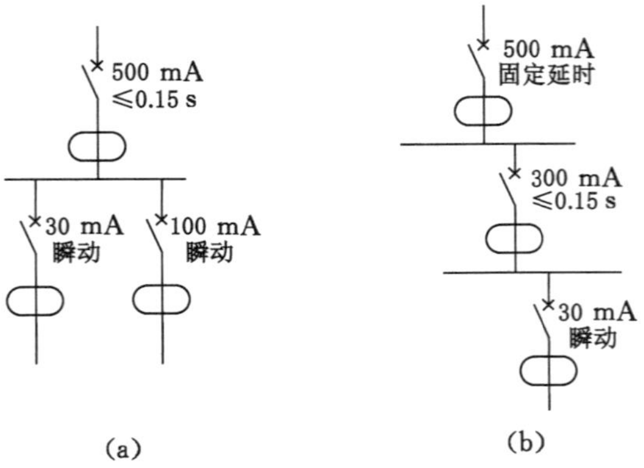

图 8-46　低压配电系统中多级 RCD 的装设

第六节　过 流 保 护

过电流是指流过电气设备或线路的电流超过其额定值或允许值，简称过流。引起过电流的原因有短路、过负荷、电动机单相运转（断相）等。长时间过电流运行将导致电气设备与电缆的损坏，甚至引发严重的安全事故。为此，对于电气设备和供电线路都必须设置相应的过流保护，以便能及时地切断故障处的电源，防止事态的恶化。《煤矿安全规程》第四百五十一条规定："井下高压电动机、动力变压器的高压控制设备，应当具有短路、过负荷、接地和欠压释放保护。井下由采区变电所、移动变电站或者配电点引出的馈电线上，必须具有短路、过负荷和漏电保护。低压电动机的控制设备，必须具备短路、过负荷、单相断线、漏电闭锁保护及远程控制功能。"第四百五十二条规定："井下配电网路（变压器馈出线路、电动机等）必须具有过流、短路保护装置；必须用该配电网路的最大三相短路电流校验开关设备的分断能力和动、热稳定性以及电缆的热稳定性。必须用最小两相短路电流校验保护装置的可靠动作系数。保护装置必须保证配电网路中最大容量的电气设备或者同时工作成组的电气设备能够起动。"

井下过流保护（主要是短路保护）、漏电保护和保护接地是保证煤矿井下安全供电的三大保护，它们相辅相成、缺一不可。当发生漏电故障而缺少漏电保护或漏电保护装置拒动时，由于井下设置保护接地系统，漏电故障就容易发展成为短路故障（见第五节"井下保护接地系统"作用分析），此时短路保护就成了漏电保护的后备保护。而当电气设备内部发生短路时，炽热的短路电弧触及设备外壳，同时引起漏电故障，此时即使过流保护装置故障不能跳闸，也会引起漏电保护装置动作，及时切断电源，漏电保护又成了短路保护的后备保护。由此可见，短路保护与漏电保护可互为备用，增加了井下电气保护的可靠性。当然，短路保护与漏电保护的互为备用也离不开保护接地的作用，此外，保护接地还在防止人身触电、降低裸露的漏电电流、防止引起瓦斯煤尘爆炸等方面有着极重要的作用。

本节主要介绍井下过流保护的基本要求、过流保护元件及其整定。

一、对过流保护的要求

对井下电网过流保护的基本要求也包括可靠性、快速性、有选择性和灵敏性，同时需要注意以下几点要求：

(1) 确保可靠性和快速性，兼顾选择性。井下各级(纵向)过流保护一般均为瞬动，没有延时，故很难保证纵向的选择性，有时通过加大上、下级保护装置的动作电流值来获得选择性。

(2) 各级保护应有一级后备保护，即当本级保护范围内发生过流故障且装置拒动时，可由上一级保护装置动作来切断电源，上一级保护成为下一级保护的后备保护，这样虽然扩大了停电范围，但保证了保护的可靠性，有利于生产安全。当采用熔断器保护时不需要后备保护。

(3) 采用熔断器保护时，熔体必须与所保护的电缆截面面积相配合。为了不使电缆在短路发生后、熔体熔断之前过热损坏，井下熔体的额定电流应与其所保护的电缆截面相配合，以满足电缆热稳定要求。熔体额定电流与电缆最小截面面积相配合的关系见表 8-8。

表 8-8　熔体额定电流与电缆最小截面面积配合要求

电网额定电压/V	熔体额定电流/A	允许的最小电缆(铜芯)主芯线截面面积/mm^2	
		橡套电缆	铠装电缆
127	6	2.5	
	10	2.5	
	15	2.5	
	20	2.5	
	25	2.5	
	35	4	
	60	6	
380 或 660	20	2.5	
	25	2.5	
	35	4	2.5
	60	6	4
	80	10	6
	100	16	10
	125	25	16
	160	35	25
	200	50	35

二、基本保护元件及电路

(一) 低压熔断器

熔断器是低压电气设备最简单的保护装置。低压熔断器主要由外壳和熔体构成。熔体用熔点为 200～400 ℃的铅、锡、锌合金制成，串联于电路中使用，当电路发生短路或严重过负荷时，大电流使熔体发热而熔断，切断故障电路的电源，实现过流保护的目的。

1. 种类与结构

煤矿井下低压电网常用的熔断器有 RM1、RM10、RT0 和 RL1 等系列。RM1 和 RM10

系列为无填料密封管式熔断器，熔断器的结构如图 8-47 所示。在有机纤维制成的管形外壳的两端装有带螺纹的铜环，铜盖拧在铜环上，将接触片(闸刀)压紧，形成密封，接触片的壳内部分用螺钉固定着熔体。熔体采用变截面锌熔片，熔片冲制成宽窄不一的变截面，目的在于改善熔断器的保护性能。短路时，短路电流首先使熔片窄部(其电阻较宽部大)发热熔化，使熔管内形成几段串联电弧，而且由各段熔片跌落，迅速拉长电弧，使短路电弧加速熄灭。当过负荷电流通过时，由于电流加热时间较长，熔片窄部空间大、散热好，因此往往不在窄部熔断，而是在宽窄结合的斜部熔断。因此可以根据熔片熔断的部位大致判断是断路故障还是过负荷故障。同时变截面熔片由于各段断开时间相互错开，相应加大了电弧断开的时间，具有一定限制过电压的作用。

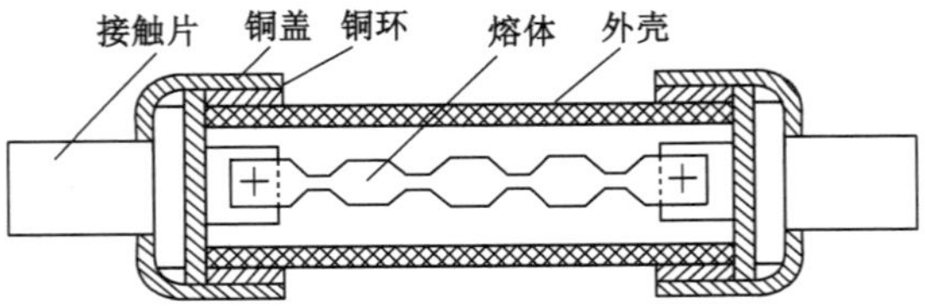

图 8-47　RM1 型熔断器的结构

当熔片熔化断开时，在密封管内形成强烈的电弧，高温会使管壁的部分纤维物质分解出大量气体，管内高压气体阻止空气电离，加速离子复合，将电弧迅速熄灭。由于这种熔断器采用无填料的可拆卸结构，故在熔片熔断后可以更换新的熔片。但要注意随着管壁的多次被分解，外壳的机械强度将会降低，因此，一般发生三次短路后外壳就应更换，以免造成熔断器爆炸事故。

RT0 系列为有填料封闭管式熔断器，熔体采用网状多根并联形式，管内充填石英砂，有利于分断和冷却电弧。

RL1 系列为螺旋式熔断器，内部装有一组熔丝(片)和石英砂，常在小容量的低压开关设备中以及控制回路中作为短路保护。

2. 额定电流

熔断器的额定电流与熔体的额定电流是有区别的。前者是铭牌上规定的长时通过熔断器的最大电流；后者是指允许长时通过而熔体不熔断的最大电流。对额定电流一定的熔断器，可以装入不同额定电流的熔体，熔体的额定电流应不大于熔断器的额定电流。例如，额定电流为 200 A 的 RM 系列熔断器，可以装入额定电流为 100 A、125 A、160 A、200 A 等规格的熔体。

3. 额定电压

井下低压熔断器的额定电压有 500 V 和 660 V 两种。380 V 电网，应选择 500 V 的熔断器；660 V 电网，应选择 660 V 的熔断器。熔体与电压无关，但熔断器随电压的不同，尺寸各异，所以用不同电压的熔断器，其相同额定电流的熔体尺寸亦有区别，这在选用熔体时应特别注意。此外，较低电压的熔断器不能用于较高电压回路，因为其灭弧能力不够，灭弧时间长，会造成被保护设备的过流危害，还可能造成熔断器爆炸；较高电压的熔断器也不能用于较低电压回路，因为其灭弧能力过大，会使电流变化过大而产生过电压，造成被保护设备的过电压危害。

4. 极限分断能力

熔断器的极限分断能力是指它最大能切断多大的短路电流，也就是灭弧能力。对于额定电压一定的熔断器，其极限分断能力一般用极限分断电流来表示，如果流过熔断器的电流超过该电流值，不仅不能灭弧，反而可能引起熔断器爆炸。如 RM 系列额定电流为 60 A 和 100 A 及以上的熔断器，其极限分断能力分别为 3.5 kA 和 10 kA，则这两类规格熔断器所在回路的短路电流必须低于上列数值。

5. 保护特性（熔断特性）

熔断器熔体的熔断时间与实际流过熔体的电流的关系叫作熔断器的保护特性。如图 8-48所示为熔断器的保护特性曲线。

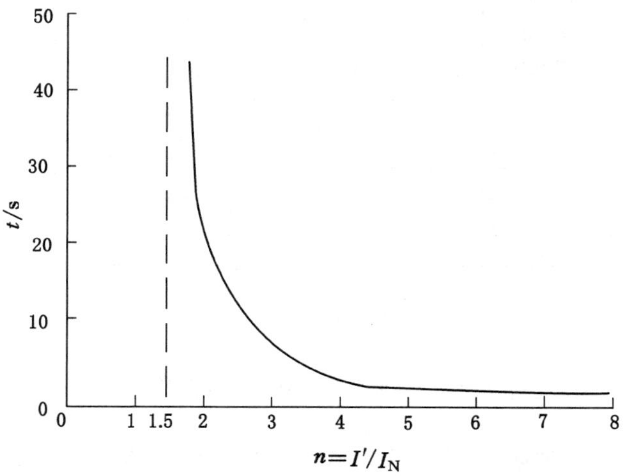

图 8-48　熔断器的保护特性曲线

由图 8-48 可以看出，熔断器保护特性具有反时限的特点。流过熔体的实际电流倍数 n（$n=I'/I_N$，实际电流与熔体额定电流之比）越大，熔体熔断的时间 t 越短，随着 n 的增大，变化率显著变小；当 $n\approx1.5$ 时，熔体便长时工作而不熔化，所以熔断器不宜作为电动机的过负荷保护。

（二）低压断路器

低压断路器又称自动空气断路器，简称为自动空气开关或自动开关，它相当于把手动开关、热继电器、电流继电器、电压继电器等组合在一起构成的一种电气元件，主要用于供电控制、电动机的不频繁启停控制和保护，它是在低压电路中应用非常广泛的一种保护电器。

低压断路器主要由触点系统、操作机构和各种保护元件三大部分组成。它的触点系统与接触器的触点系统相似，主触头由耐弧合金（如银钨合金）制成，较大容量的还采用灭弧栅片灭弧，具有断开负荷电流和切除短路故障的能力。保护元件有作为短路保护的过电流脱扣器和作为过载保护的热脱扣器，还有失压保护脱扣器。故在自动化程度和工作特性要求高的系统中，它是一种很好的保护电器。

低压断路器的种类很多，按用途分有保护配电线路用、保护电动机用、保护照明线路用及漏电保护用自动空气开关；按结构形式分有框架式（又称万能式）和装置式（又称塑壳式）自动空气开关；按极数分有单极、双极、三极、四极自动空气开关；按限流性能分有不限流和快速限流自动空气开关；按操作方式分有直接手柄操作式、杠杆操作式、电磁铁操作式、电动机操作式自动空气开关。

低压断路器的工作原理如图 8-49 所示。

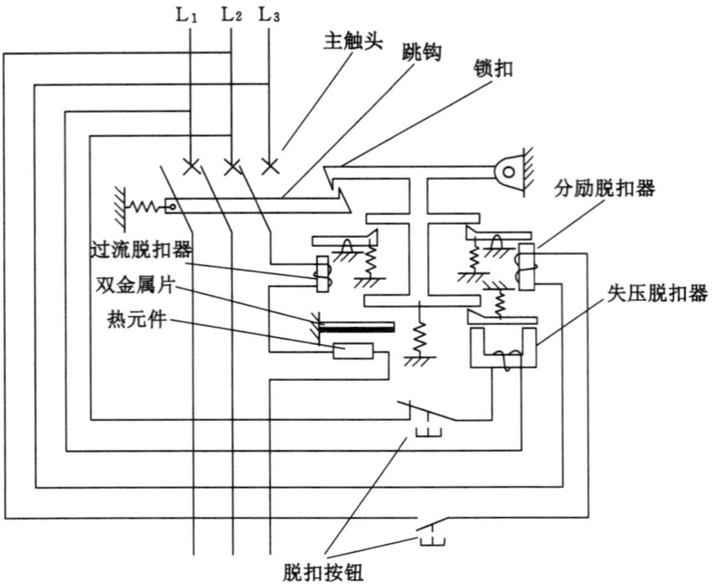

图 8-49 低压断路器工作原理图

低压断路器的工作原理如下：主触头串联在被控制的电路中。将操作手柄扳到合闸位置时，跳钩钩住锁扣，主触头闭合，电路接通。由于触头的跳钩被锁住，使触头保持闭合状态，同时分断弹簧被拉长，为分断做准备。过流脱扣器的线圈串联于主电路，当电流为正常值时，衔铁吸力不够，处于打开位置。当电路电流超过规定值时，电磁吸力增加，其上部的衔铁被吸合，通过杠杆使锁扣脱开，主触点在弹簧作用下切断电路，这就是瞬时过电流或短路保护作用。当发生过负荷时，串联在主回路中的热元件发热增加，使双金属片弯曲，同样由杠杆使锁扣脱开，起到过负荷保护作用。当电路失压或电压过低时，失压脱扣器的衔铁释放，同样由杠杆使锁扣脱开，起到欠压和失压保护作用。当电源恢复正常时，必须重新合闸后才能工作。如果按下脱扣按钮，则可使开关远距离跳闸。

低压断路器的主要参数有额定电压、额定电流、通断能力和分断时间。额定电压是指断路器在长期工作时的允许电压，在实际使用中它应大于电路的额定电压；额定电流是指断路器在长期工作时的允许通过电流，在实际使用中它应大于电路的额定电流，并考虑安装环境和负载性质的影响；通断能力是指断路器在规定的电压、频率以及规定的电路参数（交流电路为功率因数，直流电路为时间常数）下，所能接通和分断的短路电流值；分断时间是指断路器切断故障电流所需的时间。

（三）微机智能保护装置

微机智能保护装置主要由数据采集单元、数据处理单元、数字量输入/输出接口、通信接口、电源等硬件以及相应的软件程序构成。微机智能保护装置硬件系统一般包含以下五个部分：

(1) 数据采集单元。即模拟量输入系统，包括电压形成、模拟滤波、采样保持、多路转换以及模数转换等功能块，完成将模拟输入量准确地转换为所需数字量的功能。

(2) 数据处理单元。即微机主系统，包括微处理器、只读存储器、随机存取存储器以及定时器等。微处理器执行存放在只读存储器中的程序，对由数据采集系统输入至随机存取存储器中的数据进行分析处理，以完成各种继电保护的功能。

(3) 数字量输入/输出接口。即开关量输入输出系统，由若干并行接口、光电隔离器及中间继电器等组成，以完成各种保护的出口跳闸、信号警报、外部接点输入及人机对话等功能。

(4) 通信接口。包括各种通信接口电路及接口，以实现多机通信或联网。

(5) 电源。供给微处理器、数字电路、A/D 转换芯片及继电器所需的电源。

保护装置的硬件结构框图如图 8-50 所示。

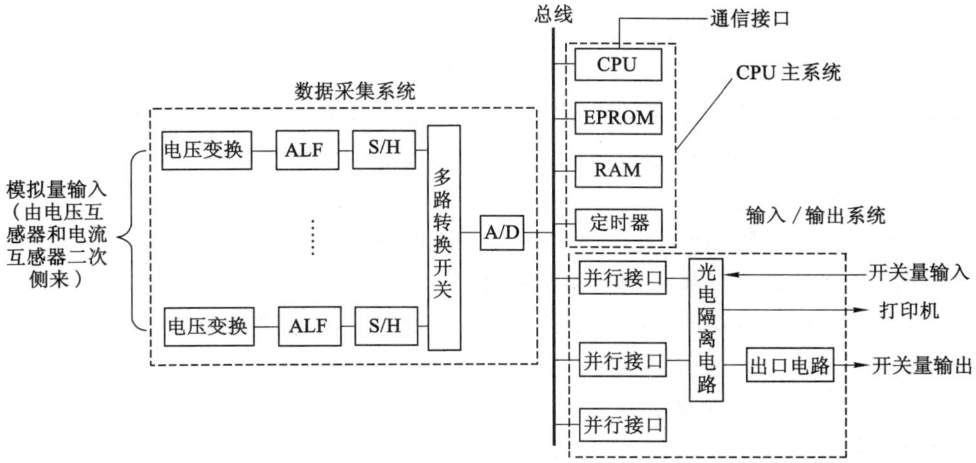

图 8-50　微机智能保护装置硬件结构框图

三、井下过流保护整定

(一) 电缆线路的过流保护

1. 1 200 V 及以下馈电开关短路保护的电流整定值

(1) 对保护电缆干线的装置按下式选择：

$$I_{op} \geqslant I_{st\cdot max} + K_{de} \sum I_N \tag{8-46}$$

式中　I_{op}——动作电流，A；

$I_{st\cdot max}$——容量最大的电动机的额定启动电流，对于几台同时启动的电动机，若其总功率大于单台启动的容量最大的电动机功率，$I_{st\cdot max}$ 则为这几台同时启动的电动机的额定启动电流之和，A；

K_{de}——需用系数，取 0.5～1；

$\sum I_N$——其余电气设备的额定电流之和，A。

(2) 对保护电缆支线的装置按下式选择：

$$I_{op} \geqslant I_{st\cdot max} \tag{8-47}$$

煤矿井下常用电动机的额定启动电流和额定电流可以从电动机的铭牌或技术资料中查出，并计算出电动机的额定启动电流近似值。对鼠笼式电动机，其近似值可用额定电流值乘以 6；对于绕线型电动机，其近似值可用额定电流值乘以 1.5；当选择启动电阻不精确时，启动电流可能大于计算值，在此情况下，整定值也要相应增大，但不能超过额定电流的 2.5 倍。在启动电动机时，如保护动作，则应变更启动电阻，以降低启动电流值。

对于某些大容量采掘机械设备，由于位处低压电网末端，且功率较大，启动时电压损失较大，其实际启动电流要大大低于额定启动电流，若能测出其实际启动电流，则式(8-46)和式(8-47)中 $I_{st \cdot max}$应以实际启动电流计算。

(3) 保护装置的灵敏度校验。按上述规定选择出来的整定值，还应用两相短路电流值进行校验，应符合下式的要求：

$$K_s = \frac{I_k^{(2)}}{I_{op}} \geqslant 1.5 \tag{8-48}$$

式中 K_s——保护装置灵敏度；

$I_k^{(2)}$——被保护线路末端最小两相短路电流，A。

若线路上串联两台及以上开关时(其间无分支线路)，则上一级开关的整定值也应按下一级开关保护范围最远点的两相短路电流来校验，校验的灵敏度应满足 1.2～1.5 的要求，以保证双重保护的可靠性。

若经校验，两相短路电流不能满足式(8-48)时，可采取以下措施：① 加大干线或支线电缆截面面积；② 设法减少低压电缆线路的长度；③ 采用相敏保护器或软启动等技术提高灵敏度；④ 换用大容量变压器或采取变压器并联；⑤ 增设分段保护开关；⑥ 采用移动变电站或移动变压器。

2. 过载保护的电流整定及灵敏度校验

过载保护的动作电流整定值，按下式选择：

$$I_{op} = I_N \tag{8-49}$$

式中 I_{op}——动作电流，A；

I_N——电动机的额定电流，A。

当运行中电流超过 I_{op}值时，即视为过载，保护反时限延时动作。

保护灵敏度要求：

$$K_s = \frac{I_k^{(2)}}{8I_{op}} \geqslant 1.2 \tag{8-50}$$

3. 熔断器熔体额定电流的选择

1 200 V 及以上的电网中，熔体额定电流可按下列规定选择。

(1) 对保护电缆干线的装置按下式选择：

$$I_{FU} \approx \frac{I_{st \cdot max}}{1.8 \sim 2.5} + \sum I_N \tag{8-51}$$

式中 I_{FU}——熔体额定电流，A；

1.8～2.5——当容量最大的电动机启动时，保证熔体不熔化系数，对于不经常启动和轻载启动的可取 2.5，对频繁启动和带载启动的可取 1.8～2。

如果电动机启动时电压损失较大，则启动电流比额定启动电流小得多，其所取的不熔化系数比上述数值可略大一些，但不能将熔体的额定电流取得太小，以免在正常工作中由于启动电流过大而烧坏熔体，导致断相运转。

(2) 对保护电缆支线的装置按下式选择：

$$I_{FU} \approx \frac{I_{st \cdot max}}{1.8 \sim 2.5} \tag{8-52}$$

（3）对保护照明负荷的装置按下式选择：

$$I_{FU} \approx I_N \tag{8-53}$$

式中　I_N——照明负荷的额定电流，A。

选用熔体的额定电流应接近于计算值，低压隔爆开关中熔断器及熔体规格可从产品数据手册查到。

（4）选用的熔体灵敏度校验公式为：

$$K_s = \frac{I_k^{(2)}}{I_{FU}} \geqslant 4 \sim 7 \tag{8-54}$$

为保证熔体及时熔断的系数，当电压为 1 140 V、660 V、380 V 时：熔体额定电流为 100 A 及以下时，系数取 7；电流为 125 A 时，系数取 6.4；电流为 160 A 时，系数取 5；电流为 200 A 时，系数取 4。当电压为 127 V 时，系数一律取 4。

（二）变压器的保护

1. 短路保护

动力变压器在低压侧发生短路时，采用高压配电装置中的过电流保护装置来保护，其一次电流整定值 I_{op} 按下式选择：

$$I_{op} \geqslant \frac{1.2 \sim 1.4}{K_T}(I_{st \cdot max} + K_{de} \sum I_N) \tag{8-55}$$

式中　K_T——变压器变比；

　　1.2～1.4——保护可靠系数。

保护装置的灵敏度按下式检验：

$$K_s = \frac{I_k^{(2)}}{K_{gT} K_T I_{op}} \geqslant 1.5 \tag{8-56}$$

式中　K_{gT}——变压器组别系数，对于 Y/Y 接线变压器取 1，对于 Y/d 接线变压器取$\sqrt{3}$；

　　$I_k^{(2)}$——变压器低压侧母线上的最小两相短路电流，A。

2. 过负荷保护

变压器过负荷保护反映变压器正常运行时的过载情况，通常为三相对称，一般经一定延时作用于信号。高压配电装置中保护装置整定时，启动电流按躲过变压器的额定电流来整定：

$$I_{op} \geqslant \frac{K_{rel} I_T}{K_{re}} \tag{8-57}$$

式中　K_{rel}——可靠系数，可取 1.05；

　　K_{re}——返回系数，一般取 0.85；

　　I_T——变压器额定电流，A。

高压配电装置的额定电流值的选择，除应考虑其实际可能的最大负载电流外，还应从其断流能力出发，以其出口端处可能发生的三相短路电流来校验，必须选择既能承担长期负荷的实际最大负载电流，又能安全可靠地切断其出口处的三相直接短路的最大短路电流的电流值。

配电装置出口处的三相短路电流值，应经计算确定，当缺乏计算数据时，可按配电装置短路容量来确定。

为了提高保护性能，最好能算出实际的短路电流值。实际短路电流值，一般比用最大允许的短路容量(50 MV·A或100 MV·A)所计算出来的数值要小。

3. 综合保护

照明、信号综合保护装置和煤电钻综合保护装置中变压器的一次侧用熔断器保护时，其熔体的额定电流选择如下。

(1) 对保护照明综保变压器按下式选择：

$$I_{FU} \geqslant \frac{1.2 \sim 1.4}{K_T} I_N \tag{8-58}$$

式中 I_{FU}——熔体额定电流，A；

I_N——照明负荷的额定电流，A；

K_T——变压器变比，当电压为380/133(230)V时，取2.86(1.65)；当电压为660/133(230)V时，取4.96(2.86)；当电压为1 140/133(230)V时，取8.57(4.96)。

(2) 对保护电钻综保变压器按下式选择：

$$I_{FU} \geqslant \frac{1.2 \sim 1.4}{K_T}\left(\frac{I_{st \cdot max}}{1.8 \sim 2.5} + \sum I_N\right) \tag{8-59}$$

式中 $I_{st \cdot max}$——容量最大的电钻电动机的额定启动电流，A；

$\sum I_N$——其余电钻电动机的额定电流之和，A。

所选用的熔体额定电流应接近于计算值，按下式进行校验：

$$K_s = \frac{I_k^{(2)}}{K_{gT} K_T I_{FU}} \geqslant 4 \tag{8-60}$$

式中 K_{gT}——变压器组别系数，对于D/d接线变压器取1，对于Y/d接线变压器取$\sqrt{3}$；

$I_k^{(2)}$——变压器低压侧的两相短路电流，A。

习题与思考

8-1 煤矿井下电气设备有哪些要求？井下瓦斯、煤尘爆炸的基本条件是什么？可以采取哪些措施防止瓦斯、煤尘爆炸？

8-2 矿用电气设备有哪些类型？适用环境有何不同？防爆电气设备有哪些类型？

8-3 矿用隔爆型电气设备如何实现防爆？其防爆性能靠什么保证？

8-4 何为本质安全型电气设备？有何优点？适用于哪些设备？

8-5 什么叫漏电？漏电故障有何特征？煤矿井下电网的漏电故障有何危害？

8-6 什么叫漏电保护？为什么井下电网要装设漏电保护？对井下电网的漏电保护有何要求？

8-7 影响人身触电伤害程度的因素有哪些？什么叫安全电流和允许安秒值？

8-8 为什么井下电网中性点不接地要比中性点直接接地更安全？如果中性点不接地系统不采用漏电保护装置是否足够安全？

8-9 中性点不直接接地与中性点经阻抗接地电网中单相接地故障时的零序电流有哪些异同？

8-10　井下电网常用的漏电保护有哪些方式？评价这些漏电保护方式的优缺点。

8-11　在中性点不接地的 660 V 低压电网中，每相对地绝缘电阻均为 30 kΩ，分别计算 $C=0.25\ \mu F$、$0.5\ \mu F$、$1\ \mu F$ 时的人身触电电流。

8-12　为什么附加电源直流检测式漏电保护的动作值以 30 mA 为安全标准，而不采用 30 mA·s？为什么取电阻 $r_{\sum}$ 为动作参数？零序电抗器和三相电抗器分别有何作用？

8-13　为什么零序电流式漏电保护具有横向选择性，而零序电压式漏电保护不具有选择性？

8-14　什么叫保护接地？保护接地有何作用？为何井下电网要将各电气设备的单独保护接地连在一起构成保护接地系统？井下保护接地系统对接地电阻有何要求？

8-15　保护接零与保护接地有何异同？重复接地有何作用？重复接地的设置有哪些要求？

8-16　如何理解井下三大保护的相辅相成、缺一不可？

8-17　井下电网与一般供电系统的过流保护要求是否完全相同？为什么？

8-18　地面某电动机由三相四线制中性点直接接地系统供电，电网额定电压为 380 V，如图 8-51 所示。电动机外壳已经接零，并设有重复接地装置。已知相线与零线的截面面积相等，$R_{AW}=R_{AN}=0.1\ \Omega$，$R_{gr\cdot N}=3\ \Omega$，要将 L_1 相碰壳时的人体触电电流限制在 30 mA 以内，重复接地电阻 $R_{gr\cdot r}$ 应不大于多少欧姆？

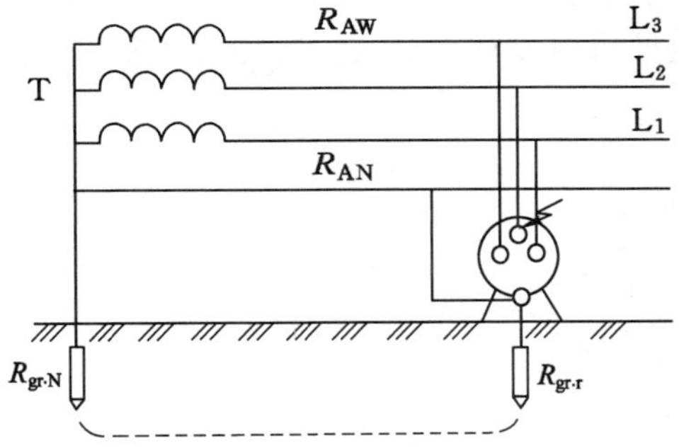

图 8-51　习题 8-18 电路图

8-19　如图 8-52 所示，额定电压为 6 kV 的中性点绝缘系统，已知各相导线对地绝缘电阻为 200 kΩ，不考虑各相对地电容。高压电动机 M 由该系统供电，电动机 L_1 相绕组绝缘损坏，致使机壳带电。如果此时人触及该电动机外壳，人身触电电流为多少？如果该电动机设有保护接地，接地电阻为 $R_{gr}=10\ \Omega$，则此时人身触电电流又为多少？

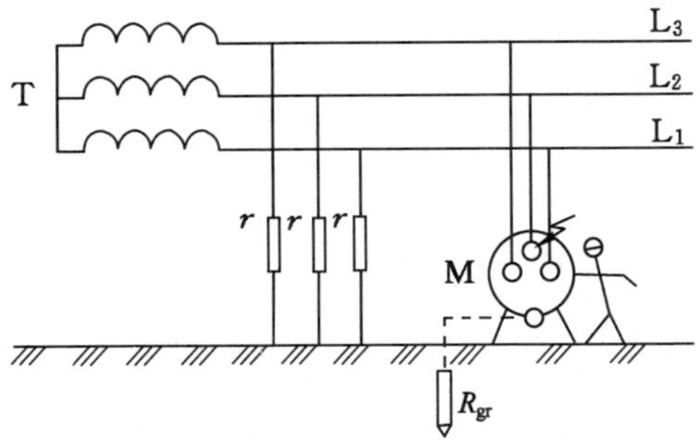

图 8-52　习题 8-19 电路图

参考文献

[1] 崔景岳，刘思沛，聂文龙.煤矿供电[M].修订本.北京：煤炭工业出版社，1988.
[2] 董海波.矿山电工学[M].徐州：中国矿业大学出版社，2023.
[3] 赖昌干.矿山电工学[M].北京：煤炭工业出版社，2006.
[4] 刘介才.工厂供电[M].5版.北京：机械工业出版社，2010.
[5] 苏文成.工厂供电[M].2版.北京：机械工业出版社，1999.
[6] 王崇林，邹有明.供电技术[M].北京：煤炭工业出版社，1997.
[7] 余健明，同向前，苏文成.供电技术[M].3版.北京：机械工业出版社，1998.
[8] 张学成.工矿企业供电[M].徐州：中国矿业大学出版社，1998.
[9] 张学成，聂国伦.工矿企业供电[M].北京：煤炭工业出版社，2010.
[10] 张学成，王忠显.工矿企业供电设计指导书[M].北京：煤炭工业出版社，2008.

附录 1　供电设计常用参考数据

附录表 1　用电设备组的需用系数、二项式系数及功率因数参考值

用电设备组名称	需用系数 K_{de}	二项式系数		最大容量设备台数 x①	cos φ	tan φ
		b	c			
小批生产的金属冷加工机床电动机	0.16～0.2	0.14	0.4	5	0.5	1.73
大批生产的金属冷加工机床电动机	0.18～0.25	0.14	0.5	5	0.5	1.73
小批生产的金属热加工机床电动机	0.25～0.3	0.24	0.4	5	0.6	1.33
大批生产的金属热加工机床电动机	0.3～0.35	0.26	0.5	5	0.65	1.17
通风机、水泵、空压机及电动发电机组电动机	0.7～0.8	0.65	0.25	5	0.8	0.75
非连锁的连续运输机械及铸造车间整砂机械	0.5～0.6	0.4	0.4	5	0.75	0.88
连锁的连续运输机械及铸造车间整砂机械	0.65～0.7	0.6	0.2	5	0.75	0.88
锅炉房和机加、机修、装配等类车间的吊车(ε＝25％)	0.1～0.15	0.06	0.2	3	0.5	1.73
铸造车间的吊车(ε＝25％)	0.15～0.25	0.09	0.3	3	0.5	1.73
自动连续装料的电阻炉设备	0.75～0.8	0.7	0.3	2	0.5	1.73
实验室用小型电热设备(电阻炉、干燥箱等)	0.7	0.7	0	—	1	0
工频感应电炉(未带无功补偿装置)	0.8	—	—	—	0.35	2.68
高频感应电炉(未带无功补偿装置)	0.8	—	—	—	0.6	1.33
电弧熔炉	0.9	—	—	—	0.87	0.57
点焊机、缝焊机	0.35	—	—	—	0.6	1.33
对焊机、铆钉加热机	0.35	—	—	—	0.7	1.02
自动弧焊变压器	0.5	—	—	—	0.4	2.29
单头手动弧焊变压器	0.35	—	—	—	0.35	2.68
多头手动弧焊变压器	0.4	—	—	—	0.35	2.68
单头弧焊电动发电机组	0.35	—	—	—	0.6	1.33
多头弧焊电动发电机组	0.7	—	—	—	0.75	0.88
生产厂房及办公室、阅览室、实验室照明②	0.8～1	—	—	—	1	0
变配电所、仓库照明②	0.5～0.7	—	—	—	1	0
宿舍、生活区照明②	0.6～0.8	—	—	—	1	0
室外照明、应急照明②	1	—	—	—	1	0

注：① 如果用电设备组的设备总台数 $n<2x$ 时，则最大容量设备台数取 $x=n/2$，且按“四舍五入”修约规则取整数。例如某机床电动机组 $n=7<2x=2\times5=10$，故取 $x=7/2\approx4$。

② 这里的 cos φ 和 tan φ 值均为白炽灯照明数据。如为荧光灯照明，则 cos φ＝0.9，tan φ＝0.48；如为高压汞灯、钠灯等照明，则 cos φ＝0.5，tan φ＝1.73。

附录表 2　部分工厂的需用系数、功率因数及年最大有功负荷利用小时参考值

工厂类别	需用系数 K_{de}	功率因数 $\cos\varphi$	年最大有功负荷利用小时 T_{max}/h
汽轮机制造厂	0.38	0.88	5 000
锅炉制造厂	0.27	0.73	4 500
柴油机制造厂	0.32	0.74	4 500
重型机械制造厂	0.35	0.79	3 700
重型机床制造厂	0.32	0.71	3 700
机床制造厂	0.2	0.65	3 200
石油机械制造厂	0.45	0.78	3 500
量具刃具制造厂	0.26	0.6	3 800
工具制造厂	0.34	0.65	3 800
电机制造厂	0.33	0.65	3 000
电器开关制造厂	0.35	0.75	3 400
电线电缆制造厂	0.35	0.73	3 500
仪器仪表制造厂	0.37	0.81	3 500
滚珠轴承制造厂	0.28	0.7	5 800

附录表 3　并联电容器的无功补偿率

补偿前的功率因数 $\cos\varphi_1$	补偿后的功率因数 $\cos\varphi_2$								
	0.85	0.86	0.88	0.90	0.92	0.94	0.96	0.98	1.00
0.60	0.71	0.74	0.79	0.85	0.91	0.97	1.04	1.13	1.33
0.62	0.65	0.67	0.73	0.78	0.84	0.90	0.98	1.06	1.27
0.64	0.58	0.61	0.66	0.72	0.77	0.84	0.91	1.00	1.20
0.66	0.52	0.55	0.60	0.65	0.71	0.78	0.85	0.94	1.14
0.68	0.46	0.48	0.54	0.59	0.65	0.71	0.79	0.88	1.08
0.70	0.40	0.43	0.48	0.54	0.59	0.66	0.73	0.82	1.02
0.72	0.34	0.37	0.42	0.48	0.54	0.60	0.67	0.76	0.96
0.74	0.29	0.31	0.37	0.42	0.48	0.54	0.62	0.71	0.91
0.76	0.23	0.26	0.31	0.37	0.43	0.49	0.56	0.65	0.85
0.78	0.18	0.21	0.26	0.32	0.38	0.44	0.51	0.60	0.80
0.80	0.13	0.16	0.21	0.27	0.32	0.39	0.46	0.55	0.75
0.82	0.08	0.10	0.16	0.21	0.27	0.33	0.40	0.49	0.70
0.84	0.03	0.05	0.11	0.16	0.22	0.28	0.35	0.44	0.65
0.85	0.00	0.03	0.08	0.14	0.19	0.26	0.33	0.42	0.62
0.86	—	0.00	0.05	0.11	0.17	0.23	0.30	0.39	0.59
0.88	—	—	0.00	0.06	0.11	0.18	0.25	0.34	0.54
0.90	—	—	—	0.00	0.06	0.12	0.19	0.28	0.48

附录表 4　部分并联电容器的主要技术数据

型号	额定容量/kvar	额定电容/μF	型号	额定容量/kvar	额定电容/μF
BCMJ0.4-4-3	4	80	BGMJ0.4-3.3-3	3.3	66
BCMJ0.4-5-3	5	100	BGMJ0.4-5-3	5	99
BCMJ0.4-8-3	8	160	BGMJ0.4-10-3	10	198
BCMJ0.4-10-3	10	200	BGMJ0.4-12-3	12	230
BCMJ0.4-15-3	15	300	BGMJ0.4-15-3	15	298
BCMJ0.4-20-3	20	400	BGMJ0.4-20-3	20	398
BCMJ0.4-25-3	25	500	BGMJ0.4-25-3	25	498
BCMJ0.4-30-3	30	600	BGMJ0.4-30-3	30	598
BCMJ0.4-40-3	40	800	BWF0.4-14-1/3	14	279
BCMJ0.4-50-3	50	1 000	BWF0.4-16-1/3	16	318
BKMJ0.4-6-1/3	6	120	BWF0.4-20-1/3	20	398
BKMJ0.4-7.5-1/3	7.5	150	BWF0.4-25-1/3	25	498
BKMJ0.4-9-1/3	9	180	BWF0.4-75-1/3	75	1 500
BKMJ0.4-12-1/3	12	240	BWF10.5-16-1	16	0.462
BKMJ0.4-15-1/3	15	300	BWF10.5-25-1	25	0.722
BKMJ0.4-20-1/3	20	400			

附录表 5　S9、SC9 系列电力变压器的主要技术数据

S9 系列油浸式铜线配电变压器的主要技术数据

型号	额定容量/(kV·A)	额定电压/kV		连接组别	损耗/W		空载电流/%	阻抗电压/%
		一次	二次		空载	负载		
S9-30/10(6)	30	11,10.5,10,6.3,6	0.4	Y/yn0	130	600	2.1	4
S9-50/10(6)	50	11,10.5,10,6.3,6	0.4	Y/yn0	170	870	2.0	4
				D/yn11	175	870	4.5	4
S9-63/10(6)	63	11,10.5,10,6.3,6	0.4	Y/yn0	200	1 040	1.9	4
				D/yn11	210	1 030	4.5	4
S9-80/10(6)	80	11,10.5,10,6.3,6	0.4	Y/yn0	240	1 250	1.8	4
				D/yn11	250	1 240	4.5	4
S9-100/10(6)	100	11,10.5,10,6.3,6	0.4	Y/yn0	290	1 500	1.6	4
				D/yn11	300	1 470	4.0	4
S9-125/10(6)	125	11,10.5,10,6.3,6	0.4	Y/yn0	340	1 800	1.5	4
				D/yn11	360	1 720	4.0	4
S9-160/10(6)	160	11,10.5,10,6.3,6	0.4	Y/yn0	400	2 200	1.4	4
				D/yn11	430	2 100	3.5	4

附录表 5(续)

S9 系列油浸式铜线配电变压器的主要技术数据

型号	额定容量/(kV·A)	额定电压/kV		连接组别	损耗/W		空载电流/%	阻抗电压/%
		一次	二次		空载	负载		
S9-200/10(6)	200	11,10.5,10,6.3,6	0.4	Y/yn0	480	2 600	1.3	4
				D/yn11	500	2 500	3.5	4
S9-250/10(6)	250	11,10.5,10,6.3,6	0.4	Y/yn0	560	3 050	1.2	4
				D/yn11	600	2 900	3.0	4
S9-315/10(6)	315	11,10.5,10,6.3,6	0.4	Y/yn0	670	3 650	1.1	4
				D/yn11	720	3 450	3.0	4
S9-400/10(6)	400	11,10.5,10,6.3,6	0.4	Y/yn0	800	4 300	1.0	4
				D/yn11	870	4 200	3.0	4
S9-500/10(6)	500	11,10.5,10,6.3,6	0.4	Y/yn0	960	5 100	1.0	4
				D/yn11	1 030	4 950	3.0	4
		11,10.5,10	6.3	Y/d11	1 030	4 950	1.5	4
S9-630/10(6)	630	11,10.5,10,6.3,6	0.4	Y/yn0	1 200	6 200	0.9	4
				D/yn11	1 300	5 800	3.0	4
		11,10.5,10	6.3	Y/d11	1 200	6 200	1.5	4.5
S9-800/10(6)	800	11,10.5,10,6.3,6	0.4	D/yn0	1 400	7 500	0.8	4.5
				D/yn11	1 400	7 500	2.5	5
		11,10.5,10	6.3	Y/d11	1 400	7 500	1.4	4.5
S9-1000/10(6)	1 000	11,10.5,10,6.3,6	0.4	D/yn0	1 700	10 300	0.7	4.5
				D/yn11	1 700	9 200	1.7	5
		11,10.5,10	6.3	Y/d11	1 700	9 200	1.4	5.5
S9-1250/10(6)	1 250	11,10.5,10,6.3,6	0.4	Y/yn0	1 950	12 000	0.6	4.5
				D/yn11	2 000	11 000	2.5	5
		11,10.5,10	6.3	Y/d11	1 950	12 000	1.3	5.5
S9-1600/10(6)	1 600	11,10.5,10,6.3,6	0.4	Y/yn0	2 400	14 500	0.6	4.5
				D/yn11	2 400	14 000	2.5	6
		11,10.5,10	6.3	Y/d11	2 400	14 500	1.3	5.5
S9-2000/10(6)	2 000	11,10.5,10,6.3,6	0.4	Y/yn0	3 000	18 000	0.8	6
				D/yn11	3 000	18 000	0.8	6
		11,10.5,10	6.3	Y/d11	3 000	18 000	1.2	6
S9-2500/10(6)	2 500	11,10.5,10,6.3,6	0.4	Y/yn0	3 500	25 000	0.8	6
				D/yn11	3 500	25 000	0.8	6
		11,10.5,10	6.3	Y/d11	3 500	19 000	1.2	5.5
S9-3150/10(6)	3 150	11,10.5,10	6.3	Y/d11	4 100	23 000	1.0	5.5

附录表 5(续)

SC9 系列树脂浇注干式铜线配电变压器的主要技术数据								
型号	额定容量/(kV·A)	额定电压/kV		连接组别	损耗/W		空载电流/%	阻抗电压/%
		一次	二次		空载	负载		
SC9-200/10	200	10	0.4	Y/yn0	480	2 670	1.2	4
SC9-250/10	250				550	2 910	1.2	4
SC9-315/10	315				650	3 200	1.2	4
SC9-400/10	400				750	3 690	1.0	4
SC9-500/10	500				900	4 500	1.0	4
SC9-630/10	630				1 050	5 500	0.9	6
SC9-800/10	800				1 200	6 430	0.9	6
SC9-1000/10	1 000				1 400	7 510	0.8	6
SC9-1250/10	1 250				1 650	8 960	0.8	6
SC9-1600/10	1 600				1 980	10 850	0.7	6
SC9-2000/10	2 000				2 380	13 360	0.6	6
SC9-2500/10	2 500				2 850	15 880	0.6	6

附录表 6　三相线路导线和电缆单位长度每相阻抗值

类别			导线(线芯)截面面积/mm²													
			2.5	4	6	10	16	25	35	50	70	95	120	150	185	240
导线类型		导线温度/℃	每相电阻/(Ω/km)													
LJ		50	—	—	—	—	2.07	1.33	0.96	0.66	0.48	0.36	0.28	0.23	0.18	0.14
LGJ		50	—	—	—	—	—	—	0.89	0.68	0.48	0.35	0.29	0.24	0.18	0.15
绝缘导线	铜芯	50	8.40	5.20	3.48	2.05	1.26	0.81	0.58	0.40	0.29	0.22	0.17	0.14	0.11	0.09
		60	8.70	5.38	3.61	2.12	1.30	0.84	0.60	0.41	0.30	0.23	0.18	0.14	0.12	0.09
		65	8.72	5.43	3.62	2.19	1.37	0.88	0.63	0.44	0.32	0.24	0.19	0.15	0.13	0.10
	铝芯	50	13.3	8.25	5.53	3.33	2.08	1.31	0.94	0.65	0.47	0.35	0.28	0.22	0.18	0.14
		60	13.8	8.55	5.73	3.45	2.16	1.36	0.97	0.67	0.49	0.36	0.29	0.23	0.19	0.14
		65	14.6	9.15	6.10	3.66	2.29	1.48	1.06	0.75	0.53	0.39	0.31	0.25	0.20	0.15
电力电缆	铜芯	55	—	—	—	—	1.31	0.84	0.60	0.42	0.30	0.22	0.17	0.14	0.12	0.09
		60	8.54	5.34	3.56	2.13	1.33	0.85	0.61	0.43	0.31	0.23	0.18	0.14	0.12	0.09
		75	8.98	5.61	3.75	3.25	1.40	0.90	0.64	0.45	0.32	0.24	0.19	0.15	0.12	0.10
		80	—	—	—	—	1.43	0.91	0.65	0.46	0.33	0.24	0.19	0.15	0.13	0.10
	铝芯	55	—	—	—	—	2.21	1.41	1.01	0.71	0.51	0.37	0.29	0.24	0.20	0.15
		60	14.38	8.99	6.00	3.60	2.25	1.44	1.03	0.72	0.51	0.38	0.30	0.24	0.20	0.16
		75	15.13	9.45	6.31	3.78	2.36	1.51	1.08	0.76	0.54	0.41	0.31	0.25	0.21	0.16
		80	—	—	—	—	2.40	1.54	1.10	0.77	0.56	0.41	0.32	0.26	0.21	0.17

附录表 6(续)

类别		导线(线芯)截面面积/mm^2													
		2.5	4	6	10	16	25	35	50	70	95	120	150	185	240
导线类型	间距/mm	每相电抗/(Ω/km)													
LJ	600	—	—	—	—	0.36	0.35	0.34	0.33	0.32	0.31	0.30	0.29	0.28	0.28
	800	—	—	—	—	0.38	0.37	0.36	0.35	0.34	0.33	0.32	0.31	0.30	0.30
	1 000	—	—	—	—	0.40	0.38	0.37	0.36	0.35	0.34	0.33	0.32	0.31	0.31
	1 250	—	—	—	—	0.41	0.40	0.39	0.37	0.36	0.35	0.34	0.34	0.33	0.32
LGJ	1 500	—	—	—	—	—	—	0.39	0.38	0.37	0.35	0.35	0.34	0.33	0.33
	2 000	—	—	—	—	—	—	0.40	0.39	0.38	0.37	0.37	0.36	0.35	0.34
	2 500	—	—	—	—	—	—	0.41	0.41	0.40	0.39	0.38	0.37	0.37	0.36
	3 000	—	—	—	—	—	—	0.43	0.42	0.41	0.40	0.39	0.39	0.38	0.37
绝缘导线 明敷	100	0.327	0.312	0.300	0.280	0.265	0.251	0.241	0.229	0.219	0.206	0.199	0.191	0.184	0.178
	150	0.353	0.338	0.325	0.306	0.290	0.277	0.266	0.251	0.242	0.231	0.223	0.216	0.209	0.200
绝缘导线 穿管敷设		0.127	0.119	0.112	0.108	0.102	0.099	0.095	0.091	0.087	0.085	0.083	0.082	0.081	0.080
纸绝缘电力电缆	1 kV	0.098	0.091	0.087	0.081	0.077	0.067	0.065	0.063	0.062	0.062	0.062	0.062	0.062	0.062
	6 kV	—	—	—	—	0.099	0.088	0.083	0.079	0.076	0.074	0.072	0.071	0.070	0.069
	10 kV	—	—	—	—	0.110	0.098	0.092	0.087	0.083	0.080	0.078	0.077	0.075	0.075
塑料绝缘电力电缆	1 kV	0.100	0.093	0.091	0.087	0.082	0.075	0.073	0.071	0.070	0.070	0.070	0.070	0.070	0.070
	6 kV	—	—	—	—	0.124	0.111	0.105	0.099	0.093	0.089	0.087	0.083	0.082	0.080
	10 kV	—	—	—	—	0.133	0.120	0.113	0.107	0.101	0.096	0.095	0.093	0.090	0.087

附录表 7　导体在正常和短路时的最高允许温度及热稳定系数

导体种类及材料			最高允许温度/℃		热稳定系数 C /$(A\cdot\sqrt{s}/mm^2)$
			正常	短路	
母线	铜		70	300	171
	铜(接触面有锡层时)		85	200	164
	铝		70	200	87
油浸纸绝缘电缆	铜(铝)芯	1～3 kV	80(80)	250(200)	148(84)
		6 kV	65(65)	220(200)	145(90)
		10 kV	60(60)	220(200)	148(92)
橡皮绝缘导线和电缆		铜芯	65	150	112
		铝芯	65	150	74
聚氯乙烯绝缘导线和电缆		铜芯	65	130	100
		铝芯	65	130	65
交联聚乙烯绝缘导线和电缆		铜芯	80	250	140
		铝芯	80	250	84
有中间接头的电缆(不包括聚氯乙烯绝缘电缆)		铜芯	—	150	—
		铝芯			

附录表 8　部分高压断路器的主要技术数据

类别	型号	额定电压/kV	额定电流/A	开断电流/kA	断流容量/(MV·A)	动稳定电流峰值/kA	热稳定电流/kA	固有分闸时间/s	合闸时间/s	配用操作机构型号
少油户外	SW2-35/1000	35(40.5)	1 000	16.5	1 000	45	16.5(4 s)	≤0.06	≤0.4	CT2-XG
	SW2-35/1500		1 500	24.8	1 500	63.4	24.8(4 s)			
少油户内	SN10-35Ⅰ	35(40.5)	1 000	16	1 000	45	16(4 s)	≤0.06	≤0.2	CT10、CT10Ⅳ
	SN10-35Ⅱ		1 250	20	1 250	50	20(4 s)		≤0.25	
	SN10-10Ⅰ	3 000	630	16	300	40	16(4 s)	≤0.06	≤0.15	CT7、8，CD10Ⅰ
			1 000	16	300	40	16(4 s)		≤0.2	
	SN10-10Ⅱ		1 000	31.5	500	80	31.5(4 s)	≤0.06	≤0.2	CD10Ⅰ、Ⅱ
	SN10-10Ⅲ		1 250	40	750	125	40(4 s)	≤0.07	≤0.2	CD10Ⅲ
			2 000	40	750	125	40(4 s)			
			3 000	40	750	125	40(4 s)			
真空户内	ZN12-40.5	35(40.5)	1 250、1 600	25	—	63	25(4 s)	≤0.07	≤0.1	CT12 等
			1 600、2 000	31.5	—	80	31.5(4 s)			
	ZN12-35		1 250～2 000	31.5	—	80	31.5(4 s)	≤0.075	≤0.1	
	ZN23-40.5		1 600	25	—	63	25(4 s)	≤0.06	≤0.075	
	ZN3-10Ⅰ	10(12)	630	8	—	20	8(4 s)	≤0.07	≤0.1	CD10 等
	ZN3-10Ⅱ		1 000	20	—	50	20(2 s)	≤0.05	≤0.2	
	ZN4-10/1000		1 000	17.3	—	44	17.3(4 s)	≤0.05	≤0.1	
	ZN4-10/1250		1 250	20	—	50	20(4 s)			
	ZN5-10/630		630	20	—	50	20(2 s)	≤0.05	≤0.1	CT8 等
	ZN5-10/1000		1 000	20	—	50	20(2 s)			
	ZN5-10/1250		1 250	25	—	63	25(2 s)			
	ZN12-12/1250		1 250	25	—	63	25(4 s)	≤0.06	≤0.1	CT8 等
	ZN12-12/1600		1 600							
	ZN12-12/2000		2 000							
	ZN24-12/1250-20		1 250	20	—	50	20(4 s)	≤0.06		CT8 等
	ZN24-12/1250、2000-31.5		1 250、2 000	31.5	—	80	31.5(4 s)			
	ZN28-12/630～1600		630～1 600	20	—	50	20(4 s)			
六氟化硫户内	LN2-35Ⅰ	35(40.5)	1 250	16	—	40	16(4 s)	≤0.06	≤0.15	CT12Ⅱ
	LN2-35Ⅱ		1 250	25	—	63	25(4 s)			
	LN2-35Ⅲ		1 600	25	—	63	25(4 s)			
	LN2-10	10(12)	1 250	25	—	63	25(4 s)	≤0.06	≤0.15	CT12Ⅰ、CT8Ⅰ

附录表 9　RM10 型低压熔断器的主要技术数据和保护特性曲线

RM10 型低压熔断器的主要技术数据

型号	熔管额定电压/V	额定电流/A		最大分段能力	
		熔管	熔体	电流/kA	cos φ
RM10-15	交流 220、380、500，直流 220、440	15	6、10、15	1.2	0.8
RM10-60		60	15、20、25、35、45、60	3.5	0.7
RM10-100		100	60、80、100	10	0.35
RM10-200		200	100、125、160、200	10	0.35
RM10-350		350	200、225、260、300、350	10	0.35
RM10-600		600	350、430、500、600	10	0.35

RM10 型低压熔断器的保护特性曲线

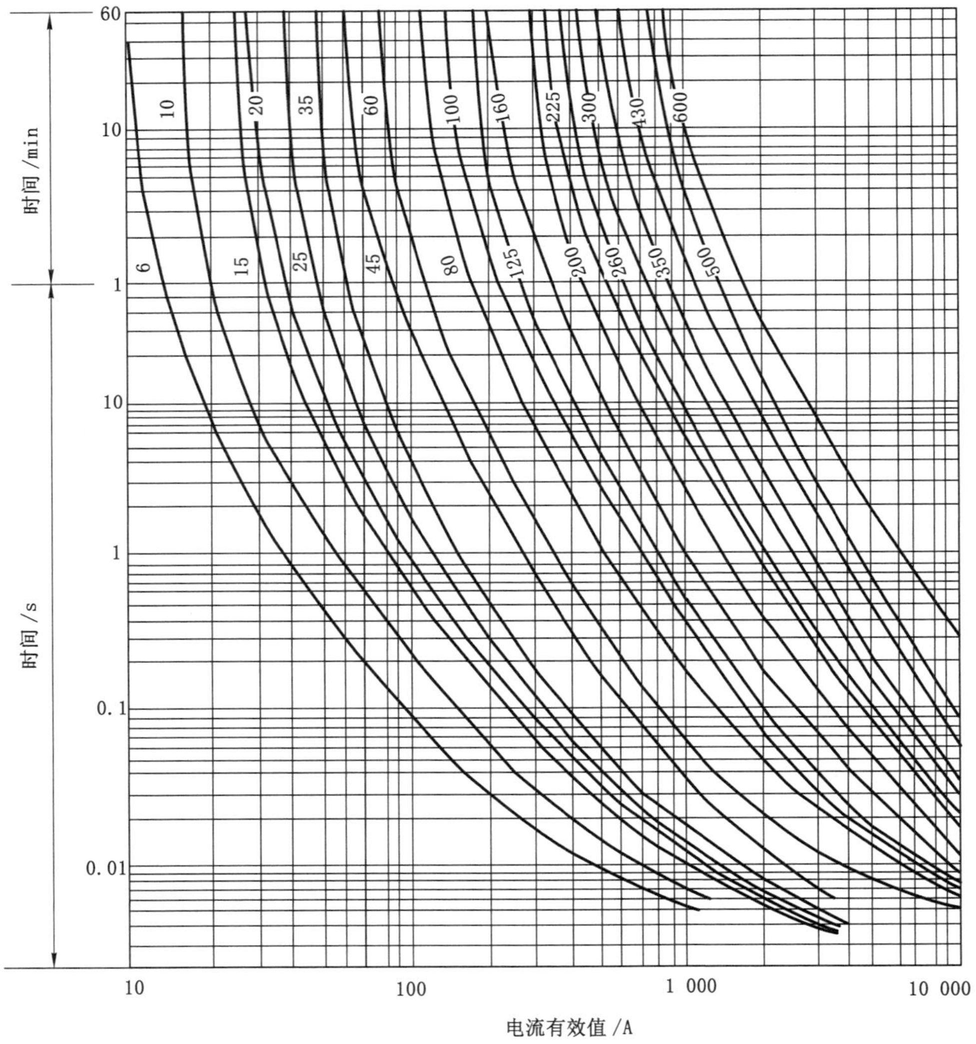

附录表 10　RT0 型低压熔断器的主要技术数据和保护特性曲线

RT0 型低压熔断器的主要技术数据

型号	熔管额定电压/V	额定电流/A		最大分段电流/kA
		熔管	熔体	
RT0-100		100	30、40、50、60、80、100	
RT0-200		200	(80、100、)120、150、200	
RT0-300	交流 380， 直流 440	300	(150、200、)250、300、350、400	50 (cos φ=0.1～0.2)
RT0-600		600	(350、400、)450、500、550、600	
RT0-1000		1 000	700、800、900、1 000	

RT0 型低压熔断器的保护特性曲线

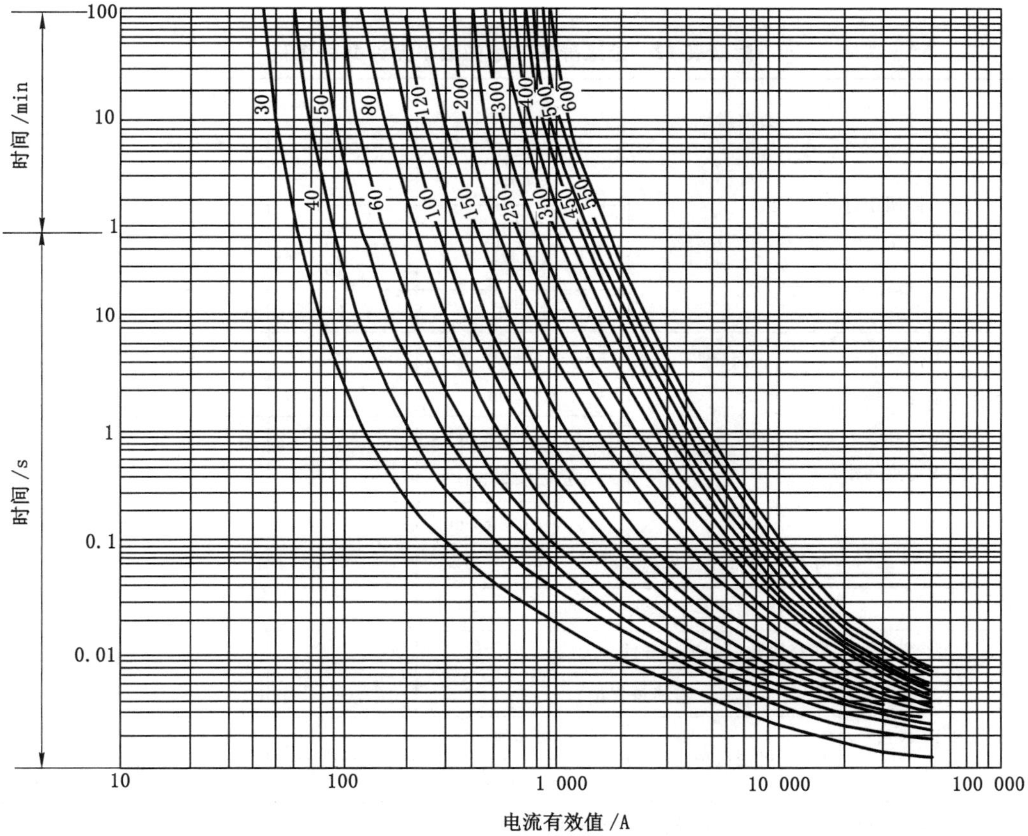

注：表中括号内的熔体电流尽量不采用。

附录表 11　架空裸导线的最小允许截面面积

线路类别		导线最小截面面积/mm²		
		铝及铝合金线	钢芯铝线	铜绞线
35 kV 及以上线路		35	35	35
3～10 kV 线路	居民区	35①	25	25
	非居民区	25	16	16
低压线路	一般	16②	16	16
	与铁路交叉跨越档	35	16	16

注:①《中低压配电网改造技术导则》(DL/T 599—2016)规定,中压架空线路宜采用铝绞线,主干线截面面积应为 120～240 mm²,分支线截面面积不宜小于 70 mm²。但此规定不是从机械强度要求考虑的,而是考虑到城市电网发展的需要。

② 低压架空铝绞线原规定最小截面面积为 16 mm²。而 DL/T 599—2016 规定:低压架空线宜采用铝芯绝缘线,主干线截面面积宜采用 120 mm²,分支线截面面积宜采用 70 mm²。这些规定是从安全运行和电网发展需要考虑的。

附录表 12　绝缘导线芯线的最小允许截面面积

线路类别			芯线最小截面面积/mm²		
			钢芯软线	铜芯线	铝芯线
照明用灯头引下线		室内	0.5	1	2.5
		室外	1	1	2.5
移动式设备线路		生活用	0.75	—	—
		生产用	1	—	—
敷设在绝缘支持件上的绝缘导线(*L* 为支持点间距)	室内	$L \leqslant 2$ m	—	1	2.5
	室外	$L \leqslant 2$ m	—	1.5	2.5
		2 m$<L\leqslant$6 m	—	2.5	4
		6 m$<L\leqslant$15 m	—	4	6
		15 m$<L\leqslant$25 m	—	6	10
穿管敷设的绝缘导线			1	1	2.5
沿墙明敷的塑料护套线			—	1	2.5
板孔穿线敷设的绝缘导线			—	1	2.5
PE 线和 PEN 线	有机械保护时		—	1.5	2.5
	无机械保护时	多芯线	—	2.5	4
		单芯干线	—	10	16

注:《住宅设计规范》(GB 50096—2011)规定:住宅导线应采用铜芯绝缘线,住宅分支回路导线截面面积不应小于 2.5 mm²。

附录表 13　LJ 型铝绞线和 LGJ 型钢芯铝绞线的允许载流量　　单位:A

导线截面面积/mm²	铝绞线				钢芯铝绞线			
	环境温度				环境温度			
	25 ℃	30 ℃	35 ℃	40 ℃	25 ℃	30 ℃	35 ℃	40 ℃
10	75	70	66	61	—	—	—	—
16	105	99	92	85	105	98	92	85

附录表 13(续)

导线截面面积/mm^2	铝绞线				钢芯铝绞线			
	环境温度				环境温度			
	25 ℃	30 ℃	35 ℃	40 ℃	25 ℃	30 ℃	35 ℃	40 ℃
25	135	127	119	109	135	137	119	109
35	170	160	150	138	170	159	149	137
50	215	202	189	174	220	207	193	178
70	265	249	233	215	275	259	229	222
95	325	305	286	247	335	315	295	272
120	375	352	330	304	380	357	335	307
150	440	414	387	356	445	418	391	360
185	500	470	440	405	515	484	453	416
240	640	574	536	494	610	574	536	494
300	680	640	597	550	658	658	615	566

注:① 导线正常工作温度按 70 ℃计。

② 本表载流量按室外架设考虑,无日照,海拔高度 1 000 m 及以下。

附录表 14　LMY 型矩形硬铝母线的允许载流量　　单位:A

每相母线条数		单条		双条		三条		四条	
母线放置方式		平放	竖放	平放	竖放	平放	竖放	平放	竖放
母线尺寸(宽×厚)/(mm×mm)	40×4	480	503	—	—	—	—	—	—
	40×5	542	562	—	—	—	—	—	—
	50×4	586	613	—	—	—	—	—	—
	50×5	661	692	—	—	—	—	—	—
	63×6.3	910	952	1 409	1 547	1 866	2 111	—	—
	63×8	1 038	1 085	1 623	1 777	2 113	2 379	—	—
	63×10	1 168	1 221	1 825	1 994	2 381	2 665	—	—
	80×6.3	1 128	1 178	1 724	1 892	2 211	2 505	2 558	3 411
	80×8	1 274	1 330	1 946	2 131	2 491	2 809	2 861	3 817
	80×10	1 427	1 490	2 175	2 373	2 774	3 114	3 167	4 222
	100×6.3	1 371	1 430	2 054	2 253	2 633	2 985	3 032	4 043
	100×8	1 542	1 609	2 298	2 516	2 933	3 311	3 359	4 479
	100×10	1 728	1 803	2 558	2 796	3 181	3 578	3 622	4 829
	125×6.3	1 674	1 744	2 446	2 680	2 079	3 490	3 525	4 700
	125×8	1 876	1 955	2 725	2 982	3 375	3 813	3 847	5 129
	125×10	2 089	2 177	3 005	3 282	3 725	4 194	4 225	5 633

注:① 本表载流量按导体最高允许工作温度 70 ℃、环境温度 25 ℃、无风、无日照条件下计算而得。如果环境温度不为 25 ℃,则应乘以下表的校正系数:

环境温度	+20 ℃	+30 ℃	+35 ℃	+40 ℃	+45 ℃	+50 ℃
校正系数	1.05	0.94	0.88	0.81	0.74	0.67

② 当母线为四条时,平放和竖放时第二、三片间距均为 50 mm。

附录表 15　10 kV 常用三芯电缆的允许载流量

电缆允许载流量/A									
绝缘类型		黏性油浸纸		不滴流纸		交联聚乙烯			
钢铠护套						无		有	
缆芯最高工作温度		60 ℃		65 ℃		90 ℃			
敷设方式		空气中	直埋	空气中	直埋	空气中	直埋	空气中	直埋
缆芯截面面积/mm²	16	42	55	47	59	—	—	—	—
	25	56	75	63	79	100	90	100	90
	35	68	90	77	95	123	110	123	105
	50	81	107	92	111	146	125	141	120
	70	106	133	118	138	178	152	173	152
	95	126	160	143	169	219	182	214	182
	120	146	182	168	196	251	203	246	205
	150	171	206	189	220	283	223	278	219
	185	195	233	218	246	324	252	320	247
	240	232	272	261	290	378	292	373	292
	300	260	308	295	325	433	332	428	328
	400	—	—	—	—	506	378	501	374
	500	—	—	—	—	579	428	574	424
环境温度		40 ℃	25 ℃	40 ℃	25 ℃	40 ℃	25 ℃	40 ℃	25 ℃
土壤热阻系数/(℃·m/W)		—	1.2	—	1.2	—	2.0	—	2.0

注:① 本表系铝芯电缆数值。铜芯电缆的允许载流量应乘以 1.29。

② 如当地环境温度与本表不同时,其载流量校正系数如下表所列:

电缆敷设地点		空气中				土壤中			
环境温度		30 ℃	35 ℃	40 ℃	45 ℃	20 ℃	25 ℃	30 ℃	35 ℃
缆芯最高工作温度	60 ℃	1.22	1.11	1.00	0.86	1.07	1.00	0.93	0.85
	65 ℃	1.18	1.09	1.00	0.89	1.06	1.00	0.94	0.87
	70 ℃	1.15	1.08	1.00	0.91	1.05	1.00	0.94	0.88
	80 ℃	1.11	1.06	1.00	0.93	1.04	1.00	0.95	0.90
	90 ℃	1.09	1.05	1.00	0.94	1.04	1.00	0.96	0.92

附录表16　爆炸和火灾危险环境的分区

分区代号	环境特征
0 区	连续出现或长期出现爆炸性气体混合物的环境
1 区	在正常运行时可能出现爆炸性气体混合物的环境
2 区	在正常运行时不可能出现爆炸性气体混合物的环境，或即使出现也仅是短时存在的爆炸性气体混合物的环境
10 区	连续出现或长期出现爆炸性粉尘的环境
11 区	有时会将积留下的粉尘扬起而偶然出现爆炸性粉尘混合物的环境
21 区	具有闪点高于环境温度的可燃液体，在数量和配置上能引起火灾危险的环境
22 区	具有悬浮状、堆积状的可燃粉尘或可燃纤维，虽不可能形成爆炸混合物，但在数量和配置上能引起火灾危险的环境
23 区	具有固体状可燃物质，在数量和配置上能引起火灾危险的环境

附录 2　煤矿继电保护与供电系统设计软件简介

经过系统学习本书讲解的矿山供电系统与保护设计的基本理论和计算方法，学生应具备独立完成煤矿供电设计的能力。为适应煤矿企业现代化管理的需求，结合现场实际需要，介绍一款适合国内煤矿工程技术人员使用的设计计算辅助软件——煤矿继电保护与供电设计系统软件 V6.0，该软件在国内煤矿得到广泛应用，可以很方便地制作本矿供电设计说明书，减轻查表、计算、编辑计算过程的工作负担，提高工作效率，提升管理水平。该软件提供免费教育版，可用于高等院校师生的辅助教学、毕业设计，如有需求可发送邮件至邮箱 48702572@qq.com 申请。

结合煤矿现场的实际工作需要，该软件具备以下功能：变压器的选择；矿井高压电网、低压电网短路电流计算；高压线路、低压线路选择，包括工作电流校验、环境温度校正、热稳定性校验、经济电流密度校验、运行时电压损失校验、启动时电压损失校验；高低压开关设备的选择，包括分断电流校验，动、热稳定性校验；高低压开关继电保护整定，包括低压的过载、短路保护，高压的速断、限时速断、过流、过负荷保护等，根据用途还可分为线路保护、变压器保护、电动机保护等；照明综保熔体选择与保护整定；辅助的主变二次侧系统电抗计算；等等。主要功能满足《煤矿安全规程》等相关规程、标准的要求。

该软件包含数据库(含参数数据如电缆每千米阻抗、变压器参数、开关电缆型号库等)、操作界面(以 VS 面向对象的编程语言设计)，可实现计算数据的添加、修改、删除和输出计算过程的功能。软件确保计算准确、原理清晰、操作简便，输出计算过程兼容国产 WPS 办公软件。

矿井供电设计的基本流程为：

(1) 收集基本资料。

(2) 确定各级变电所、配电点、移动变电站的位置。

(3) 拟订供电系统图。

(4) 制作负荷统计表(主变电所设计需考虑补偿电容器的选择)。

(5) 选择变压器。

(6) 选择高低压线路。

(7) 选择高低压开关。

(8) 整定高低压开关，计算对应保护范围末端的短路电流，校验灵敏度。

(9) 照明综保、熔体的选择。

(10) 确定保护接地系统，布置变电所硐室，进行照明设计与变电所经济概算等。

程序典型界面和介绍如下。

(1) 基本设置界面。如附录图 1 所示。在基本设置界面，设置当前设计区域高压的基准容量、额定电压、系统电抗等。以 10 kV 为例设计区域额定电压等级，通常设置已知煤矿主变电所 35/10 kV 或 110/10 kV 变压器二次侧 10 kV 母线上的系统电抗值，该值需要向上级供电部门比如供电公司调度部门、整定部门查询，也可设置为已知短路容量。该值在本设计区域所有的短路电流计算中都会引用，无论高低压短路电流计算，都会用到系统电抗。

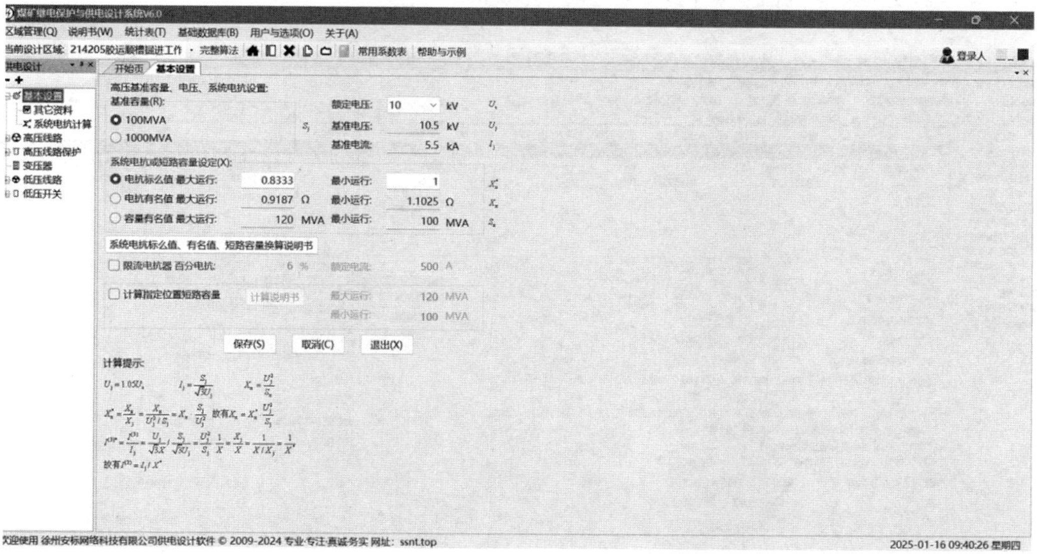

附录图 1　基本设置界面

（2）辅助资料录入。如附录图 2 所示。可以在“基本设置”下“其他资料”界面录入辅助资料，包括收集的基本资料等。

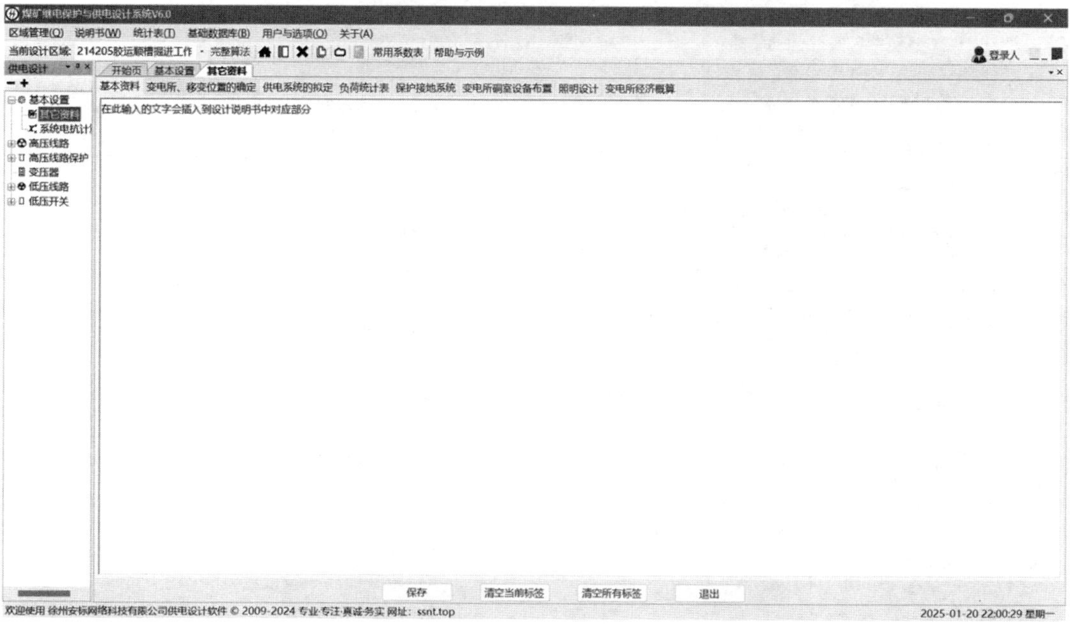

附录图 2　辅助资料录入

（3）高压开关的整定。如附录图 3 所示。高压开关的整定通常分为高压线路保护、电动机保护、变压器保护、电容器保护等，根据需要在不同的界面计算。

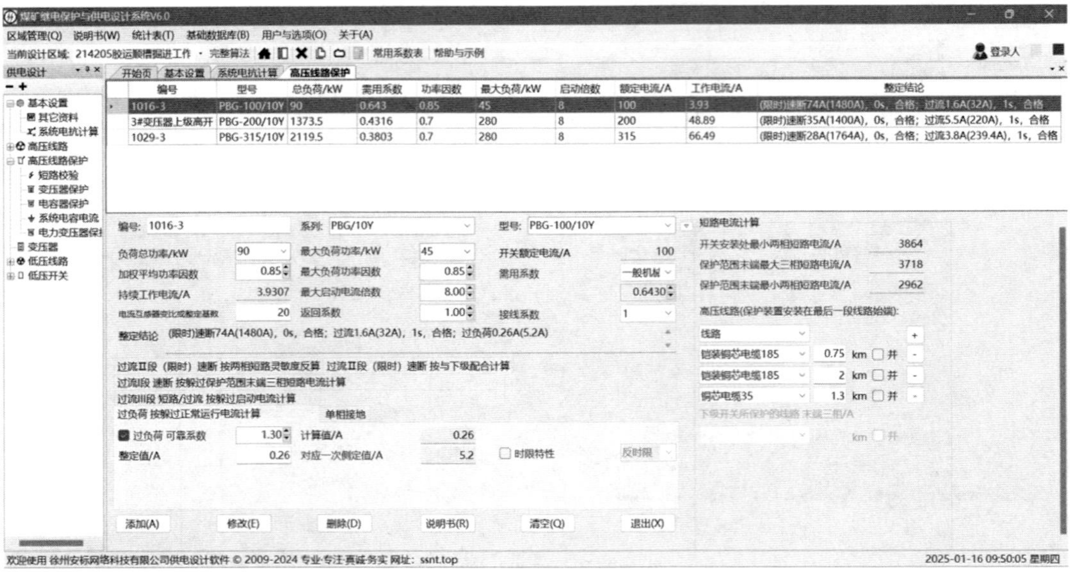

附录图 3　高压开关的整定

（4）计算说明书。如附录图 4 所示。添加记录后点击“说明书”可生成对应计算说明书。

公式说明：

需用系数按照综合机械化工作面计算：$K_x = 0.4 + 0.6P_{e\max} / \Sigma P_e$

按照一般机械化工作面计算：$K_x = 0.286 + 0.714P_{e\max} / \Sigma P_e$

其中 $P_{e\max}$ 为最大负荷功率，ΣP_e 为负荷总功率

公式来源：参考《煤矿电工手册》修订版第二分册矿井供电（下）P348 公式 10-3-2、3。

持续工作电流：$I_c = K_x \Sigma P_e / (\sqrt{3}U_e \cos\varphi)$

最大负荷额定电流：$I_{e\max} = P_{e\max} / (\sqrt{3}U_e \cos\varphi_{\max})$

其中 U_e 为负荷工作电压，$\cos\varphi$ 为加权平均功率因数，$\cos\varphi_{\max}$ 为最大负荷功率因数

公式来源：参考《煤矿电工手册》修订版第二分册矿井供电（下）P370 公式 10-5-2、3。

最大负荷启动电流：$I_{q\max} = n_q I_{e\max}$，其中 n_q 为启动电流倍数

总负荷起动电流：$I_q = I_{q\max} + (I_c - I_{e\max})$，或单台电机时 $I_q = I_{q\max}$

公式来源：参考《工矿企业供电设计指导书》P227 公式 3-48、45。

●高压开关 1016-3 整定计算：

型号：PBG-100/10Y　　额定电流：100A

总负荷：90kW　　加权平均功率因数：0.85　　最大负荷：45kW

变比或整定基数 n_l：20　　接线系数 K_j：1　　返回系数 K_f：1

需用系数按照一般机械化工作面计算：

$K_x = 0.286 + 0.714P_{e\max} / \Sigma P_e = 0.286 + 0.714 \times 45 \div 90 = 0.643$

流过高压开关持续工作电流：

$I_c = K_x \Sigma P_e / (\sqrt{3}U_e \cos\varphi) = 0.643 \times 90 \div (\sqrt{3} \times 10 \times 0.85) = 3.9307\text{A}$

■过负荷整定计算：$I_z = K_k K_j I_c / (K_f n_l) = 1.3 \times 1 \times 3.9307 \div (1 \times 20) = 0.26\text{A}$

公式来源：参考《煤矿电工手册》第 3 版第二分册矿井供电（上）P572 表 5-4-2 过负荷保护。

取 0.26A，对应互感器一次侧定值：5.2A

■流过高压开关最大负荷额定电流：

$I_{e\max} = P_{e\max} / (\sqrt{3}U_e \cos\varphi_{\max}) = 45 \div (\sqrt{3} \times 10 \times 0.85) = 3.0566\text{A}$

最大负荷启动电流：$I_{q\max} = n_q I_{e\max} = 8 \times 3.0566 = 24.4525\text{A}$

总启动电流：$I_q = I_{q\max} + (I_c - I_{e\max}) = 24.4525 + (3.9307 - 3.0566) = 25.3267\text{A}$

过流定值按躲过启动电流计算：

$I_z = K_k K_j I_q / (K_f n_l) = 1.2 \times 1 \times 25.3267 \div (1 \times 20) = 1.52\text{A}$

公式来源：参考《煤矿电工手册》第 3 版第二分册矿井供电（上）P563 表 5-2-9 过电流保护。

取 1.6A，对应互感器一次侧定值 I_{dz}：32A，时限：1s

以保护范围末端最小两相短路电流校验灵敏度：

$K_m = I_{\min}^{(2)} / I_{dz} = 2962 \div 32 = 92.56 \geq 1.5$，合格

■（限时）速断定值按保护范围末端最小两相短路时满足灵敏度要求计算：

$I_z = K_j I_{\min}^{(2)} / (K_{ms} n_l) = 1 \times 2962 \div (2 \times 20) = 74.05\text{A}$，其中 K_{ms} 为设定灵敏系数

公式来源：参考《电力系统继电保护与安全自动装置整定计算》P218 公式 3-70。

取 74A，对应互感器一次侧定值 I_{dz}：1480A，时限：0s

灵敏度：$K_m = I_{\min}^{(2)} / I_{dz} = 2962 \div 1480 = 2 \geq 1.5$，合格

整定结论：(限时)速断 74A(1480A)，0s，合格；过流 1.6A(32A)，1s，合格；过负荷 0.26A(5.2A)

◆高压短路电流计算：

基准容量 S_j：100MVA　　基准电流 I_j：5.5kA　　基准电压 U_j：10.5kV

最大、最小运行方式系统电抗标么值 $X_{x\min}^*$、$X_{x\max}^*$：0.8333、1

线路电阻有名值：$R_1 = \sum r_0 l = 0.114 \times 0.75 + 0.114 \times 2 + 0.59 \times 1.3 = 1.0805\Omega$

标么值：$R_1^* = R_1 S_j / U_j^2 = 1.0805 \times 100 \div 10.5^2 = 0.98$

线路电抗有名值：$X_1 = \sum x_0 l = 0.08 \times 0.75 + 0.08 \times 2 + 0.064 \times 1.3 = 0.3032\Omega$

标么值：$X_1^* = X_1 S_j / U_j^2 = 0.3032 \times 100 \div 10.5^2 = 0.275$

综上，截至保护范围末端最小总电抗标么值：$X_{\Sigma\min}^* = 0.8333 + 0.275 = 1.1083$

最小总阻抗标么值：$Z_{\Sigma\min}^* = \sqrt{R_1^{*2} + X_{\Sigma\min}^{*2}} = (0.98^2 + 1.1083^2)^{0.5} = 1.4795$

最大总电抗标么值：$X_{\Sigma\max}^* = 1 + 0.275 = 1.275$

最大总阻抗标么值：$Z_{\Sigma\max}^* = \sqrt{R_1^{*2} + X_{\Sigma\max}^{*2}} = (0.98^2 + 1.275^2)^{0.5} = 1.6081$

可得保护范围末端最大三相短路电流：$I_{\max}^{(3)} = I_j \cdot 1000 / Z_{\Sigma\min}^* = 5.5 \times 1000 \div 1.4795 = 3718\text{A}$

最小两相短路电流：$I_{\min}^{(2)} = I_j \cdot 1000 / Z_{\Sigma\max}^* \cdot \sqrt{3} / 2 = 5.5 \times 1000 \div 1.6081 \times \sqrt{3} \div 2 = 2962\text{A}$

****

附录图 4　计算说明书

（5）高压开关选型界面。如附录图 5 所示。校验所选某个型号开关的分断电流和动、热稳定性。

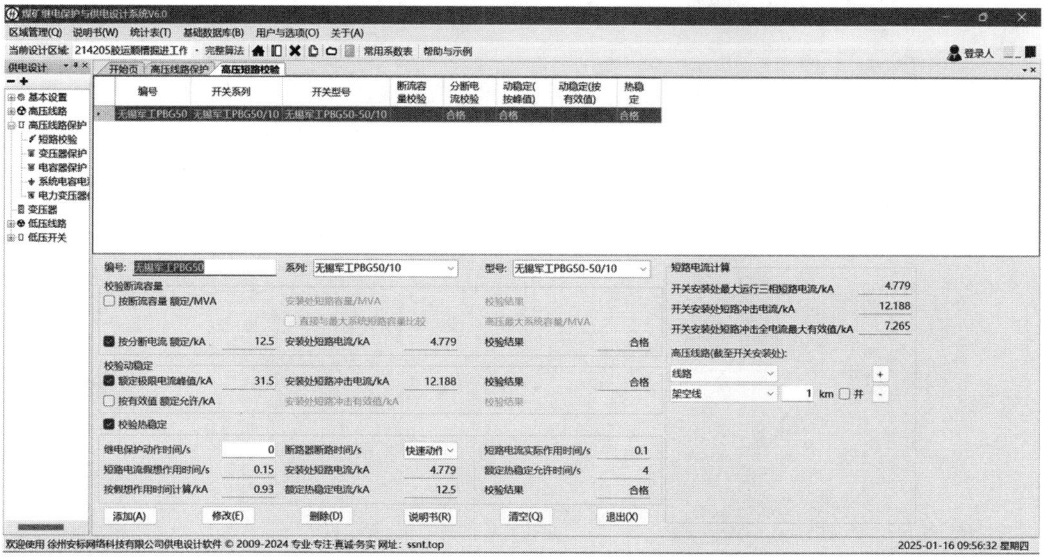

附录图 5　高压开关选型界面

（6）变压器界面。如附录图 6 所示。进行变压器容量校验和移动变电站高低压馈电开关的整定。

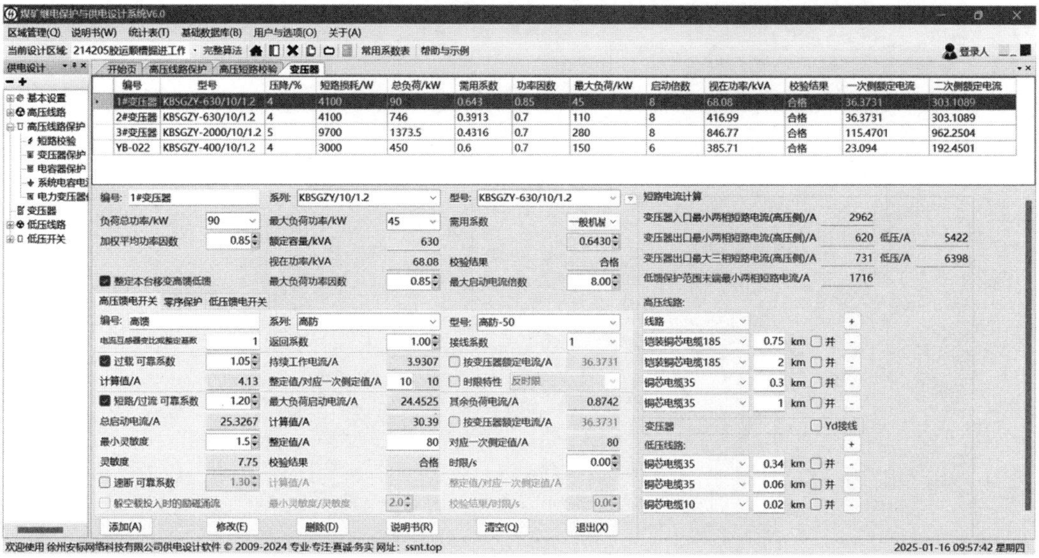

附录图 6　变压器界面

其他界面不再赘述，完成所有计算后，系统可以直接输出所设计的工作面供电系统或煤矿供电系统的完整供电设计说明书，方便用户存档打印。